普通高等教育案例版系列教材

案例版

供临床、预防、基础、口腔、麻醉、影像、药学、检验、护理、法医、食品等专业使用

有机化学

第3版

主　　编　贾云宏　闫乾顺

副主编　蔡　东　任群翔　徐乃进

编　　者　（按姓氏笔画排序）

王冠男（济宁医学院）
云学英（内蒙古医科大学）
石秀梅（牡丹江医学院）
付彩霞（滨州医学院）
任群翔（沈阳医学院）
闫乾顺（宁夏医科大学）
孙莹莹（沈阳医学院）
李　江（宁夏医科大学）
李银涛（长治医学院）
吴运军（皖南医学院）
陈大茴（温州医科大学）
赵延清（锦州医科大学）
钟　阳（中国医科大学）
秦志强（长治医学院）
贾云宏（锦州医科大学）
徐乃进（大连医科大学）
蔡　东（锦州医科大学）

科学出版社

北　京

郑 重 声 明

为顺应教育部教学改革潮流和改进现有的教学模式，适应目前高等医学院校的教育现状，提高医学教育质量，培养具有创新精神和创新能力的医学人才，科学出版社在充分调研的基础上，引进国外先进的教学模式，独创案例与教学内容相结合的编写形式，组织编写了国内首套引领医学教育发展趋势的案例版教材。案例教学在医学教育中，是培养高素质、创新型和实用型医学人才的有效途径。

图书在版编目（CIP）数据

有机化学 / 贾云宏，闫乾顺主编 .—3 版 .— 北京：科学出版社，2020.1

ISBN 978-7-03-059637-6

Ⅰ . ①有…　Ⅱ . ①贾…　②闫…　Ⅲ . ①有机化学 – 医学院校 – 教材　Ⅳ . ① O62

中国版本图书馆 CIP 数据核字 (2018) 第 265189 号

责任编辑：朱　华 / 责任校对：郭瑞芝

责任印制：赵　博 / 封面设计：范　唯

科学出版社 出版

北京东黄城根北街 16 号

邮政编码：100717

http://www.sciencep.com

三河市春园印刷有限公司印刷

科学出版社发行　各地新华书店经销

*

2008 年 1 月第　一　版　开本：850×1168　1/16

2020 年 1 月第　三　版　印张：19　1/2

2025 年 2 月第十九次印刷　字数：642 000

定价：76.00 元

（如有印装质量问题，我社负责调换）

第 3 版前言

本书在《有机化学》（案例版，第 2 版）基础上进行了修订。前两版教材在应用过程中，我们发现了一些不足之处，尤其是有些案例比较陈旧，已不适应当前科学发展的前沿，所以我们将有些案例进行了改进，增加了许多生动、易懂的案例，尽量使本书更符合医学自身特点和需要。

本书在编写过程中，将第 2 版中有机化合物结构和性质的关系进一步加深。对一些科学理论不成熟的知识进行了回避，建立了以能力培养为中心的基础体系。本书力求从结构的角度阐明各类化合物特性的内在因素，把有机化学的基本理论、知识系统阐述清楚，着力解决有机化学与后续医学相关基础课的衔接。本书共十七章，各章节的次序基本上以官能团系统为主线，保持传统的有机化学教材的特点。在每章中有医学案例、思考题、习题，同时我们还编写了《有机化学》案例版学习指导与习题集，读者可以根据实际情况学习选用。

本书由 11 所医学院校的教授参与编写。他们都是多年从事有机化学教学工作的教师，对教材都有深刻的理解和把握。在编写的过程中，参编教师借鉴了国内外有机化学著作的相关内容。在此，向原著者表示由衷的感谢。本书第一章由锦州医科大学贾云宏老师编写；第二章由锦州医科大学赵延清老师编写；第三章由沈阳医学院孙莹莹老师编写；第四章由长治医学院李银涛老师编写；第五章由宁夏医科大学闫乾顺老师编写；第六章由沈阳医学院任群翔老师编写；第七章由锦州医科大学蔡东老师编写；第八章由皖南医学院吴运军老师编写；第九章由滨州医学院付彩霞老师编写；第十章由牡丹江医学院石秀梅老师编写；第十一章由宁夏医科大学李江老师编写；第十二章由锦州医科大学王冠男老师编写；第十三章由大连医科大学徐乃进老师编写；第十四章由内蒙古医科大学云学英老师编写；第十五章由温州医科大学陈大茴老师编写；第十六章由长治医学院秦志强老师编写；第十七章由中国医科大学钟阳老师编写。

本书在编写过程中，得到了锦州医科大学有机化学教研室同事们及科学出版社的大力支持和帮助。在此对他们表示衷心的感谢。同时我们也要真诚地感谢本书第 2 版编写时王驰、于秋泓、袁兰、黄胜堂、王妍、李晓娜几位教授给予的帮助和支持。

本书虽然进行了第三次编写，但书中难免有不足之处，恳请广大专家、教师及同学们批评指正。

贾云宏

2018 年 7 月

第 1 版前言

为了适应我国高等医学院校教育改革的步伐，提高医学教学质量，培养具有创新精神和创造能力的医学人才，科学出版社组织出版了一套借鉴国外先进教学经验，适合中国国情的全新案例版教学教材。

医用有机化学是后续医学课程的基础，以往的有机化学教材虽然有些知识与医学有所联系，但并不完善，案例教学是在教学中结合具体案例，让读者通过阅读、分析、思考以及互相讨论，理论联系实际的处理和解决问题的一种新的教学方式。所以我们在编写此教材过程中查阅了大量国内外文献，在传统教材的框架中添加了大量与医学相关的案例，使得本教材更加具有医用有机化学的特色。使用本教材可以使读者在学习过程中，尽早接触医学的内容，建立起有机化学与医学知识的联系，提高学生对有机化学的学习兴趣，为后续医学课程打下良好的基础，进而提高我国医学教育的教学质量。

本书在编写过程中，始终将有机化合物结构和性质的关系作为一条主线，建立以能力培养为中心的基础体系，突出了有机化合物的结构和性质的相关性，力求从结构的角度阐明各类化合物特性的内在因素。把有机化学的基本理论。知识系统地阐述清楚，着力解决有机化学与后续医学基础课的衔接。本书共 16 章，各章节的次序基本上以官能团系统编排，保持传统的有机化学教材的特点，在每章中有医学案例、思考题，读者可以根据实际情况学习选用。

本书由九所医学院校的专家学者编写而成，他们都是多年从事医用有机化学教学的教师，对教材都有深刻的理解和把握。在编写过程中，参编教室借鉴了国内外有机化学的相关内容，在此，向原著者表示深深的感谢。本书的第 1、7 两章由辽宁医学院贾云宏编写，第 15 章由昆明医学院李映苓编写，第 12 章由大连医科大学徐乃进编写，第 11 章由辽宁医学院于秋泓编写，第 3、13 章由新乡医学院刘振岭编写，第 4 章由宁夏医学院闫乾顺编写，第 5 章由沈阳医学院任群翔编写，第 6 章由滨州医学院刘为忠编写，第 8 章由滨州医学院付彩霞编写，第 9 章由牡丹江医学院石秀梅编写，第 10 章由宁夏医学院王妍编写，第 14 章由贵阳医学院徐红编写，第 16 章由昆明医学院黄燕编写，第 2 章由辽宁医学院赵延清编写。

这本案例版教材的编写仅仅是初次尝试，难免有不当之处，恳请广大专家、教师以及同学们提出宝贵的意见和建议，为我国高等医学教育的改革和发展共同努力。

贾云宏

2007 年 10 月

目　　录

第一章 绪 论

有机化学是一门重要的科学，它和人类生活有着密切的关系。人体本身的变化就是一连串非常复杂的、彼此制约的、彼此协调的有机化合物（简称有机物）的变化过程。我们的生活一刻也离不开有机物质，人类很早就本能地与各种有机物打交道，但当时对它们的认识却是粗浅而零散的，直到 19 世纪初期有机化学才发展成一门真正的科学，迄今不到 200 年。进入 21 世纪有机化学涉及的科学领域已经非常广泛，从人们的衣食住行、环保、医药、微电子中新的分子技术到现代的生命科学等都与有机化学有着密切联系。有机化学还是一系列相关工业的基础，在能源、信息、材料、人口与健康、环境、国防计划的实施中，在推动科技发展、社会进步，提高人们生活质量，改善人类生存环境的努力中发挥着巨大的作用。希望通过本章介绍的有机化学的发展过程，可以让学生了解学科间的交叉和相互促进，了解有机化合物的性质（理化性质和生物活性）及其反应规律，掌握学习有机化学的方法，真正学好用好有机化学。

一、有机化学的发展

时至今日，化学和其他学科一样已经形成越来越专门的学科群，有机化学是化学的一个分支。有机化学中的“有机”这个名称是历史上遗留下来的。

远在几千年前，人类就知道加工制造许多有机物，如酿酒、制醋、造纸，使用中草药治疗多种疾病，但这些有机物都是不纯的。直到 18 世纪末随着工业技术的发展，人类才从动、植物中提取得到一系列较纯净的有机物，如 1773 年罗勒（Roulle）首次从哺乳动物的尿液中提取得到尿素。随后人们又从葡萄中提取到酒石酸，从柠檬中提取到柠檬酸，从酸牛奶中提取到乳酸，从鸦片中提取到吗啡，等等。但当时的人们还不能从本质上认识有机物，对有机物在有机体内的变化缺乏足够的认识，当时的化学家把有机物和无机物截然地划分开，把从矿物中得到的物质称为无机物，从动、植物——有生命物体中得到的物质称为有机物，特别是当时享有盛名的化学家柏则里（Berzelius），首先引入了“有机化学”这个名称（1806 年），以区别于其他矿物质的化学——无机化学，他认为有机物是具有生命的物质，只能借助于有生命的动、植物得到，不能从实验室中由简单的无机物制得。这就是所谓的“生命力”论，它严重地阻碍了有机化学的发展。但通过后来的生产实践和科学实践，人们终于用人工方法由无机物合成了一些有机物。

1828 年德国化学家魏勒（Wohler）在实验室中用氰酸铵与硫酸铵合成了哺乳动物的代谢产物——尿素。1845 年德国化学家柯尔柏（Kolber）合成了乙酸（醋酸）。1854 年法国人柏赛罗（Berthelot）合成了油脂，这一切都证明了人工合成有机物是完全可能的，从而打破了只能从有生命机体中得到有机物的禁区，“生命力”论彻底被否定了，人们不但可以利用简单的无机物合成与天然有机物相同的物质，还可以合成比天然有机物性能更优越的有机物。“有机”二字也不再反映固有的含义，但因习惯一直沿用至今。

19 世纪初期到中期，是有机化学史上非常重要的时期，在化学家们的辛勤努力和不断探索之下，有机化学终于从零散的知识发展成为一门科学。要研究有机物，就需要进行分子结构的研究和合成工作。在人们对有机物的组成和性质有了一定认识的基础上，凯库勒（Kekule）和库珀（Couper）于 1857 年独立地指出有机物分子中碳原子都是四价的，而且互相结合成链状，这一思想成为有机化学结构理论的基础。接着 1861 年布特列洛夫（Butlerov）提出化学结构的观点，即分子中各原子以一定化学力按照一定次序结合，这称为分子结构；每个有机物都具有一定的结构，有机化合物的性质是由其结构决定的；而化合物的结构又可以从其性质中推导出来；有机化合物分子中的各原子之间存在着相互作用和影响。1865 年凯库勒提出了苯的构造式。1874 年范特霍夫（van't Hoff）和勒贝尔（Le Bel）分别提出了碳四面体构型学说，建立了分子的立体概念，解释了旋光异 构现象。1885 年拜耳（von Baeyer）提出张力学说。至此，在众多化学家的努力下，经典的有机结构理论基本建立起来了。

笔记栏

20世纪上半叶，在物理学一系列新发现的推动下，人们首先建立了价键理论。30年代量子力学原理和方法被引入化学领域后建立了量子化学，阐明了化学键的微观本质，从而出现了诱导效应、共轭效应的理论及共振论。它使人们了解分子结构的成因，并能计算分子的电子结构。20世纪下半叶，光谱法的建立对于有机化合物结构的测定起到了十分重要的作用，因为通过红外光谱分析可以确定分子中的特殊官能团，而质谱可以确定化合物的分子量及其结构，核磁共振谱可用来研究分子的三维空间结构和化学反应性能。光谱法由于取样少（有的甚至不消耗试样，测定后仍可以回收使用）、速度快、结果准确等优点，目前已成为有机结构分析中不可缺少的手段，成为有机化学的一个前景广阔的研究领域。

特别引人注目的是20世纪初费歇尔（Fischer）确定了多糖的结构，他还从蛋白质水解产物中分离出了氨基酸，开创了研究生命物质的新时代。从此很多复杂分子的结构被一一阐明，其中很多化合物都有强烈的生理功能。有机化学家们卓越的工作成果奠定了分子生物学的基础，使得人类可以在分子和分子集合体水平上更深层次地了解和认识复杂的生命现象。

有机化学在其自身发展的过程中，已经将其理论和研究方法渗透到相关的科学领域，已成为各专业重要的基础课，也是当代生产活动和科学活动的重要组成部分。

有机化合物品种繁多、结构复杂，包罗万象，但从组成上看有机化合物都含有碳元素，是含碳的化合物。除含碳外，多数还含有氢，其次是氧、氮、卤素、磷等元素，所以更广义地说有机化合物是指碳化合物及其衍生物。有机化学是研究有机化合物的来源、结构、性质、制备、应用、反应理论及结构和性质的科学。

二、有机化合物的特性

碳原子处于元素周期表的第二周期第Ⅳ主族，位于电负性极强的卤素和电负性极弱的碱金属之间，这个特殊的位置决定了有机化合物的一些特殊性质，典型的有机化合物和无机化合物在性质上存在显著的差异，有机化合物与无机化合物比较，一般有如下几个特性：

1. 数目众多、结构复杂 有机化合物元素组成除碳外，常常还含有氢、氧、氮、硫、磷、卤素等。有机化合物元素组成简单，数目却非常多，其主要原因是它的结构非常复杂。在有机化合物中碳与碳之间可以单键、双键、叁键相连，双键、叁键的位置也可以不同，还可以形成链状和环状等。因此，组成有机化合物的元素种类虽然很少，但有机化合物的数目却非常巨大，同分异构现象普遍存在。

2. 易燃 有机化合物一般较易燃烧。绝大多数有机化合物完全燃烧时放出大量的热，同时生成内能较低的 CO_2 和 H_2O，而多数无机化合物则不能燃烧，因此灼烧实验可用来初步区分有机化合物和无机化合物。

3. 熔沸点较低 有机化合物的挥发性大，在常温下通常以气体、液体或低熔点的固体形式存在。这是因为有机化合物多为共价化合物，分子间只存在范德瓦尔斯力（范德华力），而无机化合物多为离子化合物，强大的静电力使它们牢固地结合在一起。

4. 难溶于水，易溶于有机溶剂 有机化合物是共价化合物，一般极性较弱或无极性，而水是强极性的。因此，有机物一般难溶或不溶于水，易溶于乙醇、丙酮、乙醚等有机溶剂。

5. 反应慢、副反应多 无机反应是离子反应，发生反应靠的是离子之间的静电引力，所以反应速度一般较快。而有机反应一般来说都是分子间的反应，反应过程中伴随共价键的断裂，需要给反应物提供较高的能量，所以多数有机化合物的反应都较慢，需要较长的时间，为了加速有机反应常采用加热、搅拌、加催化剂等措施。另外有机反应进行时除了主反应外还常伴有副反应的发生。这是因为有机化合物大多都是由多个原子结合而成的复杂分子，当它和某一试剂作用时，分子中受试剂影响的部位较多，因此反应后得到的产物常常是一些复杂的混合物，这就使得有机反应的产率大大降低。

上述有机化合物的特点都是相对的，并不是有机化合物特性的绝对标志。例如，一般有机化合物容易燃烧，但也有一些不能燃烧，如四氯化碳不但不能燃烧反而可以作为灭火剂。又例如，一般有机化合物难溶于水，但乙醇、乙酸可以与水相互混溶；有些有机反应也可以进行得很快，如三硝基甲苯的爆炸反应，因此认识有机物的共性时也要注意它们的个性。造成有机物

笔记栏

与无机物性质差异的根本原因是它们的结构不同，即有机化合物与无机化合物中化学键的本质不同。

三、有机化合物分子中的共价键

物质的化学性质是由分子的性质决定的，而分子的性质又是由分子的结构所决定的。分子的结构通常包括两方面的内容：一是分子的空间构型，也就是分子在空间里呈现的几何形状；二是分子中将原子结合在一起的化学键的键型，而化学键的键型是决定物质性质的一个关键因素。

1916年柯塞尔（Walther Kossel）和路易斯（Lewis）就分别提出化学键可以分为两种：离子键和共价键。这两种键的成因都是原子成键后可以达到稳定的（惰性气体的）电子构型。典型的无机化合物分子中的化学键是离子键。当活泼的金属原子如钠与非金属原子如氯相互作用，由于彼此的电负性相差很大从而发生了电子转移，钠的价电子转给氯原子形成了带正电荷的钠离子和带负电荷的氯离子，当正、负离子之间的吸引和排斥达到暂时的平衡时，整个体系的能量会降到最低，于是正、负离子之间就形成了稳定的化学键——离子键。

有机化合物一般是指碳的化合物及其衍生物，碳原子最外层有四个价电子，完全失去或得到四个电子都比较困难，所以碳原子和其他原子形成分子时，为了达到稳定的电子构型，碳原子一般是通过共用电子对的方式与其他原子结合在一起的，这就是共价键。共价键也是一种静电吸引力，是成键电子和两个原子核之间的引力。共价键是有机化合物分子中最典型的化学键。

早期的共价键理论是电子配对法，即形成共价键原子的孤对电子（又称未共用电子）通过相互配对形成具有惰性气体的八隅体电子结构，共价键数目等于配对电子对数。早期的价键理论虽然比较准确地反映了离子键和共价键的区别，但没有揭示共价键的本质，无法解释为什么共享一对电子就可以使两个原子结合在一起，无法解释单键、双键、叁键的区别及分子的立体形象。例如，甲烷分子为什么不是呈平面而是呈四面体构型？直到1927年海特勒（Heitler）和伦敦（London）应用量子力学理论提出近代的共价键理论，才阐明了共价键的本质。

（一）价键理论

价键理论（valence bond theory）简称VB法，又称电子配对理论。它是量子力学对氢原子处理的结果推广到其他体系后发展形成的一种近似方法，它成功地阐明了共价键的本质，解释了为什么相互排斥的电子在成键后会集中在两个原子核之间，另外价键理论简单明了，易于理解，其要点如下：

1. 单电子数等于共价键数 自旋方向相反的单电子互相接近，其电子轨道发生配对或重叠时就形成了稳定的共价键。原子形成共价键的数目取决于该原子的单电子数。

2. 饱和性 如果原子的未成对电子已经配对，它就不能再和其他原子的未成对电子配对，即共价键具有饱和性。

3. 共价键的方向性 形成共价键的本质是电子云相互重叠，成键时两个电子的电子云重叠得越多，所形成的共价键就越稳定，而原子轨道除s轨道是球形对称，其余的原子轨道在空间都具有一定的取向，因此形成稳定共价键的两个原子必须按一定方向接近，才可以使成键原子轨道得到最大程度的重叠，即共价键具有方向性。

共价键的饱和性和方向性决定了有机化合物的分子是由一定数目的原子按一定的方式结合而成，因此有机物的分子具有特定的大小和立体形状。根据形成共价键时电子云的重叠方式可以把共价键分成两种类型：σ键和π键。

σ键：两个原子沿原子轨道对称轴方向互相重叠形成的共价键称为σ键。此种轨道的重叠程度最大，其电子云集中于两核之间围绕键轴呈圆柱形对称分布，任一成键原子围绕键轴旋转时，都不会改变两个原子轨道重叠的程度，因此σ键可以“自由旋转”。有机化合物分子中的单键都是σ键。

π键：两个原子相互平行的p轨道从侧面重叠形成的键称为π键。其电子云分布在键轴参考平面（节面）的上、下方，在节面上电子云密度几乎等于零。由于π键没有轴对称性，当成键原子围绕单键旋转时，则π键断裂，所以π键不能自由旋转；由于π键的电子云不是集中在两个原子核之间，流动性大，受核束缚力小，易受外界影响而极化，故π键反应活性比σ键高。

笔记栏

（二）碳原子的杂化理论

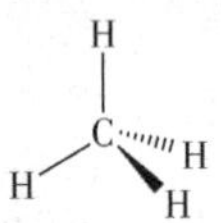

图 1-1 甲烷的正四面体结构

价键理论成功地解释了很多问题，但在解释有机化合物结构时却遇见了难以克服的困难。例如，很久以来人们就知道甲烷分子是由一个碳原子和四个氢原子构成，1874 年范特霍夫和勒贝尔根据大量事实，提出碳原子的四面体概念，他们认为与碳原子相连的四个原子或基团（即原子团）不是在同一平面上，而是空间分布成四面体，碳原子位于四面体的中间，与碳原子相连的四个氢原子或基团位于四面体的顶点，由中心碳原子向四个顶点的连线就是碳的四个价键的分布方向。甲烷分子的构型是正四面体，四个氢原子位于正四面体的顶点，碳原子位于正四面体的中心，如图 1-1 所示。

已知碳原子在基态的电子构型是 $1s^22s^22p^1_x2p^1_y$，最外层有两个未成对电子，根据价键理论碳原子应当是二价，可以与两个原子形成两条共价键，可事实上碳在几乎所有的有机物中都是四价的，这说明碳原子在与其他原子结合时有一个 2s 轨道的电子吸收能量后被激发到 2p 轨道上，这样碳原子就有四个单电子可以形成四条共价键。因为成键是一个释放能量的过程，所以碳原子形成两条共价键所释放的能量完全可以补偿激发电子所消耗的能量。可这四个单电子所处的原子轨道分别是一个 s 轨道和三个 p 轨道，s 轨道和 p 轨道能量不同，在空间的伸展方向也不同，它们与氢原子所形成的共价键也应该不同，这样甲烷分子中的四条共价键就应该有一条与其他三条是不同的，然而事实证明甲烷分子中的四条共价键是完全相同的。为了解决这一问题，根据量子力学原理，鲍林（Pauling）和斯莱特（Slater）于 1931 年提出杂化轨道理论。杂化轨道理论认为：成键时碳原子首先吸收能量，由基态转变成激发态，能量近似的原子轨道重新组合形成新的轨道，这个过程称为杂化。形成的新轨道称为杂化轨道，杂化轨道的数目等于参与杂化的原子轨道数目之和，与原子轨道相比，杂化轨道的形状和伸展方向都会有所改变，这样形成的杂化轨道的方向性更强，可以形成更稳定的共价键。

有机化合物中碳原子的杂化方式有以下三种：

1. sp³ 杂化 碳原子的电子构型为 $1s^22s^22p_x^12p_y^1$（基态），成键时，碳原子 $2s^2$ 上的一个电子激发到 $2p_z$ 空轨道上，形成 $1s^22s^12p_x^12p_y^12p_z^1$（激发态），能量近似的 2s 和 2p 轨道重新组合，形成 4 个能量相同的 sp^3 杂化轨道。

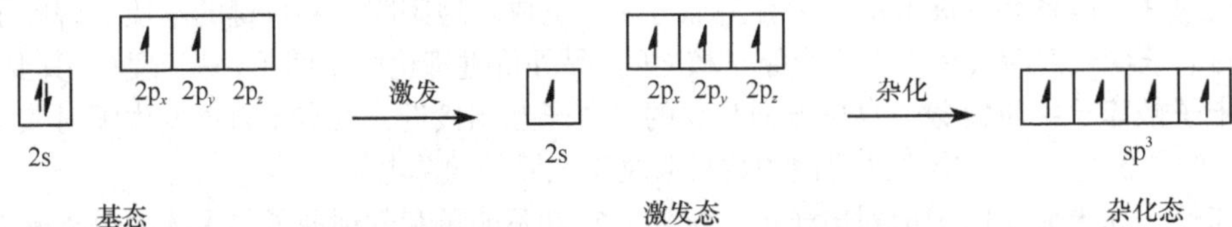

每个 sp^3 杂化轨道中有 1/4 的 s 轨道和 3/4 的 p 轨道成分，其形状是一头大、一头小，见图 1-2（a）。四个 sp^3 杂化轨道在空间的取向是指向四面体的顶点，杂化轨道对称轴间夹角为 109.28″，见图 1-2（b）。这样碳原子形成的 sp^3 杂化轨道彼此之间尽可能地远离，相互斥力最小，同时它们和四个氢原子的 1s 轨道重叠最有效，可以形成强的共价键，所以甲烷分子也很稳定。

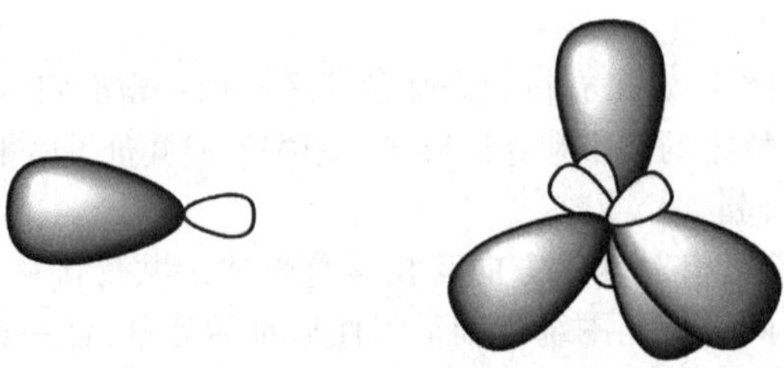
(a) sp^3杂化轨道　(b) sp^3杂化轨道的空间构型

图 1-2 碳原子的 sp^3 杂化

2. sp² 杂化轨道 碳原子激发态中的 2s 轨道与两个 2p 轨道重新组合，形成三个能量相同的 sp^2 杂化轨道。

笔记栏

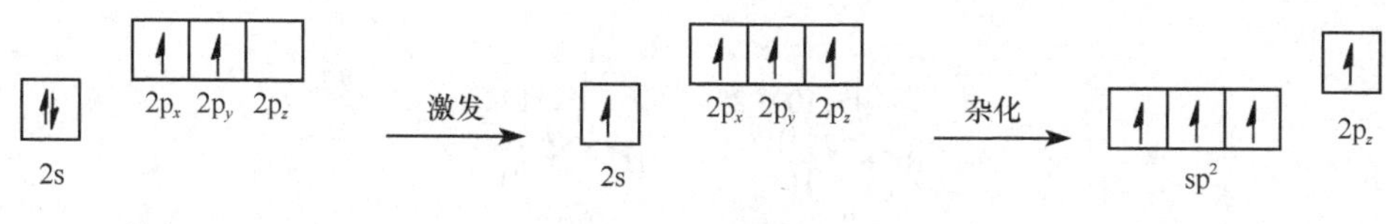

三个 sp^2 杂化轨道的对称轴在同一平面上，轨道间的夹角为 120°，构成了三角形的平面构型，见图 1-3（a）。碳原子余下一个未参与杂化的 2p 轨道，它的对称轴垂直于 sp^2 杂化轨道对称轴所在的平面，见图 1-3（b）。

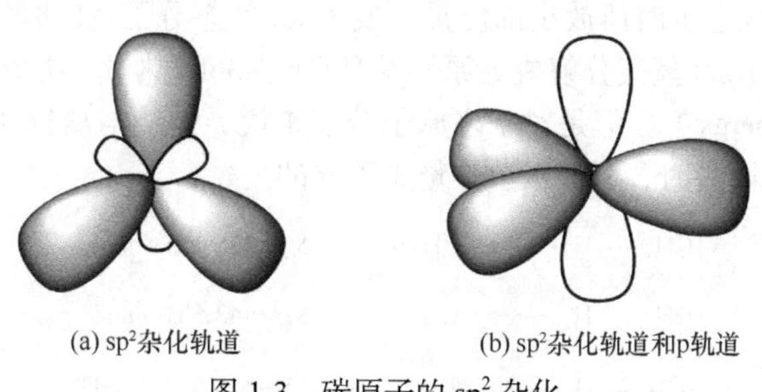

图 1-3 碳原子的 sp^2 杂化

3. sp 杂化轨道 碳原子激发态中的 2s 轨道与一个 2p 轨道重新组合形成两个能量相同的 sp 杂化轨道。

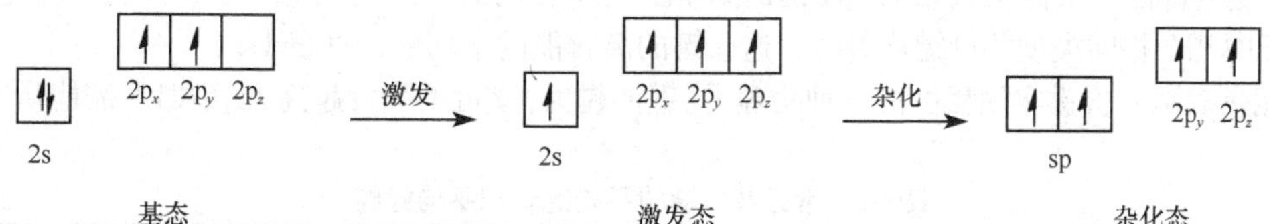

两个 sp 杂化轨道对称轴呈直线形构型，键角为 180°，见图 1-4（a）。余下两个未参与杂化的 2p 轨道与 sp 杂化轨道相互垂直，见图 1-4（b）。

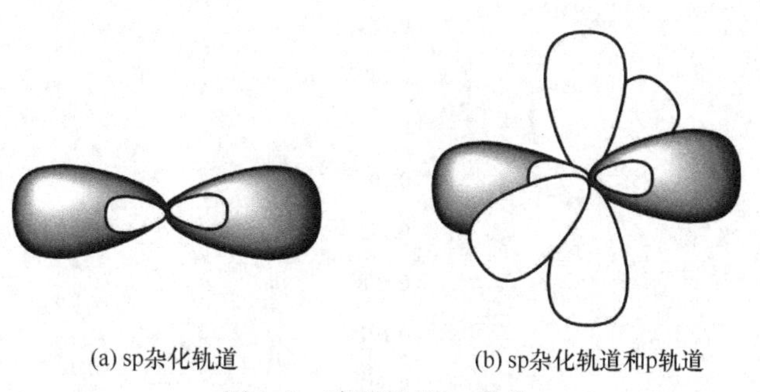

图 1-4 碳原子的 sp 杂化

（三）共价键的属性

为了更深入地了解有机化合物的性质，我们还应该研究共价键的一些重要的性质，其中包括键能、键长、键角和键的极性。这些物理量统称为共价键的“键参数”。根据键参数可以说明分子的一些重要性质。

1. 键长（bond length） 分子中两个原子核间的平均距离称为键长，键长的单位常用 pm 表示。一般来说，两个原子之间所形成的键越短表明键越牢固。键长可通过电子衍射法（气体）或 X 射线衍射法（固体）测定。一些键的键长见表 1-1。同一种键在不同化合物中，其键长的差别是很小的，如 C—C 键在丙烷中为 154pm，在环己烷中为 153pm，一般为 154pm。

2. 键角（bond angle） 两价以上的原子与其他原子成键时，两条共价键之间的夹角叫键角。同种原子在不同分子中形成的键角不一定相同，这是由于分子中各原子间相互影响的结果。

笔记栏

H　109° 28′　C　H　H　H　　　CH$_3$　112°　C　H　H　CH$_3$

甲烷　　丙烷

例如，甲烷分子中H—C—H键角为109º 28′，而丙烷分子中C—CH$_2$—C键角为112º。键角和键长决定着分子的立体形状。

3. 键能（bond energy） 键能是指在压力为101.3kPa，温度为298.15K下，当A、B两个气态原子结合成1mol分子（气态）时所放出的能量，或1mol气态分子AB拆分为A、B两个气态原子时所需的能量。例如，将1mol氢气分解成氢原子需要吸收436kJ热量，这个数值就是氢分子的键能，即离解能（dissociation energy）。但是对于多原子分子来说，键能与离解能是不同的。例如，甲烷分子中的四个碳氢键依次断裂时，所需吸收热量是不同的。

$$CH_3—H \longrightarrow \cdot CH_3 + \cdot H \quad \Delta H=435.1kJ \cdot mol^{-1}$$

$$\cdot CH_2—H \longrightarrow \cdot\dot{C}H_2 + \cdot H \quad \Delta H=443.5kJ \cdot mol^{-1}$$

$$\cdot\dot{C}H—H \longrightarrow \cdot\dot{\underset{\cdot}{C}}H + \cdot H \quad \Delta H=443.5kJ \cdot mol^{-1}$$

$$\cdot\dot{\underset{\cdot}{C}}—H \longrightarrow \cdot\dot{\underset{\cdot}{C}} + \cdot H \quad \Delta H=338.9kJ \cdot mol^{-1}$$

四个碳氢键分解所吸收的总热量为1661.0kJ•mol^{-1}，人们常简单地将其平均值415.5kJ•mol^{-1}称为C—H键的键能。实际上各个C—H键的离解能是不相同的，由此说明多原子分子的键能是指多原子分子中几个相同类型共价键均裂时，这些键的离解能的平均值，见表1-1。

键能是表示共价键牢固程度的一种物理量。键能越大，该键的强度越高，断裂时所需能量也越多。

表1-1 常见共价键的平均键长和平均键能

共价键	平均键长（pm）	平均键能（kJ·mol^{-1}）
C—H	0.110	414.2
C—C	0.154	347.2
C—N	0.147	305.4
C—O	0.143	359.8
N—H	0.103	389.1
C—F	0.142	485.3
C—Cl	0.178	338.9
C—Br	0.191	284.5
O—H	0.097	464.4

4. 键的极性（polarity of bond） 键的极性是由成键的两个原子之间的电负性差异而引起的。当两个相同原子形成共价键，两个原子吸引电子的能力（即电负性）相同，共用电子对均匀地分布在两个原子之间，所以在两核之间电子出现的概率最大，这样正负电荷重心恰好重叠在一起，这种键是无极性的，称为非极性共价键。例如，氢原子的H—H键，乙烷中的C—C键。当两个电负性不同的原子形成共价键时，共用电子对会靠近成键原子中电负性较大的一方，正负电荷重心不重合，这种键具有极性，称为极性共价键。例如，H—Cl分子，氯原子的电负性大于氢原子，电子云偏向氯原子一端，因此，氯的一端带部分负电荷，常用δ^-表示，氢的一端带部分正电荷，用δ^+表示。

$$H^{\delta+} \longrightarrow Cl^{\delta-}$$

键的极性大小，主要取决于成键原子电负性之差，一般说来，两种原子的电负性相差在1.7以上时，通常形成离子键，电负性相差在0.6～1.7时形成极性共价键。表1-2列出了部分元素的电负性。

表 1-2 部分元素的电负性值

H						
2.20						
Li	Be	B	C	N	O	F
0.98	1.57	2.04	2.55	3.04	3.44	3.98
Na	Mg	Al	Si	P	S	Cl
0.93	1.31	1.61	1.90	2.19	2.58	3.16
K	Ca					Br
0.82	1.00					2.96
						I
						2.66

键的极性大小除与成键原子的电负性大小有关外，也与相连接的基团的电负性大小相关，成键原子连接有较强的吸电子或供电子基团都会使该键的极性变大。例如，在 $CH_3CH_2CH_3$ 和 $CH_3CH_2NO_2$ 分子中，前者碳碳键几乎无极性，后者碳碳键极性就较大。常见一些基团的电负性见表 1-3。

表 1-3 常见基团的电负性值

基团	$-CH_3$	$-CF_3$	$-CCl_3$	$-CN$	$-COOH$	$-NO_2$	$-C_6H_5$
电负性值	2.5	3.4	3.0	3.3	2.9	3.4	3.0

键的极性大小可用偶极矩（键矩）μ 来表示。偶极矩是指正负电荷中心间的距离 d 与正电荷中心或负电荷中心电荷值 q 的乘积。

$$\mu=q\times d \quad \text{单位为库仑·米 [C·m]}$$

有机化合物分子中一些常见的共价键的偶极矩一般在（1.334 ～ 1.167）$\times10^{-30}$C·m。偶极矩具有方向性，用+→表示，箭头指向负电荷一端。对于双原子分子来说，键的偶极矩就是分子的偶极矩。但是多原子分子的偶极矩不只取决于键的极性，还取决于各键在空间的矢量和，见图 1-5。

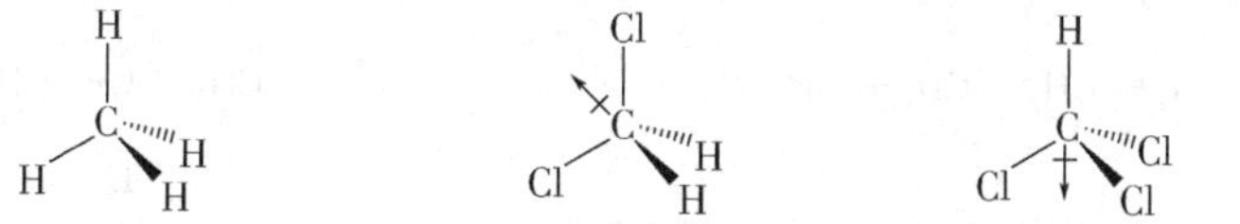

$\mu=0$ $\mu=5.23\times10^{-30}$C·m $\mu=3.83\times10^{-30}$C·m

图 1-5 几种化合物的偶极方向和偶极矩

5. 键的极化（polarization of bond） 键的极化是指在外界电场作用下，共价键电子云的分布发生改变，即分子的极性状态发生变化。若去掉外界电场的影响，共价键及分子的极性状态又恢复原状。不同的共价键受外界电场影响极化的难易程度是不同的，这种键的极化难易程度称为极化度。

共价键的极性和极化度是共价键的重要性质之一，与分子的物理性质和化学键的反应性能密切相关。

四、有机化学反应的基本类型

有机化合物中连接各原子的化学键几乎都是共价键，当发生反应时，必然存在共价键的断裂和形成。在有机化学反应中，共价键的断裂方式有以下两种：

（一）均裂反应

共价键断裂时，成键的一对电子平均分给键合的两个原子，这种断裂方式称为均裂（homolysis）。

笔记栏

由均裂产生的带有单电子的原子或基团称为自由基（free radical）。自由基（游离基）性质非常活泼，一般可以继续引起一系列的反应，这类反应一般在光、热或自由基引发剂的作用下进行。有自由基参与的反应称为自由基反应。例如：

$$\mathrm{A:B} \longrightarrow \mathrm{A\cdot + B\cdot}$$

$$\mathrm{Cl:Cl} \xrightarrow{h\nu} \mathrm{Cl\cdot + Cl\cdot}$$

（二）异裂反应（heterolytic reaction）

共价键断裂时，成键的一对电子保留在一个原子或基团上，从而产生正离子（cation）和负离子（anion），这种键的断裂方式称为异裂（heterolysis）。由异裂产生的正离子或负离子也是反应活性中间体，可以与试剂继续进行反应，这种反应称为离子型反应。例如：

$$\mathrm{A:B} \longrightarrow \mathrm{A^+ + :B^-}$$

$$\begin{array}{c} CH_3 \\ | \\ CH_3-C:Cl \\ | \\ CH_3 \end{array} \longrightarrow \begin{array}{c} CH_3 \\ | \\ CH_3-C^+ \\ | \\ CH_3 \end{array} + :Cl^-$$

也有一些有机反应，在反应过程中没有明显分步的共价键的断裂，即没有自由基或带电离子的形成，而只是通过一个环状的过渡态，然后一部分化学键的断裂以及新化学键的形成同时完成而得到反应产物。这种同步完成的反应叫做协同反应。

五、有机化合物的分类

有机化合物种类繁多，性质各异，有机化合物的分类，主要采用两种方法，一种是根据碳骨架分类，另一种是按照分子中的官能团来分类，现分别介绍如下。

（一）按基本骨架分类

根据碳的骨架可以将有机物分成以下三类。

1. 链状化合物（chain compound） 链状化合物分子中，碳原子相互连接成链状结构。由于长链的化合物最初是在油脂中发现的，所以链状化合物又称为脂肪族化合物（aliphatic compound）。例如：

$$CH_3-CH_2-CH_2-CH_2-CH_3$$

戊烷

$$\begin{array}{c} CH_3 \\ | \\ CH_3-C-CH_2CH_3 \\ | \\ H \end{array}$$

异戊烷

2. 碳环化合物（carbocyclic compound） 碳环化合物分子中含有由碳原子组成的环，根据碳环的结构特点，它们又分为以下两类。

（1）脂环化合物（alicyclic compound）：从结构上看是环状化合物，但是性质与脂肪族化合物性质相似，故称为脂环化合物。例如：

环戊烷　环己烷

（2）芳香化合物（aromatic compound）：结构特点是分子中都有一个或多个苯环，性质上与脂肪族有较大区别。例如：

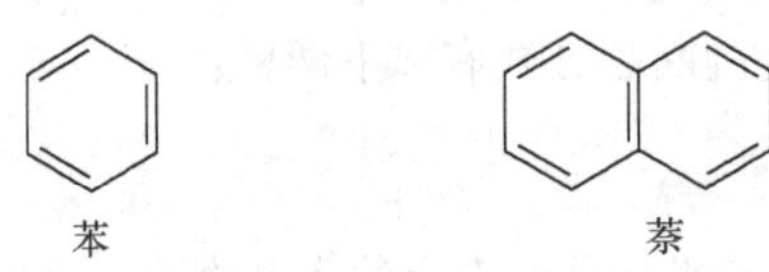

苯　萘

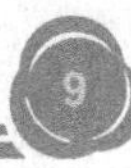

3. 杂环化合物（heterocyclic compound） 杂环化合物分子中的环是由碳原子和其他元素的原子（如 O、N、S）组成。例如：

呋喃　　吡啶

（二）按官能团分类

化合物又可以按照分子中含有某些特征反应的原子（如卤素原子）、基团（如 —OH、—COOH）或某些特征化学键结构（如双键、叁键）等来进一步分类。分子中存在的这些易发生反应的原子、基团或特征结构决定着化合物的一些主要性质，因此把它们称为官能团（functional group）。一般来说，含有同样官能团的化合物化学性质基本相同。本书主要采用以官能团分类的方式，并结合碳架结构进行讨论。现将一些主要官能团的类别列于表 1-4 中。

表 1-4　常见的一些官能团

官能团	名称	官能团	名称
>C=C<	双键	—C(=O)OH	羧基
≡	叁键	—NHR	氨基
—X (X=F,Cl,Br,I)	卤原子基团	—CN	氰基
—OH	羟基		
R—O—R′	醚基	$—NO_2$	硝基
—SH	巯基		
—C(=O)H	醛基	$—SO_3H$	磺酸基
—C(=O)—	酮基		

习　题

1. 什么是有机化合物？它有哪些特性？

2. 什么是 σ 键和 π 键？

3. 根据电负性指出下列共价键偶极矩的方向。

（1）C—Cl　（2）C—O　（3）C—S　（4）N—Cl

（5）N—O　（6）N—S　（7）N—B　（8）B—Cl

4. 根据键能的数据，当乙烷分子受热裂解时，哪一个共价键首先破裂？为什么？这个过程是吸热还是放热？

5. 指出下列各化合物分子中碳原子的杂化状态。

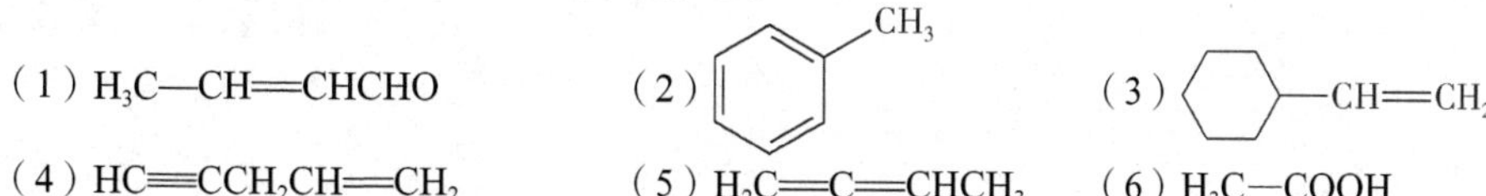

（4）$HC≡CCH_2CH═CH_2$　（5）$H_2C═C═CHCH_3$　（6）$H_3C—COOH$

6. 判断下列化合物是否为极性分子。

（1）HBr　（2）NH_3　（3）CH_4　（4）I_2

（5）$CHCl_3$　（6）O_2　（7）$CH_3—O—CH_3$　（8）CH_3CH_2OH

笔记栏

案例 1-1　海葵毒素

随着有机化学理论的深入发展，有机化学家的合成技巧也越来越高超，合成的物质也越来越复杂。例如，20 世纪 90 年代初，美国哈佛大学一个研究小组合成的海葵毒素。

海葵毒素（palytoxin）是非多肽类物质中毒性非常大的一种，仅用 2.3 ～ 31.5μg 就可以使人致死。海葵毒素最早在 1971 年从夏威夷的软体珊瑚中分离出来，后来在其他海洋生物中也有发现。它是目前作用最强的冠状动脉收缩剂。它能选择性地作用于细胞膜的“钠通道”，增加心肌收缩力，延长电冲动在肌肉中传递的时间，它还是一种研究心肌和神经膜兴奋现象的有效工具。

海葵毒素分子式为 $C_{129}H_{223}N_3O_{54}$，分子质量 2680.14g/mol，具有 64 个不对称中心和 8 个双键，可能的异构体有 10^{23} 种。确定了海葵毒素的结构后，哈佛大学的 Kishi 等先通过合成 8 个关键结构片段，再将这些片段通过立体选择性引入双键对接，而得到海葵毒素整个分子。合成这样庞大且手性中心众多的分子，引入双键对接分子片段是关键，各分子片段中的保护基团十分重要。全保护海葵毒素羧酸带有 8 种 42 个保护基，通过不同方式脱去保护基团后，再完成最后合成。因而这个合成被誉为“化学合成中的攀登珠穆朗玛峰”。

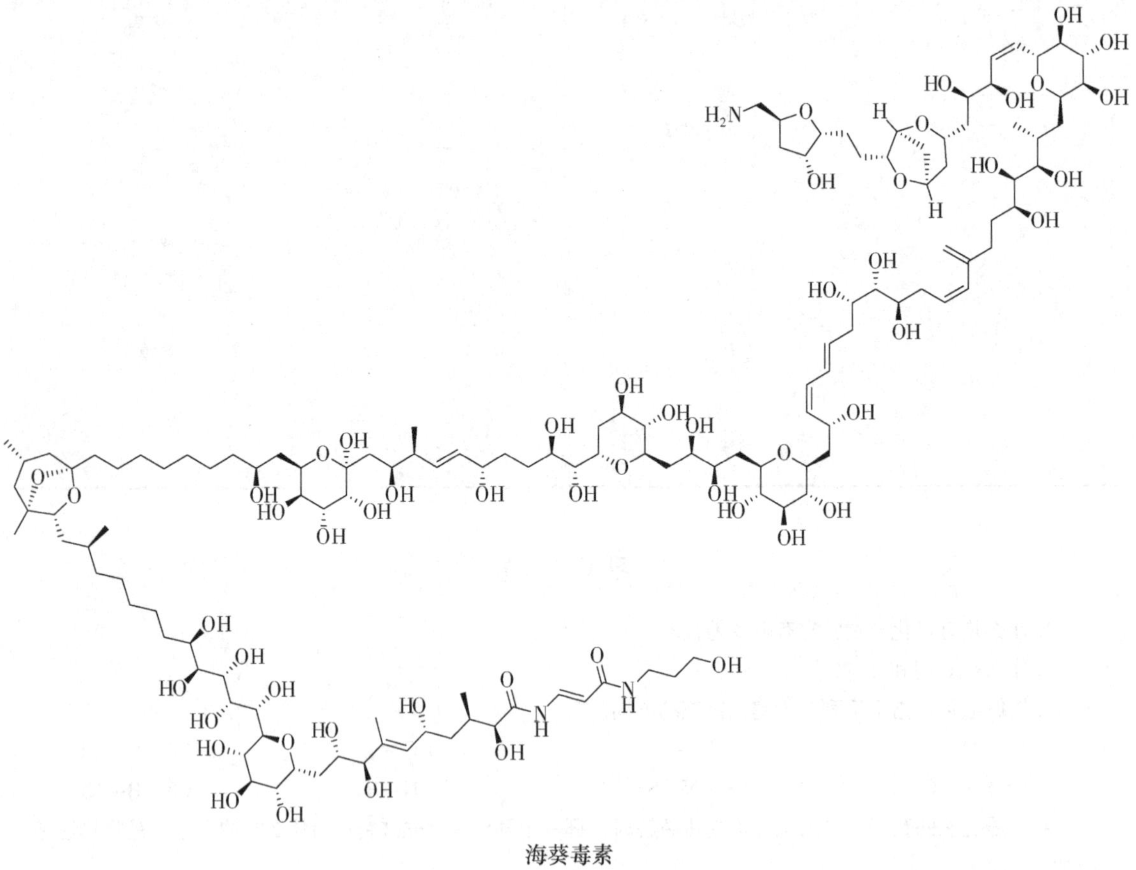

海葵毒素

（贾云宏）

笔记栏

第二章 烷烃

烃（hydrocarbon）是碳氢两种元素组成的化合物。它是组成最简单的有机化合物，其他有机化合物可视为烃的衍生物。在有机化合物中碳总是 4 价，它通过碳原子相互结合，形成有机化合物的基本骨架。

根据碳原子的连接方式和顺序不同，烃可分为开链烃和环烃。

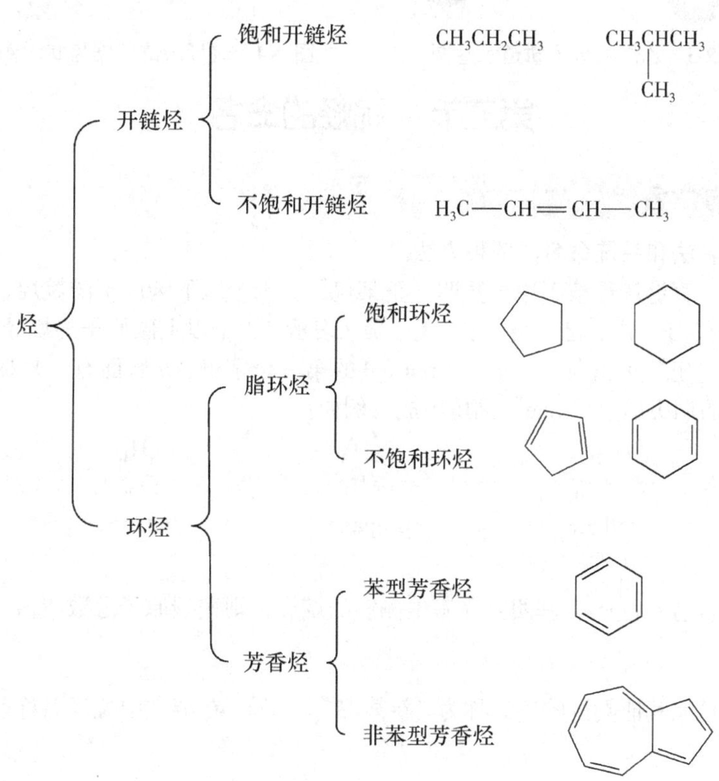

第一节 烷烃的结构

烷烃分子中碳原子外层轨道发生 sp^3 杂化，形成的碳碳键（C_{sp3}—C_{sp3}）和碳氢键（C_{sp3}—H_s）都是 σ 键，见图 2-1。

甲烷是最简单的烷烃，电子衍射光谱证实，甲烷分子呈正四面体，碳原子位于正四面体的中心，四个 C—H 键分别伸向正四面体的四个顶点，键角为 109° 28′，键能为 $415kJ\cdot mol^{-1}$，见图 2-2。

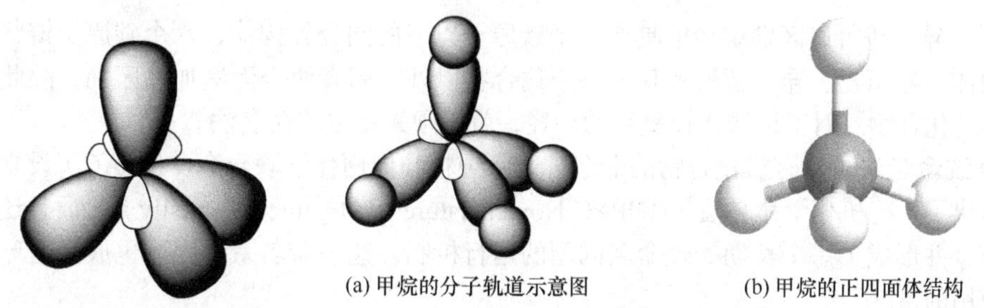

(a) 甲烷的分子轨道示意图
(b) 甲烷的正四面体结构

图 2-1 烷烃中心碳原子的 sp^3 杂化轨道

图 2-2 甲烷的结构

通过电子衍射光谱的研究还获知，乙烷分子中 H—C—C，H—C—H 的键角均接近 109° 28′，C—H 键键长为 110pm，C—C 键键长为 154pm，见图 2-3。

其他烷烃的碳原子也是通过 sp^3 杂化轨道沿键轴方向重叠形成 C—C σ 键，余下的 sp^3 杂化轨道

仍与氢原子 1s 轨道重叠形成 C—H σ 键。其他烷烃的键角、键长也仅有微小差别。整条碳链呈锯齿状，见图 2-4。

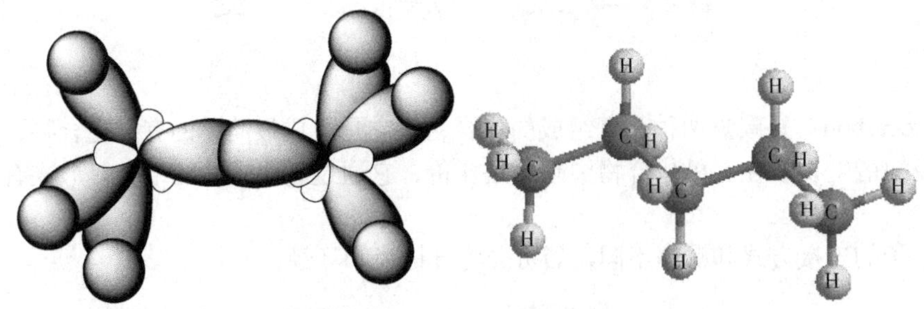

图 2-3　乙烷的分子轨道示意图　　　图 2-4　烷烃碳链的锯齿状示例

第二节　烷烃的命名

（一）烷烃的命名

可采用普通命名法和系统命名法两种方法。

1. 普通命名法　直链烷烃按碳原子数叫“正某烷”。十个以下碳原子的烷烃，其碳原子数用天干数字（甲、乙、丙、丁、戊、己、庚、辛、壬、癸）表示。十个以上碳原子的烷烃用中文数字命名。烷烃的英文名称，“正”字由英文“*n*-”（normal 的第一个字母，*n* 后面有一短横线）表示，烷烃是由表示碳原子数的词头加上“-ane”词尾组成。例如：

CH_4	C_2H_6	C_3H_8	C_4H_{10}	$C_{11}H_{26}$
甲烷	乙烷	丙烷	丁烷	十一烷
methane	ethane	propane	butane	undecane

若在链的一端含有 $CH_3CH(CH_3)—$ 基团且无其他侧链的烷烃，则按碳原子总数叫做“异某烷”。在链的一端含有 $CH_3C(CH_3)_2—$ 且无其他侧链的烷烃称为“新某烷”。“异”在英文中烷烃名称前加“iso”，“新”在英文中烷烃名称前加“neo”，“iso”和“neo”是命名中的一部分，后面不用短横线。例如：

$$H_3C—\underset{\displaystyle CH_3}{CH}—CH_2CH_3$$

异戊烷
isopentane

$$H_3C—\overset{\displaystyle CH_3}{\underset{\displaystyle CH_3}{C}}—CH_3$$

新戊烷
neopentane

$$H_3C—\overset{\displaystyle CH_3}{\underset{\displaystyle CH_3}{C}}—CH_2CH_3$$

新己烷
neohexane

用正、异、新可以区别烷烃中具有五个碳原子以下的同分异构体，六个碳原子链状烷烃有五个同分异构体，除用正、异、新表示其中三个化合物以外，尚有两个无法加以区别，故此命名法只适用于简单的化合物。对于结构比较复杂的烷烃，就必须采用系统命名法。

2. 系统命名法　对有机化合物的命名，国际纯粹和应用化学联合会（IUPAC）设立了专门的委员会，提出了《有机化学命名法》(IUPAC Nomenclature of Organic Chemislly)，而且还在不断地修订和补充，并形成了一个长期处理命名问题的运行机制，这一命名系统因而也成为全球有机化学界最广泛使用的系统。

英国皇家化学会出版了最新的《有机化学命名法》(Nomenclature of Organic Chemistry-IUPAC Recommendations and Preferred Names 2013, 简称 IUPAC2013)。2017 年 12 月 20 日，中国化学会有机化合物命名审定委员会在 IUPAC2013 命名法的基础上编写了最新版的《有机化合物命名原则 2017》(简称 CCS2017) 正式发布。本次修订在有机化合物的命名规则和书写方面做了重要修改。

目前国内有机化学教材和文献存在着 CCS1980、CCS2017 和 IUPAC2013 的多种命名规则并行的现象。有机化合物命名新原则中取代基按英文字母排序，对初学者来说，学习掌握具有一定难度，本教材仍以 CCS1980 命名原则为基础。

烃分子中去掉一个氢原子，所剩下的基团叫烃基。脂肪烃去掉一个氢原子后所剩下的基团，叫脂肪烃基，用 R— 表示。芳香烃去掉一个氢原子后所剩下的基团叫芳香烃基，用 Ar— 表示。英文命名只是将“-ane”改成“-yl”。烷基的个数分别用词头“di”、“tri”和“tetra”表示二、三、四个。表 2-1 列出一些常见的烷基的名称。

表 2-1 一些常见烷基的名称

烷基	普通命名法			系统命名法		
	中文名	英文名	简写	中文名	英文名	简写
CH_3—	甲基	methyl	Me	甲基	methyl	Me
CH_3CH_2—	乙基	ethyl	Et	乙基	ethyl	Et
$CH_3CH_2CH_2$—	丙基	*n*-propyl	*n*-Pr	丙基	propyl	Pr
CH_3CH— | CH_3	异丙基	isopropyl	*i*-Pr	1-甲（基）乙基	1-methylethyl	
$CH_3(CH_2)_2CH_2$—	丁基	*n*-butyl	*n*-Bu	丁基	butyl	Bu
CH_3CH_2CH— | CH_3	仲丁基	*sec*-butyl	*s*-Bu	1-甲（基）丙基	1-methylpropyl	
CH_3CHCH_2— | CH_3	异丁基	isobutyl	*i*-Bu	2-甲（基）丙基	2-methylpropyl	
$(CH_3)_3C$—	叔丁基	tert-butyl	*t*-Bu	1,1-二甲（基）乙基	1,1-dimethylethyl	
$CH_3(CH_2)_3CH_2$—	正戊基	*n*-pentyl （*n*-amyl）		戊基	pentyl	
$CH_3CHCH_2CH_2$— | CH_3	异戊基	isopentyl		3-甲（基）丁基	3-methylbutyl	
$(CH_3)_3CCH_2$—	新戊基	neopentyl		2,2-二甲（基）乙基	2,2-dimethylpropyl	

此外，两价的烷基称为亚基，三价的烷基称为次基，例如：

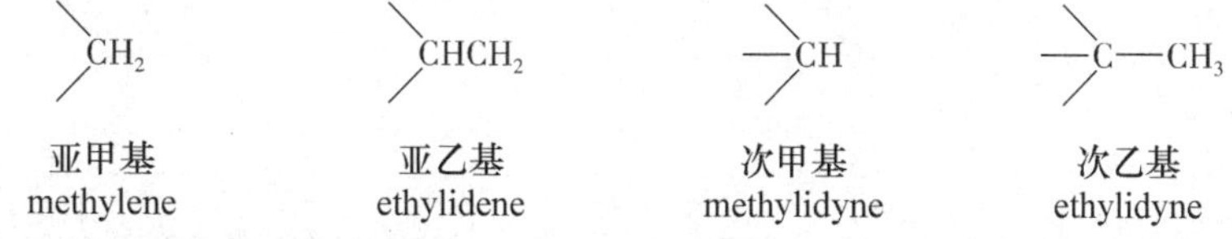

亚甲基 methylene　　亚乙基 ethylidene　　次甲基 methylidyne　　次乙基 ethylidyne

（二）碳及氢的类型

1°（伯）碳原子：烷烃中的碳原子只与 1 个碳原子直接相连。

2°（仲）碳原子：烷烃中的碳原子与 2 个碳原子直接相连。

3°（叔）碳原子：烷烃中的碳原子与 3 个碳原子直接相连。

4°（季）碳原子：烷烃中的碳原子与 4 个碳原子直接相连。

1°（伯）氢原子：与烷烃中的伯碳原子相连。

2°（仲）氢原子：与烷烃中的仲碳原子相连。

3°（叔）氢原子：与烷烃中的叔碳原子相连。

因此根据烷烃分子中碳原子直接结合的碳原子的数目，可将碳原子分为 4 种类型：1°（伯）碳原子（primary carbon atom）、2°（仲）碳原子（secondary carbon atom）、3°（叔）碳原子（tertiary carbon atom）和 4°（季）碳原子（quaternary carbon atom）。以下列化合物为例，将碳原子的类型总结表示如下：

$$
\begin{array}{ccccccccc}
 & & \overset{1^\circ}{CH_3} & & & & & & \\
 & & | & & & & & & \\
\overset{1^\circ}{CH_3} & - & \overset{4^\circ}{C} & - & \overset{2^\circ}{CH_2} & - & \overset{3^\circ}{CH} & - & \overset{1^\circ}{CH_3}\\
 & & | & & & & | & & \\
 & & \underset{1^\circ}{CH_3} & & & & \underset{1^\circ}{CH_3} & &
\end{array}
$$

烷烃系统命名法的要点是：

（1）选主链：选择含有取代基最多的、连续的最长碳链为主链，以此作为“母体烷烃”，并按主链所含碳原子数命名为某烷；等长碳链时，选择支链较多的一条为主链。例如：

```
              4    5    6
              CH2—CH2—CH3
              |
CH3—CH2—CH—CH2—CH3
              3    2    1
```

母体是己烷，不是戊烷

```
                                      CH3
                        4     3      |2   1
CH3—CH2—CH2—CH—CH—C—CH3
                        5|      |      |
               CH3—CH   CH3  CH3
                        |
                      6CH2
                        |
                      7CH3
```

母体是庚烷

（2）编号：主链上若有取代基，则从靠近取代基的一端开始，给主链上的碳原子依次用1、2、3、4、5、……标出其位次。两个不同的取代基位于相同位次时，根据次序规则（sequence rule），排列小的取代基具有较小的编号。当两个相同取代基位于相同位次时，应使第三个取代基的位次最小，以确定主链碳原子的编号顺序。

```
7  6  5  4  3  2  1
CH3CH2CHCH2CHCH2CH3
         |       |
        C2H5   CH3
```

```
1      2      3      4      5      6
CH3—CH—CH—CH2—CH—CH3
        |      |             |
       CH3    CH3           CH3
```

（3）命名：主链为母体化合物，若连有相同的取代基时，则合并取代基，并在取代基名称前，用二、三、四、……数字表明取代基的个数。各取代基的位次都应标出，表示各位次的数字间用“，”隔开。取代基的位次与名称之间用半字线连接起来，写在母体化合物的名称前面。例如：

```
              CH2—CH2—CH3
              |
CH3—CH2—CH—CH2—CH3
```

3-乙基己烷
3-ethylhexane

```
                CH3
                |
CH3—CH—C—CH2—CH—CH3
        |     |          |
       CH3   CH3        CH3
```

2,3,3,5-四甲基己烷
2,3,3,5-tetramethylhexane

主链上若连有不同的取代基，应按“次序规则”将取代基先后列出，较优基团应后列出。次序规则详见第三章。

例如：

```
CH3—CH2—CH—CH2—CH—CH2—CH3
              |             |
              CH2          CH3
              |
              CH3
```

3-甲基-5-乙基庚烷
5-ethyl-3-methylheptane

```
                        CH3
                        |
CH3—CH2—CH2—C—CH2—CH3
                        |
                        CH2—CH3
```

3-甲基-3-乙基己烷
3-ethyl-3-methylhexane

```
                                CH3
                                |
CH3—CH2—CH—CH2—C—CH2—CH3
              |                 |
              CH2              CH3
              |
              CH3
```

3,3-二甲基-5-乙基庚烷
3,3-dimethyl-5-ethylheptane

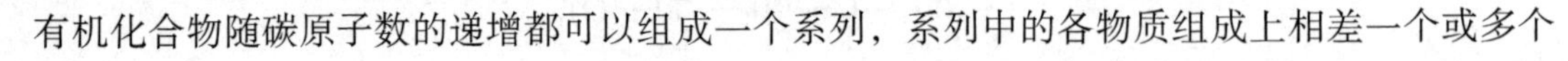

第三节　烷烃的异构现象

（一）烷烃的同系列

笔记栏

有机化合物随碳原子数的递增都可以组成一个系列，系列中的各物质组成上相差一个或多个

CH_2，它们互为同系物，CH_2 叫系列差。由同系物组成的系列叫同系列（homologous series）。同系物的组成可用一个通式表示，烷烃的通式为 C_nH_{2n+2}。烷烃的同系列表示如下：

CH_4

CH_3CH_3

$CH_3CH_2CH_3$

$CH_3CH_2CH_2CH_3$

$CH_3CH_2CH_2CH_2CH_3$

……

（二）烷烃的异构现象

同系物的结构相似，性质相近，但随着碳原子数的递增，物理性质表现出量变到质变的规律。碳原子数相差较大的同系物化学性质也有较大差异。

含 4 个碳原子以上的烷烃，存在碳链异构。这是由于碳原子结合方式或顺序不同所导致的异构，属于构造异构。此外，含 2 个以上碳原子的烷烃因碳碳单键旋转使连接在碳原子上的原子（团）产生不同的空间排布的立体异构，即构象异构。

1. 碳链异构 以含 5 个碳原子的烷烃为例，即分子式为 C_5H_{12} 的烷烃有 3 个异构体：

(1) $CH_3CH_2CH_2CH_2CH_3$

(2) $CH_3CH_2CHCH_3$（CH 上连 CH_3）

(3) $H_3C—C—CH_3$（C 上下各连 CH_3）

上述各异构体之间的差异在于各碳原子直接相连的碳原子数目不等。

2. 构象异构 当烷烃分子中的 C—C 单键绕轴旋转时，连在碳原子上的原子（基团）在空间呈现无数的立体形象。构象（conformation）是一个分子由于单键旋转而产生的各种立体形象。这种异构现象称构象异构，所形成的异构体互称构象异构体。

（1）乙烷的构象：乙烷没有构造异构，但若将乙烷的一个碳原子固定，另一个碳原子绕键轴旋转，随着旋转角度不同，两个碳上的氢原子可出现不同的空间排布形式而发生构象异构。其中最典型的两种构象是重叠式和交叉式。

构象异构体常用锯木架形投影式（sawhorse projection）（简称锯架式）和纽曼投影式（Newman projection）表示。锯架式是从分子的侧面观察，实线表示位于纸平面的价键，实楔形表示纸平面前的价键，虚楔形表示纸平面后的价键的图形，该式的优点是能直接反映出碳原子和氢原子的空间排布情况，如图 2-5 所示。

纽曼投影式是沿碳碳单键的方向投影，以 ⅄ 表示纸平面前的原子和价键，以 ○ 表示纸平面后的原子和价键的图形，如图 2-6。

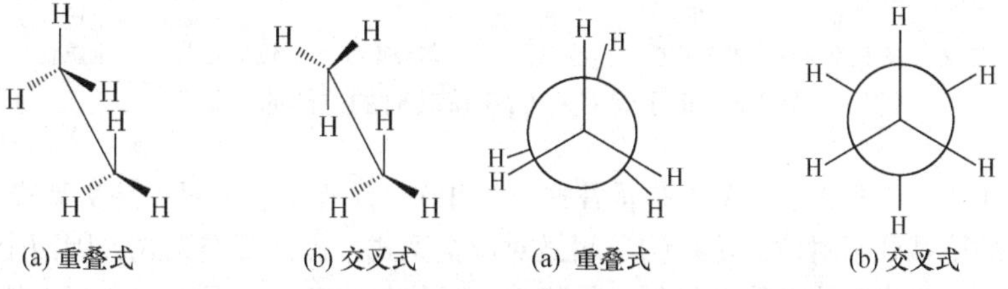

(a) 重叠式 (b) 交叉式 (a) 重叠式 (b) 交叉式

图 2-5 乙烷的锯木架形投影式 图 2-6 乙烷的纽曼投影式

将重叠式或交叉式构象绕轴旋转 60°，则重叠式变为交叉式，或交叉式变为重叠式。实际上，随着旋转角度的不同会有无数种异构体，它们之间不涉及共价键的断裂。由图 2-7 可以看出重叠式处于位能曲线最高点，这是因为重叠式中各对氢原子空间距离很近，分子能量高，重叠式是一种最不稳定的构象。交叉式中，两个碳上的氢原子空间排列相互交叉呈 60° 夹角，各对氢原子彼此相距最远，相互间斥力最小，能量最低，是最稳定的构象，亦称优势构象，处于位能曲线的最低点。介于重叠式和交叉式之间的构象叫斜交叉式，能量在二者之间。

笔记栏

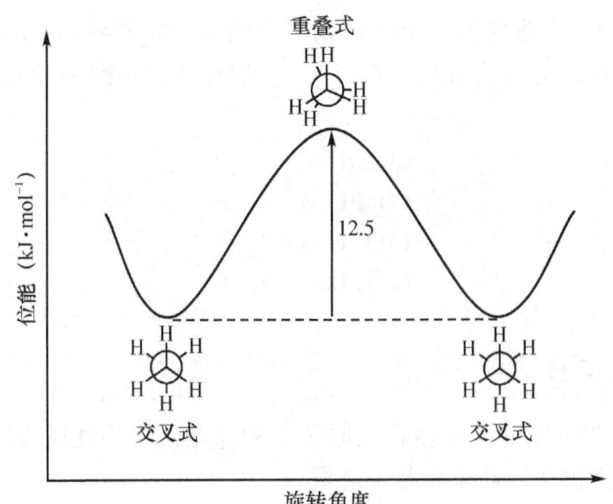

图 2-7　乙烷分子的位能曲线图

由此可见，单键的旋转不是完全自由的，需要克服一定的能垒，这个能垒称为扭转能。由重叠式转为交叉式要放出 $12.5kJ\cdot mol^{-1}$ 的能量，反之，由交叉式转为重叠式要吸收 $12.5kJ\cdot mol^{-1}$ 的能量，但这并不困难，因为室温下乙烷分子的碰撞可产生 $83.8kJ\cdot mol^{-1}$ 的能量，足以克服这个能垒。因而各构象迅速互变，以至我们在室温下不能分离出某种构象异构体。

（2）正丁烷的构象：碳原子数多于两个的烷烃，构象更为复杂，以正丁烷为例，若以两个甲基处于对位的（Ⅰ）开始，绕 $C_2—C_3$ σ 键旋转，每旋转 60°，两个甲基的空间排列变化形成典型的构象位能曲线，如图 2-8 所示。

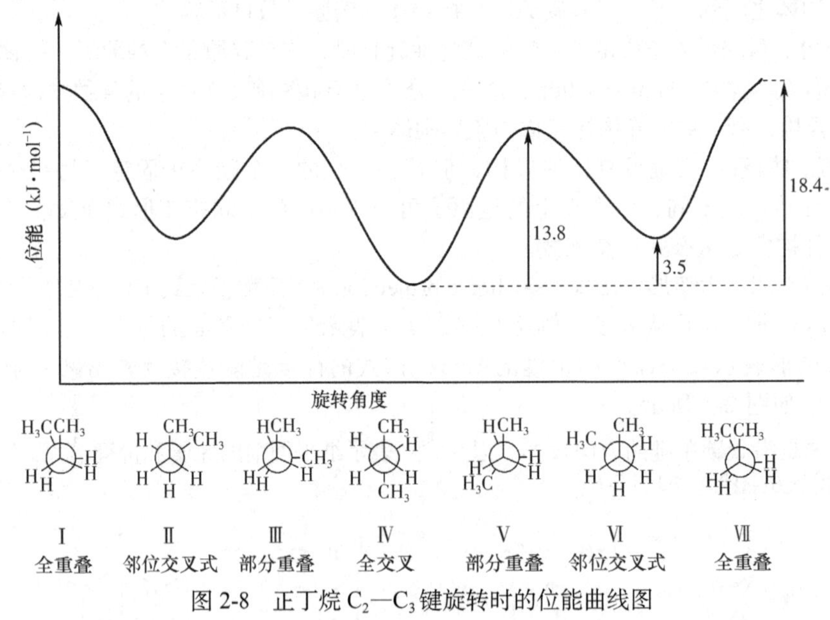

图 2-8　正丁烷 $C_2—C_3$ 键旋转时的位能曲线图

由图可知（Ⅰ）、（Ⅲ）、（Ⅴ）是重叠式，（Ⅱ）、（Ⅳ）、（Ⅵ）是交叉式。在交叉式（Ⅳ）中两个体积较大的甲基处于对位，这种构象叫做对位交叉式，也称反交叉式，因两个体积较大的基团离得最远，没有扭转张力，体系能量最低，最稳定，是优势构象。（Ⅱ）和（Ⅵ）能量相同，两个体积较大的基团处于邻位，这种构象叫邻位交叉式，也称顺交叉式，由于两个甲基空间距离较近，所以能量较对位交叉式的要高些。重叠式中（Ⅰ）的两个甲基完全重叠，这种构象叫做全重叠式，因两个甲基距离最近，扭转张力最大，所以能量最高，是最不稳定的构象。（Ⅲ）和（Ⅴ）的能量相同，甲基与氢重叠，两个甲基距离较全重叠式远，扭转张力较全重叠式小，能量较全重叠式低，较稳定。由上可知，丁烷有 4 种典型构象，即对位交叉、邻位交叉、部分重叠和全重叠。同乙烷相似，正丁烷的各种构象能量差别不大，在室温下迅速互相转变，分离不出某种构象异构体，在室温下正丁烷是各种构象异构体的平衡混合物。混合物中主要以对位交叉构象存在，所以，直链烷烃的立体形象呈锯齿状。

笔记栏

第四节 烷烃的性质

一、烷烃的物理性质

烷烃的物理性质常随碳原子数的增加呈有规律的变化。表 2-2 列出了正烷烃的一些物理常数。

物理状态：在室温和一个大气压下，$C_{1\sim4}$ 的正烷烃是气体，$C_{5\sim16}$ 的正烷烃是液体，C_{17} 以上的正烷烃是固体。

沸点：正烷烃随相对分子质量增加沸点逐渐升高，但并非简单的线性关系，每增加一个 CH_2 所引起的沸点升高数值不同，一般相对分子质量越大增幅越小。

熔点：正烷烃的熔点，同系列中头几个不那么规则，而 C_4 以上的正烷烃随相对分子质量增加熔点升高，但熔点曲线是一条上升的折线，这是由于偶数碳原子的烷烃每增加一个碳，熔点升高值大于奇数碳原子升高的值的缘故。C_{15} 以上的烷烃熔点随相对分子质量增加而升高不出现上述情况。

相对密度：随相对分子质量的增加而增加，二十烷以下的接近 0.78。

溶解度：烷烃是非极性分子，不溶于水，能溶于某些有机溶剂，如苯、氯仿、四氯化碳、石油醚等。

表 2-2 正烷烃的物理常数

状态	名称	分子式	熔点（℃）	沸点（℃）	相对密度 D_4^{20}
气体	甲烷	CH_4	−182.5	−164.0	0.466
	乙烷	C_2H_6	−183.3	−88.6	0.572
	丙烷	C_3H_8	−189.7	−42.1	0.5005
	丁烷	C_4H_{10}	−138.4	−0.5	0.6012
液体	戊烷	C_5H_{12}	−129.7	36.1	0.6262
	己烷	C_6H_{14}	−95.0	68.9	0.6603
	庚烷	C_7H_{16}	−90.6	98.4	0.6838
	辛烷	C_8H_{18}	−56.8	125.7	0.7025
	壬烷	C_9H_{20}	−51.0	150.8	0.7176
	癸烷	$C_{10}H_{22}$	−29.7	174.0	0.7298
	十一烷	$C_{11}H_{24}$	−25.6	195.9	0.7402
	十二烷	$C_{12}H_{26}$	−9.6	216.3	0.7487
	十三烷	$C_{13}H_{28}$	−5.5	235.4	0.7564
	十四烷	$C_{14}H_{30}$	5.9	253.7	0.7628
	十五烷	$C_{15}H_{32}$	10.0	270.6	0.7685
	十六烷	$C_{16}H_{34}$	18.2	287.0	0.7733
固体	十七烷	$C_{17}H_{36}$	22.0	301.8	0.7780
	十八烷	$C_{18}H_{38}$	28.2	316.1	0.7768
	十九烷	$C_{19}H_{40}$	32.1	329.7	0.7774
	二十烷	$C_{20}H_{42}$	36.8	343.0	0.7886
	二十二烷	$C_{22}H_{46}$	44.4	368.6	0.7944
	三十二烷	$C_{32}H_{66}$	69.7	467	0.8124

二、烷烃的化学性质

烷烃分子中的 C—C 键和 C—H 键都较稳定（键能较大），分子都无极性，可极化性小。所以，烷烃在一般条件下试剂不易进攻，化学性质稳定，特别是正烷烃，与大多数试剂如强酸、强碱、强氧化剂、强还原剂及金属钠一般都不发生反应，或者反应速率极其缓慢。由于烷烃有这样的特征，在生产上常常用烷烃作为反应的溶剂。但烷烃分子的 C—C 键和 C—H 键可极化度小，只是不易发生异裂反应而容易发生均裂反应即自由基反应。并因烷烃来源丰富，它的反应早已成为有机化学工业长期重点研究的课题，近些年来获得了不少成果。下面叙述烷烃的主要反应。

笔记栏

（一）氧化

在常温常压下，烷烃不与氧反应，如果在空气中燃烧，则生成二氧化碳和水，并放出大量的热。

$$C_{10}H_{22} + 15.5O_2 \xrightarrow{\text{燃烧}} 10CO_2 + 11H_2O + 6778kJ \cdot mol^{-1}$$

在高温及催化剂（锰盐）存在下，用空气小心地氧化烷烃，可生成含氧的化合物，一般得到羧酸（R—COOH），这就为烷烃的应用开辟了道路。例如，甲烷可氧化成甲醇或甲醛，也可氧化成一氧化碳和氢的混合物，该混合物叫合成气，在工业合成中非常有用。

$$CH_4 \xrightarrow[\text{空气}]{460℃,\ 20atm} CH_3OH + HCHO$$

烷烃在空气或氧气中完全燃烧生成二氧化碳和水，并放出大量的热，汽油、柴油作为内燃机燃料的基本变化和根据。但是这种燃烧通常是不完全的，特别是在氧气不很充足的情况下，会产生大量的一氧化碳。

$$C_nH_{2n+2} + \frac{1}{2}(3n+1)O_2 \xrightarrow{\text{燃烧}} nCO_2 + (n+1)H_2O + \text{能量}$$

（二）卤代反应

烷烃的氢原子被卤素取代的反应称为卤代反应（halogenation）。氟、氯、溴、碘与烷烃反应的活性顺序为 $F_2 > Cl_2 > Br_2 > I_2$，氟代反应十分剧烈难以控制，碘通常不反应，故烷烃的卤代反应常指氯代和溴代。

1. 甲烷的氯代反应 烷烃在常温和黑暗中不易发生卤代反应，但在漫射光、热或过氧化物作用下能发生反应，有时还很剧烈，反应很难停留在一元取代阶段，通常得到的产物是混合物。例如，甲烷和氯气在漫射光、热或过氧化物作用下，发生下列反应，生成氯代甲烷和氯化氢。

$$CH_4+Cl_2 \xrightarrow{h\nu} CH_3Cl + HCl$$

$$CH_3Cl+Cl_2 \xrightarrow{h\nu} CH_2Cl_2 + HCl$$

$$CH_2Cl_2+Cl_2 \xrightarrow{h\nu} CHCl_3 + HCl$$

$$CHCl_3+Cl_2 \xrightarrow{h\nu} CCl_4 + HCl$$

2. 其他烷烃的卤代反应 其他烷烃的氯代反应机制同甲烷相似，但产物更复杂。例如，丙烷的一氯代可以得到两种产物。

$$CH_3CH_2CH_3 \xrightarrow[h\nu]{Cl_2} \underset{\text{1-氯丙烷（43\%）}}{CH_3CH_2CH_2Cl} + \underset{\text{2-氯丙烷（57\%）}}{CH_3\underset{\substack{|\\Cl}}{C}HCH_3}$$

若从丙烷分子中1°H（6个）、2°H（2个）被取代的平均概率考虑，1-氯丙烷的产率应为75%，2-氯丙烷的产率应为25%，而实验得到的两种产物分别为43%和57%，即2°H被取代的概率比1°H大，说明2°H的活性比1°H大。两种类型氢相对活性比为：

2°H ∶ 1°H =（57/2）∶（43/6）= 4 ∶ 1

异丁烷的一氯代可得到36%的2-甲基-2-氯丙烷和64%的2-甲基-1-氯丙烷：

$$H_3C—\underset{\substack{|\\CH_3}}{\overset{\substack{CH_3\\|}}{C}}—H + Cl_2 \xrightarrow{h\nu} \underset{36\%}{H_3C—\underset{\substack{|\\CH_3}}{\overset{\substack{CH_3\\|}}{C}}—Cl} + \underset{64\%}{H_3C—\underset{\substack{|\\CH_2Cl}}{\overset{\substack{CH_3\\|}}{C}}—H}$$

氢的相对活性比为3°H ∶ 1°H =（36/1）∶（64/9）= 5.1 ∶ 1。根据上述结果，可以排出三种氢的反应活性次序：3°H > 2°H > 1°H。卤代反应的产率除与烷烃结构有关外，还与卤素活性有关。例如：

笔记栏

$$CH_3CH_2CH_3 \xrightarrow[h\nu]{Br_2} CH_3CH_2CH_2Br + CH_3\underset{\underset{Br}{|}}{C}HCH_3$$

3% 97%

烷烃的溴代反应，氢的相对反应活性比为：3°H ∶ 2°H ∶ 2°H=1600 ∶ 82 ∶ 1。

这是由于溴对三类氢的选择性比氯大，活性小的试剂有较强的选择性在有机化学反应中是常见的现象。

3. 烷烃的卤代反应机制（自由基链锁反应） 反应机制（reaction mechanism）就是反应的途径或过程，了解反应机制，对认识反应的实质、理解反应条件、控制和利用化学反应都十分有用。烷烃的氯代必须在光照或高温下进行，根据这一事实及其反应，归纳出烷烃的卤代反应机制为自由基链锁反应（free radical chain reaction）。下面以甲烷的氯代反应为例探讨。

（1）自由基链锁反应：甲烷的氯代必须在光照或高温下进行，根据这一事实及其反应，归纳出甲烷的氯代反应机制。

反应分三个阶段进行：

1）链的引发（chain initiation step）：氯分子吸收能量，发生共价键均裂，生成带单电子的氯原子。

$$Cl:Cl \xrightarrow{h\nu} Cl\cdot + \cdot Cl \quad \Delta H=+242.5kJ\cdot mol^{-1} \qquad (1)$$

这种带单电子的原子或基团叫自由基（free radical）。自由基非常活泼，有获取一个电子形成八隅体而稳定的倾向。

2）链的增长（chain-propagation step）：氯自由基与甲烷分子有效碰撞，使 C—H 键均裂，并与氢原子结合，形成氯化氢分子，同时产生新的甲基自由基。甲基自由基与氯分子碰撞，形成一氯甲烷和新的氯自由基。新的氯自由基又可重复进行（2）、（3）反应，这样周而复始反复进行着自由基的消失和生成的反应，取代产物不断生成。

$$Cl\cdot + H:CH_3 \longrightarrow HCl + CH_3\cdot \quad \Delta H=+4.1kJ\cdot mol^{-1} \qquad (2)$$

$$CH_3\cdot + Cl:Cl \longrightarrow CH_3Cl + Cl\cdot \quad \Delta H=-109.3kJ\cdot mol^{-1} \qquad (3)$$

3）链的终止（chain termination step）：随着甲烷量的减少，氯自由基与甲烷碰撞的机会减少，而氯自由基相互碰撞的机会增多，两个氯自由基相遇则形成氯分子。同样，甲基自由基与氯自由基结合生成氯甲烷，甲基自由基相遇生成乙烷。因此，反应的第三个阶段为两个自由基结合生成稳定的分子。

$$Cl\cdot + Cl\cdot \longrightarrow Cl_2 \qquad (4)$$

$$Cl\cdot + CH_3\cdot \longrightarrow CH_3Cl \qquad (5)$$

$$CH_3\cdot + CH_3\cdot \longrightarrow CH_3CH_3 \qquad (6)$$

由于自由基消失，反应（2）、（3）不能再进行下去，反应到此终止。

甲烷氯代反应的过程像一条锁链，一经自由基（Cl·）引发，就一环扣一环地进行下去，所以称为自由基链锁反应。反应的第一阶段是产生自由基、启动反应的一步，是链的引发阶段。第二个阶段为链的增长，即（2）和（3）反应反复进行，不断地有新自由基和氯甲烷生成。这是关键的一步，也是决定整个反应速率的一步。第三个阶段是链的终止，自由基团相互碰撞而消失，反应链被打断，反应也告终止。

（2）过渡态与活化能：过渡态理论认为，从反应物到生成物的过程中，必须经过一个过渡态，才能形成产物，过渡态的结构介于反应物与生成物之间。例如：

$$A—B + C \rightleftharpoons [A\cdots B\cdots C] \rightleftharpoons A + B—C$$

从反应物到过渡态，体系能量不断升高，到达过渡态时能量达到最高值，以后体系能量很快降低。反应物与过渡态之间的能量差叫活化能，用 E_a 表示，图 2-9 表示反应过程中的能量变化。反应进行时反应物必须越过这个能垒 E_a，反应才能发生。E_a 越小，过渡态越易形成，反应速率就越大。

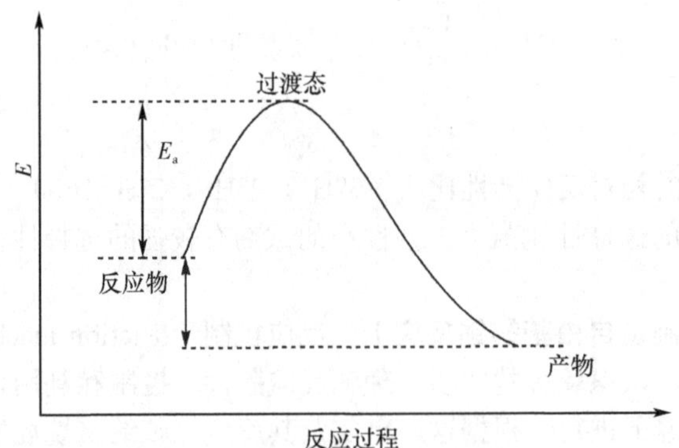

图 2-9 反应过程中能量变化

甲烷与氯自由基反应形成的甲基自由基，经测定证实了自由基反应机制的真实性。反应开始，氯原子沿 C—H 键的键轴靠近氢原子，到一定距离时，C—H 键逐渐松弛，氯原子和氢原子间的新键开始形成。

$$CH_4 + \cdot Cl \rightleftharpoons [H_3C\cdots H\cdots Cl] \rightleftharpoons \cdot CH_3 + HCl$$

过渡态 甲基自由基

反应体系能量逐渐升高，当形成过渡态时，能量达到最高点。随着甲基自由基的形成，体系能量迅速降低，图 2-10 第一个波峰表示这一步反应的能量变化。由于甲基自由基有强烈与电子配对的倾向，很快与氯分子反应，又形成过渡态，进而转变成产物，这一步只需要较小的活化能（$4.1kJ\cdot mol^{-1}$）。图 2-10 中第二个波峰表示生成氯甲烷的能量变化。

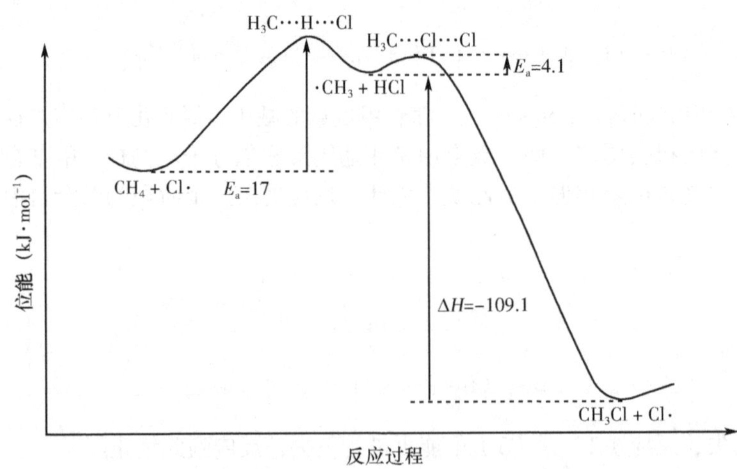

图 2-10 甲烷氯代反应链增长阶段能量变化图

上述两步中，第一步的产物是甲基自由基，它又是第二步的反应物，是反应的活性中间体，处于两峰间的波谷。从能量变化说明，第一步比第二步所需活化能大，因此，生成甲基自由基是慢的一步，也是决定反应速率的一步。

$$CH_4 + \cdot Cl \xrightarrow{慢} CH_3\cdot + HCl \quad E_a=17kJ\cdot mol^{-1}$$

$$CH_3\cdot + Cl_2 \xrightarrow{快} CH_3C1 + Cl\cdot \quad E_a=4.1kJ\cdot mol^{-1}$$

同类型的反应，过渡态能量越高，反应活性就越小，过渡态不容易形成，反应速率也就越慢。

笔记栏

甲烷溴代与氯代反应的反应机制相同，但由于溴原子活性比氯原子低，形成过渡态所需活化能大，因此溴代反应速率比氯代反应慢。

$$CH_3—H + Br\cdot \rightleftharpoons [CH_3\cdots H\cdots Br] \rightleftharpoons CH_3\cdot + HBr \qquad E_a=75kJ\cdot mol^{-1}$$

$$CH_3—H + Cl\cdot \rightleftharpoons [CH_3\cdots H\cdots Cl] \rightleftharpoons CH_3\cdot + HCl \qquad E_a=17kJ\cdot mol^{-1}$$

过渡态（1）的结构介于丙烷和 1° 丙基自由基之间，而过渡态（2）的结构介于丙烷和 2° 异丙基自由基之间。实验测得过渡态（2）的内能比（1）小 4.2kJ·mol^{-1}，因此 2° 异丙基自由基的生成速率比 1° 丙基自由基快，其结果是 2°H 比 1°H 氯代反应快。

丙烷氯代反应机制与甲烷相似，只是反应过程中形成两种不同的过渡态。

$$CH_3CH_2CH_2—H + Cl\cdot \longrightarrow \underset{\text{过渡态（1）}}{[CH_3CH_2CH_2\cdots H\cdots Cl]} \longrightarrow \underset{\text{1°丙基自由基}}{CH_3CH_2CH_2\cdot} + HCl$$

$$\underset{\displaystyle CH_3}{CH_3\overset{}{CH}}—H + Cl\cdot \longrightarrow \underset{\text{过渡态（2）}}{[CH_3\underset{\displaystyle CH_3}{CH}\cdots H\cdots Cl]} \longrightarrow \underset{\text{2°异丙基自由基}}{CH_3\underset{\displaystyle CH_3}{CH}\cdot} + HCl$$

过渡态（1）的结构介于丙烷和 1° 丙基自由基之间，而过渡态（2）的结构介于丙烷和 2° 异丙基自由基之间。实验测得过渡态（2）的内能比（1）小 4.2kJ·mol^{-1}，因此 2° 异丙基自由基的生成速率比 1° 丙基自由基快，其结果是 2°H 比 1°H 氯代反应速度快。

大量实验证明，在一组同类反应中，自由基相对稳定性与相应的过渡态稳定性是一致的，因此可以直接从自由基的稳定性来判断氢的活性，即自由基越稳定，氢的活性越大。

自由基的相对稳定性：$(CH_3)_3\dot{C} > (CH_3)_2\dot{C}H > CH_3\dot{C}H_2 > \dot{C}H_3$

氢的相对反应活性：3°H ＞ 2°H ＞ 1°H

卤代反应的产率除与烷烃结构有关外，还与卤素活性有关。例如：

$$CH_3CH_2CH_3 + Br_2 \xrightarrow[25℃]{h\nu} \underset{3\%}{CH_3CH_2CH_2Br} + \underset{97\%}{CH_3\underset{\displaystyle Br}{CH}CH_3}$$

其他烷烃溴代反应，氢的相对反应活性比为 3°H ∶ 2°H ∶ 1°H=1600 ∶ 82 ∶ 1。

这是由于溴对三类氢的选择性比氯大。活性小的试剂有较强的选择性在有机化学反应中是常见的现象。

案例 2-1　利用呼吸气体分子标志物检测疾病

人呼吸过程呼出的气体分子除常规成分（二氧化碳、氮气、氧气、水蒸气等）之外的微量挥发性有机化合物（volatile organic compound，VOCs），也称为呼吸气体分子标志物。它是人体内不同组织器官在不同代谢过程中的产物。VOCs 与人体不同组织细胞之间的关系密切，通过检测 VOCs 在呼吸气体分子中含量的变化，可以推测特定组织器官的病理生理情况及病变，从而达到检测疾病的效果。VOCs 作为一种检测疾病的方法，已经被多方研究认证。

目前以不同分析方法为技术支撑的呼吸气体样本调查显示，患者的呼吸气体组分组成完全可以对一些疾病（如肺癌、炎症性肺部疾病、肝或肾功能不全、糖尿病等）提供很有价值的判定信息。科学家利用气相色谱 - 质谱联用（GC-MS）技术筛选了 22 种肺癌标志物，其中选用 6 种开链烷烃及支链烷烃作为标志物（表 2-3）。

思考题：

这 6 种烷烃及支链烷烃的结构式是什么？

笔记栏

表 2-3　科学家所研究的 22 种呼吸气体分子标志物中的 6 种开链烷烃及支链烷烃的中英文对照

序号	中文名称	英文名称
1	2,2,4,6,6- 五甲基庚烷	2,2,4,6,6-pentamethylheptane
2	2- 甲基庚烷	2-methylheptane
3	癸烷	decane
4	正十一烷	undecane
5	3- 甲基辛烷	3-methyloctane
6	3- 甲基壬烷	3-methylnonane

案例 2-2

瑞香狼毒（Stellera chamaejasme L.），又称打碗花、山丹花、断肠草，主要生长在西南、东北、西北、华北等地。其性温辛、有毒。具有清热解毒、泻炎症、祛腐生肌、消肿、止溃疡等功能。在我国民间广泛用于治疗各种疾病，如支食管癌、肝癌、肺结核、气管炎等。国内一些研究团队发表研究成果称瑞香狼毒根部烷烃类提取物（SRH）在抗肿瘤实验过程中，前期体现了很好的抑制肿瘤生长作用，尤其 SRH 低剂量组别，抑制率高达 21.5%。应用气相色谱 - 质谱联用（GC-MS）技术进行组分分析。结果表明：SRH 共分离得到 55 个组分，结构确定的有 44 个，占总峰面积的 97.73%，其中烃类化合物 11 个（含直链烷烃 7 个、支链烷烃 1 个、烯烃 3 个）。

思考题：

1. 瑞香狼毒根部烷烃类提取物成分中有 8 种烷烃及支链烷烃，它们的取代基分别是什么？（见表 2-4）

2. 这 8 种烷烃及支链烷烃的结构式是什么？

表 2-4　GC-MS 分析瑞香狼毒根部烷烃类提取物部分成分

序号	中文名称	英文名称
1	辛烷	octane
2	壬烷	nonane
3	癸烷	decane
4	十二烷	dodecane
5	正十四烷	tetradecane
6	7,9- 二甲基十六烷	7,9-dimethyl-hexadecane
7	十六烷	hexadecane
8	十八烷	octadecane

本章小结

1. 烷烃的结构特点　烷烃的通式：C_nH_{2n+2}。烷烃分子中碳原子的杂化轨道是 sp^3。而由 sp^3 杂化轨道所构成的 C—C σ 键和 C—H σ 键，是沿轨道对称轴正面交叠形成的，结合得较为牢固；σ 键可以自由旋转，而键不会断裂，因此烷烃的化学性质稳定。

2. 烷烃的系统命名法

（1）选择含支链最多的最长碳链作为主链，按主链碳原子数命名为“某”烷。

（2）从距离支链最近的一端对主链进行编号，若有两种以上的编号方法，则以取代基位次和最小为原则。

（3）在烷烃名称之前写明取代基的位次和名称，位次号之间用逗号“，”隔开，数字和名称之间用短线“-”隔开。不同的取代基按次序规则所规定的顺序排列。相同的取代基合并写明数目。

3. 烷烃的异构　构象异构：锯架式投影式，Newman 投影式。

笔记栏

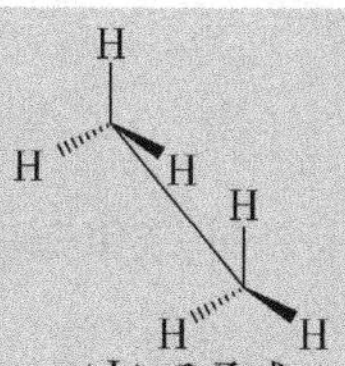

(Ⅰ)重叠式 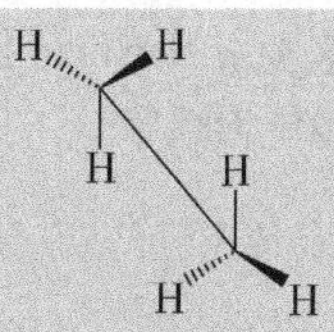　　(Ⅱ)交叉式

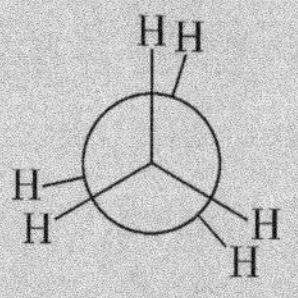

(Ⅰ)重叠式 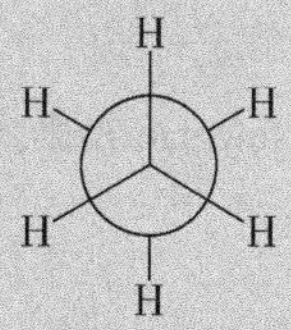　　(Ⅱ)交叉式

4. 烷烃的化学性质

（1）氧化反应：例如，甲烷在空气中燃烧，生成二氧化碳和水并放出大量的热。烷烃在催化剂和高温下，可被空气或氧化剂氧化成各种含氧衍生物。

（2）卤代反应

1）甲烷与卤素反应：甲烷与卤素（主要是氯和溴）在漫射光或高温下发生卤代反应，生成卤代甲烷的混合物。

2）甲烷的卤代反应机制：为自由基链锁反应。其分为三个阶段：链的引发—链的增长—链的终止。

自由基链锁反应中间过程产生自由基，并且其产生的速率和稳定性相关，直接影响的反应速率。常见自由基的相对稳定性如下：

自由基的相对稳定性：$(CH_3)_3\dot{C} > (CH_3)_2\dot{C}H > CH_3\dot{C}H_2 > \dot{C}H_3$

习　　题

1. 写出下列化合物的构造式。

（1）3- 乙基庚烷

（2）2,2,4- 三甲基戊烷

（3）4- 甲基 -5- 乙基辛烷

（4）3- 甲基 -3- 乙基 -5- 丙基 -4- 异丙基辛烷

2. 用 IUPAC 命名法命名下列化合物。

（1）
```
CH3CHCH2CH2CH2CH2CH3
   |
CH3CHCH3
```

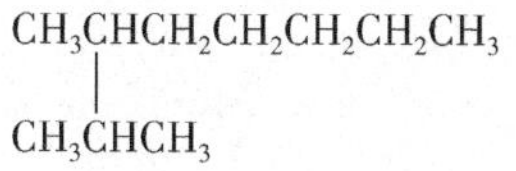

（2）
```
                          CH3
                          |
CH3CH2CHCH2CH2CHCH2CHCH3
       |          |
       CH3        CH2CH3
```

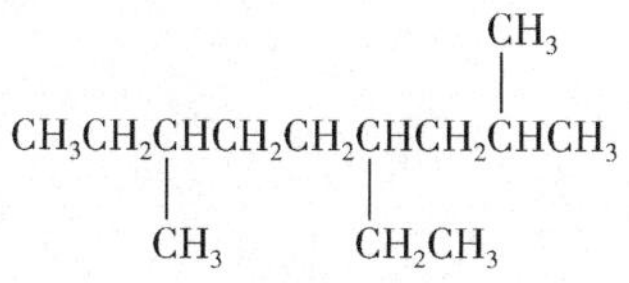

（3）
```
CH3CH2CHCH2CH2CHCH2CH2CH3
       |          |
       CH3        CH3
```

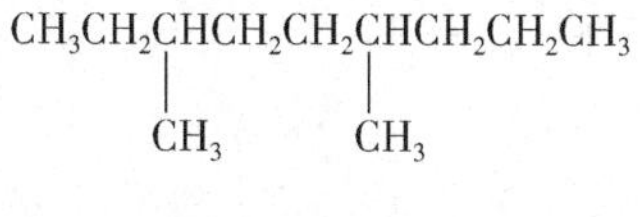

3. 写出构造式，并用系统命名法命名之。

（1）C_5H_{12} 仅含有伯氢，没有仲氢和叔氢

（2）C_5H_{12} 仅含有一个叔氢

（3）C_5H_{12} 仅含有伯氢和仲氢

4. 写出下列化合物的构造式和简式。

（1）由一个丁基和一个异丙基组成的烷烃

（2）含一个侧链且分子量为 86 的烷烃

（3）分子量为 100，同时含有伯、叔、季碳原子的烷烃

笔记栏

5. 写出戊烷的主要构象式（用 Newman 投影式表示）。

6. 排列下列烷基自由基稳定性顺序。

（1）$\dot{C}H_3$　（2）$CH_3\dot{C}HCH_3$　（3）$CH_3—\dot{C}(CH_3)—CH_3$　（4）$CH_3—CH(CH_3)—\dot{C}H_2$

7. 分子式为 C_5H_{12}、无亚甲基的烷烃，分子中 1°、2°、3° 氢原子各有多少个？

8. 将下列锯架式改写为 Newman 投影式。

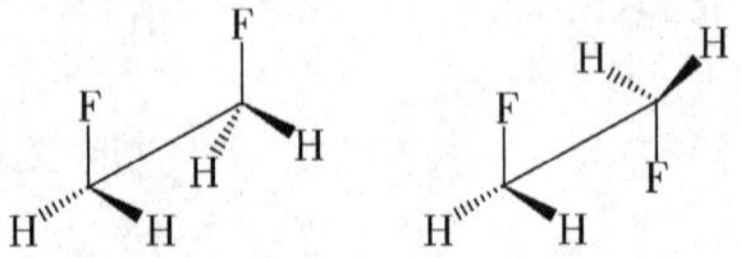

9. 写出丙烷的优势构象式（Newman 投影式）。

（赵延清）

第三章 烯　　烃

分子中含有碳碳双键（C═C）的碳氢化合物称为烯烃（alkene），属于不饱和烃（unsaturated hydrocarbon）。链状的烯烃比相应的烷烃少两个氢原子，含一个双键的开链烯烃通式为 C_nH_{2n}。因为烯烃分子中含有不饱和的碳碳双键，所以烯烃的化学性质比烷烃要活泼得多。不饱和键对烯烃的化学性质起着决定性的作用，因此，碳碳双键是烯烃的官能团。

第一节　烯烃的结构

由于烯烃的性质主要是由碳碳双键引起的。因此，先认识碳碳双键的结构，再来讨论烯烃的性质是十分必要的。

乙烯是最简单的烯烃。近代物理学方法证明，乙烯分子是一个平面结构，分子中所有原子都在一个平面上，键角接近于 120°，碳碳双键的键长为 134pm，比碳碳单键的键长（154pm）短，碳氢键的键长为 110pm（图 3-1）。

乙烯分子中两个碳原子均为 sp^2 杂化，两个碳原子各用一个 sp^2 杂化轨道相互重叠形成碳碳 σ 键，每个碳原子上剩余的两个 sp^2 杂化轨道分别与氢原子的 1s 轨道重叠形成两个碳氢 σ 键，每个碳原子上都有一个未参与杂化的 p 轨道，这两个 p 轨道的对称轴垂直于三个 sp^2 杂化轨道对称轴所在的平面。当两个 p 轨道的对称轴互相平行时就可以从侧面（肩并肩）重叠形成 π 键。因此烯烃中的碳碳双键是由一个 σ 键和一个 π 键组成。乙烯分子的结构如图 3-2 所示。

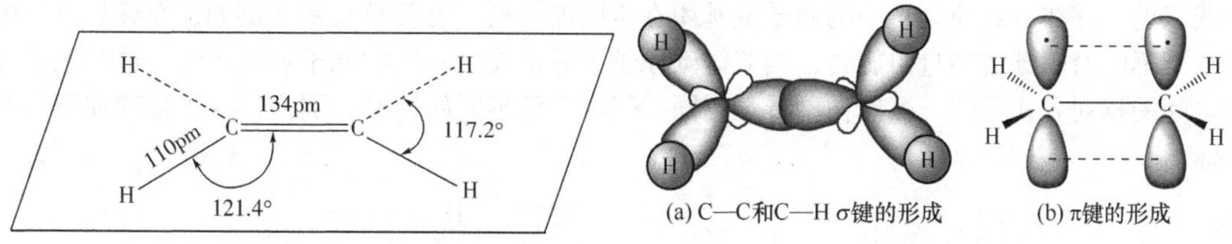

图 3-1　乙烯分子结构示意图

图 3-2　乙烯分子中的 σ 键和 π 键

因为乙烯分子为平面型分子，而由 p 轨道侧面重叠形成的 π 键垂直于分子平面，故碳碳双键上两个碳原子不能再以碳碳 σ 键为轴而自由旋转，否则会引起构成 π 键的两个 p 轨道的重叠程度降低，导致 π 键的断裂。

由于 π 键是两个 p 轨道侧面重叠而成的，重叠程度比 σ 键要小。π 键电子云分布于平面的上下方，电子云离两个碳原子核距离较远，流动性大。碳碳双键的平均键能是 610.28kJ·mol^{-1}，而碳碳单键的键能是 346.94kJ·mol^{-1}，因此，π 键的键能比 σ 键的键能小，π 键没有 σ 键稳定。π 键和 σ 键的主要特点见表 3-1。

表 3-1　σ 键和 π 键的主要特点

	σ 键	π 键
存在	可单独存在，存在于任何共价键中	不能单独存在，只能在双键或叁键中与 σ 键共存
形成	成键轨道沿键轴重叠，重叠程度较大	成键轨道平行重叠，重叠程度较小
特点	1. 键能较大，键较稳定 2. 电子云呈柱状，对键轴呈圆柱形对称，电子云密集于两原子之间，受核的约束大，键的极化度小 3. 成键的两个碳原子可以沿着键轴“自由”旋转	1. 键能较小，键不稳定 2. 电子云呈块状，有一个通过键轴的对称平面，电子云分布在平面上下方，受核的约束小，流动性大，键的极化度较大 3. 成键的两个碳原子不能沿着键轴“自由”旋转

笔记栏

第二节　烯烃的同分异构和命名

一、烯烃的同分异构现象

烯烃的同分异构现象比烷烃复杂，不仅存在碳架异构，还有位置异构和顺反异构。

（一）烯烃的构造异构

烯烃与同碳原子数的烷烃相比，其构造异构体的数目更多。例如，含五个碳原子的烷烃只有三种同分异构体，而含五个碳原子的烯烃（C_5H_{10}）则有以下五种构造异构体。

$CH_3CH_2CH_2CH{=}CH_2$ （Ⅰ）

$CH_3CH_2CH{=}CHCH_3$ （Ⅱ）

$CH_3CH(CH_3)CH{=}CH_2$ （Ⅲ）

$CH_3C(CH_3){=}CHCH_3$ （Ⅳ）

$CH_3CH_2C(CH_3){=}CH_2$ （Ⅴ）

其中，（Ⅰ）、（Ⅱ）与（Ⅲ）、（Ⅳ）、（Ⅴ）之间属于碳架异构。而（Ⅰ）与（Ⅱ）之间或（Ⅲ）、（Ⅳ）、（Ⅴ）之间虽然碳骨架相同，但双键的位置不同，这种异构现象叫做位置异构。

（二）烯烃的顺反异构

有机化合物分子中的原子或基团在空间的固定（固有）排列方式称为构型（configuration）。顺反异构属于立体异构中构型异构的一种，产生顺反异构的原因是因为分子中有限制旋转的因素（如脂环或双键）存在，致使分子中的原子或基团在空间的排列不能任意改变。例如，在烯烃分子中，碳碳双键不能沿碳碳键轴自由旋转，当双键碳原子上分别连接不同的原子或基团时，这些原子或基团在空间的排列方式不同，虽然在构造上相同，但有两种不同的构型。例如，2- 丁烯存在下列两种异构体：

顺式　　反式

产生顺反异构必须具备两个条件：

（1）分子中存在着限制原子自由旋转的因素，如烯烃中的双键等。

（2）每个不能自由旋转的原子上均连接着不同的原子或基团。例如，下列结构的烯烃都具有顺反异构体：

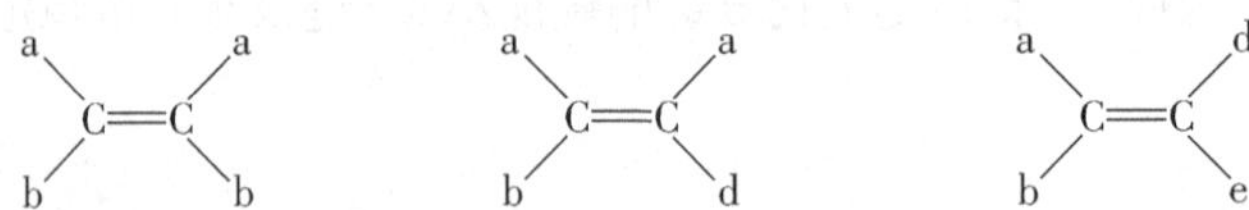

当分子中含有两个或两个以上的双键时，随着双键数目的增加，顺反异构体的数目也随之增加。例如，2,4- 己二烯有三种顺反异构体。

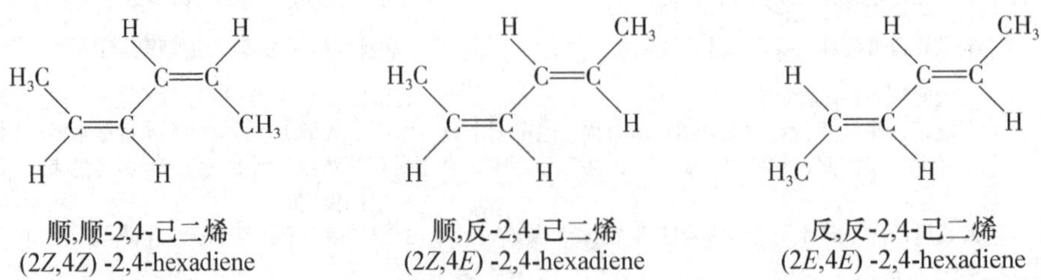

顺,顺-2,4-己二烯 (2*Z*,4*Z*) -2,4-hexadiene　　顺,反-2,4-己二烯 (2*Z*,4*E*) -2,4-hexadiene　　反,反-2,4-己二烯 (2*E*,4*E*) -2,4-hexadiene

顺反异构体是两种不同的物质，性质有差别（表 3-2）。例如，两种 2- 丁烯的物理性质不同，可以用物理方法分离。

表 3-2 两种 2- 丁烯的物理性质

	H_3C CH_3 / C=C / H H	H_3C H / C=C / H CH_3
熔点（℃）	3.5	0.9
沸点（℃）	–139	–106
偶极矩（C•m）	1.1×10^{-3}	0

案例 3-1

己烯雌酚为人工合成的非甾体雌激素类药物，能产生与天然雌二醇相同的药理与治疗作用。主要用于雌激素低下症及激素平衡失调引起的功能性出血、闭经，还可用于死胎引产前以提高子宫肌层对催产素的敏感性，以及前列腺癌的姑息疗法。己烯雌酚有顺反两种异构体，产生药理作用的是反式异构体，顺式异构体活性为反式的 1/10。

反式(有效)　　顺式(无效)

案例分析：顺反异构体化学结构有差别，导致它们的生理活性也有很大的不同。分子药理学研究表明，药物中某些基团的距离对药物与受体之间最佳作用能产生特殊的影响，这种结合越牢，生理活性或药理作用就越强；反之，则越弱。

天然雌激素活性药物分子中刚性甾体母核两端的富电子基团（—OH、=O、—NH 等）之间的距离约为 1.45，才能发挥雌激素作用。通过比较己烯雌酚和天然雌二醇的结构不难发现，只有反式己烯雌酚与雌二醇有相同的空间结构。

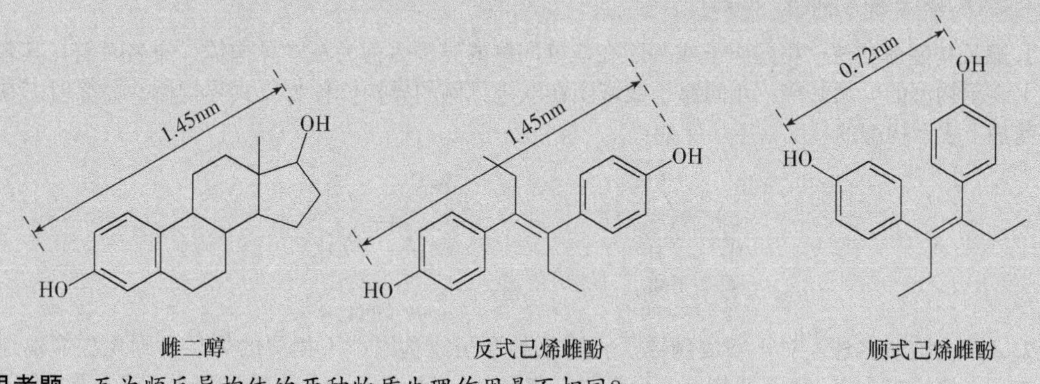

雌二醇　　反式己烯雌酚　　顺式己烯雌酚

思考题：互为顺反异构体的两种物质生理作用是否相同？

二、烯烃的命名

（一）普通命名法

简单烯烃常用普通命名法命名，根据含碳原子数称为“某烯”。例如：

$H_2C{=}CH_2$ 乙烯 ethylene　　$H_2C{=}CHCH_3$ 丙烯 propylene　　$H_2C{=}C(CH_3){-}CH_3$ 异丁烯 isobutylene

（二）系统命名法

结构复杂的烯烃采用系统命名法，其命名原则为：

1. 选择含有双键在内的最长碳链作为主链，依主链中所含碳原子数称为“某烯”，十个碳原子以上的烯烃用小写中文数字加“碳烯”命名。

2. 编号时从靠近双键的一端开始依次对主链碳原子编号，双键的位次用两个双键碳原子中编号较小的一个表示。编号时先考虑双键位置的数字尽可能最小，其次兼顾其他取代基具有较低的位次。

3. 把双键的位次写在母体名称之前，用半字线“-”隔开，再将取代基的位次、数目及名称写在双键位次之前。烯烃的英文名称的词尾为“ene”。例如：

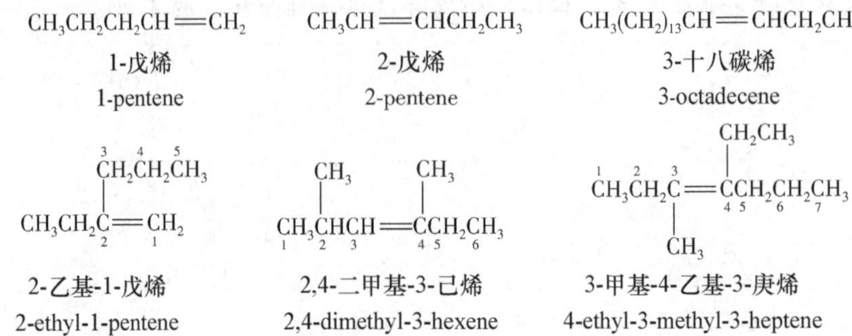

烯烃分子中去掉一个氢原子后剩余的基团，称为烯基。命名烯基时，编号从自由基所在的碳原子开始。例如：

$CH_2{=}CH{-}$ 乙烯基 ethenyl(vinyl)　　$\overset{3}{C}H_2{=}\overset{2}{C}H\overset{1}{C}H_2{-}$ 烯丙基(2-丙烯基) allyl(2-propenyl)　　$\overset{3}{C}H_3\overset{2}{C}H{=}\overset{1}{C}H{-}$ 1-丙烯基 1-propenyl　　$\overset{2}{C}H_2{=}\overset{1}{C}(CH_3){-}$ 异丙烯基 isopropenyl

（三）顺反异构体的命名

1. 顺反构型命名法　相同原子或基团在双键同侧的异构体称为顺式异构体，命名时需在其名称前加上表示构型的“顺”字；相同原子或基团在双键异侧的异构体称为反式异构体，命名时需在其名称前加上表示构型的“反”字。例如：

（H_3C、CH_3 同侧，H、H 同侧）顺-2-丁烯 *cis*-2-butane　　（H_3C、H 同侧，H、CH_3 同侧）反-2-丁烯 *trans*-2-butene

2. *Z*/*E* 构型命名法　对于双键碳原子上连接的原子或基团都不相同的烯烃，则无法简单地用顺反构型命名法来命名，而是采用 *Z*/*E* 命名法来表示其构型。*Z*/*E* 命名法的步骤为：首先要按照“次序规则”分别确定每一个双键碳原子上连有的两个原子或基团的优先次序，然后把较优的原子或基团位于双键同侧的异构体标记为 *Z* 构型（德文 Zusammen，指同侧）；较优的原子或基团位于双键的异侧的异构体标记为 *E* 构型（德文 Entgegen，指异侧）。下面结构式中，若 a ＞ b，d ＞ e，则：

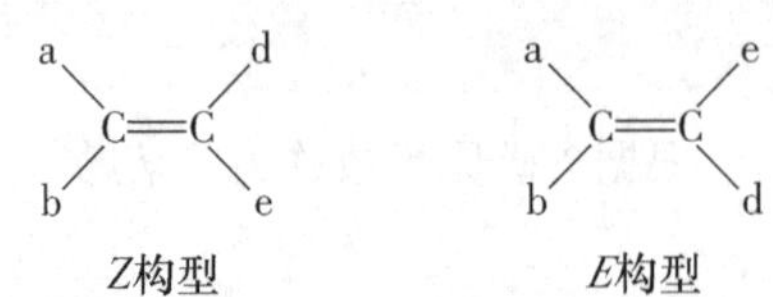

次序规则：将有机化合物中的原子和基团按先后次序排列的规则，要点如下：

（1）将与双键碳原子直接相连的第一个原子按原子序数的大小排序，原子序数较大的原子次序优先。如果两个原子为同位素，则相对原子质量较大的次序优先。例如：

$$I > Br > Cl > S > P > F > O > N > C > D > H$$

（2）若与双键碳原子直接相连的第一个原子相同时，则比较与该原子所连的其他原子的原子序数来确定基团的优先次序，如果第二个原子仍然相同，再依次顺延逐级比较，直到比较出较优基团为止。例如，$—CH_2OH$ 和 $—CH_2Cl$，第一个原子都是 C，再接着比较与 C 所连接的原子，$—CH_2OH$ 中与 C 所连原子为 O、H、H，而 $—CH_2Cl$ 中与 C 所连原子为 Cl、H、H，因 Cl 的原子序数大于 O，故 $—CH_2Cl$ 次序优于 $—CH_2OH$。

（3）当取代基中有双键或叁键时，可分别看作与两个或三个相同的原子连接。例如：—CHO 可以看作是 C 原子与两个 O 原子和一个 H 原子相连；—C≡N 可以看作是 C 原子与三个 N 原子相连。

常见基团的优先次序可排列如下：

$$—C(CH_3)_3 > —CH(CH_3)_2 > —CH_2CH_2CH_3 > —CH_3 > —H;$$

$$—COOR > —COOH > —COR > —CHO > —C\equiv N > —C\equiv CH > —CH{=}CH_2;$$

$$—CH_2Cl > —COOR;\ —CH_2OH > —C\equiv N。$$

要注意：

用 *Z*/*E* 构型标记法命名顺反异构体时，*Z*、*E* 写在小括号内，放在烯烃名称之前，并用半字线相连。例如：

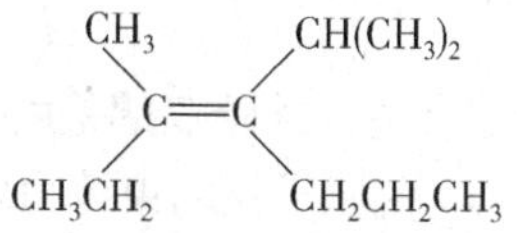

CH_3, $CH(CH_3)_2$ / C=C / CH_3CH_2, $CH_2CH_2CH_3$

(*E*)-3-甲基-4-异丙基-3-庚烯
(*E*)-4-isopropyl-3-methyl-3-heptene

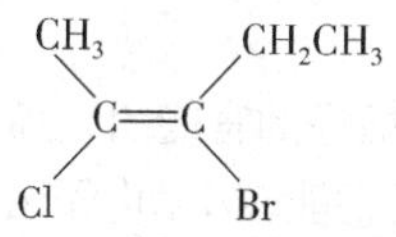

CH_3, CH_2CH_3 / C=C / Cl, Br

(*Z*)-2-氯-3-溴-2-戊烯
(*Z*)-3-bromo-2-chloro-2-pentene

Z/*E* 构型命名法适用于所有顺反异构体，它与顺反构型命名法没有必然的对应关系，命名时应注意，不能相互套用。例如：

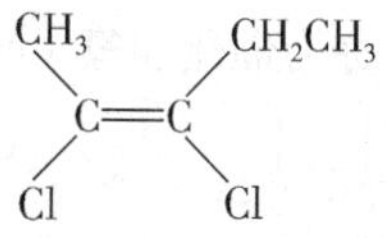

CH_3, CH_2CH_3 / C=C / Cl, Cl

(*Z*)-2,3-二氯-2-戊烯
(*Z*)-2,3-dichloro-2-pentene
(顺-2,3-二氯-2-戊烯)

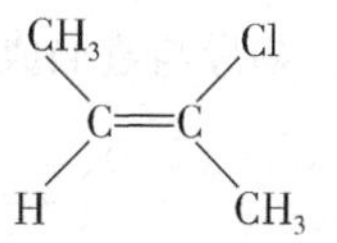

CH_3, Cl / C=C / H, CH_3

(*Z*)-2-氯-2-丁烯
(*Z*)-2-chloro-2-butene
(反-2-氯-2-丁烯)

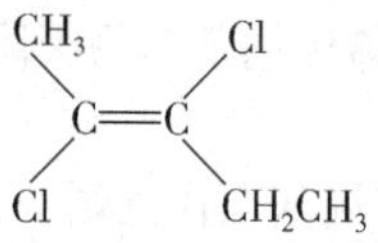

CH_3, Cl / C=C / Cl, CH_2CH_3

(*E*)-2,3-二氯-2-戊烯
(*E*)-2,3-dichloro-2-pentene
(反-2,3-二氯-2-戊烯)

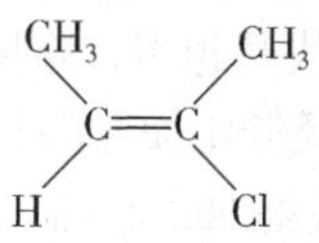

CH_3, CH_3 / C=C / H, Cl

(*E*)-2-氯-2-丁烯
(*E*)-2-chloro-2-butene
(顺-2-氯-2-丁烯)

第三节　烯烃的性质

一、烯烃的物理性质

在常温常压下，含 $C_2 \sim C_4$ 的烯烃是气体，$C_5 \sim C_{18}$ 的烯烃是液体，C_{19} 以上的高级烯烃是固体。烯烃的熔点、沸点、密度、溶解度均随着碳原子数的增加而呈规律性的变化。直链烯烃的沸点

笔记栏

比支链烯烃异构体的高；由于顺式异构体极性较大，通常顺式异构体的沸点高于反式异构体，而反式异构体比顺式异构体在晶格中排列得更为紧密，所以反式异构体的熔点较高。烯烃的密度均小于 1 g·cm^{-3}，不溶于水，能溶于非极性有机溶剂中。一些烯烃的物理常数见表 3-3。

表 3-3　一些烯烃的物理常数

名称	结构式	熔点（℃）	沸点（℃）	密度（g·cm^{-3}）
乙烯	$H_2C{=}CH_2$	–169.2	–103.7	0.519
丙烯	$CH_2{=}CHCH_3$	–185.3	–47.7	0.579
1- 丁烯	$CH_2{=}CHCH_2CH_3$	–183.4	–6.50	0.625
顺 -2- 丁烯	H_3C　CH_3 C=C H　H	–138.9	3.50	0.621
反 -2- 丁烯	H_3C　H C=C H　CH_3	–105.6	0.88	0.604
1- 戊烯	$CH_3CH_2CH_2CH{=}CH_2$	–165.2	30.1	0.643
1- 己烯	$CH_3(CH_2)_3CH{=}CH_2$	–139.8	63.5	0.673
1- 庚烯	$CH_3(CH_2)_4CH{=}CH_2$	–119.0	93.6	0.697

二、烯烃的化学性质

碳碳双键是烯烃的官能团，烯烃的化学性质主要与碳碳双键有关。碳碳双键是由一个 σ 键和 π 键组成，其中 π 键的键能较小，电子云分布于键轴所在平面的上下方，受原子核的束缚力弱，流动性较大，容易受外界电场的影响而发生极化变形，导致 π 键断裂。将双键碳原子间的 π 键打开，双键的两个碳原子上各加一个原子或基团，形成两个新的 σ 键，使烯烃变为饱和化合物的反应称为加成反应（addition reaction）。因此，烯烃典型的化学反应是加成反应，此外还可以发生氧化反应、聚合反应等。

（一）催化加氢

在催化剂的存在下，烯烃与氢加成生成相应的饱和烃，称为催化加氢（catalytic hydrogenation）。

$$\gt C{=}C\lt \; + H_2 \xrightarrow{\text{催化剂}} -\underset{H}{\overset{|}{C}}-\underset{H}{\overset{|}{C}}-$$

常用的催化剂为分散程度很高的 Ni、Pt、Pd 等金属细粉。烯烃与氢的加成反应活化能很高，在无催化剂的情况下，很难发生反应。催化剂的作用是将烯烃和氢吸附在金属表面，以使 π 键和 H—H σ 键松弛，降低反应的活化能，使反应容易进行。催化反应过程如图 3-3 所示。

烯烃双键碳上的取代基越多，空间位阻越大，从而使烯烃越不容易吸附于催化剂表面上，加氢反应速率减慢。不同烯烃催化加氢的相对速率为：

乙烯＞一烷基取代乙烯＞二烷基取代乙烯＞三烷基取代乙烯＞四烷基取代乙烯

烯烃的催化加氢在有机合成和有机化合物结构的确证中有着十分重要的意义。由于催化加氢反应是一个定量反应，可根据反应中所消耗氢气的体积推测化合物中所含双键的数目。

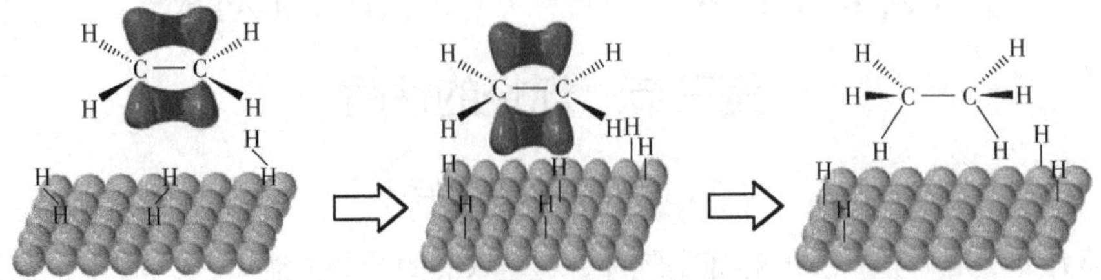

图 3-3　乙烯催化加氢过程示意图

笔记栏

（二）亲电加成反应

烯烃含有碳碳双键，能与卤素、卤化氢、水、硫酸等试剂发生亲电加成反应。

1. 加卤素 烯烃与卤素在常温下能发生反应，生成相应的邻二卤代烃，其中，氟与烯烃的反应非常剧烈，常伴随其他副反应的发生，需在特殊的条件下完成反应；而碘不活泼，很难与烯烃发生加成反应。因此，常用氯或溴与烯烃发生加成反应。例如：

$$CH_3CH{=\!=}CH_2 + Br_2 \xrightarrow{CCl_4} CH_3\underset{Br}{\underset{|}{C}H}-\underset{Br}{\underset{|}{C}H_2}$$

烯烃与溴的四氯化碳溶液反应时，溴的红棕色很快褪去，生成无色的邻二溴代物。反应易发生，操作简单，现象明显，是实验室鉴别烯烃最常用的方法。

研究发现，烯烃与卤素加成不需光照或自由基引发剂，但极性条件能使反应速度加快；还发现当反应介质中有 NaCl 存在时，乙烯与溴水的反应产物中除了 1,2- 二溴乙烷外，还有 1- 氯 -2- 溴乙烷及 2- 溴乙醇，说明在反应过程中 Cl^- 和 H_2O 参与了反应。根据这些实验事实可以推测，烯烃与卤素的加成反应是分步进行的离子型反应。例如，在烯烃与溴的加成反应中，第一步是溴分子受到反应介质中的极性物质（如微量水或玻璃中的硅酸盐）的电场作用而极化变成了瞬时偶极分子，溴分子中带部分正电荷的一端与烯烃分子中的 π 电子作用生成环状溴鎓离子（cyclic bromonium ion）；第二步是溴负离子从溴鎓离子的背面进攻碳原子，得到反式的加成产物。

第一步　$>C{=}C< + \overset{\delta^+}{Br}-\overset{\delta^-}{Br} \xrightarrow{慢}$ 环状溴鎓离子（Br^+ 桥连 C—C）

第二步　环状溴鎓离子 + Br^- $\xrightarrow{快}$ 反式加成产物（两个 Br 位于 C—C 两侧）

第一步反应涉及共价键的断裂，活化能较高，是决定反应速率的关键一步，其中溴正离子是带正电荷或缺电子的试剂，称为亲电试剂（electrophile）。由于决定反应的第一步是由极化了的溴分子中带正电荷部分进攻不饱和键而引起的加成反应，故称为亲电加成反应（electrophilic addition reaction）。

溴鎓离子可以看作是溴正离子（最外层只有 6 个电子）与两个相邻碳原子所形成的一种中间体，所带的正电荷主要集中在溴原子上，溴原子和两个碳原子的最外层都是八隅体的稳定构型。由于氯原子的电负性比溴大，体积比溴小，形成氯鎓离子比溴难，所以氯与烯烃加成时，一般按碳正离子中间体历程进行。

2. 加卤化氢 烯烃与卤化氢发生亲电加成反应生成一卤代烷。

$$>C{=}C< + HX \longrightarrow -\underset{H}{\underset{|}{\overset{|}{C}}}-\underset{X}{\underset{|}{\overset{|}{C}}}-$$

卤化氢与烯烃反应的活性顺序与其酸性大小顺序一致：HI > HBr > HCl。

（1）反应机制：烯烃与卤化氢的加成也是分两步进行的亲电加成反应。首先是卤化氢中的质子作为亲电试剂进攻碳碳双键的 π 电子云，生成碳正离子中间体，然后卤素负离子很快与碳正离子中间体结合形成加成产物。

第一步　$>C{=}C<$（烯烃） + $H-X$（卤化氢） $\xrightarrow{慢}$ $H-C-\overset{+}{C}$（碳正离子） + X^-（卤素离子）

第二步　$H-C-\overset{+}{C}$（碳正离子） + X^-（卤素离子） $\xrightarrow{快}$ $H-C-C-X$（产物）

第一步反应速率慢，是整个加成反应速率的决定步骤。

（2）区域选择性：不对称烯烃（双键碳上的取代基不同）与卤化氢加成时，可生成两种加成产物，如下列反应中的（Ⅰ）和（Ⅱ）。

$$\mathrm{RCH{=}CH_2 + HX \longrightarrow \underset{(Ⅰ)\ 主要产物}{R\overset{X}{\overset{|}{C}}HCH_3} + \underset{(Ⅱ)\ 次要产物}{RCH_2{-}CH_2X}}$$

1869年，俄国化学家马尔可夫尼可夫（V. V. Markovnikov）根据大量的实验事实总结出一个经验规则：当不对称烯烃和卤化氢等不对称试剂发生加成反应时，卤化氢中的氢原子加在含氢较多的双键碳原子上，卤原子或其他原子及基团加在含氢较少的双键碳原子上，这一规则简称马氏规则。产物（I）是上述反应的主要产物，因此这个加成反应具有区域选择性（regioselectivty）。区域选择性是指当反应的取向有可能生成几种产物时，只生成或主要生成一种产物。应用马氏规则能够正确地预测不对称烯烃与不对称试剂发生加成反应时的主要产物。

（3）诱导效应：指在有机分子中引入一个原子或基团后，使分子中成键电子云密度分布发生变化，这种改变不但可以发生在直接连接的原子上，还可以影响分子中相邻的原子，这种因某一原子或基团的极性使σ键电子沿着原子链向某一方向转移的效应称为诱导效应（inductive effect），用I表示。

通常用“→”表示σ电子云偏移的方向，诱导效应的大小一般以C—H键作为比较标准。

$$\mathrm{-\overset{|}{\underset{|}{C}}\overset{\delta^+\quad\delta^-}{\longrightarrow} X \qquad -\overset{|}{\underset{|}{C}}-H \qquad -\overset{|}{\underset{|}{C}}\overset{\delta^-\quad\delta^+}{\longleftarrow} Y}$$

吸电子诱导效应（–I效应）　　标准　　斥电子诱导效应（+I效应）

若电负性X＞H，当H被X取代后，则C—X键间的电子云偏向X，与H相比X具有吸电性，称为吸电子基团，所引起的诱导效应称为吸电子诱导效应（–I效应）；若电负性H＞Y，Y为斥电子基团，由Y所引起的诱导效应称为斥电子诱导效应（＋I效应）。

下面是一些原子或基团诱导效应的大小次序：

吸电子效应：

$$\mathrm{-NO_2 > -C{\equiv}N > -F > -Cl > -Br > -I > -C{\equiv}CH > -OCH_3 > -C_6H_5 > -CH{=}CH_2 > -H}$$

斥电子效应：

$$\mathrm{-C(CH_3)_3 > -CH(CH_3)_2 > -CH_2CH_3 > -CH_3 > -H}$$

诱导效应可沿着分子链由近及远传递下去，但随着碳链的增长迅速减弱，一般经过三个碳原子后，诱导效应的影响可以忽略不计。例如，1-氯丁烷分子中的诱导效应如下所示：

$$\mathrm{CH_3\overset{\delta\delta\delta^+}{CH_2} \longrightarrow \overset{\delta\delta^+}{CH_2} \longrightarrow \overset{\delta^+}{CH_2} \longrightarrow \overset{\delta^-}{Cl}}$$

电荷值　+0.002　　+0.028　　+0.681　　−0.713

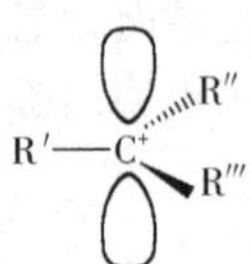

图3-4　碳正离子的结构

（4）碳正离子的结构和稳定性：碳正离子是化学反应过程中短暂存在的活性中间体（reactive intermediate）。有证据表明，碳正离子中缺电子的碳原子是sp^2杂化，三个sp^2杂化轨道分别与其他原子形成三个σ键，且三个σ键共平面，键角为120°，还有一个缺电子的空p轨道垂直于该平面。碳正离子的结构见图3-4。

如同自由基一样，依据正电荷所在的碳原子所连烃基数目的不同，可分为伯、仲和叔碳正离子。

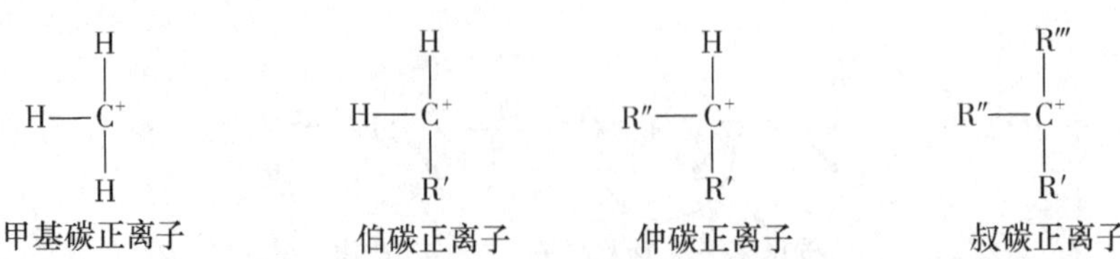

甲基碳正离子　　伯碳正离子　　仲碳正离子　　叔碳正离子

碳正离子很不稳定，有获取电子形成八隅体稳定构型的趋势。对于烷基碳正离子来说，带正电荷的碳是 sp^2 杂化，其他的碳原子是 sp^3 杂化，烷基是斥电子基，能使正电荷分散，从而增加碳正离子的稳定性。当碳正离子中带正电荷的碳连接的斥电子基团越多，碳正离子的相对稳定性就越大。烷基碳正离子的相对稳定性次序为：$R_3\overset{+}{C} > R_2\overset{+}{C}H > R\overset{+}{C}H_2 > \overset{+}{C}H_3$。

（5）马氏规则的解释：马氏规则用于推测不对称烯烃和不对称试剂发生亲电加成反应的主要产物，这个规则可以用碳正离子的相对稳定性和诱导效应来解释。

以丙烯和卤化氢的加成反应为例：反应可沿两种途径得到加成产物（Ⅰ）和（Ⅱ）。

$$CH_3CH{=}CH_2 + \overset{\delta^+}{H}{-}\overset{\delta^-}{X} \longrightarrow \begin{cases} \xrightarrow{a} CH_3CH^+CH_3 \xrightarrow{X^-} CH_3\underset{}{C}H(X)CH_3 & (\text{Ⅰ}) \\ \xrightarrow{b} CH_3CH_2CH_2^+ \xrightarrow{X^-} CH_3CH_2CH_2X & (\text{Ⅱ}) \end{cases}$$

若按途径 a 进行，所得中间体为仲碳正离子，若按途径 b 进行，所得中间体为伯碳正离子。由于仲碳正离子比伯碳正离子稳定，所以整个反应的主要产物是（Ⅰ）。

也可以直接根据双键碳所连原子或基团的诱导效应来解释。丙烯分子中双键碳连有一个甲基，此时，甲基的斥电子诱导效应使电子云发生偏移，结果使含氢较多的双键碳原子带上部分负电荷，含氢较少的双键碳原子上带有部分正电荷。当丙烯与 HX 发生反应时，HX 中带正电荷的 H^+首先进攻带部分负电荷的双键碳，形成碳正离子中间体，然后 X^- 再与带正电荷的碳结合得到加成产物。

$$CH_3 \rightarrow \overset{\delta^+}{C}H{=}\overset{\delta^-}{C}H_2 + \overset{\delta^+}{H}{-}\overset{\delta^-}{X} \xrightarrow{\text{慢}} CH_3\overset{+}{C}HCH_3 + X^-$$

$$CH_3\overset{+}{C}HCH_3 + X^- \xrightarrow{\text{快}} CH_3\underset{X}{\underset{|}{C}}HCH_3$$

马氏规则的适用范围是双键碳上有斥电子基团的烯烃，若双键碳上有吸电子基团（如 $—CF_3$、—CN、—COOH、$—NO_2$ 等）时，得到反马氏的加成产物，但仍符合电性规律，需要从原理上进行具体分析。例如：

$$CF_3 \leftarrow \overset{\delta^-}{C}H{=}\overset{\delta^+}{C}H_2 + HX \longrightarrow CF_3{-}CH_2{-}\overset{+}{C}H_2 + X^-$$

$$CF_3{-}CH_2{-}\overset{+}{C}H_2 + X^- \longrightarrow CF_3CH_2CH_2X$$

由于 $—CF_3$ 是强的吸电子基，所以第一步生成的较稳定的碳正离子是 $CF_3CH_2\overset{+}{C}H_2$，再与卤负离子结合得到加成产物。

3. 加硫酸 烯烃在 0℃左右就能与硫酸发生加成反应，反应也是通过碳正离子机理进行的，并遵循马氏加成。例如：

$$H_2C{=}CH_2 \xrightarrow{H_2SO_4(98\%)} \underset{\text{硫酸氢乙酯}}{CH_3CH_2OSO_2OH} \xrightarrow[\triangle]{H_2O} \underset{\text{乙醇}}{CH_3CH_2OH} + H_2SO_4$$

$$CH_3CH{=}CH_2 \xrightarrow{H_2SO_4(80\%)} \underset{\text{硫酸氢异丙酯}}{CH_3\overset{CH_3}{\overset{|}{C}}H(OSO_2OH)} \xrightarrow[\triangle]{H_2O} \underset{\text{异丙醇}}{CH_3\overset{CH_3}{\overset{|}{C}}H(OH)} + H_2SO_4$$

$$(CH_3)_2C{=}CH_2 \xrightarrow{H_2SO_4(60\%)} \underset{\text{硫酸氢叔丁酯}}{(CH_3)_2\overset{CH_3}{\overset{|}{C}}{-}OSO_2OH} \xrightarrow[\triangle]{H_2O} \underset{\text{叔丁醇}}{(CH_3)_2\overset{CH_3}{\overset{|}{C}}{-}OH} + H_2SO_4$$

加成产物硫酸氢酯与水加热可水解得到醇类化合物，这是制备醇的方法之一，称为烯烃的间接水合法（indirect hydration）。另外，硫酸氢酯能溶于硫酸，因此在实验室常利用此反应除去化合物中少量的烯烃杂质。

笔记栏

4. 加水 烯烃也可在酸催化下水合转变成醇。例如，乙烯和水在磷酸催化下，在 300℃和 7MPa 压力下水合成乙醇。

$$H_2C{=}CH_2 \xrightarrow{H_3PO_4} CH_3CH_2^+ \xrightarrow{+H_2O} CH_3CH_2OH_2^+ \xrightarrow{-H^+} CH_3CH_2OH$$

反应的第一步是乙烯与质子结合生成碳正离子，然后水分子中具有孤对电子的氧进攻碳正离子生成 锌盐，再失去质子生成醇。这种制醇的方法称为烯烃的直接水合法（direct hydration），是工业上制备乙醇的重要方法。

（三）自由基加成反应

在光照或过氧化物存在时，HBr 与不对称烯烃加成，主要得到反马氏加成产物。例如：

$$CH_3CH{=}CH_2 + HBr \xrightarrow{ROOR} CH_3CH_2CH_2Br$$

这种“不正常”的加成反应是因为过氧化物很容易均裂生成自由基，这些活泼的自由基可以引发烯烃的自由基加成反应（free radical addition），这种现象称为过氧化物效应（peroxide effect）。其反应机制为：

链的引发：

$$ROOR \longrightarrow 2RO\cdot$$

$$RO\cdot + HBr \longrightarrow ROH + Br\cdot$$

链的增长：

$$CH_3CH{=}CH_2 + Br\cdot \longrightarrow CH_3\dot{C}HCH_2Br$$

$$CH_3\dot{C}HCH_2Br + HBr \longrightarrow CH_3CH_2CH_2Br + Br\cdot$$

链的终止：

$$2Br\cdot \longrightarrow Br_2$$

$$CH_3\dot{C}HCH_2Br + Br\cdot \longrightarrow CH_3CHBrCH_2Br$$

$$2CH_3\dot{C}HCH_2Br \longrightarrow \begin{matrix} CH_3CHCH_2Br \\ | \\ CH_3CHCH_2Br \end{matrix}$$

因自由基的相对稳定性顺序是$R_3\dot{C} > R_2\dot{C}H > R\dot{C}H_2 > \dot{C}H_3$。在链的增长阶段，溴自由基进攻双键时，就优先生成仲碳自由基，仲碳自由基再与氢原子结合生成反马氏的加成产物 1- 溴丙烷。

在卤化氢中，只有 HBr 有过氧化物效应，而 HCl 和 HI 都没有过氧化物效应。这是因为 HCl 键较牢固，难以形成自由基；HI 键较弱，容易形成自由基，但碘自由基活性较低，又较易自相结合，很难与烯烃发生自由基加成反应。

（四）氧化反应

有机化学中的氧化反应是指在有机化合物分子中加氧或去氢。烯烃分子的双键容易被氧化剂氧化。氧化剂的种类及反应条件对烯烃的氧化程度及产物有直接的影响。

1. 高锰酸钾氧化 烯烃与稀、冷的中性或碱性高锰酸钾溶液反应时，双键中的 π 键断裂，经过环状的中间体（锰酸酯）后立即水解生成邻二醇。加成的方式是顺式，如下所示：

$$>C{=}C< + KMnO_4 \longrightarrow \left[\begin{matrix} -C - C- \\ | \quad\; | \\ O \quad O \\ \backslash \;\; / \\ Mn \\ / \;\; \backslash \\ O \quad\; O^- \end{matrix}\right]K^+ \xrightarrow{H_2O} \begin{matrix} -C - C- \\ HO \qquad OH \end{matrix} + MnO_2\downarrow$$

在比较强烈的条件下，如用热、浓的高锰酸钾溶液或酸性高锰酸钾溶液氧化烯烃，反应难以停留在生成邻二醇阶段，而是发生碳碳双键的断裂，可生成酮、羧酸和二氧化碳，如下列所示：

笔记栏

$$RHC{=}CH_2 \xrightarrow[H_3O^+]{KMnO_4} RCOOH + CO_2 + H_2O$$

$$RHC{=}CHR_1 \xrightarrow[H_3O^+]{KMnO_4} RCOOH + R_1COOH$$

$$R_3R_2C{=}CHR_1 \xrightarrow[H_3O^+]{KMnO_4} R_3R_2C{=}O + R_1COOH$$

氧化产物取决于烯烃的结构。把氧化产物中碳氧双键的氧去掉，在双键处连接起来，便是原来烯烃的结构。因此可根据氧化产物来推测烯烃的结构。

烯烃与高锰酸钾反应可使高锰酸钾溶液的紫红色褪去，并伴有 MnO_2 沉淀生成，因此该反应也是鉴别烯烃的一种常用方法。

2. 臭氧化反应 将含少量臭氧的氧气或空气通入烯烃或烯烃的非水溶液中，臭氧能快速定量地与烯烃反应，生成臭氧化物。臭氧化物极易爆炸，一般不把它分离出来，而是直接水解，水解的产物为醛或酮（或二者的混合物）及过氧化氢。

$$R_3R_2C{=}CHR_1 + O_3 \longrightarrow \text{(臭氧化物)} \xrightarrow{H_2O} R_3R_2C{=}O + R_1CHO + H_2O_2$$

为了避免水解生成的醛被过氧化氢氧化成羧酸，臭氧化物通常要在锌粉 / 乙酸、二甲硫醚或 H_2/Pt 等还原剂的存在下分解。例如：

$$CH_3CH_2CH{=}CH_2 \xrightarrow[(2)Zn/C_2H_5COOH]{(1)O_3,\ C_2H_2Cl_2,\ -78℃} CH_3CH_2CHO + HCHO$$

该反应可广泛地用于烯烃结构的推测。对称烯烃臭氧化水解只得到一种氧化产物；端基烯烃的氧化产物之一是甲醛，另一产物是其他的醛或酮；不对称烯烃（非端基烯烃）的氧化产物是不同的醛（酮）或醛和酮混合物；环烯烃的氧化产物是二醛（酮）或酮基醛化合物。

（五）聚合反应

在一定条件下，烯烃分子可以彼此相互加成，由多个小分子结合成大分子，这种反应属于聚合反应（polymerization）。例如：

$$nCH_2{=}CH_2 \xrightarrow[\text{自由基引发剂}]{200℃,\ 200MPa} \left[CH_2{-}CH_2 \right]_n$$

聚合所得的产物称为高分子化合物或者聚合物（polymer），参加聚合的小分子称为单体（monomer），n 称为高分子化合物的聚合度。聚合反应常在高温、高压下进行。

反应是经过自由基加成机制进行的，过氧化物是反应常用的自由基引发剂，如 $C_6H_5{-}C(=O){-}O{-}O{-}C(=O){-}C_6H_5$。通过变换双键碳上的取代基，可以聚合成各种不同结构的聚合物，从而得到性质和功能各异的高分子材料，如聚丙烯、聚氯乙烯、聚四氟乙烯等。

案例 3-2

宁某，男，20 岁，于 2013 年 11 月初进某电子制品有限公司工作。12 月 21 日，宁某因皮肤瘙痒 10 余天，全身出现皮疹、尿少等症状，到当地医院住院治疗，因病情加剧，于 22 日晚转当地重点医院急诊，急诊室以“中毒性肝炎、病毒性肝炎”将其收留住院。当天 22 时 30 分，宁某突然呼吸心跳停止，经抢救无效死亡。因宁某有“天乃水”接触史，医院建议由卫生防疫站鉴定死因，家属及厂方也要求做尸检。卫生防疫站按照卫生监督程序，12 月 23 日对某电子制品有限公司进行调查，并于 2014 年 1 月 22 日委托当地医科大学法医鉴定中心进行死因鉴定。法医学检查结果：①排除因暴力和疾病致死的可能；②组织学检查见肝脏组织呈不同程度变性坏死，多处皮肤呈剥脱性皮炎改变。结合宁某生前有三氯乙烯接触史及临床资料，鉴定宁某确因三氯乙烯中毒致死。

案例 3-2 分析讨论：三氯乙烯作为一种优良的有机溶剂，常用作金属表面处理，以及电镀、上漆前的清洁剂。该电子制品有限公司是一家合作经营企业，生产电脑主机板，有装配作业工人 70 名，车间南端设有超声波三氯乙烯清洗机 2 台，无局部机械通风设施，工人上岗时未佩戴防毒口罩、防护眼镜等个人防护用品，三氯乙烯清洗作业场所未形成独立清洗场所，无隔墙。宁某岗位距离三氯乙烯清洗机 15m 左右。三氯乙烯清洗剂月使用量约 2400kg。车间空气中三氯乙烯检测结果，共设 11 个测定点，宁某的工作岗位和清洗岗位三氯乙烯超标 5.1 倍。

思考题：

1. 烯烃及其衍生物可导致哪些疾病？
2. 在生产中应如何预防烯烃及其衍生物所导致的中毒？

本章小结

烯烃是分子中含有碳碳双键的不饱和链烃，单烯烃的通式是 C_nH_{2n}。烯烃分子中，双键碳原子均为 sp^2 杂化，双键是由一个 σ 键和一个 π 键构成，σ 键和 π 键在形成、存在、性质、特点等方面均不同。烯烃分子中双键的存在限制了键的旋转，若双键碳上再连有不同的原子或基团时，将产生顺反异构现象，顺反异构体可用顺 / 反或 *Z*/*E* 构型命名法来命名。

碳碳双键是烯烃的官能团，双键中 π 键的键能较小，电子云受原子核的束缚力弱，流动性较大，很容易受反应试剂的进攻断裂而发生化学反应。烯烃主要发生加成、氧化、聚合等反应。

1. 加成反应 是烯烃典型的化学反应。烯烃能与卤素（Br_2、Cl_2）、卤化氢（HCl、HBr、HI）、硫酸等试剂发生亲电加成反应。亲电加成反应是分两步进行的离子型反应，第一步是试剂中带正电荷部分（亲电试剂）进攻双键碳，生成不稳定的碳正离子（或卤鎓离子）中间体；第二步是试剂中带负电部分快速与中间体结合得到加成产物。其中第一步是决定整个反应速率的关键步骤。不对称烯烃与试剂反应时，遵循马氏规则。值得一提的是，在自由基引发剂或光照条件下，烯烃与溴化氢发生自由基的加成反应，得到反马氏的加成产物，这一现象称为过氧化物效应。

2. 氧化反应 烯烃很容易发生氧化反应，用稀冷的中性（或碱性）高锰酸钾溶液氧化时生成邻二醇；若用浓、热的高锰酸钾溶液或酸性高锰酸钾溶液氧化，则碳碳双键断裂，生成酮、羧酸、二氧化碳。烯烃和臭氧也能发生氧化反应生成臭氧化物，臭氧化物在锌粉等还原剂的存在下分解可得到醛或酮。根据氧化反应产物的结构可推测原烯烃的结构；利用烯烃能使溴的四氯化碳溶液和高锰酸钾溶液褪色的现象可以鉴别烯烃。

习　　题

1. 用系统命名法命名下列各化合物。

（1）$CH_3CHCH_2CH{=}CH_2$（第二个碳上连 CH_3）

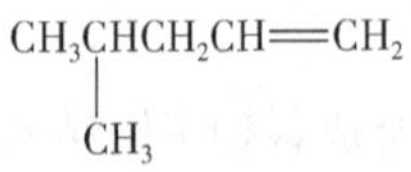

（2）$\begin{matrix} CH_3CH_2 & & C_2H_5 \\ & C{=}C & \\ CH_3 & & H \end{matrix}$

（3）$CH_3CH_2CHCH_2CH_3$（中间碳上连 $CH{=}CH_2$）

（4）$CH_3CH_2CCHCH_2CH_2CH_3$（第四个碳上连 CH_2CH_3，第三个碳以双键连 $CHCH_2CH_3$）

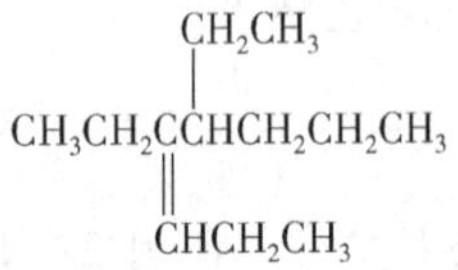

（5）$(CH_3)_3CCH{=}CHCH_2CH_2CH_3$

（6）$(C_2H_5)_2C{=}C(C_2H_5)CH_2CH_3$

（7）$CH_3CH{=}CCH_2CH_3$（第三个碳上连 Cl）

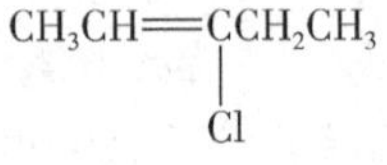

（8）$CH_3(CH_2)_{15}CH{=}CH_2$

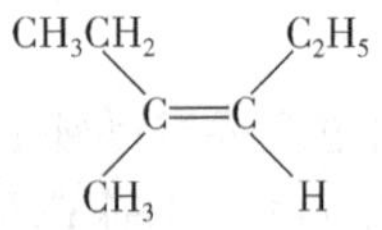

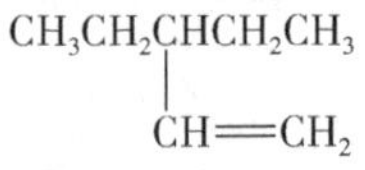

（9）$\begin{matrix} CH_3CH_2 & & CH_3 \\ & C{=}C & \\ (CH_3)_2CHCH_2CH_2 & & H \end{matrix}$

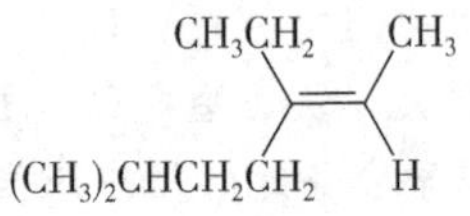

（10）$\begin{matrix} H_3C & & Cl \\ & C{=}C & \\ Cl & & H \end{matrix}$

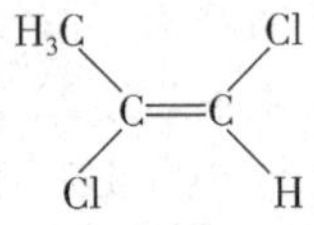

笔记栏

2. 写出下列化合物的结构式。

（1）（Z）-3- 乙基 -2- 己烯
（2）（E）-2,4- 二甲基 -3- 乙基 -3- 庚烯
（3）顺 -4- 甲基 -2- 戊烯
（4）5- 甲基 -3- 异丙基 -2- 己烯
（5）（Z）-2,4- 二甲基 -3- 乙基 -3- 己烯
（6）2- 甲基 -2- 丁烯
（7）（E）-1- 氯 -1- 溴 -1- 戊烯
（8）2,5,5- 三甲基 -2- 己烯
（9）反 -3- 己烯
（10）5- 十二碳烯

3. 试比较下列自由基或正碳离子的稳定性。

（1）$CH_3\dot{C}HCH_2CH_3$ 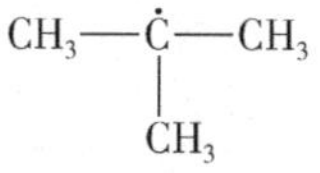　　$CH_3—\dot{C}(CH_3)—CH_3$　　$CH_3CH_2CH_2\dot{C}H_2$

（2）$CH_3—\overset{+}{C}(CH_3)—CH_3$　　$H_3C—\overset{+}{C}H(CH_3)—H$　　$CH_3—\overset{+}{C}(H)—H$

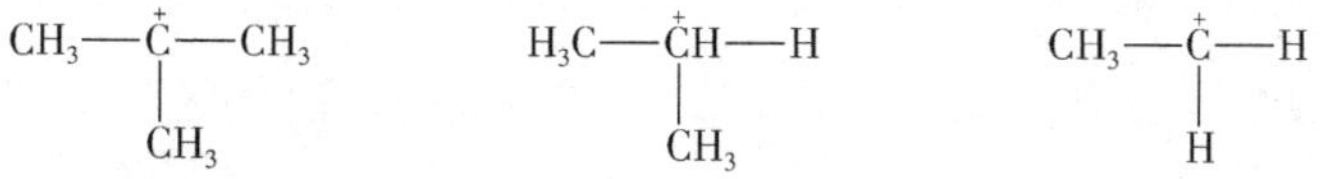

4. 写出下列反应的主要产物。

（1）$CH_3CH_2CH_2CH{=}CH_2 + HBr \xrightarrow{ROOR'}$

（2）$CH_3CH_2CH{=}CHCCl_3 + HI \longrightarrow$

（3）$(CH_3CH_2)(H_3C)C{=}C(CH_3)(H) + HCl \longrightarrow$

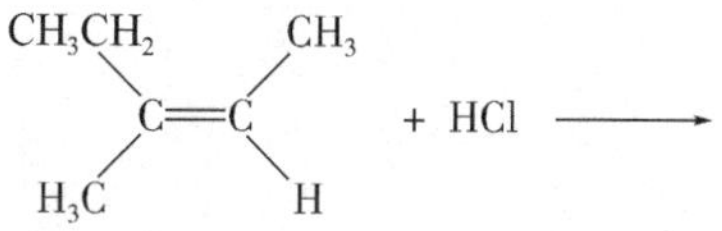

（4）$(CH_3)_2C{=}CHCH_2CH_3 \xrightarrow[②H_2O]{①H_2SO_4}$

（5）$(H_3CH_2C)(H_3C)C{=}C(CH_3)(H) \xrightarrow[②Zn+H_2O]{①O_3}$

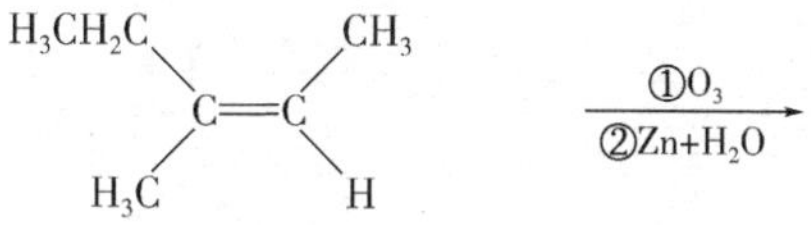

（6）1-甲基环戊烯 $\xrightarrow[OH^-]{5\%\ KMnO_4}$

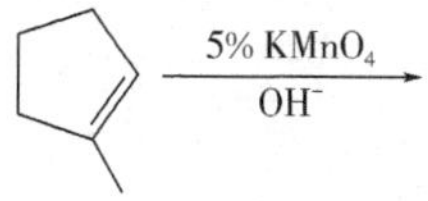

（7）$(CH_3)_2C{=}CHCH_3 + KMnO_4 \xrightarrow{H^+}$

5. 用化学方法鉴别下列物质。

（1）2- 甲基戊烷　　2- 甲基 -1- 戊烯　　2- 甲基 -2- 戊烯
（2）1- 己烯　　2- 己烯　　正己烷

6. 指出下列化合物是否有顺反异构，若有，则写出它们的异构式，并用顺反和 Z、E 法表示其构型。

（1）2- 甲基 -3- 溴 -2- 己烯
（2）1- 氯 -1,2- 二溴乙烯
（3）2- 苯基 - 丁烯

7. 写出丙烯与溴在氯化钠的水溶液中发生反应的产物，并解释原因。

8. 化合物（A）（B）（C）均为庚烯的异构体，（A）经臭氧化还原水解生成 CH_3CHO 和 $CH_3CH_2CH_2CH_2CHO$，用同样的方法处理（B），生成 $CH_3\overset{O}{\overset{\|}{C}}CH_3$ 和 $CH_3CH_2\overset{O}{\overset{\|}{C}}CH_3$，用同样的方法处理（C），生成 CH_3CHO 和 $CH_3CH_2\overset{O}{\overset{\|}{C}}CH_2CH_3$，试写出（A）（B）（C）的构造式或构型式，并写出相关反应。

笔记栏

9. 某一烯烃的分子式为 C_6H_{12}，能溶于浓硫酸，经催化加氢生成正己烷，与酸性高锰酸钾作用只生成一种羧酸，试推导出该物质的结构并写出相关反应式。

10. 某烯烃经酸性高锰酸钾溶液氧化后，生成 CH_3CH_2COOH、CO_2 和 H_2O；另一烯烃同样处理后得 $CH_3COCH_2CH_3$ 和（CH_3）$_2CHCOOH$，请写出这两种烯烃的结构。

（孙莹莹）

笔记栏

第四章　二烯烃和炔烃

第一节　二　烯　烃

含有两个或两个以上碳碳双键的不饱和烃称为多烯烃，其中含有两个碳碳双键的不饱和烃称为二烯烃（diene），亦称双烯烃。多烯烃的性质与单烯烃的性质大致相同，但由于结构的差别使多烯烃体现出一些特殊的性质。这里我们以二烯烃为主来探讨多烯烃的结构特点和性质。

一、二烯烃的分类与命名

（一）二烯烃的分类

开链二烯烃的通式为 C_nH_{2n-2}，根据二烯烃中碳碳双键的相对位置不同，将其分为三种类型：

二烯烃：
- 聚集二烯烃（cumulative diene）
- 隔离二烯烃（isolated diene）
- 共轭二烯烃（conjugated diene）

这三种二烯烃的结构特点如下所示：

$>C=C=C<$　　$>C=C-C=C<$　　$>C=C-(C)_n-C=C<$ $(n \geq 1)$

聚集二烯烃　　共轭二烯烃　　隔离二烯烃

1. 聚集二烯烃　两个双键连在同一个碳原子上的二烯烃称为聚集二烯烃，又称累积二烯烃。例如，丙二烯，其中间碳原子采取 sp 杂化，两端碳原子为 sp^2 杂化，由于两个 sp^2 杂化的平面是互相垂直的，因此两个 π 键也相互垂直。这类化合物稳定性较差，在自然界中较少存在。

2. 隔离二烯烃　两个双键被两个或两个以上单键隔开的二烯烃称为隔离二烯烃，又称孤立二烯烃。例如，1,5- 己二烯［$CH_2=CH-(CH_2)_2-CH=CH_2$］。在隔离二烯烃中，两个碳碳双键距离较远，π 键之间的相互影响很小，因此，隔离二烯烃的性质与单烯烃相似。

3. 共轭二烯烃　两个双键被一个单键隔开的二烯烃称为共轭二烯烃，即单、双键交替排列，这样的双键称为共轭双键。例如，1,3- 丁二烯 ($CH_2=CH-CH=CH_2$)。共轭二烯烃除了具有单烯烃的性质外，还具有一些独特的物理和化学性质。本节主要以 1,3- 丁二烯为例，讨论共轭二烯烃的结构特点和特殊性质。

（二）二烯烃的命名

选择含有两个双键在内的最长碳链为主链，根据主链碳原子数目，称为“某二烯”。从距双键较近的一端开始编号，将双键位次由小到大写在母体名称前面，并用“-”相连。若有顺反异构，要在整个名称前标明双键的构型—*Z*、*E* 或顺、反构型。

二烯烃的英文名称以“diene”为词尾。例如：

$\overset{4}{H_3C}-\overset{3}{CH}=\overset{2}{C}=\overset{1}{CH_2}$

1,2-丁二烯
1,2-butadiene

$\overset{1}{H_2C}=\overset{2}{CH}-\overset{3}{CH}=\overset{4}{CH}-\overset{5}{CH_3}$

1,3-戊二烯
1,3-pentadiene

$\overset{5}{H_2C}=\overset{4}{CH}-\overset{3}{CH}(CH_3)-\overset{2}{C}(=\overset{1}{CH_2})CH_3$

2,3-二甲基-1,4-戊二烯
2,3-dimethyl-1,4-pentadiene

$\overset{7}{H_3C}\overset{6}{CH_2}(H)\overset{5}{C}=\overset{4}{C}(H)-\overset{3}{C}(CH_3)=\overset{2}{C}(H)\overset{1}{CH_3}$

(2*Z*,4*E*)-3-甲基-2,4-戊二烯
(2*Z*,4*E*)-3-methyl-2,4-pentadiene

二、共轭二烯烃

（一）共轭二烯烃的结构

在共轭二烯烃中，1,3- 丁二烯是最简单的二烯烃，下面就以它为例来说明共轭二烯烃的结构。

根据近代物理方法测定，1,3- 丁二烯分子中碳碳双键键长 137pm，比乙烯的碳碳双键键长（134pm）长；碳碳单键的键长 146pm，比烷烃碳碳单键的键长（154pm）短，如图 4-1（a）所示，说明分子中的碳碳单键、碳碳双键的键长趋于平均化。

杂化轨道理论认为，在 1,3- 丁二烯分子中，4 个 sp^2 杂化的碳原子在同一个平面上，如图 4-1（b）所示。碳原子之间以 sp^2 杂化轨道重叠形成碳碳 σ 键，同时又以 sp^2 杂化轨道和氢原子的 1s 轨道重叠形成六个碳氢 σ 键，分子中所有的 σ 键都在同一个平面上。每个碳原子还各有一个未参与杂化的 p 轨道，这四个 p 轨道均垂直于 σ 键所在平面，并且互相平行，从侧面互相重叠形成 π 键。

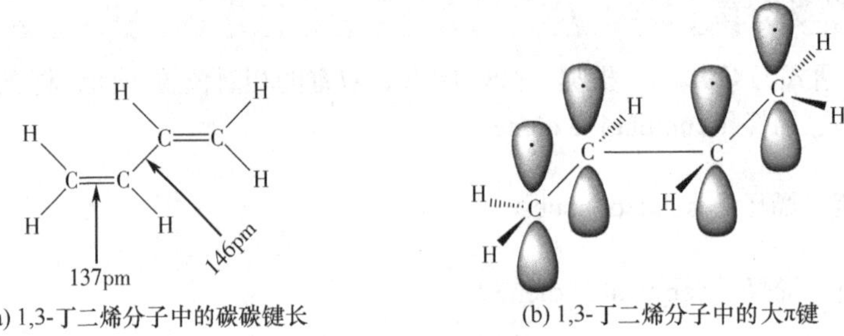

(a) 1,3-丁二烯分子中的碳碳键长　　(b) 1,3-丁二烯分子中的大π键

图 4-1　1,3- 丁二烯的结构

由图 4-1（b）中可见，在 1,3- 丁二烯分子中，不仅 C_1—C_2 之间及 C_3—C_4 之间可形成 π 键，C_2—C_3 之间的 p 轨道从侧面也有一定程度的重叠，这样重叠的结果使得分子中 p 电子的运动范围扩展到四个碳原子之间，每两个碳原子之间都有 π 键的性质，比单烯烃的 π 键具有更大的运动空间，这种现象称为 π 电子的离域，这样的 π 键称为共轭 π 键或离域 π 键。电子离域范围越大，体系能量越低，分子就越稳定。

由 1,3- 丁二烯分子结构可以看出形成共轭的条件：①形成共轭体系的原子都在同一个平面上，或接近于一个平面上；②每个碳原子有一个垂直于该平面的 p 轨道；③有一定数量供成键用的 p 电子，并小于 p 轨道数的两倍。

（二）共轭体系的类型

共轭体系（conjugated system）主要有以下几种类型：

1. π–π 共轭体系　在有机分子中，凡双键、单键交替排列的结构都属此类。1,3- 丁二烯是最典型的例子，下列分子中亦存在 π-π 共轭体系。

H_3C—HC═CH—CH═CH—C_2H_5　　　H_3C—HC═CH—CH═O

2, 4-庚二烯　　　2-丁烯醛

组成共轭体系的不饱和键可以是双键，也可以是叁键；参与共轭的原子也不是仅限于碳原子，还可以是氧、氮等其他原子。

2. p–π 共轭体系　与双键碳原子相连的原子，由于共平面，其 p 轨道与相邻平行的 π 轨道侧面重叠，形成共轭。p 轨道可以含有两个未共用电子或一个单电子，也可以是空轨道。例如，氯乙烯、烯丙基自由基和烯丙基碳正离子分别代表不同类型的 p-π 共轭体系，如图 4-2 所示。

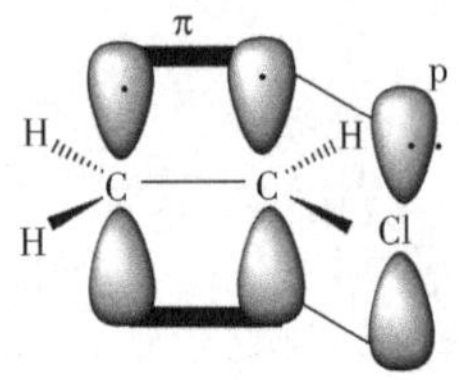

(a) 氯乙烯

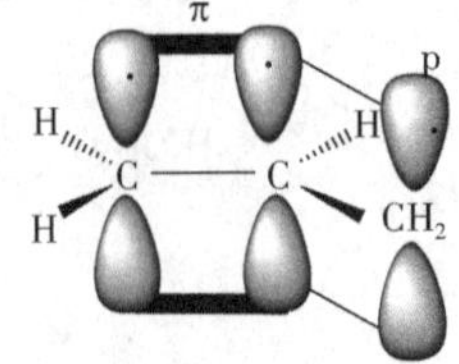

(b) 烯丙基自由基

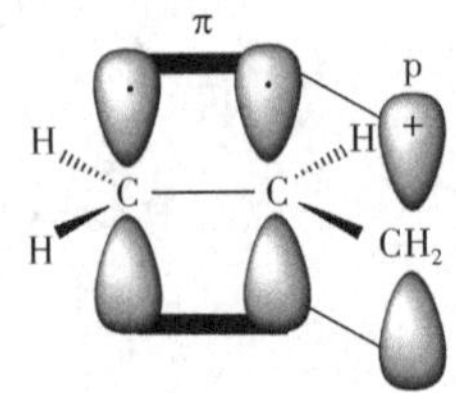

(c) 烯丙基碳正离子

图 4-2　p-π 共轭体系

笔记栏

在氯乙烯共轭体系中，碳原子上的p轨道只有一个电子，而氯原子的p轨道中有2个电子，共轭链上电子云密度平均化的结果是氯原子中参加共轭的一对p电子要向π键转移。

$$H_2C{=}CH{-}\ddot{Cl}$$

3. 超共轭体系　超共轭是涉及C—H σ键参与的共轭。由于氢原子的体积很小，像是嵌在C—H σ键电子云中，因此，C—H σ键类似未共用电子对。C—H键的σ轨道与毗邻的π键或p轨道虽不平行，但仍可发生一定程度的重叠，由此形成的共轭称为σ–π超共轭或σ–p超共轭。例如，丙烯或乙基碳正离子中都存在超共轭现象，如图4-3所示。由于C—C单键可以自由旋转，甲基上的三个C—H σ键在分子结构中处于等同的地位，均有可能在其最佳位置上形成完全等同的超共轭。这种体系之所以称为超共轭是因为C—H σ键与π键或p轨道并不平行，轨道之间重叠程度较小，不同于π–π共轭和p–π共轭。

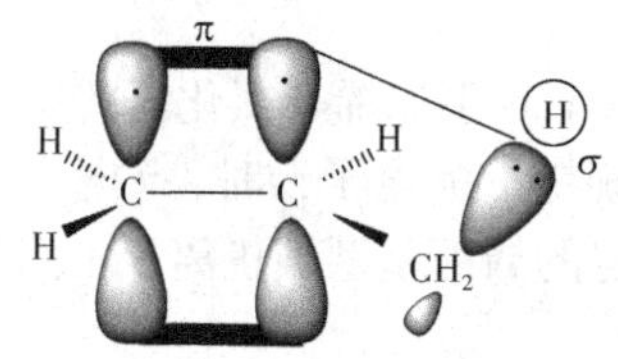

(a) 丙烯中的σ-π超共轭

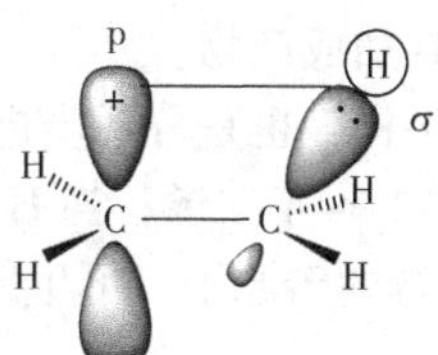

(b) 乙基碳正离子中的σ-p超共轭

图4-3　超共轭体系

由于σ–π超共轭作用，烯烃分子的稳定性会随着双键碳原子上的甲基或烷基数目的增加而增大。各种烯烃的稳定性有如下顺序：

$$R_2C{=}CR_2 > R_2C{=}CHR > RCH{=}CHR \approx R_2C{=}CH_2 > RCH{=}CH_2 > CH_2{=}CH_2$$

同样由于σ–p超共轭作用，碳正离子稳定性呈现如下次序：

$$(CH_3)_3\overset{+}{C} > (CH_3)_2\overset{+}{C}H > CH_3\overset{+}{C}H_2 > \overset{+}{C}H_3$$

（三）共轭效应

共轭导致电子的离域，从而对化合物的物理和化学性质产生影响，称为共轭效应（conjugative effect），或离域效应，用*C*表示。具体包括以下几方面：

1. 键长平均化　在共轭体系中，π电子的离域使电子云密度的分布平均化，从而导致键长平均化，即单键变短，双键变长，如图4-1（a）所示。

2. 共轭体系能量降低，分子稳定　π电子的离域使分子内能降低，体系稳定，即共轭体系比相应的非共轭体系稳定，且共轭体系越大，π电子的运动范围越大，体系越稳定。

3. 存在偶极交替现象　非极性共轭分子受到外界电场（试剂）作用时，发生极化，造成正负电荷分离，称为瞬时偶极；极性共轭分子由于成键原子电负性的差异所引起的极化，称为永久偶极。两种偶极均可沿共轭链交替传递，其强度不因共轭链的增长而减弱。如：

$$E^+\quad H_2\overset{\delta^-}{C}{=}\overset{\delta^+}{C}H{-}\overset{\delta^-}{C}H{=}\overset{\delta^+}{C}H_2 \qquad \overset{\delta^-}{O}{=}\overset{\delta^+}{C}H{-}\overset{\delta^-}{C}H{=}\overset{\delta^+}{C}H_2$$

瞬时偶极　　永久偶极

1,3-丁二烯　　丙烯醛

共轭效应在产生的原因和作用方式上不同于诱导效应。诱导效应由化学键的极性引起，沿σ键链传递，具有单向、短程的特征；共轭效应由电子的离域引起，沿共轭链传递，具有远程、偶极交替传递的特征。诱导效应和共轭效应对化合物的性质均有重要影响，可单独存在，也可并存。

（四）共轭二烯烃的性质

共轭二烯烃的化学性质和单烯烃相似，可以发生加成、氧化和聚合等反应，但由于两个双键共轭的影响又表现出一些特殊的性质。

笔记栏

1. 亲电加成反应 1,3- 丁二烯与等物质的量的溴或氯化氢发生亲电加成反应时，可得到 1,2- 加成和 1,4- 加成产物。例如：

$$H_2C{=}CH{-}CH{=}CH_2 \xrightarrow{HCl} H_3C{-}CH(Cl){-}CH{=}CH_2 + H_2C(H){-}CH{=}CH{-}CH_2Cl$$

$$H_2C{=}CH{-}CH{=}CH_2 \xrightarrow{Br_2} H_2C(Br){-}CH(Br){-}CH{=}CH_2 + H_2C(Br){-}CH{=}CH{-}CH_2Br$$

1,2-加成产物　　1,4-加成产物

这说明共轭二烯烃和亲电试剂加成时，有两种加成方式。一种是试剂只和一个单独的双键反应，反应的结果是试剂的两部分加在两个相邻的碳原子上，称为 1,2- 加成。得到的产物为 1,2- 加成产物；另一种是试剂加在共轭二烯烃两端的碳原子上，同时在中间两个碳上形成一个新的双键，这称为 1,4- 加成。产物为 1,4- 加成产物。

反应机制与单烯烃一样，也是分两步进行的。以 1,3- 丁二烯与氯化氢的反应为例，第一步是氯化氢异裂产生的 H^+进攻 1,3- 丁二烯，当 H^+接近共轭链上 π 电子云时，π 电子出现交替极化现象。H^+优先进攻共轭碳链末端的碳原子，可生成比较稳定的烯丙基型碳正离子中间体。

$$\overset{\delta^+}{H_2C}{=}\overset{\delta^-}{CH}{-}\overset{\delta^+}{CH}{=}\overset{\delta^-}{CH_2} \; (4\;3\;2\;1) + H^+ \longrightarrow H_2C{=}CH{-}\overset{+}{C}H{-}CH_3 \; (4\;3\;2\;1)$$

烯丙基型碳正离子

烯丙基型碳正离子结构中存在 p-π 共轭效应及 σ-p 超共轭效应，可使体系中的正电荷得以分散而更稳定。烯丙基型碳正离子可用下列共振式表示：

$$[H_2C{=}CH{-}\overset{+}{C}(H){-}CH_3 \longleftrightarrow H_2\overset{+}{C}{-}HC{=}CH{-}CH_3]$$

$$\overset{\delta^+}{H_2C}\cdots CH \cdots \overset{\delta^+}{CH}{-}CH_3 \; (4\;3\;2\;1)$$

反应的第二步是 Cl^- 快速与活性中间体反应。活性中间体为共轭体系，π 电子离域使其正电荷也呈交替极化分布，因此 Cl^- 可进攻的正电中心为 C_2 和 C_4，产物分别是 1,2- 加成和 1,4- 加成产物。

$$\overset{\delta^+}{H_2C}\cdots CH \cdots \overset{\delta^+}{CH}{-}CH_3 \; (4\;3\;2\;1) + Cl^- \longrightarrow \begin{cases} \xrightarrow{1,2\text{-加成}} H_2C{=}CH{-}CH(Cl){-}CH_3 \\ \xrightarrow{1,4\text{-加成}} H_2C(Cl){-}CH{=}CH{-}CH_3 \end{cases}$$

1,2- 加成和 1,4- 加成在反应中同时发生，两种产物的比例主要取决于共轭二烯烃的结构、试剂的性质、反应温度、产物的相对稳定性等因素。一般在较高的温度下以 1,4- 加成产物为主，在较低的温度下以 1,2- 加成产物为主。例如：

$$H_2C{=}CH{-}CH{=}CH_2 + Br_2 \longrightarrow H_2C{=}CH{-}CH(Br){-}CH_2Br + H_2C(Br){-}CH{=}CH{-}CH_2Br$$

−15℃	55%	45%
60℃	10%	90%

从热力学方面考虑，生成 1,4- 加成产物比生成 1,2- 加成产物有利。提高温度有利于热力学上稳定产物的生成，而且 1,2- 加成产物也可以转化为较稳定的 1,4- 加成产物（平衡控制产物）。但生成 1,2- 加成产物比生成 1,4- 加成产物的活化能低，因此，低温时 1,2- 加成比 1,4- 加成的反应速率快，主要生成 1,2- 加成产物（速率控制产物）。

1,4- 加成又称共轭加成，是共轭二烯烃的特性反应。必须指出：共轭二烯烃的 1,2- 加成和 1,4- 加成不是单指发生在分子的 1,2 或 1,4 碳位上的反应，而是泛指发生在共轭多烯烃共轭链上的两种加成取向。

笔记栏

2. Diels-Alder 反应　共轭二烯与亲双烯烃体发生 1,4- 加成反应生成环状化合物（通常为六元环），这类反应称为 Diels-Alder 反应，也称双烯合成（diene synthesis）。亲双烯体是指含有一个活泼双键（如双键碳原子上连有吸电子基团）的烯烃或活泼叁键的炔烃及它们的衍生物。Diels-Alder 反应是德国化学家狄尔斯（Otto Diels）和阿尔德（Kurt Alder）在研究 1,3- 丁二烯和顺丁烯二酸酐的相互作用时发现的。

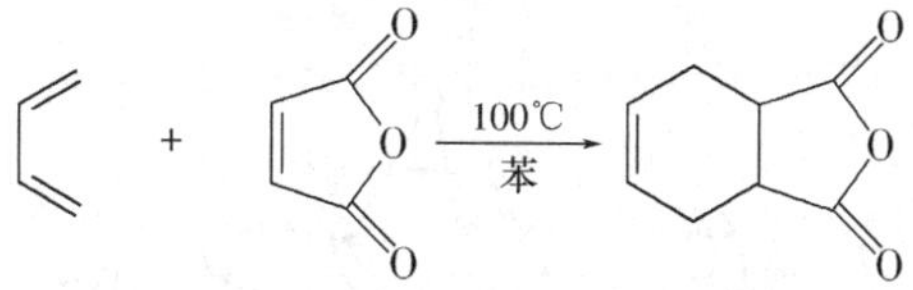

1,3-丁二烯（双烯体） + 顺丁烯二酸酐（亲双烯体） $\xrightarrow[\text{苯}]{100℃}$

反应可以看作是一分子发生 1,4- 加成，另一分子发生 1,2- 加成，结果产生了一个六元环。当亲双烯体的不饱和键上连有吸电子基团（如 —CHO、—CN、—NO_2、—COOR、—COOH 等），双烯体的双键上连有给电子基团时，该反应更容易发生。例如：

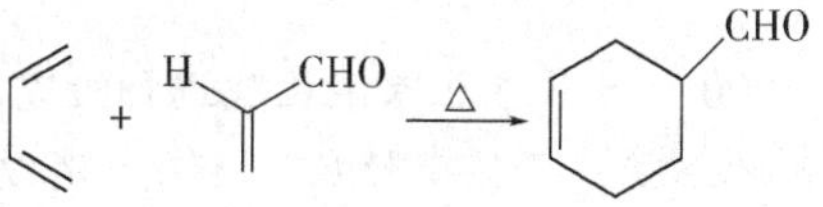

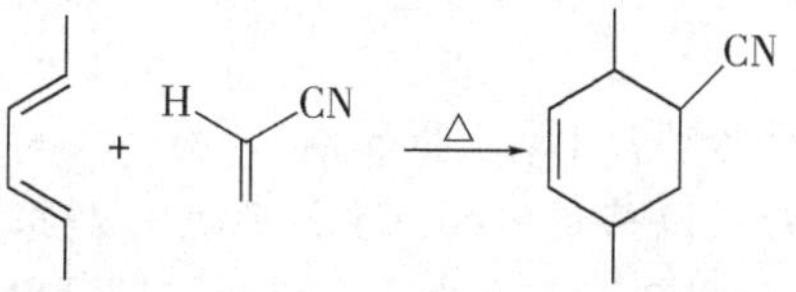

Diels-Alder 反应是立体专一的（stereospecific）顺式加成反应，产物的构型取决于双烯体和亲双烯体原来的构型，即构型保持。例如：

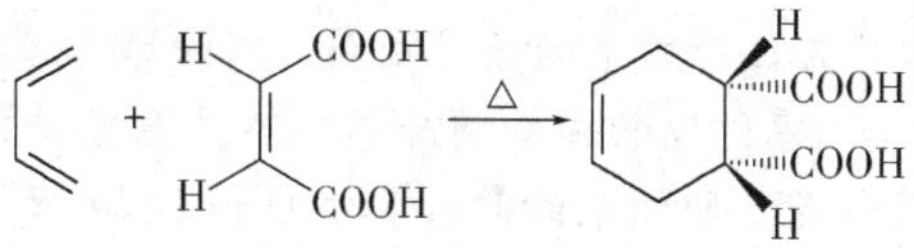

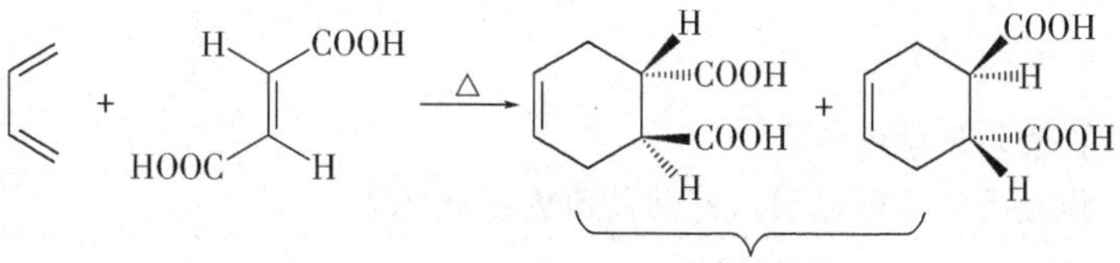

对映异构体

Diels-Alder 反应是一步完成的。即旧键的断裂和新键的形成是相互协调地在同一步骤中完成的，具有这种特点的反应称为协同反应（concerted reaction）。在协同反应中没有活泼的中间体（如自由基、碳正离子、碳负离子等）生成，因此，反应既不受自由基引发剂或抑制剂的影响，也不受溶剂的极性和酸碱催化剂的影响。Diels-Alder 反应是共轭二烯烃的特征反应，是合成具有各种各样官能团，并具有可控制的立体化学的六元环状化合物的最好方法之一。1950 年，狄尔斯和阿尔德因此被授予诺贝尔化学奖。

3. Diels-Alder 反应在药物合成中的应用　斑蝥为芫青科昆虫，其鞘翅上有黄褐色斑纹，可入药，是我国传统的中药，主要用于肝癌、食管癌及胃癌的治疗，并有独特的升高白细胞作用。斑蝥抗癌的主要有效成分为斑蝥素。结构如下：

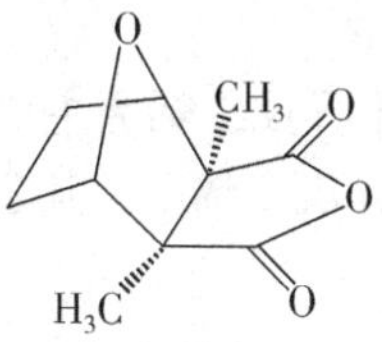

斑蝥素 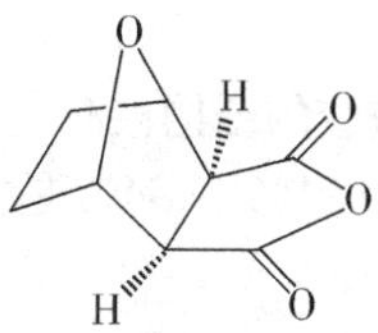　　　　去甲斑蝥素

笔记栏

1929 年狄尔斯和阿尔德首次合成去甲斑蝥素（norcantharidin），即 7- 氧杂双环 [2.2.1] 庚烷 -2,3- 二羧酸酐。去甲斑蝥素为斑蝥素的衍生物，作为抗癌药物于 1989 年在我国投入生产。与斑蝥素相比，去甲斑蝥素明显减轻了对泌尿系统的刺激作用，并提高了抗癌效果。去甲斑蝥素在临床上主要用于治疗原发性肝癌，对胃癌、食管癌、肺癌、乳腺癌、肠癌、皮肤癌等亦有一定的疗效。去甲斑蝥素的合成是以呋喃和顺丁烯二酸酐为原料，通过 Diels-Alder 反应，再催化加氢得到去甲斑蝥素。

呋喃 + 顺丁烯二酸酐 $\xrightarrow[\text{室温48小时}]{\text{乙醚}}$ （加成产物） $\xrightarrow[\text{Pd/C}]{H_2}$ 去甲斑蝥素

案例 4-1　去甲斑蝥素——肝癌患者的希望

患者，男，51 岁。

初诊：因患原发性肝癌于 2000 年 5 月在北京某医院进行检查，发现肝区隐痛，大便溏薄，神疲乏力。舌质微红，苔薄白。脉细弦，还伴有肝痛、乏力、消瘦、黄疸、腹水等症状。

肝功能检查：谷丙转氨酶 74U/L，谷草转氨酶 53U/L，谷 γ- 氨酰肽酶 60U/L，甲胎蛋白 25.04μg/L。

诊断结果：原发性肝癌（硬化型）Ⅱ期及Ⅲ a 期。

治疗方法：晚期肝癌的治疗多以药物化疗为主，通过 B 超探头针刺注入去甲斑蝥素 - 泊洛沙姆 407 缓释制剂，每周治疗一次，2 ～ 3 次为一个疗程，同时配以中药。

二诊：复查肝功能正常，甲胎蛋白 22.54μg/L，精神渐振，稍感腹胀，约一个月后复查甲胎蛋白 8.98μg/L，属正常范围，效果满意。

案例 4-1 分析讨论：去甲斑蝥素片为化疗的辅助治疗用药，不仅可以起到增效减毒的作用，还能起到相加和协同作用，可改善放化疗所致的白细胞降低，不产生骨髓抑制，升高白细胞。去甲斑蝥素片能有效抑制和杀灭肝癌细胞，阻断癌细胞营养供应和 DNA 复制，帮助软化缩小肿瘤。改善肝功能和调节免疫功能，增强患者的自身抗肿瘤能力，改善患者的生活质量，有效地延长患者的生存期。

思考题：

1. 画出去甲斑蝥素的化学结构式。
2. 去甲斑蝥素作为原发性肝癌的治疗药物有哪些优点？

三、共轭二烯的聚合和合成橡胶

橡胶是具有高弹性的高分子化合物。20 世纪初，世界上只有天然橡胶，天然橡胶采自植物的汁液，虽然世界上有 2000 多种植物可生产天然橡胶，但大规模推广种植的主要是巴西橡胶树。采获的天然橡胶主要成分是顺式聚异戊二烯，具有弹性大、定伸强度高、抗撕裂性和耐磨性良好、易于与其他材料黏合等特点，广泛用于轮胎、胶带等橡胶制品的生产。

印第安人最早发现，野生橡胶树的树皮被割开时，会有一种乳状液体流出来，他们称这种液体为“caoutchout”，意为“树流的泪”，这种橡胶乳汁内含 35% ～ 40% 的橡胶和 65% ～ 60% 的水。从橡胶树上采集的乳胶，经过稀释后加酸凝固、洗涤，然后压片、干燥、打包，即制得市售的天然橡胶。

1900 ～ 1910 年，天然橡胶的结构被测定，是一种以聚异戊二烯为主要成分的天然高分子化合物，分子式是（C_5H_8）$_n$ 其成分中 91% ～ 94% 是橡胶烃（聚异戊二烯），其余为蛋白质、脂肪酸、灰分、

笔记栏

糖类等非橡胶物质。人们通常说的天然橡胶主要是指顺 -1,4- 聚异戊二烯，反 -1,4- 聚异戊二烯则是天然产的另一种硬橡胶 —— 固塔波胶。这为人工合成橡胶奠定了基础。

$$\left[\!-H_2C(H_3C)C{=}CH-CH_2-\!\right]_n \qquad \left[\!-H_2C(H_3C)C{=}CH-CH_2-\!\right]_n$$

顺-1,4-聚异戊二烯　　　　反-1,4-聚异戊二烯

第二次世界大战期间，橡胶成为重要的战略物资，欧洲、北美等没有天然橡胶资源的国家一直在千方百计发展合成橡胶。

1910 年，以金属钠为引发剂使 1,3- 丁二烯聚合的丁钠橡胶研制成功，并于 1932 年首次大批生产。现在合成橡胶的品种越来越多，产量也远远超过天然橡胶，按用途可分为两类：一类是用于制备一般橡胶制品，称为通用合成橡胶，如丁苯橡胶、顺丁橡胶、乙丙橡胶、异戊橡胶；另一类是特种合成橡胶，主要用于某种特殊条件（如耐油的各种密封环、输油管，宇航中使用的耐高温和耐超低温的制件等）。丁腈橡胶就是一种耐油的特种橡胶。

制备丁钠橡胶的原料 1,3- 丁二烯现已有多种类型的聚合产物，它们的结构随聚合条件、聚合方法及所用的催化剂的不同而异。聚合方式有两种，1,2- 和 1,4- 加成聚合，其中顺型 1,4- 聚合物，称顺丁橡胶。顺丁橡胶是 1,3- 丁二烯在齐格勒 - 纳塔催化剂作用下通过定向聚合得到的，其主要用途是做轮胎。

$$nH_2C{=}CH{-}CH{=}CH_2 \xrightarrow{\text{1,4-加成聚合}} \left[\!-CH_2-CH{=}CH-CH_2-\!\right]_n \text{（顺式）} + \left[\!-H_2C-CH{=}CH-CH_2-\!\right]_n \text{（反式）}$$

1,3- 丁二烯与苯乙烯共聚可制备丁苯橡胶。

$$n\,H_2C{=}CH{-}HC{=}CH_2 + nCH_2{=}CH(C_6H_5) \xrightarrow{\text{聚合}} \left[\!-\overset{H_2}{C}-\underset{H}{C}{=}\underset{H}{C}-\overset{H_2}{C}-\overset{H_2}{C}-\overset{H}{C}(C_6H_5)-\!\right]_n$$

1,3-丁二烯　　　苯乙烯　　　丁苯橡胶

丁苯橡胶是 1933 年研究成功的，1937 年大量投入生产，目前产量约占合成橡胶产量的 50%，是合成橡胶中最大的一种品种，它有较好的综合性能，在耐腐、耐老化等方面均优于天然橡胶，但总体性能仍比不上天然橡胶。丁苯橡胶比较适合做轮胎的外胎，制造运输皮带、设备、防腐衬里、胶管等。

异戊二烯聚合可有 1,2-、1,4- 与 3,4- 加成聚合，但目前还未发现 1,2- 聚合，只有 3,4- 与 1,4- 聚合。

$$nH_2C{=}C(CH_3){-}CH{=}CH_2 \xrightarrow{\text{1,4-聚合}} \left[\!-H_2C(H_3C)C{=}CH-CH_2-\!\right]_n \text{（顺式）} + \left[\!-H_2C(H_3C)C{=}CH-CH_2-\!\right]_n \text{（反式）}$$

顺-1,4-聚异戊二烯　　　反-1,4-聚异戊二烯

顺 -1,4- 聚异戊二烯被称为人工合成的天然橡胶，给予它这样一个奇特的名称是因为它具有和天然橡胶相同的结构特征。从性能上看，虽然许多合成橡胶各有特色，但从通用橡胶所要求的全面性能来看，还没有超过天然橡胶的，而顺 -1,4- 聚异戊二烯与天然橡胶的性能十分接近，几乎适用于一切天然橡胶能适用的场合。我国发展了稀土催化体系，可以制备纯度高达 96% 的顺 -1,4- 聚异戊二烯。

四、具有生物活性的共轭多烯烃

某些烯烃及其衍生物因具有一定的分子构型而体现出特殊的生理活性，在临床上有很重要的应用价值，如维生素 A、β 胡萝卜素等。

（一）维生素 A

维生素 A 又叫视黄醇（retinol），是一种具有脂环的不饱和一元醇，侧链中的四个双键全部为 *E*- 构型，其结构式为：

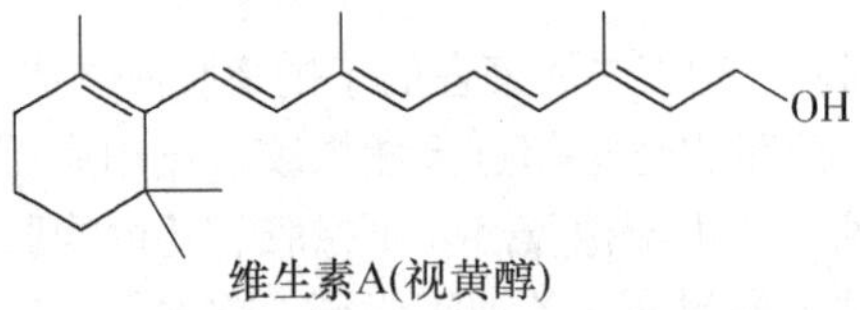

维生素A(视黄醇)

维生素 A 是合成视紫质的原料，视紫质是一种感光物质，存在于视网膜内，由视黄醛（retinal）和视蛋白结合而成，而视黄醛与维生素 A 可通过氧化、还原作用相互转化。

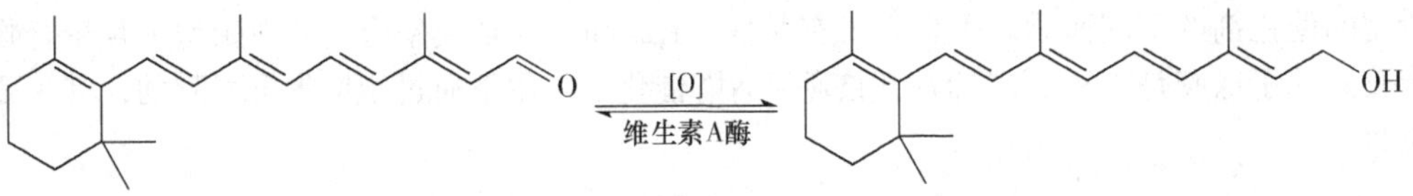

[O]

维生素A酶

缺乏维生素 A 就不能合成足够的视紫质，将导致夜盲症。维生素 A 还有助于保护皮肤、鼻、咽喉、呼吸器官的内膜，消化系统及泌尿生殖道上皮组织的健康；维生素 A 与维生素 D 及钙等营养素共同维持骨骼、牙齿的生长发育等。维生素 A 在体内不易排泄，摄入过量容易导致积聚，引起维生素 A 中毒。人和高等动物不能自行合成维生素 A，必须从食物中摄取。绿叶类、黄色菜类、水果类食物及动物肝脏、蛋黄及奶制品中含维生素 A 较多。

近年来经动物实验证明，缺乏维生素 A 与某些癌变有一定关系。认为维生素 A 预防癌的作用是由于它可增强抗肿瘤免疫；抑制细胞、组织增生，促进分化，使癌前病变逆转，恢复正常。但由于维生素 A 防癌变的剂量可导致维生素 A 过多症等不良反应，从而限制了它的实际应用。为了寻找低毒、防癌活性高的药物，合成了大量维生素 A 类衍生物。维 A 酸除对早期癌变有效外，对多种皮癣亦有效。异维 A 酸对严重的结节性和团块性痤疮疗效较好。

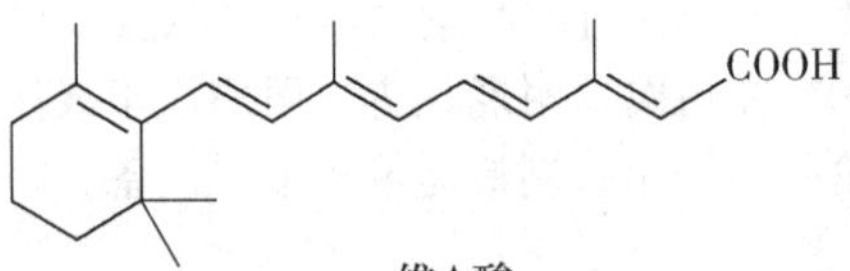

维A酸 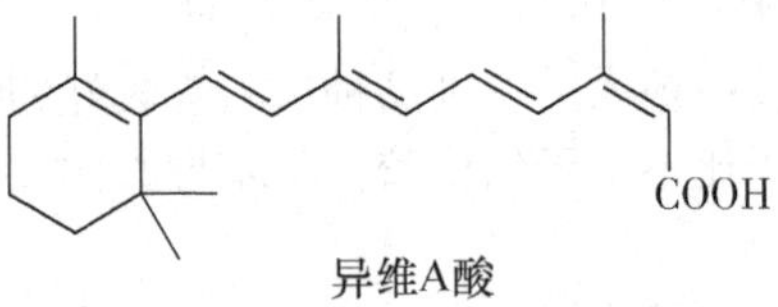　　异维A酸

（二）β- 胡萝卜素

胡萝卜素（carotene）最初是从胡萝卜中发现的，其有 α、β、γ 三种胡萝卜素异构体，其中以 β- 胡萝卜素的活性最高且最为重要，其结构式如下：

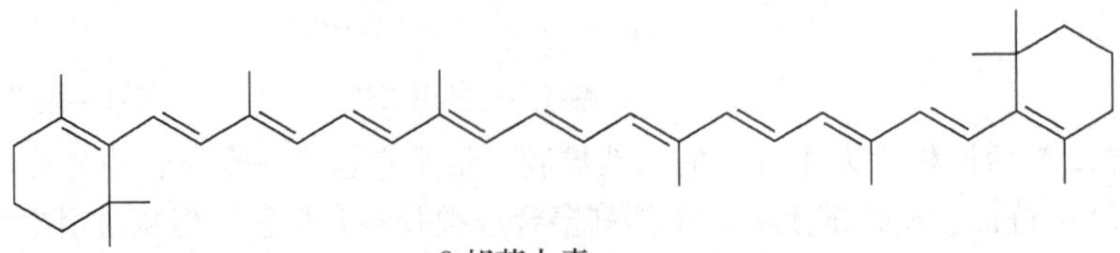

β-胡萝卜素

β- 胡萝卜素可被小肠黏膜或肝脏中的加氧酶（β- 胡萝卜素 -15,15′- 加氧酶）转变成为维生素 A，所以又称为维生素 A 原。由于人体摄入过量的维生素 A 会造成中毒，因此不宜直接摄入大量的维生素 A，通常是在体内贮存足量的 β- 胡萝卜素，只有当代谢需要时，人体才会将 β- 胡萝卜素转换

成维生素 A，这一特征使 β- 胡萝卜素成为维生素 A 的一个安全来源。

1989 年，世界卫生组织经过论证认为：β- 胡萝卜素为最有希望的抗氧化剂之一。它可以防止和消除体内生理代谢过程中产生的“自由基”，是氧自由基最强的“克星”。β- 胡萝卜素的防癌、抗癌、防衰老、防治白内障和抗射线对人体损伤等功效已得到普遍认可。此外，β- 胡萝卜素还有提高机体免疫力的功效。

β- 胡萝卜素是人体所必需的维生素之一，正常人每天需摄入 6mg。在我国，由于饮食习惯的差异，人日摄入量极不均衡，很多人的 β- 胡萝卜素摄入量不足。含有丰富 β- 胡萝卜素的天然胡萝卜素将成为今后市场上的畅销保健品原料之一。

第二节　炔　　烃

炔烃（alkynes）是含有碳碳叁键的不饱和烃，其通式为 C_nH_{2n-2}，比同碳数的烯烃少两个氢原子。碳碳叁键是炔烃的官能团。

一、炔烃的结构

最简单的炔烃叫做乙炔，分子式为 C_2H_2，结构式为 H—C≡C—H。X 射线衍射和光谱实验数据证明，乙炔分子具有线性结构，键角为 180°，其成键情形如图 4-4 所示。杂化轨道理论认为，乙炔分子中的两个碳原子采用 sp 杂化轨道成键。在形成乙炔分子时，每个碳原子各以一个 sp 杂化轨道沿键轴方向相互重叠形成一个碳碳 σ 键，每个碳原子再各用一个 sp 杂化轨道和氢原子的 1s 轨道形成一个碳氢（C—H）σ 键，从而使乙炔分子的四个原子位于一条直线上。此外，每个碳原子还有两个未参与杂化且相互垂直的 p 轨道，四个 p 轨道彼此两两平行，相互重叠，形成两个相互垂直的 π 键。因此，碳碳叁键由一个 σ 键和两个 π 键构成。

图 4-4　乙炔的结构和价键形成示意图

碳碳 σ 键的电子云集中于两个碳原子之间，π 键电子云位于 σ 键轴的上下和前后部位；两个垂直的 π 键可相互重叠，其电子云呈圆柱体形状围绕在 σ 键周围。因此，乙炔的结构可以用简单式子表示如下：

120pm
H—C≡C—H
106pm
180°

由于碳碳叁键中的两个碳原子共用三对电子，碳原子核间的电子云密度较高，对两原子核有较大的吸引力，使成键的两个原子核更加靠近，因此，碳碳叁键的键长（120pm）比碳碳双键和碳碳单键都短，叁键碳与氢所形成的碳氢键键长（106pm）也短于烯烃和烷烃中碳氢键的键长。叁键的键能为 $836kJ \cdot mol^{-1}$，比三个 σ 键的平均键能（$347.3kJ \cdot mol^{-1} \times 3$）要小，这是因为 π 键的键能比 σ 键的键能小。

二、炔烃的同分异构和命名

（一）炔烃的同分异构现象

由于炔烃分子中的存在叁键，故它既有碳链异构，又有叁键位置异构。但由于叁键对侧链位置的限制，且分子为直线形结构，因此，炔烃无顺反异构现象，叁键碳原子处也不能形成支链。与同数碳原子的烯烃相比，炔烃的异构体数目相对较少。例如，分子式为 C_5H_{10} 的烯烃有六个异构体，而分子式为 C_5H_8 的炔烃只有三个异构体。

笔记栏

$CH_3CH_2CH_2C{\equiv}CH$ 1-戊炔 1-pentyne

$CH_3CH_2C{\equiv}CCH_3$ 2-戊炔 2-pentyne

$CH_3CH(CH_3)C{\equiv}CH$ 3-甲基-1-丁炔 3-methyl-1-butyne

（二）炔烃的命名

最简单的炔烃含有两个碳原子，称为乙炔。一些简单的炔烃，可视为乙炔的衍生物来命名。例如：

$CH_3CH_2C{\equiv}CH$ 乙基乙炔 ethylethyne

$CH_3C{\equiv}CCH_3$ 二甲基乙炔 dimethylethyne

复杂的炔烃，用 IUPAC 规则命名，其方法与烯烃相同，只需将“烯”改为“炔”即可。英文名称是将烷烃的词尾“-ane”改成“-yne”。例如：

$CH_3CH(CH_3)C{\equiv}CCH_3$ 4-甲基-2-戊炔 4-methyl-2-pentyne

$CH_3CH(CH_2CH_3)C{\equiv}CCH_2CH_3$ 5-甲基-3-庚炔 5-methyl-3-heptyne

若分子中同时含有双键和叁键，则选择含有双键和叁键在内的最长碳链作为主碳链，称为“*x*-某烯-*y*-炔”（*x*、*y* 分别为双键和叁键的位次）。编号从最先遇到 C═C 或 C≡C 的一端开始；若有选择时，即 C═C 和 C≡C 有相同的编号位次，则使双键比叁键具有较低位次。例如：

$\overset{5}{C}H_3\overset{4}{C}H{=}\overset{3}{C}H{-}\overset{2}{C}{\equiv}\overset{1}{C}H$ 3-戊烯-1-炔 3-penten-1-yne

$\underset{1}{C}H_3\underset{2}{C}H{=}\underset{3}{C}H\underset{4}{C}H_2\underset{5}{C}H(CH_3)\underset{6}{C}{\equiv}\underset{7}{C}\underset{8}{C}H_3$ 5-甲基-2-辛烯-6-炔 5-methyl-2-octen-6-yne

三、炔烃的物理性质

简单炔烃的沸点、熔点及密度，一般比同碳数的烷烃和烯烃高一些。这是由于炔烃分子短小、细长，在液态和固态中，分子可以彼此靠得更近，分子间的范德华力更强。炔烃分子极性比烯烃略大。在室温下 C_4 以下的炔烃是气体，$C_5 \sim C_{18}$ 的炔烃是液体。炔烃的密度均小于 $1g{\cdot}cm^{-3}$，在水中的溶解度很小，能溶于烷烃、四氯化碳、苯、乙醚等非极性有机溶剂中。一些炔烃的物理常数见表 4-1。

表 4-1　一些炔烃的物理常数

名称	结构式	熔点（℃）	沸点（℃）	密度（$g{\cdot}cm^{-3}$）
乙炔	$HC{\equiv}CH$	−81.8	−75	0.6179
丙炔	$HC{\equiv}CCH_3$	−102.5	−23.3	0.6714
1- 丁炔	$HC{\equiv}CCH_2CH_3$	−122.5	8.6	0.6682
2- 丁炔	$CH_3C{\equiv}CCH_3$	−24	27	0.6937
1- 戊炔	$HC{\equiv}CCH_2CH_2CH_3$	−98	39.7	0.6950
2- 戊炔	$CH_3C{\equiv}CCH_2CH_3$	−101	55.5	0.7127
3- 甲基 -1- 丁炔	$HC{\equiv}CCH(CH_3)_2$	−89.7	28	0.6650
1- 己炔	$HC{\equiv}CCH_2CH_2CH_2CH_3$	−124	71	0.7195
2- 己炔	$CH_3C{\equiv}CCH_2CH_2CH_3$	−88	84	0.7305
3- 己炔	$CH_3CH_2C{\equiv}CCH_2CH_3$	−105	82	0.7255

四、炔烃的化学反应

与烯烃类似，炔烃可发生加成、氧化等反应，与烯烃不同的是，炔烃分子中的叁键碳原子为 sp 杂化，且两个叁键碳原子相距较近，致使叁键碳原子核对 π 电子的吸引力比与双键碳原子核对 π 电子的吸引力强。因此，炔烃中的 π 键比烯烃中的 π 键要强一些。炔烃的亲电加成反应活性不如烯烃。

（一）末端炔烃的酸性和金属炔化物的生成

在形成共价键时，碳原子杂化轨道中的 s 成分越多，则核外电子越靠近原子核，其电负性也越大。不同杂化态碳原子的电负性大小顺序为：$C_{sp} > C_{sp2} > C_{sp3}$。因此，$C_{sp}$—H 键极性较大，导致端炔氢易于解离而显示出一定的酸性。各类 C—H 键的酸性大小可用 pK_a 值来衡量：

	CH_4	$CH_2{=}CH_2$	$CH{\equiv}CH$	NH_3	H_2O
pK_a	≈49	≈40	≈25	≈36	≈15.7

末端炔烃 C—H 键的酸性比氨、烯烃和烷烃的强，但比水、醇的弱。因此，端基炔烃能与强碱反应生成金属炔化物，而烯烃和烷烃却难以反应。例如：

$$HC{\equiv}CH \xrightarrow[NH_3（液）]{NaNH_2} HC{\equiv}CNa \xrightarrow[NH_3（液）]{NaNH_2} NaC{\equiv}CNa$$

$$RC{\equiv}CH \xrightarrow[NH_3（液）]{NaNH_2} RC{\equiv}CNa$$

炔化钠为弱酸强碱盐，遇水很快发生水解生成相应的炔烃和氢氧化钠。

端基炔氢也能被一些重金属离子取代，生成有特殊颜色且难溶于水的盐。例如：

$$HC{\equiv}CH + 2\,[Ag(NH_3)_2]^+ \longrightarrow \underset{\text{乙炔银（白色）}}{AgC{\equiv}CAg\downarrow} + 2\,NH_4^+ + 2NH_3$$

$$HC{\equiv}CH + 2\,[Cu(NH_3)_2]^+ \longrightarrow \underset{\text{乙炔亚铜（砖红色）}}{CuC{\equiv}CCu\downarrow} + 2\,NH_4^+ + 2NH_3$$

此反应较灵敏、速度快、现象明显，可用于端炔烃的鉴别。重金属炔化物在溶液中比较稳定，干燥后受热、震动或撞击会发生强烈的爆炸，所以在反应结束后应立即加入稀硝酸使其分解。另外，由于 CN^- 和银离子可形成极稳定的络合物，在炔化银中加入氰化钠水溶液，可得到炔烃，通过这个反应提纯端炔烃。例如：

$$RC{\equiv}CAg + 2CN^- + H_2O \longrightarrow RC{\equiv}CH + [Ag(CN)_2]^- + OH^-$$

（二）亲电加成反应

炔烃能与 X_2、HX 等试剂发生亲电加成反应，但反应活性比烯烃低。若分子中同时存在双键和叁键时，则加成反应首先在双键上进行。炔烃与亲电试剂发生的加成反应遵守马氏规则。

1. 加卤素　炔烃与卤素（Br_2 或 Cl_2）加成，首先生成邻二卤代烯，再进一步加成得到四卤代烷。例如：

$$CH_3C{\equiv}CH \xrightarrow{Br_2} CH_3\underset{Br}{C}{=}\underset{Br}{CH} \xrightarrow{Br_2} CH_3CBr_2CHBr_2$$

该反应能使溴的四氯化碳溶液褪色，因此常用于鉴别碳碳叁键的存在。

氯与炔烃的加成通常需要在三氯化铁或氯化亚锡（$SnCl_2$）的催化下进行。例如：

$$HC{\equiv}CH \xrightarrow[FeCl_3]{Cl_2} \underset{\text{反二氯乙烯}}{(H)(Cl)C{=}C(Cl)(H)} \xrightarrow[FeCl_3]{Cl_2} \underset{\text{1,1,2,2-四氯乙烷}}{Cl_2HC{-}CHCl_2}$$

在上述反应生成的二氯乙烯中，两个双键碳原子上各连接一个吸电子的氯原子，使碳碳双键的亲电加成活性减小，所以加成反应可停留在第一阶段。另外，当化合物中同时存在非共轭的碳碳叁键和碳碳双键时，首先是碳碳双键与卤素发生反应。例如：

$$H_2C{=}CH{-}CH_2{-}C{\equiv}CH \xrightarrow[0℃]{Br_2} H_2C(Br){-}CH(Br){-}CH_2{-}C{\equiv}CH$$

2. 加氢卤酸 炔烃与过量的卤化氢加成生成卤代烃。反应分两步进行，炔烃先与等物质的量的氢卤酸加成生成卤代烯烃，卤代烯烃进一步加氢卤酸生成二卤代烷烃。例如：

$$CH_3{-}C{\equiv}CH \xrightarrow{HBr} CH_3{-}C(Br){=}CH_2 \xrightarrow{HBr} CH_3{-}CBr_2{-}CH_3$$

烯烃的亲电加成活性大于炔烃，可通过所形成的中间体碳正离子的稳定性来解释：

$$H_3CC{\equiv}CH + HBr \longrightarrow H_3C\overset{+}{C}{=}CH_2 + Br^-$$

烯基碳正离子

$$CH_3CH{=}CH_2 + HBr \longrightarrow CH_3\overset{+}{C}HCH_3 + Br^-$$

烷基碳正离子

炔烃加成所得到的烯基碳正离子，中间碳为 sp 杂化，其 s 成分较多，正电荷较靠近碳原子核，是一个不稳定体系；而烯烃加成得到的烷基碳正离子，中间碳为 sp^2 杂化，形成的碳正离子由于受相邻烷基的斥电子诱导效应和 σ-p 超共轭效应的影响比较稳定。

一旦形成烯基碳正离子中间体，很容易与反应体系中存在的亲核试剂相结合。在炔烃与 HX 的反应中，烯基碳正离子中间体与 X^- 结合形成卤代烯烃。分子中双键碳原子上的卤原子降低了碳碳双键的反应活性，在适当的条件下可使反应停留在第一步，因此可利用这个反应来制备卤代烯烃。

3. 加水 炔烃在二价汞盐和稀硫酸的催化下，先得到加成产物烯醇，然后烯醇立即转变成羰基化合物（详见第九章）。此反应也称为炔烃的水合反应。

$$HC{\equiv}CH + H_2O \xrightarrow[H_2SO_4]{HgSO_4} \left[HC(OH){=}CH_2 \right] \rightleftharpoons HC(=O){-}CH_3$$

乙醛

炔烃的水合反应遵循马氏规则，乙炔的水合生成乙醛，端炔烃水合得到甲基酮，非端炔烃水合生成其他酮类化合物。

$$RC{\equiv}CH + H_2O \xrightarrow[H_2SO_4]{HgSO_4} \left[RC(OH){=}CH_2 \right] \rightleftharpoons RC(=O){-}CH_3$$

甲基酮

$$H_3CC{\equiv}CCH_2CH_3 + H_2O \xrightarrow[H_2SO_4]{HgSO_4} CH_3C(=O)CH_2CH_2CH_3 + CH_3CH_2C(=O)CH_2CH_3$$

2-戊炔　　2-戊酮　　3-戊酮

（三）氧化反应

1. 燃烧氧化 乙炔燃烧时放出大量的热，反应可表示如下：

$$2CH{\equiv}CH + 5O_2 \longrightarrow 4CO_2 + 2H_2O \quad \triangle H = -2600kJ \cdot mol^{-1}$$

笔记栏

乙炔的含碳量大，燃烧时发出带黑的明亮火焰。乙炔在氧气中燃烧所形成的氧炔焰，温度高达3000℃，因此广泛用于焊接和切割金属材料。

2. 被强氧化剂氧化　若将乙炔通入高锰酸钾溶液，高锰酸钾的紫红色逐渐褪去，并有褐色沉淀生成，乙炔的碳碳叁键断裂，氧化为二氧化碳和水。

$$3CH\equiv CH + 10KMnO_4 + 2H_2O \longrightarrow 6CO_2 + 10MnO_2\downarrow + 10KOH$$

其他炔烃也可以被高锰酸钾氧化，因结构不同而得到不同的产物。通常是叁键断裂，氧化成两分子的羧酸。

$$H_3CC\equiv CCH_2CH_3 \xrightarrow[2)\ H_3O^+]{1)\ KMnO_4,\ OH^-} CH_3COOH + CH_3CH_2COOH$$

炔烃经臭氧氧化水解后得到两分子的羧酸，这与烯烃的氧化产物有所不同。

$$RC\equiv CH \xrightarrow[2)\ H_2O]{1)\ O_3/CCl_4} RCOOH + HCOOH$$

与烯烃一样，通过对氧化产物结构的分析，可以确定炔烃的结构和叁键的位置。若炔烃的叁键在1-位碳原子上，叁键断裂生成羧酸和二氧化碳。

$$RC\equiv CH \xrightarrow[2)\ H_3O^+]{1)\ KMnO_4,\ OH^-} RCOOH + CO_2$$

（四）催化加氢和还原反应

在金属催化剂（Ni、Pt、Pd等）的作用下，炔烃与氢气加成先生成烯烃，再生成烷烃。

$$RC\equiv CH + H_2 \xrightarrow{Pt} RHC=CH_2 \xrightarrow[H_2]{Pt} RH_2C-CH_3$$

第二步加氢速度非常快，反应不能停留在第一步。若使用一些催化活性低的特殊催化剂，如林德拉催化剂（Lindlar's catalyst）（将金属钯的细粉沉淀在碳酸钙上，再用乙酸铅溶液和奎宁处理制成），可使反应停留在烯烃阶段。非端炔烃生成顺式加成产物。

$$H_3CC\equiv CCH_2CH_3 + H_2 \xrightarrow{Lindlar\ Pd} \underset{H}{\overset{H_3C}{}}C=C\underset{H}{\overset{CH_2CH_3}{}}$$

2-戊炔　　　　顺-2-戊烯

若用碱金属锂或钠在液氨中还原，则得到反式的还原产物。

$$H_3CC\equiv CCH_2CH_3 + 2Na + 2NH_3 \xrightarrow{NH_3\ (液)} \underset{H}{\overset{H_3C}{}}C=C\underset{CH_2CH_3}{\overset{H}{}} + 2NaNH_2$$

2-戊炔　　　　反-2-戊烯

这些反应具有高度的立体选择性，巧妙地应用这两种反应，可以得到立体化学上纯度相当高的产物。在有机合成或合成有一定构型的生物活性物质方面有重要的用途。例如，10,12-十六碳二烯-1-醇有4种顺反异构体，其中（10*E*,12*Z*）-十六碳二烯-1-醇是雌性蚕蛾所分泌的性引诱剂，它对雄蛾的吸引力是其他3种异构体的10亿倍。许多生物活性物质的研究中相当多的工作在于为分子中引进C=C键，以开发新的、高选择性的产物，炔烃还原成烯烃是为分子中引进C=C键最常用的一种方法。

五、炔烃在医药上的应用

某些天然炔烃具有生物活性，如天然聚炔醇的代表化合物人参炔醇和人参环氧炔醇，不仅存在于三七、人参等传统中药中，还广泛存在于胡萝卜和番茄等食用植物中。聚炔醇具有抗癌、降压、神经营养和神经保护及抗菌等生物活性。一些合成药物中也含有炔基的结构，如炔雌醇是口服雌激素，常与孕激素配伍制成女性避孕药；其中炔诺酮为孕激素类药，白色或类白色的结晶性粉末，无臭，味微苦。主要促进并维持妊娠前期与妊娠期的子宫变化，与甲地孕酮相似，止血效果较好。用于功

笔记栏

能性子宫出血症、痛经、月经不调、子宫内膜异位症及不育症等；依法韦仑为非核苷类逆转录酶抑制剂，用于艾滋病的治疗，帕吉林（优降宁）临床上用于治疗重度高血压。

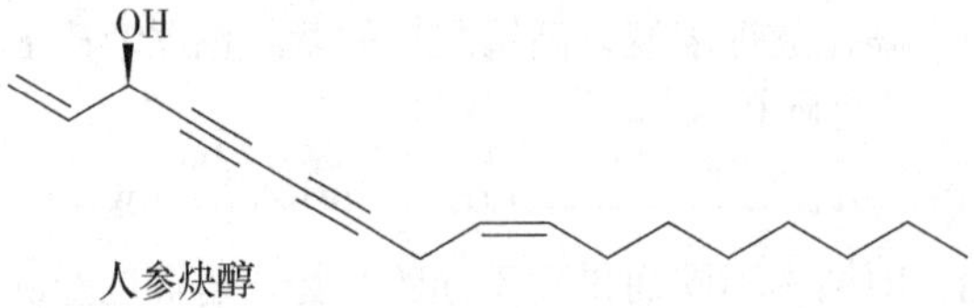

人参炔醇

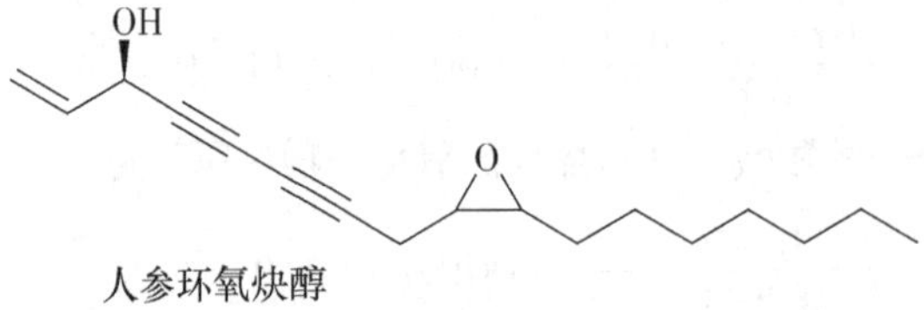

人参环氧炔醇

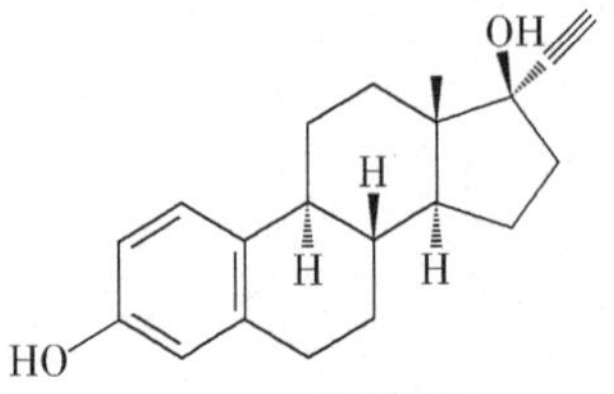

炔雌醇 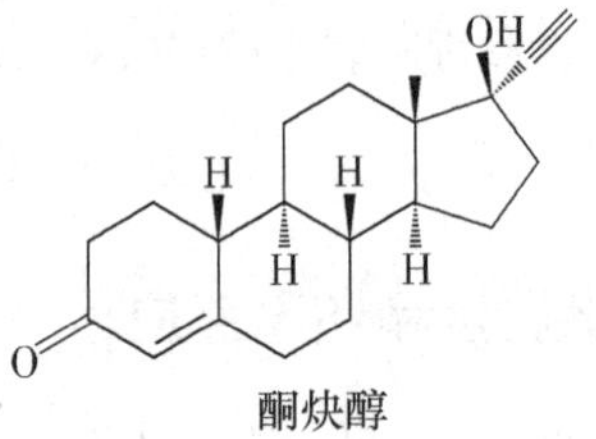　　酮炔醇

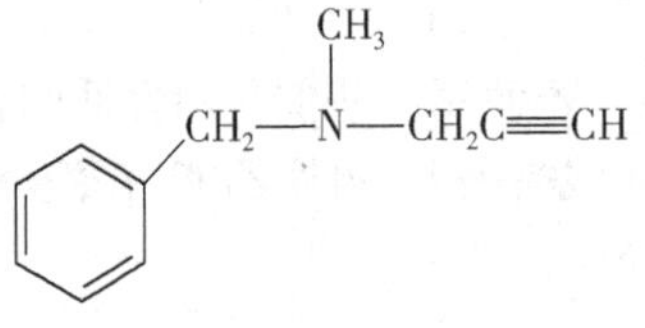

帕吉林 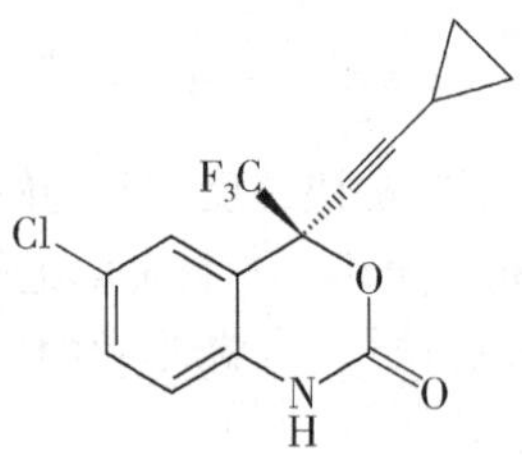　　依法韦仑

案例 4-2　营养神经的福音——人参炔醇

阿尔茨海默病（Alzheimer's diseas，AD）是一种在老年期发生的以进行性痴呆为主要特征的神经元退行性疾病。其主要临床表现为进行性认知功能障碍和记忆力衰退，性格和行为改变，判断力下降，社交障碍，生活自理能力丧失，最终死亡。AD 是继心血管疾病、癌症和卒中之后的第四大杀手，严重危害着老年人的身体健康和生活质量。发现中药三七中存在天然炔醇的代表化合物人参炔醇（panaxynol，PNN）和人参环氧炔醇（panaxydol，PND），并证明这两个炔醇是三七脂溶性部位神经营养和神经保护作用的重要活性成分。

案例 4-2 分析讨论：人参炔醇又名镰叶芹醇，是聚乙炔醇类（polyacetylenes）化合物的一种，具有抗癌、抑菌、镇静、镇痛、降压和神经细胞保护等多种作用。炔醇具有与神经生长因子（nerve growth factor，NGF）和垂体腺苷酸环化酶激活肽（pituitary adenylate cyclase-activating polypeptide，PACAP）相似的神经营养和神经保护作用，炔醇存在于多种人们常用的药（食）用植物中，深入研究其药理作用及其作用机制既可以阐明这些植物活性作用的物质基础，又可以指导人们合理使（食）用这些植物。由于炔醇在植物界的广泛存在，又同时具有神经保护和神经营养作用，可能成为较理想的神经营养和神经保护药物的先导化合物，并可能进一步转化为治疗老年退行性病变药物的候选化合物。

思考题：

1. 画出人参炔醇的化学结构式。
2. 什么是阿尔茨海默病？

笔记栏

本章小结

开链二烯烃的通式为 C_nH_{2n-2}，根据二烯烃中两个碳碳双键的相对位置，可以将其分为聚集二烯烃、隔离二烯烃和共轭二烯烃。共轭二烯烃因结构中存在共轭 π 键表现出一些特殊的化学性质，如共轭加成、Diels-Alder 反应等。

在共轭体系中，单双键交替出现，共轭分子中的 π 电子并不局限于某个“小” π 键的两个原子之间而是扩展到整个共轭体系中运动，这种现象称为 π 电子的离域，这样的 π 键称为大 π 键或共轭 π 键。共轭体系有三种：π-π 共轭、p-π 共轭和 σ-π 或 σ-p 超共轭。共轭导致电子的离域，从而对化合物的物理和化学性质产生影响，称为共轭效应，用 *C* 表示。具体表现为：①键长平均化，单键变短，双键变长；②体系能量较低，稳定性增强；③存在偶极交替现象。

炔烃是分子中含有碳碳叁键的不饱和烃，两个叁键碳原子均为 sp 杂化，它们与另外两个原子成键，形成一个线型结构。碳碳叁键中有一个 σ 键和两个 π 键，所以，炔烃和烯烃一样能发生加成反应和氧化反应。但是由于 sp 杂化碳原子的电负性大于 sp^2 杂化的碳原子，所以炔烃分子中的叁键碳原子核对 π 电子云有较强的约束力。因此，炔烃的加成反应的活性比烯烃小。与叁键碳直接相连的氢称为炔氢，同样由于 sp 杂化的叁键碳原子而显示一定弱酸性，能与强碱（如 $NaNH_2$）及重金属离子反应，生成金属炔化物。

炔烃与卤素、氢卤酸等试剂发生亲电加成反应时，先生成卤代烯烃，因卤原子的存在降低了双键的反应活性，反应可停留在第一步，进一步反应得到饱和的卤代烷烃。炔烃的催化加氢因催化剂不同可得到不同的加成产物：活性高的金属催化剂（如 Pt、Ni、Pd 等）可使炔烃连续加氢得到烷烃；而催化活性较低的催化剂（如 Lindlar 催化剂）不仅可使反应停留在烯烃阶段，而且是顺式加成；若用碱金属锂或钠在液氨中还原炔烃，得到的烯烃是反式加成产物。炔烃氧化后生成羧酸或二氧化碳，根据反应的产物可以推测炔烃的结构。利用炔烃能使溴的四氯化碳溶液和高锰酸钾溶液褪色的现象可鉴别炔烃；应用炔化银或炔化亚铜的生成可鉴别端炔烃的存在。

习　题

1. 用系统命名法命名下列各化合物。

（1）$(CH_3)_2CHC{\equiv}CCH_3$　（2）$CH_3CH{=}\underset{\displaystyle CH_2CH_3}{C}HCH_2C{\equiv}CH$

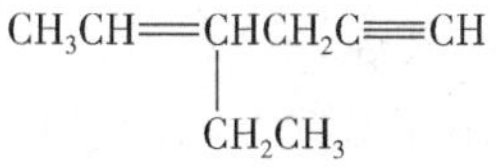

（3）$H_2C{=}CH{-}CH{=}C(CH_3)_2$　（4）$H_3C\underset{\displaystyle CH_3}{C}{=}CH(CH_2)_2C{=}\underset{\displaystyle CH_2CH_3}{C}{-}CH_3$

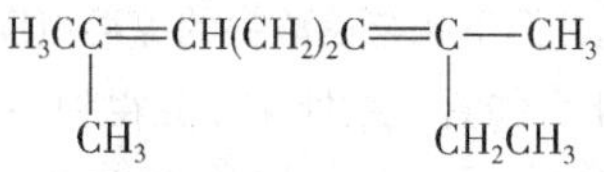

（5）（环己二烯环上连有 CH_3）

（6）$CH_3C{\equiv}CCH_2\overset{\displaystyle CH_3}{C}HCH_3$

（7）$\underset{H_3CH_2CH_2C}{\overset{H}{}}\!\!>C{=}C<\!\!\underset{CH_3}{\overset{H}{}}$

（8）H、H_3C 与 C=C（另一端连 CH_3），该碳再连 C=C（H；H、CH_2CH_3）

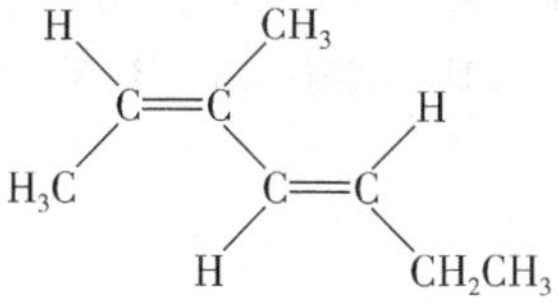

2. 写出下列化合物的结构式。

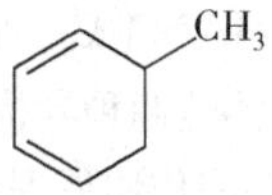

（1）3- 甲基 -1- 戊炔　（2）1,4- 己二炔

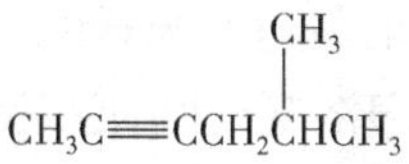

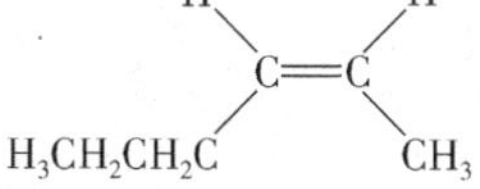

（3）3- 氯 -1,4- 环己二烯　（4）3- 甲基 -1- 庚烯 -5- 炔

（5）3- 甲基 -1- 己烯 -5- 炔　（6）乙烯基乙炔

3. 写出下列反应的主要产物。

（1）1,3-丁二烯 + $C_2H_5OOC{-}CH{=}CH{-}COOC_2H_5$ ⟶

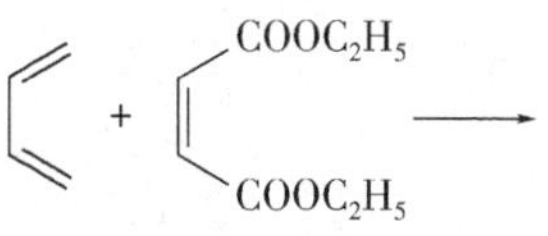

笔记栏

（2） $CH_3CH_2C{\equiv}CH + HCl(1mol) \longrightarrow$

（3） $CH_3CH_2CH(CH_3)C{\equiv}CH + H_2O \xrightarrow[HgSO_4]{稀H_2SO_4}$

（4） $CH_3CH_2CH_2C{\equiv}CH + KMnO_4 \xrightarrow[\triangle]{H^+}$

（5） $CH_3CH_2C{\equiv}CH + AgNO_3$（银氨溶液）$\longrightarrow$

（6） $H_2C{=}C(CH_3){-}CH{=}CH_2 + HCl \xrightarrow{1,4-加成}$

（7） 环戊二烯 + HBr $\longrightarrow$

（8） $CH_3CH_2C{\equiv}CH + HBr \xrightarrow{光照}$

（9） 1,3-环己二烯 + $KMnO_4 \xrightarrow{H^+}$

（10） 环戊二烯 + $O_3 \longrightarrow \xrightarrow{Zn, H_2O}$

4. 写出 1mol 2- 丁炔与下列试剂作用所得产物的结构式。

（1）1mol H_2，Lindlar/Ni　（2）1mol H_2，Na（液氨）　（3）稀 $H_2SO_4/HgSO_4$

（4）1mol Br_2　（5）1mol HBr　（6）$[Ag(NH_3)_2]NO_3$

5. 用化学方法鉴别下列各组化合物。

（1）1- 庚炔、1,3- 己二烯、庚烷

（2）1- 丁炔、2- 丁炔、1,3- 丁二烯

6. 分子式为 C_4H_6 的链状化合物 A 和 B，A 能使高锰酸钾溶液褪色，也能与硝酸银的氨溶液发生反应，B 也能使高锰酸钾溶液褪色，但不能与硝酸银的氨溶液发生反应，写出 A 和 B 可能的结构式。

7. 分子式为 C_6H_{10} 的化合物 A，经催化加氢得到 2- 甲基戊烷。A 与硝酸银的氨溶液作用能生成灰白色沉淀。A 在汞盐催化下与水作用得到 4- 甲基 -2- 戊酮，推断 A 的结构式，写出相关反应式。

8. 具有相同分子式的两种化合物，分子式为 C_5H_8，经氢化后都可以生成 2- 甲基丁烷。它们可以与两分子溴加成，但其中一种可使硝酸银氨溶液产生白色沉淀，另一种则不能。试推测这两种异构体的结构式。

9. 化合物 A（C_6H_{12}）与 Br/CCl_4 作用生成 B（$C_6H_{12}Br_2$），B 与 KOH 的醇溶液作用得到两个异构体 C 和 D（C_6H_{10}），用酸性 $KMnO_4$ 氧化 A 和 C 得到同一种酸 E（$C_3H_6O_2$），用酸性 $KMnO_4$ 氧化 D 得二分子 CH_3COOH 和一分子 HOOC-COOH，试写出 A、B、C、D 和 E 的结构式。

（李银涛）

笔记栏

第五章 环 烃

由碳氢两种元素组成的具有环状结构的烃类化合物称为环烃（cyclic hydrocarbon）。根据碳环的结构和性质的不同，环烃分可为脂环烃（alicyclic hydrocarbon）和芳香烃（aromatic hydrocarbon）两大类。

第一节 脂 环 烃

脂环烃是指具有环状骨架而性质与开链脂肪烃相似的烃类，广泛存在于自然界中。例如，中草药中所含的挥发油，其成分大多数是环烯烃及其含氧衍生物；动植物体内的甾族化合物，也是脂环烃的衍生物。

一、脂环烃的分类和命名

（一）分类

1. 按环上是否含有不饱和键分类 分为饱和脂环烃（saturated alicyclic hydrocarbon）和不饱和脂环烃（unsaturated alicyclic hydrocarbon）。例如：

环己烷 cyclohexane　　环己烯 cyclohexene

2. 按分子中所含碳环数目分类 分为单环脂环烃、双环脂环烃和多环脂环烃。双环脂环烃又可分为螺环烃和桥环烃。例如：

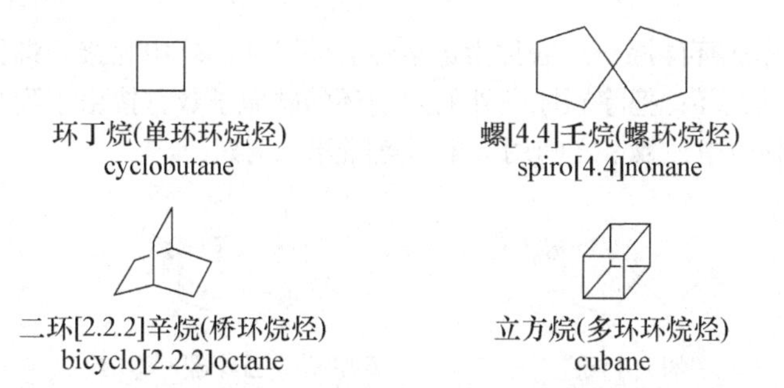

环丁烷(单环环烷烃) cyclobutane　　螺[4.4]壬烷(螺环烷烃) spiro[4.4]nonane

二环[2.2.2]辛烷(桥环烷烃) bicyclo[2.2.2]octane　　立方烷(多环环烷烃) cubane

3. 按环上碳原子数目分类 分为三元、四元、五元和六元环等。例如：

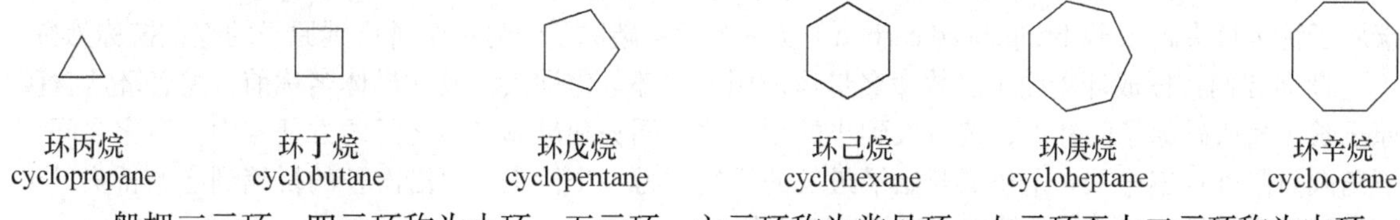

环丙烷 cyclopropane　环丁烷 cyclobutane　环戊烷 cyclopentane　环己烷 cyclohexane　环庚烷 cycloheptane　环辛烷 cyclooctane

一般把三元环、四元环称为小环，五元环、六元环称为常见环，七元环至十二元环称为中环，十二元环以上的环称为大环。

（二）命名

1. 单环脂环烃

（1）饱和脂环烃

1）环烷烃为母体：在与成环碳原子总数相应的烷烃名称前冠以“环”字，称为环某烷。

若环上连有一个取代基，则将取代基的名称置于母体环烷烃名称前，取代基无须编号；若环上连有多个相同取代基，使所有的取代基位次最小；若环上连有多个不同取代基，从优先顺序最小的

取代基所连的碳原子开始编号，并使其他取代基具有较小的位次。例如：

CH_3 CH_3 CH_3 CH_3 $CH(CH_3)_2$

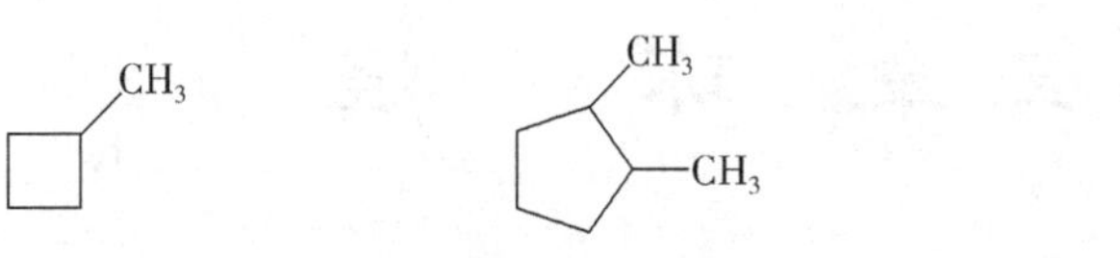

甲基环丁烷 methylcyclobutane　　1,2-二甲基环戊烷 1,2-dimethylcyclopentane　　1-甲基-3-异丙基环己烷 1-isopropyl-3-methylcyclohexane

2）环作为取代基：当环上带有复杂的取代基时，特别是取代基所含碳原子数超过环上碳原子数，把环作为取代基来命名。例如：

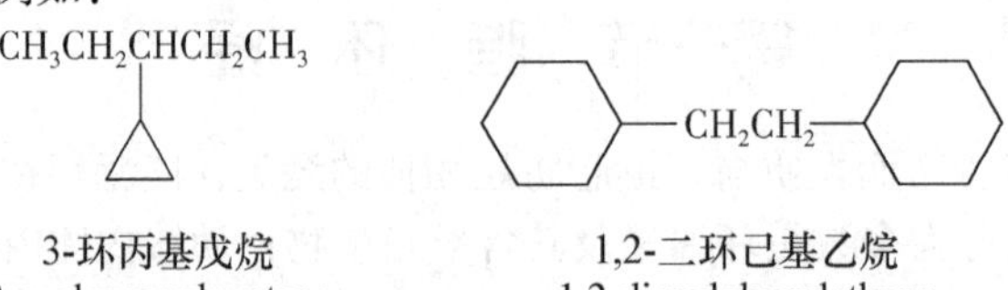

3-环丙基戊烷 3-cyclopropylpentane　　1,2-二环己基乙烷 1,2-dicyclohexylethane

（2）不饱和脂环烃：母体为"环某烯"或"环某炔"。若环中含有一个不饱和键时，从不饱和键开始编号，并使所有取代基具有较低的编号，双键的位次不用标出；若环中含有多个不饱和键时，从其中的一个不饱和键开始编号，并使其他不饱和键具有尽可能小的位次。注意，不饱和键的编号一定要连续。例如：

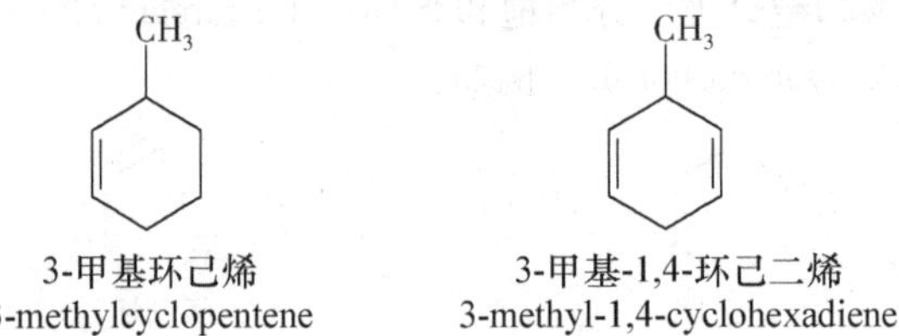

3-甲基环己烯 3-methylcyclopentene　　3-甲基-1,4-环己二烯 3-methyl-1,4-cyclohexadiene

2. 双环烃

（1）螺环烃：两个碳环共用一个碳原子的环烃，称为螺环烃（spirocyclic hydrocarbon）。共用碳原子称为螺原子。

螺环烃的命名根据成环碳原子总数称为螺某烃。编号从小环中邻接于螺原子的碳原子开始，由小环至螺原子，最后到大环；把除螺原子外的两个环的碳原子数，按由小到大的次序放在"螺"字与某烃名称之间的方括号中，数字之间用下角圆点隔开。例如：

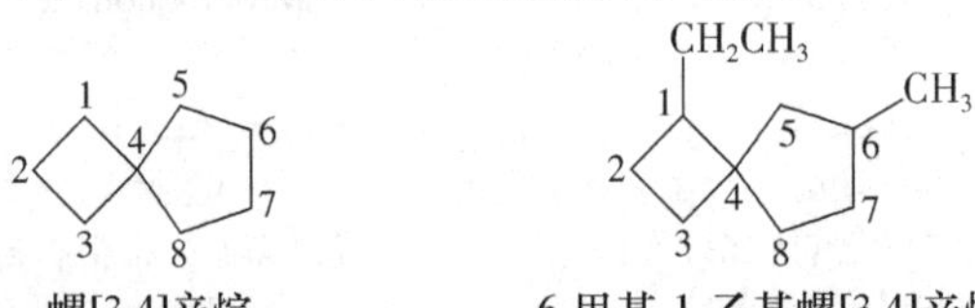

螺[3.4]辛烷 spiro[3.4]octane　　6-甲基-1-乙基螺[3.4]辛烷 1-ethyl-6-methylspiro[3.4]octane

（2）桥环烃：共用两个或两个以上碳原子的双环烃称为桥环烃（bridged hydrocarbon）。共用碳原子称为桥头碳原子(bridgehead carbon)。从一个桥头碳原子到另一个桥头碳原子的键或链称为桥。

命名原则：按成环碳原子总数命名母体；用"双环"作词头，放在母体名称前；将各环所含碳原子数（桥头碳原子除外），按由大到小的顺序放在词头和母体名称之间的方括号中，数字之间用下角圆点隔开；编号从一个桥头开始沿最长的桥编到另一个桥头，再沿次长的桥编到起始桥头，最短的桥最后编号，仍从起始桥的一端开始。例如：

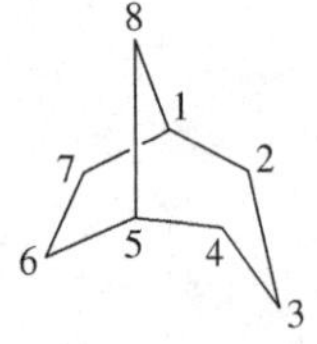

H_3CH_2C CH_3 CH_3

双环[3.2.1]辛烷 bicyclo[3.2.1]octane　　1,7-二甲基-2-乙基双环[3.3.1]壬烷 2-ethyl-1,7-dimethylbicyclo[3.3.1]nonane

笔记栏

二、环烷烃的性质

1. 物理性质 环烷烃的熔点、沸点和密度都比相应的烷烃高。常见环烷烃的物理常数如表 5-1 所示。

表 5-1 常见的环烷烃的物理常数

名称	熔点（℃）	沸点（℃）	密度（$kg \cdot m^{-3}$）
环丙烷	−127	−32	0.720
环丁烷	−80	11	0.703
环戊烷	−94	49.5	0.745
环己烷	6.5	80.7	0.779
环庚烷	−12	117	0.810
环辛烷	11.5	148	0.836

2. 化学性质 环烷烃与烷烃具有相似的化学性质，在常温下不与氧化剂（如高锰酸钾）反应，但在加热或光照条件下可与卤素发生取代反应。如：

$$\text{环戊烷} + Cl_2 \xrightarrow{h\nu} \text{氯代环戊烷} + HCl$$

环丙烷和环丁烷容易开环生成相应的链状化合物，而在相同条件下环戊烷和环己烷等不发生开环反应。

$$\triangle \xrightarrow[40℃]{H_2/Ni} CH_3CH_2CH_3$$

$$\triangle \xrightarrow[\text{室温，}AlCl_3]{Br_2/CCl_4} BrCH_2CH_2CH_2Br$$

$$\triangle \xrightarrow{HBr} CH_3CH_2CH_2Br$$

$$\square \xrightarrow[120℃]{H_2/Ni} CH_3CH_2CH_2CH_3$$

$$\square \xrightarrow[\triangle]{HBr} CH_3CH_2CH_2CH_2Br$$

环丙烷的烷基衍生物与卤化氢反应时，开环发生在含氢最多和含氢最少的两个成环碳原子之间，并符合马氏规则。

$$\text{1,1,2-三甲基环丙烷} + H—Br \longrightarrow CH_3—C(CH_3)(Br)—CH(CH_3)—CH_2H$$

三、环烷烃的结构

（一）环的稳定性

从环烷烃的化学性质看，环的大小与其稳定性有着密切的关系。三元环和四元环比较活泼，易开环；五元和六元环较稳定，六碳以上的环烷烃，即使环上有十几个甚至三十几个碳原子都比较稳定。

比较环烷烃燃烧热（表 5-2）也可得出同样的结论。1mol 化合物完全燃烧成二氧化碳和水后所放出的热量称为燃烧热（combustion heat）。燃烧热的大小反映了分子内能的高低，可作为判断有机化合物相对稳定性的根据。由于不同环烷烃所含的碳原子数和氢原子数不同，因此不能直接根据燃烧热比较它们的相对稳定性，但是环烷烃可看作是由多个亚甲基（CH_2）组成，因此可以将测得的各种环烷烃的燃烧热除以环上的碳原子数，就得到该环烷烃中每个亚甲基单元的燃烧热。

笔记栏

表 5-2 某些环烷烃每个亚甲基的燃烧热

环的碳原子数	燃烧热（kJ·mol^{-1}）	环的碳原子数	燃烧热（kJ·mol^{-1}）
3	697.1	7	661.9
4	686.2	8～11	662.8～664.5
5	663.6	12～	657.7～659.4
6	658.6		

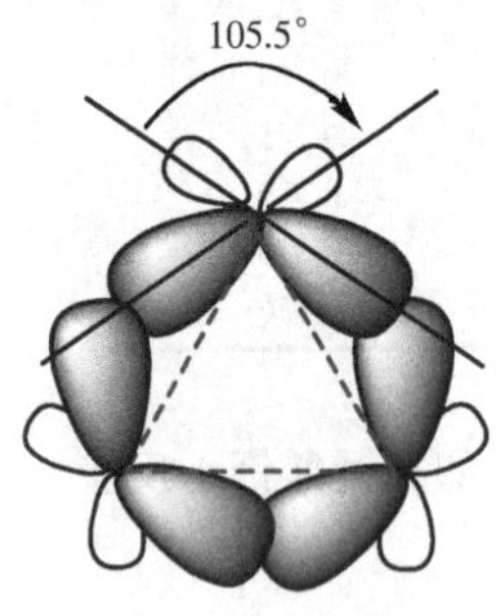

图 5-1 环丙烷中 C—C σ 键的形成

从环丙烷到环己烷，亚甲基的燃烧热是逐渐降低的，说明环越小，内能越大，越不稳定。从环庚烷到环十一烷，亚甲基的燃烧热逐渐增大，环十二烷以上的亚甲基燃烧热又逐渐接近环己烷。

从表 5-2 中数据可看出，环烷烃的稳定性由大到小的顺序为：环己烷＞环戊烷＞环丁烷＞环丙烷。

环烷烃的化学性质和燃烧热的数据表明，环烷烃的稳定性是由于环的大小不同而引起的。

现代价健理论认为，在环丙烷分子中，由于几何结构的限制，碳碳原子间的 sp^3- sp^3 杂化轨道不能沿键轴方向实现最大程度的重叠，而是偏离一定的角度，在弯曲方向进行重叠，如图 5-1 所示。形成的 C—C σ 键是弯曲的，俗称为“弯曲键”。弯曲键比一般的 σ 键的重叠程度少，内能高，不稳定，因此环丙烷易发生开环反应。

环丙烷为平面型分子。根据测定，C—C—C 键角为 105.5°，H—C—H 键角为 114°，而其他环烷烃的成环碳原子都不在同一个平面上。

环丁烷与环丙烷相似，碳碳键也是弯曲的，但弯曲程度比环丙烷的更小，因此环丁烷比环丙烷稍稳定。环戊烷中的碳碳键的弯曲程度很小，键角接近正常键角，比较稳定。环己烷中无弯曲的碳碳 σ 键，C—C—C 键角为正常键角 109.5°，很稳定。

（二）环烷烃的立体异构

1. 环烷烃的顺反异构（*cis-trans* isomerism of cycloalkane） 在环烷烃分子中，由于环的存在，限制了 C—C σ 键的自由旋转。当两个成环碳原子上连有不同的原子或基团时，就会产生顺反异构现象。

环烷烃的顺反异构体的命名：若两个相同的原子或基团在环的同侧，称为顺式（*cis-*），反之称为反式（*trans-*）。例如：

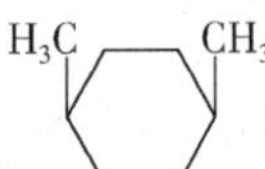

顺-1,4-二甲基环己烷
cis-1,4-dimethylclohexane

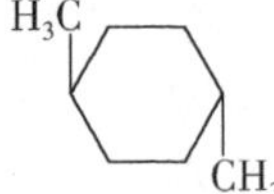

反-1,4-二甲基环己烷
trans-1,4-dimethylclohexane

2. 环己烷及取代环己烷的构象

（1）环己烷的构象

1）椅式构象和船式构象：环己烷的六个碳原子不共平面，C—C—C 键角保持正常的 109.5°，通过键的扭动可以得到两种不同的排列方式：椅式构象（chair conformation）和船式构象（boat conformation），如图 5-2 所示。环己烷的椅式构象和船式构象是环己烷无数构象异构体中的两种极限构象，各种构象可通过 C—C 键的扭转而相互转换。

从环己烷的椅式构象和船式构象可以看出，椅式构象相当于正丁烷的邻位交叉式构象，非键合的 1 位和 3 位碳原子上的两个直立的氢原子相距 230pm，比氢原子间允许的范德华半径之和（240pm）小，因此相互间不表现为排斥力。而在船式构象中，有两对碳原子（C_2 和 C_3，C_5 和 C_6）上的键处于全重叠式排列，同时船头与船尾（C_1 和 C_4）上的两个碳氢键是向内伸展的，相距约 183pm，超过氢原子间允许的范德华半径之和，产生排斥力，因此分子的能量较高。实验证明，船式构象比椅式构象的能量高出 29.7kJ·mol^{-1}。在常温下，由于分子的热运动，环己烷的各种构象异构体可以迅速

笔记栏

相互转化，因此不能拆分得到任何一种构象异构体的纯净物。研究证明，在室温下环己烷主要以椅式构象的形式存在，若温度升高，船式构象的比例将会升高。

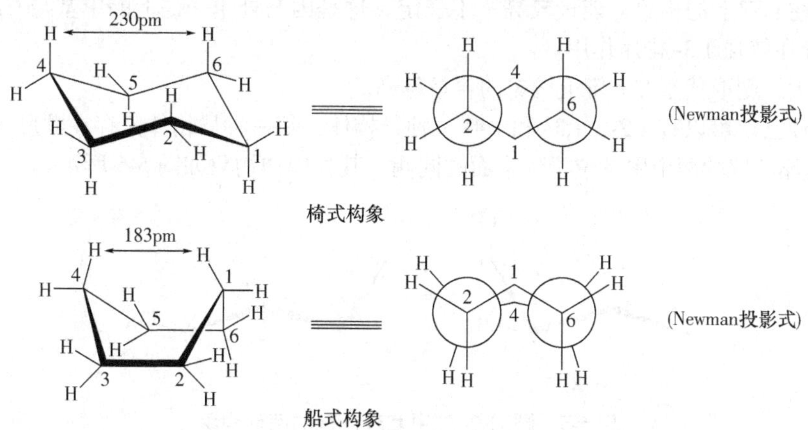

图 5-2 环己烷的椅式和船式构象

在环己烷的椅式构象中，六个碳原子在空间分布于两个平面上，C_1、C_3、C_5 在一平面上，C_2、C_4、C_6 在另一平面上，这两个平面相互平行。

2）直立键和平伏键：环己烷椅式构象中的十二个碳氢键可分为两种类型，其中的六个与分子的对称轴平行，称为直立键（axial bond）或竖键，简称 a 键，三个向上，另三个向下，呈交替分布；另外的六个碳氢则向环外斜伸，称为平伏键（equatorial bond）或赤道键，简称 e 键，三个向上斜伸，另三个向下斜伸，亦呈交替分布。每个碳原子上有一个直立键和一个平伏键，如图 5-3 所示。

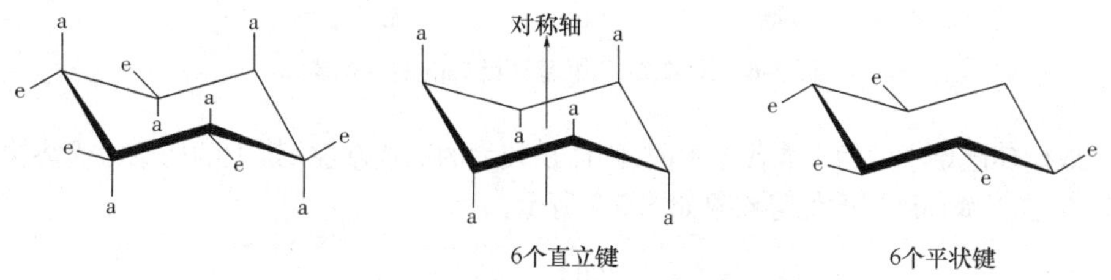

图 5-3 环己烷椅式构象的直立键和平伏键

3）环的翻转：在室温下环己烷的一种椅式构象可通过 C—C 键的扭动很快转变为另一种椅式构象，这时原来的直立键就变成平伏键，原来的平伏键就变成直立键，如下所示：

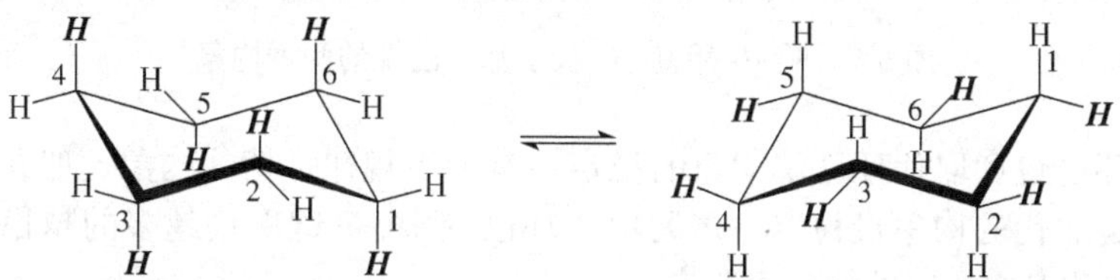

（2）取代环己烷的构象：一取代环己烷的取代基可连在 a 键上，亦可连在 e 键上，形成两种不同的构象异构体，这两种异构体可通过 C—C 键的扭转而相互转换。例如，在室温下甲基环己烷的构象存在如下动态平衡（图 5-4）：

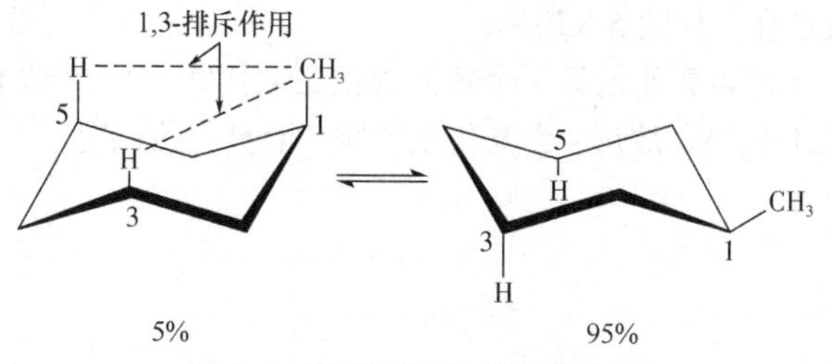

图 5-4 甲基环己烷的两种构象

笔记栏

甲基在 e 键上的构象能量较低，比较稳定，称为优势构象。这是因为 e 键上的甲基平伏地伸向环外，与相邻碳原子上的氢原子之间相距较远，也不存在与 C_3 或 C_5 直立 C—H 键之间的 1,3- 排斥作用；而甲基在 a 键上的构象，能量较高，不稳定，这是因为处于 a 键上的甲基与 C_3 或 C_5 上直立 C—H 键之间存在较强 1,3- 排斥作用。

取代基越大，则取代基在 e 键上构象的含量越高。

二元取代环己烷可以有 1,2-、1,3- 和 1,4- 三种异构体。每一种异构体又存在顺反异构体。例如，顺 -1,2- 二甲基环己烷的两个甲基位于环平面的同侧，其相应的构象如图 5-5 所示。

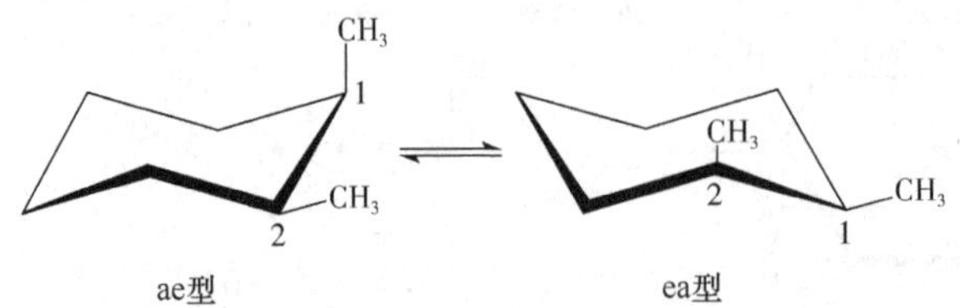

图 5-5　顺 -1,2- 二甲基环己烷的两种构象

这两种构象都是一个甲基连在 e 键上，另一个甲基连在 a 键上，因此能量和稳定性都相同。

反 -1,2- 二甲基环己烷的两个甲基位于环的两侧，两个甲基连在 e 键上称为 ee 型，两个甲基连在 a 键上称为 aa 型。显而易见，反 -1,2- 二甲基环己烷的 ee 型构象是优势构象（图 5-6）。

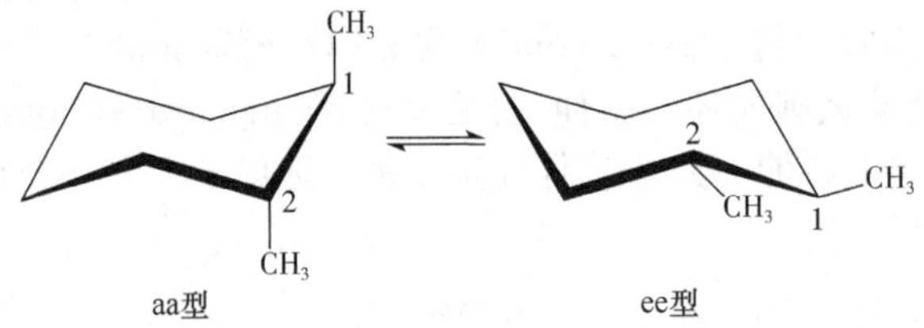

图 5-6　反 -1,2- 二甲基环己烷的两种构象

如果二取代环己烷中的两个取代基不同，则体积较大的取代基在e键上的构象为优势构象。例如，顺 -1- 甲基 -4- 叔丁基环己烷的优势构象如图 5-7 所示。

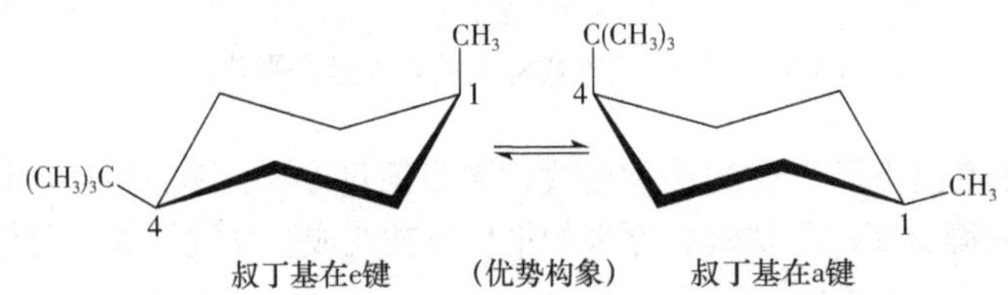

图 5-7　顺 -1- 甲基 -4- 叔丁基环己烷的两种构象

综上所述，环己烷和取代环己烷构象的稳定性有如下规律：椅式构象比船式构象稳定；一取代环己烷中以 e 键取代的构象最稳定；多元取代环己烷中，e 键取代越多的越稳定；环上有不同取代基时，较大取代基在 e 键的构象更稳定。

3. 十氢化萘的构象　十氢化萘分子可看作是由两个环己烷共用两个碳原子稠合而成的双环烷烃。由于两环相互稠合，化学键不能自由旋转，故可产生顺反异构现象。共用碳原子上的两个氢原子位于平面同侧的称为顺 - 十氢化萘，位于两侧的称为反 - 十氢化萘。电子衍射实验证明，十氢化萘的两个环都以椅式构象存在，如图 5-8 所示。

十氢化萘构象中的一个环可看作是另一个环的邻位二取代物，顺 - 十氢化萘为 ea 型的二取代物，反 - 十氢化萘为 ee 型的二取代物，故反 - 十氢化萘比顺 - 十氢化萘稳定。

笔记栏

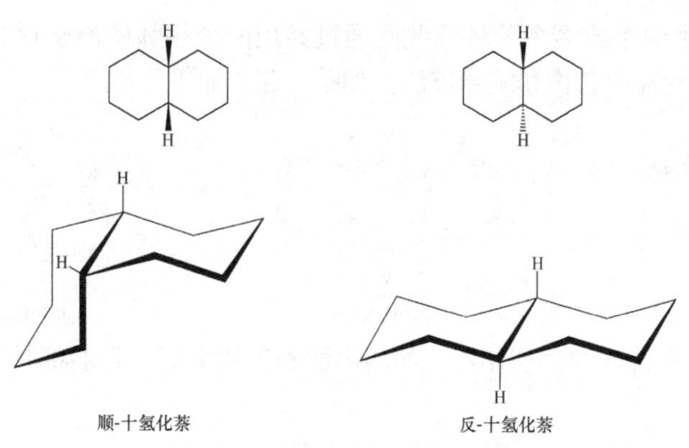

图 5-8 十氢化萘的结构和构象

第二节 芳 香 烃

芳香烃无论是在理论上还是在实践上，都具有很重要的意义。芳香一词是因为最初被发现的芳香化合物都具有芳香气味而得名，后来发现很多芳香化合物并不一定具有芳香气味，有很多具有芳香气味的化合物并不属于芳香化合物。现在，芳香一词被赋予了现代的含义。所谓芳香性（aromaticity）指的是芳香化合物所具有的有别于脂肪族化合物的一些共同特征如分子共平面，键长的平均化；环比较稳定，不易开环；容易发生环上取代反应，难以发生加成和氧化反应等。

芳香烃可分为苯型芳香烃（benzenoid arene）和非苯型芳烃（non-benzenoid arene），本节主要讨论苯型芳香烃。

一、芳香烃的分类和命名

（一）分类

根据分子中所含苯环的数目和连接方式的不同，可将芳香烃分为以下两大类。

1. 单环芳香烃 分子中只含有一个苯环的芳香烃称为单环芳香烃，例如：

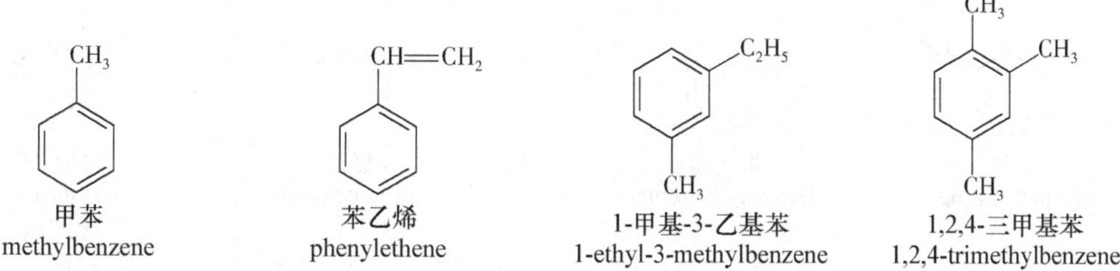

2. 多环芳香烃 分子中含有两个或两个以上苯环的芳香烃称为多环芳香烃。

（1）多苯代脂肪烃：苯环连接在脂肪烃基上。例如：

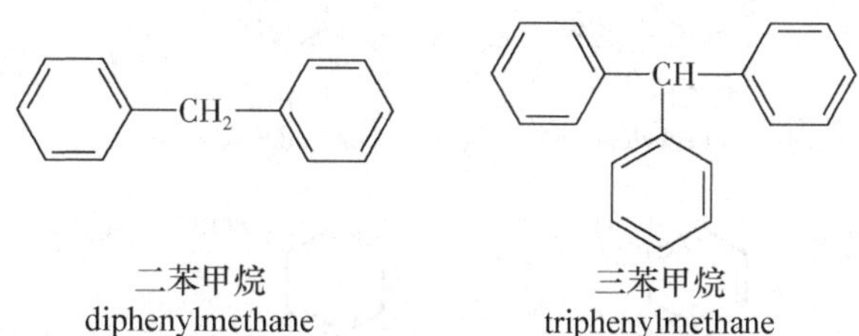

（2）联二苯与联多苯：苯环彼此以单键相连。例如：

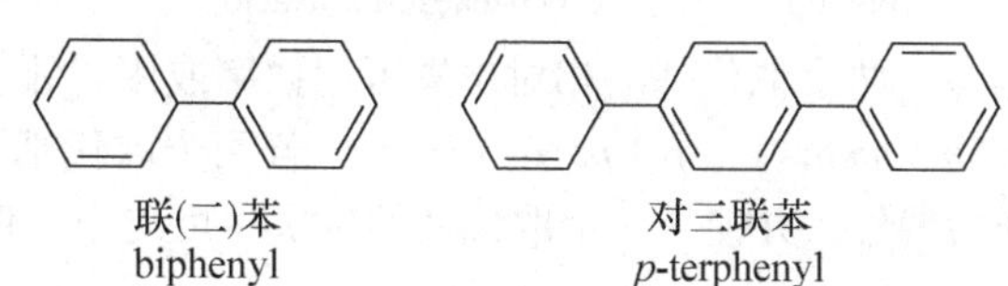

笔记栏

（3）稠环芳烃：由两个或多个苯环彼此间通过共用两个相邻碳原子稠合而成的芳烃称为稠环芳烃。稠环芳烃有自己特殊的名称和编号方法，如萘、蒽、菲等。

萘 naphthalene　　蒽 anthracene　　菲 phenanthrene

菲的某些衍生物具有特殊的生理作用，如胆固醇和黄体酮等，它们都具有环戊烷并全氢化菲的碳架。

环戊烷并全氢化菲

某些稠环芳烃具有致癌性，其中以苯并 [a] 芘（benzo[a]pyrene）的致癌性最强。

芘　　苯并[a]芘

苯并 [a] 芘在环境中的分布广泛，是有机物在燃烧过程中产生的。例如，汽车燃料、民用及工业发电用的燃油和废物的燃烧，森林火灾、纸烟和雪茄的燃烧，甚至在烤肉中都可以产生。

（二）单环芳香烃的命名

一取代苯命名分两种情况，一种是将苯作为母体，另一种是将苯作为取代基，称为苯基。

苯作为母体：

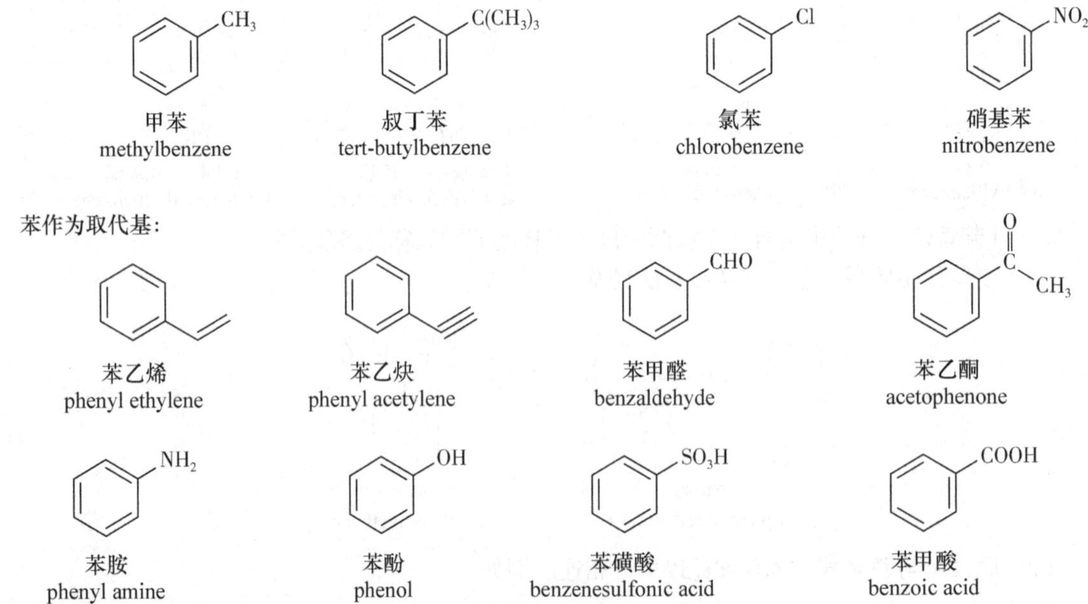

甲苯 methylbenzene　　叔丁苯 tert-butylbenzene　　氯苯 chlorobenzene　　硝基苯 nitrobenzene

苯作为取代基：

苯乙烯 phenyl ethylene　　苯乙炔 phenyl acetylene　　苯甲醛 benzaldehyde　　苯乙酮 acetophenone

苯胺 phenyl amine　　苯酚 phenol　　苯磺酸 benzenesulfonic acid　　苯甲酸 benzoic acid

二烷基苯存在三种异构体。两个取代基的相对位置可用数字或用“邻”、“间”、“对”词头，或用斜体字母 *o*（*ortho-*）、*m*（*meta-*）、*p*（*para-*）表示。若两个取代基不同，编号从优先顺序较小的取代基所连的碳原子开始编号，并使另一个取代基的位次尽可能小。例如：

笔记栏

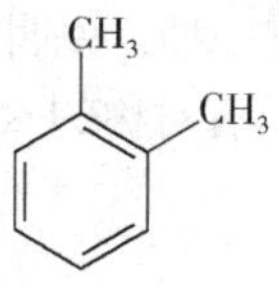

邻二甲苯
1,2-二甲苯
o-二甲苯
1,2-dimethylbenzene
o-dimethylbenzene

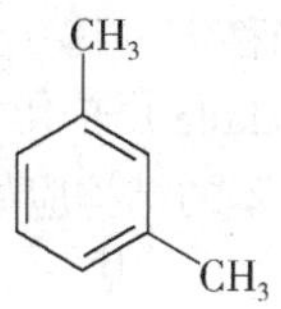

间二甲苯
1,3-二甲苯
m-二甲苯
1,3-dimethylbenzene
m-dimethylbenzene

对二甲苯
1,4-二甲苯
p-二甲苯
1,4-dimethylbenzene
p-dimethylbenzene

三烷基苯常用数字编号来区分三个取代基相对位置。若三个取代基相同，可用“均”、“连”、“偏”等词头，或斜体词头“*sym*”、“*vicinal*”、“*unsym*”表示。例如：

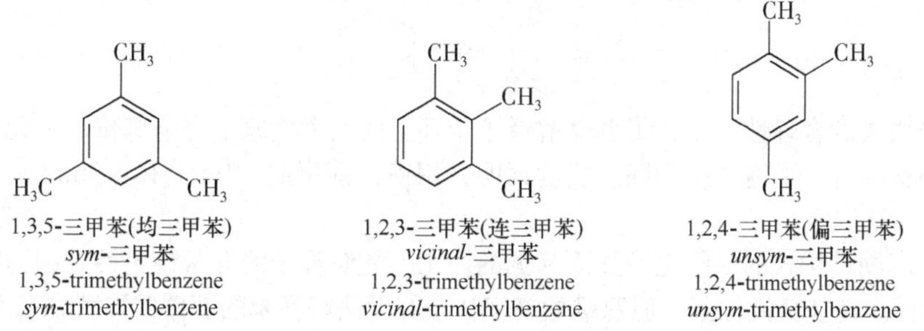

1,3,5-三甲苯(均三甲苯)
sym-三甲苯
1,3,5-trimethylbenzene
sym-trimethylbenzene

1,2,3-三甲苯(连三甲苯)
vicinal-三甲苯
1,2,3-trimethylbenzene
vicinal-trimethylbenzene

1,2,4-三甲苯(偏三甲苯)
unsym-三甲苯
1,2,4-trimethylbenzene
unsym-trimethylbenzene

当苯环与复杂侧链或不饱和基团相连时，则以烃链为母体，苯环作为取代基。例如：

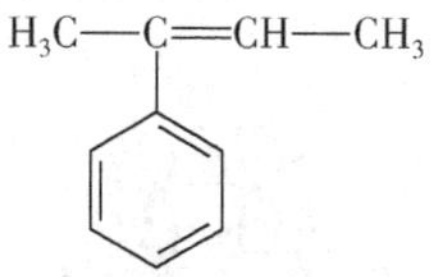

2-苯基-2-丁烯
2-phenyl-2-butene

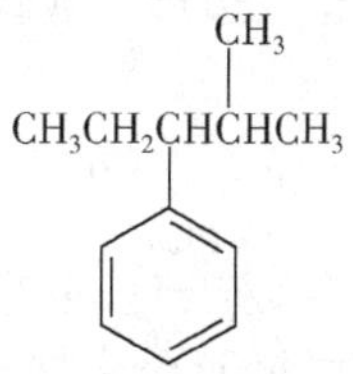

2-甲基-3-苯基戊烷
2-methyl-3-phenylpentane

当苯环上连有多个取代基时，需选择一个取代基和苯环一起作为母体化合物，其他作为取代基看待，取代基选择的优先次序如下：

COOH > SO_3H > COOR > CONHR > CN > CHO > COR > OH > NH_2 > OR > –R > –X > $–NO_2$ > –NO

例如：

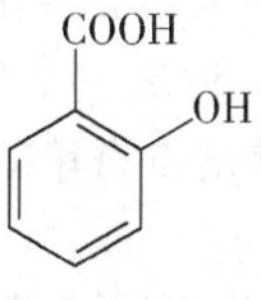

邻羟基苯甲酸
o-hydroxybenzoic acid

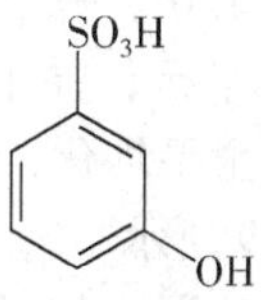

间羟基苯磺酸
m-hydroxybenzenesulfonic acid

苯分子去掉一个氢原子后所余下的部分称为苯基（phenyl-），可用 Ph— 表示。甲苯分子中甲基去掉一个氢原子后所余下的部分称为苯甲基或苄基（benzyl），可用 $C_6H_5CH_2$— 表示。

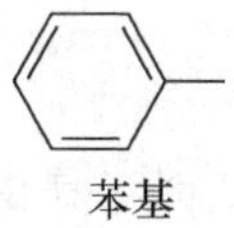

苯基

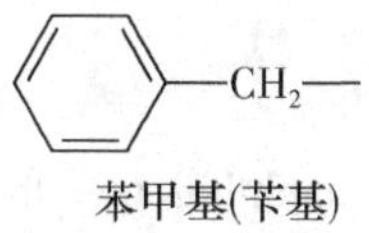

苯甲基(苄基)

二、芳香烃的结构

（一）苯的结构

1. 苯的凯库勒结构式 苯（benzene）是芳香烃中最典型的代表，苯型芳香烃中都含有苯环。苯的分子式（C_6H_6）显示了其高度的不饱和性，然而在常温下苯并不显示不饱和烃的特征性质——加成和氧化，但却易发生取代反应，说明苯环相当稳定。其一元取代物只有一种，说明苯环上的六个氢原子完全等价。根据这些事实，凯库勒（F. A. Kekulé）于1865年提出苯具有对称的六碳环结构，每个碳原子上连有一个氢原子。为了满足碳的四价，苯的结构应如下所示：

根据凯库勒结构式，苯应该具有两种邻位二取代物，但实际只发现一种。凯库勒曾用两个式子来表示苯的结构，并设想这两个式子之间可相互转换，以此来解释所观察到的实验事实。

凯库勒结构式的合理性在于：①合理解释了苯环上的六个氢原子完全等价，一元取代物只有一种；②苯是环状结构，不饱和度为四。实验证明，用镍作催化剂，1mol苯与3mol氢发生加成反应得到的产物是环己烷。

然而，凯库勒结构式的缺陷也是显而易见的。①不能解释苯的异常稳定性。因为凯库勒结构式中存在三个双键，即使变换位置，但双键始终存在；②无法解释苯的邻位二取代物只有一种。

2. 苯分子结构的现代解释 近代物理方法证明，苯分子中的六个碳原子和六个氢原子都在一个平面内，六个碳原子组成一个正六边形，碳碳键键长完全相同（140pm），所有键角均为120º，如图5-9所示。

图5-9 苯分子的键参数和环状共轭π键的形成

价键理论认为，苯分子中的碳原子都呈 sp^2 杂化态，每个碳原子都以三个 sp^2 杂化轨道分别与两个碳原子和一个氢原子形成三个σ键。由于三个 sp^2 杂化轨道处于同一平面内，故苯环上所有的原子都在一平面内，并且键角为120º。每个碳原子还有一个未参加杂化的p轨道，其对称轴垂直于这个平面，这些p轨道彼此互相平行，并于侧面相互重叠，形成一个环状的π-π共轭体系，π电子的高度离域导致π电子云密度完全平均化，因此苯中的碳碳键没有单双键之分，碳碳键键长介于碳碳单键和碳碳双键之间，如图5-9所示。

因此，苯分子的结构可用六边形内加一个圆圈表示，圆圈表示环状闭合的大π键，如下所示，这种表示方法的缺点是碳原子的四个价键归属不明确。

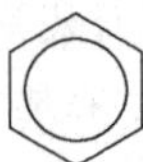

（二）萘的结构

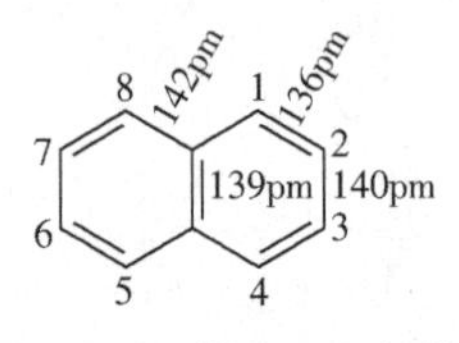

图5-10 萘分子的结构

萘（naphthalene）的分子式为 $C_{10}H_8$，是由两个苯环共用两个相邻碳原子稠合而成，分子中所有的碳原子都以 sp^2 杂化轨道形成σ键，因此十个碳原子和八个氢原子均处于同一平面内，碳原子上未参与杂化的p轨道彼此互相平行，从侧面相互重叠，形成一个包含十个碳原子的π电子离域共轭体系。与苯不同的是，萘环上的电子云密度分布并非完全平均化，故碳碳键键长并不完全相等，其结构如图5-10所示。

笔记栏

萘分子中的十个碳原子结合状态并不完全相同，其中1、4、5、8四个碳原子的位置等同，称为α-位，2、3、6、7四个碳原子的位置等同，称为β-位，所以萘的一取代物有α和β两种异构体。

三、芳香烃的性质

（一）物理性质

单环芳香烃在常温下大多数为无色液体，不溶于水，易溶于有机溶剂，相对密度小于1。多环芳香烃和稠环芳香烃在常温下一般为固体，不溶于水而溶于有机溶剂。芳香烃的熔点和沸点随分子量的增加而升高。熔点除与分子量有关外，还与芳香烃的结构有关（表5-3）。

表5-3 苯及其同系物的物理常数

名称	熔点（℃）	沸点（℃）	密度（$g \cdot cm^{-3}$）
苯	5.5	80.1	0.8765
甲苯	−9.5	110.6	0.8669
邻二甲苯	−25.2	144.4	0.8802
间二甲苯	47.9	139.1	0.8642
对二甲苯	13.2	138.3	0.8610
1,2,3-三甲苯	−15	176.1	0.8942
1,2,4-三甲苯	−57.4	169.4	0.8758
1,3,5-三甲苯	−52.7	164.7	0.8651
乙苯	−94.9	136.2	0.8667
正丙苯	−101.6	159.2	0.8620
异丙苯	−96.9	152.4	0.8617

（二）化学性质

芳香烃容易发生苯环上的取代反应，难以发生环上的加成和氧化反应。苯环侧链的烃基，除与脂肪烃的化学性质相似外，还可发生氧化反应。

1. 亲电取代反应和取代基的定位效应

（1）亲电取代反应（electrophilic substitution reaction）：苯环上的氢原子可被各种原子或基团取代，生成具有各种官能团的产物，其中以硝化、磺化、卤代、烷基化和酰基化最为重要。典型反应如下所示：

苯的硝化反应（nitration）：

$$C_6H_6 + HNO_3(浓) \xrightarrow[50\sim60℃]{浓H_2SO_4} C_6H_5NO_2 + H_2O$$

硝基苯

苯的卤代反应（halogenation）：

$$C_6H_6 + Br_2 \xrightarrow[\triangle]{FeBr_3} C_6H_5Br + HBr$$

溴苯

苯的磺化反应（sulfonation）：

$$C_6H_6 + H_2SO_4\ (浓) \xrightarrow{70\sim80℃} C_6H_5SO_3H + H_2O$$

苯磺酸

苯的磺化反应是可逆的。在稀酸作用下加热，苯磺酸可脱去磺酸基又生成苯。

笔记栏

$$C_6H_5SO_3H + H_2O \xrightarrow[\triangle]{H^+} C_6H_6 + H_2SO_4$$

磺化反应和脱磺酸基反应常用于有机合成。

对于含有苯环结构而又不溶于水的药物，可先在药物分子中引入磺酸基，再转化为钠盐，可增加药物的水溶性。

苯的烷基化反应（alkylation）：

$$C_6H_6 + C_2H_5Br \xrightarrow[0\sim25℃]{无水AlCl_3} C_6H_5C_2H_5 + HBr$$

乙苯

苯的酰基化反应（acylation）：

$$C_6H_6 + CH_3-\overset{O}{\overset{\|}{C}}-Cl \xrightarrow{无水AlCl_3} C_6H_5-\overset{O}{\overset{\|}{C}}-CH_3 + HCl$$

苯乙酮

苯的烷基化及酰基化反应是法国化学家傅瑞德尔（C. Friedel）和他的美国合作者克拉夫兹（J. M. Crafts）于1887年发现的，是在苯环上引入烷基和酰基的良好方法，简称傅 - 克反应。

（2）亲电取代反应机制：上述反应在本质上属于亲电取代反应，下面以苯的溴代反应为例，说明如下。

首先，在催化剂 $FeBr_3$ 的作用下，Br_2 与 $FeBr_3$ 反应生成配合物阴离子 —— $[FeBr_4]^-$ 及溴正离子 Br^+，Br^+是亲电试剂。

$$Br_2 + FeBr_3 \longrightarrow Br^+ + [FeBr_4]^-$$

第二步，亲电试剂 Br^+进攻苯环，很快和苯环的 π 电子形成 π 配合物，π 配合物仍然保持苯环的结构。然后 π 配合物中的溴正离子进一步与苯环的一个碳原子相连，形成 σ 配合物。形成 σ 配合物这一步的速率最慢，是决定整个反应速率的关键步骤。

$$C_6H_6 + Br^+ \underset{}{\overset{快}{\rightleftharpoons}} C_6H_6\cdots Br^+$$

π配合物

$$C_6H_6\cdots Br^+ \overset{慢}{\rightleftharpoons} [C_6H_6Br]^+$$

σ配合物(碳正离子中间体)

最后，σ 配合物失去一个质子恢复苯环结构，生成溴苯。与此同时 $[FeBr_4]^-$ 接受从苯环上脱离下来的氢离子，生成 HBr 并使催化剂再生。

$$[C_6H_6Br]^+ + [FeBr_4]^- \longrightarrow C_6H_5Br + HBr + FeBr_3$$

在上述反应中，反应速率的决定步骤是带正电荷的溴正离子进攻富电子的苯环生成 σ 配合物，这个过程称为亲电，因此整个反应叫做亲电取代反应。

σ 配合物不再具有苯环的结构，而是碳正离子中间体，相当于 1,3- 丁二烯与一个带正电荷的碳原子组成的 p-π 共轭体系（图 5-11），正电荷通过离域而得到分散，所以 σ 配合物具有一定的稳定性。由于苯环的结构受到破坏，σ 配合物不再具有芳香性，因而具有较高的能量。

笔记栏

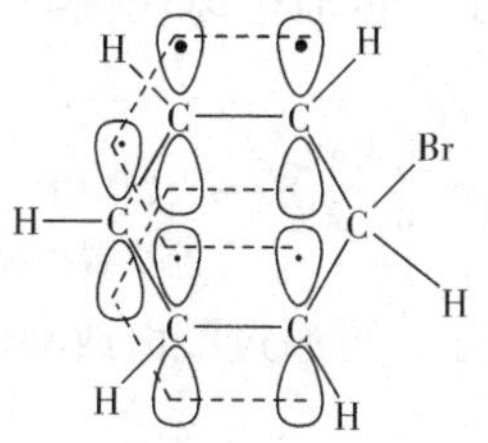

图 5-11 σ 配合物中的 p-π 共轭体系

σ 配合物生成产物的反应途径可能有两种情况：一是与溴离子 Br^- 加成，生成 5,6- 二溴 -1,3- 环己二烯。

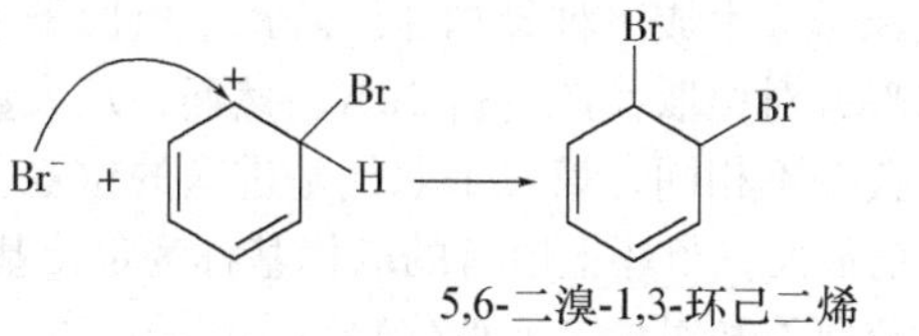

$$Br^- + \text{[σ 配合物]} \longrightarrow \text{5,6-二溴-1,3-环己二烯} \qquad \Delta H^\ominus = 8.37\text{kJ}\cdot\text{mol}^{-1}$$

5,6-二溴-1,3-环己二烯

二是消去质子，恢复苯环的结构。

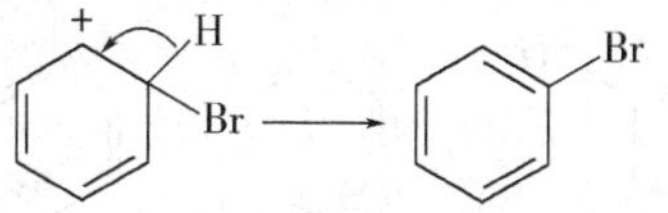

$$\text{[σ 配合物]} \longrightarrow \text{溴苯} + H^+ \quad \Delta H^\ominus = -49\text{kJ}\cdot\text{mol}^{-1}$$

5,6- 二溴 -1,3- 环己二烯分子不再具有芳香性，因此生成该产物的反应是一个吸热反应，热力学上是不利的；而生成溴苯的反应，由于苯环得到恢复，因而是个放热反应，热力学上是有利的。

环状共轭大 π 键的形成使得苯获得了特殊的稳定性，正是这种特殊的稳定性使得苯不易发生加成、氧化，而易发生取代反应。

苯的硝化、磺化、烷基化和酰基化反应机制与苯的溴代反应相似，都是由亲电试剂（带正电荷或缺电子）进攻苯环的亲电取代反应，可用如下通式表示：

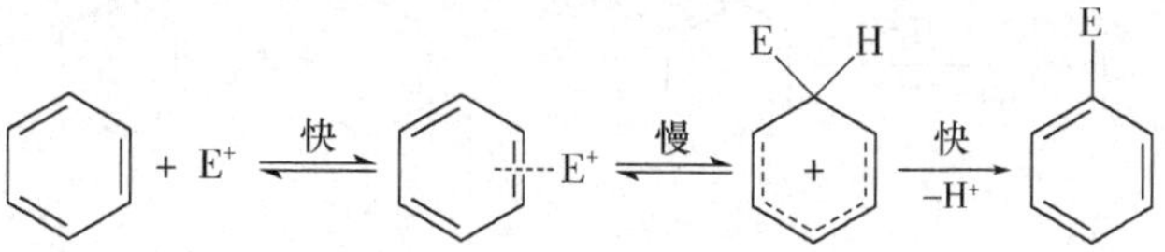

$$C_6H_6 + E^+ \xrightleftharpoons{\text{快}} \text{π 配合物} \xrightleftharpoons{\text{慢}} \text{σ 配合物} \xrightarrow[-H^+]{\text{快}} C_6H_5E$$

π 配合物 σ 配合物

常见的亲电试剂及其生成过程如下所示：硝化反应的亲电试剂是硝基正离子，又称硝酰正离子。

$$2H_2SO_4 + HONO_2 \rightleftharpoons \overset{+}{N}O_2 + H_3O^+ + 2HSO_4^-$$

硝基正离子

磺化反应的亲电试剂是三氧化硫分子。

$$2H_2SO_4 \rightleftharpoons SO_3 + H_3O^+ + HSO_4^-$$

氧的电负性比硫的电负性大得多，故三氧化硫分子中的硫原子带正电荷。磺化反应的历程如下所示：

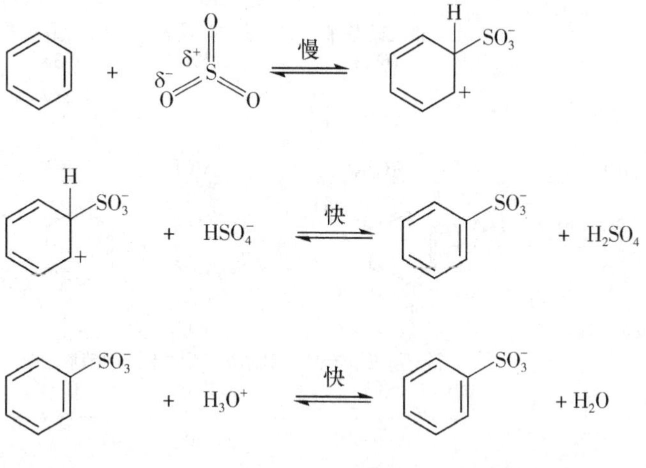

$$C_6H_6 + \overset{\delta^+}{S}O_3^{\delta^-} \xrightleftharpoons{\text{慢}} \text{[σ 配合物}(H, SO_3^-)\text{]}$$

$$\text{[σ 配合物}(H, SO_3^-)\text{]} + HSO_4^- \xrightleftharpoons{\text{快}} C_6H_5SO_3^- + H_2SO_4$$

$$C_6H_5SO_3^- + H_3O^+ \xrightleftharpoons{\text{快}} C_6H_5SO_3H + H_2O$$

烷基化反应的亲电试剂是碳正离子，可通过卤代烷与无水路易斯酸（如 $AlCl_3$、$FeBr_3$、BF_3、$SnCl_4$ 等）反应生成，例如：

$$\underset{\text{氯乙烷}}{CH_3CH_2Cl} \xrightarrow[0\sim25℃]{\text{无水}AlCl_3} \underset{\text{乙基碳正离子}}{CH_3\overset{+}{C}H_2} + [AlCl_4]^-$$

酰基化反应的亲电试剂是酰基正离子，可通过酰卤或酸酐与无水 $AlCl_3$ 反应生成，例如：

$$\underset{\text{乙酰氯}}{CH_3-\overset{O}{\overset{\|}{C}}-Cl} \xrightarrow{\text{无水}AlCl_3} \underset{\text{乙酰基阳离子}}{CH_3-\overset{O}{\overset{\|}{\underset{+}{C}}}} + [AlCl_4]^-$$

（3）取代基的定位效应：当苯环上已经连有一个取代基，再向苯环引入第二个取代基时，第二个取代基可能取代环上不同位置的氢原子，生成三种异构体。若每个氢原子被取代的概率相等，则得到的邻位和间位的取代产物各占 40%，对位取代产物占 20%。然而，从大量的实验结果发现，邻、间、对位置上的氢原子被取代的机会并不相同，第二个取代基进入的位置主要由苯环上原来的取代基来决定，而与新进来的取代基关系不大。苯环上原有的取代基称为定位基（director）。

例如，甲苯或氯苯的硝化，主要生成邻位和对位二元取代物。

$$C_6H_5CH_3 \xrightarrow[30℃]{HNO_3+H_2SO_4} \text{邻硝基甲苯 (60\%)} + \text{对硝基甲苯 (36\%)} + \text{间硝基甲苯 (4\%)}$$

邻硝基甲苯、对硝基甲苯：主要产物

$$C_6H_5Cl \xrightarrow[60\sim70℃]{HNO_3+H_2SO_4} \text{邻硝基氯苯 (30\%)} + \text{对硝基氯苯 (70\%)} + \text{间硝基氯苯 (极微量)}$$

邻硝基氯苯、对硝基氯苯：主要产物

而硝基苯或三甲铵苯的硝化，主要生成间位的二元取代物。

$$C_6H_5NO_2 \xrightarrow[95℃]{\text{发烟}HNO_3/\text{浓}H_2SO_4} \text{邻二硝基苯 (6\%)} + \text{对二硝基苯 (1\%)} + \text{间二硝基苯 (93\%)}$$

间二硝基苯：主要产物

$$C_6H_5\overset{+}{N}(CH_3)_3 \xrightarrow{HNO_3+H_2SO_4} \text{邻硝基三甲苯铵 (0)} + \text{对硝基三甲苯铵 (11\%)} + \text{间硝基三甲苯铵 (89\%)}$$

间硝基三甲苯铵：主要产物

笔记栏

从上述反应可知，甲基可支配第二个基团进入它的邻位和对位，且反应的速率比苯快；硝基可以支配第二个基团进入它的间位，反应速率比苯慢。甲基和硝基对苯环上取代反应的活性和取代基进入的位置都有影响，这种影响称为取代基的定位效应（directing effect），或称定位规则，或称定向法则。

根据大量的实验结果，可以把苯环上的取代基按其定位效应分为两类——邻、对位定位基（*ortho-para* director）和间位定位（*meta* director）。致使反应活性比苯高的称为致活作用，致使反应活性比苯低的称为致钝作用。在邻、对位定位基中，除卤素具有致钝作用外，其余的均具有致活作用；间位定位基均是致钝的。一些常见的定位基见表 5-4。

表 5-4 常见的邻、对位和间位定位基

邻、对位定位基	间位定位基
强致活 —NH_2（—NHR，—NR_2） —OH，—O^-， 中等致活 —OR，—NHCOR，—OCOR 弱致活 —C_6H_5，—CH_3，—R 弱致钝 —F，—Cl，—Br，—I	强致钝 —NO_2，—$N^+(CH_3)_3$ —CF_3，—CCl_3 中等致钝 —CN —SO_3H —COOH，—COOR —CHO，—COR —$CONH_2$

上述定位效应仅指反应的主要产物而言，并不是说邻、对位定位基绝对不能使第二个基团进入它的间位，也不是说间位定位基绝对不能使第二个基团进入它的邻、对位。

取代基的定位效应与电子效应是密切联系的。例如，硝基苯，由于硝基是吸电子基团，表现出强烈的吸电子诱导效应（inductive effect），可用 –I 表示，同时硝基的 π 键与苯环的 π 键共轭，致使苯环上电子向硝基氧原子的方向转移，从而又表现出吸电子的共轭效应（conjugative effect），可用 –C 表示。结果使苯环上电子云密度降低，其中邻位和对位比间位降低得更多，因而在亲电取代反应中，亲电试剂更容易进攻电子云密度相对更高的间位。因此，硝基是对苯环有钝化作用的间位定位基。

又例如，苯酚中的羟基是吸电子基团，其吸电子效应使苯环上的电子向羟基氧原子转移；另一方面，羟基中氧上的未共用电子对与苯环发生 p-π 共轭作用，使氧上的电子向苯环转移，从而使苯环上的电子密度大大增加，尤其是邻位和对位增加得更为显著。羟基的这两种电效应的方向恰好相反，总的结果是共轭效应占优势，所以羟基对苯环是供电子的邻位、对位定位基。

在甲苯分子中，sp^3 杂化的甲基碳原子与苯环的 sp^2 杂化碳原子相连，因此甲基对苯环表现为供电子的诱导效应；此外甲基的 C—H 键还可与苯环的大 π 键发生 σ-π 超共轭效应，也使电子由甲基向苯环转移。两种效应的方向一致，均使苯环上的电子云密度增加，尤其是邻、对位增加得更显著，所以甲基对苯环是致活的的邻、对位定位基。

卤素和苯环相连时，与苯酚的羟基相似，也同时存在方向相反的诱导效应和 p-π 共轭效应，但卤素的吸电子诱导效应更强，其共轭效应不足以抵消诱导效应的影响，总的结果是卤素对苯环是吸电子的，使苯环上的电子云密度降低，对苯环起钝化作用，故亲电取代反应比苯难以进行。由于存在 p-π 共轭效应，邻位和对位的电子云密度降低的程度比间位小，所以亲电取代反应主要发生在电子云密度相对较高的邻位和对位上。

利用取代基的定位效应可以预测反应的主要产物，设计合理的合成线路。例如，由甲苯合成邻、间和对硝基苯甲酸，均需经过硝化和氧化两步反应。甲基是邻、对位定位基，先硝化而后氧化，则得到邻-硝基苯甲酸和对-硝基苯甲酸；若先氧化再硝化，则得到间-硝基苯甲酸。

CH_3 发烟HNO_3/浓H_2SO_4 △ → $KMnO_4/H^+$ △ → COOH NO_2 + COOH NO_2

邻硝基苯甲酸　对硝基苯甲酸

笔记栏

$$\text{甲苯}\xrightarrow[\triangle]{KMnO_4/H^+}\xrightarrow[\triangle]{\text{发烟}HNO_3/\text{浓}H_2SO_4}\text{间硝基苯甲酸}$$

间硝基苯甲酸

案例 5-1

患者，男，39 岁，从事废品收购，最近收购了一批废铁桶，桶内部尤其是底部蘸附一层食盐状固体并有异常气味。在没有任何防护措施下，患者剪开铁桶。起初有恶心感觉，之后他继续处理铁桶，半个小时后患者开始呕吐，遂送医院就医。患者临床表现为恶心、呕吐；颜色呈灰色；指甲、口唇呈暗紫色；呼气中有明显苦杏仁味。由于病人皮肤完好，未服用其他不明物，医生判断为挥发性毒物经呼吸道引起中毒。观察患者家属带来的蘸附物，外观为灰白色半透明晶体，有强烈的苦杏仁味。实验室用间苯二酚法对蘸附物进行硝基苯定性试验，结果为强阳性，再对呕吐物进行鉴定，硝基苯定性试验为阳性。

结合患者家属口述、临床表现、实验室结果和流行病学调查，判定为硝基苯中毒。经过对症治疗，5 天后患者康复出院。

硝基苯为无色或微黄色油状液体，有苦杏仁味，见光颜色变深，蒸气可经皮肤和呼吸道吸收，在体内滞留可达 80%。中毒机制：①硝基苯吸收后被还原为亚硝基苯和苯基羟胺，苯基羟胺氧化能力强，因而形成高铁血红蛋白作用强，高铁血红蛋白中的三价铁与羟基结合牢固，失去携氧能力。②使还原型谷胱甘肽再生减少，致红细胞功能失常，脆性增加，易致溶血。③与类脂质作用而损害神经系统。④致中毒性肝病。⑤可致中毒性心肌病、肺水肿、过敏性皮炎及哮喘。

硝基苯中毒临床表现可分为轻、中、重度中毒。轻度中毒表现为头痛、头晕、乏力、恶心，一过性尿频、尿痛，或口唇轻度发绀。严重者可出现血红蛋白尿、肝功能异常、昏迷、抽搐等。

思考题：

1. 硝基苯被人体吸收的途径和中毒机制是什么？
2. 如何预防硝基苯中毒？

2. 加成反应 苯环虽然很稳定，但在一定条件下仍可发生加成反应。例如，以镍为催化剂，在高温和高压下，苯加氢生成环己烷；在紫外线照射和一定温度下，苯与氯加成生成六氯代环己烷俗称“六六六”。

$$\text{苯} + 3H_2 \xrightarrow[\text{高温，高压}]{Ni} \text{环己烷}$$

$$\text{苯} + 3Cl_2 \xrightarrow[50℃]{h\nu} C_6H_6Cl_6$$

1,2,3,4,5,6-六氯代环己烷(六六六)

3. 苯环侧链反应

（1）氧化反应：苯一般不易被氧化，但烷基苯中的烷基不论长短，不论是否有分支，不论是饱和还是不饱和，只要与苯环直接相连的碳原子上连有氢原子，与高锰酸钾或重铬酸钾的硫酸溶液反应，最后侧链都被氧化成羧基。例如：

$$\text{1-乙基-3-叔丁基苯}\ (CH_2CH_3,\ C(CH_3)_3) \xrightarrow[\triangle]{KMnO_4/H_2SO_4} \text{3-叔丁基苯甲酸}\ (COOH,\ C(CH_3)_3)$$

3-叔丁基苯甲酸

笔记栏

（2）卤代反应：在加热或光照条件下，烷基苯与氯或溴反应时，优先取代与苯直接相连碳上的氢原子（亦称 α- 氢原子）。例如：

$$C_6H_5CH_3 + Cl_2 \xrightarrow{h\nu} C_6H_5CH_2Cl + HCl$$

$$C_6H_5CH_2CH_3 + Cl_2 \xrightarrow{h\nu} C_6H_5CHClCH_3 + HCl$$

1-苯基-1-氯乙烷

苯侧链卤代机制与烷烃的卤代反应相同，均属自由基的链锁反应。

案例 5-2

患者，男，37 岁，参与转包装 50 吨萘化学物，操作时未戴手套和口罩，操作过程中出现流泪、流涕、咳嗽、咳痰、恶心，之后出现全身乏力、纳差、畏寒、发热、腰痛、酱油色尿、尿频，皮肤、巩膜黄染，进食后呕吐。3 日后入院。体检：T 38.4℃，P 114 次 / 分，R 20 次 / 分，BP 16.8/7.6kPa（1kPa=7.5mm/Hg），意识清，精神差，贫血貌，皮肤、巩膜明显黄染；结膜和咽部充血，心率 114 次 / 分，节律齐，肺部听诊正常，腹平软，肝肋下触及约 3cm，质软，无压痛，脾未触及。结合患者口述、临床表现、实验室结果，诊断为急性重度萘中毒，经住院 19 天，治愈出院。2 周后复查均未见异常。

萘对机体具有多器官和多系统的损害作用，常见的是呼吸、消化、神经、造血等系统的损害为多见。经呼吸道接触萘蒸气后首先表现出眼睛和呼吸道的刺激症状，吸入较高浓度蒸气可引起咳嗽、咳痰及胸闷、头痛、头晕、乏力、倦怠、恶心、多汗，重者可出现视力障碍、全身不适、黄疸、肝大、肝区疼痛、血尿、蛋白尿、尿呈墨黑色或橄榄绿色，甚至有大小便失禁、抽搐、昏迷等。口服中毒可表现为消化道刺激征，恶心、呕吐、腹痛、腹泻，继之出现寒战、发热、黄疸、溶血性贫血、尿痛、血红蛋白尿、尿少等肝肾损害表现；重者可发生肝坏死、肾衰竭。萘对神经系统的损害主要表现为神经衰弱综合征，萘对眼睛可出现刺痛、畏光、流泪等症状，接触浓度越高，症状出现率越高，短期接触眼部无明显器质性损害，但长期高浓度下作业的，可致白内障。

思考题：

1. 萘被人体吸收的途径和中毒的临床表现是什么？
2. 如何预防萘中毒？

（三）稠环芳香烃化学性质

稠环芳香烃具有与苯相似的化学性质，这里主要介绍萘的重要化学反应。

萘分子中电子云的分布没有苯均匀，因此萘环上不同位置的碳原子具有不同的反应活性，α- 位比 β- 位的活性高。

1. 萘的亲电取代反应

（1）卤代反应：用 $FeCl_3$ 催化，向萘的苯溶液中通入氯气，主要生成 α- 氯萘。

$$C_{10}H_8 + Cl_2 \xrightarrow[\text{苯，加热}]{FeCl_3} C_{10}H_7Cl + HCl$$

α-氯萘(70%)

笔记栏

（2）硝化反应：萘与混酸（H_2SO_4 和 HNO_3 的混合物）反应，主要产物为 *α*- 硝基萘。

$$\text{萘} + HNO_3 \xrightarrow[25\sim50^\circ C]{H_2SO_4} \alpha\text{-硝基萘} + H_2O$$

α-硝基萘(70%)

（3）磺化反应：这是一个可逆反应。在较低温度下主要生成 *α*- 萘磺酸，在较高温度下主要生成 *β*- 萘磺酸，是在不同反应条件下，动力学控制反应和热力学控制反应竞争变化的结果。

$$\text{萘} \xrightarrow[<80^\circ C]{100\%H_2SO_4} \alpha\text{-萘磺酸}(SO_3H) + H_2O$$

$$\alpha\text{-萘磺酸} \xrightarrow[160^\circ C]{H_2SO_4} \beta\text{-萘磺酸}$$

$$\text{萘} \xrightarrow[165^\circ C]{95\%H_2SO_4} \beta\text{-萘磺酸}(SO_3H) + H_2O$$

2. 萘的加成反应 萘比苯易发生加成反应，在不同条件下，生成不同的加成产物，例如：

$$\text{萘} \xrightarrow{2H_2/Pt} \text{四氢化萘} \xrightarrow{3H_2/Pt} \text{十氢化萘}$$

四氢化萘　　十氢化萘

四、芳香性的判据——休克尔规则

前面讨论的是苯型芳香烃，它们都具有芳香性。芳香性是由于 π 电子离域而产生的稳定性所致。苯具有典型的芳香性，它可看作一个环状共轭多烯。其他的环状共轭多烯，如环丁二烯和环辛四烯，是否也具有芳香性呢？事实表明环丁二烯很不稳定，不易合成。环辛四烯也具有烯烃的典型性质，这两个化合物都没有芳香性。

（一）休克尔规则

1931 年德国化学家休克尔（E. Hückel）用简化的分子轨道法，计算了单环多烯 π 电子的能级，提出了判断芳香体系的规律：在单环多烯且具有共平面的共轭体系中，若其 π 电子数符合 $4n+2$（n=0，1, 2,⋯）通式，则此化合物就具有芳香性。此规律称为休克尔规则，又称 $4n+2$ 规则。

休克尔规则不仅能判断苯型芳香烃（如苯、萘、蒽、菲、芘、苯并芘等）具有芳香性，而且也很容易判断非苯型芳香化合物是否具有芳香性。非苯型芳香化合物具有芳香性但却没有苯环结构，包括非苯型芳香烃和芳香杂环化合物。下面简要介绍常见的非苯型芳香烃，芳香杂环化合物将在第十三章中深入学习。

（二）非苯型芳香烃

1. 环丙烯正离子 环丙烯正离子含有两个 π 电子，符合 $4n+2$ 规则，具有芳香性，可由 3- 氯环丙烯与硼氟酸银反应得到。

$$\text{3-氯环丙烯(H, Cl)} + AgBF_4 \longrightarrow \text{环丙烯正离子}\ BF_4^- + AgCl\downarrow$$

环丙烯正离子中的三个碳碳键长是相同的，说明其中的两个 π 电子完全离域且均匀分布在三个碳原子上。目前，已合成出一些稳定且含有取代基的环丙烯正离子盐。

2. 环戊二烯负离子和环庚三烯正离子 这两种离子中的 π 电子数均为 6，符合休克尔规则，具

笔记栏

有芳香性。

环戊二烯负离子可由环戊二烯与强碱（如叔丁醇钠）或金属钠反应得到，因为环戊二烯分子中的亚甲基具有较强的酸性（pK_a=16）。例如：

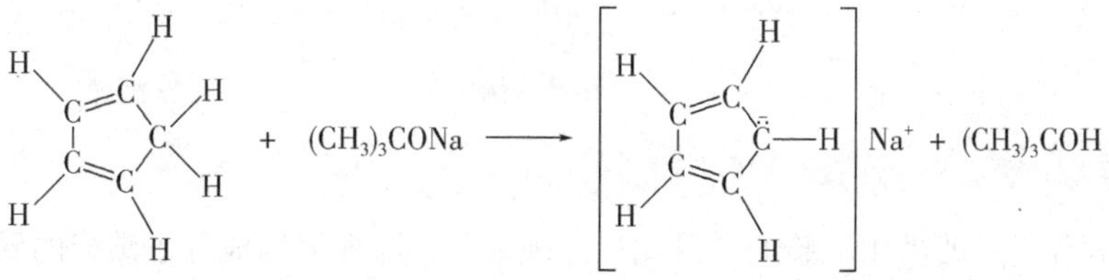

环戊二烯(pK_a=16) 叔丁醇钠　　叔丁醇(pK_a=18)

由于π电子完全离域，环戊二烯负离子中的负电荷平均分配在五个碳原子上，可用下列式子表示：

环庚三烯与溴化三苯碳正离子反应，得到环庚三烯正离子，正电荷由七个碳原子平均分配，碳碳键键长完全平均化。

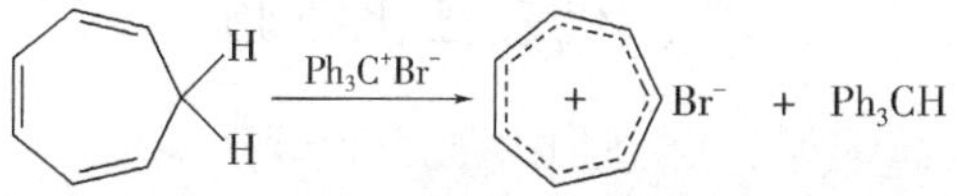

3. 环辛四烯和环辛四烯二负离子 环辛四烯分子中有八个π电子，不符合符合 4*n* + 2 规则，因此没有芳香性，这个结论也得到实验的证实。X 射线的研究表明，环辛四烯分子最稳定的构象是一个非平面的盆式构象，具有两种不同的碳碳键 —— 四个较长的碳碳单键（146pm）和四个较短的碳碳双键（133pm）。单键的键长与烷烃分子中碳碳键键长接近，双键的键长与烯烃分子中碳碳双键的键长接近。四个π键之间的 p 轨道不能重叠形成离域π键，因为彼此不相平行。

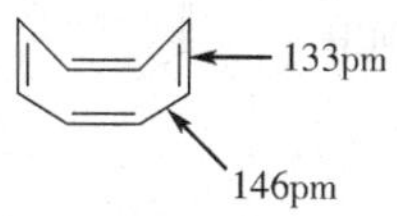

环辛四烯与金属钾作用得到具有芳香性的环辛四烯二负离子，如下所示：

环辛四烯二负离子具有平面正八边形的结构，π电子云密度因离域而完全平均化，所有碳碳键键长均为 140pm。

第三节　萜类化合物

萜类化合物（terpenoid）是指由两个或两个以上异戊二烯（isoprene）相连而成的化合物及其含氧与不饱和程度不等的衍生物，广泛存在于植物、昆虫及微生物中，具有较强的生理活性。例如，具有抗肿瘤活性的雷公藤内酯、人参皂苷、鸭胆丁等；防治肝硬化、肝炎的葫芦素；对神经系统起作用的莽草毒素、马桑毒素；抑制血小板凝聚、扩张冠状动脉的芍药苷等。

一、萜类化合物的结构与分类

（一）结构

萜类由异戊二烯作为基本碳骨架单元，因其组成的特征为（C_5H_8）$_n$（$n > 2$），故有“异戊二烯规则”之称。例如，由两个异戊二烯分子构成的开链和单环的单萜为 *β*- 月桂烯（myrcene）和柠檬烯（limonene），其结构如下所示：

笔记栏

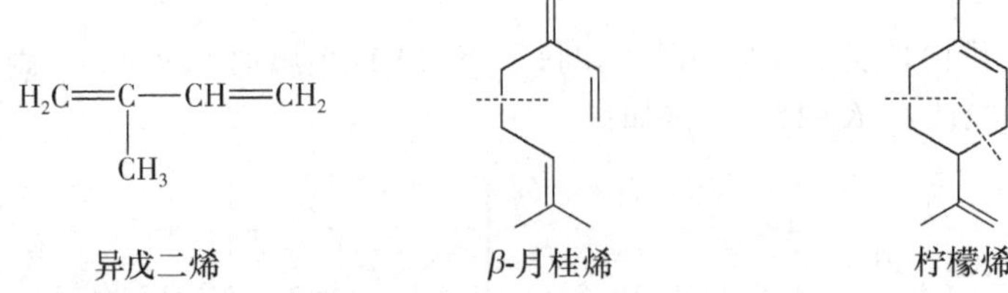

异戊二烯　　β-月桂烯　　柠檬烯

（二）分类

萜类化合物的分类一般沿用经验的“异戊二烯规则”，即根据构成分子碳架的异戊二烯数目进行分类。

1. 单萜　含有两个异戊二烯单位。

2. 倍半萜　含有三个异戊二烯单位。

3. 双萜　含有四个异戊二烯单位。

4. 三萜　含有六个异戊二烯单位。

5. 四萜　含有八个异戊二烯单位。

同时也可以根据各萜类化合物中有无碳环进一步分为开链萜（无环萜）、单环萜、双环萜等。

二、代表性化合物

（一）单萜类化合物

单萜类（monoterpenoid）化合物分子中含有两个异戊二烯单位，根据分子中两个异戊二烯相互连接的方式不同，分为无环单萜、单环单萜和双环单萜。

1. 无环单萜　无环单萜又叫链状单萜，由两个异戊二烯分子头尾连接而成，常见的有月桂烷型、薰衣草型和艾蒿烷型。

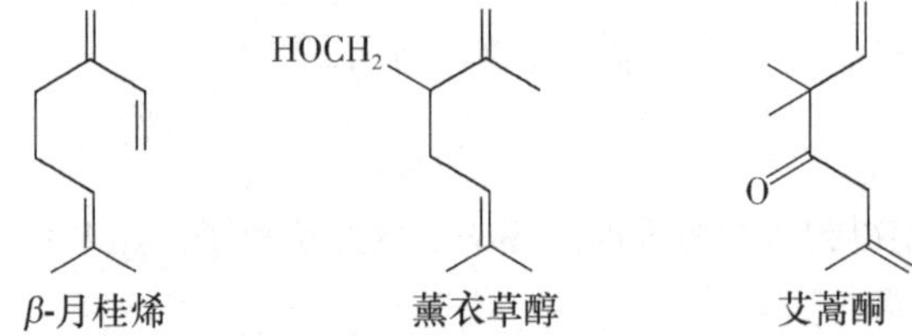

β-月桂烯　　薰衣草醇　　艾蒿酮

2. 单环单萜　其基本碳骨架是由两个异戊二烯之间形成一个环，环合的方式不同产生不同的结构类型。常见的有对薄荷烷型和环香叶烷型等。

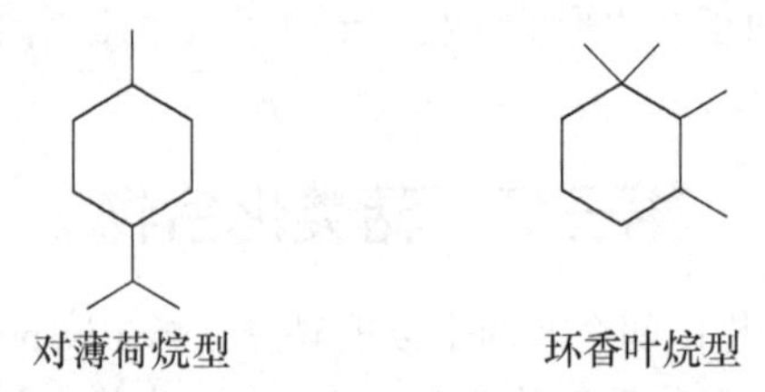
对薄荷烷型　　环香叶烷型

对薄荷烷型的代表化合物有柠檬烯、α- 松油烯、薄荷酮及桉油精等。

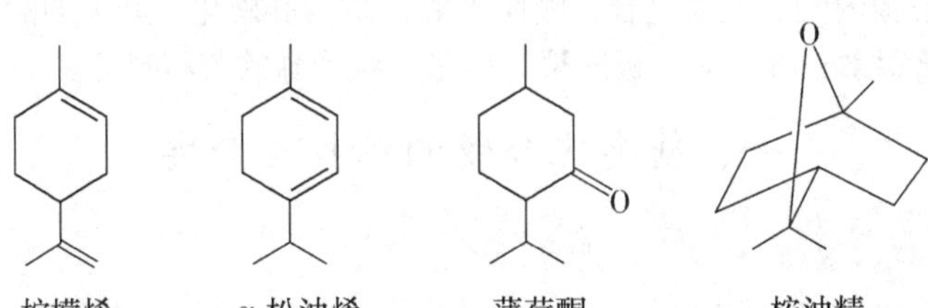

柠檬烯　　α-松油烯　　薄荷酮　　桉油精

3. 双环单萜　双环单萜是分子中含有双环的单萜，组成它们的碳架有十五种以上，但常见的有六种，其中五种可看作由薄荷烷在不同位置之间环合而成。

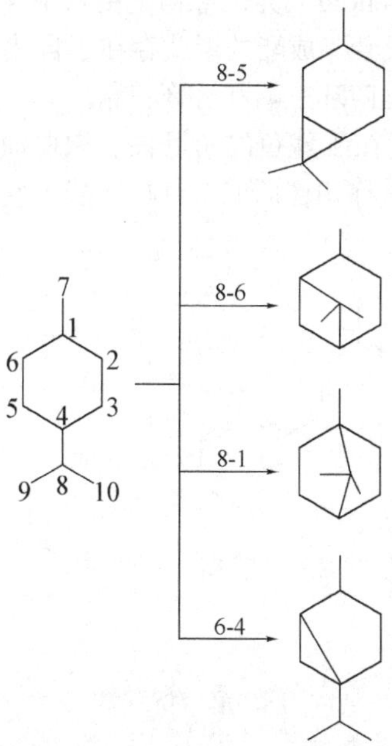

以上五种双环单萜在自然界并不存在，而是以他们的不饱和衍生物或含氧衍生物形式广泛分布于植物体内，尤以蒎烯和莰烷的衍生物与药物关系密切，如蒎烯和樟脑等。

蒎烯是含一个双键的蒎烷衍生物，根据双键的位置不同，有 α- 蒎烯和 β- 蒎烯等异构体。

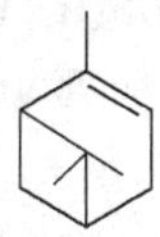

α-蒎烯 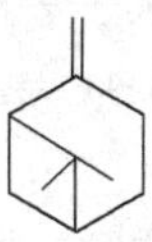　　β-蒎烯

樟脑主要存在于樟脑的挥发油中，在医药中主要做刺激剂和强心剂，其强心作用是由于樟脑在人体内被氧化成 π- 氧化樟脑和对氧化樟脑而导致。

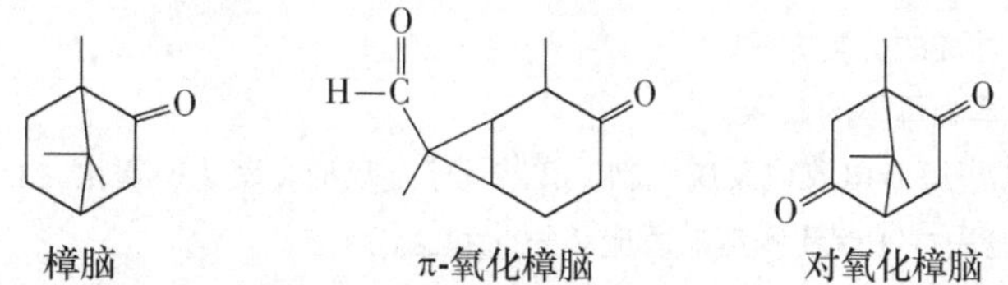

樟脑　　π-氧化樟脑　　对氧化樟脑

（二）二萜和三萜类化合物

1. 二萜类化合物　二萜（diterpenoid）类化合物是由四个异戊二烯构成的萜类化合物。其相对分子量较大，挥发性较差，多以树脂、内酯或苷的形式存在于自然界。

二萜类化合物的结构类型有链状二萜、单环二萜、双环二萜、三环二萜和四环二萜。

植物醇广泛存在于叶绿素中，其分子中含有一个双键，具有四个异戊二烯头尾相连的碳架，其结构如下所示：

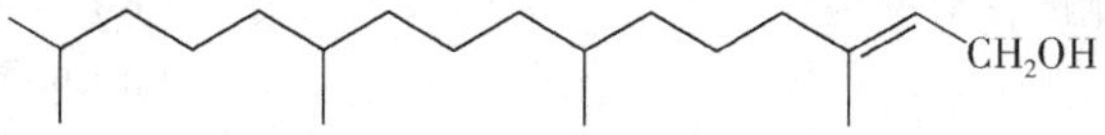

植物醇

维生素 A 是单环二萜，其结构如下所示：

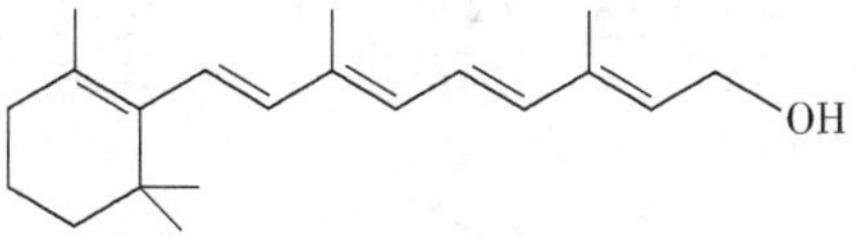

维生素A

2. 三萜类化合物 三萜（triterpenoid）类化合物是由六个异戊二烯构成的萜类化合物，在中草药中分布很广，多以游离状态或以成苷、成酯的形式存在于自然界中。目前已发现的三萜类化合物，除个别是无环和三环三萜外，主要是四环三萜和五环三萜。

例如，角鲨烯（squalene）是存在于鲨鱼的鱼肝油、橄榄油、菜籽油、酵母中，它是由一对三个异戊二烯头尾连接后的片段相互对称相连而成。甘草次酸（glycyrrhetinic acid）是五环的三萜。

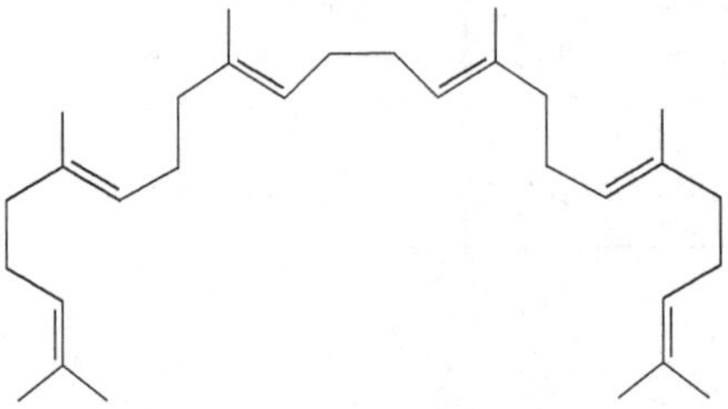

角鲨烯

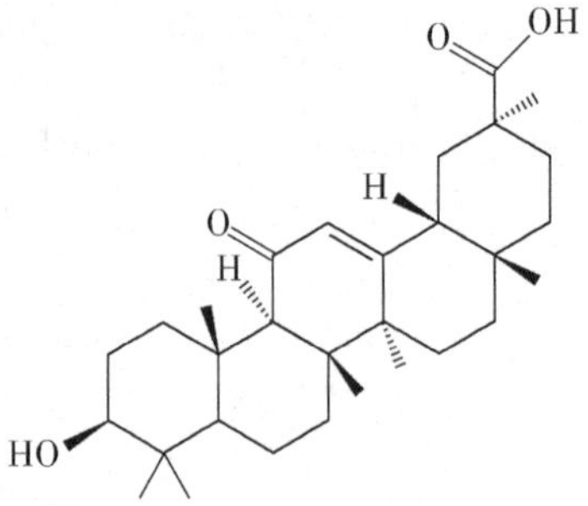

18*β*-甘草次酸

本章小结

通过本章的学习，应重点掌握以下内容：

1. 脂环烃

（1）命名与立体异构

1）命名：重点是环烷烃（小环与常见环）及双环脂环烃（螺环和桥环）的命名。

2）立体异构：能正确判断环烷烃是否具有顺反异构体并标明构型；能正确书写取代环己烷的椅式构象并指出优势构象。

（2）化学性质：重点是小环烷烃与常见环烷烃的化学性质。常见环的化学性质类似于烷烃，小环的化学性质类似于烯烃，但其不能使高锰酸钾溶液褪色，尤其注意烷基取代的小环的开环取向。

2. 芳香烃

（1）分类与命名

1）分类：了解芳香烃的分类方法。

2）命名：掌握以苯为母体的命名方法。

（2）化学性质：①了解亲电取代反应机制。②掌握亲电反应（硝化、磺化、卤代、傅 - 克反应等）。③掌握定位规则，学会应用。④芳环侧链的反应（氧化和氯代）。

（3）非苯型芳香化合物芳香性的判断依据：掌握休克尔规则并会应用。

3. 萜类 掌握异戊二烯法则，了解分类方法。

习 题

1. 写出下列化合物的构造式。

（1）1- 甲基 -2- 乙基环戊烷

（2）3- 甲基环戊烯

（3）异丙基环丙烷

（4）1,7,7- 三甲基二环 [2.2.1] 庚烷

（5）5- 甲基 -2- 乙基螺 [3.4] 辛烷

（6）1- 甲基 - 4 - 叔丁基苯

（7）2,7- 二甲基萘

（8）9- 氯蒽

2. 命名下列化合物。

（1）

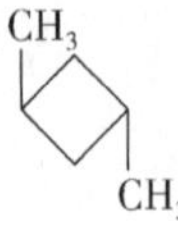

（2）

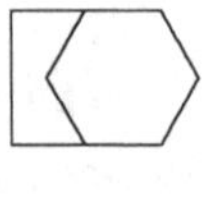

（3）

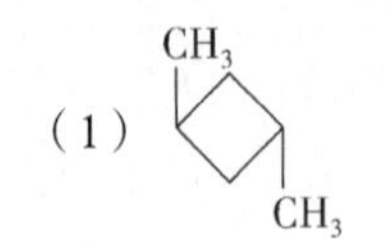

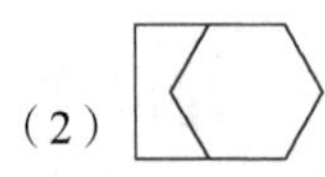

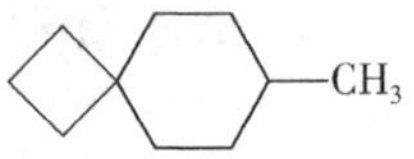

笔记栏

（4）CH_3，C_2H_5　　（5）$CH_2CH_2CH{=}CH_2$　　（6）SO_3H

3. 写出下列化合物的优势构象。

（1）反 -1,3- 二甲基环己烷　　（2）顺 -1- 甲基 -3- 叔丁基环己烷

4. 以苯为原料制备下列化合物。

（1）间硝基苯甲酸　　（2）对硝基苯甲酸

（3）对乙基苯磺酸　　（4）3- 硝基 - 4 - 溴苯甲酸

5. 将下列各组化合物按硝化的难易程度排列成序。

（1）苯、间二甲苯、甲苯　　（2）苯、氯苯、硝基苯、苯甲酸

（3）苯酚、乙酰苯胺、苯、甲苯　　（4）甲苯、苯磺酸、苯甲醛、氯苯

6. 指出下列化合物硝化时导入硝基的主要位置。

（1）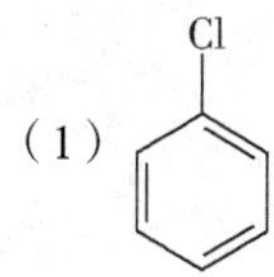

（2）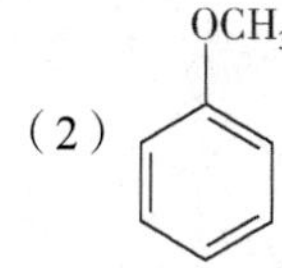

（3）$C(CH_3)_3$

（4）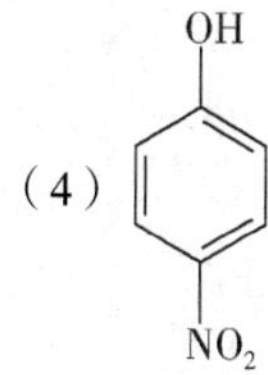

（5）CH_3，NO_2

（6）CHO，CH_3

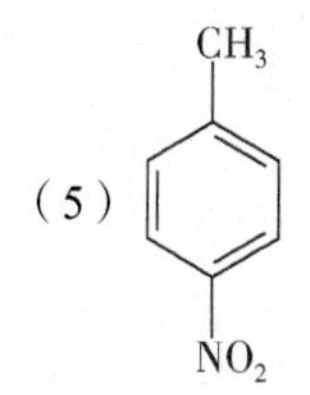

7. 用简便的化学方法鉴别下列各组化合物。

（1）1- 丁烯、甲基环戊烷、1, 2 - 二甲基环丙烷

（2）苯乙烯、苯乙炔、苯、乙苯

8. 根据休克尔规则判断下列化合物是否具有芳香性。

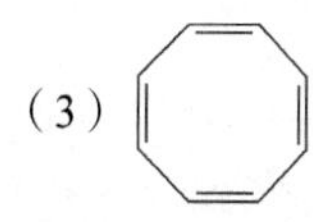

（1）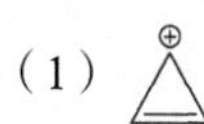

（2）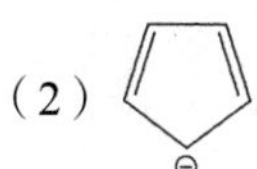

（3）

（4）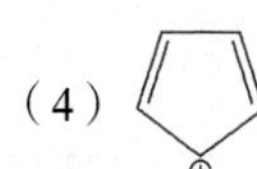

（5）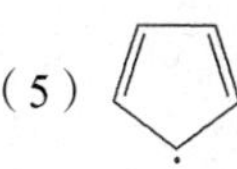

（6）

9. 写出下列反应的主要产物。

（1）CH_3，CH_3，CH_3 + HBr $\longrightarrow$

（2） + Cl_2 $\xrightarrow{h\nu}$

（3）CH_3 $\xrightarrow[FeCl_3]{Cl_2}$　　$\xrightarrow[h\nu]{Cl_2}$

(4) 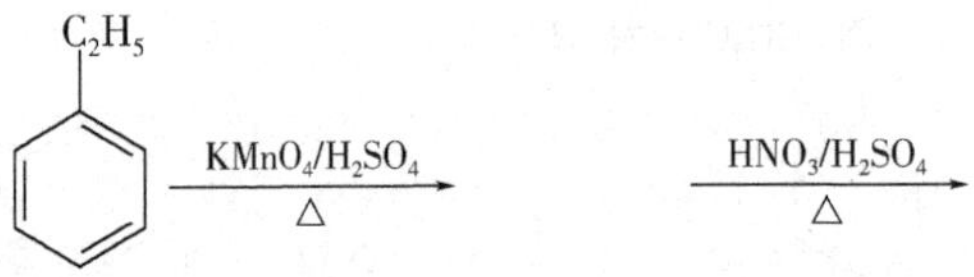 C_2H_5 $\xrightarrow[\triangle]{KMnO_4/H_2SO_4}$ $\xrightarrow[\triangle]{HNO_3/H_2SO_4}$

(5) $-NO_2$ $\xrightarrow[\triangle]{HNO_3/H_2SO_4}$

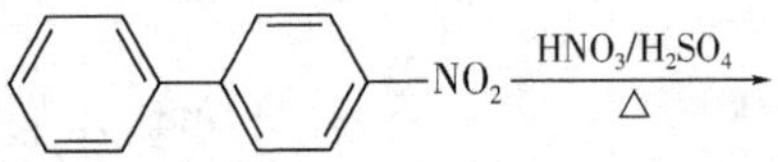

10. 根据下列已知条件，写出化合物 A、B、C 的构造式。

（1）某烃 A 的分子式为 C_7H_{12}，氢化时只吸收一分子氢，用酸性高锰酸钾氧化后得 $CH_3CO(CH_2)_4COOH$。

（2）某化合物 B 分子式为 C_8H_{10}，被酸性高锰酸钾氧化后得化合物 $C(C_8H_6O_4)$；C 进行硝化时，只得到一种一硝基产物。

（闫乾顺）

笔记栏

第六章 对映异构

同分异构现象（isomerism）指的是分子式相同、结构不同的现象。同分异构现象可分为两大类：一类是由于分子中的原子或基团的连接方式和顺序不同引起的构造异构（constitutional isomerism）；另一类是由于构造式相同，但分子中的原子或基团的空间排列方式不同引起的立体异构（stereoisomerism）。立体异构可分为构型异构（configurational isomerism）和构象异构（conformational isomerism）。构型异构是由于构造相同，但分子中的原子或基团在空间的固有排列方式不同而引起的；构象异构则是在构造和构型相同的基础上，由于分子中碳碳σ键的旋转或扭曲而引起的。构型异构体之间的转化必须通过化学键的断裂和形成才能实现，在常温下不能相互转化，但构象异构体在常温下却可以相互转化。构型异构还可分为对映异构和非对映异构，对映异构体之间的关系是互为镜像但不能完全重合，非对映异构体之间则不成镜像。烯烃的顺反异构属于非对映异构。有机化合物的同分异构可归纳如下：

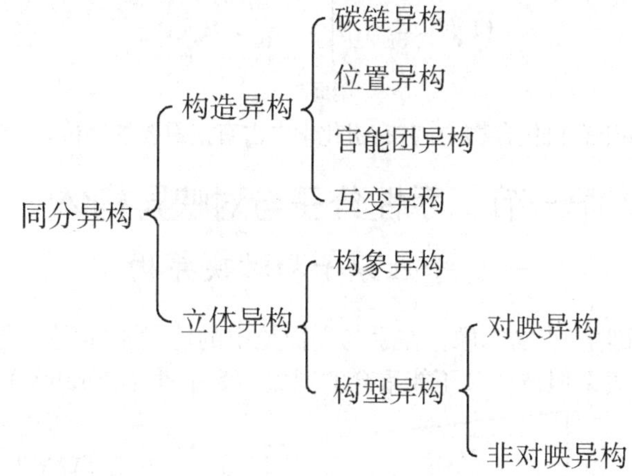

下面是同分异构的一些例子：

（1）碳链异构：　$CH_3CH_2CH_2CH_3$ 和 CH_3CHCH_3（2位连 CH_3）

正丁烷　　异丁烷

（2）位置异构：　$CH_3CH_2CH_2CH_2Br$ 和 $CH_3CHCH_2CH_3$（2位连 Br）

1-溴丁烷　　2-溴丁烷

（3）官能团异构：　$CH_3CH_2CH_2CH_2OH$ 和 $CH_3CH_2OCH_2CH_3$

正丁醇　　乙醚

（4）互变异构：

$$CH_3-\overset{\overset{\displaystyle O}{\|}}{C}-CH_2-\overset{\overset{\displaystyle O}{\|}}{C}-OC_2H_5 \rightleftharpoons CH_3-\overset{\overset{\displaystyle OH}{|}}{C}=CH-\overset{\overset{\displaystyle O}{\|}}{C}-OC_2H_5$$

酮式（93%）　　烯醇式（7%）

互变异构是一种特殊的官能团异构，在常温下异构体之间可相互转化。

（5）顺反异构：

$\underset{H\quad H}{\overset{Cl\quad Cl}{C=C}}$ 和 $\underset{H\quad Cl}{\overset{Cl\quad H}{C=C}}$

顺-1,2-二氯乙烯　　反-1,2-二氯乙烯

（6）构象异构

1）1,2- 氯乙烷的两种典型构象：

全交叉式　　和　　部分交叉式

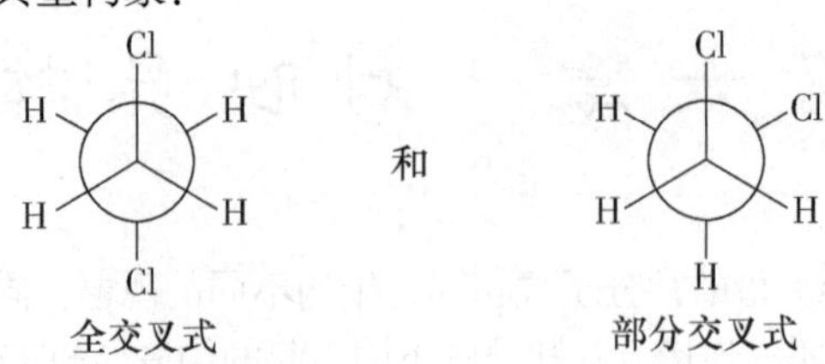

2）异丙基环己烷的两种典型构象：

平伏式　　和　　直立式

（7）对映异构：

镜面

同分异构现象普遍存在于有机化合物中，在有机化学中占有很重要的地位。本章重点讨论对映异构现象。

第一节　手性分子与对映异构体

一、手性分子和对映异构

当你把左手放在平面镜前使之成像，左手与平面镜中的镜像不能完全重合，如图 6-1 所示。我们把这种互为实物与镜像关系但彼此又不能重合的现象称为手性（chirality）。

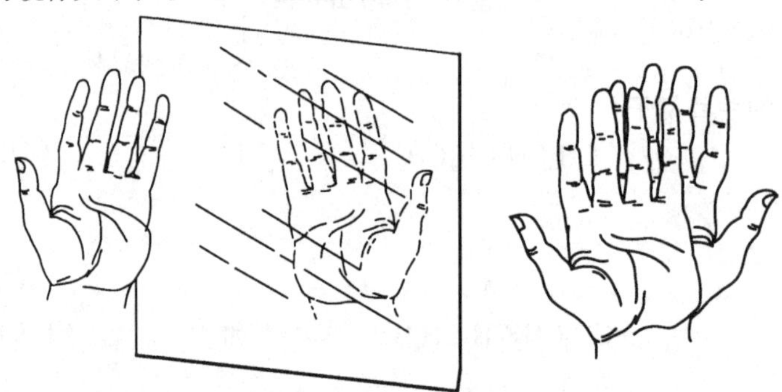

图 6-1　人的左手与其镜像（右手）不能完全重合

手性是宇宙中普遍存在的现象。宏观世界中，除了人的手外，人的耳朵和脚也具有手性；海螺是有手性的；许多植物的攀爬方式也表现出手性，如忍冬是以右手螺旋的方式向上缠绕，而旋花属植物则以左手螺旋的方式向上缠绕。微观世界中同样也存在手性，DNA 分子的双螺旋结构是右手方式旋转的；构成蛋白质的二十种氨基酸除甘氨酸外，其他的十九种氨基酸及天然存在的糖均具有手性。事实上，生物中的大多数分子具有手性。

手性分子（chiral molecule）就是与其镜像不能重合的分子，如图 6-2 所示的乳酸（$CH_3\underset{OH}{\underset{|}{C}}HCOOH$）就是手性分子。

一个手性分子必然存在着另一个与其成镜像关系的异构体，互为镜像，称之为对映，因此我们把这种异构体称为对映异构体，简称对映体（enantiomer）。从图 6-2 可以看出，左侧的乳酸分子模

笔记栏

型（a）与右侧的乳酸分子模型（b）是实物与镜像的关系，二者不能完全重合。

与其镜像能够完全重合的分子没有手性，称为非手性分子（achiral molecule），如水、甲烷、乙醇、乙醚、丙酮等分子。非手性分子不能引起对映异构。

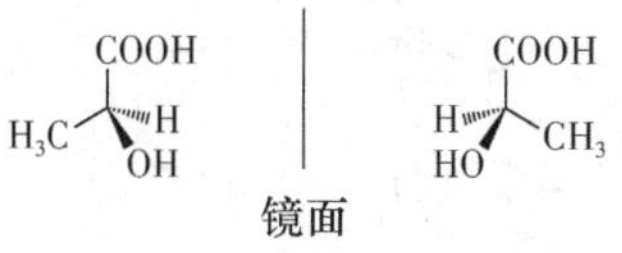

COOH　　　　　COOH
H_3C—C—H, OH　｜　H—C—CH_3, HO
镜面
(a)　　　　　(b)

图 6-2　乳酸分子的对映体

二、手性碳原子

一个分子是否具有手性是由于分子的不对称性引起的。引起分子具有手性最常见的一个因素是手性碳原子，大多数的手性分子含有手性碳原子。所谓手性碳原子（chiral carbon atom）是指连有四个不同的基团（或原子）的碳原子，常以星号“*”表示。例如，乳酸分子中有三个碳原子，但只有 C-2 是手性碳原子，它连接的是 —H，—OH，—CH_3 及 —COOH。手性碳原子也称为不对称碳原子（asymmetric carbon atom）。值得注意的是，与手性碳原子相连的基团的差异并不一定是刚好表现在直接与手性碳原子相连的部位上。例如，4- 辛醇分子中手性碳原子上所连接的丙基和正丁基是不同的，尽管它们的差异是在离手性碳原子较远的地方才显示出来。

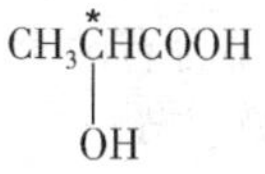

$CH_3\overset{*}{C}HCOOH$（C* 上连 OH）　　乳酸

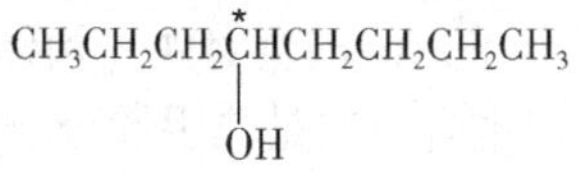

$CH_3CH_2CH_2\overset{*}{C}HCH_2CH_2CH_2CH_3$（C* 上连 OH）　　4-辛醇

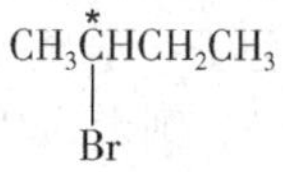

$CH_3\overset{*}{C}HCH_2CH_3$（C* 上连 Br）　　2-溴丁烷

另外还需要注意的是，能够成为手性碳原子的只有饱和的 sp^3 杂化碳原子，sp^2 和 sp 杂化碳原子不可能是手性碳原子，因为它们没有四个基团或原子与之相连。

不对称碳原子也经常被称为手性中心（chirality center）。除了碳原子之外，氮原子和磷原子也能成为手性中心，见本章第六节。

三、对称因素与手性

一分子是否具有手性，与分子中存在的对称因素（symmetry factor）有关，常见的对称因素有对称面及对称中心。

（一）对称面

假如有一个平面可以把分子分割为两部分，一部分正好是另一部分的镜像，那么这个平面就是分子的对称面（plane of symmetry），整个分子是对称的，它和其镜像能够重合，是非手性分子。例如，1,1- 二氯乙烷的分子中有一个通过甲基、氢原子和 C-1 的对称面 σ_1，如图 6-3（a）所示。

如果分子都在同平面上，这个平面就是分子的对称面。例如，反 1,2- 二氯乙烯分子有一个通过所有原子的对称面 σ_2，这类分子也是非手性分子，如图 6-3（b）所示。

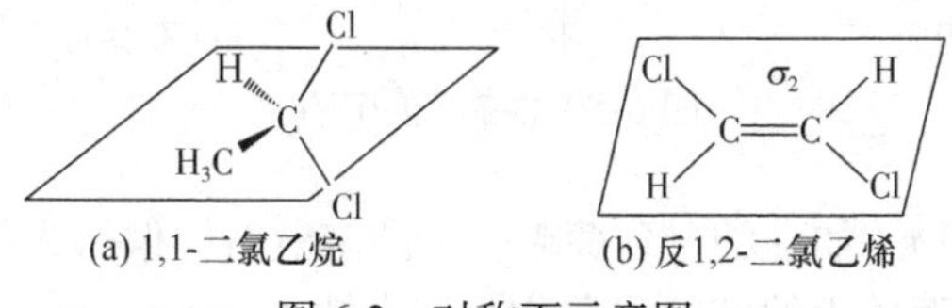

图 6-3　对称面示意图

笔记栏

在判断一个分子是否具有手性时，值得特别注意的是，当我们不能找到对称面时，并不意味着分子一定是具有手性的。我们在下面的例子中不能找到对称面，但是分子与其镜像能完全重合，用模型可轻易表明左右两个镜像（c）与（d）实际上是同一构型的两种画法。

(c) 镜面 (d)

（二）对称中心

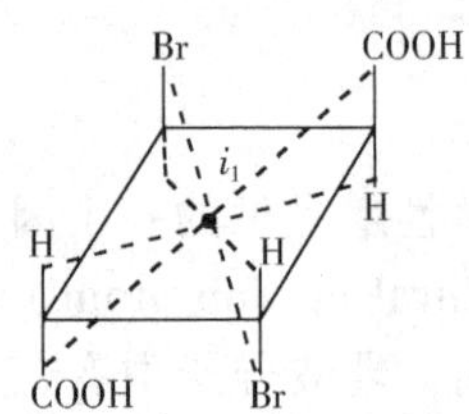

图 6-4 对称中心示意图

如果分子中有一点，从分子的任一原子或基团向这个点画一直线，再将直线延长出去，在距该点等距离处总会遇到相同的原子或基团，则这个点称为分子的对称中心（symmetrical center），用 i 表示。具有对称中心的分子没有手性，是非手性分子（图 6-4）。

四、判断手性分子的方法

（1）最可靠的方法是搭建分子与其镜像的模型，如果两者不能重合，那么这个分子就是手性分子。

（2）考察分子是否存在对称因素。一个分子若存在对称面（或对称中心），则该分子没有手性，为非手性分子。

（3）最简单的方法是寻找手性中心，主要是手性碳原子。如果一个分子中只含有一个手性碳原子，则该分子一定具有手性，是手性分子，能产生对映异构体。如果分子中含有两个或两个以上的手性碳原子，则大多数是手性分子，但也有一些是非手性分子，详见本章第五节。

第二节 手性物质的旋光性

一、偏振光和旋光性

光是一种电磁波，它的振动方向与其传播方向垂直。普通光中含有各种波长的光，可以在空间各个不同的平面上振动。如果让普通光通过一个由方解石晶体制成的尼科尔（Nicol）棱镜时，因为尼科尔棱镜只能使与其晶轴平行的平面内振动的光通过，因此通过棱镜的光只在一个平面上振动。这种只在一个平面上振动的光叫做平面偏振光（plane-polarized light），简称偏振光，如图 6-5 所示。

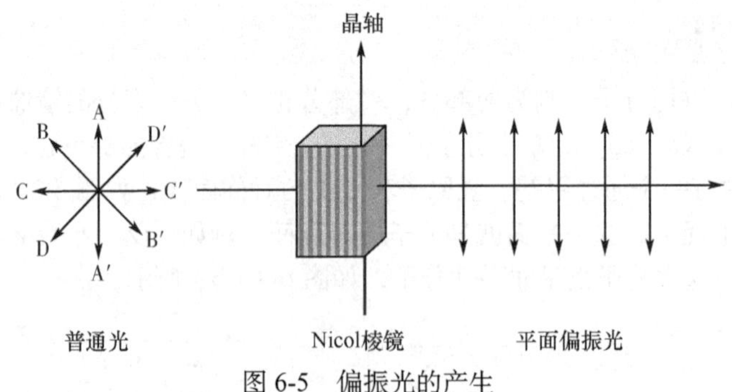

图 6-5 偏振光的产生

当偏振光通过手性化合物（如乳酸、葡萄糖等）的溶液时，偏振光的振动面会发生偏转，手性物质这种能使偏振光的振动面发生偏转的现象称为旋光性（optical activity），如图 6-6 所示。而当偏振光通过非手性化合物（如乙醇、丙酮等）的溶液时，偏振光的振动面不会发生偏转，这是手性

笔记栏

物质与非手性物质在光学活性上的差异。

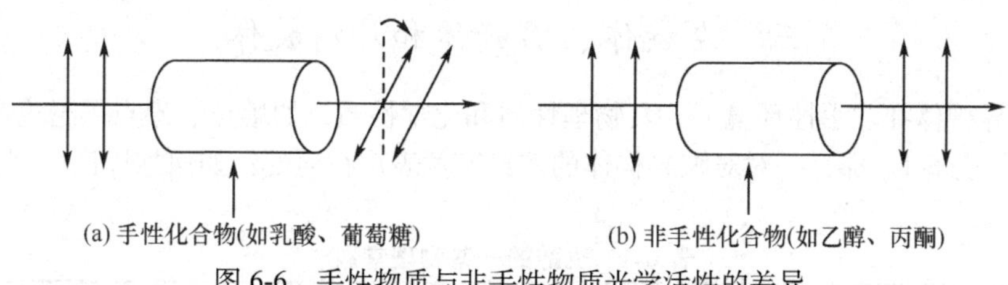

图 6-6　手性物质与非手性物质光学活性的差异

二、旋光度与比旋光度

（一）旋光度

手性物质使偏振光的偏振面偏转的角度称为旋光度（rotation），通常用“α”表示。能使偏振面向右旋转（顺时针方向）的物质称为右旋体（dextrorotatory），用“＋”表示；能使偏振面向左旋转（逆时针方向）的物质叫做左旋体（levororotatory），用“−”来表示。例如，右旋葡萄糖表示为（＋）- 葡萄糖；左旋果糖表示为（−）- 果糖。旋光度的大小和方向可以用旋光仪（polarimeter）来测定。旋光仪由光源、棱镜、旋光管等主要部件组成，如图 6-7 所示。

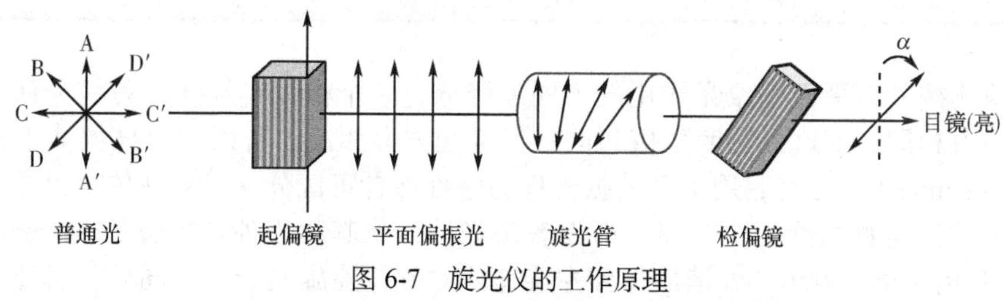

图 6-7　旋光仪的工作原理

第一个棱镜是固定的，叫起偏镜，能使来自光源的光变为平面偏振光。第二个棱镜可以旋转，叫检偏镜，检偏镜带有刻度盘，用来测定偏振面旋转的角度。当测定物质的旋光性时，将被测物质配成溶液装在旋光管里，若是液体化合物，可以直接用纯样品。如果被测定的物质无旋光性，则平面偏振光通过旋光管后偏振面不被旋转，它可以直接通过检偏镜（此时检偏镜棱轴与起偏镜棱轴相平行），视场光亮度不会改变；如果被测定的物质具有旋光性，平面偏振光通过旋光管后，偏振面就会被旋转（向右或向左）一个角度（如图 6-7 所示的 α 角），这时的偏振光就不能通过与起偏镜棱轴相平行的检偏镜，视场变暗。只有将检偏镜也旋转（向右或向左）相同的角度，旋转了的偏振光才能完全通过检偏镜，视场恢复原来的亮度。观察检偏镜上携带的刻度盘所旋转的角度，即为该物质的旋光度。

（二）比旋光度

每一种旋光性物质在一定条件下都有一定的旋光度，其大小除与物质的本性有关外，还与测定时所用的溶液的浓度、测定管长度、温度、所用的波长及溶剂的种类等因素有关。为了使一个化合物的旋光度成为特征物理常数，必须规定一些特定的条件。在一定温度下，用 1dm 的旋光管，待测物质的浓度为 $1g \cdot ml^{-1}$ 时所测得的旋光度，称为比旋光度（specific rotation），通常用［α］$_D^t$ 表示，即：

$$[\alpha]_D^t = \frac{\alpha}{l \times c}$$

式中：α 为旋光度；c 为溶液的浓度，单位是 $g \cdot ml^{-1}$（纯液体用密度 $g \cdot cm^{-3}$）；l 为旋光管的长度，单位为 dm；t 为测定时的温度（℃）；D 表示钠光波长，$\lambda = 589nm$。

比旋光度是旋光性物质的特征物理常数，反映了旋光性物质旋光能力的大小和方向，可用来鉴别一对对映体及测定旋光性化合物的纯度。

三、左旋体、右旋体和外消旋体

一对对映异构体在非手性环境下，其物理性质和化学性质，如熔点、沸点、密度、折光率、酸度等都相同，见表 6-1。那么一对对映异构体的差异究竟表现在何处？如何加以区分呢？

表 6-1　乳酸的一些物理常数

性质	（+）- 乳酸	（–）- 乳酸	（±）- 乳酸
熔点（℃）	53	53	18
pK_a	3.76	3.76	3.76
溶解度	∞	∞	∞
$[\alpha]_D^{20}$	+ 3.8°	–3.8°	0

一对对映体按其对平面偏振光作用的不同来区分，一个称为右旋体，另一个称为左旋体，两者的旋光能力相同，即比旋光度数值相同，但旋光方向相反，所以对映异构体也称为旋光异构体（optical isomer）。因此，用平面偏振光作为手性探针可区分一对对映体。由等量的左旋体和右旋体组成的混合物的旋光度为零，即没有旋光性，将其称为外消旋体（racemic mixture 或 racemate），常用（±）表示。外消旋体和左旋体或右旋体除旋光能力不同外，其他物理性质也有差异。例如，用一般方法合成的乳酸是外消旋体，其熔点是 18℃，而左旋乳酸和右旋乳酸的熔点是 53℃。

第三节　费歇尔投影式

在平面上画手性碳原子所连的四个化学键的常用方法有透视式（perspective formula）和费歇尔投影式（Fischer projection）。

在透视式中，实线表示与手性碳原子相连的化学键在纸平面上，实体楔形表示与手性碳原子相连的化学键伸向纸平面的外面，虚线表示与手性碳原子相连的化学键伸向纸平面的里面。2- 溴丁烷的一对对映体的透视式如下所示：

Br　CH_3　H　CH_2CH_3　|　Br　H_3C　H_3CH_2C　H

镜面

当我们在画含有多个手性碳原子分子的结构时，会发现用透视式相当费时麻烦。19 世纪末期，爱米尔·费歇尔（Emil Fischer）研究多达七个手性碳原子的糖类化合物的立体化学，用透视式画出这些糖分子的立体化学结构变得非常困难，而且几乎不可能从这些画法中找出它们之间微小的立体化学上的差异。1891 年，费歇尔提出将四面体碳投影到平面上的方法 —— 即费歇尔投影式，解决了这个问题。费歇尔投影式一经提出就很快被采用，并且成为描写手性碳原子立体化学的一种标准方法，尤其是在糖类化合物的立体化学中。

费歇尔投影式可由立体模型或透视式按照一定的规则投影到平面上得到。投影方法如下：将分子模型的碳链竖直向后，并保持命名时编号小的基团位于上端，手性碳原子的两个横键所连的原子或基

笔记栏

团伸向前方，呈所谓的“横前竖后”状，用十字交叉点代表手性碳原子，如图 6-8 所示。费歇尔投影式看起来像一个十字架，手性碳原子（通常不画出）位于交叉线的点上，横线可看作楔形实线，指向纸平面的前方，竖线可看作虚线，指向纸平面的后方。乳酸对映体的费歇尔投影式画法见图 6-8。

图 6-8　乳酸对映体的费歇尔投影式

注意透视式和费歇尔投影式之间可进行下列转换：

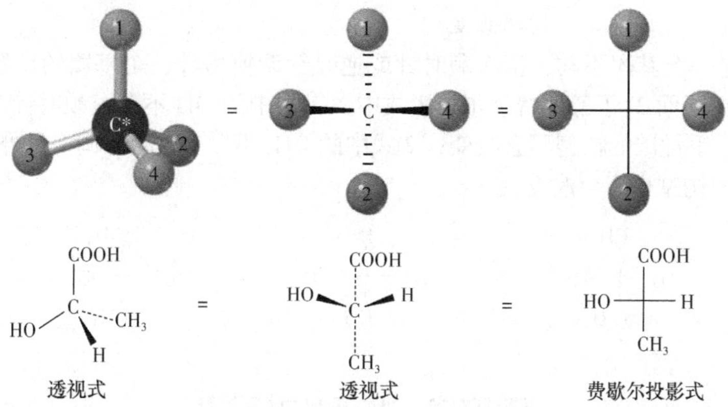

透视式　　透视式　　费歇尔投影式

如何画出一对对映异构体的费歇尔投影式呢？费歇尔投影式中竖键主链碳的位置保持不变，将每个手性碳原子横键上所连的两个原子或基团左右交换位置即可，如乳酸和 2- 氯 -3- 溴戊烷对映体的费歇尔投影式如下所示：

乳酸　　2-氯-3-溴戊烷

书写费歇尔投影式时应注意：

（1）投影式在纸面上旋转 180° 或 360°，其构型不变。

在纸平面旋转180°

符合投影规则

（2）投影式在纸面上旋转 90° 或 270°，构型改变。

在纸平面旋转90°

不符合投影规则

（3）投影式离开纸平面翻转 180°，构型改变。

离开纸平面翻转180°

不符合投影规则

笔记栏

（4）对调任意两个基团的位置，对调偶数次构型不变，对调奇数次则构型改变。

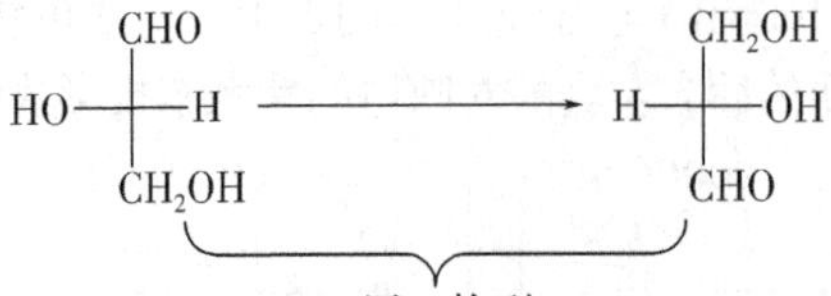

$$\begin{array}{c} CHO \\ HO-\!\!\!-\!\!\!+\!\!\!-\!\!\!-H \\ CH_2OH \end{array} \longrightarrow \begin{array}{c} CH_2OH \\ H-\!\!\!-\!\!\!+\!\!\!-\!\!\!-OH \\ CHO \end{array}$$

OH与H对调一次
CHO与CH_2OH对调一次

同一构型

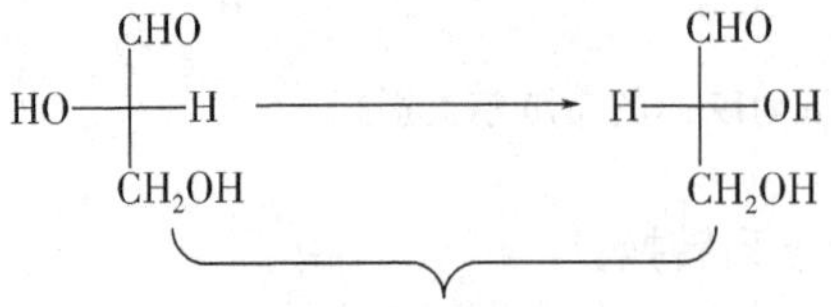

$$\begin{array}{c} CHO \\ HO-\!\!\!-\!\!\!+\!\!\!-\!\!\!-H \\ CH_2OH \end{array} \longrightarrow \begin{array}{c} CHO \\ H-\!\!\!-\!\!\!+\!\!\!-\!\!\!-OH \\ CH_2OH \end{array}$$

OH与H对调一次

构型改变

（5）任意固定一个基团不动，依次顺时针或逆时针调换另外三个基团的位置，不会改变原手性碳原子的构型。在下面2-丁醇的费歇尔投影式中，①式中的OH不动，顺时针调换另外三个基团的位置，变为②式，手性碳的构型不会改变；②式中的CH_3不动，顺时针调换另外三个基团的位置，变为③式，手性碳的构型也不会改变。

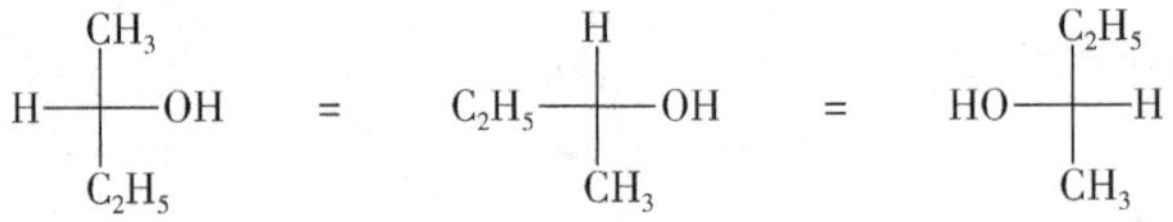

$$\underset{①}{\begin{array}{c} CH_3 \\ H-\!\!\!-\!\!\!+\!\!\!-\!\!\!-OH \\ C_2H_5 \end{array}} = \underset{②}{\begin{array}{c} H \\ C_2H_5-\!\!\!-\!\!\!+\!\!\!-\!\!\!-OH \\ CH_3 \end{array}} = \underset{③}{\begin{array}{c} C_2H_5 \\ HO-\!\!\!-\!\!\!+\!\!\!-\!\!\!-H \\ CH_3 \end{array}}$$

第四节　构型的标记

一、D/L 构型标记法

D/L构型标记法是以甘油醛的两种构型为标准，人为规定在费歇尔投影式中，手性碳原子上—OH在右边的甘油醛的构型为D构型（D为dextro–的缩写）；手性碳原子上—OH在左边的甘油醛的构型为L构型（L为levo–的缩写）。如下所示：

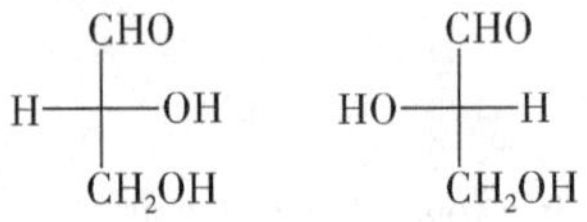

$$\underset{D\text{-}(+)\text{-甘油醛}}{\begin{array}{c} CHO \\ H-\!\!\!-\!\!\!+\!\!\!-\!\!\!-OH \\ CH_2OH \end{array}} \qquad \underset{L\text{-}(-)\text{-甘油醛}}{\begin{array}{c} CHO \\ HO-\!\!\!-\!\!\!+\!\!\!-\!\!\!-H \\ CH_2OH \end{array}}$$

其他手性化合物的构型可以通过化学反应转变的方法与标准化合物进行联系来确定。因为这种构型是人为规定的，而并非实际测出，所以称为相对构型。例如，（＋）-甘油醛经过一系列的化学变化可与（–）-乳酸相关联。

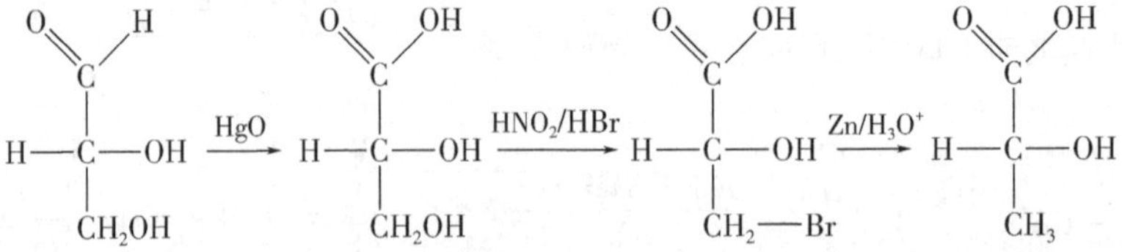

$$\underset{D\text{-}(+)\text{-甘油醛}}{\begin{array}{c} CHO \\ H-C-OH \\ CH_2OH \end{array}} \xrightarrow{HgO} \underset{D\text{-}(-)\text{-甘油酸}}{\begin{array}{c} COOH \\ H-C-OH \\ CH_2OH \end{array}} \xrightarrow{HNO_2/HBr} \underset{D\text{-}(-)\text{-3-溴-2-羟基丙酸}}{\begin{array}{c} COOH \\ H-C-OH \\ CH_2-Br \end{array}} \xrightarrow{Zn/H_3O^+} \underset{D\text{-}(-)\text{-乳酸}}{\begin{array}{c} COOH \\ H-C-OH \\ CH_3 \end{array}}$$

在上述转化过程中，与手性碳原子相连的四个化学键都没有发生断裂，所以与手性碳原子相连的原子或基团在空间的排布方式也不会改变，反应过程中所关联的化合物的构型均保持不变，为D构型。

应该注意，D、L表示构型，是通过手性化合物与标准化合物甘油醛的衍生物关系来确定的。（＋）、（–）表示旋光方向，是用旋光仪测定的，所以构型与旋光方向之间没有必然联系。D型的化合物中有右旋体，也有左旋体，L型的化合物也是这样。

1951年，J. M. Bijvoet应用特殊的X射线衍射技术确定了（＋）-酒石酸铷钾盐的绝对构型，也就是酒石酸的绝对构型是L型，这正好与甘油醛为标准确定的相对构型一致。这就意味着原来对甘油醛构型

笔记栏

的人为规定是正确的，因此原先已被确定的化合物的相对构型都成了绝对构型。

L-(−)-乳酸（CHO，HO—C—H，CH_2OH） —几步反应→ L-(+)-酒石酸（COOH，H—C—OH，HO—C—H，C_2H_5）

目前在糖类和氨基酸类化合物中，仍较多使用 D/L 构型标记法。然而对一些较复杂的有机化合物，使用该方法有时显得不明确，甚至引起混乱。因此，逐渐采用了另一种标记法 —— *R/S* 构型标记法。

二、*R/S* 构型标记法

R/S 构型标记法可对任意手性碳原子的构型进行标记，无须再与标准化合物联系比较，这是一种更具有普遍性的标记方法，现在已被广泛使用，并成为 IUPAC 规则中的一部分。其方法如下：

首先把手性碳所连的四个原子或基团（a、b、c、d）按照顺序规则排列其优先顺序（顺序规则见第三章第二节），如 a ＞ b ＞ c ＞ d。其次，将此排列次序中排在最后的原子或基团（即 d）放在距观察者最远的地方，如图 6-9 所示。这个形象与汽车驾驶员面向方向盘的情形相似，d 在“方向盘”的连杆上。然后再面对“方向盘”观察“手柄”一周，从优先次序最高的 a 开始到 b 再到 c，如果是顺时针方向排列的，这个分子的构型即用 *R* 表示（*R* 取自拉丁文 rectus，“右”的意思）；如果是逆时针方向排列的，则此分子的构型用 *S* 表示（*S* 取自拉丁文 *sinister*，“左”的意思）。

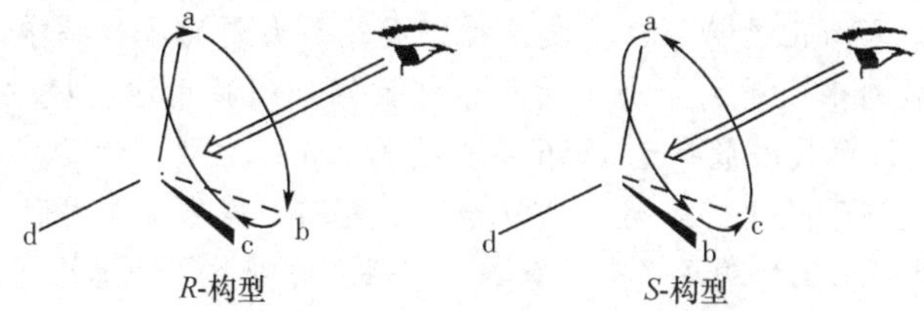

图 6-9　*R* 及 *S* 构型的标记

甘油醛分子中基团的优先顺序是 —OH ＞ —CHO ＞ —CH_2OH ＞ —H，其构型的标记如图 6-10 所示。

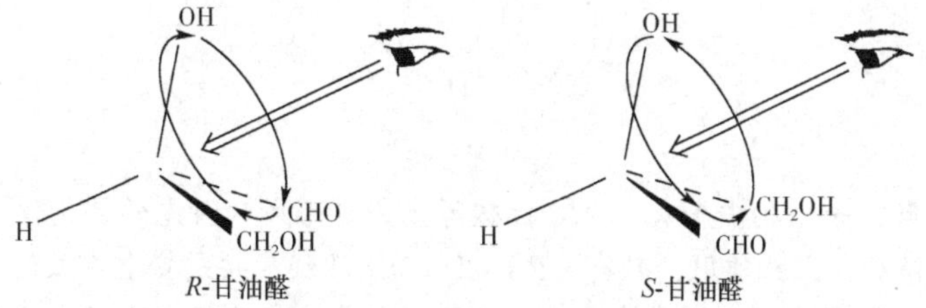

图 6-10　甘油醛的 *R* 及 *S* 构型

当一个化合物含有两个或两个以上手性碳原子时，同样按照前面的方法标记出分子中每个手性碳原子的构型，需要注意的是要按照命名编号原则标明每个手性碳的编号。

一对对映体中相对应的手性碳原子的构型恰好相反，若其中之一的构型为（2*R*, 3*R*），则其镜像的构型为（2*S*, 3*S*），如下所示。

(2*R*,3*R*)-2-氯-3-溴戊烷（CH_3；Cl—C—H；H—C—Br；C_2H_5）　镜面　(2*S*,3*S*)-2-氯-3-溴戊烷（CH_3；H—C—Cl；Br—C—H；C_2H_5）

也可根据费歇尔平面投影式标记手性碳的构型。

笔记栏

（1）首先按照顺序规则确定与手性碳原子相连的四个原子或基团的优先顺序。

（2）若优先顺序最小的基团在竖键上，然后从次序最优基团起始，依次连接的顺序为次序最优基团、次序次优基团和次序第三基团。顺时针方向旋转的是 *R* 构型，逆时针方向旋转的是 *S* 构型。

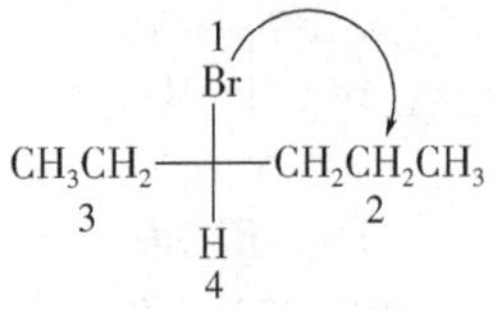

(*R*)-3-溴己烷 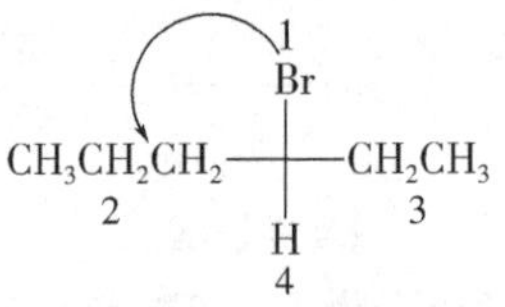　　(*S*)-3-溴己烷

（3）若优先顺序最小的基团在横键上，然后从次序最优基团起始，依次连接的顺序为次序最优基团、次序次优基团和次序第三基团。顺时针方向旋转的是 *S* 构型，逆时针方向旋转的是 *R* 构型。

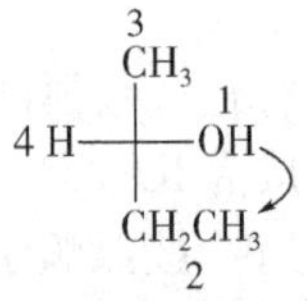

(*S*)-2-丁醇 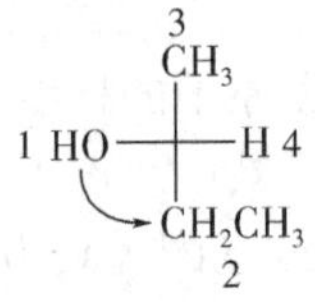　　(*R*)-2-丁醇

案例 6-1　沙利度胺不良反应事件

1960 年左右在欧洲、亚洲（以日本为主）、北美、拉丁美洲的 17 个国家突然发现许多新生儿的上肢、下肢特别短小，甚至没有臂部和腿部，手脚直接连在身体上，其形状酷似“海豹”，部分新生儿还伴有心脏和消化道畸形、多发性神经炎等。大量的流行病学调查和大量的动物实验证明，这种“海豹肢畸形”是由于患儿的母亲在妊娠期间服用沙利度胺（thalidomide）（别名反应停）所引起的。沙利度胺最早于 1956 年在德国上市，主要用于治疗妊娠呕吐反应，临床疗效明显，因此迅速流行于欧洲、亚洲、北美和拉丁美洲。美国由于种种原因并未批准该药在美国上市，只有少数患者从国外购买了少量药品。“海豹肢畸形”的患儿在日本大约有 1000 人，在西德大约有 8000 人！全世界超过 10000 人！这就是著名的“沙利度胺不良反应事件”。

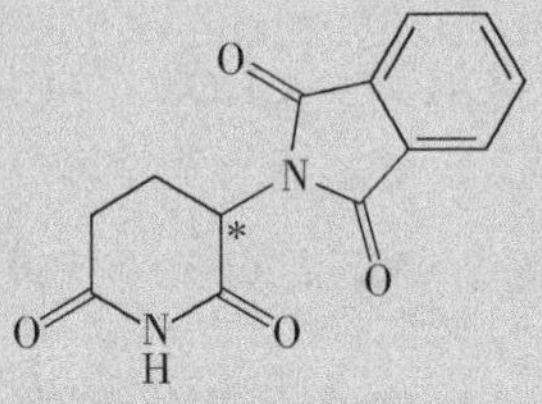

沙利度胺

讨论：沙利度胺分子结构中含有一个手性碳原子，可形成两种光学异构体。研究表明，虽然两种异构体都具有镇静、止吐作用，只有（*R*）-（+）-沙利度胺是安全有效的，（*S*）-（–）-沙利度胺在体内的代谢物有很强的致畸作用。此后的研究进一步表明，沙利度胺对艾滋病并发的卡波济氏肉瘤、系统性红斑狼疮、多发性骨髓瘤等有治疗作用。通过分离手性异构体可以将沙利度胺的危险性降至最低程度。1998 年，美国食品与药物管理局批准“反应停”作为治疗麻风结节性红斑的药物在美国上市，成为第一个将“反应停”重新上市的国家。

思考题：

1. 药物中一对对映体的生理作用是否一样？
2. 沙利度胺中的哪种对映体对胚胎有很强的致畸作用？

第五节　含两个手性碳原子的立体异构

许多有机化合物分子中含有两个或两个以上的手性碳原子。随着手性碳原子数目增多，立体异构体的数目也会增加。根据化合物分子中手性碳原子的数目，可以计算出该化合物立体异构体的数

笔记栏

目。如果化合物分子中只含有 n 个手性碳原子而没有其他任何立体中心，那么该化合物最多可能有 2^n 个立体异构体。

一、含有两个不相同手性碳原子的化合物

含有两个不相同手性碳原子的化合物有共四个立体异构体。例如，2- 羟基 -3- 氯丁二酸（氯代苹果酸）分子中的 C_2 和 C_3 为手性碳原子。

```
      1      2      3      4
   HOOC—CH—CH—COOH
             |       |
            OH     Cl
```

2-羟基-3-氯丁二酸（氯代苹果酸）

C_2 所连的基团为：—OH、—CHClCOOH、—COOH、—H；C_3 所连接的基团为：—Cl、—COOH、—CHOHCOOH、—H。C_2 和 C_3 所连接的四个基团不完全相同，是两个不相同的手性碳原子，存在四个立体异构体，用费歇尔投影式可表示如下：

	a	b	c	d
费歇尔投影式	COOH H—┼—OH H—┼—Cl COOH	COOH HO—┼—H Cl—┼—H COOH	COOH H—┼—OH Cl—┼—H COOH	COOH HO—┼—H H—┼—Cl COOH
构型	(2*S*, 3*S*)	(2*R*, 3*R*)	(2*S*, 3*R*)	(2*R*, 3*S*)
m.p.	145℃	145℃	157℃	157℃
$[\alpha]_D^{20}$	−7.1°	+7.1°	−9.3°	+9.3°

以上四个异构体由两对对映体组成，a 和 b 是一对对映体，c 和 d 是另一对对映体。a 和 c 不相同，也不呈镜像对映关系，像这种不呈镜像对映关系的立体异构体称为非对映异构体，简称非对映体（diastereomer）。同样 a 和 d、b 和 c、b 和 d 也都属于非对映体。两个非对映体相应手性碳原子的构型有的相同，有的相反，如 a 和 c 这对非对映体中的构型分别为（2*S*, 3*S*）和（2*S*, 3*R*）。非对映体具有不同的物理性质，如熔点、沸点、溶解度和折射率等都不相同，比旋光度也不相同。由于非对映体具有相同的官能团，因此他们的化学性质相似，但不相同。

二、含有两个相同手性碳原子的化合物

这类化合物中的两个手性碳原子所连接的四个基团（或原子）是相同的，如 2,3- 二羟基丁二酸（酒石酸）。

```
      1      2      3      4
   HOOC—CH—CH—COOH
             |       |
            OH     OH
```

2,3-二羟基丁二酸（酒石酸）

酒石酸分子中的 C_2 和 C_3 所连接的基团都是 —OH、—COOH、—CHOHCOOH 和 —H。酒石酸的立体异构体用费歇尔投影式可表示如下：

	a	b	c	d
费歇尔投影式	COOH H—┼—OH HO—┼—H COOH	COOH HO—┼—H H—┼—OH COOH	COOH H—┼—OH H—┼—OH COOH	COOH HO—┼—H - - - - - - 对称面 HO—┼—H COOH
	对映体		同一化合物(内消旋体)	
m.p.	170℃	170℃	140℃	140℃
$[\alpha]_D^{20}$	+12°	−12°	0	0

在上述四个投影式中，a 与 b 是对映体，其中一个是右旋体，一个是左旋体。c 与 d 也呈镜像关系，似乎也是对映体，但如果把 c 在纸面上旋转 180° 后，即得到 d，所以 c 与 d 实际上是同一个化合物

笔记栏

的两种画法。c 与 d 互为镜像但能完全重合，所以是非手性分子，没有光学活性。像这种在分子中含有多个手性碳原子而又没有手性的化合物称为内消旋体（mesomer）。

没有手性说明分子中一定存在对称面或对称中心，在 c 分子的全重叠式构象中存在一个平分并垂直 $C_2—C_3$ 键对称面（如图 6-11 所示），对称面上下的两个部分互呈实物与镜像关系，对平面偏振光的旋光能力相同但旋光方向相反，从分子内部使旋光性相互抵消。由于 c 旋光性的消失是由于分子内部引起的，所以称为内消旋体。

如图 6-11 所示，内消旋酒石酸分子的对位交叉式构象中还存在另一个对称因素 —— 对称中心。

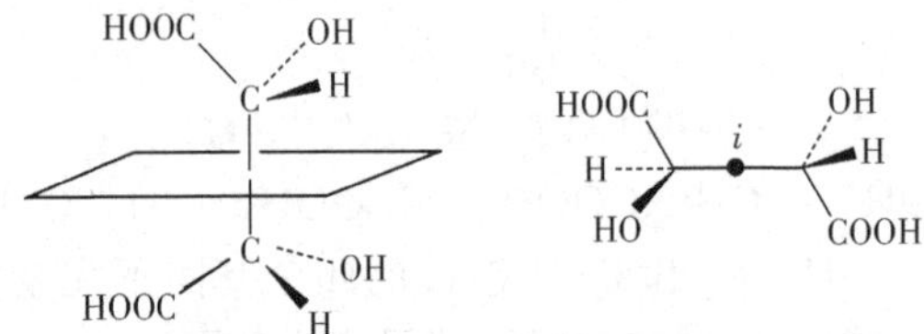

图 6-11　内消旋酒石酸的对称面和对称中心

因此酒石酸仅有三种异构体，即右旋体、左旋体和内消旋体，内消旋体与左旋体或右旋体之间不呈镜像关系，属于非对映体。

内消旋体和外消旋体都无旋光性，但两者有本质的不同，内消旋体是一种纯净物，而外消旋体是混合物，可用适当办法进行拆分，分别得到具有旋光性的右旋体和左旋体。

从以上讨论可知，含有两个不相同手性碳原子的化合物，存在四个立体异构体，即两对对映体。含有两个相同手性碳原子的化合物，只存在三个立体异构体，即一对对映体，一个内消旋体。因此，对于含有 n 个手性碳原子的化合物，如果分子中存在对称面或对称中心，其立体异构体的数目就要小于 2^n 个。

第六节　无手性碳原子的立体异构

大部分的手性化合物都含有手性碳原子，但也有一些手性化合物并不含有手性碳原子，如丙二烯型化合物、联苯型化合物和含有手性杂原子的化合物。

一、丙二烯型化合物

丙二烯分子中的中间碳原子为 sp 杂化，两端碳原子为 sp^2 杂化，三个碳原子在一条直线上。中间碳原子使用不同的 p 轨道（如 p_y 和 p_z）与两端的碳原子形成两个相互垂直的 π 键，因此由两端 CH_2 组成的平面相互垂直。

丙二烯分子本身没有手性，但是当分子中两端的碳原子上各连有不同的原子或基团时，则分子中既无对称面又无对称中心，因此而显示手性。例如，1,3- 二溴丙二烯分子的结构如下所示：

a　　　　b

a 和 b 互为实物与镜像的关系但不能重合，是一对对映体。如果丙二烯分子中任何一端的碳原子上连有相同的取代基，则分子因存在对称面而不具有手性。例如：

或

二、联苯型化合物

联苯分子中的两个苯环可围绕中间的单键自由旋转而呈现各种不同的构象，在常温下，构象之

间可通过两个苯环均在同一平面上的构象相互转化。如果在苯环的邻位上引入较大的基团，两个苯环之间单键的旋转就会受到阻碍而被“锁定”在最稳定的交叉式构象中，这些构象因为没有对称面或对称中心而显示手性，因此存在构象对映异构体。例如，2,2′-二硝基-2,2′-联苯二甲酸的两个交叉式构象（Ⅰ）和（Ⅱ）互为镜像，但不能重合，也不能相互转化，但能被分离为两个纯净物。

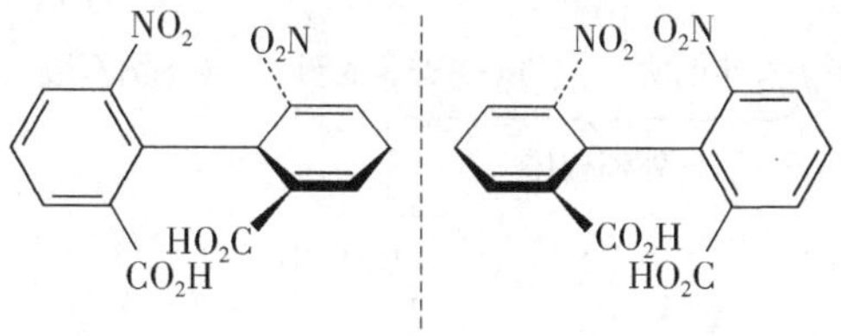

交叉式构象(Ⅰ)　　交叉式构象(Ⅱ)

三、含手性杂原子的化合物

除碳原子外，还有一些杂原子（如 Si、Ge、N、P 等）也能成为手性中心。当一个原子连有四个不同的基团（或原子）并具有四面体构型时，就具有手性，能产生对映异构体。例如：

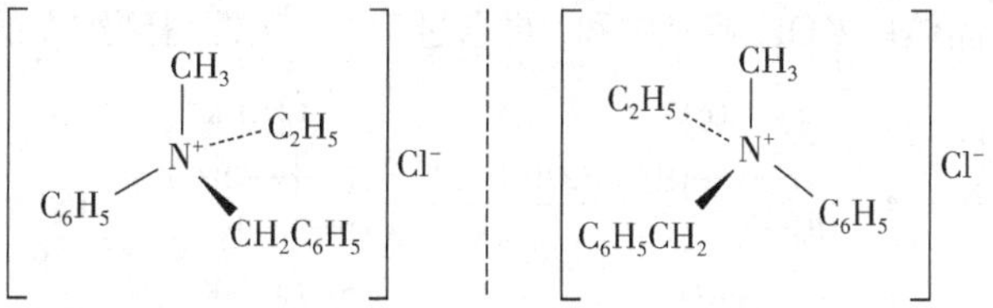

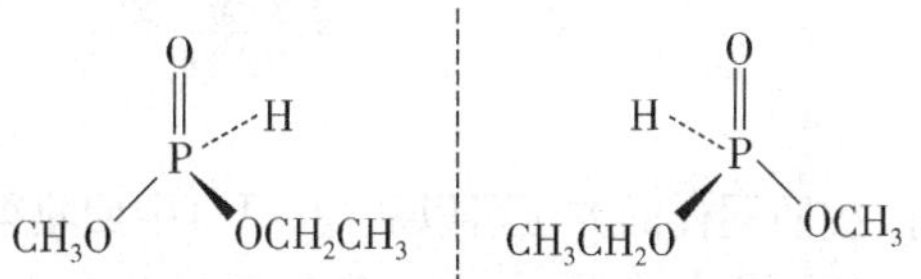

第七节　外消旋体的拆分

采用通常的化学合成方法制备具有旋光性的化合物时，一般得到的是外消旋体。由于左旋体和右旋体的物理常数如熔点、沸点、溶解度等完全相同，不能用一般的技术如分馏、重结晶等方法把它们分离。如果要得到其中一个对映体，必须采用各种不同的拆分方法。将外消旋体分离成纯左旋体或纯右旋体的过程称为外消旋体的拆分（resolution）。外旋体的拆分方法有多种，如机械分离法、微生物分离法、色谱分离法、诱导结晶法、化学拆分法等。

目前化学拆分法是最常用的拆分外消旋体的方法之一。通过外消旋体与某光学纯的试剂（拆分剂）作用，生成非对映异构体，然后根据非对映异构体物理性质上的差异（特别是沸点和溶解度的不同），通过分馏或分步结晶将两个非对映异构体分开，最后除去拆分剂，得到纯粹的左旋体和右旋体。例如，1-苯基-2-氨基丙烷（别名安非他明）的分子中含有一个手性碳原子，存在一对对映体，它们分别具有独特的生理性质。右旋体为 *S*-构型，能刺激中枢神经系统；左旋体为 *R*-构型，则作用于交感神经系统。

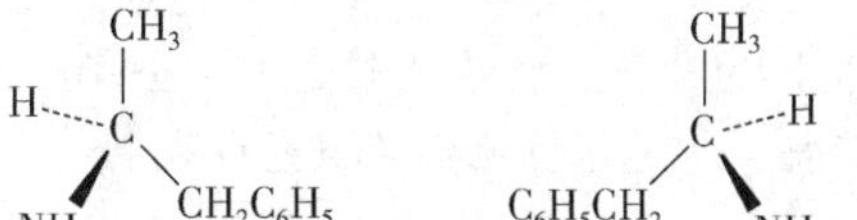

(*S*)-1-苯基-2-氨基丙烷　　(*R*)-1-苯基-2-氨基丙烷

合成的安非他明是外消旋体，必须拆分才能得到 *S*-型异构体。（＋）-酒石酸可作为拆分的手性试剂。拆分过程如下：

笔记栏

第一步，形成并分离得到非对映异构体铵盐；

CH_2Ph
H—┼—NH_2
CH_3

CH_2Ph
H_2N—┼—H
CH_3

COOH
H—┼—OH
HO—┼—H
COOH

(*R*)-(−)-安非他明　(*S*)-(+)-安非他明　(+)-酒石酸

外消旋体

↓ C_2H_5OH

CH_2Ph
H—┼—NH_3^+ •
CH_3

COO^-
H—┼—OH
HO—┼—H
COOH

CH_2Ph
^+H_3N—┼—H •
CH_3

COO^-
H—┼—OH
HO—┼—H
COOH

盐（Ⅰ）
在反应混合物中溶解度大
留在溶液中

盐（Ⅱ）
在反应混合物中溶解度小
析出结晶

第二步，盐（Ⅱ）的晶体用KOH溶液中和，再通过萃取、蒸馏得到纯净的（*S*）-（＋）-安非他明。

CH_2Ph
^+H_3N—┼—H •
CH_3

COO^-
H—┼—OH
HO—┼—H
COOH

$\xrightarrow{KOH/H_2O}$

COO^-K^+
H—┼—OH
HO—┼—H
COO^-K^+

＋

CH_2Ph
H_2N—┼—H
CH_3

酒石酸二钾
溶于水

(*S*)-(+)-安非他明
不溶于水
$[\alpha]_D^{15}=+40.2°$

用（–）-酒石酸作为拆分剂，按照同样的方法可以从盐（Ⅰ）中回收得纯净的（*R*）-（–）-安非他明。

拆分剂一般来源于天然存在的手性化合物，许多是有机酸性和有机碱性化合物，如（＋）-酒石酸、（＋）-苹果酸、（＋）-樟脑酸，（–）-奎宁、（＋）-辛可宁等。也可以通过对天然手性化合物加以修饰获得，某些容易被拆分的合成化合物也可作为拆分剂。

案例 6-2　不对称合成

不对称合成是从手性分子出发合成目标手性产物或在手性底物的作用下将潜手性化合物转变为含一个或多个手性中心的化合物，手性底物可以作为试剂、催化剂及助剂在不对称合成中使用。不对称合成的研究是非常有意义，也是十分有必要的。

瑞典皇家科学院于2001年10月10日宣布，将2001年诺贝尔化学奖奖金的一半授予美国科学家威廉·诺尔斯（William S.Knowles）与日本科学家野依良治（Ryoji Noyori），以表彰他们在“手性催化氢化反应”领域所作出的贡献；奖金另一半授予美国科学家巴里·夏普莱斯（K.Barry Sharpless），以表彰他在“手性催化氧化反应”领域所取得的成就。

诺贝尔化学奖三名得主所作出的重要贡献就在于开发出可以催化重要反应的分子，从而能保证只获得手性分子的一种镜像形态。这种催化剂分子本身也是一种手性分子，只需一个这样的催化剂分子，往往就可以产生数百万个具有所需镜像形态的分子。据瑞典皇家科学院评价说，这三位获奖者为合成具有新特性的分子和物质开创了一个全新的研究领域。现在，像抗生素、消炎药和心脏病药物等许多药物，都是根据他们的研究成果制造出来的。

思考题：

1. 什么叫不对称合成？
2. 不对称催化合成有何重要意义？

笔记栏

第八节 手性化合物的生物作用

一、生物分子的手性

除了无机盐类及很少数低分子量的有机化合物外，生物体中的分子都具有手性。例如，在生物体中构成蛋白质的氨基酸除甘氨酸外都是L-构型；天然存在的单糖则多为D–构型；生物体中非常重要的催化剂——酶也具有手性。虽然很多分子中含有多个立体中心（主要是手性碳原子），能以很多种立体异构体存在，但在自然界几乎只发现其中的一个立体异构体。例如，糜蛋白酶是在肠道中催化蛋白质消化的一种酶，分子中含有251个立体中心，可能的立体异构体数目多达2^{251}个，这是一个超出想象的天文数字。所幸的是，自然界并没有浪费其珍贵的能源和资源，只产生了其中的一种立体异构体为生物所利用。

二、生物对对映体的识别

用偏振光作为手性探针，根据旋光方向的不同可以将一对对映体区分开。

生物中的受体也能够识别一对对映体。通常，只有对映体中一种异构体的分子能很好地与受体分子中具有手性的活性部位相匹配。例如，左旋肾上腺素是肾上腺髓质中分泌的一种主要激素，当给患者使用合成的肾上腺素时，其左旋体和天然的激素一样，具有兴奋效应，而右旋体不仅没有这种效应，而且有轻微的毒性，因为前者与受体的A、B、C三个部位作用，而后者的羟基不能与受体形成氢键，只有A、C两个部位结合，故活性下降。肾上腺素与受体结合匹配过程如图6-12所示。

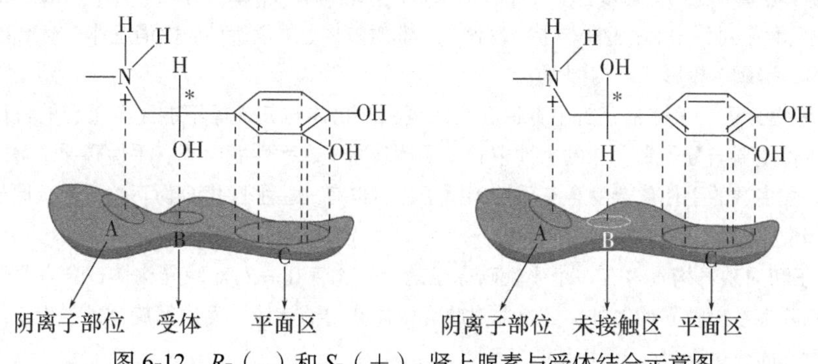

图6-12 *R*-（–）和*S*-（+）-肾上腺素与受体结合示意图

生物系统能够识别许多不同手性化合物的对映异构，人体的嗅觉能够区分一对对映体，例如，（–）-香芹酮具有薄荷油的芳香，而（+）-香芹酮则具有葛缕子籽中的刺鼻气味。正像酶一样，嗅觉神经表面的受体也是有手性的，一对对映体不能以完全相同的方式与其作用。

(+)-香芹酮　　(–)-香芹酮

案例6-3 手性药物

青霉素作为一种药力强、副作用小的抗生素药物，长期以来一直被人们广泛地使用，然而人们发现，青霉素分子同样存在两种手性分子，其中一种有药效，而另一种却根本没有。换句话说，我们花了一瓶青霉素的钱，有用的部分却只有半瓶，这其实是一种很大的浪费。

笔记栏

讨论：手性药物是指药物分子结构中引入手性中心后，得到的一对互为实物与镜像的对映异构体。手性药物分子的立体构型对其药理功能影响很大。许多药物的一对对映体常表现出不同的药理作用，根据对映异构体的药理作用不同，可将手性药物分为三种类型。第一类是手性药物与对映体之间有相同或相近的药理活性，如平喘药丙羟茶碱、抗组胺药异丙嗪等。这类药物的对映异构体不必分离便可直接使用。第二类是手性药物具有显著的活性，而它的对映体活性很低或无此活性。例如，抗炎镇痛药萘普生的 *S*- 构型体有疗效，而 *R*- 构型体则基本上没有疗效，但也无毒副作用。生产该类手性药物时，要注意提高有药理活性的异构体的产量。第三类是手性药物与它的对映体具有不同的药理活性。例如，(2*S*, 3*R*) - 丙氧芬是止痛剂，而(2*R*, 3*S*) - 丙氧芬（左丙氧芬）是镇咳药；L- 多巴用于治疗帕金森病，而其对映体 D- 多巴则具有严重的副作用，沙利度胺就属于这一类。生产该类药物时，应严格分离并清除有毒性的构型体，以确保用药安全。

思考题：

1. 根据对映异构体的药理作用不同，可将手性药物分为哪几种类型？
2. 如何提高光学异构体的产率，得到光学纯度高的新型药物？

本章小结

同分异构现象贯穿于有机化学的始终，而立体异构中的对映异构尤为重要，因为它和生命现象有着密不可分的联系。本章涉及的概念较多，也比较抽象，需要认真学习，细心体会，主要包括手性、手性分子、手性碳原子、对称面、对称中心；立体异构、对映体、非对映体、外消旋体、内消旋体；旋光度、比旋光度、左旋体、右旋体；费歇尔投影式、构型等。

1. 手性和手性分子 手性是宇宙中普遍存在的现象。物体与其镜像不能完全重合的特征称为手性。有机化合物的手性主要与分子中存在的手性中心（手性碳原子、手性氮原子、手性磷原子等）、对称面、对称中心有关，大多数的手性化合物含有手性碳原子，但也有一些手性化合物不含手性碳原子，如丙二烯型化合物、联苯型化合物。

2. 手性分子和对映异构 含有一个手性碳原子的化合物存在一对对映异构体；含有两个或多个手性碳原子的化合物除存在对映异构体外，还有非对映异构体和内消旋体，而内消旋体的产生是由于分子中存在对称因素（对称面或对称中心）引起的。

3. 手性物质的旋光性 手性化合物与非手性化合物的差异在于手性化合物具有旋光性，即能够使平面偏振光的振动平面发生偏转。一对对映体可分为左旋体和右旋体，其旋光能力相同但方向相反。一对对映体等量的混合物称之为外消旋体，而内消旋体是纯净物。

4. 立体异构体的表示方法 在纸平面上表示立体异构的方法有透视式和费歇尔投影式。透视式使用实线、楔形实线和虚线等符号来表示碳原子的四面体结构，费歇尔投影式则将手性碳原子所连的四个基团或原子按照“横前后竖”的排列投影在纸平面上，并用十字交叉点表示手性碳原子。含有多个手性碳原子的化合物很容易用费歇尔投影式表示。费歇尔投影式具有立体的含义，使用时要注意相应的操作规则。

5. 构型的标记 立体异构体的构型可用 D/L 和 *R*/*S* 两套系统进行标记。D/L 构型标记法使用甘油醛作为标准化合物，通过化学反应进行关联来确定构型，主要用于糖类和氨基酸构型的标记；*R*/*S* 构型标记法根据手性碳原子上所连接的四个基团或原子的优先顺序，按照一定的规则对手性碳原子的构型直接标记。

6. 外消旋体的拆分 分离一对对映异构体为纯左旋体及纯右旋体的过程称为拆分。拆分的方法有人工拆分、酶法拆分、化学拆分及色谱法拆分等，目前使用最多的是化学拆分法。

7. 手性分子的生物作用 组成生物的化合物大多具有手性，并含有多个手性中心，在为数众多的立体异构体中几乎只以其中的一种异构体存在于生物体内。一对对映体中的左旋体和右旋体对于动物往往具有不同的生理活性。

笔记栏

习 题

1. 名词解释

（1）手性分子 （2）比旋光度 （3）对映异构体

（4）非对映异构体 （5）内消旋体 （6）外消旋体

2. 回答下列问题。

（1）所有具有手性碳的分子都是手性分子吗？说明原因。

（2）所有手性分子都含有手性碳吗？说明原因。

（3）产生对映异构体的条件是什么？旋光方向与 *R*，*S* 有必然联系吗？内消旋体与外消旋体之间有什么不同？

3. 判断下列化合物分子中有无手性碳原子。若存在手性碳原子，请用 * 标出。

（1） $CH_2{=}CH{-}CH_2CH_3$ （2） $CH_3CHClCH(OH)CH_3$

（3） 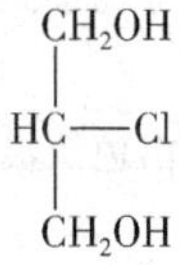 $HOCH_2{-}CH(Cl){-}CH_2OH$（竖式：CH_2OH / HC—Cl / CH_2OH） （4） $CH_3{-}CHOH{-}CH_2{-}CH_3$（竖式）

（5） $CH_3CH_2CH(Cl)CH_3$ （6） $CH_3CH{=}C{=}CHCH_3$

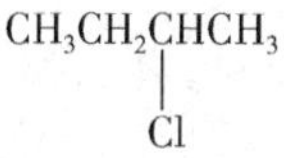

（7） 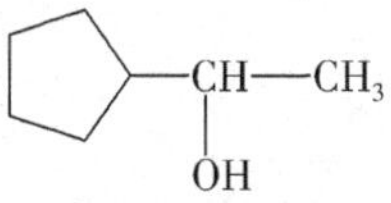 环戊基—CH(OH)—CH_3 （8） $CH_3CH(OH){-}CH(CH_3){-}COOH$

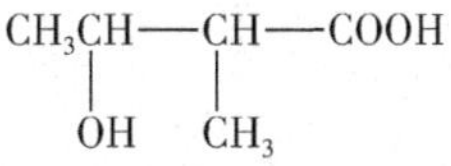

4. 指出下列结构式是 *R* 型还是 *S* 型。

（1）Fischer投影式：上 H，左 Cl，右 Br，下 CH_3

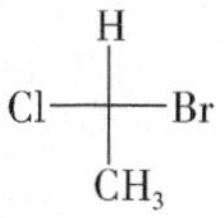

（2）Fischer投影式：上 CH_3，左 Cl，右 H，下 C_6H_5

（3）楔形式：C 上接 $CH_2CH(CH_3)_2$（上），H（虚线），Cl（楔形），CH_2CH_3

（4）楔形式：C 上接 COOH（上），CH_3（虚线），H（楔形），Cl

（5）楔形式：C 上接 $CH(CH_3)_2$（上），CH_3（左），CH_2CH_3（虚线），CH_2Br（楔形）

（6）Fischer投影式：上 Br，左 CH_3，右 H，下 CH_2CH_3

（7）Fischer投影式：上 $CH_2CH_2CH_3$，左 HO，右 H，下 CH_2CH_3

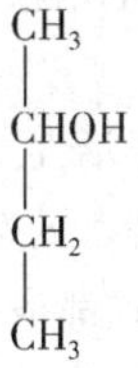

（8）Fischer投影式：上 $CH(CH_3)_2$，左 CH_3CH_2，右 CH_2Br，下 CH_3

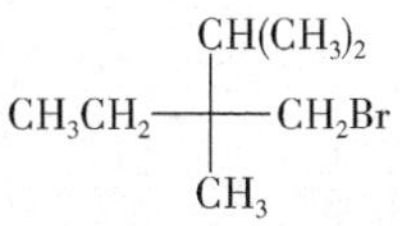

5. 指出化合物（1）与其他各式的关系：相同化合物、对映体、非对映体。

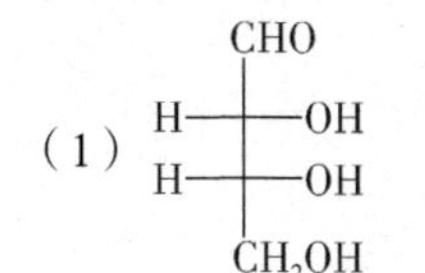

（1）Fischer投影式：上 CHO；H—C—OH；H—C—OH；下 CH_2OH

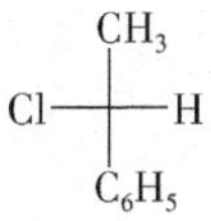

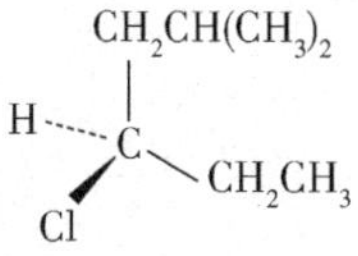

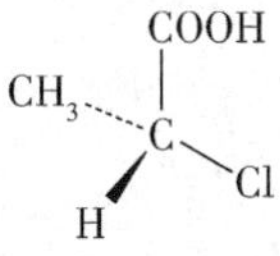

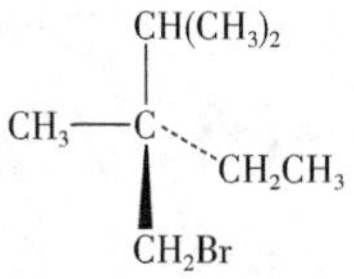

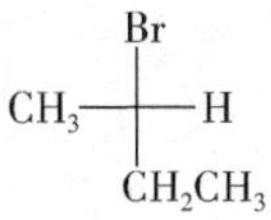

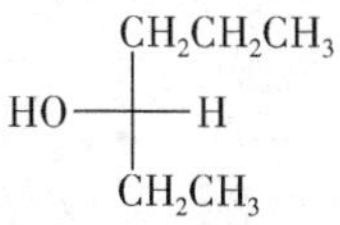

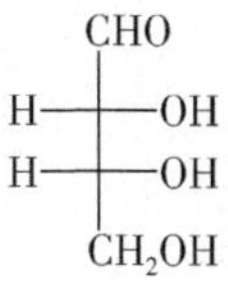

（2）Fischer投影式：上 CHO；H—C—OH；HO—C—H；下 CH_2OH

（3）Fischer投影式：上 CH_2OH；HO—C—H；HO—C—H；下 CHO

（4）Fischer投影式：上 CH_2OH；H—C—OH；H—C—OH；下 CHO

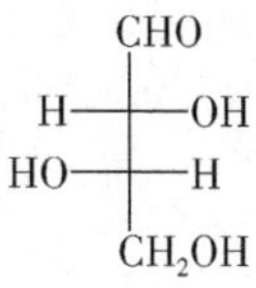

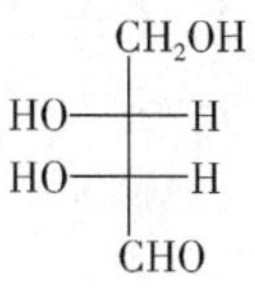

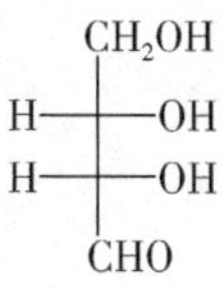

笔记栏

6. 画出下列化合物的费歇尔投影式。

（1）（S）-1- 苯基 -2- 溴丁烷

（2）（$2R, 3S$）-3- 溴 -2- 戊醇

（3）（$2R, 3R$）- 酒石酸

（4）（S）-3- 羟基 -2- 氨基丙酸

7. 对于下列的每一个费歇尔投影式：

a. $\begin{array}{ccc} & CHO & \\ H & + & OH \\ & CH_3 & \end{array}$　b. $\begin{array}{ccc} & CH_2OH & \\ Cl & + & Cl \\ & C_2H_5 & \end{array}$　c. $\begin{array}{ccc} & C_2H_5 & \\ HO & + & H \\ HO & + & H \\ & C_2H_5 & \end{array}$　d. $\begin{array}{ccc} & CHO & \\ HO & + & H \\ HO & + & H \\ & C_2H_5 & \end{array}$

（1）搭建模型，画出透视式。

（2）判断哪个化合物镜像与原来的结构相同？

8. 在 1dm 长的旋光管里盛有 2- 丁醇的溶液，其浓度为 4g/ml，在 20℃时用钠光观察到的旋光度 α 为＋ 55.6°，计算 2- 丁醇的比旋光度。

9. 化合物 A 的分子式为 C_6H_{10}，有光学活性。A 与［Ag（NH_3）$_2$］NO_3 作用生成白色沉淀，A 经催化氢化后得到无光学活性的化合物 B。试写出 A 的费歇尔投影式并命名。

10. 开链化合物（A）和（B）的分子式都是 C_7H_{14}。它们都具有旋光性，且旋光方向相同。分别催化加氢后都得到（C），（C）也有旋光性。试推测（A）、（B）、（C）的结构。

（任群翔）

笔记栏

第七章 卤代烃

卤代烃(halohydrocarbon)可以看作烃分子中的氢原子被卤素原子(F、Cl、Br、I)取代后的化合物。卤素原子是卤代烃的官能团。

由于碳卤键(C—X)是极性共价键，卤代烃的性质比较活泼，可以合成许多含其他官能团的化合物，因此卤代烃在有机化学中占有重要位置。同时卤代烃也可用作溶剂、农药、制冷剂、灭火剂、麻醉剂、防腐剂等。绝大多数卤代烃是人工合成的，自然界中的卤代烃主要来自海洋生物，它们结构独特，具有抗菌、抗真菌、抗肿瘤等生物活性。

第一节 卤代烃的结构、分类和命名

一、卤代烃的分类

根据卤原子的不同，可将卤代烃分为氟代烃、氯代烃、溴代烃和碘代烃；按照卤代烃分子中所含卤原子数目的多少，可将其分为一卤代烃、二卤代烃和多卤代烃。

按照烃基的不同，可将卤代烃分为饱和卤代烃、不饱和卤代烃和卤代芳烃。在不饱和卤代烃中，根据卤原子与π键的不同位置，可将其分为乙烯(卤代苯)型卤代烃、烯丙基(苄基)型卤代烃和孤立型卤代烃。

根据与卤原子直接相连的碳原子的不同类型，可将卤代烃分为伯卤代烃(一级卤代烃)、仲卤代烃(二级卤代烃)和叔卤代烃(三级卤代烃)。例如：

$R—CH_2—X$	$R—CH(R')—X$	$R—C(R')(R'')—X$
伯卤代烃	仲卤代烃	叔卤代烃

二、卤代烃的命名

普通命名法是按与卤素相连的烃基名称来命名的，称为“某基卤”。例如：

$CH_3CH_2CH_2CH_2Br$	$CH_2{=}CHCH_2Cl$	C_6H_5—CH_2Cl
正丁基溴	烯丙基氯	苄基氯
n-butyl bromide	allyl chloride	benzyl chloride

也可以在母体烃名称前面加上“卤代”，称为“卤代某烃”，“代”字常省略。例如：

CH_3CH_2Br	$CH_2{=}CHCl$	C_6H_5—Br
溴乙烷	氯乙烯	溴苯
bromo ethane	chloroethene	bromobenzene

对于较复杂的卤代烃一般采用系统命名法。把卤素当作取代基，以相应的烃基为母体，命名的基本原则、方法和一般烃类的命名相同。例如：

$CH_2(Cl)CH_2CH_2CH(CH_3)CH_2CH_3$	$CH_3CH(CH_3)—CH(Br)CH_3$
4-甲基-1-氯己烷	2-甲基-3-溴丁烷
1-chloro-4-methylhexane	2-bromo-3-methylbutane

笔记栏

$$\begin{array}{c}CH_3\\|\\CH_2{=\!=}CHCHCH_2Cl\end{array}$$
3-甲基-4-氯-1-丁烯
4-chloro-3-methyl-1-beutene

$$CH_3CH{=\!=}CHCH_2Cl$$
1-氯-2-丁烯
1-chloro-2-butene

某些多卤代烃常用俗名或商品名。例如，三氯甲烷（$CHCl_3$）常称为氯仿（chloroform）；三碘甲烷（CHI_3）常称为碘仿（iodoform）。六氯环己烷（$C_6H_6Cl_6$）（hexachlorocyclohexane）又叫六六六。

三、卤代烃的结构

几种卤代烃的键长、键角的大小见表 7-1。由于氟原子的电负性较大，所以 C—F 键的键长小于 C—C 的键长，其他的 C—X 键则比 C—C 键长。

表 7-1 几种卤代烃分子的键长和键角

化合物	C—H（pm）	C—X（pm）	∠HCH（°）	∠HCX（°）
CH_3—F	109.5	138.2	109.5	109.0
CH_3—Cl	109.6	178.1	110.5	108.0
CH_3—Br	109.5	193.9	111.4	107.1
CH_3—I	109.6	213.9	111.5	106.6

由于卤素的电负性比碳大，碳卤键为极性共价键，成键电子对偏向卤素原子一方，从而使碳原子带部分正电荷，卤素原子带部分负电荷。一卤代烃具有较大的偶极矩。多卤代烃的偶极矩是分子中几个碳卤键的偶极矩的矢量和，因此，四氯化碳的偶极矩为零。一些卤化物的偶极矩见表 7-2。

$$\overset{+\!\!\longrightarrow}{CH_3\text{—}X}\quad (X{=\!=}F, Cl, Br, I)$$

表 7-2 几种卤代烃分子的偶极矩（单位为 C·m）

X	CH_3X	CH_2X_2	CHX_3	CX_4
F	6.07×10^{-30}			0
Cl	6.47×10^{-30}	5.34×10^{-30}	3.44×10^{-30}	0
Br	5.97×10^{-30}	4.84×10^{-30}	3.40×10^{-30}	0
I	5.47×10^{-30}	3.70×10^{-30}	3.34×10^{-30}	0

第二节 卤代烃的物理性质

常温常压下，氯甲烷、氯乙烷和溴甲烷是气体，其他卤代烃为液体，15 个碳原子以上的卤代烃为固体。一卤代烃的沸点随碳原子数的增加而升高。含有相同烷基的一卤代烃的沸点高低次序为 RI ＞ RBr ＞ RCl ＞ RF ＞ RH，碘代烷沸点最高，即沸点高低次序与相对分子质量大小次序相同。在卤代烃的同分异构体中，直链异构体的沸点最高，支链越多，沸点越低（表 7-3）。

表 7-3 几种卤代烃的沸点和密度

名称	英文名	结构式	沸点（℃）	密度（$g\cdot ml^{-1}$,20℃）
氯甲烷	chloromethane	CH_3Cl	−24.2	0.936
溴甲烷	bromomethane	CH_3Br	3.6	1.676
碘甲烷	iodomethane	CH_3I	42.2	2.279
氯乙烷	chloroethane	CH_3CH_2Cl	12.3	0.898
溴乙烷	bromoethane	CH_3CH_2Br	33.4	1.460
碘乙烷	iodoethane	CH_3CH_2I	72.3	1.938
氯苯	chlorobenzene	C_6H_5Cl	132.0	1.106

笔记栏

续表

名称	英文名	结构式	沸点（℃）	密度（$g\cdot ml^{-1}$,20℃）
溴苯	bromobenzene	C_6H_5Br	155.5	1.495
碘苯	iodobenzene	C_6H_5I	188.5	1.832
二氯甲烷	dichloromethane	CH_2Cl_2	40.0	1.336
三氯甲烷	chloroform	$CHCl_3$	61.0	1.489
四氯化碳	tetrachloromethane	CCl_4	77.0	1.595

一氯代烷的密度小于1，一溴代烷、一碘代烷及多卤代烃的密度均大于1。在同系列中，卤代烃的密度随碳原子数的增加而降低，这是由于卤素在分子中所占的比例逐渐减少。

卤代烃不溶于水，易溶于乙醇、乙醚等有机溶剂。某些卤代烃（如$CHCl_3$、CCl_4等）本身就是良好的溶剂。纯净的卤代烃是无色的。碘代烷因易受光、热的作用而分解，产生游离碘而逐渐变为红棕色，故碘代烷应保存在棕色瓶中。卤代烃的蒸气有毒，应尽量避免吸入。卤代烃在铜丝上燃烧时能产生绿色火焰，这可以作为鉴定有机化合物中是否含有卤素的简便方法（氟代烃除外）。

第三节　卤代烃的化学性质

卤代烃的许多化学性质是由官能团卤素的存在而引起的。由于卤素的电负性较大，因此C—X键可极化性较大，可以发生许多反应。卤代烃与多种试剂作用时，C—X键断裂，X被其他基团取代，而发生取代反应；另外，由于受卤原子吸电子诱导效应的影响，卤代烃β位上碳氢键的极性增大，即β-H的酸性增强，在强碱性试剂的作用下，易脱去β-H和卤原子而发生消除反应。

一、卤代烃的亲核取代反应

1. 亲核取代反应　卤代烃分子中的C—X键是极性共价键，碳上带部分正电荷，卤素原子带部分负电荷。在取代反应中，卤素原子一般易被负离子（如HO^-、RO^-、CN^-等）或具有孤对电子的分子（如NH_3、H_2O等）取代，因为这些试剂都具有向带正电荷的碳原子亲近的性质，即具有亲核性，因此称为亲核试剂，常用Nu：或Nu^-表示。由亲核试剂进攻而引起的取代反应称为亲核取代反应（nucleophilic substitution），用S_N表示。反应可用下列通式表示：

$$\underset{\text{底物}}{R—X} + \underset{\text{亲核试剂}}{Nu^-} \longrightarrow \underset{\text{产物}}{R—Nu} + \underset{\text{离去基团}}{X^-}$$

在反应中，卤代烃是试剂进攻的对象，称为底物（substrate）。与卤原子相连的碳原子叫α-碳原子，是反应的中心，称为中心碳原子（central carbon）。把被取代下来的X^-称为离去基团（leaving group）。亲核取代反应中，碳卤键断裂的易难程度依次是C—I > C—Br > C—Cl > C—F。氟代烷很难发生亲核取代反应。

（1）被羟基取代：卤代烃与氢氧化钠或氢氧化钾的水溶液共热，卤原子被羟基取代生成醇。此反应也称为卤代烃的水解反应。

$$R—X + NaOH \xrightarrow[\triangle]{H_2O} R—OH + NaX$$

这是由卤代烃制备醇的一种方法。卤代烃一般是由醇制备的，表面上看这个反应似乎意义不大，但是实际上在一些复杂的分子中引入一个羟基常比引入一个卤素原子困难得多。

（2）被烷氧基取代：卤代烃与醇钠的醇溶液作用，卤原子被烷氧基取代生成醚，此反应也称为卤代烃的醇解。伯卤代烃的醇解是合成混合醚的重要方法，称为威廉姆森（Williamson）合成法。

$$R—X + NaOR' \xrightarrow{R'OH} R—OR' + NaX$$

（3）被氨基取代：卤代烃与氨（胺）的水溶液或醇溶液作用，卤原子被氨基取代生成胺，此反应也称为卤代烃的氨（胺）解。

$$R—X + NH_3 \xrightarrow{ROH} R—NH_2 + HX$$

生成的胺可以继续与卤代烃发生反应，除非使用过量的氨（胺），否则反应很难停留在一取代

阶段。如果卤代烃过量，产物是各种取代胺，甚至季铵盐。

$$RNH_2 \xrightarrow[ROH]{RX} R_2NH \xrightarrow[ROH]{RX} R_3N \xrightarrow[ROH]{RX} R_4N^+X^-$$

（4）被氰基取代：卤代烃与氰化钠或氰化钾的醇溶液共热，卤原子被氰基取代生成腈。

$$R—X + NaCN \xrightarrow{ROH} R—CN + NaX$$

腈在酸性条件下水解生成羧酸。由于产物比反应物多一个碳原子，因此该反应是有机合成中增长碳链的方法之一。

$$R—CN + H_2O \xrightarrow[\triangle]{H_3O^+} RCOOH$$

（5）被硝基取代：卤代烃与硝酸银的乙醇溶液作用可生成硝酸酯和卤化银沉淀。

$$R—X + AgNO_3 \xrightarrow{C_2H_5OH} R—ONO_2 + AgX\downarrow$$

不同结构的卤代烃反应活性次序：叔卤代烃＞仲卤代烃＞伯卤代烃。此反应为鉴别卤代烃的一种简便方法。

2. 亲核取代反应机制 亲核取代反应是卤代烃的一个重要反应。通过该反应可将卤代烃转变为其他多种官能团的化合物，因此在有机合成中得到广泛应用。在研究卤代烃水解反应的动力学时发现，有些卤代烃的水解反应速度仅与卤代烃的浓度有关，而另一些卤代烃的水解反应速度则不仅与卤代烃的浓度有关，还与碱的浓度有关。这表明卤代烃的水解反应可能是按照以下两种不同机制进行的。

（1）单分子亲核取代反应（S_N1 历程）：实验证明，叔丁基溴在碱性溶液中的水解反应速度仅与叔丁基溴的浓度成正比，而与亲核试剂（OH^- 或 H_2O）的浓度无关，在动力学上属于一级反应。

$$(CH_3)_3C—Br + OH^- \longrightarrow (CH_3)_3C—OH + Br^-$$

$v = k[(CH_3)_3CBr]$（式中，k 为反应速率常数）

实验证明，叔丁基溴在碱性溶液中的水解反应历程如下所示：

$$(CH_3)_3C—Br \xrightarrow[H_2O]{慢} \left[(CH_3)_3\overset{\delta^+}{C}\text{- -}\overset{\delta^-}{Br}\right] \longrightarrow (CH_3)_3C^+ + Br^-$$

过渡态 A　　叔丁基碳正离子

$$(CH_3)_3C^+ + OH^- \xrightarrow{快} \left[(CH_3)_3\overset{\delta^+}{C}\text{- -}\overset{\delta^-}{OH}\right] \longrightarrow (CH_3)_3C—OH$$

过渡态 B

这个反应可认为分两步进行，第一步是叔丁基溴在极性溶剂水的作用下，C—Br 键逐渐伸长到达过渡态 A，然后发生异裂形成叔丁基碳正离子中间体和溴负离子；第二步是叔丁基碳正离子中间体立即与亲核试剂 OH^- 结合，经过渡态 B，形成醇。在叔丁基溴的水解反应中，C—Br 键断裂需要较高的活化能（图 7-1），反应较慢；第二步反应是活泼的碳正离子与负离子的结合，需要较低的活化能，反应较快。对于多步反应来说，总的反应速度由速度最慢的一步决定。由于叔丁基溴的水解反应速度由第一步决定，所以反应速度仅与叔丁基溴的浓度成正比，而与亲核试剂 OH^- 的浓度无关。单分子历程就是指在决定反应速度的步骤中，化学反应速度只与一种反应物的浓度有关。叔丁基溴的水解属于单分子亲核取代反应，这种反应常用 S_N1 表示。

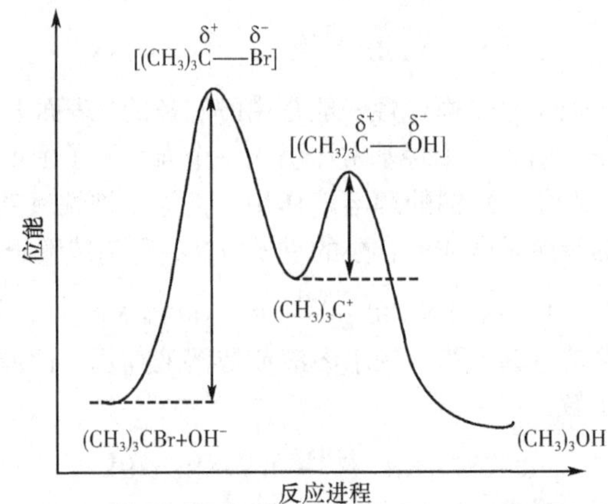

图 7-1 叔丁基溴水解（S_N1）反应的能量变化

在上述 S_N1 反应的立体化学中，叔丁基溴离解生成叔丁基碳正离子，碳原子由 sp^3 杂化的四面体结构转变为 sp^2 杂化的三角形平面结构的碳正离子，当亲核试剂 OH^- 在第二步与带正电荷的碳正离子作用时，从平面结构的两边进攻的机会是均等的。因此，如果是卤素原子连接在卤代烃手性碳上发生的 S_N1 反应，产物中含有等量的“构型保持”和“构型转化”的两个化合物，即外消旋体混合物如下所示：

$$H_3C(H)(C_2H_5)C^{\delta+}—Br^{\delta-} \xrightarrow[-Br^-]{慢} H_3C(H)(C_2H_5)C^+ \xrightarrow[OH^-]{快} (S)\text{-}H_3C(H)(C_2H_5)C—OH + HO—C(CH_3)(H)(C_2H_5)\text{-}(R)$$

另外，S_N1 反应中生成的碳正离子还可以发生“重排”变成更稳定的碳正离子。例如，新戊基溴在含水乙醇中进行反应，首先 C—Br 键异裂生成中间体伯碳正离子，而后碳正离子发生重排反应，生成更稳定的叔碳正离子，随即与水发生反应，得到最终的取代产物。

$$\underset{新戊基溴}{CH_3—C(CH_3)_2—CH_2Br} \xrightarrow[S_N1]{H_2O} \underset{伯碳正离子（不稳定）}{CH_3—C(CH_3)_2—CH_2^+}$$

$$\xrightarrow{重排} \underset{叔碳正离子（更稳定）}{CH_3—\overset{+}{C}(CH_3)—CH_2CH_3} \xrightarrow[-H^+]{H_2O} CH_3—C(CH_3)(OH)—CH_2CH_3$$

综上所述，S_N1 反应历程具有以下特点：①反应分两步进行；②反应速度仅与卤代烃的浓度成正比，而与亲核试剂的浓度无关，是单分子反应；③有活性中间体碳正离子产生，可能有重排产物生成；④当与卤素原子相连的碳原子是手性碳时，反应可能生成外消旋体混合物。

（2）双分子亲核取代反应（S_N2 历程）：在研究溴甲烷碱性水解的过程中发现它的水解速度与溴甲烷的浓度成正比，也与碱的浓度成正比，在动力学上属于二级反应。

$$CH_3Br + OH^- \longrightarrow CH_3OH + Br^-$$
$$v = k[CH_3Br][OH^-]$$

上式中，k 为反应速率常数。溴甲烷的水解反应历程可表示如下。

$$OH^- + H_3C^{\delta+}—Br^{\delta-} \longrightarrow \left[\overset{\delta^-}{HO}\text{----}CH_3\text{----}\overset{\delta^-}{Br}\right] \longrightarrow HO—CH_3 + Br^-$$

当亲核试剂 OH^- 进攻溴甲烷中的碳原子过滤态时，受带部分负电荷的溴原子的排斥作用，只能从溴原子的背面，且沿 C—Br 键的轴线进攻 α-C。在接近碳原子的过程中，逐渐生成 C—O 键，同时 C—Br 键由于受到 OH^- 进攻的影响而逐渐伸长、减弱。在此过程中，甲基上的三个氢原子由于亲核试剂 OH^- 进攻被排斥，也逐渐向溴原子一方偏转。到达过渡态时，OH^- 与 α-C 之间还未完全成键，C—Br 键也未完全断裂，三个氢原子与中心碳原子在一个平面上，进攻试剂和离去基团分别处在该平面的两侧。当 OH^- 进一步接近 α-C 并最终形成 C—O 键时，溴则成为 Br^- 离去，而三个氢原子也向溴原子一方偏转，整个过程好像雨伞在大风中被吹得向外翻转。上述反应过程是连续的，旧键的断裂和新键的形成是同时进行的。由于水解反应速度与卤代烃和亲核试剂的浓度都有关系，属于双分子亲核取代反应，这种反应常用 S_N2 表示。

笔记栏

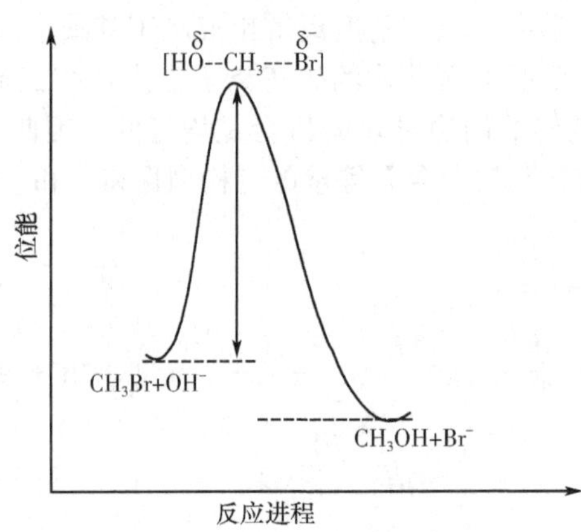

图 7-2　溴甲烷水解反应的能量变化

当中心碳原子具有手性时，结果产物中的羟基不连在原来由溴占据的位置，所得的醇与原来的溴代烷构型相反。一个反应生成的产物，其构型与原来化合物的构型相反，则称这个过程为构型的转化或瓦尔登翻转（Walden inversion）。

$$\text{(R)-}CH_3CH(C_2H_5)Br + NaOH \longrightarrow HO\text{-}CH(CH_3)C_2H_5\text{ (S)} + NaBr$$

综上所述，S_N2 反应历程具有以下特点：①反应一步完成，旧键的断裂和新键的形成同时进行；②是双分子反应，反应速度与卤代烃和亲核试剂的浓度成正比；③如果中心碳原子为手性碳原子，则反应过程伴有构型的转化。

3. 影响亲核取代反应的因素　一个卤代烃究竟是按照 S_N1 历程还是 S_N2 历程进行反应，取决于卤代烃的分子结构、亲核试剂和离去基团的性质及溶剂的极性等因素。

（1）烃基结构的影响：在 S_N1 反应中，碳正离子的生成是决定反应速率的一步，这一步不涉及亲核试剂的进攻，只与卤代烃本身的结构有关。从电子效应看，α-C 上烷基越多，其上的电子云密度越大，形成的碳正离子也越稳定，越有利于反应的进行；从空间效应看，α-C 上烷基增多，基团之间拥挤程度及相互斥力增大，促使卤素以 X^- 形式离去；转变为平面结构的碳正离子后，降低了拥挤程度，反应容易进行。所以不同卤代烃进行 S_N1 反应的速率大小为 $R_3C—X > R_2CH—X > RCH_2—X > CH_3—X$。

在 S_N2 反应中，决定反应速率的一步涉及亲核试剂对 α-C 的进攻。从空间效应看，α-C 上烷基数目越多，体积越大，对亲核试剂进攻的空间阻碍作用越大，越不利于反应的进行；从电子效应看，烷基是供电子基，α-C 上烷基越少，其上的电子云密度越小，越有利于亲核试剂进攻 α-C，因此越有利于反应的进行。所以不同卤代烃进行 S_N2 反应的速率大小为 $CH_3—X > RCH_2—X > R_2CH—X > R_3C—X$。

综上所述，卤代烃的结构对亲核取代反应的影响可归纳如下：一般叔卤代烃主要按 S_N1 历程进行，伯卤代烃主要按 S_N2 历程进行，而仲卤代烃既可按 S_N1 历程又可按 S_N2 历程进行，或两者都有，取决于反应的条件。

（2）离去基团的影响：因为无论反应按 S_N1 还是 S_N2 历程进行，C—X 键都经历拉长削弱最后发生异裂。卤代烃的反应活性可以从碳卤键的离解得到证明。离解能越小，表明此碳卤键越易断裂，卤素离子的离去倾向越大，亲核取代反应越易进行。以甲烷为例，各碳卤键的离解能如表 7-4 所示。

表 7-4　各种碳卤键的离解能

卤代烃	$F\text{-}CH_3$	$Cl\text{-}CH_3$	$Br\text{-}CH_3$	$I\text{-}CH_3$
离解能（kJ/mol）	1071.1	949.8	915.0	887.0

笔记栏

另外，原子半径越大，原子核对核外电子的吸引力越小，可极化性越大，反应活性越大。因此，当卤代烃分子中的烷基相同而卤原子不同时，其反应活性次序为 R-I ＞ R-Br ＞ R-Cl。

（3）亲核试剂的亲核性：在 S_N1 反应中，由于反应速率只取决于第一步卤代烃的离解，而此步反应中无亲核试剂的参与，所以亲核试剂的强弱和浓度对 S_N1 反应速率的影响不大。而在 S_N2 反应中，亲核试剂参与了过渡态的形成，因此亲核试剂的亲核性能力和浓度直接影响反应速率。亲核试剂的亲核能力越强，浓度越大，反应按照 S_N2 历程进行的趋势就越大。

亲核试剂的亲核能力主要取决于其本身的碱性和可极化度。

一般来讲，碱性强的亲核试剂其亲和能力也强。例如，碱性是 $OH^- > H_2O$，亲核性也是 $OH^- > H_2O$。但必须清楚亲核性和碱性是两个不同的概念。

当试剂的亲核原子相同时，它们的亲核性和碱性一致。如带有不同原子或基团的氧原子的亲核性顺序如下：

$$C_2H_5O^- > OH^- > C_6H_5O^- > CH_3COO^-$$

在同一周期中试剂的亲核性和碱性强弱的顺序也呈如下对应关系：

$$H_2N^- > HO^- > F^-;\ R_3C^- > R_2N^- > RO^- > F^-$$

同一族元素中随原子序数增大原子亲核性增强，其原因是随原子序数增大，电负性变小、可极化性变大。亲核性顺序如下所示：

$$I^- > Br^- > Cl^- > F^-;\ RS^- > RO^-$$

亲核取代反应除了受烃基的结构、离去基团的离去能力和亲核试剂的亲核性强弱的影响外，还受溶剂的极性、空间效应等多种因素的影响。

二、卤代烃的消除反应

1. 消除反应　卤代烃在 KOH 或 NaOH 等强碱的醇溶液中加热，分子中脱去一分子卤化氢生成烯烃。这种由分子中脱去一个简单分子（如 H_2O、HX、NH_3 等）而生成不饱和键化合物的反应称为消除反应（elimination reaction），用符号 E 表示。

$$\underset{\underset{H}{|}}{\overset{\beta}{R-CH}}-\underset{\underset{X}{|}}{\overset{\alpha}{CH_2}} \xrightarrow[\triangle]{NaOH/C_2H_5OH} R-CH=CH_2 + NaX + H_2O$$

在反应中，卤代烃除失去卤原子外，还从 *β*-C 上脱去一个氢原子，所以这种形式的消除反应称为 *β*- 消除反应。

当含有两个或三个 *β*-C 的卤代烃发生消除反应时，将有两个或三个消除反应的方向，有可能生成不同的烯烃。例如：

$$\overset{\beta}{CH_3}CH_2\underset{\underset{Br}{|}}{\overset{\alpha}{C}H}\overset{\beta}{C}H_3 \xrightarrow[\triangle]{KOH,C_2H_5OH} \underset{81\%}{CH_3CH=CHCH_3} + \underset{19\%}{CH_3CH_2CH=CH_2}$$

$$CH_3CH_2-\underset{\underset{Br}{|}}{\overset{\overset{CH_3}{|}}{C}}-CH_3 \xrightarrow[\triangle]{KOH,C_2H_5OH} \underset{71\%}{CH_3CH=\overset{\overset{CH_3}{|}}{C}CH_3} + \underset{29\%}{CH_3CH_2\overset{\overset{CH_3}{|}}{C}=CH_2}$$

大量实验事实证明，卤代烃脱卤化氢时，主要是从含氢较少的 *β*-C 上脱去氢，生成双键碳原子上连有最多烃基的烯烃。这个经验规律称为札依采夫（Zaitsev）规律。

2. 消除反应的反应机制　在研究卤代烃消除反应的动力学时发现，有的反应速率仅与卤代烃的浓度有关，而与碱的浓度无关，称其为单分子消除反应，以 El 表示；而有的反应速率不仅与卤代烃的浓度有关，还与碱的浓度有关，称其为双分子消除反应，用 E2 表示。

（1）单分子消除反应历程（E1）：与 S_N1 反应一样，El 反应也是分两步进行的：

第一步：$(CH_3)_3C-Br \xrightarrow{慢} (CH_3)_3C^+ + Br^-$

笔记栏

$$第二步：HO^- + \overset{H}{\underset{}{CH_2}}—\overset{CH_3}{\underset{CH_3}{C^+}} \xrightarrow{快} CH_2{=}C(CH_3)_2 + H_2O$$

第一步与 S_N1 反应历程相同，在溶剂的作用下生成碳正离子；第二步与 S_N1 反应历程不同，OH^- 不是进攻碳正离子生成醇，而是夺取碳正离子的 β-H 生成烯烃。显然，El 和 S_N1 这两种反应历程是相互竞争、相互伴随发生的。例如，在 25℃时，叔丁基溴在乙醇溶液中反应得到 81% 的取代产物和 19% 的消除产物。

$$(CH_3)_3C—Br + C_2H_5OH \longrightarrow \underset{81\%}{(CH_3)_3C—OC_2H_5} + \underset{19\%}{(CH_3)_2C{=}CH_2}$$

从 E1 反应历程可以看出，生成碳正离子的反应是决定反应速率的一步，所以越易生成稳定碳正离子的卤代烃越易进行反应。第二步是决定产物组成的步骤，其中生成消除产物的过渡态能量和这个烯烃产物的稳定性有关。双键上烷基多的烯烃稳定性大，能量低，反应所需的活化能小，反应速率大。生成消除产物所占比例也较多，符合札依采夫规律。

（2）双分子消除反应历程（E2）：与 S_N2 反应历程不同，E2 历程中 OH^- 不是进攻 α-C 生成醇，而是夺取 β-H 生成烯烃。显然，E2 与 S_N2 这两种反应历程也是相互竞争、相互伴随发生的。E2 历程中，旧键的断裂和新键的形成同时进行，反应经过一个过渡态。整个反应过程的速率既与卤代烃的浓度成正比，也与碱的浓度成正比，故称为双分子消除反应历程。

$$HO^- + CH_3—\overset{H}{\underset{H}{C}}—\underset{Br}{CH_2} \longrightarrow \left[\begin{matrix} \overset{\delta^-}{HO}\cdots\cdots H \\ CH_3—\overset{}{\underset{H}{C}}\overset{}{=\!=}\underset{\underset{\delta^-}{Br}}{CH_2} \end{matrix}\right] \longrightarrow CH_3CH{=}CH_2 + Br^- + H_2O$$

当 α–C 上的烷基数目增加，意味着空间位阻加大和 β–H 原子增多，因此不利于亲核试剂进攻 α–C，而有利于碱进攻 β–H，因而有利于 E2 反应；另外，在 E2 反应中，过渡态已经具有部分双键的性质。烯烃的稳定性表现在过渡态的稳定性上，α–C 上烷基越多，可以估计有越多的 β–H 和双键发生超共轭效应，使生成烯烃的稳定性越大，则过渡态的能量越低，反应所需的活化能越小，反应速率越大。在产物中占比例也越多，并符合札依采夫规律。超共轭效如下两种烯烃所示：

$$CH_3—\overset{H}{\underset{H}{C}}—CH{=}CH_2 \qquad H—\overset{H}{\underset{H}{C}}—CH{=}CH—\overset{H}{\underset{H}{C}}—H$$

由于亲核试剂（如 OH^-、RO^-、CN^- 等）本身也是碱，所以卤代烃发生亲核取代反应的同时也可能发生消除反应，而且每种反应都可能按单分子历程和双分子历程进行。因此卤代烃与亲核试剂作用时可能有四种反应历程，即 S_N1、S_N2、E1、E2。究竟哪种历程占优势，主要由卤代烃的结构、亲核试剂的性质（亲核性、碱性）、溶剂的极性及反应的温度等因素决定。

一般说来，叔卤代烃易发生消除反应，伯卤代烃易发生取代反应，而仲卤代烃则介于二者之间。试剂的亲核性强（如 CN^-）有利于取代反应，试剂的碱性强而体积大（如叔丁醇钾）有利于消除反应。溶剂的极性强有利于取代反应，反应的温度升高有利于消除反应。

从这里也可看出，有机化学反应是比较复杂的，受许多因素的影响。在进行某种类型的反应时，往往还伴随其他反应的发生。在得到一种主要产物的同时，还有副产物生成。为了使主要反应顺利进行，以得到高产率的主要产物，应当仔细分析反应的特点及各种因素对反应的影响，严格控制反应条件。

三、与金属镁的反应——格氏试剂的生成

卤代烃能与 Li、Na、Mg、Al、Cd、Cu 等多种金属反应生成有机金属化合物，有机金属化合物是重要的有机合成试剂，使用较多的是格利雅（Grignard）试剂，简称格氏试剂。如一卤代烃在无

水乙醚中与金属镁作用生成烷基卤化镁。此外四氢呋喃、苯和其他醚类也可以作为溶剂。

$$R—X + Mg \xrightarrow{\text{无水乙醚}} \underset{\text{格氏试剂}}{RMgX}$$

格氏试剂中的C—Mg键极性很强，化学性质非常活泼，是有机合成中常用的一种强亲核试剂，能和多种化合物作用生成烃、醇、醛、酮、羧酸等物质。例如，格氏试剂与CO_2作用，经水解后可制得羧酸。

$$RMgX + CO_2 \xrightarrow{\text{无水乙醚}} R\overset{O}{\overset{\|}{C}}—OMgX \xrightarrow[H^+]{H_2O} RCOOH + Mg\begin{matrix}X\\OH\end{matrix}$$

由于格氏试剂能与许多含活泼氢的物质作用，生成相应的烃而使格氏试剂遭到破坏，因此在制备格氏试剂时必须避免与水、醇、酸、氨等含活泼氢的物质接触，并隔绝空气。

$$RMgX + HY \longrightarrow RH + Mg\begin{matrix}X\\Y\end{matrix}$$

$$Y= —OH、—OR、—NH_2、—C\equiv CR \text{ 等}$$

四、卤代烯烃和卤代芳烃的取代反应

由于分子中既含有双键又含有卤素原子，属于双官能团化合物，因此卤代烯烃和卤代芳烃具有卤代烃和烯烃或芳烃的一般通性。但是由于双键和卤素原子的相互影响，使不同类型的卤代烯烃和卤代芳烃的反应活性具有较大的差别。当用不同烃基的卤代烃与硝酸银的醇溶液反应时，反应需要的条件和生成卤化银沉淀的快慢明显不同。这表明各种不同的卤代烃发生取代反应的活性不同。

1. 乙烯基型和卤代苯型卤代烃 乙烯基型和卤代苯型卤代烃的结构特点是卤原子直接与不饱和碳原子相连。例如：

$$CH_2=CH—X \qquad C_6H_5—X$$

该类卤代烃分子中的卤原子很不活泼，在通常情况下不与NaOH、C_2H_5ONa、NaCN等亲核试剂发生取代反应，甚至与硝酸银的醇溶液共热也不生成卤化银沉淀。原因是卤原子p轨道上的孤对电子与π键（或大π键）形成了p-π共轭体系（图7-3）。由于卤原子用一对电子参加共轭，其他碳原子都是用一个电子，而p-π共轭的结果是电子云趋于平均化，卤原子上的电子向π键转移，促使C—Cl键的电子云密度增加，键较牢固，导致卤原子不易被取代。氯乙烯和氯苯分子中存在的p-π共轭体系如下所示：

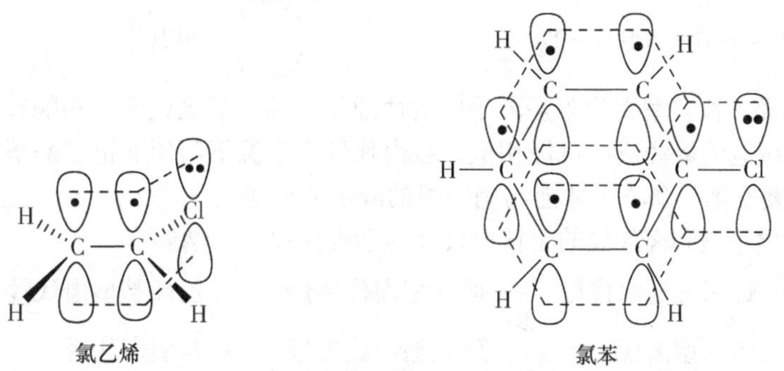

图7-3 氯乙烯和氯苯中的p-π共轭体系

2. 烯丙基型和苄基型卤代烃 烯丙基型和苄基型卤代烃的结构特点是卤原子与不饱和碳原子之间相隔一个饱和碳原子。例如：

$$CH_2=CH—CH_2—X \qquad C_6H_5—CH_2—X$$

笔记栏

这类卤代烃分子中的卤原子很活泼，比一般的卤代烃更容易发生取代反应，在室温下就可与硝酸银的醇溶液作用生成卤化银沉淀。例如：

$$RCH{=\!=}CHCH_2X + AgNO_3 \xrightarrow[\text{室温}]{C_2H_5OH} RCH{=\!=}CHCH_2ONO_2 + AgX\downarrow$$

$$C_6H_5CH_2X + AgNO_3 \xrightarrow[\text{室温}]{C_2H_5OH} C_6H_5CH_2ONO_2 + AgX\downarrow$$

反应若按 S_N1 历程进行，则卤原子离解后生成烯丙基或苄基碳正离子（图 7-4）。由于形成 p-π 共轭体系，正电荷不再集中在一个碳原子上，正电荷的分散使碳正离子变得稳定而易于生成，因此有利于取代反应的进行。

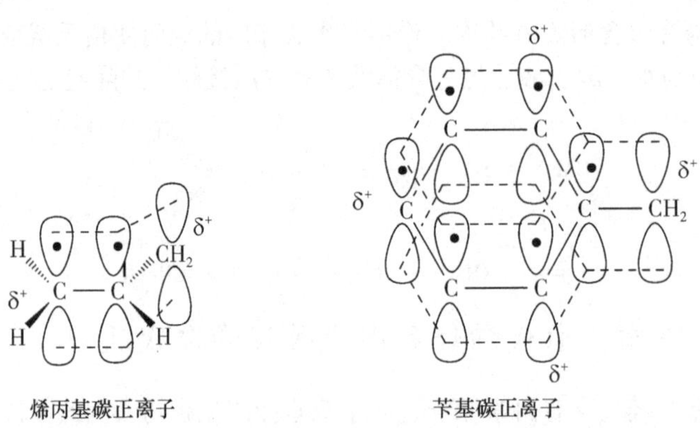

图 7-4　烯丙基碳正离子和苄基碳正离子电子离域示意图

若按 S_N2 历程进行取代反应，在过渡态下，双键上的 π 电子云可以与正在形成和断裂的键上的电子云相互重叠，使过渡态的能量降低，因此也有利于 S_N2 反应的进行（图 7-5）。

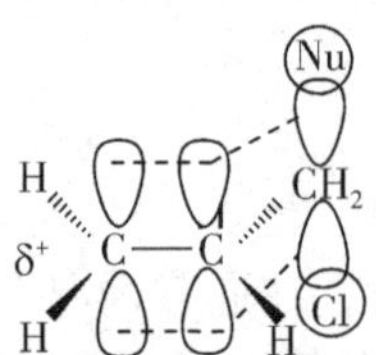

图 7-5　3- 氯丙烯进行 S_N2 反应的过渡态

3. 孤立型卤代烯烃和孤立型卤代芳烃　孤立型卤代烯烃和孤立型卤代芳烃分子中的卤原子和不饱和碳原子之间相隔两个或两个以上饱和碳原子。例如：

$$CH_2{=\!=}CH{-\!-}(CH_2)_n{-\!-}X \qquad C_6H_5{-\!-}(CH_2)_n{-\!-}X \qquad n\geqslant 2$$

孤立型卤代烯烃和孤立型卤代芳烃分子中的卤原子与碳碳双键或芳环相隔较远，彼此相互影响很小，化学性质与相应的烯烃或卤代烃相似。叔卤代烃在室温下与硝酸银的醇溶液作用产生卤化银沉淀，伯卤代烃需要在加热条件下才能与硝酸银的醇溶液反应。

综上所述，三类不饱和卤代烃的亲核取代反应活性次序可归纳如下。

烯丙基型卤代烃	>	孤立型卤代烯烃	>	乙烯基型卤代烃
苄基型卤代烃		孤立型卤代芳烃		苯型卤代烃

五、多卤代烃的性质

分子中含有两个或两个以上卤素原子的卤代烃称为多卤代烃。卤素原子连在不同碳原子上时，碳卤键的性质基本与单卤代烃相似。当两个或多个卤素原子连在同一碳原子上时，碳卤键的活性明显降低，取代反应难以进行，与硝酸银的醇溶液反应也都不产生卤化银沉淀。例如：

笔记栏

$$CH_3Cl + H_2O \xrightarrow[\text{加压}]{100℃} CH_3OH + HCl$$

$$CH_2Cl_2 + H_2O \xrightarrow[\text{加压}]{165℃} CH_2(OH)_2 \xrightarrow{-H_2O} HCHO$$

$$CHCl_3 + H_2O \xrightarrow[\text{加压}]{225℃} CH(OH)_3 \xrightarrow{-H_2O} HCOOH$$

$$CCl_4 + H_2O \xrightarrow[\text{加压}]{250℃} C(OH)_4 \xrightarrow{-H_2O} CO_2$$

单氟化物不太稳定，一个碳原子上连有二个氟原子，稳定性提高。全氟化合物，化学性质极其稳定，在实验室内很难发生化学变化，其稳定性可和稀有气体的性质相比，有很高的耐热性。例如，全氟丙烷（CF_3—CF_2—CF_3）在 800℃下难与发烟硫酸、硝酸作用。原因是氟原子的范德华半径为 1.35Å，这个半径不大不小，即不产生张力，又把碳原子包围得很好，外界原子不能进入，从空间效应上说是很典型的屏蔽效应，所以全氟化合物很稳定。

案例 7-1　吸入麻醉药的发展

吸入麻醉药是一类化学性质不活泼的气体或易挥发的液体。其化学结构类型有脂肪烃类卤烃类、醚类及无机化合物等。其特点是易挥发，化学性质不活泼，脂溶性较大，使用时与空气或氧气混合后，随呼吸进入肺部，通过肺泡进入血液，借分子的弥散作用分布至神经组织，发挥全身麻醉作用。最早（1842 年）应用于外科手术的全身麻醉药为麻醉乙醚（anesthetic ether）、氧化亚氮（nitrous oxide）和氯仿（chloroform）。麻醉乙醚具有麻醉期清楚、易于控制的特点并具有良好的镇痛及肌肉松弛作用，但是由于其易燃、易爆、气味难闻、刺激呼吸道使腺体分泌增加、易发生意外事故等缺点，现已少用。氧化亚氮具有良好的镇痛作用及毒性低等优点，但是麻醉作用较弱，因此常与其他全身麻醉药物配合使用，可减少其他全身麻醉药物用量。氯仿因毒性大已被淘汰。

为了克服乙醚易燃、易爆及氯仿毒性大等缺点，人们开始寻找其他更好的吸入麻醉药，后来发现烃类及醚类分子中引入卤原子可降低易燃性，增强麻醉作用，但却使毒性增大，而引入氟原子，毒性比引入其他卤原子小，从而相继发现了有应用价值的氟烷（halothane, fluothane）、甲氧氟烷（methoxyflurane）、恩氟烷（enflurane，安氟醚）、异氟烷（isoflurane，异氟醚）、七氟烷（sevoflurane）、地氟烷（desflurane，地氟醚）等。

halothane　methoxyflurane　enflurane

isoflurane　sevoflurane　desflurane

目前发达国家临床使用的基本上是第三代的七氟烷和地氟烷，其中七氟烷的使用量最大，其销售额已经达到数十亿美元。中国目前处于第二代和第三代吸入麻醉药共用时期，第三代产品特别是七氟烷的使用在逐年上升。

氟烷的麻醉作用比乙醚强而快，吸入 1%～3% 的蒸气 3～5min 即达全身麻醉，对呼吸道黏膜无刺激性，苏醒快，不易燃烧爆炸，但因毒性较大，有肝脏损害、心肌抑制作用、恶性高热等副作用，所以临床应用受到限制。其现在还在一些不发达国家使用，而在发达国家目前则被用于动物手术。中国在 20 世纪 80 年代前也应用较多，其中文命名为氟烷。

笔记栏

甲氧氟烷的麻醉、镇痛及肌松作用都比氟烷强，对呼吸道黏膜无刺激性，浅麻醉时安全性较大，但诱导期较长（约20min），苏醒较慢。由于其对肾的毒性大，临床应用受到限制。

恩氟烷为新型的高效吸入麻醉药，麻醉作用强，起效快，对呼吸道黏膜无刺激性，肌肉松弛作用也较强，使用剂量小，毒性很小，对心血管功能稳定，可安全地用于各种年龄，尤其是危重患者的全身麻醉。使用本麻醉药易于控制与调节麻醉深度，全身麻醉诱导和麻醉恢复迅速，不引起惊厥，故其为目前颇受欢迎和广泛使用的麻醉药，也是临床常用的较优良的吸入麻醉药。异氟烷与恩氟烷的分子式相同，互为异构体，作用与其相似，诱导麻醉及苏醒均较快，临床较常用。

七氟烷是继恩氟烷和异氟烷之后开发的一种新的吸入麻醉药，其诱导时间短，苏醒快，毒性小，对肝、肾无直接损害，对循环系统抑制轻，对心肌抑制小，不增加心肌对外源性儿茶酚胺的敏感性。另外还具有气味芳香，对呼吸道刺激小等独特优势，所以易于被患者接受。尤其适用于小儿、牙科和门诊手术的麻醉。

地氟烷于 1992 年上市，其为异氟烷结构中的氯被氟取代的化合物。化学性质稳定，在体内几乎不代谢。本品麻醉诱导快，苏醒迅速，对循环功能影响小，对肝肾功能无明显影响，但麻醉效能较低。

思考题：

1. 吸入麻醉药的发展过程如何？
2. 吸入麻醉药结构上有哪些特点？

案例 7-2　含卤素有机化合物

在药物分子中引入卤素等强吸电子基团可影响药物的电荷分布，从而增强与受体间的电性结合作用。一般在苯环上引入卤素能增加脂溶性，每增加一个卤素原子，脂水分配系数可增加 4 ～ 20 倍，如酚噻嗪类药物，2 位没有取代基时，几乎没有抗精神病作用，但 2 位引入三氟甲基得到氟奋乃静，由于三氟甲基的吸电子作用比氯原子强，其镇静作用比奋乃静强 4 ～ 5 倍。

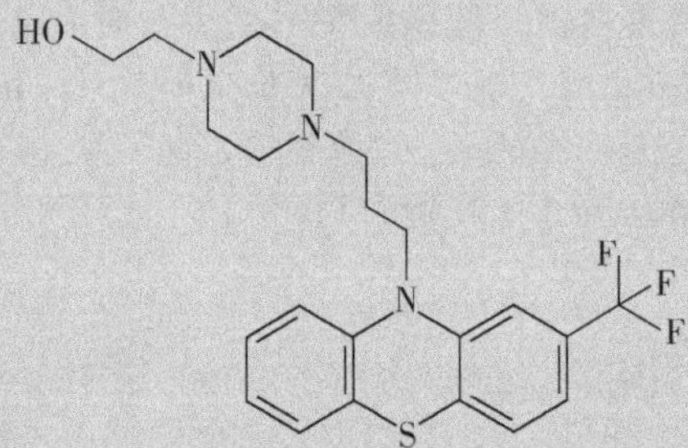

氟奋乃静 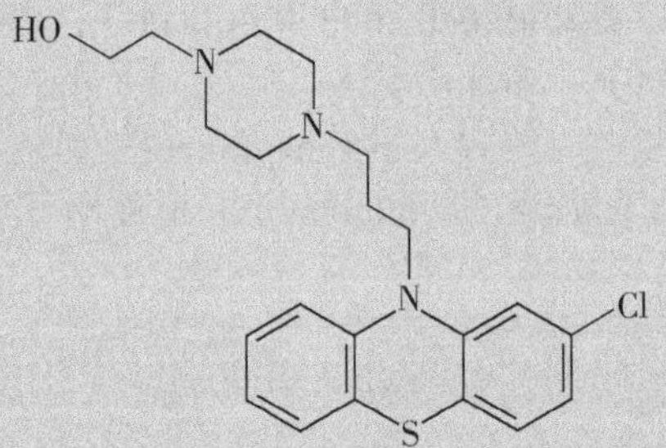　　　　奋乃静

随着工业的发展，尤其是化工、医药、农药等生产工业的迅速发展，大量有毒有害的有机化学污染物进入土壤—地下水系统，造成了一系列环境问题。长期以来，水体中难降解有毒有机物的处理是环境治理中的难点，而氯代有机物是其中的典型代表。2001 年 5 月，包括我国在内的 127 个国家签署的《斯德哥尔摩持久性有机污染物（POPs）公约》中规定的三类（杀虫剂、工业化学品、生产中的副产品）12 种毒物中，10 种均为含氯有机化合物。

含氯农药化学性质稳定，在光和空气作用下不易分解，残效时间长，滴滴涕（DDVP）在环境中残留时间长达 15 年。水体中的农药来源除制药工业废水排入外，还有地面冲刷进入水体，漂浮在大气中的农药粒子随雨水降落进入水体。有机氯化物微溶于水，易溶于脂肪，蓄积性很强，通过水生动物经食物链最终进入人体，在脂肪器官如肝、肾、肠和各种腺体内蓄积，易引起白血病、癌症，甚至影响后代生长发育。科学家们曾对南极的企鹅做测定，发现企鹅体内的脂肪中含有DDVP 等人工合成的有机化合物，这引起了全球科学家的关注。为了保护环境及人体健康，我国从 1983 年起决定不再生产 DDVP 和六六六等含氯农药。

滴滴涕（DDVP）　　　　六氯环己烷（六六六）

思考题：

1. 药物设计中，引入卤素取代基对药效一般有何影响？
2. 为什么禁止使用 DDVP 等含氯农药？

第四节　重要的卤代烃

一、三氯甲烷

三氯甲烷（chloroform）俗称氯仿，液体，无色而有甜味，沸点 61.2℃，相对密度 d_4^{20}=1.4832，不溶于水，是一种不燃性的常用有机溶剂和重要的合成原料，曾在医药上用作局部麻醉剂。氯仿有毒，是一种强的心血管抑制剂，对肝脏、肾脏也有毒性，可能造成肝大和肝坏死。同时，它对中枢神经系统会产生抑制作用。在动物实验中发现氯仿是致癌物质。

氯仿在光照下易被空气氧化并分解为有毒的光气，故一般将氯仿保存在棕色瓶中，还可以加 1% 的乙醇，以破坏生成的光气。

$$CHCl_3 + O_2 \xrightarrow{\text{日光}} \underset{\text{光气}}{COCl_2} + HCl$$

$$COCl_2 + CH_3CH_2OH \longrightarrow \underset{\text{碳酸二乙酯}}{(CH_3CH_2O)_2C{=}O} + HCl$$

二、四氯化碳

四氯化碳（carbon tetrachloride），无色液体，沸点 76.8℃，d_4^{20}=1.5940，不能燃烧，不导电，蒸气比空气重，曾是常用的灭火剂，它能使可燃物与空气隔绝以达到灭火的目的，主要适用于油类、电器和实验室的灭火。四氯化碳在 500℃以上的高温时，能发生水解而生成光气，故灭火时应注意室内空气流通，以免中毒。

四氯化碳可用作油类、脂肪、真漆、假漆、硫磺、橡胶、蜡和树脂的溶剂、冷冻剂、熏蒸剂，金属洗净剂、杀虫剂，也用作电子工业用的清洗剂，油脂、香料的浸出剂、萃取剂等。四氯化碳常用于合成碳氟化合物、生产氯化有机化合物、半导体生产、制造氟利昂等行业。四氯化碳有毒，在使用时应注意安全。

三、氯　乙　烷

氯乙烷（chloroethane）常温下为气体，沸点 12℃，低温或加压下成为无色易挥发的液体，略带甜味。当将氯乙烷喷洒在皮肤上时，由于其吸热迅速汽化，可引起皮肤骤冷暂时失去知觉，曾用作小型手术的局部麻醉剂。氯乙烷在工业上可作为乙基化试剂。

四、氯乙烯和聚氯乙烯

氯乙烯（vinyl chloride）在常温下是气体，沸点 –13.9℃，微溶于水，溶于乙醇、乙醚，有毒。急性中毒表现为麻醉作用：急性轻度中毒时，患者出现眩晕、胸闷、嗜睡、步态蹒跚等；严重急性中毒可发生昏迷、抽搐，甚至死亡。皮肤接触氯乙烯液体可致红斑、水肿或坏死。慢性中毒表现为神经衰弱综合征、肝大、肝功能异常、消化功能障碍、雷诺现象及肢端溶骨症。另外，长期吸入或

笔记栏

接触可致肝癌。其主要用途是制备聚氯乙烯。

$$nCH_2{=\!=}CHCl \longrightarrow {+\!\!\!-}CH_2{-\!\!-}\underset{\displaystyle Cl}{\underset{|}{CH}}{-\!\!\!+}_n$$

聚氯乙烯（polyvinyl chloride）简称为PVC，聚合度n一般为800～1400。在聚氯乙烯中加入不同量的增塑剂，可制成板、管、棒等硬聚氯乙烯材料，也可制成薄膜、纤维等软聚氯乙烯材料，在日常生活和工农业生产中有广泛的用途。

五、四氟乙烯和聚四氟乙烯

四氟乙烯（tetrafluoroethylene）在常温下为液体（沸点–76.3℃），在催化剂的作用下可以聚合生成聚四氟乙烯。

$$nCF_2{=\!=}CF_2 \longrightarrow {+\!\!\!-}CF_2{-\!\!-}CF_2{-\!\!\!+}_n$$

聚四氟乙烯（polytetrafluoroethylene）具有良好的耐寒和耐热性能，可在–100～＋300℃的温度范围内使用，化学性能非常稳定，与强酸、强碱、单质氟、王水等都不起反应，不溶于任何有机溶剂，机械强度高，由其制成的塑料有“塑料王”之称，是很有用的塑料，商品名为特氟隆（Teflon）。

六、二氟二氯甲烷

二氟二氯甲烷（dichlorodifluoromethane），无色、无臭气体，沸点–29.8℃，易被压缩为不燃性液体，解除压力后又立刻汽化，同时吸收大量的热，是一种很好的制冷剂。二氟二氯甲烷作制冷剂具有无毒、无腐蚀性、不能燃烧、化学性质稳定等许多优点，商品名为氟利昂-12（Freon-12）。“氟利昂”实际是指氟氯烷烃的总称，其结构特点是在同一碳上连有两个以上的氟和氯原子，是具有和二氟二氯甲烷类似特性的制冷剂。

氟利昂非常稳定，不易分解，是臭氧层的主要破坏者。它们到达对流层后，吸收260nm的光，分解产生氯自由基，氯自由基与臭氧分子进行自由基反应，从而使臭氧变为氧气，降低了空气中的臭氧含量。一旦臭氧层被破坏，日光中的紫外线将大量照射到地球上，容易使人得皮肤癌，所以国际上已禁止使用氟利昂。

本章小结

常根据卤代烃与卤原子直接相连的碳原子类型的不同分为伯卤代烃、仲卤代烃和叔卤代烃。

卤代烃常采用系统命名法，把卤素当作取代基来对待。

卤代烃的化学反应主要为亲核取代反应、消除反应和与活泼金属的反应。

1. 亲核取代反应 亲核取代反应可用下列通式表示：

$$:Nu^- + R{-\!\!-}X \longrightarrow R{-\!\!-}Nu + X^-$$

卤代烃的取代反应属于亲核取代反应，叔卤代烃一般按S_N1机制进行，伯卤代烃一般按S_N2机制进行。

相同烃基、不同卤素的卤代烃的反应活性顺序为：R—I＞R—Br＞R—Cl。

相同卤素、不同烃基的卤代烃的反应活性顺序：S_N1机制中，$R_3C—X > R_2CH—X > RCH_2—X > CH_3—X$；$S_N2$机制中，$CH_3—X > RCH_2—X > R_2CH—X > R_3C—X$。

在S_N1反应中，亲核试剂的强弱和浓度对S_N1反应速率的影响不大。而在S_N2反应中，亲核试剂参与了过渡态的形成，因此，亲核试剂的亲核性能力和浓度直接影响反应速率。亲核试剂的亲核能力越强，浓度越大，反应按照S_N2历程进行的趋势就越大。

亲核试剂的亲核能力主要取决于它本身的碱性和可极化度。亲核取代反应除了受烃基的结构、离去基团的离去能力和亲核试剂的亲核性强弱的影响外，还受溶剂的极性、空间效应等多种因素的影响。

2. 消除反应 卤代烃在强碱的醇溶液中加热，分子中脱去一分子卤化氢生成烯烃。这种由分子中脱去一个简单分子（如H_2O、HX、NH_3等）而生成不饱和键化合物的反应称为消除反应。卤代烃的消除反应遵守札依采夫（A. M. Saytzeff）规则，即卤原子主要和相邻含氢较少的碳原子上的氢原子共同脱去，从而生成双键碳原子上连有最多烃基的烯烃。

笔记栏

消除反应的机制分为单分子消除反应历程（E1）和双分子消除反应历程（E2）。

E1 机制与 S1 机制相似，反应分两步进行，都经过碳正离子中间体，所不同的是 E1 中的试剂不是与碳正离子结合，而是进攻 β-C 上的 H，最后使之以氢质子的形式离去。E2 历程与 S2 机制相似，反应都是一步完成，所不同的也是在 E2 中试剂是进攻 β-H。当烃基相同而卤素种类不同时，不管是 E1 机制，还是 E2 机制，消除反应的活性顺序均为 RI > RBr > RCl。

亲核取代反应和消除反应是同时存在又相互竞争的反应（S_N1 与 E1 竞争，S_N2 与 E2 竞争），但在适当条件下其中一种反应占优势。

3. 与金属的反应　卤代烃生成格氏试剂是在无水条件下于醚溶液中进行的反应，溶剂一般为乙醚或四氢呋喃等。因为叔卤代烃在反应条件下易发生消除，故难以制成格氏试剂。

另外，用硝酸银的醇溶液可以区别各种不同类型的卤代烃。

习　　题

1. 命名下列化合物。

（1）$Cl—CH_2CH_2CH_2CH_2—Cl$　（2）（环己基，带 Br）　（3）（环己烯，带 Cl）

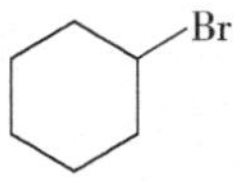

（4）（苯环，邻位甲基与 Cl）　（5）Cl 乙烯基　（6）Cl 烯丙基

2. 写出下列化合物的结构式。

（1）2- 甲基 -3- 溴丁烷　（2）2,2- 二甲基 -1- 碘丙烷

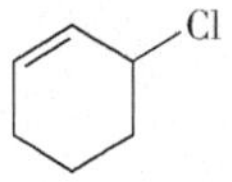

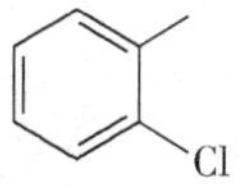

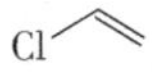

（3）溴代环己烷　（4）2- 氯 -1,4- 戊二烯

（5）烯丙基氯　（6）间氯甲苯

3. 写出下列反应的主要产物。

（1）$CH_3CH_2CH(CH_3)CHBrCH_3 \xrightarrow[\triangle]{KOH,C_2H_5OH}$

（2）$Cl-C_6H_4-CH(Cl)CH_3 \xrightarrow{KOH,H_2O}$

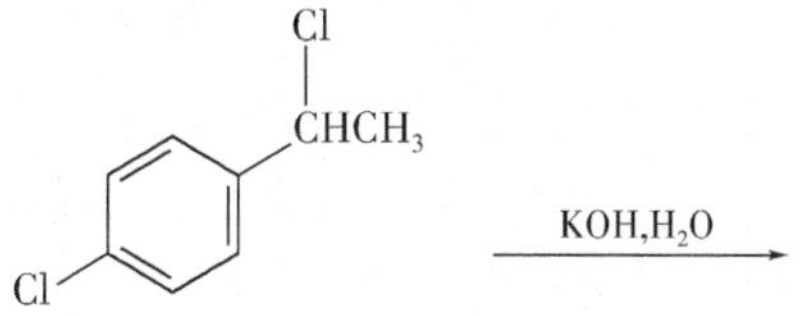

（3）2-乙基-1-溴环己烷（Br，C_2H_5）+ NaOH $\xrightarrow[\triangle]{C_2H_5OH}$

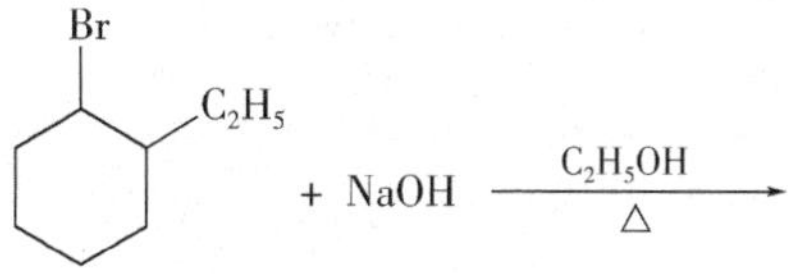

（4）$(CH_3)_2C{=}CH_2 \xrightarrow[\text{过氧化物}]{HBr} \xrightarrow{NaCN} \xrightarrow{H_3O^+}$

（5）$C_6H_5-CH{=}CH_2 \xrightarrow{HBr} \xrightarrow[\text{无水乙醚}]{Mg} \xrightarrow[\text{②}H_3O^+]{\text{①}CO_2}$

4. 从下列卤代烃的碱性水解反应现象判断其反应历程属于 S_N1 还是 S_N2。

（1）产物的构型完全转化。

（2）增加碱的浓度，可以明显加快反应速度。

（3）反应一步完成。

（4）实验证明反应过程中有碳正离子产生。

（5）叔卤代烃的反应速度明显大于仲卤代烃。

笔记栏

5. 排列下列各组化合物按 S_N1 历程水解的活性次序。

（1）3- 甲基 -1- 溴丁烷，2- 甲基 -2- 溴丁烷，2- 甲基 -3- 溴丁烷。

（2）苄基溴，1- 苯基乙基溴，2- 苯基乙基溴。

6. 用化学方法鉴别下列各组化合物。

（1）$CH_3CH{=}CHBr$，$CH_2{=}CHCH_2Br$，$CH_3CH_2CH_2Br$

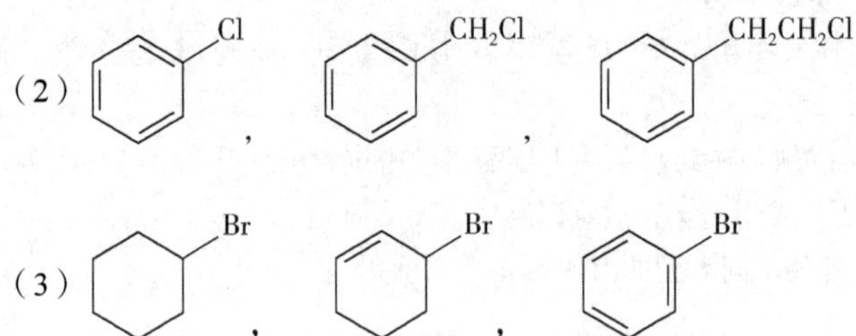

7. 按 S_N2 反应历程排列下列化合物水解反应的活性次序。

1- 溴丁烷；2,2- 二甲基 -1- 溴丙烷；2- 甲基 -1- 溴丁烷；3- 甲基 -1- 溴丁烷

（蔡　东）

第八章 醇、酚、醚

醇（alcohol）、酚（phenol）和醚（ether）都是烃的含氧衍生物，广泛存在于自然界中，是三类非常重要的有机化合物，可作溶剂（如乙醇和乙醚）、食品添加剂（如薄荷醇、山梨糖醇、木糖醇）、香料（如丁香酚、百里酚）和药物等。

第一节 醇

脂肪烃分子中一个或多个氢原子被羟基取代后所生成的衍生物称为醇，也可以看作是水分子中的氢被烃基取代的化合物，通式为 R—OH，羟基（—OH，hydroxyl）是其官能团，称为醇羟基。

一、醇的分类

最常见的分类方法是根据醇羟基连接的碳原子类型分为伯醇、仲醇、叔醇。例如：

$R—CH_2OH$　伯醇（1°醇）

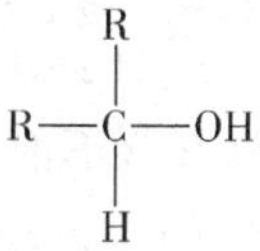

$R—CH(R)(H)—OH$　仲醇（2°醇）

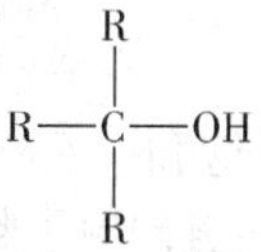

$R—C(R)(R)—OH$　叔醇（3°醇）

醇也可按羟基所连烃基的种类分为脂肪醇和芳香醇，脂肪醇又分为饱和醇与不饱和醇；不饱和醇中羟基与不饱和碳原子相连的称为烯醇（enol），如 RCH═CHOH，这种醇很不稳定，很容易异构化为醛、酮。羟基与脂环烃基相连的醇称为脂环醇，羟基与芳香烃基相连的醇称为芳香醇。例如：

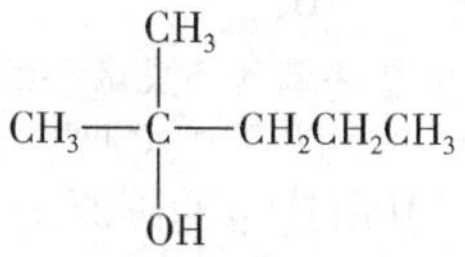

$CH_3—C(CH_3)(OH)—CH_2CH_2CH_3$
2-甲基-2-戊醇
2-methyl-2-pentanol
（饱和脂肪醇）

$CH_3CH_2CH═CHCH_2OH$
2-戊烯-1-醇
2-penten-1-ol
（不饱和脂肪醇）

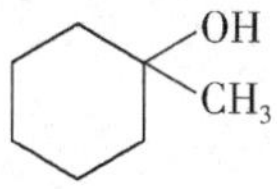

1-甲基环己醇
1-methylcyclohexanol
（脂环醇）

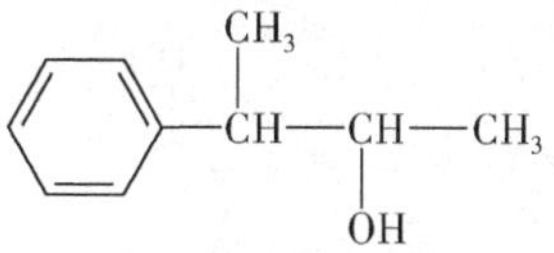

$C_6H_5—CH(CH_3)—CH(OH)—CH_3$
3-苯基-2-丁醇
3-phenyl-2-butanol
（芳香醇）

醇也可按分子中羟基数目分为一元醇、二元醇和三元醇等。例如：

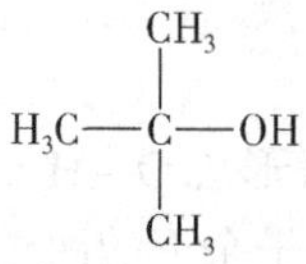

$H_3C—C(CH_3)_2—OH$
2-甲基-2-丙醇
2-methyl-2-propanol (*tert*-butyl alcohol)
（一元醇）

$HOCH_2CH_2OH$
乙二醇
1,2-ethanediol (ethylene glycol)
（二元醇）

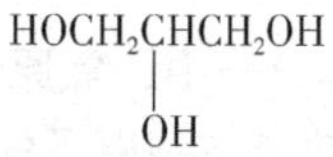

$HOCH_2CH(OH)CH_2OH$
丙三醇（甘油）
1,2,3-propanetriol (glycerol)
（三元醇）

二、醇的命名

（一）普通命名法

醇的普通命名法一般仅用于结构简单的一元醇类，通常是在“醇”前加上烃基的名称，称为“某

醇”。英文名称是在相应的烷基名称后加“alcohol”。例如：

CH_3CH_2OH 乙醇 ethyl alcohol

$CH_3—CH(CH_3)—CH_2OH$ 异丁醇 isobutyl alcohol

$C_6H_5CH_2OH$ 苯甲醇（苄醇） benzyl alcohol

（二）系统命名法

醇的系统命名适用于结构比较复杂的醇，原则如下所示。

（1）选择含羟基最多、最长的碳链作为主链，称为“某醇”或“某几醇”，从离羟基最近的一端，依次给主链碳原子编号，将羟基位次写在“某醇”之前，即得母体醇的名称。

（2）按次序规则，将主链上取代基的位次、数目、名称依次写在母体醇的名称之前。例如：

$CH_3CH(Cl)CH_2CH_2OH$

3-氯-1-丁醇
3-chloro-1-butanol

$H_3C—CH(CH_3)—C(OH)(CH_2CH_3)—CH(CH_3)CH_2CH_3$

2,4-二甲基-3-乙基-3-己醇
3-ethyl-2,4-dimethyl-3-hexanol

（3）命名不饱和一元醇，应选择既含羟基又含不饱和键的最长碳链作主链，编号时应使羟基位次最小，根据主链碳原子数称为“某烯（炔）醇”，并在“烯（炔）”“醇”前面标明不饱和键和羟基的位次。命名芳香醇时，将芳环作为取代基，以侧链脂肪醇为母体。例如：

3-甲基-6-庚烯-2-醇
3-methyl-6-hepten-2-ol

4-甲基-4-苯基-2-戊烯-1-醇
4-methyl-4-phenyl-2-penten-1-ol

（4）脂环醇是根据脂环烃基的名称，称为“环某醇”，从羟基所连接的碳原子开始，按照“取代基位次之和最小”的原则给环碳原子编号，将取代基的位次、数目、名称依次写在“环某醇”的名称之前。例如：

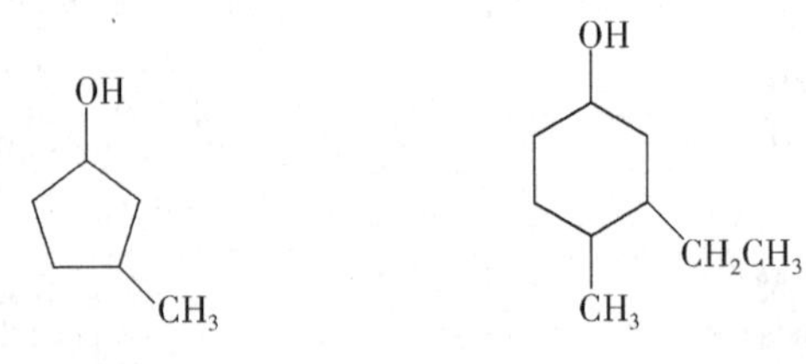

3-甲基环戊醇
3-methylcyclopentanol

4-甲基-3-乙基环己醇
3-ethyl-4-methylcyclohexanol

三、醇的结构

在醇分子中，氧原子用一个 sp^3 杂化轨道与氢原子的 1s 轨道相互重叠形成 O—H σ 键，另一个 sp^3 杂化轨道与碳原子的一个 sp^3 杂化轨道相互重叠形成 C—O σ 键，氧原子余下的两对孤对电子分别占据另两个 sp^3 杂化轨道。以甲醇为例，结构如图 8-1 所示。

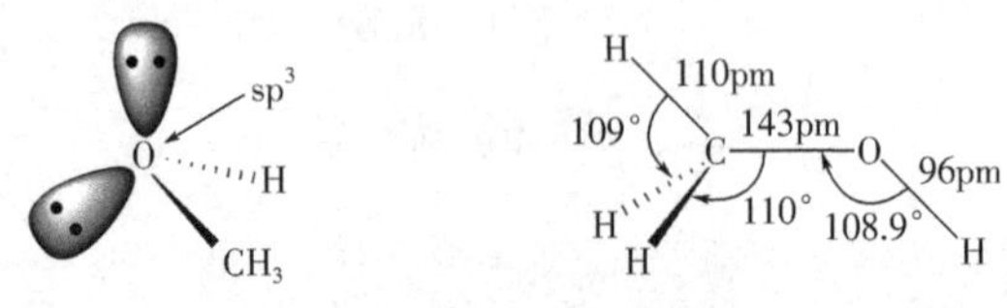

图 8-1 甲醇结构示意图

笔记栏

四、物理性质

低级饱和一元醇是无色易挥发的中性液体，具有特殊的气味和辛辣味道。根据相似相溶原理，水和醇都具有羟基，且彼此之间可以形成氢键，所以甲醇、乙醇、丙醇可与水以任意比例相溶。四碳至十一碳的醇为油状液体，仅可部分溶于水；高级醇为蜡状固体，不溶于水。碳原子数目相同的多元醇，随着羟基的增多，水溶性增大。

低级醇的熔点和沸点通常比相对分子质量相近的烷烃高得多，这是由于醇分子间有氢键缔合的结果，如图 8-2 所示。但随着相对分子质量的增大，这种差距变小。多元醇随着羟基的增多，形成氢键的数目也增多，所以沸点更高。常见醇类的物理常数见表 8-1。

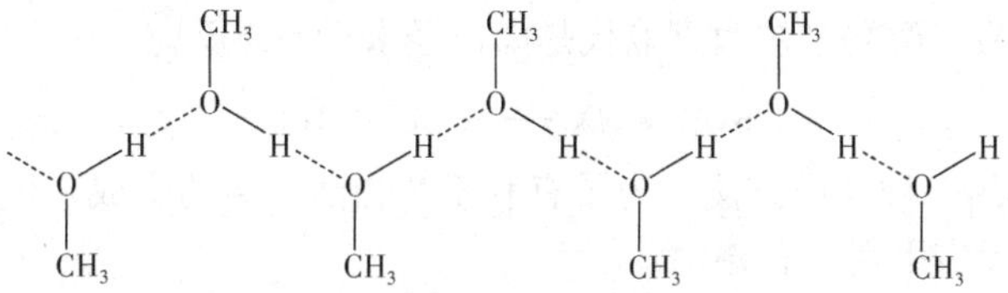

图 8-2　甲醇分子间的缔合氢键

表 8-1　常见醇类的物理常数

名称	结构式	熔点（℃）	沸点（℃）	密度（$g \cdot cm^{-3}$）	溶解度 S [$g \cdot (100g 水)^{-1}$，20℃]
甲醇	CH_3OH	−97.0	64.7	0.792	∞
乙醇	CH_3CH_2OH	−115.0	78.4	0.789	∞
正丙醇	$CH_3(CH_2)_2OH$	−126.0	97.2	0.804	∞
正丁醇	$CH_3(CH_2)_3OH$	−90.0	117.8	0.810	7.9
正戊醇	$CH_3(CH_2)_4OH$	−79.0	138.0	0.817	2.3
异丙醇	$(CH_3)_2CHOH$	−88.5	82.3	0.786	∞
异丁醇	$(CH_3)_2CHCH_2OH$	−108.0	107.9	0.802	7.0
环己醇	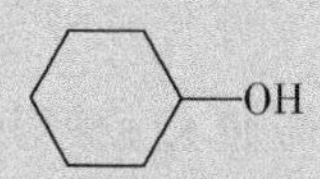 ⬡—OH	24.0	161.5	0.962	3.6
苯甲醇	$C_6H_5CH_2OH$	−15.0	205.0	1.046	4.0
乙二醇	CH_2OHCH_2OH	−16.0	197.0	1.113	∞
丙三醇	$CH_2OHCHOHCH_2OH$	18.0	290.0	1.261	∞

饱和一元醇的密度虽比烷烃大但仍比水小，随着相对分子质量的增大，烷基对整个分子的影响越来越大，所以高级醇的物理性质与烷烃接近。

五、醇的化学性质

醇的化学性质主要由官能团羟基（—OH）决定。由于氧原子的电负性较大，O—H 键和 C—O 键都是极性键，其化学反应主要由 O—H 键和 C—O 键断裂而引起。当 O—H 键异裂，解离出质子，使醇表现出弱酸性，同时形成的烷氧基负离子既是强碱，又是亲核试剂；当 C—O 键异裂时，可形成碳正离子，则可发生类似卤代烃的亲核取代反应和亲核消除反应。此外醇还可以被氧化生成醛、酮或羧酸。

1. 醇与活泼金属的反应　与水一样，醇羟基中的 H 可被碱金属取代，即醇也可以与活泼金属（如 Na、K、Mg、Al 等）反应，生成相应醇盐的同时放出氢气。

$$2ROH + 2Na \longrightarrow 2RONa + H_2\uparrow$$

$$2CH_3CH_2OH + 2Na \longrightarrow 2CH_3CH_2ONa + H_2\uparrow$$

生成的乙醇钠可以溶解在过量的乙醇中。若使反应在无水乙醚中进行则可以得到乙醇钠固体。

醇与活泼金属的反应没有与水反应那样剧烈，放出的热也不足使产生的氢气自燃。这是因为烷基是斥电子基，烷基的供电子诱导效应使羟基中氧原子上电子云密度增大，降低了氧原子吸引氢氧间电子对的能力，即降低了 O—H 键的极性，使羟基氢不易成为离子，其活性相对减弱。烷基的斥电子能力越强，醇羟基中氢原子的活性越低。因此，醇与活泼金属的反应活性顺序为

甲醇＞伯醇＞仲醇＞叔醇

醇与活泼金属的反应现象表明醇的酸性（$pK_a \approx 16 \sim 18$）比水（$pK_a \approx 15.7$）还弱，故其共轭碱 RO^- 的碱性比 OH^- 强。醇盐可看作强碱弱酸盐，遇水立即水解。例如，乙醇钠遇水生成乙醇和氢氧化钠。

$$CH_3CH_2ONa + H_2O \longrightarrow CH_3CH_2OH + NaOH$$

2. 醇与氢卤酸的反应 醇羟基被卤素取代是卤代烃水解的逆反应。

$$ROH + HX \longrightarrow RX + H_2O$$

这也是制备卤代烃的一种常用方法。为了有利于产物卤代烃的生成，可将生成的 R—X 蒸出，使之脱离反应体系，使反应平衡向右移动。

醇与氢卤酸的反应是亲核取代反应，除甲醇和多数伯醇外，其他醇均按 S_N1 机制反应。在酸性催化条件下，醇羟基先质子化形成质子化醇，得到比羟基更好的离去基团——水，有利于反应的顺利进行。

醇与氢卤酸的反应活性取决于氢卤酸的种类和醇的结构。

氢卤酸相同时：苄醇＞叔醇＞仲醇＞伯醇

醇相同时：HI ＞ HBr ＞ HCl

$$CH_3(CH_2)_3OH + \underset{(57\%)}{HI} \longrightarrow CH_3(CH_2)_3I + H_2O$$

$$CH_3(CH_2)_3OH + \underset{(48\%)}{HBr} \xrightarrow{H_2SO_4} CH_3(CH_2)_3Br + H_2O$$

$$CH_3(CH_2)_3OH + \underset{(36\%)}{HCl} \xrightarrow{ZnCl_2} CH_3(CH_2)_3Cl + H_2O$$

氢碘酸是强酸，伯醇很容易与它反应。氢溴酸的强度次之，因此需加入硫酸增强酸性，也可用溴化钠和硫酸代替氢溴酸，这是从伯醇制备卤代烷最常用的方法。浓盐酸的酸性更弱一些，叔醇与浓盐酸在室温下立即反应，但仲醇和伯醇与浓盐酸的反应必须在催化剂（如无水氯化锌）的存在下进行。因此，在实验室常使用由浓盐酸和无水氯化锌配制而成的 Lucas 试剂来鉴别伯醇、仲醇和叔醇。

$$\left.\begin{array}{l}\text{叔醇}\\ \text{仲醇}\\ \text{伯醇}\end{array}\right\} \xrightarrow[\text{室温}]{36\%HCl/ZnCl_2} \left\{\begin{array}{l}\text{立即混浊}\\ \text{数分钟后混浊}\\ \text{不出现混浊，加热后混浊}\end{array}\right.$$

低级的一元醇（六碳以下）可溶于 Lucas 试剂，生成的相应卤代烃则不溶，从出现混浊所需要的时间可以衡量醇的反应活性。

3. 醇与卤化磷或氯化亚砜反应 除大多数伯醇外，醇与 HX 反应时会发生重排，即取代上去的卤素不一定在原来羟基的位置上，从而得到非预期产物。为了避免重排的发生，常使用的卤化剂是卤化磷（如 PI_3、PBr_3、PCl_5）或氯化亚砜（$SOCl_2$）。反应式如下所示。

$$ROH + PX_3 \longrightarrow R—X + \underset{\text{亚磷酸}}{H_3PO_3}$$

$$ROH + PCl_5 \longrightarrow R—Cl + \underset{\text{磷酰氯}}{POCl_3} + HCl\uparrow$$

$$ROH + SOCl_2 \longrightarrow R—Cl + SO_2\uparrow + HCl\uparrow$$

用氯化亚砜与醇反应，可直接得到卤代烷，同时生成 SO_2 和 HCl 两种气体，在反应过程中气体产物极易与氯代烃分离，这有利于反应向生成物的方向进行。该反应不仅速度快、反应条件温和、

产率高，而且不生成其他副产物，所得氯代烃的纯度很高。

4. 脱水反应 醇在酸催化下加热至一定温度，可发生脱水生成烯烃，脱水产物随温度及醇的不同而异。高温有利于发生分子内脱水，温度稍低则主要发生分子间脱水。例如：

$$CH_3CH_2OH \xrightarrow[170℃]{H_2SO_4} H_2C{=\!=}CH_2 + H_2O$$

$$2CH_3CH_2OH \xrightarrow[140℃]{H_2SO_4} CH_3CH_2OCH_2CH_3 + H_2O$$

当醇分子中含有不止一种 β—H 时，脱水成烯反应遵循札依采夫规则，即消除反应的主产物是双键碳原子上连有最多烃基的烯烃。例如，2- 丁醇脱水的主要产物是 2- 丁烯。

$$\underset{\text{2-丁醇}}{CH_3\text{—}\underset{\underset{OH}{|}}{C}HCH_2CH_3} \xrightarrow[100℃]{60\%H_2SO_4} \underset{\substack{\text{2-丁烯}\\81\%}}{CH_3CH{=\!=}CHCH_3} + \underset{\substack{\text{1-丁烯}\\19\%}}{CH_2{=\!=}CHCH_2CH_3}$$

在酸催化下，醇的脱水反应也是先经过醇羟基的质子化，脱水形成碳正离子，再消去 β- 质子生成双键。因此该反应速率主要取决于碳正离子中间体的生成速率，越稳定的碳正离子越易生成。碳正离子的稳定性顺序为 3° ＞ 2° ＞ 1°，因此 3 种类型的醇脱水反应的活性顺序为叔醇＞仲醇＞伯醇。见如下反应：

$$CH_3CH_2CH_2CH_2OH \xrightarrow[170℃]{75\%H_2SO_4} H_2C{=\!=}CHCH_2CH_3$$

$$CH_3CH_2\text{—}\overset{\overset{OH}{|}}{C}HCH_3 \xrightarrow[100℃]{66\%H_2SO_4} CH_3CH{=\!=}CHCH_3$$

$$(CH_3)_3C\text{—}OH \xrightarrow[80\sim90℃]{20\%H_2SO_4} CH_2{=\!=}C(CH_3)_2$$

5. 成酯反应 醇与有机酸之间脱水生成有机酸酯的反应称为酯化反应（将在第十章中讨论）。醇与无机含氧酸（如硝酸、亚硝酸、硫酸和磷酸等）作用，失去一分子水得到无机酸酯。例如：

$$CH_3CH_2OH + H_2SO_4 \xrightarrow{<100℃} \underset{\text{硫酸氢乙酯}}{CH_3CH_2OSO_2OH} + H_2O$$

硫酸氢乙酯是酸性酯，可以与碱成盐。高级硫酸氢酯的钠盐，如十二醇的硫酸氢酯的钠盐（$C_{12}H_{25}$—O—SO_2ONa）是一种合成洗涤剂，具有去垢的作用。

醇还可以与硝酸或亚硝酸反应生成硝酸酯或亚硝酸酯。

$$\underset{\text{异戊醇}}{(CH_3)_2CHCH_2CH_2OH} + HONO \xrightarrow{H^+} \underset{\text{亚硝酸异戊酯}}{(CH_3)_2CHCH_2CH_2ONO} + H_2O$$

$$\underset{\text{甘油}}{\underset{OH}{\overset{CH_2}{|}}\text{—}\underset{OH}{\overset{CH}{|}}\text{—}\underset{OH}{\overset{CH_2}{|}}} + 3HONO_2 \xrightarrow{H_2SO_4} \underset{\text{甘油三硝酸酯}}{\underset{ONO_2}{\overset{CH_2}{|}}\text{—}\underset{ONO_2}{\overset{CH}{|}}\text{—}\underset{ONO_2}{\overset{CH_2}{|}}} + 3H_2O$$

亚硝酸异戊酯和甘油三硝酸酯（又称硝化甘油）具有扩张微血管和放松平滑肌的作用，因而可以降低血压和缓解心绞痛。甘油三硝酸酯是浅黄色油状液体，稍稍碰撞就会引起猛烈的爆炸，是一种烈性炸药，反应方程式如下：

$$4\,\underset{ONO_2}{\overset{CH_2}{|}}\text{—}\underset{ONO_2}{\overset{CH}{|}}\text{—}\underset{ONO_2}{\overset{CH_2}{|}} \xrightarrow{\text{爆炸}} 6N_2\uparrow + 12CO_2\uparrow + 10H_2O + O_2\uparrow$$

爆炸的原因是小体积的液体被转化为大量的气体并放出大量的热。历史上硝化甘油的商品化生产曾引起很多死亡事件，直到 1866 年诺贝尔（Alfred Nobel）将硝化甘油与细粉状的硅藻土或锯屑混在一起，大大提高其使用的安全性，才使问题得到解决。

醇与磷酸可形成以下三种磷酸酯。

笔记栏

$$\begin{array}{ccc} RO-\overset{\displaystyle OH}{\underset{\displaystyle OH}{P}}=O & RO-\overset{\displaystyle OR'}{\underset{\displaystyle OH}{P}}=O & RO-\overset{\displaystyle OR'}{\underset{\displaystyle OR''}{P}}=O \\ \text{磷酸烷基二氢酯} & \text{磷酸二烷基氢酯} & \text{磷酸三烷基酯} \end{array}$$

磷酸酯是在生命化学中占有重要地位的一类化合物。磷酸酯键为高能化学键，生物体内具有生命能源库的三磷酸腺苷（ATP）及遗传物质基础的 DNA 中，均含有磷酸酯结构。

6. 氧化反应 伯醇及仲醇分子中的 α-H 由于受到 —OH 的影响，表现出一定的活性，可以被多种氧化剂氧化成醛、酮或酸；叔醇分子中与醇羟基相连的 α-C 上没有氢，不易被氧化，在酸性条件下易脱水成烯，然后发生碳碳键氧化断裂，形成小分子化合物。即醇的结构不同、氧化剂不同，则氧化产物各异。

用 $K_2Cr_2O_7$（$Na_2Cr_2O_7$）或 $KMnO_4$ 作为氧化剂，伯醇首先被氧化成醛，再进一步被氧化为羧酸。例如：

$$\underset{\text{丙醇}}{CH_3CH_2CH_2OH} \xrightarrow[H_2SO_4]{Na_2Cr_2O_7} \underset{\text{丙醛}}{CH_3CH_2CHO} \xrightarrow[H_2SO_4]{Na_2Cr_2O_7} \underset{\text{丙酸}}{CH_3CH_2COOH}$$

由于醛比醇更容易被氧化成羧酸，若想从伯醇通过该类氧化剂氧化制醛，则必须将生成的醛立即从反应体系中蒸出，以防其继续氧化。该法只适用于产物醛的沸点较低、容易蒸出的情况，且一般收率较低，应用受到限制。例如：

$$\underset{\text{沸点97℃}}{CH_3CH_2CH_2OH} \xrightarrow[75℃]{Na_2Cr_2O_7/H_2SO_4/H_2O} \underset{\text{沸点49℃}}{CH_3CH_2CHO}$$

仲醇氧化生成酮。酮比较稳定，在同样条件下不易继续被氧化。例如：

$$CH_3CH_2\overset{\displaystyle OH}{\overset{|}{C}}HCH_3 \xrightarrow[H_2SO_4]{Na_2Cr_2O_7} CH_3CH_2\overset{\displaystyle O}{\overset{\|}{C}}CH_3$$

CrO_3 与吡啶的络合物（C_5H_5N）$_2$•CrO_3 称为沙瑞特（Sarrett）试剂。确切地说，应称 PCC（pyridinium chlorochromate），组成为 $C_5H_5N^+$–H•CrO_3Cl^-，为 CrO_3+HCl+ C_5H_5N 混合而成。若用沙瑞特试剂作氧化剂，能使伯醇的氧化停留在生成醛的一步；若与不饱和伯醇反应，则分子中的不饱和键也不被破坏。仲醇与沙瑞特试剂反应可被氧化成酮，叔醇一般不被氧化。例如，在 25℃的条件下，1- 丙醇与烯丙醇可分别与沙瑞特试剂发生如下反应。

$$\underset{\text{1-丙醇}}{CH_3CH_2CH_2OH} \xrightarrow{CrO_3/C_5H_5N} \underset{\text{丙醛}}{CH_3CH_2CHO}$$

$$\underset{\text{烯丙醇}}{H_2C{=\!=}CHCH_2OH} \xrightarrow{CrO_3/C_5H_5N} \underset{\text{丙烯醛}}{H_2C{=\!=}CHCHO}$$

在实验室里常用铬酸试剂（H_2CrO_4）鉴别醇。伯醇、仲醇能在几秒钟内与铬酸试剂反应，六价铬离子被还原成三价铬离子，溶液颜色逐渐由橙色变为混浊的蓝绿色，叔醇不反应。但须注意的是，醛与铬酸试剂也产生类似现象。

生物体内，在酶的催化下，羟基化合物的氧化反应是重要的生化反应之一。

案例 8-1 酒精检测仪检测酒驾

为了加强酒后驾驶的查处力度，执法交警用酒精检测仪来检测驾驶人员呼出气体中的乙醇含量。通常的方法是，要求被测者以持续 10 ～ 20s 的时间往一个其内载有 $K_2Cr_2O_7$ 和 H_2SO_4 粉末状硅胶（SiO_2）的管子吹气，如果管内物质由橙色变为绿色，则认为被测者呼出的气体中含有乙醇，被测者将被要求执行更精确的血液或尿液检测。你能解释该简单方法的化学依据吗？

讨论：饮酒者血液中的乙醇扩散于肺并进入呼出的气体中，该气体流经乙醇检测管时，载于硅胶粉上的 $K_2Cr_2O_7$ 发生如下化学反应：

笔记栏

$$2K_2Cr_2O_7 + 3CH_3CH_2OH + 8H_2SO_4 \longrightarrow 2Cr_2(SO_4)_3 + 2K_2SO_4 + 3CH_3COOH + 14H_2O$$

橙色　　　　　　　　　　　　绿色

检查时让疑似饮酒者向玻璃管内吹气，如果其呼出气体中含有乙醇，则橙黄色的重铬酸钾还原为浅绿色的铬。目前使用的新型酒精检测仪在检测时被检者呼出气体中的乙醇被输送到电池中反应产生微小电流，该电流经电子放大器放大后在液晶显示屏上显示的数值与被测者呼出气体中的乙醇含量成正比，精确地标示出呼出气体中乙醇的浓度。

7. 邻二醇的特殊反应　邻二醇分子中的两个羟基连在相邻的两个碳原子上，由于两个羟基的相互作用，除了具有一元醇的一般化学性质外，还具有一些特殊性质。

（1）与氢氧化铜的反应：邻二醇与氢氧化铜反应，生成一种深蓝色的配合物溶液。例如：

$$\begin{array}{l} CH_2—OH \\ | \\ CH—OH \\ | \\ CH_2—OH \end{array} + Cu(OH)_2 \longrightarrow \begin{array}{l} CH_2—O \\ | \qquad\quad \diagdown \\ CH—O \diagup Cu \\ | \\ CH_2—OH \end{array} + 2H_2O$$

甘油　　　　　　　　　　　　甘油铜（绛蓝色）

此反应现象明显，反应迅速，实验室中常用于鉴别具有两个相邻羟基的化合物。

（2）与高碘酸的反应：邻二醇可被高碘酸氧化，反应时连有两个羟基的碳碳单键断裂，两个碳原子均被氧化成羰基，生成两分子的羰基化合物。例如：

$$\begin{array}{l} RCH \vdots CH \vdots CH_2 \\ \,|\qquad\ \ |\qquad\ \ | \\ OH\quad OH\quad OH \end{array} + 2HIO_4 \longrightarrow RCHO + HCOOH + HCHO + 2HIO_3 + H_2O$$

高碘酸　　　　　　　　　　　　碘酸

六、硫　　醇

巯基（—SH）与烃基直接相连的化合物称为硫醇（mercaptan，thiol），硫醇的官能团是巯基，其通式为 R—SH。氧和硫为同一主族元素，因此醇与硫醇在结构和性质上有许多相似之处。

（一）结构和命名

硫醇在结构上可以视为醇分子中羟基氧原子被硫原子取代而成，也可视为硫化氢的烃基衍生物。硫醇的命名只需将相应的醇名称中的“醇”字改为“硫醇”即可。例如：

$CH_3—SH$　　　$(CH_3)_2CH—SH$　　　$C_6H_5—CH_2—SH$

甲硫醇 methyl mercaptan　　异丙硫醇 isopropyl mercaptan　　苯甲硫醇（苄硫醇）benzyl mercaptan

（二）硫醇的物理性质

硫的电负性比氧小，硫醇分子很难形成氢键且不能缔合，硫醇的沸点比相应的醇低，在水中的溶解度也小。如乙醇的沸点是 78.5℃，乙硫醇的沸点是 37℃；乙醇和水以任意比例混溶，而乙硫醇的溶解度仅为 $1.5g \cdot 100ml^{-1}$。

低级硫醇有毒，具有极其难闻的臭味，人们的嗅觉对它特别敏感。乙硫醇在空气中的浓度达到 $10^{-11}g \cdot L^{-1}$ 时，即能被人察觉。

（三）硫醇的化学性质

除了与醇相似的性质外，硫醇还有其特殊的性质，主要表现在它的弱酸性和氧化反应两方面。

1. 弱酸性　硫醇的酸性比相应的醇强（乙硫醇的 pK_a=10.6，乙醇的 pK_a=16），能与氢氧化钠或氢氧化钾的乙醇溶液、金属氧化物等作用，生成相应的硫醇盐。

$$RSH + NaOH \longrightarrow RSNa + H_2O$$

$$2RSH + HgO \longrightarrow (RS)_2Hg\downarrow + H_2O$$

许多重金属盐能导致人、畜中毒，原因就是这些重金属能与机体内某些酶的巯基结合，使酶失去活性。根据硫醇能与重金属形成稳定的硫醇盐这一性质，人们将二巯基丙醇（商品名 BAL，British Anti-Lewisite）、二巯基丙磺酸钠（sodium 2,3-dimercaptopropanesulfonate）、二巯基丁二酸钠（sodium dimercaptosuccinate）等化合物作为重金属盐中毒的解毒剂。

$$\begin{array}{l} CH_2—SH \\ | \\ CH—SH \\ | \\ CH_2—OH \end{array} + Hg^{2+} \longrightarrow \begin{array}{l} CH_2—O \\ | \qquad\quad \searrow Hg \\ CH—O \nearrow \\ | \\ CH_2—OH \end{array} + H_2O$$

二巯基丙醇

重金属离子与这些化合物结合后，不再与酶的巯基作用，而且这些化合物还能夺取与酶结合的重金属离子，使酶复活，生成的盐经由尿排出体外。

2. 氧化反应 硫醇比醇更易被氧化，且发生在硫原子上，氧化方式与醇不同。例如，在温和的氧化条件下，稀释的过氧化氢或次碘酸钠可以把硫醇氧化成二硫化物（disulfide）。

$$2R—SH \xrightarrow{H_2O_2} R—S—S—R$$

二硫化物在亚硫酸钠或锌和硫酸的作用下，经还原又可得到原来的硫醇。

硫醇与二硫化物间的这种相互转化是生物体内非常重要的生理过程，对于维系蛋白质分子的空间结构起重要作用。例如，在酶的作用下，半胱氨酸和胱氨酸就可以发生相互转换。

$$2H—\underset{\underset{\underset{SH}{|}}{H_2C}}{\overset{COOH}{\overset{|}{\underset{|}{C}}}}—NH_2 \underset{[H]}{\overset{[O]}{\rightleftharpoons}} HOOC—\underset{NH_2}{\underset{|}{CH}}—CH_2—S—S—CH_2—\underset{NH_2}{\underset{|}{CH}}—COOH$$

半胱氨酸　　　　胱氨酸

七、重要的醇类化合物

自然界含羟基的化合物很多，它们是动植物代谢过程中不可缺少的物质。很多醇类化合物都有很强的生理活性，如麻醉催眠和消毒防腐作用等。低级的醇类多有麻醉和催眠的作用，强度一般随碳原子数目的增多而加强，当碳原子数目为 8 时达到最大限度。醇的类型及碳链的分支对麻醉催眠作用和毒性均有影响。一般以伯醇的麻醉催眠作用最弱，仲醇较强，叔醇最强且毒性也较小。具有支链的伯醇或仲醇的作用比直链异构体要强，如异丙醇的作用比正丙醇强 2 倍，叔丁醇又比仲丁醇强 2 倍。

醇类消毒杀菌作用的强度恰好与催眠麻醉作用相反，伯醇作用最强，仲醇次之，叔醇最弱。乙醇、丙醇都是临床上具有实用价值的消毒药物，根据同系效应，高级醇类消毒杀菌作用更强，但到十六醇时则无抗菌作用。一元醇类对神经细胞是有毒的，而多羟基化合物对组织的渗透力减弱，毒性显著减低。例如，甘油、丙二醇在临床可用作助溶剂和润滑剂。

1. 甲醇 又称木精、木酒精、木醇等，最早由木材干馏取得，现在则使用一氧化碳和氢气合成。甲醇是一种易燃、有酒香气味的无色透明液体，主要用作有机溶剂和制备甲醛。甲醇有剧毒，摄入 5 ～ 10ml 就会发生急性中毒，摄入 30ml 即可致死。作为重要的化工原料，甲醇可被氧化生成甲醛，用于制备酚醛树脂。20% 甲醇和汽油的混合物是很好的燃料，除此之外甲醇也是很好的有机溶剂。

2. 乙醇 又称酒精，一般由含淀粉的原料通过发酵制成，也可以用乙烯水化法合成。乙醇是一种无色的透明的易燃液体，具有特殊的香气和辣味，主要用作有机溶剂、橡胶合成等。浓度为 75% 的乙醇被广泛用作消毒剂。乙醇有毒，血液中乙醇含量达到 0.4% 可致死。乙醇能使人产生欣快感，失去方向感和判断力，进而麻木、昏迷和死亡。虽然长期适量地饮用乙醇饮料（约每天两罐啤酒）不会对机体造成伤害，但大量过度酗酒会引起生理和心理症状，即所谓的酒精中毒，这些症状包括幻觉、过度兴奋、肝脏疾病、痴呆、胃炎和成瘾。

笔记栏

3. 乙二醇　俗称甘醇，为无色无臭、有毒略有甜味的黏稠液体，可与水混溶，不溶于乙醚。60% 乙二醇水溶液的凝固点为 -49℃，是较好的发动机抗冻剂。乙二醇也是很好的化工原料，用于制造树脂、增塑剂，合成纤维、化妆品和炸药等。

4. 丙三醇　又称甘油，是无色有甜味黏稠液体，无毒，无气味，能吸潮。用于气相色谱固定液及有机合成，也可用作溶剂、气量计及水压机减震剂、软化剂、抗生素发酵用营养剂、干燥剂等。每克甘油完全氧化可产生 4 千卡热量。甘油的化学结构与碳水化合物完全不同，经人体吸收后不会改变血糖和胰岛素水平，所以甘油可用作食品加工业中的甜味剂和保湿剂。又由于甘油可以增加人体组织中的水分含量，所以可以增加高热环境下人体的运动能力，多用于运动食品和代乳品中。

5. 苯甲醇　又称苄醇，为无色液体，可溶于水，易溶于醇、醚、芳烃，具有芳香味。它的酯存在于很多植物精油中，气味纯正，可用于香料工业。另外，苯甲醇具有微弱的麻醉作用，曾用于注射剂中的止痛剂，但因容易引起儿童的肌肉萎缩，目前已经禁用。苯甲醇还可用作溶剂、增塑剂、防腐剂，用于香料、肥皂、药物、染料等的制造。

第二节　酚

一、酚的分类及命名

酚类羟基直接连在芳环上，与芳香醇不同。根据芳烃基种类不同，酚可分为苯酚、萘酚等。萘酚因羟基位置不同又分为 α- 萘酚和 β- 萘酚。

根据酚羟基数目，酚可分为一元酚、二元酚、三元酚等。含有两个以上酚羟基的酚统称为多元酚。

酚的命名有两种情况。按照官能团的排列次序，若酚羟基是化合物的主官能团，则将酚羟基与芳香环一起作为母体，其他基团作为取代基处理，在“酚”字之前加上芳环名称，再标明取代基位次、数目和名称。例如：

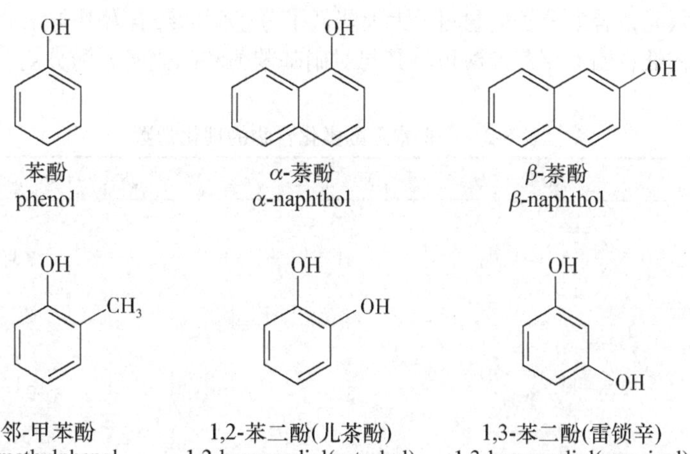

苯酚 phenol　　α-萘酚 α-naphthol　　β-萘酚 β-naphthol

邻-甲苯酚 *o*-methylphenol　　1,2-苯二酚(儿茶酚) 1,2-benzenediol(catechol)　　1,3-苯二酚(雷锁辛) 1,3-benzenediol(resocinol)

酚羟基不作为化合物的主官能团时，羟基作为取代基处理。对于结构复杂的一元酚，也可将酚羟基作为取代基来命名。例如：

对羟基苯甲醇 *p*-hydroxyphenylmethanol　　3-(3′-羟基苯基)-2-丁醇 3-(3′-hydroxyphenyl)-2-butanol

笔记栏

二、酚的结构

酚羟基中的氧原子为 sp^2 杂化，未参与杂化的 p 轨道含有孤对电子，可与苯环的 π 电子轨道平行重叠，形成 p-π 共轭体系，氧原子上的电子云可向苯环转移（图 8-3）。

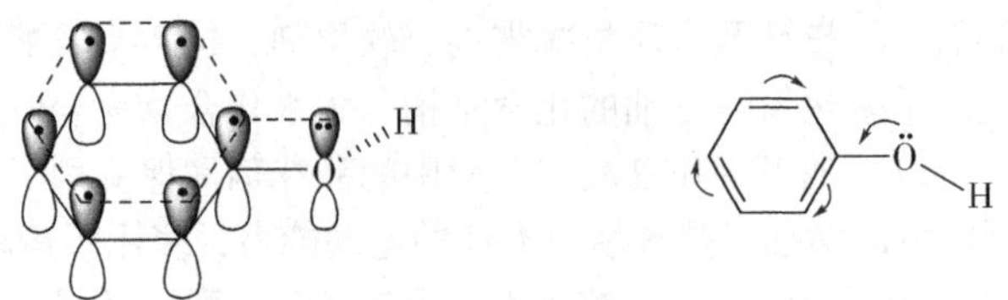

图 8-3　苯酚的 p-π 共轭及电子转移示意图

p-π 共轭导致如下结果：

（1）C—O 键的极性降低，不易断裂，—OH 不易被取代。

（2）氧原子上的电子云密度相对降低，O—H 键间的电子云向氧原子转移，O—H 键极性增大，H 较活泼，表现出一定的酸性。

（3）苯环上的电子云密度相对增大，使苯环上的亲电取代反应更容易进行。

三、酚的物理性质

酚类化合物大多数为低熔点、高沸点的固体。苯酚分子与水分子间能形成微弱氢键，因此苯酚微溶于水。随着分子中酚羟基数目的增多，酚在水中的溶解度也相应增大。酚类化合物一般可溶于乙醇、乙醚、苯等有机溶剂。

甲基苯酚的 3 个异构体在水中的溶解度很相近。而硝基苯酚的 3 个异构体中，邻硝基苯酚的沸点及其在水中的溶解度比间位和对位异构体都低，这是因为对硝基苯酚和间硝基苯酚不仅能形成分子间氢键，导致分子缔合，使沸点升高，同时也能与水分子形成氢键，使其在水中的溶解度相应增大。邻硝基苯酚则形成六元螯合的分子内氢键，大大降低了分子间的缔合及其与水分子形成氢键的能力，故沸点和水溶性都较低，因而用蒸馏法可将其与对硝基苯酚和间硝基苯酚分离。

表 8-2　一些常见酚类化合物的理化常数

名称	结构	熔点（℃）	沸点（℃）	S [g·(100g 水)$^{-1}$，20℃]	pK_a
苯酚	—OH	41	182	9.3	9.9
邻甲苯酚	OH, CH_3	31	191	2.5	10.2
间甲苯酚	OH, H_3C	11	201	2.6	10.17
对甲苯酚	H_3C—　—OH	35.5	201	2.3	10.0
邻硝基苯酚	OH, NO_2	45	214	0.2	7.21

续表

名称	结构	熔点（℃）	沸点（℃）	S [g·(100g 水)$^{-1}$，20℃]	pK_a
间硝基苯酚	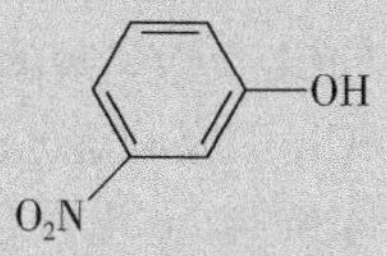 3-O_2N-C_6H_4-OH	96	—	1.4	8.40
对硝基苯酚	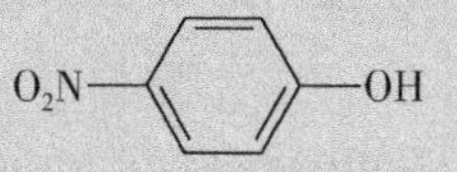 O_2N-C_6H_4-OH	114	279（分解）	1.6	7.15
2,4,6- 三硝基苯酚	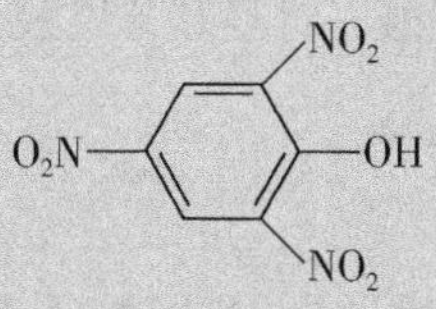 2,4,6-$(NO_2)_3C_6H_2$-OH	122	300℃爆炸	1.40	0.7
邻苯二酚	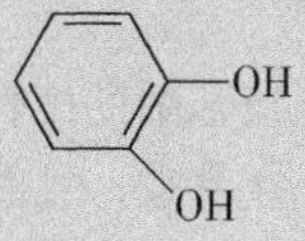 1,2-$C_6H_4(OH)_2$	105	245	45.1	9.48
间苯二酚	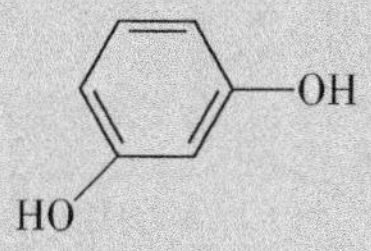 1,3-$C_6H_4(OH)_2$	110	281	12.3	9.44
对苯二酚	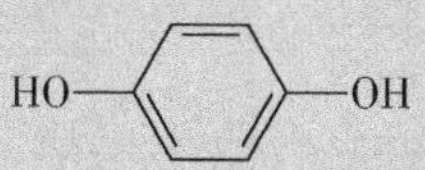 HO-C_6H_4-OH	170	286	8	9.96

四、酚的化学性质

由于酚的 p-π 共轭结构，C—O 键不易断裂，而 O—H 键易断裂，故酚与醇在化学性质上具有较大的差异。例如，酚的酸性比醇强；酚比醇易被氧化，且产物复杂；酚羟基不与卤化剂反应生成卤代芳烃；酚不能与酸直接反应生成酯；不能发生分子内脱水反应；酚羟基使苯环活化，易发生亲电取代反应。

（一）弱酸性

苯酚具有酸性，在混浊的苯酚、水混合物中滴加 5% 的 NaOH 溶液，得到的是透明的澄清溶液，这是因为苯酚和氢氧化钠发生了中和反应，生成的苯酚钠溶于水。

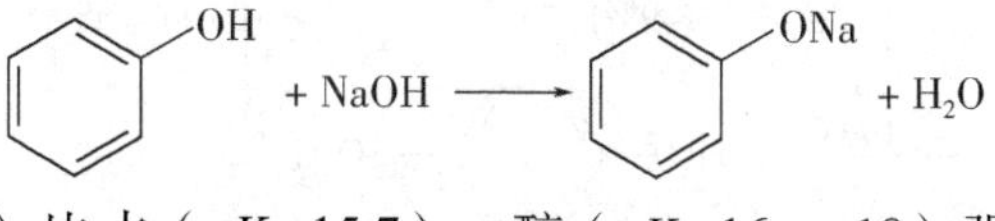

$$C_6H_5OH + NaOH \longrightarrow C_6H_5ONa + H_2O$$

苯酚的酸性（pK_a=10）比水（pK_a=15.7）、醇（pK_a=16 ～ 18）强，但比碳酸（pK_{a_1}=6.35；pK_{a_2}=10.33）弱，因而在苯酚钠溶液中通入 CO_2，苯酚又会游离析出。

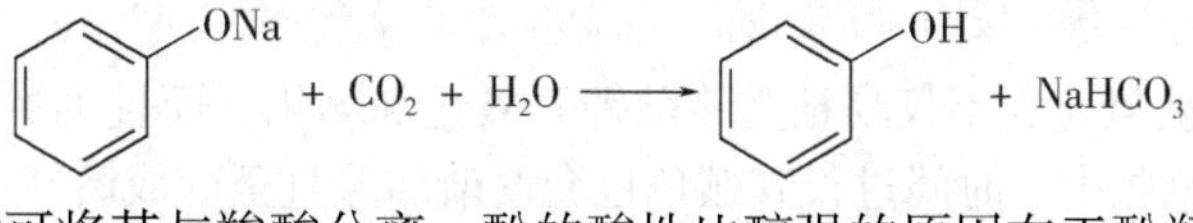

$$C_6H_5ONa + CO_2 + H_2O \longrightarrow C_6H_5OH + NaHCO_3$$

利用酚的这一性质可将其与羧酸分离。酚的酸性比醇强的原因在于酚羟基解离出 H^+后生成苯氧负离子，因 p-π 共轭，氧上负电荷能分散到整个苯环上而稳定。

取代酚的酸性强弱与取代基的性质、数目及其相对位置等因素有关。一般来说，吸电子基团使

笔记栏

酸性增强，而给电子基团使酸性减弱，见表 8-2。

（二）与 $FeCl_3$ 的反应

大多数酚能与 $FeCl_3$ 的水溶液发生显色反应，不同的酚与 $FeCl_3$ 反应呈现的颜色不同。例如，苯酚、间苯二酚、1,3,5- 苯三酚与 $FeCl_3$ 反应均显紫色；甲苯酚与 $FeCl_3$ 反应显蓝色；邻苯二酚、对苯二酚与 $FeCl_3$ 反应显绿色；1,2,3- 苯三酚与 $FeCl_3$ 反应显红色；*α*- 萘酚与 $FeCl_3$ 反应生成紫色沉淀；*β*- 萘酚与 $FeCl_3$ 反应则生成绿色沉淀。这种特殊的显色反应常用来鉴别酚类化合物的种类。一般认为酚与 $FeCl_3$ 反应可能是生成了配合物。

$$6ArOH + FeCl_3 \longrightarrow [Fe(OAr)_6]_3^- + 6H^+ + 3Cl^-$$

必须指出的是，个别取代酚，如硝基苯酚、间羟基苯甲酸、对羟基苯甲酸分子中虽含有酚羟基，但不与 $FeCl_3$ 发生显色反应。

（三）芳环上的亲电取代反应

酚羟基与苯环的共轭作用使羟基的邻、对位的电子云密度增大，所以酚羟基的邻、对位活性增大，容易发生亲电取代反应。

1. 卤代反应 苯的卤代反应一般较难进行，需要催化剂，但苯酚的卤代反应就非常容易。苯酚与溴水在室温下立即生成 2,4,6- 三溴苯酚白色沉淀，该反应十分灵敏，且能定量完成，可用于苯酚的定性和定量分析。

$$C_6H_5OH + 3Br_2 \xrightarrow{\text{室温}} 2,4,6\text{-}Br_3C_6H_2OH \downarrow + 3HBr$$

2. 硝化反应 室温下苯酚与稀硝酸作用即生成邻硝基苯酚和对硝基苯酚。邻、对位异构体可用水蒸气蒸馏法分离。

$$C_6H_5OH \xrightarrow[25^\circ C]{20\%HNO_3} o\text{-}O_2NC_6H_4OH + O_2N\text{-}C_6H_4\text{-}OH$$

邻硝基苯酚　　对硝基苯酚

3. 磺化反应 苯酚与浓硫酸作用得到的磺化产物与反应温度密切相关。在较低温度下主要得到邻位产物；在较高温度下主要得到对位产物。邻、对位异构体进一步磺化，均得到 4- 羟基 -1,3- 苯二磺酸。

$$C_6H_5OH \xrightarrow{浓H_2SO_4} \begin{cases} \xrightarrow{15\sim25^\circ C} o\text{-}HOC_6H_4SO_3H\ (49\%) \\ \xrightarrow{100^\circ C} HO\text{-}C_6H_4\text{-}SO_3H\ (90\%) \end{cases} \xrightarrow[80\sim100^\circ C]{浓H_2SO_4} HO\text{-}C_6H_3(SO_3H)_2$$

4-羟基-1,3-苯二磺酸

（四）氧化反应

酚类化合物很容易被氧化，不仅易被重铬酸钾等氧化剂氧化，而且可被空气中的氧所氧化。这就是苯酚即使保存在棕色瓶中，时间过长其颜色也会逐渐加深直至变成暗红色的原因。

$$C_6H_5OH \xrightarrow{[O]} O{=}C_6H_4{=}O$$

对苯醌

笔记栏

多元酚更易被氧化，乃至弱氧化剂也能将邻、对位二元酚氧化成醌。

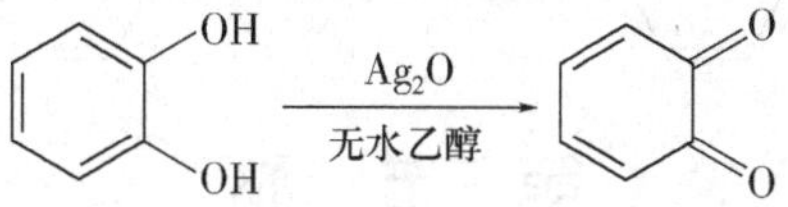

$$\text{邻苯二酚} \xrightarrow[\text{无水乙醇}]{Ag_2O} \text{邻苯醌}$$

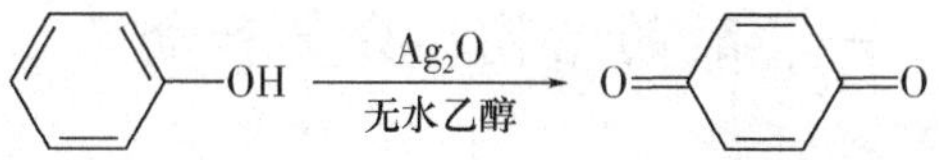

$$\text{对苯二酚} \xrightarrow[\text{无水乙醇}]{Ag_2O} \text{对苯醌}$$

五、重要的酚类化合物

酚类化合物是一类用途广泛的有机化合物，一般具有抗菌作用，医疗上广泛用作消毒剂，有些酚类衍生物还具有驱除肠道寄生虫和止血的作用。酚的分子中引进烃基或卤素原子时（通常为氯原子），抗菌能力增强，烃基的碳链增长时抗菌能力也随之增大，到碳原子数为 5 ～ 6 时达到高峰。酚的抗菌能力与所连烃基是否带有支链有关，一般正烃基的抗菌能力最强，仲烃基次之，叔烃基最弱。引进烃基或卤素原子后，其驱肠虫的作用也随之增强。引进羟基后其抗菌能力一般会下降。例如，间苯二酚的抗菌能力仅为苯酚的三分之一，儿茶酚、没食子酚的抗菌能力均低于苯酚。由于多元酚极易被氧化，通常作为抗氧剂被广泛应用于食品、医药、化学工业中。

酚类的抗菌作用是由于它可使微生物原生质中的蛋白质高度变性，但一般缺乏选择性，仅对各种细菌的杀菌浓度略有不同。在有血清存在的情况下酚类几乎失去抗菌作用，这可能是酚与血清蛋白及球蛋白结合而不能再与细菌起作用的缘故。

酚类化合物及其衍生物都具有一定的毒性，如能刺激皮肤或黏膜、沉淀蛋白质、产生局部的麻醉作用，长期接触酚类的蒸汽可致肾损坏和营养失衡等症状。将酚类的羟基酰化、烃基化可以降低其毒性。

1. 苯酚　又称石炭酸，是具有特殊气味的无色针状结晶，熔点 43℃，在空气中逐渐氧化而呈粉红色。苯酚微溶于水，65℃以上可以与水混溶，苯酚易溶于乙醇和乙醚等有机溶剂中。

苯酚具有较强的消毒杀菌能力，可用作防腐剂和消毒剂。苯酚有毒，一旦触及皮肤要立即用乙醇擦洗。

工业上苯酚主要用于制造酚醛树脂、双酚 A 及己内酰胺。苯酚也是很多医药（如水杨酸、阿司匹林及磺胺类药等）及合成香料、染料的原料。

2. 维生素 E　又称 *α*- 生育酚（tocopherol），是与动物生育功能有关的酚，在食用油、水果、蔬菜及粮食中均存在，于 1988 年人工合成成功。维生素 E 能维持生殖器官的正常功能，对机体的代谢有良好影响，促进卵泡的成熟，使黄体增大，并可抑制孕酮在体内的氧化，从而增强孕酮的作用。*α*- 生育酚的结构式如下所示：

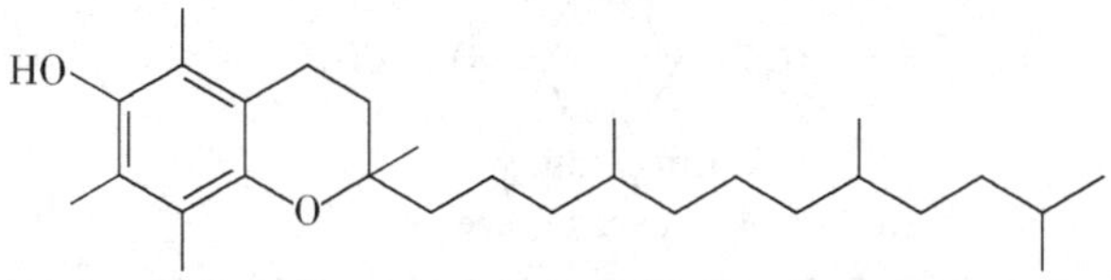

维生素 E 还有清除体内自由基的作用。其分子中的酚羟基和氧桥极易与羟自由基反应，生成对醌。醌型生育酚又可与体内的维生素 C 作用，恢复为酚型结构。因此将维生素 E、维生素 C 配合使用，可明显提高其疗效。

3. 对苯二酚　又称氢醌，为白色针状结晶，可燃，熔点 172 ～ 175℃，沸点 285 ～ 287℃，易溶于热水、乙醇及乙醚，微溶于苯。对苯二酚很容易被氧化，在空气中见光易变成褐色，在碱性溶液中氧化更快。对苯二酚能把感光后的溴化银还原成单质银，是照片冲印的显影剂，也可以作抗氧剂和阻聚剂。

笔记栏

AgBr

第三节 醚

一、醚的结构、分类和命名

（一）结构

醚可视为水分子的两个氢原子被烃基取代的产物，或是醇、酚分子中的羟基氢原子被烃基取代的产物。醚分子中 C—O—C 称为醚键，是醚的官能团。醚键中的氧原子为不等性的 sp^3 杂化，未成键的两个 sp^3 杂化轨道均含孤对电子，另外两个 sp^3 杂化轨道分别与两个碳原子的 sp^3 杂化轨道形成 σ 键。C—O—C 的键角接近 120°。

（二）分类

醚的通式为 R—O—R′，其中烃基可以是脂肪烃基或芳香烃基。醚可分为单醚、混醚和环醚。与氧相连的两个烃基相同的醚称为单醚；与氧相连的两个烃基不相同的醚称为混醚；若氧原子与烃基连成环则称为环醚。例如：

$CH_3CH_2—O—CH_2CH_3$　　$CH_3CH_2—O—CH_3$

单醚　　混醚　　环醚

（三）命名

醚的命名比较简单，一般是将与氧原子连接的烃基名称写出后，再加上“醚”字即可。若两个烃基不同（即混醚），则按次序规则（先小后大）将烷基名称写出；若含芳基一般将芳基名称写在烷基名称前。例如：

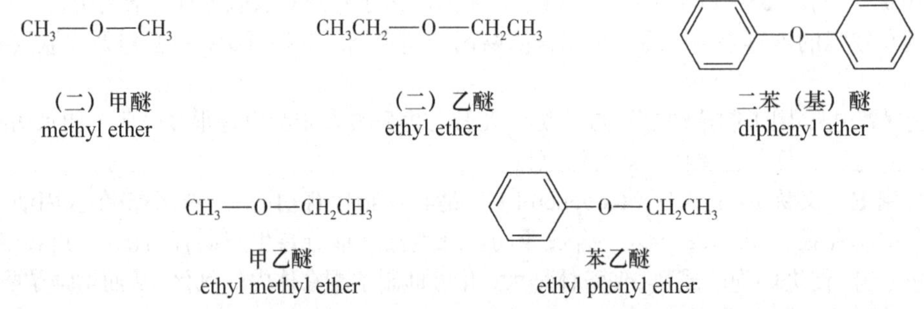

（二）甲醚 methyl ether　（二）乙醚 ethyl ether　二苯（基）醚 diphenyl ether

甲乙醚 ethyl methyl ether　苯乙醚 ethyl phenyl ether

结构比较复杂的混醚可用系统命名法命名，以烃为母体，烃氧基作为取代基。例如：

$H_3C—C_6H_4—O—CH_3$

4-甲氧基甲苯
4-methoxytoluene

环醚可看作烃的环氧化合物来命名，根据母体烃称为“环氧某烷”，某些环醚还可当作杂环化合物的衍生物来命名。

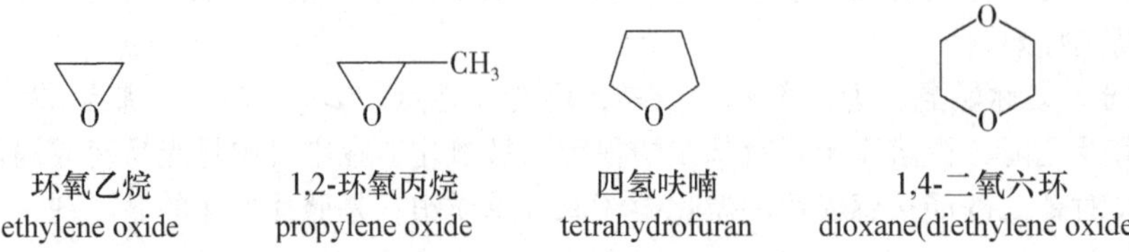

环氧乙烷 ethylene oxide　1,2-环氧丙烷 propylene oxide　四氢呋喃 tetrahydrofuran　1,4-二氧六环 dioxane(diethylene oxide)

笔记栏

二、醚的物理性质

常温下，甲醚和甲乙醚是气体，其余多数醚为无色液体，有特殊气味。低级醚易挥发，所形成的蒸气易燃，使用时要特别注意安全。由于醚分子中氧原子与两个烃基相连，醚分子间不能形成氢键，因此醚的沸点比相对分子质量相近的醇低得多。例如，乙醇的沸点为 78.4℃，甲醚的沸点为 −24.9℃；乙醚的沸点为 34.8℃，而正丁醇的沸点则达到 117.8℃。

多数醚不溶于水，但小分子醚能与水分子形成分子间氢键，在水中有一定的溶解度。例如，乙醚在水中的溶解度为 $8g\cdot(100g\ H_2O)^{-1}$。四氢呋喃和 1,4- 二氧六环能与水完全互溶，原因是环上的氧原子向外突出，有利于和水形成氢键。醚的极性很低，能溶解许多有机物，化学性质比较稳定，是常用的有机溶剂。一些常见醚的物理常数见表 8-3。

表 8-3　一些常见醚的物理常数

化合物	熔点（℃）	沸点（℃）	化合物	熔点（℃）	沸点（℃）
甲醚	−140	−24.9	苯甲醚	−37	154
乙醚	−116	34.8	苯乙醚	−33	172
丙醚	−122	91	二苯醚	27	259
异丙醚	−60	69	1,4- 二氧六环	11	101
正丁醚	−95	142	四氢呋喃	−108	66

三、醚的化学性质

醚的化学性质与醇和酚有很大的不同。除少数小环醚（如环氧乙烷）外，醚是比较稳定的化合物，其稳定性仅次于烷烃。在一般情况下，醚既不与氧化剂、还原剂作用，也不与稀酸、强碱反应。由于醚分子中氧原子上有孤电子对，故也能发生一些化学反应。

（一）镁盐的形成

醚键中的氧原子具有未共用电子对，作为路易斯碱能接受强酸的质子可形成镁盐。因此，醚能溶于浓盐酸和浓硫酸等强酸。

$$CH_3CH_2—O—CH_2CH_3 + H_2SO_4(浓) \longrightarrow \left[CH_3CH_2—\underset{\displaystyle H}{\underset{|}{O}}—CH_2CH_3\right]^+HSO_4^-$$

镁盐

醚的镁盐在低温和浓强酸中稳定，遇水则立即分解，恢复成原来的醚。利用这一特性可区别醚与烷烃或卤代烃。例如，乙醚与正戊烷的沸点几乎相同，但醚能溶于冷的浓硫酸成为均相溶液，而正戊烷不溶于冷的浓硫酸，有明显的分层。

（二）醚键的断裂反应

醚与浓强酸（如氢卤酸）共热时，醚的 C—O 键断裂生成卤代烃和醇，如有过量的氢卤酸存在，则生成的醇还能进一步转变成卤代烃。例如：

$$ROR' + HI \longrightarrow RI + R'OH$$

$$R'OH + HI \longrightarrow R'I + H_2O$$

混醚反应时，一般是小的烃基先断裂生成卤代烃，大基团或芳香烃基形成醇或酚。例如：

$$C_6H_5—O—CH_3 + HI \xrightarrow{\triangle} C_6H_5OH + CH_3I$$

苯甲醚　　　苯酚　　　碘甲烷

笔记栏

（三）醚的过氧化物及检查

醚对氧化剂较稳定，但含有 α-H 的醚若与空气长期接触或经光照，则可被缓慢氧化形成不易挥发的过氧化物（peroxide）。例如：

$$CH_3CH_2OCH_2CH_3 \xrightarrow{O_2} CH_3CH_2OCH(O\text{—}OH)CH_3$$

过氧化物受热容易分解而发生爆炸，因此，在使用存放时间较长的乙醚前必须进行检查。检查的方法如下：

1. 取少量醚与酸性 KI- 淀粉试纸一起振摇，若有过氧化物存在，则试纸变蓝。

2. 在碘化钾的乙酸溶液中加入少量醚，若有过氧化物存在，则可析出棕色的碘。

3. 取少量醚与硫酸亚铁和硫氰化钾的水溶液一起振摇，若有过氧化物存在，则可生成血红色的 $[Fe(SCN)_6]^{3+}$。

除去过氧化物的方法是，用适量 $FeSO_4$ 水溶液洗涤，以破坏其中的过氧化物。贮存乙醚时，应放在棕色瓶中，以延缓过氧化物的生成。

（四）环氧化合物的开环反应

一个氧原子与相邻的两个碳原子相连所构成的三元环醚（环氧乙烷）及其取代产物在称为环氧化合物（epoxide）。环氧化合物非常活泼，易发生开环反应。

1. 环氧乙烷的开环反应 环氧乙烷极易与多种含活泼氢的化合物及某些亲核试剂反应，生成多种类型的化合物。

$H_2C\text{—}CH_2$（环氧乙烷，O 桥连两碳）：

$$\xrightarrow{H_2O/H^+} HOCH_2CH_2OH \quad \text{乙二醇}$$

$$\xrightarrow{HX} XCH_2CH_2OH \quad \text{2-卤乙醇}$$

$$\xrightarrow[H^+]{C_2H_5OH} C_2H_5OCH_2CH_2OH \quad \text{2-乙氧基乙醇}$$

$$\xrightarrow{NH_3} H_2NCH_2CH_2OH \quad \text{氨基乙醇(羟基乙胺)}$$

$$\xrightarrow{HCN} HOCH_2CH_2CN \quad \text{3-羟基丙腈}$$

$$\xrightarrow{RMgX} RCH_2CH_2OMgX \xrightarrow{H_2O/H^+} RCH_2CH_2OH$$

上述开环反应生成的产物多数是含两个官能团的化合物，与格氏试剂反应后得到的醇增加了两个碳原子，因此环氧乙烷在有机合成中是一个很有用的中间体。

2. 不对称环氧乙烷的开环反应 随介质酸碱性不同，反应的取向也不同，因而产物也不相同。因此可根据需要设计合成路线，得到目标产物。

（1）在碱性条件下的开环反应取向：在碱性条件下，亲核试剂进攻环氧化合物中含取代基较少（空间位阻小）的碳原子，经 S_N2 机制完成开环反应。例如：

$$CH_3\text{—}CH\text{—}CH_2\ (\text{环氧，O桥}) + CH_3OH \xrightarrow{OH^-} CH_3\text{—}CH(OH)\text{—}CH_2(OCH_3)$$

（2）在酸性条件下的开环反应取向：在酸性条件下，首先是质子与氧原子结合形成不稳定的质子化的环氧化合物，然后亲核试剂再进攻环氧化合物中含取代基最多的碳原子，因为烷基起着稳定碳正离子的作用，所以形成过渡态所需的活化能较小。

$$CH_3\text{—}CH\text{—}CH_2\ (\text{环氧}) \xrightleftharpoons{H^+} CH_3\text{—}CH\text{—}CH_2\ (\overset{+}{O}H) \longrightarrow CH_3\text{—}\overset{+}{C}H\text{—}CH_2OH \xrightarrow[-H^+]{CH_3OH} CH_3\text{—}CH(OCH_3)\text{—}CH_2OH$$

不对称环氧乙烷开环取向如下所示：

笔记栏

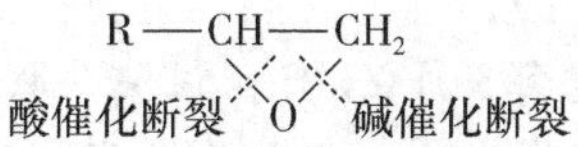

$$R—CH—CH_2$$
酸催化断裂 O 碱催化断裂

四、硫　　醚

硫醚（thioether）的通式为 R—S—R′，相当于醚分子中的氧原子被硫原子置换后的化合物。

硫醚不溶于水，有极难闻的气味。硫醚的沸点比相应的醚高，如甲醚的沸点为 –24.3℃，而甲硫醚的沸点为 37.6℃。

（一）硫醚的结构和命名

硫醚分子中的 C—S—C 称为硫醚键，是硫醚的官能团。硫醚是非线性分子，硫醚键中的硫原子为不等性的 sp^3 杂化，两个未成键的 sp^3 杂化轨道含有孤对电子，另外两个 sp^3 杂化轨道分别与两个碳原子的 sp^3 杂化轨道形成 σ 键。

命名硫醚时，只需在相应的醚名称的“醚”字前加上“硫”字即可。例如：

$CH_3—S—CH_3$　（二）甲硫醚 methyl thioether

$CH_3—S—CH_2CH_3$　甲乙硫醚 ethyl methyl thioether

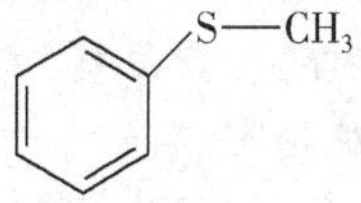

$C_6H_5—S—CH_3$　苯甲硫醚 methyl phenyl thioether

（二）硫醚的化学性质

硫醚的化学性质与硫醚分子中硫原子上的孤电子对有关。

1. 锍盐的形成　与醚相似，硫醚键中硫原子上有孤电子对，可作为一种路易斯碱，能接受强酸中的质子而生成锍盐。锍盐不稳定，用水稀释后又分解为硫醚。例如：

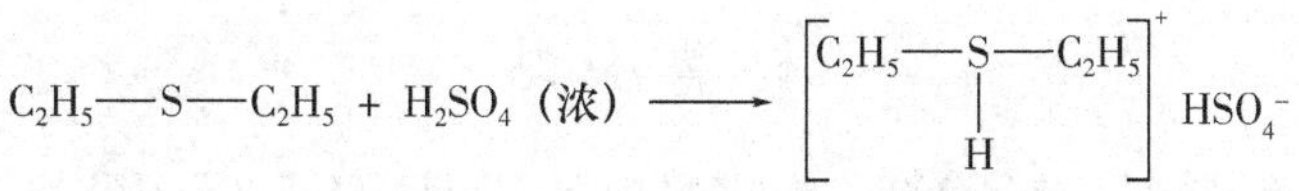

$$C_2H_5—S—C_2H_5 + H_2SO_4（浓）\longrightarrow \left[C_2H_5—\underset{H}{\underset{|}{S}}—C_2H_5\right]^+ HSO_4^-$$

锍盐

2. 氧化反应　硫醚易被氧化，其产物随氧化剂的种类和氧化条件的不同而异。例如，在高温下，发烟硝酸或高锰酸钾等氧化剂可将硫醚直接氧化成砜。过氧化氢、三氧化铬和硝酸等在室温下可将硫醚氧化成亚砜，亚砜可进一步氧化成砜。

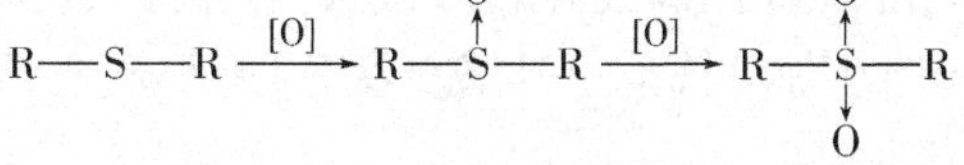

$$R—S—R \xrightarrow{[O]} R—\overset{O}{\overset{\uparrow}{S}}—R \xrightarrow{[O]} R—\underset{O}{\underset{\downarrow}{\overset{O}{\overset{\uparrow}{S}}}}—R$$

亚砜 sulfoxide　　砜 sulfone

例如，甲硫醚在室温下与过氧化氢作用，生成二甲基亚砜，简称二甲亚砜。

$$CH_3—S—CH_3 + H_2O_2 \longrightarrow CH_3—\overset{O}{\overset{\uparrow}{S}}—CH_3$$

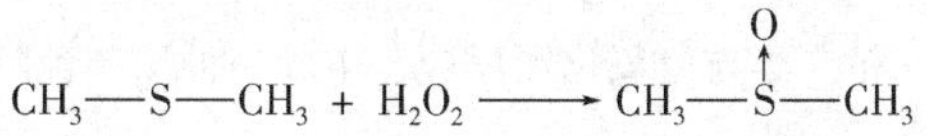

二甲基亚砜

二甲基亚砜（dimethyl sulfoxide，DMSO）具有很强的极性，既能溶解有机物又能溶解无机物，是一种良好的促溶剂，可将一些水不溶性的物质配制成溶液。它的穿透能力很强，可促使溶解于其中的药物渗入皮肤，故可用作渗皮吸收药物的促渗剂。

案例 8-2　“8·4”侵华日军遗弃芥子气中毒事件

2003 年 8 月 4 日 21:50 许，齐齐哈尔市中国人民解放军第 203 医院突然有三名特殊患者来诊。次日晨 6:00 许，又有 2 名患者因同样症状入院。这批患者分别具有以下特征：①眼部红肿、流泪、皮肤红斑、水疱、糜烂面、会阴部红肿、水疱、糜烂等临床表现和症状；②所有患者均与毒剂桶或其污染的泥土有过接触；③毒剂桶内容物的毒检结果为芥子气阳性，重症患者尿砷毒检为

笔记栏

阴性。诊断结果：芥子气中毒。截至8月23日，该院共收治芥子气中毒患者45人，其中男性40人，女性5人，最大年龄55岁，最小年龄为8岁。患者表现为芥子气中毒的多系统损伤症状，主要有①皮肤损伤：如红斑、水疱，疱液为琥珀色；②眼损伤：如眼睑水肿、结膜充血水肿，部分患者有角膜损伤，少数患者有眼底黄斑病变；③会阴部损伤：阴茎、阴囊皮肤黏膜水肿、水疱及溃烂；④呼吸道损伤：如咽干、咽痛、咳嗽、咳痰、胸闷、气短、呼吸频率加快等。

讨论：芥子气（mustard gas），化学名：β, β′-二氯二乙硫醚，油状液体，无色或浅黄色，其工业品具有大蒜、洋葱或芥末气味。芥子气沸点高、挥发性小，易溶于有机溶剂和脂肪类组织中，是一种持久的糜烂性毒剂，对皮肤有强烈腐蚀作用，沾在皮肤上可引起难以治愈的溃疡，其蒸气能透过衣服，伤害人的黏膜组织及呼吸器官。空气中芥子气浓度达 $3mg \cdot L^{-1}$ 时，5min可致人死亡；达 $0.001mg \cdot L^{-1}$ 时，2h可使人失去战斗力。芥子气可经多种途径进入人体引起中毒，口、皮肤、眼最易受到芥子气蒸汽或液滴的侵袭。和平时期这类伤害极少发生，因此极易误诊误治。芥子气是糜烂性毒剂，具有毒性稳定、持久、强烈、作用广泛、穿透性强、防护困难等特点，进入体内可迅速与核酸、蛋白质、多肽、氨基酸等反应，形成毒性产物，发挥“细胞毒”作用，引起多器官、多系统损害。

硫醚易氧化，漂白粉（bleaching powder）可作为芥子气的解毒剂，其解毒原理就是漂白粉将芥子气氧化为毒性较小的砜。

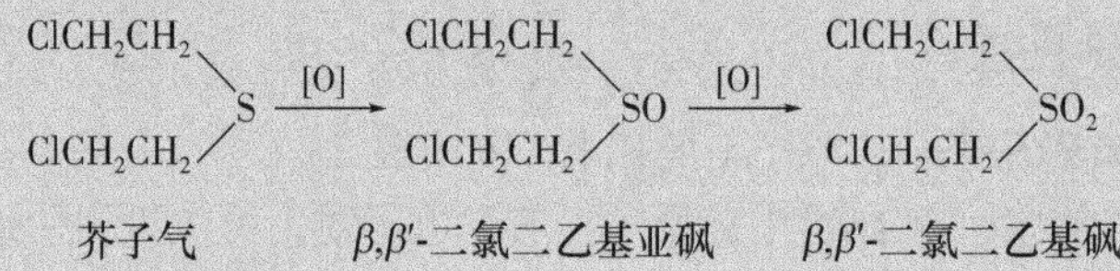

本章小结

醇、酚、醚是重要的含氧有机化合物，通过本章的学习应重点掌握以下内容。

1. 醇

掌握醇的命名方法，了解醇的物理性质，掌握醇以下的化学性质。

（1）醇与活泼金属（如Na、K、Mg、Al等）反应：生成相应的醇盐，并放出氢气。反应活性顺序为：甲醇＞伯醇＞仲醇＞叔醇。

（2）亲核取代反应：与氢卤酸、卤化磷及氯化亚砜等发生亲核取代反应，生成卤代烃。

（3）脱水反应：醇在酸催化下加热脱水，在较高温度下主要是分子内脱水生成烯；而在较低温度下主要是分子间脱水生成醚。

（4）成酯反应：醇与无机含氧酸（如硝酸、亚硝酸、硫酸和磷酸等）作用生成相应的无机酸酯。

（5）氧化脱氢反应：伯醇或仲醇可被重铬酸钾、高锰酸钾或铬酸等氧化剂氧化，分别生成羧酸或酮，叔醇在一般情况下不被氧化。

（6）邻二醇的特殊反应：邻二醇与氢氧化铜反应，生成一种深蓝色的配合物溶液；与 HIO_4 反应生成醛、酮或羧酸。

2. 酚

掌握酚的结构特点和以下化学性质。

（1）弱酸性：苯酚的酸性比水、醇强，但比碳酸弱，因而在苯酚钠溶液中通入 CO_2，苯酚又游离析出。

（2）与 $FeCl_3$ 的反应：大多数酚能与 $FeCl_3$ 的水溶液发生显色反应，不同的酚与 $FeCl_3$ 反应呈现的颜色不同。

（3）芳环上的亲电取代反应：酚易发生亲电取代反应。在室温下苯酚与溴水立即生成2,4,6-三溴苯酚白色沉淀，与稀硝酸作用即生成邻硝基苯酚和对硝基苯酚。苯酚与浓硫酸作用，在较低温度下主要得到邻位产物，在较高温度下主要得到对位产物。

笔记栏

（4）氧化反应：酚类化合物很容易被氧化，空气中的氧可使酚氧化，生成有色物质。

3. 醚

醚分子中 C—O—C 称为醚键。掌握醚的命名和下列化学性质。

（1）锌盐的形成：醚键上的氧原子具有未共用电子对，能溶于浓盐酸和浓硫酸等强酸中。利用这一特性，可区别醚与烷烃。醚的锌盐在低温和浓强酸中稳定，遇水则立即分解。

（2）醚键的断裂反应：醚与浓强酸（如氢卤酸）共热时，醚的 C—O 键断裂生成卤代烃和醇，若为混醚，一般是小的烷基先断裂生成卤代烷，大基团或芳香烃基形成醇或酚。

（3）醚的过氧化物：醚对氧化剂较稳定，但含有 α-H 的醚若与空气长期接触或经光照，则可被缓慢氧化而形成不易挥发的过氧化物。除去过氧化物的方法是，用适量 $FeSO_4$ 水溶液洗涤，以破坏其中的过氧化物。

醇的制备及主要化学性质如下所示：

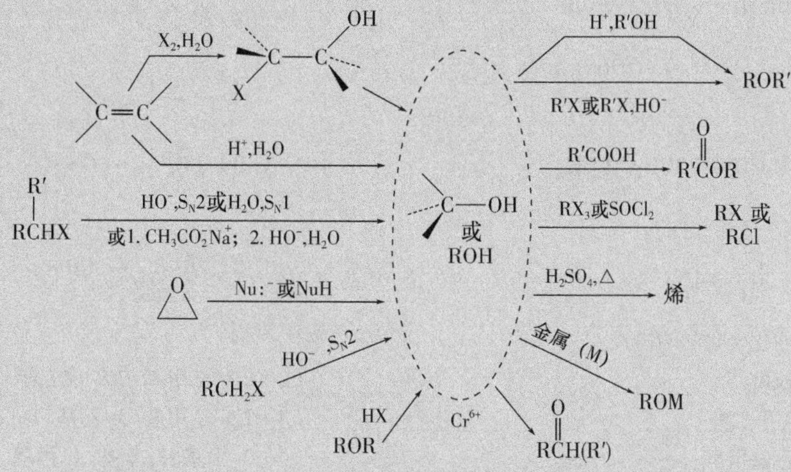

烷、烯、炔、卤代烃、醇、醚、酚、醛、酮和醌之间的相互关系如下所示：

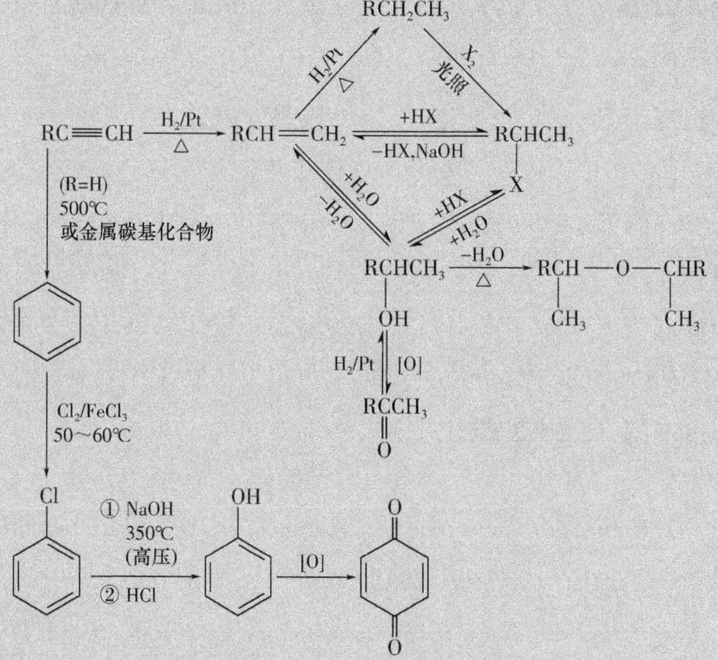

构造式中的“R”可以是烃基，也可以是氢原子。

习　题

1. 用系统命名法命名下列化合物。

（1）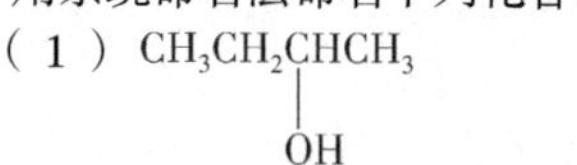

（2）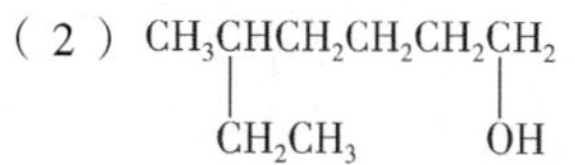

（3）$C_6H_5-\underset{}{\overset{CH_3}{|}}CHCH_2CH_2OH$　　（4）$H_2C{=}CHCH_2CH_2CH_2OH$

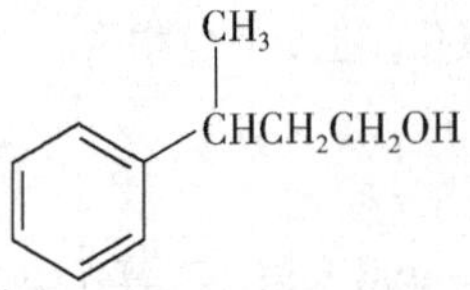

（5）OH，H_3C-，CH_3　　（6）OH，$CH_2\underset{CH_3}{\underset{|}{C}H}CH_2CH_3$

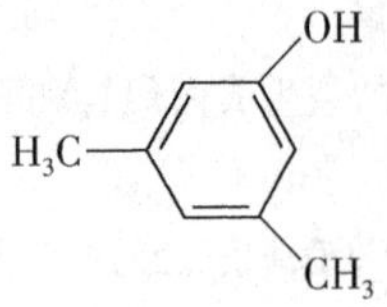

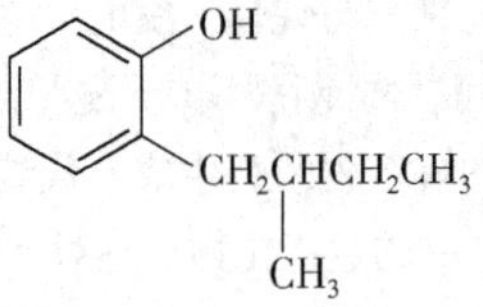

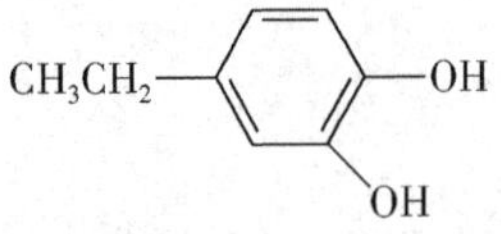

（7）CH_3CH_2-，OH，OH　　（8）OH，CH_3

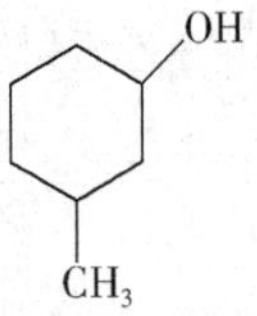

（9）$CH_3CH_2CH_2SCH_2CH_2CH_3$　　（10）$CH_3CH_2-O-C_6H_4-CH_2CH_2CH_3$

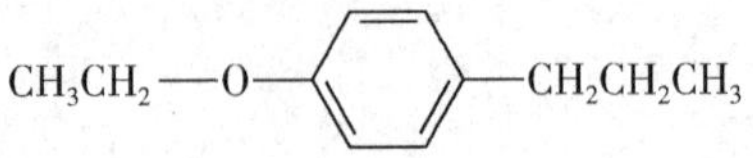

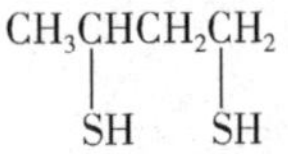

（11）$CH_3CHCH_2CH_2$（SH，SH）　　（12）$C_6H_5-CH_2SH$

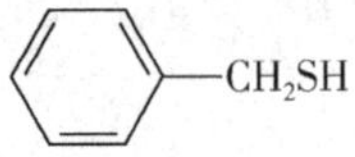

2. 写出下列化合物的结构式。

（1）3- 戊醇　　（2）2,3- 二甲基 -2,3- 戊二醇

（3）2,3- 丁二醇　　（4）2,3- 二甲基 -3- 乙基 -1- 戊醇

（5）环己基甲醇　　（6）2- 甲基 -3- 苯基 -1- 丙醇

（7）α- 萘酚　　（8）2- 甲基 -6- 乙基苯酚

（9）甲基异丙基硫醚　　（10）2- 乙氧基甲苯

3. 完成下列反应式。

（1）$CH_3CH_2-\overset{CH_3}{\underset{OH}{C}}-CH_3 + HCl \longrightarrow \qquad \xrightarrow[\triangle]{KOH/C_2H_5OH}$

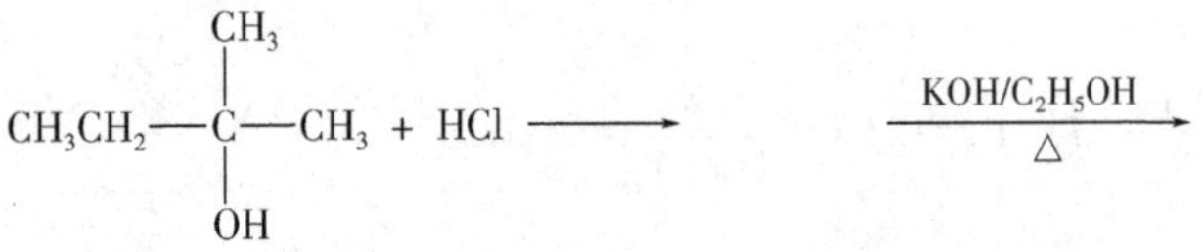

（2）$CH_3\overset{CH_3}{C}H\underset{OH}{C}HCH_3 \xrightarrow[\triangle]{H_2SO_4（浓）}$

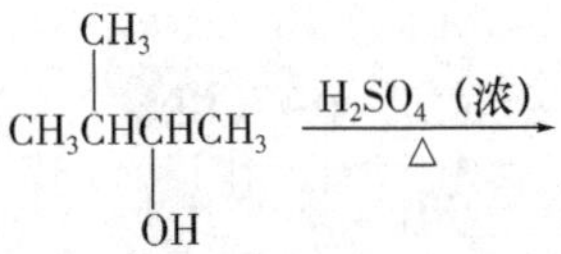

（3）$CH_3CH_2CH_2OH + SOCl_2 \longrightarrow$

（4）$CH_2{=}CHCH_2OH \xrightarrow{CrO_3/C_5H_5N\rightarrow PCC}$

（5）$CH_3CH_2SH \xrightarrow{H_2O_2}$

（6）（2- 甲基四氢吡喃，O，CH_3）$\xrightarrow[\triangle]{HI}$

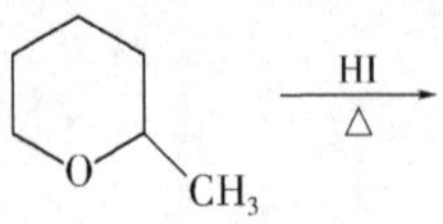

（7）（对甲基苯酚，OH，CH_3）$\xrightarrow{Br_2/H_2O}$

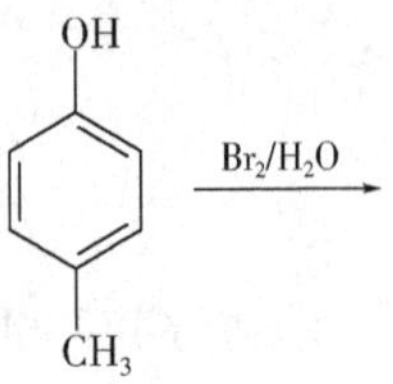

笔记栏

（8）CH_3 OH OH $\xrightarrow{HIO_4}$

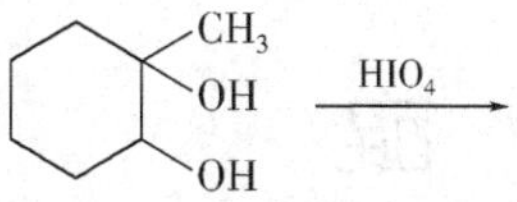

4. 怎样从含烃类杂质的苯酚溶液中分离出苯酚?

5. 为什么苯酚发生亲电取代反应比苯容易得多?

6. 用化学方 法鉴别下列各组化合物。

（1）正丁醇、2- 丁醇、2- 丁烯 -1- 醇

（2）苯甲醇、苯甲醚、对甲基苯酚

（3）正丙醇、2- 甲基 -2- 丁醇、甘油

7. 某化合物 A（$C_5H_{12}O$）脱水可得 B（C_5H_{10}），B 可与溴水加成得到 C（$C_5H_{10}Br_2$），C 与氢氧化钠的水溶液共热转变为 D（$C_5H_{12}O_2$），D 在高碘酸的作用下最终生成乙醛和丙酮。试推测 A 的结构，并写出有关化学反应式。

8. A、B、C 三种化合物的分子式均为 $C_4H_{10}O$，A、B 可与金属钠反应，C 不反应。B 能使铬酸试剂变色，A、C 不能。A 和 B 与浓硫酸共热可得到相同的产物，分子式为 C_4H_8。C 与过量的氢碘酸反应，只得到一种主要产物。试推测 A、B、C 的结构，并写出有关化学反应式。

（关运军）

笔记栏

第九章 醛、酮、醌

醛（aldehyde）、酮（ketone）和醌（quinone）具有共同的结构特征，它们都含有羰基（carbonyl group）（$-\overset{O}{\overset{\|}{C}}-$），所以这类化合物总称为羰基化合物（carbonyl compounds）。

醛分子中羰基与一个烃基和一个氢原子相连（甲醛例外），分子中$-\overset{O}{\overset{\|}{C}}-H$称为醛基，醛基是醛的官能团，位于碳链一端。醛基可简写作 —CHO。

酮分子中的羰基与两个烃基相连，酮分子中的羰基又称为酮基，是酮的官能团，位于碳链的中间。醛和酮分子中的烃基可以是烷基、烯基、环烷基或芳香烃基。

醌是一类不饱和的环二酮，在分子中含有两个双键和两个羰基，如对苯醌（1,4- 苯醌）。

醛、酮的通式及对苯醌（1,4- 苯醌）的结构式如下所示。

$R-\overset{O}{\overset{\|}{C}}-H$　　$R-\overset{O}{\overset{\|}{C}}-R'$　　（对苯醌结构式）

醛的通式　　酮的通式　　对苯醌

羰基很活泼，可以发生多种多样的反应，在有机合成中有广泛的用途。有些羰基化合物常用作溶剂、香料、药物的原料，同时也是体内代谢过程中十分重要的中间体。

第一节　醛和酮的结构、分类和命名

一、醛和酮的分类和命名

根据连接羰基的烃基不同，醛和酮可分为脂肪族醛酮和芳香醛酮（羰基直接连在芳环上）。根据连接的烃基是否饱和，醛和酮可分为饱和醛酮和不饱和醛酮。根据分子中所含羰基的数目，醛和酮可分为一元醛酮和多元醛酮（含两个或两个以上羰基）等。

脂肪醛酮	CH_3CH_2CHO	$CH_3\overset{O}{\overset{\|}{C}}CH_3$
芳香醛酮	C_6H_5-CHO	$C_6H_5-\overset{O}{\overset{\|}{C}}-CH_3$
不饱和醛酮	$CH_2{=}CHCHO$	$CH_3\overset{O}{\overset{\|}{C}}CH{=}CHCH_3$
多元醛酮	$H-\overset{O}{\overset{\|}{C}}CH_2CH_2\overset{O}{\overset{\|}{C}}-H$	$CH_3\overset{O}{\overset{\|}{C}}CH_2\overset{O}{\overset{\|}{C}}CH_3$

醛和酮的命名类似于醇的命名，可用普通命名法和系统命名法。

1. 普通命名法　简单醛酮可采用普通命名法。分子中含有芳环的醛则将芳基作为取代基，例如：

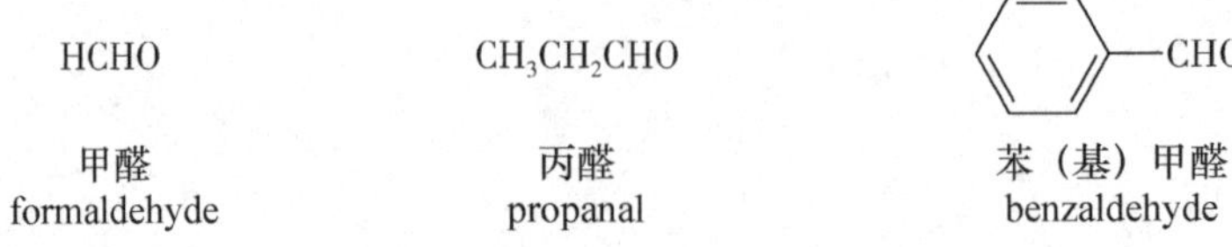

甲醛 formaldehyde　　丙醛 propanal　　苯（基）甲醛 benzaldehyde

笔记栏

酮则按羰基所连接的两个烃基的名称来命名。通常将简单烃基放在前面，复杂烃基放在后面，然后加“甲酮”。

CH_3COCH_3 二甲（基）酮 dimethyl ketone

$CH_3CH_2COCH_2CH_2CH_3$ 乙（基）丙（基）（甲）酮 ethyl propyl ketone

$C_6H_5COC_6H_5$ 二苯（基）（甲）酮 diphenyl ketone

以上例子括号中的“基”字或“甲”字常省去。

2. 系统命名法 系统命名法是选择含羰基在内的最长碳链作为主链，醛类从醛基碳开始编号；酮类则从靠近羰基的一端开始编号，即给羰基最小数。把表示羰基位次的数字写在名称之前；并在母体醛或酮前表明支链或取代基的位次及名称（也可用α、β、γ、…，表明支链或取代基的位次）。例如：

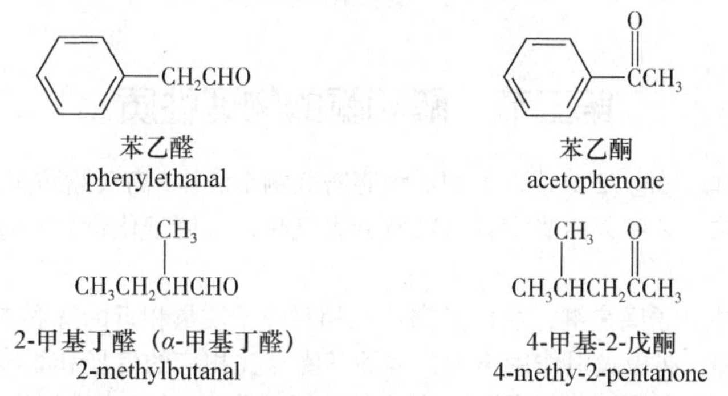

苯乙醛 phenylethanal

苯乙酮 acetophenone

2-甲基丁醛（α-甲基丁醛） 2-methylbutanal

4-甲基-2-戊酮 4-methy-2-pentanone

多元醛酮的命名，应选取羰基最多的最长碳链作主链，并标明酮基的位置和个数。例如：

$H—COCH_2CH_2CH_2CO—H$ 戊二醛 pentanedial

$CH_3COCH_2COCH_3$ 2,4-戊二酮 2,4-pentanedione

不饱和醛酮命名时，除应使羰基的编号尽可能小外，还要表示出不饱和键所在的位置。例如：

$CH_3CH═CHCHO$ 2-丁烯醛（巴豆醛） 2-butenal

$CH_3C(CH_3)═CHCOCH_3$ 4-甲基-3-戊烯-2-酮 4-methyl-3-penten-2-one

脂环酮的命名与脂肪酮相似，只需加上“环”字即可。例如：

3-甲基环己酮 3-methylcyclohexanone

1,4-环己二酮 1,4-cyclohexanedione

从自然界获得的许多醛酮都有俗名。例如，从桂皮油中分离出来的3-苯丙烯醛称肉桂醛，芳香油中常见的茴香醛等。

$C_6H_5CH═CHCHO$ 肉桂醛 cinnamaldehyde

$CH_3O—C_6H_4—CHO$ 茴香醛 ansialdehyde

笔记栏

二、醛和酮的结构

醛和酮的羰基碳原子和氧原子均为 sp^2 杂化，碳原子的三个 sp^2 杂化轨道分别与氧和其他两个原子形成三个 σ 键，羰基碳和氧中未杂化的 p 轨道彼此平行重叠形成 π 键，垂直于三个 σ 键所在的平面。羰基氧上的两对未共用电子对分布在氧原子另外两个 sp^2 杂化轨道上。由于氧原子的电负性（3.44）大于碳原子（2.55），所以成键电子分布是不均匀的，电子云偏向氧原子一方，使氧原子带部分负电荷，碳原子带部分正电荷，这种结构特征使其具有较高的反应活性。碳原子带部分正电荷，易受亲核试剂的进攻发生亲核加成反应。羰基的结构如图 9-1 所示。

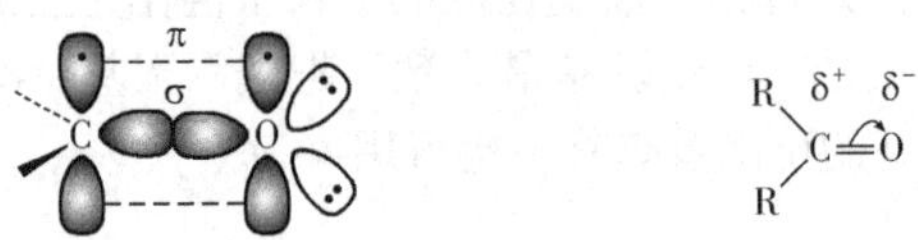

图 9-1 羰基结构示意图

第二节 醛和酮的物理性质

室温下甲醛是气体，其他 12 个碳以下的低级脂肪醛酮是液体，高级脂肪醛酮和芳香酮多为固体。许多低级醛有刺鼻臭味。某些天然醛酮具有特殊芳香气味，可用于化妆品及食品工业。一些醛和酮的物理常数见表 9-1。

由于醛酮不能形成分子间氢键，所以其沸点比相对分子质量相近的醇和羧酸要低。但羰基的极性使得它们分子间偶极 - 偶极吸引作用增大，因而其沸点比相应的烷烃和醚类要高。低级醛酮易溶于水。随着醛酮中烃基相对质量的比例增大，其水溶性迅速降低，含 6 个碳以上的醛酮几乎不溶于水，但可溶于乙醚、甲苯等有机溶剂。

表 9-1 常见醛酮的熔点和沸点

名称	英文名	结构式	熔点（℃）	沸点（℃）
甲醛	methanal	HCHO	−117	−19
乙醛	ethanal	CH_3CHO	−123	21
丙烯醛	propenal	$CH_2{=}CHCHO$	−87	53
苯甲醛	benzaldehyde	C_6H_5CHO	−56	179
丙酮	acetone	CH_3COCH_3	−95	56
环己酮	cyclohexanone	O	−47	155
苯乙酮	acetophenone	$C_6H_5COCH_3$	20	202

第三节 醛和酮的化学性质

羰基是醛、酮的反应中心。由于羰基是一个极性不饱和基团（碳原子带部分正电荷，氧原子带部分负电荷），因此容易受亲核试剂进攻而发生亲核加成反应。反应时，一般是试剂中带负电荷的部分首先向羰基发动亲核进攻，结果是试剂中带负电荷的部分加到羰基碳原子上；试剂中带正电荷的部分则加到羰基氧原子上，这一类反应称为亲核加成（nucleophilic addition）反应，这是醛、酮很重要的一大类反应。醛、酮的另一类反应是羰基 α- 活泼氢（受羰基吸电子诱导效应的影响）的反应。醛、酮的第三类反应是还原反应（C═O 双键的加氢）。此外，由于醛中的羰基至少与一个氢原子相连，氢原子受吸电子基羰基的影响变得活泼，因此醛能被弱氧化剂氧化，而酮不能。醛、酮的反应与结构关系如下所示。

笔记栏

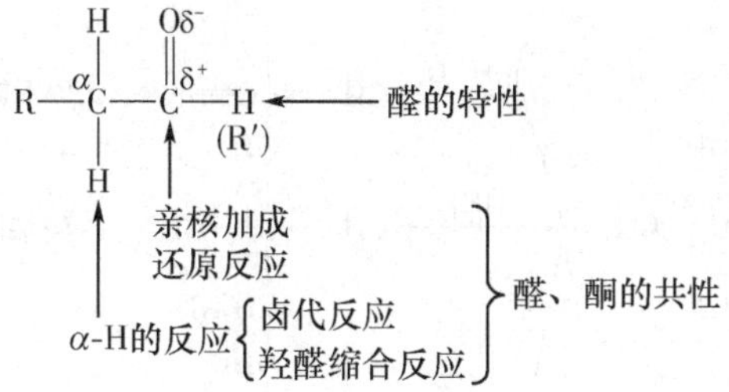

$$\begin{array}{c} \text{H} \quad \text{O}\delta^- \\ \text{R}-\overset{\alpha}{\text{C}}-\overset{\delta^+}{\text{C}}-\text{H} \leftarrow \text{醛的特性} \\ \text{H} \quad (\text{R}') \end{array}$$

亲核加成
还原反应
α-H的反应{卤代反应、羟醛缩合反应}
醛、酮的共性

一、亲核加成反应

亲核加成反应是羰基的特征反应。亲核试剂 NuA 与羰基发生亲核加成反应的机制如下所示：

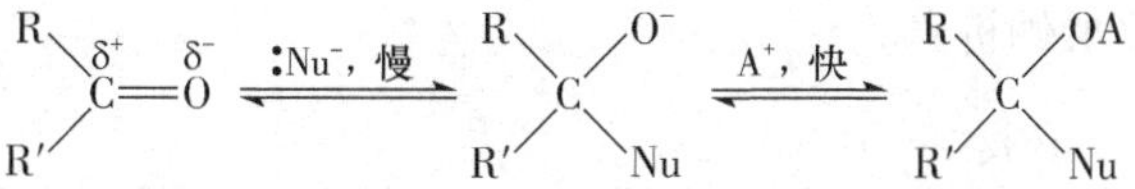

$$\underset{R'}{\overset{R}{>}}\overset{\delta^+}{C}=\overset{\delta^-}{O} \underset{}{\overset{:Nu^-,\ 慢}{\rightleftharpoons}} \underset{R'\ \ \ Nu}{\overset{R\ \ \ O^-}{C}} \underset{}{\overset{A^+,\ 快}{\rightleftharpoons}} \underset{R'\ \ \ Nu}{\overset{R\ \ \ OA}{C}}$$

由于羰基具有极性，醛、酮可以形成两个反应中心，一个是带部分正电荷的羰基碳原子，另一个是带部分负电荷的羰基氧原子。由于氧原子容纳负电荷的能力比碳原子容纳正电荷的能力要强，生成的烷氧负离子具有比较稳定的八隅体结构，故发生加成反应时，首先是带负电荷或具有孤对电子的亲核试剂 :Nu^- 进攻带部分正电荷的羰基碳原子，在 π 键断裂的同时形成新的 σ 键，一对电子转移至氧原子上，生成烷氧负离子，接着该烷氧负离子与试剂中带正电荷的部分结合，得到加成产物。

在上述加成反应中，决定整个反应速率的步骤是亲核试剂进攻带正电荷的羰基碳，所以羰基的加成称为亲核加成。常见的亲核试剂是负离子或带有孤对电子的中性分子，如氢氰酸、亚硫酸氢钠、醇、水、氨和氨的衍生物等。在许多情况下，羰基的亲核加成反应是可逆的。

醛、酮亲核加成反应的难易程度除了与亲核试剂的性质有关，还与醛、酮的结构有关，即取决于羰基碳上连接的原子或基团的电子效应和空间效应。醛通常比酮活泼，更容易发生亲核加成。由于烷基具有斥电子诱导效应，导致羰基碳正电性减少；同时烷基体积增大，空间位阻也增大，不利于亲核试剂的进攻。一般情况下，不同结构的醛、酮进行亲核加成由易到难的顺序如下所示。

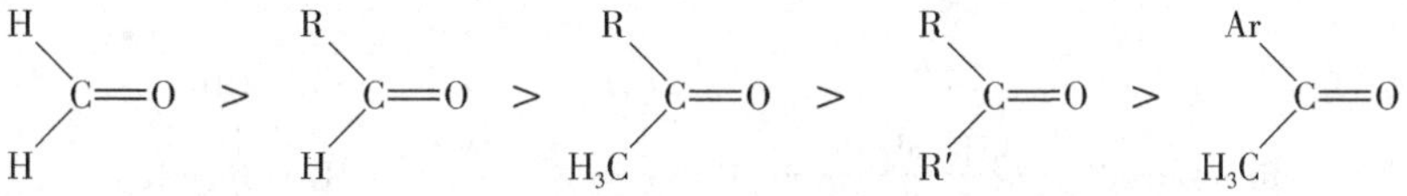

$$\underset{H}{\overset{H}{>}}C=O \ > \ \underset{H}{\overset{R}{>}}C=O \ > \ \underset{H_3C}{\overset{R}{>}}C=O \ > \ \underset{R'}{\overset{R}{>}}C=O \ > \ \underset{H_3C}{\overset{Ar}{>}}C=O$$

1. 加氢氰酸 氢氰酸（HCN）可以与醛、脂肪族甲基酮和 8 个碳原子以下的环酮作用生成氰醇（cyanohydrin），也称 *α*- 羟基腈。

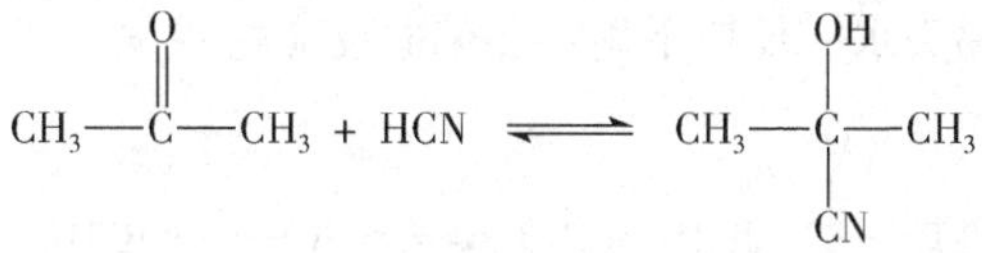

$$CH_3-\overset{O}{\overset{\|}{C}}-CH_3 + HCN \rightleftharpoons CH_3-\underset{CN}{\overset{OH}{C}}-CH_3$$

芳香酮难与 HCN 发生加成反应的原因是羰基与芳香环共轭，芳香环上的电子向电负性强的羰基转移，使得羰基碳原子正电性减弱；羰基两侧的芳香环和烷基共同形成的空间位阻影响亲核试剂向羰基进攻。

HCN 加成中，CN^- 浓度是决定反应速率的重要因素之一。因为 HCN 是极弱的酸，不易离解成 CN^-，如果反应体系中有大量的酸存在时，上述加成反应几乎不发生；如果提高溶液的 pH，CN^- 离子浓度增加，则反应速率增大。

HCN 与醛酮的加成反应在有机合成中占有重要地位，因为在这一反应中生成了新的碳碳键，产物比原料增加了一个碳原子。氰醇具有醇羟基和氰基两种活泼的官能团，是一种非常有用的有机合成中间体，由氰醇可制备 *α*,*β*- 不饱和腈、*β*- 羟基胺、*α*- 羟基酸等多种类型的化合物。

笔记栏

$$\mathrm{CH_3-C(OH)(CN)-CH_3}\begin{cases}\xrightarrow{\text{浓}H_2SO_4}\mathrm{CH_2{=}C(CH_3)C{\equiv}N} & \alpha,\beta\text{-不饱和腈}\\ \xrightarrow{[H]}\mathrm{CH_3-C(OH)(CH_2NH_2)-CH_3} & \beta\text{-羟基胺}\\ \xrightarrow{H_3O^+}\mathrm{CH_3-C(OH)(COOH)-CH_3} & \alpha\text{-羟基酸}\end{cases}$$

2. 加亚硫酸氢钠 醛、脂肪族甲基酮和 8 个碳原子以下的环酮与亚硫酸氢钠的饱和溶液作用，有结晶状加成物 α- 羟基磺酸钠析出。

$$\mathrm{R(H)R'C{=}O} + \mathrm{HO-\ddot{S}(=O)-O^-Na^+} \rightleftharpoons \mathrm{R(H)R'C(ONa)(SO_3H)} \rightleftharpoons \mathrm{R(H)R'C(OH)(SO_3Na)}$$

α-羟基磺酸钠

上述反应是可逆的，通常使用过量的饱和亚硫酸氢钠溶液，以促使平衡向右移动。该加成反应除可用来鉴别醛、脂肪族甲基酮和 8 个碳原子以下的环酮外，还可利用反应的可逆性来分离或提纯这些醛、酮。生成的加成物 α- 羟基磺酸钠与稀酸或稀碱加热时，又可恢复成原来的醛、酮。

$$\mathrm{R(H)R'C(OH)(SO_3Na)}\begin{cases}\xrightarrow{HCl}\mathrm{R(H)R'C{=}O + NaCl + SO_2\uparrow + H_2O}\\ \xrightarrow{Na_2CO_3}\mathrm{R(H)R'C{=}O + Na_2SO_3 + NaHCO_3}\end{cases}$$

该反应中的亲核试剂是 HSO_3^-，其体积比 CN^- 更大，反应受羰基连接的烃基的空间位阻影响，比与氢氰酸的加成更难，需要用过量的 $NaHSO_3$ 以提高收率。磺酸基团的引入可以增加分子的水溶性。

由于 HCN 有剧毒，所涉反应必须在通风橱中进行。为避免直接使用 HCN，可采用以下方法制备氰醇。

$$\mathrm{R-C(=O)-R'}\xrightarrow{\text{饱和}NaHSO_3}\mathrm{R-C(OH)(SO_3Na)-R'}\xrightarrow{NaCN}\mathrm{R-C(OH)(CN)-R'}$$

3. 加水 水可以与醛、酮的羰基加成形成水合物。但水是一种较弱的亲核试剂，生成的偕二醇（geminal diol）不稳定，容易失水，反应平衡主要偏向反应物一方。

$$\mathrm{R-C(=O)-R'(H)} + \mathrm{H_2O} \rightleftharpoons \mathrm{R-C(OH)_2-R'(H)}$$

偕二醇

当羰基与强的吸电子基团连接时，由于羰基碳的正电性增大，可以生成较稳定的水合物，其中一些有重要用途。例如，三氯乙醛的水合物称为水合氯醛（chloral hydrate），有一定的熔点，曾用作镇静催眠药。甲醛在水溶液中几乎全部变成水合物，但它在分离过程中容易失水，所以无法分离出来。水合茚三酮（ninhydrin）为羰基的水合物，是 α- 氨基酸和蛋白质的显色剂。

$$\mathrm{CCl_3-C(OH)_2-H}$$

水合氯醛

(茚满-1,3-二酮-2,2-二醇结构: 苯并环, 两个 C=O, 2 位 OH, OH)

水合茚三酮

4. 加醇 在干燥氯化氢存在下，一分子醛与一分子醇发生加成反应，生成半缩醛（hemiacetal）。半缩醛通常不稳定，可以继续与1分子醇反应，脱去1分子水，生成稳定的化合物缩醛（acetal）。

$$R-\overset{\overset{O}{\|}}{C}-H + HOR' \xrightleftharpoons{\text{干燥HCl}} \underset{\text{半缩醛}}{R-\overset{\overset{OH}{|}}{\underset{\underset{OR'}{|}}{C}}-H} \xrightleftharpoons[\text{干燥HCl}]{HOR'} \underset{\text{缩醛}}{R-\overset{\overset{OR'}{|}}{\underset{\underset{OR'}{|}}{C}}-H} + H_2O$$

半缩醛结构中的羟基称为半缩醛羟基，因与醚键连接在同一碳原子上，通常不稳定，难以分离出来。而缩醛具有偕二醚结构（两个醚键连在同一碳原子上），其性质与醚相似，对碱及氧化剂稳定，但在稀酸中即水解成原来的醛和醇。有机合成中常利用该性质来保护活泼的醛基，待氧化或其他影响醛基的反应完成后，用稀酸分解缩醛，把醛基又释放出来。

酮也可以与醇作用生成缩酮（ketal），但反应要慢得多，在酸催化下，乙二醇容易与酮作用，生成具有5元环结构的缩酮。该反应可用来保护酮基，也可以用生成环状缩酮来保护分子中的邻二羟基结构免受反应的破坏。

$$RR'C{=}O + \begin{matrix} HO-CH_2 \\ | \\ HO-CH_2 \end{matrix} \xrightarrow{\text{干燥HCl}} RR'C\begin{matrix} O-CH_2 \\ \quad | \\ O-CH_2 \end{matrix} + H_2O$$

缩酮的性质与缩醛相似，对碱及氧化剂都比较稳定，遇稀酸则分解成原来的酮和醇。

虽然许多半缩醛不稳定，但是单糖（多羟基醛或酮）分子内的羰基与羟基形成的环状半缩醛（酮）结构是稳定的。因此，半缩醛、缩醛的结构和性质是学习糖化学的基础。

5. 加 Grignard（格氏）试剂 Grignard试剂容易与羰基化合物发生亲核加成。由于Grignard试剂 $R^{\delta-}Mg^{\delta+}X$ 是极性化合物，与Mg相连的碳带有负电性，具有很强的亲核性，而Mg则带有正电性，因此在加成反应中，$R^{\delta-}$ 进攻羰基碳，$Mg^{\delta+}X$ 则与羰基氧结合，所得的加成物经水解后即生成醇。例如：

$$(H)(H)C{=}O + CH_3CH_2MgX \xrightarrow{\text{无水乙醚}} (H)(H)C(OMgX)(CH_2CH_3) \xrightarrow{H_3O^+} CH_3CH_2CH_2OH \quad \text{伯醇}$$

$$(H)(H_3C)C{=}O + CH_3CH_2MgX \xrightarrow{\text{无水乙醚}} (H)(H_3C)C(OMgX)(CH_2CH_3) \xrightarrow{H_3O^+} CH_3\overset{\overset{OH}{|}}{C}HCH_2CH_3 \quad \text{仲醇}$$

$$(H_3C)(H_3C)C{=}O + CH_3CH_2MgX \xrightarrow{\text{无水乙醚}} (H_3C)(H_3C)C(OMgX)(CH_2CH_3) \xrightarrow{H_3O^+} CH_3\overset{\overset{OH}{|}}{\underset{\underset{CH_3}{|}}{C}}CH_2CH_3 \quad \text{叔醇}$$

Grignard试剂对醛酮的加成是不可逆反应。这一反应的重要性在于利用Grignard试剂与不同的羰基化合物加成，可以形成具有更多碳原子及新碳骨架的醇。Grignard试剂与甲醛反应可得伯醇，与其他醛反应可得仲醇，与酮反应则得叔醇。

6. 与氨衍生物的加成 醛或酮的羰基可以与许多氨的衍生物（如羟胺、肼、苯肼、2,4-二硝基苯肼等）加成，并进一步失水，形成含有碳氮双键的化合物。若用G代表不同氨的衍生物的取代基，该反应通式如下：

$$R((R')H)C{=}O + H_2N-G \rightleftharpoons \left[R((R')H)C(OH)(NH-G) \right] \xrightleftharpoons{-H_2O} R((R')H)C{=}N-G$$

这些氨的衍生物及加成缩合物的名称和结构式见表9-2。有机分析中常把这些氨的衍生物称为

笔记栏

羰基试剂，因为它们可用于鉴别羰基化合物。它们的缩合产物有一定的熔点和晶形，容易鉴别。其中2,4- 二硝基苯肼最常用，其缩合产物2,4- 二硝基苯腙多为橙黄色或橙红色晶体。例如：

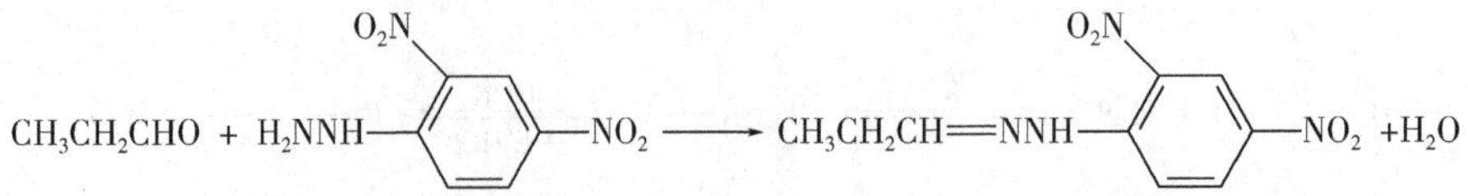

$$CH_3CH_2CHO + H_2NNH-C_6H_3(2\text{-}NO_2)(4\text{-}NO_2) \longrightarrow CH_3CH_2CH{=}NNH-C_6H_3(2\text{-}NO_2)(4\text{-}NO_2) + H_2O$$

由于上述 *N*- 取代亚胺类化合物容易结晶、纯化，并且又可经酸水解得到原来的醛或酮，所以这些羰基试剂也用于醛、酮的分离及精制。

表 9-2　氨衍生物和醛、酮反应的产物

氨衍生物	结构式	加成缩合产物的结构式	加成缩合产物的名称
伯胺	H_2N-R''	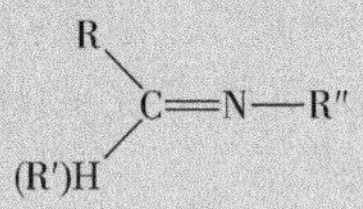 $R(R')HC{=}N-R''$	Schiff 碱
羟胺	H_2N-OH	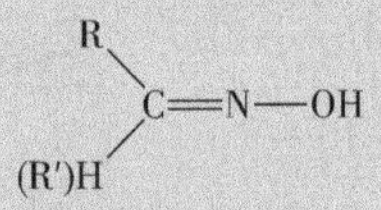 $R(R')HC{=}N-OH$	肟（oxime）
肼	H_2N-NH_2	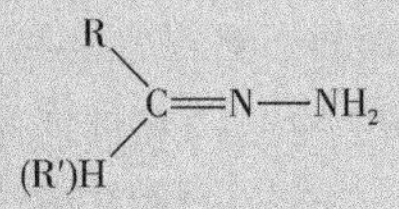 $R(R')HC{=}N-NH_2$	腙（hydrazone）
苯肼	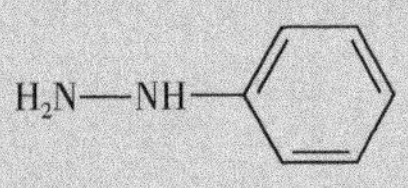 $H_2N-NH-C_6H_5$	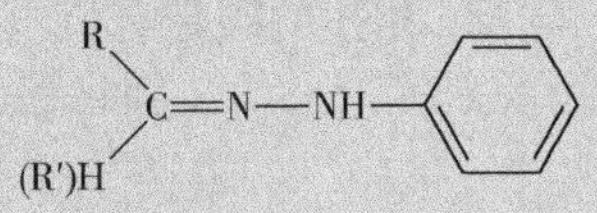 $R(R')HC{=}N-NH-C_6H_5$	苯腙（phenylhydrazone）
2,4- 二硝基苯肼	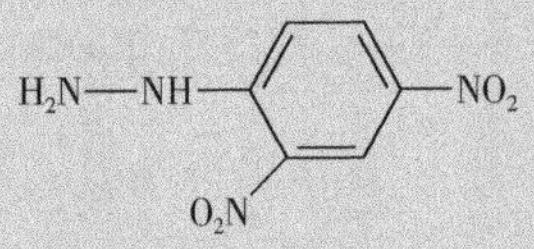 $H_2N-NH-C_6H_3(2\text{-}NO_2)(4\text{-}NO_2)$	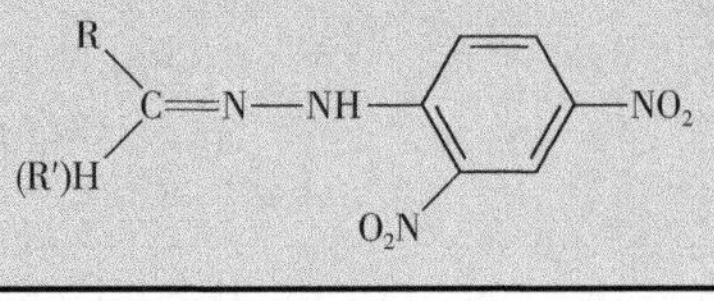 $R(R')HC{=}N-NH-C_6H_3(2\text{-}NO_2)(4\text{-}NO_2)$	2,4- 二硝基苯腙（2,4-dinitrophenylhydrazone）

羰基化合物与伯胺加成，产生席夫碱（Schiff 碱）的反应是可逆的。

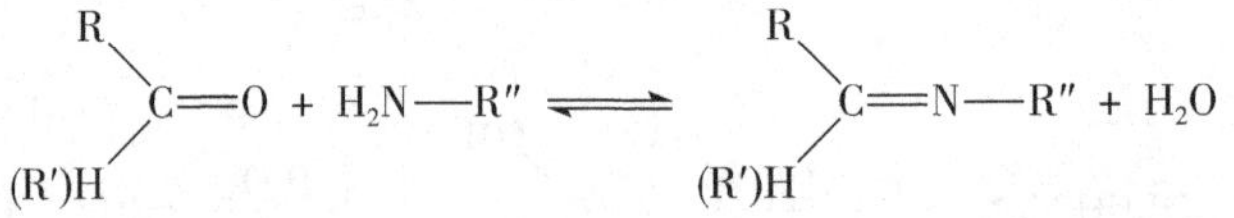

$$R(R')HC{=}O + H_2N-R'' \rightleftharpoons R(R')HC{=}N-R'' + H_2O$$

视觉感光细胞中存在感光色素——视紫红质（rhodopsin），从化学结构来看，它在体内许多生化过程中与席夫碱的生成和分解有关。例如，在与视觉有关的生化过程中，由11- 顺 - 视黄醛和视蛋白的侧链氨基经加成缩合反应形成具有亚胺结构的席夫碱——视紫红素。视紫红素吸收光子后将立即引起视黄醛 C_{11} 位置双键构型的转化，C_{11}- 顺式转变为 C_{11}- 反式构型，触发神经冲动，将信息传递到大脑形成视觉。

二、α- 活泼氢的反应

醛、酮分子中与羰基直接相连的碳原子称为 α-C，α-C 上的氢称 α- 氢（α-H）。受羰基的影响，α-H 比较活泼，其原因为：①羰基的吸电子作用增大了 α-H 键的极性，使 α-H 比较容易形成质子离去；②含有 α-H 的醛、酮，由于 α-H 的离解可以形成碳负离子或烯醇负离子，负电荷可离域化到氧原子和 α-C 上而得到稳定，再进一步通过烯醇负离子转变为烯醇。

笔记栏

$$\mathrm{R{-}\overset{H}{\underset{}{C}}H{-}\overset{O}{\overset{\|}{C}}{-}R'(H)} \xrightleftharpoons{OH^-} \left[\underset{\text{碳负离子}}{\mathrm{R{-}\bar{C}H{-}\overset{O}{\overset{\|}{C}}{-}R'(H)}} \longleftrightarrow \underset{\text{烯醇负离子}}{\mathrm{R{-}CH{=}\overset{O^-}{\overset{|}{C}}{-}R'(H)}}\right] \xrightleftharpoons{H_2O} \underset{\text{烯醇}}{\mathrm{R{-}CH{=}\overset{OH}{\overset{|}{C}}{-}R'(H)}}$$

1. 醇醛（羟醛）缩合反应　在稀碱溶液中，一分子含 α-H 的醛的 α-C 可以与另一分子醛的羰基碳形成新的碳碳键，生成 β- 羟基醛类化合物，该反应称为醇醛缩合（aldol condensation）反应，其反应的机制如下所示。

$$(1)\quad \mathrm{R{-}\overset{H}{\overset{|}{C}}H{-}\overset{O}{\overset{\|}{C}}{-}H + OH^-} \xrightleftharpoons{-H_2O} \left[\mathrm{R{-}\bar{C}H{-}\overset{O}{\overset{\|}{C}}{-}H} \longleftrightarrow \mathrm{R{-}CH{=}\overset{O^-}{\overset{|}{C}}{-}H}\right]$$

$$(2)\quad \mathrm{R{-}CH_2{-}\overset{O}{\overset{\|}{C}}{-}H} + \underset{\text{碳负离子}}{\mathrm{R{-}\bar{C}H{-}\overset{O}{\overset{\|}{C}}{-}H}} \xrightleftharpoons{\text{慢}} \mathrm{R{-}CH_2{-}\overset{O^-}{\overset{|}{C}}H{-}\underset{R}{\underset{|}{C}}H{-}\overset{O}{\overset{\|}{C}}{-}H}$$

$$(3)\quad \mathrm{R{-}CH_2{-}\overset{O^-}{\overset{|}{C}}H{-}\underset{R}{\underset{|}{C}}H{-}\overset{O}{\overset{\|}{C}}{-}H + H_2O} \xrightleftharpoons{\text{快}} \underset{\beta\text{-羟基醛}}{\mathrm{R{-}CH_2{-}\overset{OH}{\overset{|}{C}}H{-}\underset{R}{\underset{|}{C}}H{-}\overset{O}{\overset{\|}{C}}{-}H}} + \mathrm{OH^-}$$

醇醛缩合是有机合成中增长碳链的重要方法。例如，在稀碱存在下，乙醛经醇醛缩合反应生成 β- 羟基丁醛，后者在受热情况下失水，生成 2- 丁烯醛。

$$\mathrm{CH_3{-}\overset{O}{\overset{\|}{C}}{-}H + \overset{H}{\overset{|}{C}}H_2{-}\overset{O}{\overset{\|}{C}}{-}H} \xrightarrow[4\sim5℃]{\text{稀}NaOH} \underset{\beta\text{-羟基丁醛}}{\mathrm{CH_3\overset{OH}{\overset{|}{C}}HCH_2CHO}}$$

$$\mathrm{CH_3\overset{OH}{\overset{|}{C}}HCH_2CHO} \xrightarrow{\triangle} \underset{\text{2-丁烯醛}}{\mathrm{CH_3CH{=}CHCHO}} + \mathrm{H_2O}$$

由两种不同的含有 α-H 的醛进行醇醛缩合反应时，一般可以得到四种缩合产物的混合物。由于分离困难，所以实用意义不大。但是，如果某一种醛不具有 α-H，则得到高收率的单一缩合产物，在合成上有重要价值。例如，在稀碱溶液存在下将乙醛慢慢加到过量的苯甲醛中，可得到收率很高的肉桂醛。这是因为苯甲醛无 α-H，不能产生碳负离子，而且又是过量的，这样可以抑制乙醛自身的缩合，一旦乙醛与碱作用形成碳负离子，很快就与苯甲醛的羰基发生加成反应。

$$\mathrm{C_6H_5CHO + CH_3CHO} \xrightleftharpoons{\text{稀}NaOH} \mathrm{C_6H_5\overset{OH}{\overset{|}{C}}HCH_2CHO} \xrightarrow{-H_2O} \underset{\text{肉桂醛}}{\mathrm{C_6H_5CH{=}CHCHO}} + \mathrm{H_2O}$$

含有 α-H 的酮在稀碱的催化下也能发生羟酮缩合反应。但是由于酮羰基碳原子的正电性比醛的弱，同时酮羰基周围空间位阻较大，所以在同样的条件下，比含 α-H 的醛发生反应要困难。

2. 卤代反应　碱催化下，卤素（Cl_2、Br_2、I_2）与含有 α-H 的醛或酮迅速反应，生成 α-C 完全卤代的卤代物。

α-C 含有 3 个活泼氢的醛或酮（如乙醛和甲基酮等）与卤素的碱性溶液作用，首先生成 α- 三卤代物，后者在碱性溶液中立即分解成三卤甲烷（俗称卤仿）和羧酸盐，该反应又称卤仿反应。

$$\underset{\text{甲基酮或乙醛}}{\mathrm{CH_3{-}\overset{O}{\overset{\|}{C}}{-}R(H)}} \xrightarrow{X_2,OH^-} \underset{\alpha\text{-三卤代物}}{\mathrm{CX_3{-}\overset{O}{\overset{\|}{C}}{-}R(H)}} \xrightarrow{OH^-} \underset{\text{卤仿}}{\mathrm{CHX_3}} + \underset{\text{羧酸盐}}{\mathrm{(H)RCOO^-}}$$

笔记栏

卤仿反应常用碘的碱溶液，产物之一是碘仿，所以称为碘仿反应。碘仿是难溶于水（但易溶于强碱性溶液中）的淡黄色晶体，有特殊的气味，容易识别。因此，可以用碘仿反应来识别乙醛和甲基酮。次碘酸钠（NaOI）具有氧化作用，乙醇和含有 CH_3CH（OH）—R 结构的醇在该反应条件下可氧化成相应的乙醛或甲基酮，所以也能发生碘仿反应。例如：

$$CH_3\underset{OH}{\underset{|}{C}}HCH_3 \xrightarrow{NaOI} CH_3-\overset{O}{\overset{\|}{C}}-CH_3 \xrightarrow{I_2+NaOH} CHI_3\downarrow + CH_3COONa$$

三、氧化反应和还原反应

1. 氧化反应 醛与酮在结构上最主要的区别是醛羰基上连有氢原子，很容易被氧化成羧酸。醛不仅可与强氧化剂（如酸性高锰酸钾等）作用，而且还可以与弱氧化剂（如 Tollens 试剂、Fehling 试剂、Benedict 试剂等）作用，得到相应的氧化产物；酮则不易被氧化，但若采用强氧化剂（如酸性高锰酸钾、硝酸）可使碳链断裂，生成含碳原子数目较少的羧酸混合物。

托伦（Tollens）试剂（硝酸银的氨溶液）与醛共热时，醛氧化为羧酸，$[Ag(NH_3)_2]^+$被还原成金属银沉积在试管壁上形成银镜，故该反应又称为银镜反应。

$$RCHO + 2[Ag(NH_3)_2]OH \xrightarrow{\text{加热}} RCOONH_4 + 2Ag\downarrow + 3NH_3 + H_2O$$

斐林（Fehling）试剂（硫酸铜与酒石酸钾钠的氢氧化钠溶液）与醛共热时，醛氧化为羧酸，而铜离子被还原成砖红色的氧化亚铜沉淀析出。

$$RCHO + 2\,CuSO_4 + NaOH \xrightarrow{\text{加热}} RCOONa + Cu_2O\downarrow + 3H_2O$$

班氏（Benedict）试剂（硫酸铜、碳酸钠和柠檬酸钠溶液）与醛共热时，醛氧化为羧酸，而铜离子被还原成砖红色的氧化亚铜沉淀析出，反应原理同上。临床上班氏试剂可用于尿液中葡萄糖的检验。

由于上述试剂只与醛基作用，分子中的酮基不被氧化，因此可把醛和酮区分开来。但是，芳香醛不和斐林试剂及班氏试剂作用，据此，还可用来区别脂肪醛和芳香醛。

2. 还原反应 醛和酮都可以被还原。用不同的还原剂可以把羰基还原成相应的醇，或者还原成亚甲基（$-CH_2-$）。

在金属催化剂如 Ni、Pt、Pd 的催化下，醛加氢还原成伯醇，酮则还原成仲醇。

$$R-\overset{O}{\overset{\|}{C}}-H + H_2 \xrightarrow{Ni} RCH_2OH$$

$$R-\overset{O}{\overset{\|}{C}}-R' + H_2 \xrightarrow{Ni} R\overset{OH}{\overset{|}{C}}HR'$$

若采用金属氢化物作为还原剂，如硼氢化钠（$NaBH_4$）或氢化铝锂（$LiAlH_4$），也能将醛酮还原成相应的醇，且不影响分子中的碳碳双键结构。在还原时金属氢化物中的氢负离子（H^-）作为亲核试剂加到羰基碳上，金属基团（M^+）与羰基氧结合，生成的加成物经水解即得醇。反应通式如下所示：

$$\gt C=O \xrightarrow{M^+H^-} -\underset{H}{\underset{|}{\overset{|}{C}}}-O^-M^+ \xrightarrow{H_2O} -\underset{H}{\underset{|}{\overset{|}{C}}}-OH + M^+OH^-$$

$NaBH_4$ 的还原能力不及 $LiAlH_4$，但其优点是使用方便，它能同时溶解于水和醇，可使加成和水解两步反应快速进行。而 $LiAlH_4$ 能与水和醇激烈作用，故进行第一步加成反应时必须在无水条件（如在乙醚中）进行，然后进行第二步水解。

$$CH_3CH=CHCHO \xrightarrow[\text{乙醇}]{NaBH_4} CH_3CH=CHCH_2OH$$

将醛或酮与锌汞齐和浓盐酸一起回流反应，可将羰基还原成亚甲基。此方法称为 Clemmensen（克

莱门森）还原法。

$$C_6H_5COCH_3 \xrightarrow[\triangle]{Zn\text{-}Hg/浓HCl} C_6H_5CH_2CH_3$$

此方法是一个合成带侧链芳烃很好的方法，且收率高，但只适用于对酸稳定的化合物。如果是对酸不稳定而对碱稳定的羰基化合物，可采用 Wolff（沃尔夫）-Kishner（基惜纳）- 黄鸣龙还原法。此方法是以缩乙二醇为溶剂，将醛或酮与肼、浓碱在常压下一起加热，即可将羰基还原成亚甲基。

3. Cannizzaro（康尼查罗）反应　不含 α-H 的醛，在浓碱作用下，醛分子间发生氧化还原反应，即一分子醛被氧化为羧酸，另一分子醛被还原为醇，生成物是羧酸盐和醇的混合物。这种反应称为歧化反应，也称 Cannizzaro 反应。例如：

$$2HCHO \xrightarrow{浓NaOH} CH_3OH + HCOONa$$

$$2C_6H_5CHO \xrightarrow{浓NaOH} C_6H_5CH_2OH + C_6H_5COONa$$

Cannizzaro 反应机制（以苯甲醛为例）如下所示。

$$C_6H_5CH{=}O + OH^- \rightleftharpoons C_6H_5CH(OH)O^-$$

$$C_6H_5CH(OH)O^- + C_6H_5CHO \longrightarrow C_6H_5COOH + C_6H_5CH_2O^-$$

$$\longrightarrow C_6H_5COO^- + C_6H_5CH_2OH \xrightarrow{H^+} C_6H_5COOH$$

可以看出，羰基遭受 OH^- 进攻生成氧负离子的醛为氢的供体，被氧化成酸；另一分子醛为氢的受体，被还原成醇。

两种不同的无 α-H 的醛在浓碱存在下，发生交叉 Cannizzaro 反应，生成多种产物的混合物。但用甲醛与其他无 α-H 的醛进行 Cannizzaro 反应时，由于甲醛的醛基最活泼，总是先被 OH^- 进攻而成为氢的供给体，它本身被氧化成甲酸，而另一醛则被还原成醇。因此，这种反应产物较单纯，在有机合成中常被利用。例如：

$$HCHO + C_6H_5CHO \xrightarrow{浓NaOH} C_6H_5CH_2OH + HCOONa$$

在生物体内也有类似 Cannizzaro 反应。

四、与席夫试剂的反应

品红是一种红色染料，于其溶液中通二氧化硫则得无色的品红亚硫酸溶液称为即席夫试剂（Schiff' s regent）。这种试剂与醛类作用显紫红色，且很灵敏；酮类与席夫试剂不起反应，因而不显颜色（丙酮作用极慢）。因此，席夫试剂是实验室检验醛、酮常用的简单方法。

甲醛与席夫试剂所显的颜色加浓硫酸后不消失，其他醛所显的颜色则褪去。因此，席夫试剂还可用于区别甲醛和其他醛。

第四节 重要的醛酮

一、甲 醛

甲醛是一种具有强烈刺激气味的气体，易溶于水，40% 的甲醛水溶液称为福尔马林（formalin），是一种有效的消毒剂和防腐剂，可用于外科器械、手套、污染物等的消毒，也用作保存解剖标本的防腐剂，这是因为甲醛具有使蛋白质凝固的作用。细菌的蛋白质被甲醛凝固后，细菌死亡，并且可使皮肤硬化，从而起到消毒防腐的作用。

甲醛在水溶液中以水合甲醛形式存在，不能分离出来。水合甲醛失水缩合即生成链状的多聚甲醛，这便是甲醛溶液存放久了产生混浊或有白色沉淀的原因。在福尔马林溶液中加入少量的甲醇可以防止甲醛聚合。

甲醛与氨水混合蒸馏时可生成一种结构复杂的结晶，称环六亚甲基四胺，药名叫乌洛托品（urotropine），反应如下所示：

$$4NH_3 + 6HCHO \longrightarrow (CH_2)_6N_4 + 6H_2O$$

乌洛托品为无色晶体，加热至 262℃时会升华并部分分解，临床上常用作尿道消毒剂治疗肾脏及尿道感染，因为它在患者体内能慢慢水解，产生少量的甲醛，甲醛由尿道排除时可将尿道内的细菌杀死。

案例 9-1 甲醛的危害

患者：沈先生，32 岁。

临床资料：2000 年 9 月 8 日，沈先生喝下了浓度为 6.56% 的甲醛溶液，随后感到腹痛，不久便吐血，当即送入医院诊治。经询问得知沈先生无发病史，调查情况后予以洗胃并住院观察和对症治疗，并请专家会诊，确诊为甲醛中毒。检查结果如下所示。

（1）9 月 9 日查 OB（大便隐血试验）显示阳性。

（2）9 月 9 日查血生化指标，显示 ALT（谷草转氨酶）105U/L（正常参考值为＜ 50U/L），ALP（谷丙转氨酶）14U/L（正常参考值为 50 ～ 136U/L），BUN（尿素氮）6.9mmol/L（正常参考值为 1.8 ～ 6.8mmol/L），其余如蛋白质、血电解质指标均正常。

（3）9 月 15 日血生化指标，ALT 98U/L，ALP 135U/L，其余血生化指标正常。

（4）9 月 26 日复查血生化指标均正常。

（5）10 月 6 日胃镜显示十二指肠球部与降部交界处黏膜多发性糜烂，慢性浅表性胃炎。

（6）10 月 27 日胃镜复查显示慢性浅表性胃炎。

（7）10 月 29 日腹部彩色多普勒超声检查报告肝内脂质增多，慢性胆囊炎，胆囊息肉。

11 月 3 日，沈先生出院，出院时仍感到腹部不适与隐痛。经法医鉴定，由于甲醛服入中毒造成沈先生胃黏膜损伤，肝功能损害，肾功能轻微损害。

讨论：甲醛溶液通过皮肤接触、蒸气吸入、口服均可引起中毒。当人处于低浓度甲醛环境中，可能导致咳嗽、恶心、头痛、皮肤过敏等症状。高浓度甲醛则可毒害免疫系统、神经系统等，从而诱发病变。

皮肤接触甲醛中毒，可用肥皂水清洗和抗生素抗感染治疗；吸入甲醛蒸气时可采取稀氨溶液蒸气吸入或 2%$NaHCO_3$ 溶液雾化吸入；口服体内中毒时，通过洗胃（洗胃液中加入尿素氮 60 ～ 70g 或活化炭、牛乳、豆浆、蛋清液）或采取服用 3%$NaHCO_3$ 溶液或 15% 的醋 100ml 予以治疗，使甲醛变成毒性较小的乌洛托品，同时结合抗炎吸氧、护肝肾等对症疗法。

思考题：

1. 甲醛有什么特性？
2. 甲醛中毒怎样救治？
3. 甲醛中毒有哪些临床症状？

二、乙　　醛

乙醛是无色具有刺激臭味的挥发性液体，沸点 21℃，易溶于水、乙醇和乙醚中。在酸的催化作用下乙醛聚合成三聚乙醛。三聚乙醛是无色液体，有令人不愉快的辛辣气味，沸点 124℃，能溶于水（25℃时 1g 溶于约 8g 水中），易溶于乙醇和乙醚。三聚乙醛在医学上又称副醛，具有催眠作用，是比较安全的催眠药，无蓄积作用，不影响心脏与血管运动中枢，缺点在于具有令人不快的味道，且经肺排除时臭气难闻。

在乙醛中通氯气，则生成三氯乙醛，它易溶于水加成而得到无色晶体，称为水合三氯乙醛，简称水合氯醛。水合氯醛为无色透明棱柱形晶体，熔点 57℃，具有刺激性臭味，易溶于水、乙醇及乙醚。它也是比较安全的催眠药、镇静药，不易引起蓄积中毒，但味道不好，对胃有刺激性。

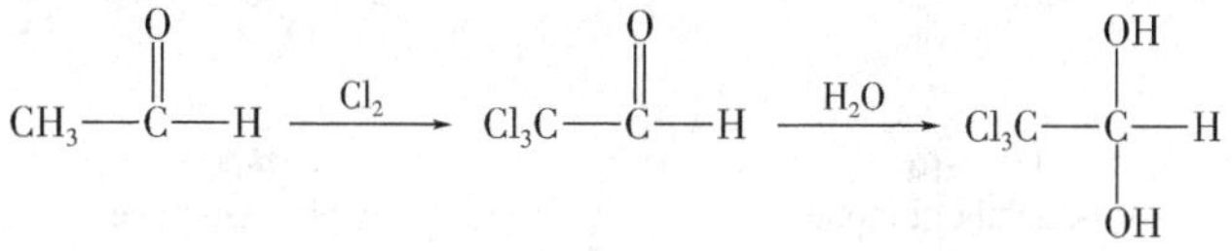

$$CH_3-\overset{O}{\overset{\|}{C}}-H \xrightarrow{Cl_2} Cl_3C-\overset{O}{\overset{\|}{C}}-H \xrightarrow{H_2O} Cl_3C-\underset{OH}{\underset{|}{\overset{OH}{\overset{|}{C}}}}-H$$

水合三氯乙醛

三、苯　甲　醛

苯甲醛是最简单的芳香醛，工业上称苦杏仁油，是具有杏仁香味的无色液体（久存变微黄色），沸点 179℃，微溶于水，易溶于乙醇和乙醚中，在空气中放置能被氧化而析出白色的苯甲酸晶体。

四、丙　　酮

丙酮是具有愉快香味的液体，沸点 56℃，极易溶于水，并能溶解多种有机物，故广泛用作溶剂。

糖尿病患者由于新陈代谢紊乱，体内常产生过量的丙酮并从尿中排出，因而糖尿病患者在验尿时，除了检查尿中葡萄糖外，还可以检查丙酮。检查丙酮的方法除碘仿反应外，还可滴加亚硝酰铁氰化钠［$Na_2Fe(CN)_5NO$］溶液和氨水溶液于尿中，如有丙酮存在，则尿液呈鲜红色。

五、樟　　脑

樟脑是一种脂环族的酮类化合物，学名为 2- 莰酮（[结构式]）。它是一种半透明结晶，具有穿透性特异芳香，味略苦而辛，并有清凉感，熔点 176 ～ 177℃，易升华，不溶于水，能溶于醇和油脂中，通常用水蒸气蒸馏法从樟脑树中提炼而得。

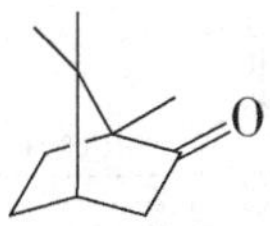

樟脑在医学上用途甚广，可用作呼吸循环兴奋药，如 10% 的樟脑油注射剂；也可用作治疗局部炎症的药，如十滴水、消炎止痛药膏；成药清凉药中也含有樟脑成分；樟脑还可用于驱虫防蛀。

第五节　醌

一、醌的结构和命名

醌类化合物都含有如下的醌型结构。

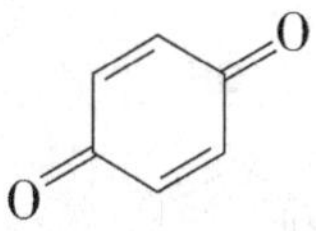

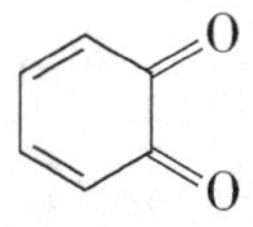

[对醌结构式：O=C₆H₄=O]　[邻醌结构式]

具有醌型结构的化合物一般都有颜色，常见的有苯醌、萘醌、蒽醌及其衍生物。醌类化合物通常是以相应的芳烃衍生物来命名，如苯醌、萘醌、蒽醌等，两个羰基的位置可用阿拉伯数字注明，或用邻、对及 α,β 等表明。例如：

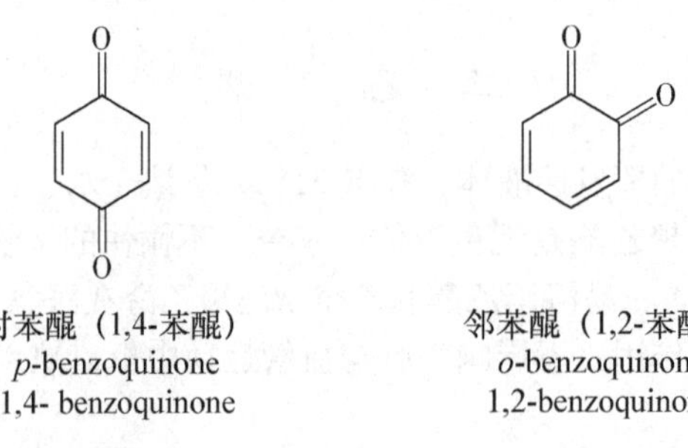

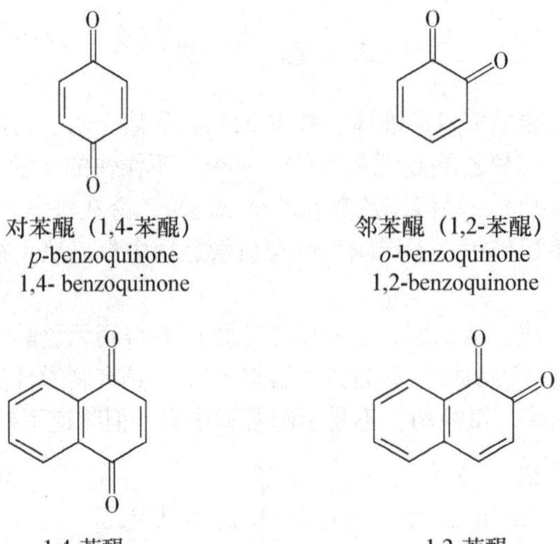

对苯醌（1,4-苯醌）
p-benzoquinone
1,4- benzoquinone

邻苯醌（1,2-苯醌）
o-benzoquinone
1,2-benzoquinone

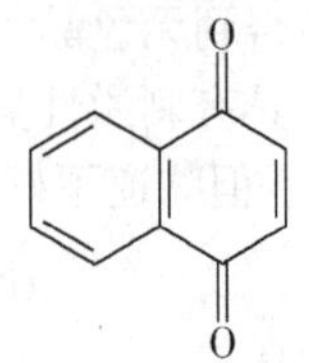

1,4-萘醌
1,4-naphthoquinone

1,2-萘醌
1,2-naphthoquinone

二、对苯醌的化学性质

醌是环己二烯二酮，分子中含有碳碳双键和羰基，具有烯烃和酮的双重性质。其性质与 α,β- 不饱和酮相似。

1. 对苯醌的亲电加成 醌分子中含有碳碳双键，能与亲电试剂发生亲电加成反应。例如，对苯醌与溴作用可分别生成二溴化物及四溴化物。

Br_2/CCl_4 → Br_2/CCl_4 →

2. 对苯醌的亲核加成 对苯醌的羰基能与亲核试剂发生亲核加成反应。例如，对苯醌与羟胺作用生成对苯醌肟或对苯醌二肟。

H_2NOH → 对苯醌肟 H_2NOH → 对苯醌二肟

3. 对苯醌的共轭加成反应 醌与 α,β- 不饱和酮性质相似，能发生 1,4- 亲核加成反应。例如：

HCN → 重排 ⇌

对苯醌在亚硫酸水溶液中容易还原成对苯二酚，也称氢醌（hydroquinone）。许多含有对苯醌结构的生物分子在体内也容易发生这种还原反应。

+2H ⇌ −2H

笔记栏

混合等量的对苯醌和对苯二酚的乙醇溶液，有深绿色晶体析出，它是由对苯醌与氢醌结合而成的分子化合物，称为醌氢醌。

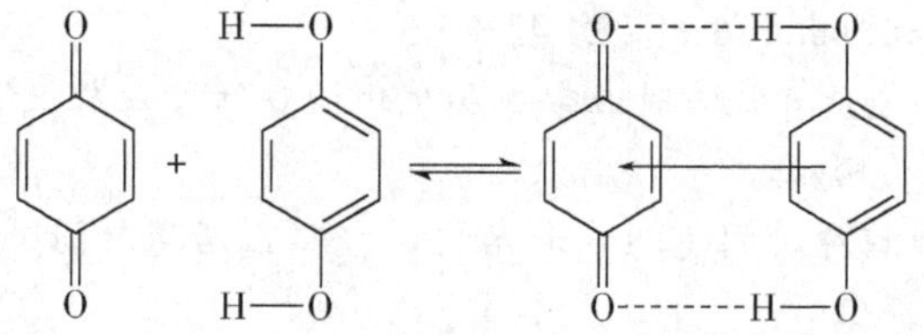

醌氢醌

醌氢醌可溶于热水，在溶液中完全解离为醌和氢醌，若在溶液中插入一铂电极，即组成醌氢醌电极，常用于溶液 pH 的测定。

第六节　重要的醌类化合物

一、α- 萘醌和维生素 K

α- 萘醌是黄色结晶，熔点 119 ～ 122℃，可升华，溶于乙醇或乙醚，微溶于水，具有刺鼻的气味。许多天然的植物色素含有 α- 萘醌的结构，如维生素 K_1 和维生素 K_2。

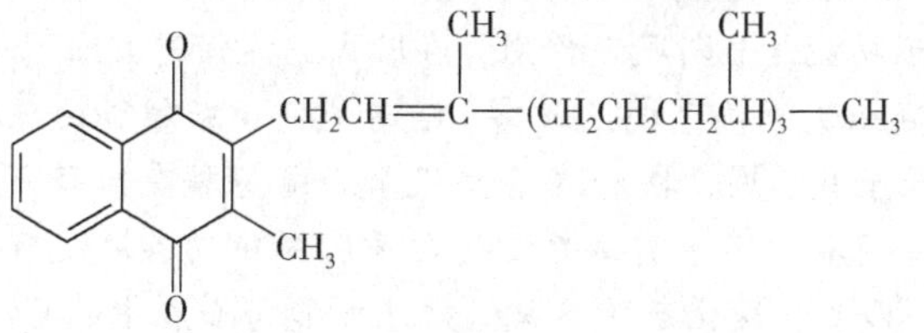

维生素 K_1

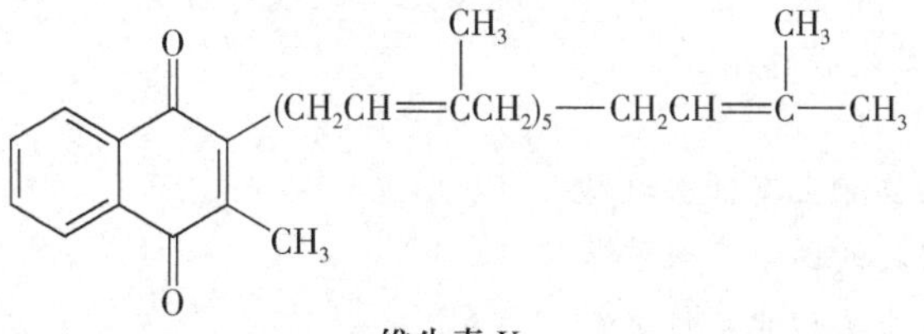

维生素 K_2

维生素 K_1 和维生素 K_2 的不同之在于侧链，维生素 K_2 在侧链中比维生素 K_1 多含 10 个碳原子。维生素 K_1 为黄色油状液体，可以从苜蓿中提取。维生素 K_2 为黄色晶体，熔点 53.5 ～ 54.5℃，可从腐败的鱼肉中提取。维生素 K_1 和维生素 K_2 广泛存在于自然界中，以猪肝及苜蓿中含量最多。此外，一些绿色植物、蛋黄、动物肝脏等也含丰富的维生素 K_1 和维生素 K_2。它们都能促进血液的凝固，因此可用作止血剂。

在研究维生素 K_1 和维生素 K_2 及其衍生物的化学结构与凝血作用的关系时，发现 2- 甲基 -1,4- 萘醌具有更强大的凝血能力，称之为维生素 K_3，可由合成方法制得。

维生素 K_3 为黄色结晶，熔点 105 ～ 107℃，难溶于水，可溶于植物油或其他有机溶剂，但它的亚硫酸氢钠加成物可溶于水，医药上称为亚硫酸氢钠甲萘醌，结构式如下。

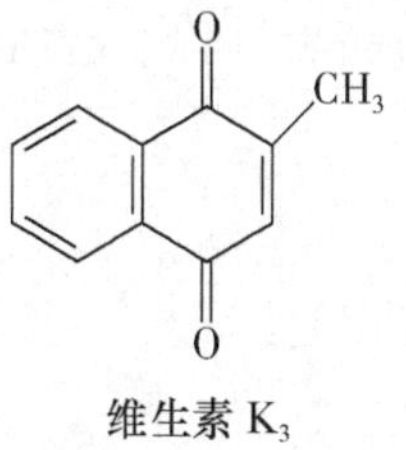

维生素 K_3 　　　　亚硫酸氢钠甲萘醌水合物

案例 9-2　维生素 K 缺乏症

患者：成人维生素 K 缺乏症 28 例患者。

临床表现，患者有多种出血表现，皮肤瘀斑 19 例（67.86%），黏膜出血（鼻出血、牙龈出血、口腔血肿）15 例（53.57%），血尿 11 例（39.29%），消化道出血 8 例（28.57%），月经过多

6例（21.43%），关节和肌肉出血6例（21.43%）。

实验室检查：绝大部分患者就诊时血常规和生化检查结果基本正常，部分患者行抗核抗体等多种自身抗体检测结果为阴性。

凝血功能检测：凝血酶原时间（PT）和活化部分凝血活酶时间（APTT）明显延长，凝血酶时间和纤维蛋白原基本正常。

诊断标准：①有鼠药接触史或有基础疾病；②临床有皮肤、黏膜及内脏出血表现；③PT和APTT明显延长；④除外严重肝病、口服香豆素类药物过量、弥散性血管内凝血（DIC）和遗传性凝血功能异常病史；⑤补充维生素K_1或血浆治疗有效。

治疗：给予静脉滴注维生素K_1 20～40mg/次，6～12h后复查凝血功能，PT和APTT明显缩短，24～48h后复查凝血功能，PT和APTT基本恢复正常。

讨论：引起成人维生素K缺乏和利用障碍常见于以下情况：①摄入不足；长期进食少或不能进食；长期低脂饮食；胆道疾病，如梗阻性黄疸或在胆道术后引流等；广泛小肠切除、慢性腹泻等造成的吸收不良综合征；长期使用抗生素导致肠道菌群失调，内源性合成减少；②毒物影响维生素K代谢，常见的为鼠药中毒，如杀鼠灵、溴敌隆和大隆等；③长期饮酒等。

维生素K的主要生理功能是参与凝血作用，在肝内它能促进凝血因子Ⅱ（凝血酶原）、Ⅶ、Ⅸ和Ⅹ等的合成，并使凝血酶原转变成凝血酶，后者能促使纤维蛋白原转变成纤维蛋白，加速血液凝固。在促进凝血因子Ⅱ、Ⅶ、Ⅸ和Ⅹ合成及凝血酶原转变为凝血酶的过程中，维生素K作为羧化酶的辅酶参与，使凝血因子前体异常蛋白质肽链中的谷氨酸残基γ羧化，转变为正常凝血酶原的γ羧基谷氨酸残基，羧化后的谷氨酸残基才能与血液中的Ca^{2+}结合，进而与血小板磷脂结合呈现活性。在此羧化过程中，维生素K由氢醌型转变为环氧化物，环氧维生素K在环氧还原酶的作用下还原成醌式，进一步在还原型尼可酰胺腺嘌呤二核苷酸（NADH）的作用下还原成氢醌型，从而继续发挥作用。

思考题：

1. 维生素K缺乏在临床上有什么症状？
2. 引起维生素K缺乏的因素有哪些？
3. 维生素K的主要生理功能是什么？

本章小结

醛和酮的分子中都含有共同的官能团——羰基，羰基是由一个碳原子与一个氧原子以双键结合而成的。醛分子中的羰基碳上至少连有一个氢原子，酮分子中的羰基碳上连有两个烃基。醛酮分子中都有羰基，因此有相似的化学性质，又因羰基所连的原子或基团不同而有不同的化学性质。

1. 亲核加成反应

>C=O —HCN / NaOH→ >C(OH)(CN)　　条件：醛、脂肪族甲基酮和8个碳原子以下的环酮。

>C=O —$NaHSO_3$→ >C(OH)(SO_3Na)

>C=O —ROH / HCl→ >C(OR)(OR)

>C=O —$LiAlH_4$ 或 $NaBH_4$→ >C(H)(OH)

>C=O —RMgX / H_3O^+→ >C(OH)(R)

2. 亲核加成与消除反应

$$>C=O \xrightarrow{RNH_2} >C=NR + H_2O$$

3. α-H 的反应

（1）醇醛缩合反应：在稀碱溶液中，一分子含 α-H 的醛可以与另一分子醛的羰基碳形成新的碳碳键，生成 β- 羟基醛类化合物，该反应称为醇醛缩合。注意：醇醛缩合反应并不是 1 分子醛与 1 分子醇的反应。

$$2RCH_2CHO \xrightarrow[\text{低温}]{OH^-} RCH_2CH(OH)\underset{}{\overset{R}{|}}{C}HCHO \xrightarrow{\text{加热}} RCH_2CH{=}\overset{R}{\overset{|}{C}}CHO$$

醇醛缩合是有机合成中增长碳链的重要方法，但升高温度又容易使生成的醇醛失水，得到失水产物 α, β- 不饱和醛。

（2）卤代反应：碱催化下，卤素（Cl_2、Br_2、I_2）与含有 α-H 的醛或酮迅速反应，生成 α-C 完全卤代的卤代物。特别是 α-C 含有 3 个活泼氢的醛或酮（如乙醛和甲基酮等）与碘的氢氧化钠溶液作用，生成碘仿，称为碘仿反应。

$$(R)H-\overset{O}{\overset{\|}{C}}-CH_3 \xrightarrow{I_2,\ OH^-} (R)H-\overset{O}{\overset{\|}{C}}-CI_3 \xrightarrow{OH^-} CHI_3\downarrow + (R)HCOO^-$$

碘仿是难溶于水（但易溶于强碱性溶液）的淡黄色晶体，有特殊的气味，容易识别。因此，可以用碘仿反应来识别乙醛和甲基酮。次碘酸钠（NaOI）具有氧化作用，乙醇和含有 CH_3CH（OH）—R 结构的醇在该反应条件下可氧化成相应的乙醛或甲基酮，所以也能发生碘仿反应。

$$(H)R\overset{OH}{\overset{|}{C}}HCH_3 \xrightarrow{NaOI} (H)R-\overset{O}{\overset{\|}{C}}-CH_3 \xrightarrow{I_2+NaOH} CHI_3\downarrow + (H)RCOONa$$

4. 氧化反应　醛被弱氧化剂氧化。

（1）与 Tollen（托伦）试剂反应（银镜反应）

$$RCHO + 2[Ag(NH_3)_2]^+OH^- \xrightarrow{\text{加热}} RCOONH_4 + 2Ag\downarrow + 3NH_3 + H_2O$$

（2）与 Fehling（斐林）试剂反应

$$RCHO + 2Cu(OH)_2 + NaOH \xrightarrow{\text{加热}} RCOONa + Cu_2O\downarrow + 3H_2O$$

5. 还原反应　醛和酮都可以被还原。用不同的还原剂可以把羰基还原成相应的醇，或者还原成亚甲基（—CH_2—）。

（1）若采用氢化铝锂（$LiAlH_4$）或氢硼化钠（$NaBH_4$）可将醛酮还原成相应的醇。

$$>C=O \xrightarrow[(2)H_3O^+]{(1)\ LiAlH_4} -\overset{H}{\overset{|}{\underset{|}{C}}}-OH$$

（2）克莱门森还原法。

$$C_6H_5-\overset{O}{\overset{\|}{C}}-CH_2CH_3 \xrightarrow{Zn\text{-}Hg/\text{浓}HCl} C_6H_5-CH_2CH_2CH_3$$

（3）Wolff（沃尔夫）-Kishner（基希纳）- 黄鸣龙还原法。

$$C_6H_5-\overset{O}{\overset{\|}{C}}-CH_2CH_3 \xrightarrow[\text{缩乙二醇，}\triangle]{H_2NNH_2,\ NaOH} C_6H_5-CH_2CH_2CH_3$$

（4）Cannizzaro（康尼查罗）反应：不含 α-H 的醛，在浓碱作用下，醛分子间发生氧化还原反应，即一分子醛被氧化为羧酸，另一分子醛被还原为醇。

笔记栏

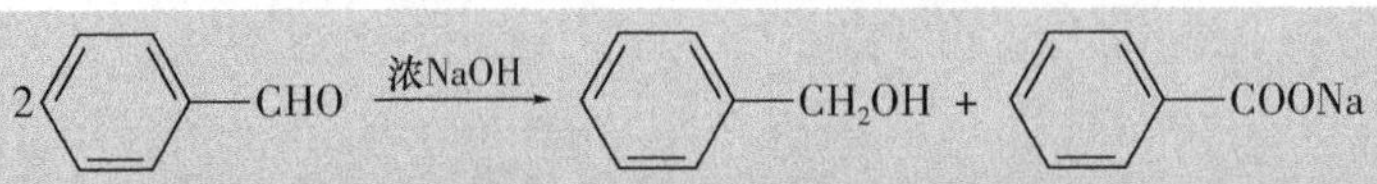

$$2\,C_6H_5CHO \xrightarrow{浓NaOH} C_6H_5CH_2OH + C_6H_5COONa$$

用甲醛与其他无 α-H 的醛进行康尼查罗反应，由于甲醛的醛基最活泼，总是先被 OH^- 进攻而成为氢的供给体，它本身被氧化成甲酸，而另一醛则被还原成醇。

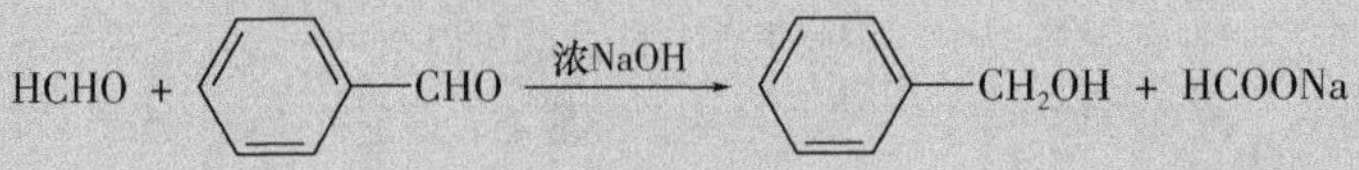

$$HCHO + C_6H_5CHO \xrightarrow{浓NaOH} C_6H_5CH_2OH + HCOONa$$

醌是一类不饱和的环二酮，在分子中含有两个双键和两个羰基，具有烯烃和酮的双重性质。醌广泛分布在自然界中，有些是药物和染料的中间体，如维生素 K、辅酶 Q 等是具有重要生理作用的醌类化合物。

习　题

1. 命名下列化合物。

（1）$(CH_3)_2CHCH_2C(=O)CH(CH_3)_2$

（2）$(CH_3)_2CHC(=O)CH_2CH_2C(=O)C(CH_3)_3$

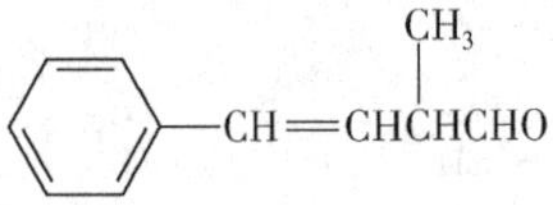

（3）$C_6H_5-CH{=}CHCH(CH_3)CHO$

（4）$CH_3O-C_6H_4-CHO$（对位）

（5）4-异丙基环己酮结构式（键线式，环上 =O）

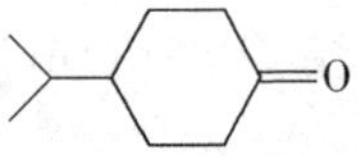

（6）$CH_3CH{=}CHCH(CH_3)CH_2C(=O)CH_3$

2. 写出下列各化合物的结构式。

（1）4- 甲基 -2- 乙基戊醛　（2）4- 甲基 -3- 戊烯 -2- 酮

（3）4- 甲基 -2- 溴苯乙酮　（4）3- 甲基环已酮

（5）2,5- 己二酮　（6）4- 羟基 -3- 甲氧基苯乙醛

3. 下列化合物，哪些可以与饱和亚硫酸氢钠发生反应？写出反应式。

（1）1- 苯基 -1- 丁酮　（2）环戊酮　（3）苯乙醛

（4）丙醛　（5）二苯酮　（6）2- 丁酮

4. 下列化合物中哪些可以发生碘仿反应？写出反应式。

（1）乙醇　（2）2- 戊醇　（3）3- 戊醇　（4）1- 丙醇

（5）2- 丁酮　（6）异丙醇　（7）丙醛　（8）苯乙酮

5. 用适当的 Grignard 试剂制备下列醇。

（1）3- 甲基 -3- 己醇　（2）4- 甲基 -3- 己醇　（3）1- 苯基 -1- 丙醇

6. 试用简便的化学方法鉴别下列每组化合物。

（1）甲醛、乙醛、苯甲醛

（2）2- 戊酮、3- 戊酮、环己酮

（3）苯乙醛、苯乙酮、丙酮

7. 完成下列反应式。

（1）$CH_3COCH_3 + HCN \longrightarrow \quad \xrightarrow[H^+]{H_2O}$

（2）$CH_3CHO + 2CH_3CH_2OH \xrightarrow{干燥HCl}$

（3）$2CH_3CHO \xrightarrow[加热]{稀NaOH} \quad \xrightarrow{NaBH_4}$

（4）$C_6H_5CHO + HCHO \xrightarrow{浓NaOH}$

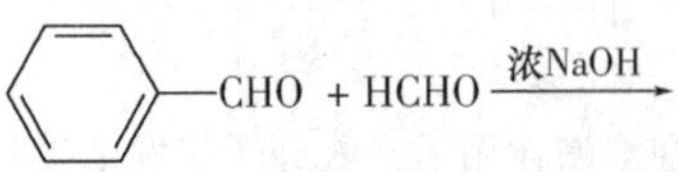

笔记栏

（5）C_6H_5-CHO + H_2NNH-C_6H_3(O_2N)-NO_2 ⟶

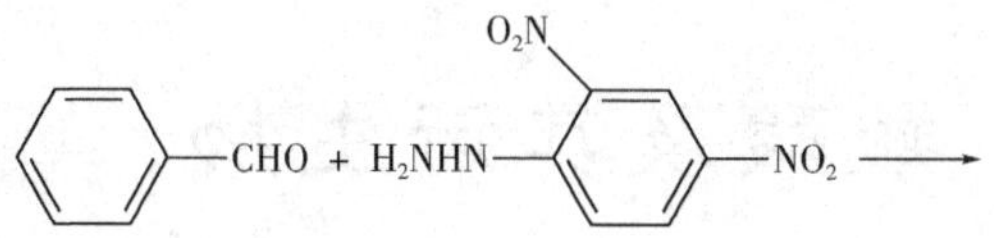

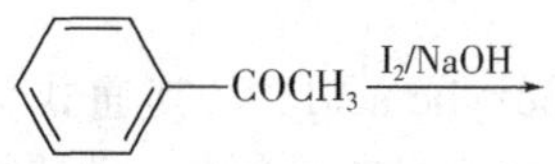

（6）C_6H_5-$COCH_3$ $\xrightarrow{I_2/NaOH}$

（7）C_6H_5-$COCH_2CH_3$ $\xrightarrow{Zn\text{-}Hg/浓HCl}$

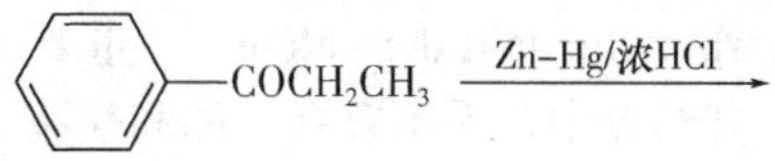

8. 合成题。

（1）由正丙醇合成 2- 甲基 -2- 戊烯 -1- 醇

（2）由 环己烯 合成 1-羟基环己烷甲酸（OH，COOH）

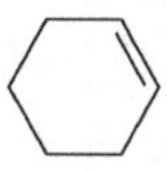

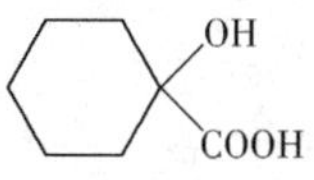

9. 某未知化合物 A，Tollen 试验呈阳性，能形成银镜。A 与乙基溴化镁反应随即加稀酸得化合物 B，分子式为 $C_6H_{14}O$，B 经浓硫酸处理得化合物 C，分子式为 C_6H_{12}，C 与臭氧反应并接着在锌存在下与水作用，得到丙醛和丙酮两种产物。试写出 A、B、C 的结构。

10. 某未知化合物 A，与 Tollen 试剂无反应，与 2,4- 二硝基苯肼反应可得一橘红色固体，A 与氰化钠和硫酸反应得化合物 B，分子式为 C_4H_7ON，A 与硼氢化钠在甲醇中反应可得非手性化合物 C，C 经浓硫酸脱水得丙烯。试写出 A、B、C 的结构式。

11. 化合物 A、B、C 的分子式均为 C_3H_6O，其中 A 和 B 能与 2,4- 二硝基苯肼作用生成黄色沉淀；A 还能发生碘仿反应。试写出 A、B 和 C 的结构式。

（付彩霞）

第十章　羧酸及其衍生物

分子中含有羧基（—COOH）的化合物称为羧酸（carboxylic acid）。其通式为 RCOOH 或 ArCOOH。自然界中，羧酸常以游离态、羧酸盐或羧酸衍生物的形式广泛存在于动植物中。羧酸分子中羧基的羟基被取代后的产物称为羧酸衍生物（carboxylic acid derivative），重要的羧酸衍生物有酰卤、酸酐、酯和酰胺。酰卤和酸酐性质较活泼，自然界中几乎不存在，酯和酰胺普遍存在于动植物中，许多药物本身就是酯和酰胺类化合物。

第一节　羧　酸

一、羧酸的分类和命名

根据羧基所连烃基的不同，羧酸可分为脂肪酸、脂环酸和芳香酸；根据羧基所连烃基的饱和程度，羧酸可分为饱和酸和不饱和酸；根据羧酸分子含有羧基的数目，羧酸又可分为一元酸和多元酸（表 10-1）。

羧酸的系统命名原则与醛相似。选择含羧基的连续的最长碳链作主链，按所含碳原子数目称为“某酸”。主链碳原子的编号从羧基碳原子开始计数。

对于分子中含有双键及羧基的不饱和酸，主链应包括双键及羧基，称为“某烯酸”。双键的位次写在某烯酸名称之前。

脂肪族二元酸的命名，选择含有两个羧基在内的连续不断的最长碳链作主链，称为“某二酸”。

表 10-1　羧酸的分类

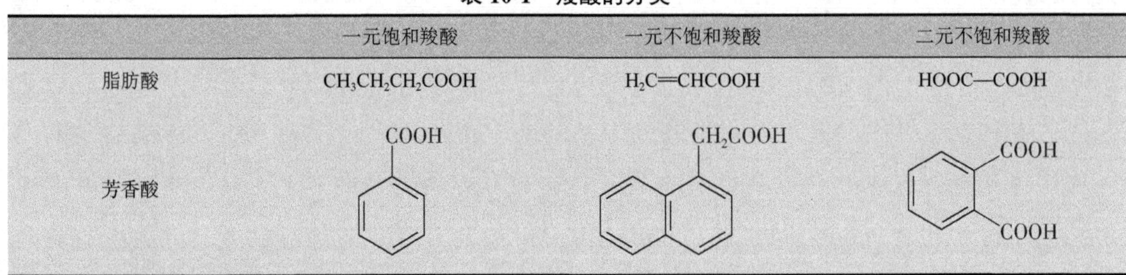

	一元饱和羧酸	一元不饱和羧酸	二元不饱和羧酸
脂肪酸	$CH_3CH_2CH_2COOH$	$H_2C{=}CHCOOH$	HOOC—COOH
芳香酸	COOH（苯环）	CH_2COOH（萘环）	COOH、COOH（苯环）

许多羧酸根据其来源和性质而用俗名，如苯甲酸俗名安息香酸、甲酸俗名蚁酸、乙酸俗名醋酸等。羧酸的俗名虽然不能反映其结构，但较为常用，所以须加以记忆。

简单的羧酸常以普通命名法命名，选择含有羧基的最长碳链作为主链，取代基的位置从羧基邻接的碳原子开始编号，依次用 α、β、γ、δ 等希腊字母表示。

$CH_3CH_2CHCH_2COOH$（CH 上连 CH_3）

β-甲基戊酸
β-methyl valeric acid

$CH_3CH_2CHCH_2CHCOOH$（CH 上分别连 Cl 和 CH_2CH_3）

α-乙基-γ-氯己酸
γ-chloroactic-α-ethylcaproic acid

羧酸衍生物的官能团作为取代基时，其名称如下所示：

—C(=O)—Cl
氯甲酰基
chloroformyl

—C(=O)—OCH_3
甲氧甲酰基
methoxylformyl

—O—C(=O)—CH_3
乙酰氧基
acetyloxy

—C(=O)—NH_2
氨甲酰基
carbamoyl

笔记栏

二、羧酸的结构

羧基（carboxyl）是羧酸的官能团，它由羰基和羟基两部分组成。羧基碳原子为 sp^2 杂化，氧、碳、氧三个原子在同一平面内，该碳原子除形成三个 σ 键外，余下的一个 p 轨道与羰基中氧原子的 p 轨道和羟基中氧原子的 p 轨道相互重叠，形成 p-π 共轭体系（图 10-1）。

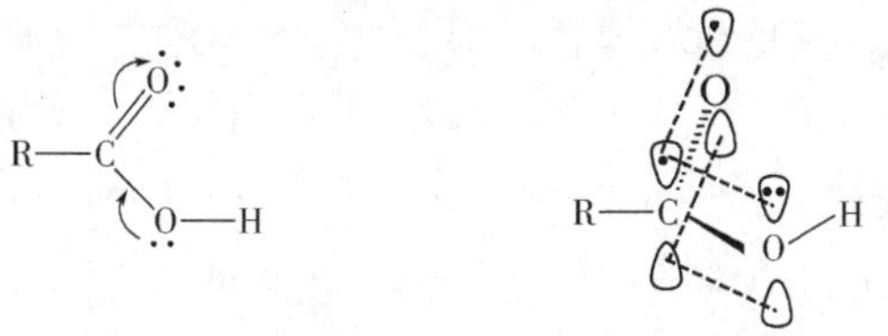

图 10-1　羧酸结构及 p-π 共轭示意图

羧基不是羰基和羟基的简单加合，羧基中既不存在典型的羰基，也不存在典型的羟基，而是两者互相影响的统一体，故羧酸不具有醛、酮中羰基的一般性质。

羧基的 p-π 共轭使羰基碳的正电性降低，不易发生羰基的亲核加成反应，但使羟基 O—H 键之间的极性增强，从而使羟基氢容易解离，故羧酸呈酸性。

当羧基解离成负离子后，负电荷平均地分布在羧酸根的两个氧原子上，两个碳氧键键长完全平均化，体系稳定性增强，故羧基易解离成负离子。

三、羧酸的物理性质

少于十个碳原子的饱和一元脂肪酸都是液体，具有刺鼻的气味；高级脂肪酸是蜡状固体，无味。脂肪族二元酸和芳香酸都是晶体。

低分子量的羧酸易溶于水，但随分子量的增加，溶解度降低。

羧酸的沸点随相对分子质量的增大而升高，而且比相对分子质量相同或相近的醇或醛、酮高（表 10-2）。

表 10-2

	乙酸	丙醇	异丙醇	丙酮	正丁烷
相对分子质量	60	60	60	58	58
沸点（℃）	118	98	82.5	56.5	0

羧酸沸点之所以高，是因为羧酸分子间通过两个氢键形成双分子缔合体。

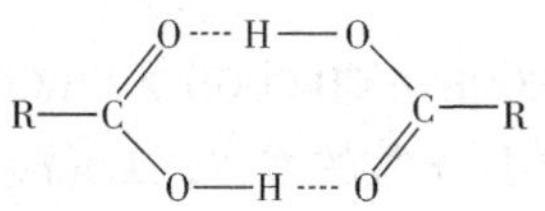

某些羧酸的物理常数见表 10-3。

表 10-3　羧酸的物理常数

化合物	结构式	沸点（℃）	熔点（℃）	pK_a	溶解度 [g·(100g 水)$^{-1}$]
甲酸（蚁酸）	HCOOH	100.5	8.4	3.77	∞
乙酸（醋酸）	CH_3COOH	118	16.6	4.76	∞
丙酸（初油酸）	CH_3CH_2COOH	141	−22	4.88	∞
丁酸（酪酸）	$CH_3(CH_2)_2COOH$	162.5	−4.7	4.82	∞
十六酸（软脂酸）	$CH_3(CH_2)_{14}COOH$	221.5	62.9	4.74	不溶
十八酸（硬脂酸）	$CH_3(CH_2)_{16}COOH$	240.0	70	5.75	不溶
乙二酸（草酸）	HOOC-COOH	＞100（升华）	189	1.46（pK_{a1}） 4.40（pK_{a2}）	8.6

笔记栏

续表

化合物	结构式	沸点（℃）	熔点（℃）	pK_a	溶解度[g·(100g 水)$^{-1}$]
丁二酸（琥珀酸）	$HOOC(CH_2)_2COOH$	235（失水）	185	4.17（pK_{a1}） 5.64（pK_{a2}）	5.8
丙烯酸	$CH_2{=}CHCOOH$	141	13	4.26	∞
3-苯丙烯酸（肉桂酸）	$C_6H_5CH{=}CHCOOH$	300	133	4.44	不溶
苯甲酸（安息香酸）	C_6H_5COOH	249	121.7	4.17	0.34
苯乙酸	$C_6H_5CH_2COOH$	265	78	4.31	1.66
邻甲基苯甲酸	*o*-$CH_3C_6H_4COOH$	259	106	3.89	0.12
间甲基苯甲酸	*m*-$CH_3C_6H_4COOH$	263	112	4.28	0.10
对甲基苯甲酸	*p*-$CH_3C_6H_4COOH$	275	180	4.35	0.3

四、羧酸的化学性质

羧酸的化学反应主要发生在羧基及受羧基影响的 α–H 上，表现为羧基的成盐反应、羟基的取代反应、脱羧反应、羧基的还原反应和 α–H 的卤代反应等。

（一）酸性与成盐

羧酸具有明显的酸性，饱和一元脂肪酸的酸性比碳酸强，pK_a 为 3 ～ 5。羧酸在水溶液中存在如下电离平衡：

$$RCOOH + H_2O \rightleftharpoons RCOO^- + H_3O^+$$

羧酸能与碱作用成盐，也可分解碳酸盐、碳酸氢盐，放出 CO_2。利用此性质可分离、鉴别羧酸。

$$RCOOH + NaOH \longrightarrow RCOONa + H_2O$$

$$RCOOH + NaHCO_3 \longrightarrow RCOONa + H_2O + CO_2\uparrow$$

羧酸的钾盐和钠盐多易溶于水，制药工业上利用此性质将含有羧基的难溶药物制成易溶的盐，如青霉素常制成易溶于水的钾盐，供注射用。

羧酸的酸性强弱与羧基所连基团的性质有关，连接吸电子基团离羧基越近时酸性增强，且吸电子基团越多酸性越强，吸电子基团的吸电性越强酸性也越强。例如：

$$CCl_3COOH > CHCl_2COOH > CH_2ClCOOH > CH_3COOH$$

$$FCH_2COOH > ClCH_2COOH > BrCH_2COOH > ICH_2COOH > CH_3COOH$$

同理，连接斥电子基团离羧基越近时酸性减弱，且连斥电子基团越多酸性越弱，斥电子基团的斥电性越强酸性越弱。例如：

$$HCOOH > CH_3COOH > CH_3CH_2COOH$$

二元酸的酸性较一元酸强。随着碳原子数的增加，二元酸的两个羧基间隔增大，酸性逐渐减弱。例如：

乙二酸＞丙二酸＞丁二酸＞戊二酸

羧基直接连于苯环上的芳香酸比饱和一元酸的酸性强，但比甲酸弱。例如：

	$HCOOH$	C_6H_5COOH	CH_3COOH	CH_3CH_2COOH
pK_a	3.77	4.19	4.76	4.88

这是由于苯环的大 π 键和羧基形成了共轭体系，电子云向羧基偏移，减弱了 O—H 的极性，使氢原子较难离解为质子，故苯甲酸的酸性比甲酸弱。

芳环上取代基对羧基的影响和在饱和碳链中传递的情况是完全不同的。芳环是共轭体系，分子一端所受的作用可以沿着共轭体系交替地传递到另一端。另外，芳环上取代基对芳香酸酸性的影响，除了取代基的结构因素外，还将随取代基与羧基的相对位置不同而异。例如，苯甲酸对位上带有硝基（—NO_2）时，硝基在苯环上有吸电子诱导效应（—I），又有吸电子共轭效应（—C），这两种效应都是吸电子的，所以使取代苯甲酸的酸性明显增强。当苯甲酸的对位连有甲氧基（—OCH_3）时，

就诱导效应来说是吸电子的（—I），能使羧酸的酸性增强；从共轭效应（p-π共轭）来说是斥电子的（+C），能使羧酸的酸性减弱。两种效应的影响方向相反，但由于共轭效应起主导作用，即+C＞—I，使甲氧基取代的苯甲酸酸性减弱。

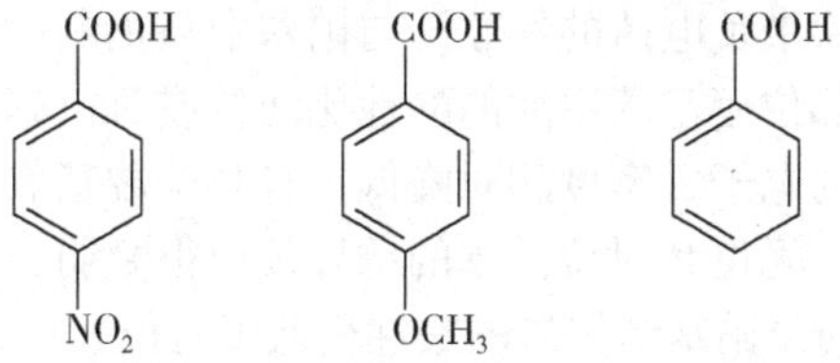

	对硝基苯甲酸（COOH, NO_2）	对甲氧基苯甲酸（COOH, OCH_3）	苯甲酸（COOH）
pK_a	3.40	4.47	4.17

当取代基在间位时，共轭效应受到阻碍，诱导效应起主导作用，但因与羧基相隔三个碳原子，影响大大减弱。例如，硝基为吸电子诱导效应，使间硝基苯甲酸的酸性比苯甲酸的酸性强，但比对硝基苯甲酸的酸性稍弱。位于羧基间位的甲氧基也表现为吸电子诱导效应，但其吸电子强度比硝基弱，所以间甲氧基苯甲酸的酸性比苯甲酸的酸性稍强，但比间硝基苯甲酸的酸性要弱。

	间硝基苯甲酸（COOH, NO_2）	间甲氧基苯甲酸（COOH, OCH_3）
pK_a	3.49	4.09

邻位取代的苯甲酸情况比较复杂，因为共轭效应和诱导效应都要发挥作用。此外，由于取代基团的距离很近，还要考虑空间效应的影响。一般说来，邻位取代的苯甲酸，除氨基外，不管是甲基、卤素、羟基或硝基等，其酸性都比间位或对位取代的苯甲酸强（表 10-4）。

表 10-4　取代苯甲酸 pK_a

取代基	—H	—CH_3	—Cl	—NO_2	—OH	—OCH_3	—NH_2
邻位 K_a	4.17	3.91	2.89	2.21	2.98	4.09	5.00
间位 K_a	4.17	4.28	3.82	3.49	4.12	4.09	4.82
对位 K_a	4.17	4.35	4.03	3.40	4.54	4.47	4.92

这种由于取代基位于邻位而表现出来的特殊影响称为邻位效应。邻位效应的作用因素较复杂，其中以电子效应、空间效应的影响较大。从表 10-4 可看出，邻位取代的苯甲酸不管取代基是吸电子基团还是斥电子基团，其酸性都比苯甲酸强（除氨基外）。这时若邻位效应只从电子效应考虑，就无法解释为什么斥电子的甲基和吸电子的硝基都使酸性显著增强。产生上述现象的主要原因可能是空间效应。

邻位上的取代基所占的空间越大，影响也就越大。另外电子效应也同时在起作用，吸电子能力越强的取代基，使酸性增强得越多。例如：

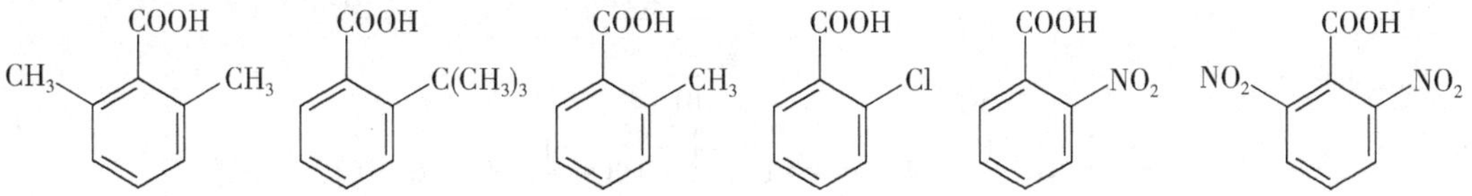

	COOH, 2,6-二 CH_3	COOH, 2-$C(CH_3)_3$	COOH, 2-CH_3	COOH, 2-Cl	COOH, 2-NO_2	COOH, 2,6-二 NO_2
pK_a	3.21	3.46	3.91	2.89	2.21	0.65

邻、间、对三个硝基苯甲酸的酸性强度具有很大的差异。

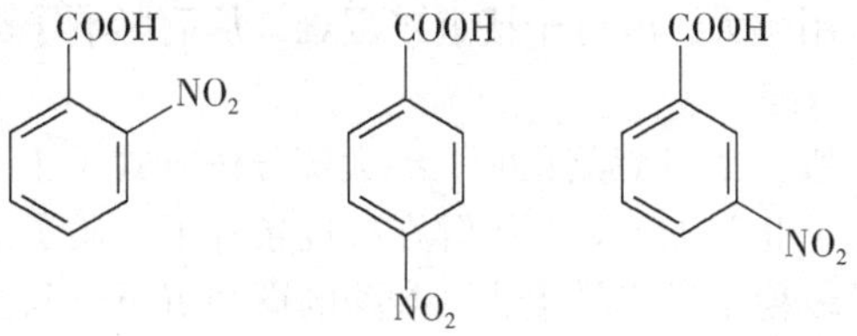

	邻硝基苯甲酸（COOH, NO_2）	对硝基苯甲酸（COOH, NO_2）	间硝基苯甲酸（COOH, NO_2）
pK_a	2.21	3.40	3.49

笔记栏

从 pK_a 值可见，邻位异构体的酸性最强。在苯甲酸分子中羧基与苯环共平面，形成共轭体系，可是当其邻位有取代基后，因为取代基占据一定的空间，在一定程度上排挤了羧基，使羧基偏离苯环平面。这就削弱了苯环与羧基的共轭作用，并减少了 π 键电子云向羧基偏移，从而使羧基氢原子较易离解。同时，由于离解后带负电荷的氧原子与硝基中显正电性的氮原子在空间相互作用，而使羧酸负离子更为稳定。所以邻位硝基苯甲酸的酸性比间位或对位硝基苯甲酸强。另外，硝基的吸电子诱导效应使苯环上碳原子的电子云密度相对降低，有利于羧基氢原子的离解，其邻位所受的影响较间位和对位硝基苯甲酸大。间位和对位硝基的诱导效应很微弱，主要看共轭效应，对位有共轭效应而间位则无共轭效应，故间位硝基苯甲酸的酸性稍低于对位。

（二）羧基中羟基的取代反应

羧基中的 —OH 可被烷氧基、卤素、酰氧基或氨基等取代，分别生成酯、酰卤或酸酐或酰胺等羧酸衍生物。

1. 酯的生成 羧酸与醇在酸催化下反应生成酯（ester）和水，这个反应称为酯化反应（esterification）。在同样条件下，酯和水也可作用生成羧酸与醇，称为酯的水解反应。所以，酯化反应是可逆反应。

$$RCOOH + R'OH \xrightleftharpoons{H^+} RCOOR' + H_2O$$

酯化反应随着羧酸和醇的结构及反应条件的不同，可以按照不同的机制进行。酯化时，羧酸和醇之间脱水可以有两种不同的方式。

$$R-\overset{O}{\overset{\|}{C}}-\boxed{OH + H}-OR' \qquad\qquad R-\overset{O}{\overset{\|}{C}}-O-\boxed{H + HO}-R'$$

（Ⅰ）　　　　　　　　　（Ⅱ）

（Ⅰ）是由羧酸中的羟基和醇中的氢结合成水，剩余部分结合成酯。由于羧酸分子去掉羟基后剩余的是酰基，故方式（Ⅰ）称为酰氧键断裂。（Ⅱ）是由羧酸中的氢和醇中的羟基结合成水，剩余部分结合成酯。由于醇去掉羟基后剩下烷基，故方式（Ⅱ）称为烷氧键断裂。

当用含有标记氧原子的醇（$R'^{18}OH$）在酸催化作用下与羧酸进行酯化反应时，发现生成的水分子中不含 ^{18}O，标记氧原子保留在酯中，说明酸催化酯化反应是按方式（Ⅰ）进行的。

$$CH_3-\overset{O}{\overset{\|}{C}}-OH + CH_3CH_2{}^{18}OH \xrightleftharpoons{H^+} CH_3-\overset{O}{\overset{\|}{C}}-{}^{18}OCH_2CH_3 + H_2O$$

按这种方式进行的酸催化酯化反应，首先是 H^+ 与羰基上的氧结合（质子化），增强了羰基碳的正电性，有利于亲核试剂醇的进攻，形成一个四面体中间体，然后失去一分子水和 H^+，而生成酯。

$$R-\overset{O}{\overset{\|}{C}}-OH \xrightleftharpoons{H^+} R-\overset{{}^+OH}{\overset{\|}{C}}-OH \xrightleftharpoons{R'OH} R-\underset{R'O^+H}{\underset{|}{\overset{OH}{\overset{|}{C}}}}-OH \rightleftharpoons R-\underset{OR'}{\underset{|}{\overset{OH}{\overset{|}{C}}}}-{}^+OH_2$$

$$\xrightleftharpoons{-H_2O} R-\underset{+}{\overset{OH}{\overset{|}{C}}}-OR' \rightleftharpoons R-\overset{{}^+OH}{\overset{\|}{C}}-OR' \xrightleftharpoons{-H^+} R-\overset{O}{\overset{\|}{C}}-OR'$$

对于同一种醇来说，酯化反应活性与羧酸的结构有关。羧酸分子中 α-C 上烃基越多，酯化反应活性越低。其一般的顺序为 $HCOOH > RCH_2COOH > RR'CHCOOH > RR'R''CCOOH$。这是由于烃基支链越多，空间位阻作用越大，醇分子接近越困难，从而影响了酯化反应活性。同理，醇的酯化反应活性是伯醇>仲醇>叔醇。

实验证明，羧酸与一级、二级醇酯化时，绝大部分按方式（Ⅰ）进行，与三级醇酯化时，反应机制与此不同，则按方式（Ⅱ）进行。三级醇在酸性条件下与质子结合形成质子化醇，脱去水生成叔正碳离子，叔正碳离子较稳定而容易生成，羧酸的羰基氧原子与其发生亲电取代反应生成质子化的酯，随后脱去质子而生成产物酯。例如：

笔记栏

$$CH_3-\underset{CH_3}{\overset{CH_3}{C}}-OH \xrightleftharpoons{H^+} CH_3-\underset{CH_3}{\overset{CH_3}{C}}-\overset{+}{O}H_2 \xrightleftharpoons{-H_2O} CH_3-\underset{CH_3}{\overset{CH_3}{C^+}} \xrightleftharpoons{R-C(=O)-OH}$$

$$CH_3-\underset{CH_3}{\overset{CH_3}{C}}-O-\overset{\overset{+}{O}H}{\overset{\|}{C}}-R \xrightleftharpoons{-H^+} CH_3-\underset{CH_3}{\overset{CH_3}{C}}-O-\overset{O}{\overset{\|}{C}}-R$$

羧酸与叔醇（三级醇）发生酯化反应时，由于叔醇（三级醇）的体积较大，不易形成四面体中间体，而易生成平面型的叔正碳离子。因此，羧酸与叔醇（三级醇）的酯化反应是按醇生成正碳离子的烷氧键断裂机制生成酯。

2. 酰卤的生成　羧基中的–OH 被卤素取代的产物称为酰卤（acyl halide），其中最常见的是酰氯。酰氯是由羧酸与 PCl_3、PCl_5、$SOCl_2$（亚硫酰氯）等氯化剂反应制得。

$$R-\overset{O}{\overset{\|}{C}}-OH + PCl_3 \longrightarrow R-\overset{O}{\overset{\|}{C}}-Cl + H_3PO_3$$

$$R-\overset{O}{\overset{\|}{C}}-OH + PCl_5 \longrightarrow R-\overset{O}{\overset{\|}{C}}-Cl + POCl_3 + HCl$$

$$R-\overset{O}{\overset{\|}{C}}-OH + SOCl_2 \longrightarrow R-\overset{O}{\overset{\|}{C}}-Cl + SO_2\uparrow + HCl\uparrow$$

酰氯很活泼，遇水极易水解，在药物合成中有广泛的应用。

实验室制备酰氯，常用羧酸与亚硫酰氯（氯化亚砜）反应，因为该反应的副产物都是气体，易从反应体系中移出，酰氯的产率高达90%以上。生成的二氧化硫和氯化氢要回收和吸收，避免对环境造成污染。

芳香酰卤一般由五氯化磷或氯化亚砜与芳香酸作用生成。芳香酰氯的稳定性较好，水解反应缓慢。苯甲酰氯是常用的苯甲酰化试剂。例如：

$$C_6H_5-COOH + SOCl_2 \longrightarrow C_6H_5-COCl + SO_2\uparrow + HCl\uparrow$$

3. 酸酐的生成　羧酸（除甲酸外）在脱水剂存在下加热，分子间失去一分子水生成酸酐（anhydride）。

$$2RCOOH \xrightarrow[\triangle]{P_2O_5} (RCO)_2O + H_2O$$

因乙酐能较迅速地与水反应生成乙酸，乙酸的沸点低，易于蒸馏除去，因此，常用乙酐作为脱水剂来制备高级酸酐。例如：

$$2C_6H_5COOH + (CH_3CO)_2O \longrightarrow (C_6H_5CO)_2O + 2CH_3COOH$$

4. 酰胺的生成　羧酸与氨或胺作用得羧酸铵盐，铵盐热解失水而生成酰胺（amide）。例如：

$$CH_3COOH + NH_3 \longrightarrow CH_3COONH_4 \xrightleftharpoons{\triangle} CH_3CONH_2 + H_2O$$

（三）α-H 的卤代反应

羧酸 α-C 上的氢原子受羧基吸电子作用的影响，具有一定的活性，但羧基的 p-π 共轭使羰基的极性下降，其 α-H 的活性较醛、酮的降低，难以直接卤代。

羧酸的 α-H 可在少量红磷或 PX_3 等催化剂存在下，被溴或氯取代生成卤代酸。如果卤素过量可生成 α, α- 二卤代酸或 α, α, α- 三卤代酸。

$$RCH_2COOH + Br_2 \xrightarrow[\triangle]{P} R\overset{Br}{\overset{|}{C}}HCOOH \xrightarrow[P,\triangle]{Br_2} R\underset{Br}{\underset{|}{\overset{Br}{\overset{|}{C}}}}COOH$$

（四）还原反应

羧酸在一般情况下不和大多数还原剂反应，但能被强还原剂——氢化锂铝还原成醇。用氢化铝锂还原羧酸不但产率高，而且分子中的碳碳不饱和键不受影响，只还原羧基而生成不饱和醇。

$$RCH_2CH{=}CHCOOH \xrightarrow[\text{无水乙醚}]{LiAlH_4} \xrightarrow{H_3O^+} RCH_2CH{=}CHCH_2OH$$

乙硼烷也可将羧酸还原为伯醇。

（五）脱羧反应

羧酸分子失去羧基放出二氧化碳的反应称为脱羧反应（decarboxylation）。饱和一元酸对热稳定，通常不发生脱羧反应，但在特殊条件下，如羧酸钠与碱石灰共热，也可发生脱羧反应。例如：

$$CH_3COONa \xrightarrow[\triangle]{NaOH\text{-}CaO} CH_4\uparrow + Na_2CO_3$$

该反应是实验室制取甲烷的方法。其他直链羧酸盐与碱石灰热熔的产物复杂，一般不用于制备烃类化合物。

当羧基的 α-C 上连有强吸电子基团（如 —NO_2、—C≡N、—COR、—COOH、—Cl 等）时，脱羧反应比较容易进行。

$$Cl_3C{-}COOH \xrightarrow{\triangle} CHCl_3 + CO_2\uparrow$$

$$C_6H_5COCH_2COOH \xrightarrow{\triangle} C_6H_5COCH_3 + CO_2\uparrow$$

芳香酸脱羧较脂肪酸容易，因为苯基作为一个吸电子基团，有利于碳碳键的断裂。

（六）二元酸的热解反应

二元酸对热较敏感，当单独加热或与脱水剂共热时，随着两个羧基间距离的不同而发生脱羧、脱水或两者兼有的反应。

1. 乙二酸、丙二酸 乙二酸、丙二酸或丙二酸衍生物受热脱羧生成少一个碳原子的一元酸。

$$HOOC{-}COOH \xrightarrow{\triangle} HCOOH + CO_2\uparrow$$

$$H_2C(COOH)_2 \xrightarrow{\triangle} CH_3COOH + CO_2\uparrow$$

$$R_2C(COOH)_2 \xrightarrow{\triangle} R_2CHCOOH + CO_2\uparrow$$

2. 丁二酸、戊二酸 丁二酸、戊二酸或其衍生物受热脱水生成环状酸酐。

$$HOOCCH_2CH_2COOH \xrightarrow{\triangle} \text{丁二酸酐} + H_2O$$

$$HOOCCH_2CH_2CH_2COOH \xrightarrow{\triangle} \text{戊二酸酐} + H_2O$$

$$C_6H_4(COOH)_2 \xrightarrow{\triangle} \text{邻苯二甲酸酐} + H_2O$$

笔记栏

3. 己二酸、庚二酸 己二酸、庚二酸或其衍生物受热既脱水又脱羧生成环酮。

$$\text{HOOC(CH}_2)_4\text{COOH} \xrightarrow{\triangle} \text{环戊酮} + H_2O + CO_2\uparrow$$

$$\text{HOOC(CH}_2)_5\text{COOH} \xrightarrow{\triangle} \text{环己酮} + H_2O + CO_2\uparrow$$

$$\text{邻苯二乙酸} \xrightarrow{\triangle} \text{2-茚满酮} + H_2O + CO_2\uparrow$$

八个碳原子以上的二元酸受热时，分子间失水生成聚酸酐。

五、重要的羧酸

（一）甲酸

甲酸（formic acid）俗名蚁酸，结构式为 HCOOH，存在于某些蚂蚁体内和荨麻中。甲酸是具有很强刺激性气味的气体，沸点 101℃。蚂蚁、蜂类和荨麻刺伤所引起的皮肤肿痛就是甲酸造成的。

甲酸的结构比较特殊，分子中羧基和氢原子直接相连，它既具有羧基结构，又具有醛基结构，因此，甲酸除具有羧酸的性质外，还具有醛的某些性质。例如，能发生银镜反应；可被高锰酸钾氧化；与浓硫酸在 60～80℃条件下共热，可以分解为水和一氧化碳，实验室中用此法制备纯净的一氧化碳。

（二）乙酸

乙酸（acetic acid）俗称醋酸，结构式为 CH_3COOH，是食醋的主要成分，一般食醋中含乙酸 6%～8%。乙酸为无色具有刺激性气味的液体，熔点为 16.6℃，沸点 118℃。当室温低于 16.6℃时，无水乙酸很容易凝结成冰状固体，故常把无水乙酸称为冰醋酸。乙酸能与水以任意比例混溶，也可溶于乙醇、乙醚和其他有机溶剂。

乙酸是重要的化工及制药原料，可用于合成乙酐、乙酸酯、醋酸纤维等。乙酸和乙酸酯还广泛用作溶剂和香料。

（三）苯甲酸

苯甲酸（benzoic acid）俗称安息香酸，结构式为 C_6H_5COOH，白色晶体，熔点为 122℃，易升华，微溶于水，可溶于热水。

苯甲酸是重要的有机合成原料，可以合成染料、香料、药物等。苯甲酸具有抑菌防腐作用，可作防腐剂，也可外用。

（四）乙二酸

乙二酸（oxalic acid）俗称草酸，分子式为 HOOC—COOH，是无臭、无色透明晶体，含两个结晶水，受热至 100℃时失去结晶水变为白色粉末。无水乙二酸熔点为 189.5℃，157℃时升华，溶于水或乙醇，不溶于乙醚等有机溶剂。

乙二酸大多以钙盐或钾盐的形式存在于许多植物的细胞壁中，故得名。

1. 乙二酸的性质与应用 乙二酸是有机酸中的强酸之一，具有羧酸的一般性质；并且具有还原性，易被氧化，生成二氧化碳和水，如可以还原高锰酸钾。由于该反应是定量进行的，乙二酸又极易精制提纯，所以常用作标定高锰酸钾的基准物质。

$$5C_2O_4^{2-} + 2MnO_4^- + 16H^+ \longrightarrow 2Mn^{2+} + 10CO_2\uparrow + 8H_2O$$

工业上乙二酸常用作漂白剂、印染用的媒染剂等。乙二酸还用作有机合成原料。

乙二酸能与许多重金属盐形成配合物而溶于水，故乙二酸可以用于抽提稀有金属。此外，还可

笔记栏

用于除去铁锈或蓝墨水的痕迹。

2. 乙二酸的广泛性及其中毒 我们每天都通过许多渠道摄入乙二酸，乙二酸在很多食品中都少量存在，而在少数食品中含量很高。可可就属于乙二酸含量较高的食品，每 100g 含有 500mg 乙二酸；绿色蔬菜中乙二酸含量一般也很高，每 100g 菠菜含 600mg 乙二酸；中药大黄每 100g 含乙二酸 500mg；甜菜、花生、茶中也有较多的乙二酸。人均每天大约摄入 150mg 乙二酸，而乙二酸的致死剂量是 1500mg 左右。

案例 10-1 乙二酸毒性

患者：女，29 岁，以误服乙二酸为主诉入院。

现病史：误服乙二酸几分钟后，感到口、咽和胸骨后灼热、疼痛，咽下困难，口干，烦渴，频繁呕吐（呕吐物呈血性），上腹剧痛，血便。

查体：体温 37℃，血压 100/65mmHg，脉搏 90 次 / 分，呼吸 12 次 / 分。口腔、咽部黏膜红肿、溃烂；牙关紧闭、肌肉抽搐、四肢麻木。

处置：立即饮用 10% 葡萄糖酸钙溶液 250ml，稍后用手指刺激喉头催吐，重复三次。催吐后，饮用牛奶 250 ml。

临床初步诊断：乙二酸中毒。

讨论：乙二酸能与一些人体必需的无机盐发生相互作用，如钙离子、铁离子、镁离子等，尤其是钙离子。乙二酸的致命之处在于它能使人体血液中的钙离子含量降低到临界水平，而钙对保持血液稳定的酸度和黏度起至关重要的作用，并对磷酸盐在体内的运送和凝结也起关键作用。从化学平衡角度考虑，乙二酸中毒应该及时补充血液中钙离子，葡萄糖酸钙恰是对症的解毒剂。

乙二酸在人体内的含量过高时，能与钙形成不溶性的草酸钙，其晶体会在膀胱、肾脏等器官内长成结石，使人十分痛苦。

思考题：

1. 为什么误服乙二酸的患者要静脉注射葡萄糖酸钙？
2. 简述误服乙二酸的临床表现。

第二节 羧酸衍生物

羧酸分子羧基中的羟基被取代的产物称为羧酸衍生物（carboxylic acid derivative），重要的羧酸衍生物有酰卤（acyl halide）、酸酐（anhydride）、酯（ester）、酰胺（amide）。由于腈（nitrile）的水解等化学性质与以上四类相似，故也可将其视为羧酸衍生物。

羧酸衍生物的反应性能很强，可转变为多种化合物，被广泛应用于药物的合成，且许多药物本身就是羧酸衍生物。

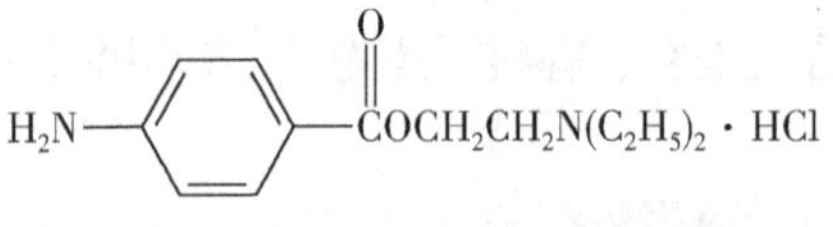

$H_2N-C_6H_4-COOCH_2CH_2N(C_2H_5)_2 \cdot HCl$

盐酸普鲁卡因（局部麻醉药）

苯巴比妥（镇静剂）

一、羧酸衍生物的结构

酰卤、酸酐、酯和酰胺分子中都含有酰基，因此又将它们称为酰基化合物（acyl compound）。酰基（acyl group）是羧酸分子去掉羧基中的羟基后剩余的基团。酰基的名称是根据相应的羧酸来命名的，称为“某酰基”。例如：

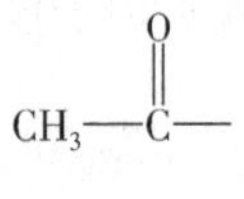

$CH_3-\overset{O}{\overset{\|}{C}}-$

乙酰基
acetyl

$C_6H_5-\overset{O}{\overset{\|}{C}}-$

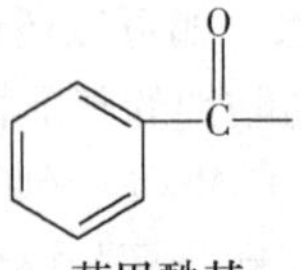

苯甲酰基
benzoyl

笔记栏

酰基与卤素原子相连的化合物称为酰卤；酰基与酰氧基相连的化合物称为酸酐；酰基与烃氧基相连的化合物称为酯；酰基与氨基或取代氨基相连的化合物称为酰胺。它们的通式分别如下所示。

$R-\overset{O}{\overset{\|}{C}}-X$　　$R-\overset{O}{\overset{\|}{C}}-O-\overset{O}{\overset{\|}{C}}-R'$　　$R-\overset{O}{\overset{\|}{C}}-OR'$　　$R-\overset{O}{\overset{\|}{C}}-NH_2(NHR', NR'R'')$

酰卤　　酸酐　　酯　　酰胺

二、羧酸衍生物的命名

1. 酰卤　酰卤常由酰基名称后加卤素原子名称来命名，称为“某酰卤”。

丙酰溴 propionyl bromide　　苯甲酰氯 benzoyl chloride　　丙烯酰氯 acryloyl chloride

2. 酸酐　酸酐命名时，以酐为母体，前面加上羧酸的名称。相同羧酸形成的酐为单酐，命名时“二”字可以省略，称为“某酐”（或“某酸酐”）。不同羧酸形成的酐为混酐，命名时简单的羧酸写在前面，复杂的羧酸写在后面，称为“某某酐”（或“某某酸酐”）。

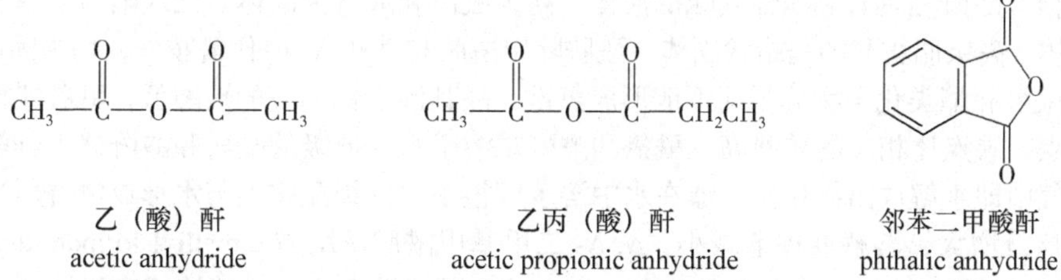

乙（酸）酐 acetic anhydride　　乙丙（酸）酐 acetic propionic anhydride　　邻苯二甲酸酐 phthalic anhydride

3. 酯　酯是根据形成它的羧酸和醇来命名，称为“某酸某酯”。内酯（lactone）即环状的酯，由羟基酸发生分子内酯化反应得到。命名时，将其相应的“酸”字变为“内酯”，用数字或希腊字母（γ或δ）标明原羟基的位置，且省略“羟基”二字。多元酸与一元醇形成的酯可以是酸性酯，也可以是中性酯。多元醇与一元酸形成的酯，一般将醇的名称写在羧酸的名称之前，称为“某醇某酸酯”。

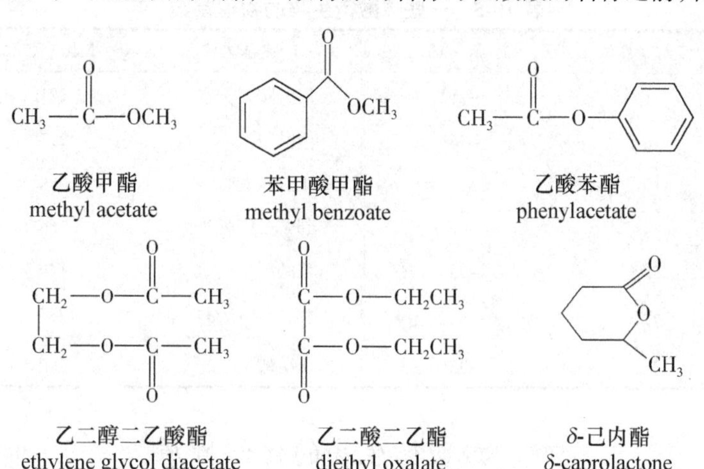

乙酸甲酯 methyl acetate　　苯甲酸甲酯 methyl benzoate　　乙酸苯酯 phenylacetate

乙二醇二乙酸酯 ethylene glycol diacetate　　乙二酸二乙酯 diethyl oxalate　　δ-己内酯 δ-caprolactone

4. 酰胺　简单酰胺是在酰基名称后加“胺”字，称为“某酰胺”“某酰某胺”。

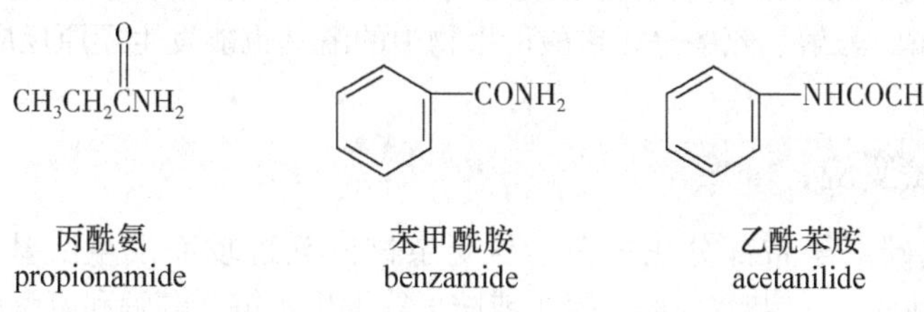

丙酰氨 propionamide　　苯甲酰胺 benzamide　　乙酰苯胺 acetanilide

笔记栏

若酰胺氮原子上有取代基，则在取代基名称前冠以字母“N”，表示取代基连在氮原子上。内酰胺（lactam）即环状的酰胺，其命名与内酯相似。

$CH_3C(=O)—NHCH_3$

N-甲基乙酰胺
N-methyl acetamide

$C_6H_5CON(CH_3)_2$

N,*N*-二甲基苯甲酰胺
N,*N*-dimethy benzamide

γ-戊内酰胺
γ-valerolactam

5. 腈 腈是根据主链碳原子数（包括氰基碳），用“腈”命名。

CH_3CH_2CN

丙腈
propionitrile

$CH_3CH_2C(CH_3)_2CH_2CN$

3,3-二甲基戊腈
3,3-dimthyl valeronitrile

邻甲基苯乙腈
o-methyl benzyl cyanide

三、羧酸衍生物的物理性质

低级酰卤和酸酐是具有刺激性气味的液体，高级酰卤和酸酐为固体。低级酯为易挥发并具有香气的无色液体。高级脂肪酸酯是蜡状固体。酰胺除甲酰胺和某些*N*-取代酰胺外，均为固体。

酰氯、酰酐和酯类化合物分子间不能形成氢键，故其沸点比相应的羧酸低；酰胺能形成分子间氢键，其熔点、沸点比相应的羧酸高。酰氯和酰酐难溶于水，低级的酰卤和酸酐遇水分解，如乙酰氯暴露在空气中即水解放出氯化氢。酯在水中溶解度很小。低级酰胺因与水形成氢键而溶于水，但随相对分子质量增大，溶解度逐渐减小。*N*, *N*-二甲基甲酰胺（*N*, *N*-dimethyl formamide, DMF）和*N*, *N*-二甲基乙酰胺（*N*, *N*-dimethylacetamide, DMAC）既能溶于水，又能溶于有机溶剂，是很好的非质子溶剂。所有的羧酸衍生物均易溶于有机溶剂。

某些羧酸衍生物的物理常数见表10-5。

表10-5 一些羧酸衍生物的物理常数

化合物	沸点（℃）	熔点（℃）	化合物	沸点（℃）	熔点（℃）
乙酰氯	51	−112	乙酰胺	221	82
乙酰溴	76	−96	丙酰胺	213	79
苯甲酰氯	191	−1	丁二酰亚胺	288	126
甲酸乙酯	54	−80	邻苯二甲酰亚胺	366	238
乙酸甲酯	57.5	−98	乙酸酐	140	−73
乙酸乙酯	77	−84	邻苯二甲酸酐	284	131
苯甲酸乙酯	213	−35	苯甲酸酐	360	42

四、羧酸衍生物的化学性质

羧酸衍生物的结构中含有相同的官能团酰基，表现出某些相似的化学性质，都可发生酰基上的亲核取代反应，如水解、醇解、氨解等；羧酸衍生物中的酰基也能发生还原反应；有的羧酸衍生物还有某些特殊性质。

（一）亲核取代反应

羧酸衍生物酰基碳原子带部分正电荷，易受亲核试剂进攻而发生酰基上的亲核取代反应（nucleophilic substitution），如与水、醇、氨（或胺）等发生水解、醇解和氨解反应。

1. 水解　羧酸衍生物与水反应生成羧酸，该反应称为羧酸衍生物的水解（hydrolysis）。低级酰氯与水立即发生激烈的放热反应；酸酐则较易与热水作用；酯和酰胺必须加热并用酸或碱催化，水解才能顺利进行。酯的水解在没有催化剂存在时进行得很慢；而酰胺的水解常在催化剂存在下经长时间的回流才能完成。

$$R-\overset{O}{\overset{\|}{C}}-Cl + H_2O \xrightarrow{\text{立即反应}} R-\overset{O}{\overset{\|}{C}}-OH + HCl$$

$$(RCO)_2O + H_2O \xrightarrow{\triangle} 2R-\overset{O}{\overset{\|}{C}}-OH$$

$$R-\overset{O}{\overset{\|}{C}}-OR' + H_2O \xrightarrow[\triangle]{H^+\text{或}OH^-} R-\overset{O}{\overset{\|}{C}}-OH + R'OH$$

$$R-\overset{O}{\overset{\|}{C}}-NH_2 + H_2O \xrightarrow[\text{长时间回流}]{H^+\text{或}OH^-} R-\overset{O}{\overset{\|}{C}}-OH + NH_3\uparrow$$

2. 醇解　酰卤、酸酐和酯都能与醇反应生成酯，该反应称为羧酸衍生物的醇解（alcoholysis）。酰卤与醇的反应速率很快，产率也很高；酸酐与醇的反应较酰卤温和，酸和碱均可使反应速率加快；酯与醇反应生成新的酯和新的醇，因此酯的醇解又称酯交换反应（transesterification）。酯交换反应需加入过量的醇，促使反应向生成新酯的方向进行。酰胺却难于醇解。羧酸衍生物的醇解速率比水解慢。

$$R-\overset{O}{\overset{\|}{C}}-Cl + R'OH \xrightarrow{\text{立即反应}} R-\overset{O}{\overset{\|}{C}}-OR' + HCl$$

$$(RCO)_2O + R'OH \longrightarrow R-\overset{O}{\overset{\|}{C}}-OR' + R-\overset{O}{\overset{\|}{C}}-OH$$

$$R-\overset{O}{\overset{\|}{C}}-OR'' + R'OH \xrightarrow[\triangle]{H^+\text{或}OH^-} R-\overset{O}{\overset{\|}{C}}-OR' + R''OH$$

$$R-\overset{O}{\overset{\|}{C}}-NH_2 + R'OH \xrightarrow[\text{不容易发生}]{} R-\overset{O}{\overset{\|}{C}}-OR' + NH_3\uparrow$$

3. 氨解　羧酸衍生物都能与氨（或胺）作用生成酰胺，该反应称为羧酸衍生物的氨解（ammonolysis）。羧酸衍生物的氨解速率比水解快。

$$R-\overset{O}{\overset{\|}{C}}-Cl + NH_3 \xrightarrow{\text{立即反应}} R-\overset{O}{\overset{\|}{C}}-NH_2 + NH_4Cl$$

$$(RCO)_2O + NH_3 \longrightarrow R-\overset{O}{\overset{\|}{C}}-NH_2 + R-\overset{O}{\overset{\|}{C}}-O^-NH_4^+$$

$$R-\overset{O}{\overset{\|}{C}}-OR' + NH_3 \xrightarrow[\triangle]{} R-\overset{O}{\overset{\|}{C}}-NH_2 + R'OH$$

$$R-\overset{O}{\overset{\|}{C}}-NH_2 + R'NH_2 \xrightarrow[\triangle]{\text{过量}} R-\overset{O}{\overset{\|}{C}}-NHR' + NH_3\uparrow$$

酰卤、酸酐的醇解和氨解又称为醇和胺的酰基化反应（acylation reaction），是制备酯和酰胺的常用方法，酰卤和酸酐称为酰化剂（acylating agent）。醇或胺的酰基化反应在有机化学和药物合成中有重要意义。

笔记栏

羧酸衍生物与水、醇和氨（或胺）等发生水解、醇解和氨解反应，反应难易次序为酰卤＞酸酐＞酯＞酰胺。

（二）亲核取代反应历程

羧酸衍生物的水解、氨解、醇解历程都是通过加成 - 消除过程来完成的，可用通式表示如下：

$$R-C(=O)-L + \ddot{N}u^- \rightleftharpoons R-C(O^-)(L)-Nu \rightleftharpoons R-C(=O)-Nu + L^-$$

$L = X, OCOR, OR', NH_2$

$Nu^- = OH^-, H_2O, NH_3, ROH$

下面以酸、碱条件下酯的水解反应为例，说明羧酸衍生物水解的本质。

1. 酯的碱性水解 酯的碱性水解反应又称皂化反应，得到的产物是羧酸盐，使反应不可逆，可以进行到底，因此酯的水解通常用碱催化。其碱性水解反应历程表示如下。

$$HO^- + R-C(=O)-OR' \xrightleftharpoons{\text{慢}} HO-C(R)(O^-)-OR' \xrightleftharpoons{\text{快}} R-C(=O)-OH + R'O^- \longrightarrow R-C(=O)-O^- + R'OH$$

此反应的第一步是 OH^- 进攻酰基碳，形成带负电荷的四面体中间体；第二步是消除烷氧基，羧基质子转移形成醇和羧酸负离子。研究表明，酯的碱性水解为酰氧键断裂的双分子历程（S_N2 历程）。将含同位素 ^{18}O 的酯碱性水解，证明其是按酰氧键断裂方式进行的。

$$C_2H_5-C(=O)-{}^{18}O-C_2H_5 + OH^- \longrightarrow C_2H_5-C(=O)-O^- + C_2H_5{}^{18}OH$$

2. 酯的酸性水解 研究证明，酯经酸催化水解时，一级醇、二级醇生成的酯绝大多数为酰氧断裂的双分子历程（S_N2 历程）。

$$R-C(=O)-OR' \xrightleftharpoons{H^+} R-C(={}^+OH)-OR' \xrightleftharpoons[\text{慢}]{H_2O} R-C(OH)({}^+OH_2)-OR' \rightleftharpoons R-C(OH)(OH)-\overset{+}{H}OR'$$

$$\xrightleftharpoons{-R'OH} R-C(={}^+OH)-OH \xrightleftharpoons{-H^+} R-C(=O)-OH$$

三级醇生成的酯为烷氧键断裂的单分子历程。

$$R-C(=O)-OC(R')_3 + H^+ \rightleftharpoons R-C(={}^+OH)-OC(R')_3 \xrightleftharpoons{\text{慢}} R-C(=O)-OH + R'_3C^+$$

$$R'_3C^+ + H_2O \rightleftharpoons R'_3C-{}^+OH_2 \rightleftharpoons R'_3C-OH + H^+$$

（三）还原反应

羧酸衍生物比羧酸容易发生还原反应，可用多种方法（如 $LiAlH_4$、催化氢化等还原剂）还原。

1. 氢化铝锂还原 酰氯、酸酐和酯均能被氢化铝锂还原成伯醇，酰胺被还原成胺。

$$\left.\begin{array}{l} R-C(=O)-X \\ (RCO)_2O \\ RCOOR' \end{array}\right\} \xrightarrow[\text{无水乙醚}]{LiAlH_4} \xrightarrow{H_3O^+} RCH_2OH + \left\{\begin{array}{l} HX \\ RCH_2OH \\ R'OH \end{array}\right.$$

笔记栏

$$R-\overset{\overset{O}{\|}}{C}-N\begin{matrix}R'\\R''\end{matrix}\xrightarrow[\text{无水乙醚}]{LiAlH_4}\xrightarrow{H_3O^+}R-CH_2-N\begin{matrix}R'\\R''\end{matrix}$$

用 $LiAlH_4$ 还原时，羧酸衍生物分子中存在的碳碳双键不受影响。

$$CH_2=CHCH_2COOCH_3\xrightarrow{LiAlH_4/Et_2O}\xrightarrow{H_3O^+}CH_2=CHCH_2CH_2OH+CH_3OH$$

2. 催化氢化还原　酰卤与降低了活性的钯催化剂（$Pd/BaSO_4$）作用被还原成醛，此反应称罗森蒙得还原（Rosenmund reduction）。分子中存在的硝基和酯基等基团不受影响。

$$CH_3-C\begin{matrix}\nearrow O\\ \searrow Cl\end{matrix}\xrightarrow[H_2]{Pd-BaSO_4}CH_3-C\begin{matrix}\nearrow O\\ \searrow H\end{matrix}$$

用金属钠和醇为试剂将酯还原生成醇的反应，称为玻沃 - 布兰（Bouveault-Blanc）反应。此反应条件较温和，不会影响分子中的不饱和键。

$$CH_3CH=CHCH_2\overset{\overset{O}{\|}}{C}-OC_2H_5\xrightarrow[C_2H_5OH]{Na}CH_3CH=CHCH_2CH_2-OH$$

酰胺不易被还原，在高温高压下催化氢化才能还原生成胺，但所得产物为混合物。

（四）酯缩合反应

1. 酯缩合反应　在碱（醇钠）的作用下，两分子酯失去一分子醇，生成 β- 羰基酯的反应称为酯缩合反应，又称克莱森（Claisen）缩合。

$$CH_3\overset{\overset{O}{\|}}{C}OC_2H_5+CH_3\overset{\overset{O}{\|}}{C}OC_2H_5\xrightarrow[(2)H_3O^+]{(1)C_2H_5ONa}CH_3\overset{\overset{O}{\|}}{C}CH_2\overset{\overset{O}{\|}}{C}OC_2H_5+C_2H_5OH$$

上述酯缩合反应的反应机制如下所示：

（1）$CH_3COOC_2H_5+C_2H_5O^-\rightleftharpoons\bar{C}H_2COOC_2H_5+C_2H_5OH$

（2）$CH_3-\overset{\overset{O}{\|}}{\underset{\underset{OC_2H_5}{|}}{C}}+\bar{C}H_2COOC_2H_5\rightleftharpoons CH_3-\overset{\overset{O^-}{|}}{\underset{\underset{OC_2H_5}{|}}{C}}-CH_2COOC_2H_5$

（3）$CH_3-\overset{\overset{O^-}{|}}{\underset{\underset{OC_2H_5}{|}}{C}}-CH_2COOC_2H_5\rightleftharpoons CH_3-\overset{\overset{O}{\|}}{C}-CH_2-\overset{\overset{O}{\|}}{C}OC_2H_5+C_2H_5O^-$

（4）$CH_3-\overset{\overset{O}{\|}}{C}-CH_2-\overset{\overset{O}{\|}}{C}OC_2H_5\xrightarrow{C_2H_5O^-}CH_3-\overset{\overset{O}{\|}}{C}-\bar{C}H-\overset{\overset{O}{\|}}{C}OC_2H_5+C_2H_5OH$

$$\downarrow H^+$$

$$CH_3-\overset{\overset{O}{\|}}{C}-CH_2-\overset{\overset{O}{\|}}{C}OC_2H_5$$

反应分四步进行，（1）～（3）步是可逆反应。首先，乙酸乙酯在醇钠作用下生成负碳离子，但乙酸乙酯 α-H 的酸性（$pK_a=24.5$）弱于乙醇（$pK_a=16$），反应向生成负碳离子方向进行的趋势很小。然后，少量碳负离子对另一分子酯的羰基进行亲核加成；中间体再经消除生成 β- 丁酮酸乙酯；β- 丁酮酸乙酯（$pK_a=11$）是比较强的酸，与醇钠作用生成稳定的 β- 丁酮酸乙酯盐，此步反应不可逆，从而使缩合反应不断进行直到完成。最后，酸化得游离 β- 丁酮酸乙酯。

具有两个 α-H 的酯用乙醇钠处理，一般都可顺利地发生酯缩合反应。只有一个 α-H 的酯在乙醇

笔记栏

钠作用下，缩合反应难于进行，因为生成的 β- 酮酸酯没有 α-H，不能成盐，即缺乏使平衡向右移动的推动力。

2. 交叉酯缩合 两种不同的具有 α-H 的酯进行酯缩合时，可以得到四种产物的混合物，分离比较困难，在合成上无实用价值。但若用一种不具有 α-H 的酯与另一种具有 α-H 的酯进行酯缩合反应，可得到较纯的产物，这种酯缩合反应称为交叉酯缩合。例如：

$$\mathrm{H{-}\overset{\displaystyle O}{\overset{\|}{C}}{-}OC_2H_5 + CH_3CH_2COOC_2H_5 \xrightarrow[(2)H^+]{(1)C_2H_5ONa} H{-}\overset{\displaystyle O}{\overset{\|}{C}}{-}\underset{}{\overset{\displaystyle CH_3}{\overset{|}{C}}}HCOOC_2H_5 + CH_3CH_2OH}$$

$$\mathrm{C_6H_5CH_2COOC_2H_5 + \begin{matrix} O{=}C{-}OC_2H_5 \\ | \\ O{=}C{-}OC_2H_5 \end{matrix} \xrightarrow[(2)H^+]{(1)C_2H_5ONa} \begin{matrix} O{=}C{-}CH(C_6H_5)COOC_2H_5 \\ | \\ O{=}C{-}OC_2H_5 \end{matrix}}$$

3. 分子内酯缩合 己二酸酯和庚二酸酯在强碱的作用下发生分子内酯缩合，生成环酮衍生物的反应称为分子内酯缩合，又称狄克曼（Dieckmann）缩合。

$$\mathrm{C_6H_4(CH_2COOC_2H_5)_2 \xrightarrow[(2)\ H^+]{(1)\ C_2H_5ONa} \text{(茚满-2-酮-1-甲酸乙酯：}C_6H_4{-}CH_2{-}C{=}O{-}CH(COOC_2H_5)\text{，环状)}}$$

$$\mathrm{H_2C\begin{matrix} CH_2{-}CH_2{-}COOC_2H_5 \\ CH_2{-}\overset{\displaystyle O}{\underset{}{C}}{-}OC_2H_5 \end{matrix} \xrightarrow[(2)\ H^+]{(1)\ C_2H_5ONa} H_2C\begin{matrix} CH_2{-}CH{-}COOC_2H_5 \\ CH_2{-}C{=}O \end{matrix}}$$

缩合产物经酸性水解生成 β- 羰基酸，β- 羰基酸受热易脱羧，最后产物是环酮。

$$\text{2-(COOC}_2\text{H}_5\text{)环戊酮} \xrightarrow{H_2O/H^+} \text{2-(COOH)环戊酮} \xrightarrow{\triangle} \text{环戊酮} + CO_2$$

狄克曼缩合反应是合成五元和六元环状化合物的重要方法。

五、重要羧酸衍生物

（一）乙酸乙酯

乙酸乙酯（ethyl acetate）结构式为 $CH_3COOCH_2CH_3$，为无色可燃性液体，有水果香味，沸点 77℃，微溶于水，易溶于乙醇、乙醚和氯仿等有机溶剂。

乙酸乙酯易发生水解反应和皂化反应。乙酸乙酯可用作溶剂，也可用于制备染料、药物和香料等。

（二）乙酰乙酸乙酯

乙酰乙酸乙酯（ethyl acetoacetate）结构式为 $CH_3COCH_2COOCH_2CH_3$，可由乙酸乙酯经酯缩合反应或二乙烯酮与醇作用制得。

乙酰乙酸乙酯为无色液体，有愉快的香味，在水中有一定的溶解度，易溶于乙醇、乙醚等有机溶剂。

乙酰乙酸乙酯的酮式和烯醇式同时存在，组成一个动态的平衡体系，具体反应参见第十一章第二节。

乙酰乙酸乙酯具有某些特殊的性质，可制备具有各种结构的酮、羧酸或酮酸，是有机合成的重要中间体。

（三）丙二酸二乙酯

丙二酸二乙酯（diethyl malonate）结构式为 $CH_3CH_2OOCCH_2COOCH_2CH_3$，为二元羧酸酯，由氯乙酸的钠盐和氰化钾（钠）反应后再经乙醇和硫酸（或干燥氯化氢）醇解而制得。

丙二酸二乙酯为无色透明液体，略带芳香气味。微溶于水，可溶于乙醇、乙醚、氯仿和苯。丙二酸二乙酯在酸或碱作用下能水解生成丙二酸和乙醇。

在有机合成中，丙二酸二乙酯广泛用于合成各种类型的羧酸，如一取代乙酸、二取代乙酸、环烷基甲酸和二元酸等。

本章小结

（一）羧酸

1. 羧酸的分类和命名　根据羧基所连烃基 R 的不同，羧酸可分为脂肪酸、脂环酸和芳香酸；根据羧酸分子中烃基 R 的饱和程度，可分为饱和酸和不饱和酸；根据羧酸分子中含有羧基的数目，又可分为一元酸和多元酸。

许多羧酸根据其来源和性质而用俗名。

2. 羧酸的结构　羧基是羧酸的官能团，羧基碳原子为 sp^2 杂化，氧、碳、氧三个原子在同一平面上，该碳原子除形成三个σ键外，余下的一个p轨道与羰基中氧原子的p轨道和羟基中氧原子的p轨道相互重叠，形成 p-π 共轭体系。

3. 羧酸的物理性质　少于十个碳原子的饱和一元脂肪酸都是液体，具有刺鼻的气味；高级脂肪酸是蜡状固体，无味。二元脂肪族酸和芳香酸都是晶体。低分子量的羧酸易溶于水，但随分子量的增加，溶解度降低。羧酸的沸点随相对分子质量的增大而增高，而且比相对分子质量相同或相近的醇、醛、酮高。

4. 羧酸的化学性质

（1）酸性与成盐：羧酸具有酸性，其水溶液能使蓝色的石蕊试纸变红，饱和一元脂肪酸的酸性比碳酸强。羧酸能与碱作用成盐，也可分解碳酸盐、碳酸氢盐。

羧酸的酸性强弱与羧基所连基团的性质有关，连吸电子基团使酸性增强，且吸电子基团越多酸性越强，吸电子基团吸引电子的能力越强酸性越强。同理，连斥电子基团使酸性减弱，且连斥电子基团越多酸性越弱，斥电子基团的斥电子能力越强酸性越弱。二元酸的酸性较一元酸强，随着碳原子数的增加，两个羧基间隔增大，其酸性逐渐减弱。

（2）羧基中羟基的取代反应：羧基中的—OH 可被烃氧基、氨基、卤素或酰氧基等取代，分别生成酯、酰胺、酰卤或酸酐等羧酸衍生物。

（3）*α*-H 的卤代反应：羧酸的 *α*-H 可在少量红磷或 PX_3 等催化剂存在下，被溴或氯取代生成卤代酸。如果卤素过量可生成 *α*,*α*- 二卤代酸或 *α*,*α*,*α*- 三卤代酸。

（4）还原反应：用氢化铝锂还原羧酸时，不但产率高，而且分子中的碳碳不饱和键不受影响，只还原羧基而生成不饱和醇。

（5）脱羧反应：羧酸失去羧基放出二氧化碳的反应称为脱羧反应。饱和一元酸对热稳定，通常不发生脱羧反应，但在特殊条件下，如羧酸钠与碱石灰共热，也可发生脱羧反应。

当羧基的 *α*-C 上连有强吸电子基团（如硝基、卤素、酰基或羧基等）时，脱羧反应比较容易进行。

（6）二元酸的热解反应：二元酸对热较敏感，乙二酸、丙二酸或其衍生物受热脱羧生成一元酸；丁二酸、戊二酸或其衍生物受热脱水生成环状酸酐；己二酸、庚二酸或其衍生物受热既脱水又脱羧生成环酮；八碳以上的二元酸受热时，分子间失水成酐。

（二）羧酸衍生物

1. 羧酸衍生物的结构　酰卤、酸酐、酯和酰胺分子中都含有酰基，因此又将它们称为酰基化合物。酰基是羧酸分子去掉羧基中的羟基后剩余的基团。酰基是根据相应的羧酸来命名的，称为“某酰基”。

酰基与卤素原子相连的化合物称为酰卤；酰基与酰氧基相连的化合物称为酸酐；酰基与烃氧基相连的化合物称为酯；酰基与氨基或取代氨基相连的化合物称为酰胺。

2. 羧酸衍生物的命名　酰卤常由酰基名称后加卤素原子名称来命名，称为“某酰卤”。酸酐命名时，以酐为母体，前面加上酸的名称。相同羧酸形成的酐为单酐，命名时“二”字可以省略，称为“某酐”（或“某

笔记栏

酸酐”）。不同羧酸形成的酐为混酐，命名时简单的羧酸写在前面，复杂的羧酸写在后面，称为“某某酐”（或“某某酸酐”）。酯是根据形成它的酸和醇来命名，称为“某酸某酯”。多元酸与一元醇形成的酯，可以是酸性酯，也可以是中性酯。多元醇羧酸酯一般将醇的名称写在酸的名称之前，称为“某醇某酸酯”。简单的酰胺是在酰基名称后加“胺”字，称为“某酰胺”“某酰某胺”。若酰胺氮原子上有取代基，则在取代基名称前冠以字母“*N*”，以表示取代基连在氮原子上。腈是根据主链碳原子数(包括氰基碳)用“腈”命名。

3. 羧酸衍生物的物理性质 低级的酰氯和酸酐是具有刺激气味的无色液体，高级的为固体；低级酯是易挥发并具有芳香气味的无色液体；酰胺除甲酰胺和某些 *N*- 取代酰胺外，均为固体。

酰氯、酰酐和酯类化合物的分子间不能形成氢键，故其沸点比相应的羧酸低；酰胺能形成分子间氢键，其熔点、沸点比相应的羧酸高。

4. 羧酸衍生物的化学性质

（1）亲核取代反应：羧酸衍生物与水、醇和氨（或胺）等发生水解、醇解和氨解反应，亲核试剂反应难易次序为氨解＞水解＞醇解；亲核取代反应难易次序为酰卤＞酸酐＞酯＞酰胺。

（2）亲核取代反应历程：羧酸衍生物的水解、氨解、醇解历程都是通过加成 - 消除过程来完成的。

酯的碱性水解反应又称皂化反应，得到的产物是羧酸盐，使反应不可逆，可以进行到底。此反应的第一步是 OH^- 进攻酰基的碳，形成带负电荷的四面体结构中间体；第二步是消除烷氧基，羧基质子转移形成醇和羧酸负离子。研究表明，酯的碱性水解为酰氧键断裂的双分子历程（S_N2 历程）。

酯经酸催化水解时，一级醇、二级醇生成的酯绝大多数为酰氧断裂的双分子历程（S_N2 历程）。三级醇生成的酯为烷氧键断裂的单分子历程。

（3）还原反应

1）氢化铝锂还原：酰氯、酸酐和酯均能被氢化铝锂还原成伯醇，酰胺被还原成胺。用 $LiAlH_4$ 还原时，羧酸衍生物分子中存在的碳碳双键不受影响。

2）催化氢化还原：酰卤用降低了活性的钯催化剂作用还原成醛，此反应称为罗森孟德还原。分子中存在的硝基和酯基等基团不受影响。

（4）酯缩合反应

1）酯缩合反应：在碱（醇钠）的作用下，两分子酯失去一分子醇，生成 *β*- 羰基酯的反应，称为酯缩合反应，又称克莱森缩合。具有两个 *α*-H 的酯用乙醇钠处理，一般都可顺利地发生酯缩合反应。

2）交叉酯缩合：用一种不具有 *α*-H 的酯与另一种具有 *α*-H 的酯进行酯缩合反应，可得到较纯的产物，这种酯缩合反应称为交叉酯缩合。

3）分子内酯缩合：己二酸酯和庚二酸酯在强碱的作用下发生分子内酯缩合生成环酮衍生物的反应，称为分子内酯缩合，又称狄克曼缩合。

习　题

1. 命名下列化合物：

(1) CH_3CH_2—(六元环内酯，环上 O、C=O)

(2) HOOCCOOH

(3) $C_6H_5CH_2CON(CH_3)CH_2CH_3$

(4) $CH_3COCH_2COOCH_2CH_2CH_3$

(5) (环戊基)$CH(CH_2CH_3)COOH$

(6) $H—\overset{O}{\overset{\|}{C}}—O—\overset{O}{\overset{\|}{C}}—CH_2CH_3$

笔记栏

(7) 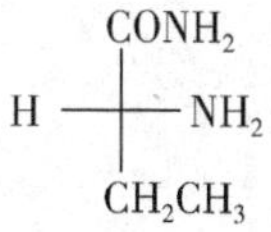 Fischer projection: top $CONH_2$; H—C—NH_2; bottom CH_2CH_3

(8) 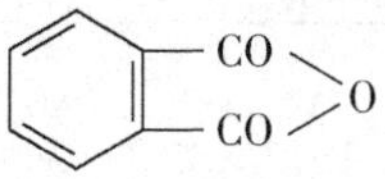 $C_6H_4(CO)_2O$ (benzene ring fused with CO–O–CO)

(9) 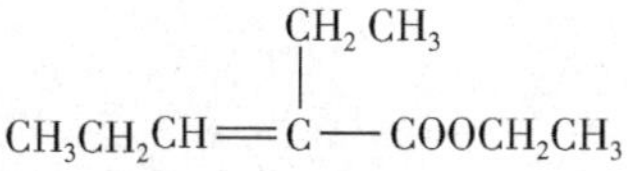 $CH_3CH_2CH{=}C(CH_2CH_3)—COOCH_2CH_3$

(10) 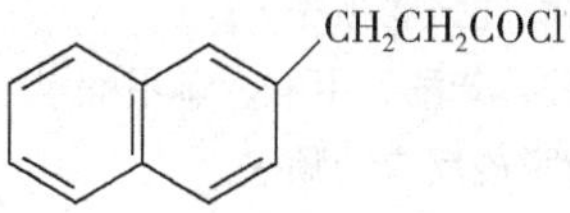 2-naphthyl—CH_2CH_2COCl

2. 写出下列化合物的结构式。

（1）3- 甲基 -2- 丁烯酸　　（2）间苯二甲酸

（3）9,12- 十八碳二烯酸　　（4）*N*- 甲基丁酰胺

（5）*β*- 苯基丁酸　　（6）苯乙酰氯

（7）乙丙酸酐　　（8）环戊烷羧酸乙酯

（9）*β*- 萘乙酸　　（10）环己烷羧酸

（11）*E*-3- 己烯二酸　　（12）2,3- 二甲基丁酰溴

3. 写出下列反应的主要产物。

(1) 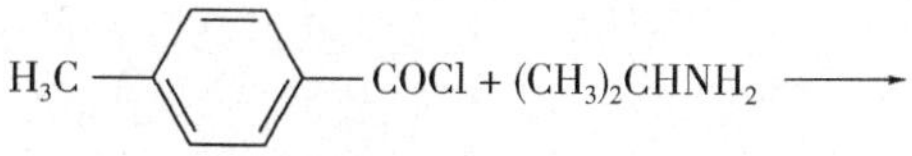 $H_3C—C_6H_4—COCl + (CH_3)_2CHNH_2 \longrightarrow$ (para-substituted benzene)

(2) $CH_3CH_2COOH \xrightarrow[P,\triangle]{Br_2}$

(3) 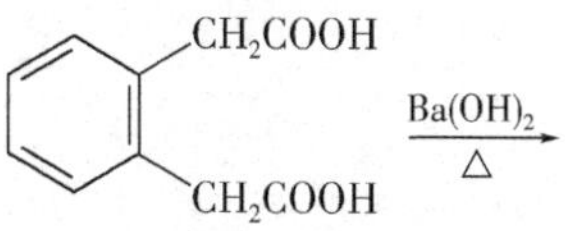 $C_6H_4(CH_2COOH)_2$ (ortho) $\xrightarrow[\triangle]{Ba(OH)_2}$

(4) spiro[3.5]nonane-2,2-dicarboxylic acid (cyclohexane spiro-fused to cyclobutane bearing two COOH) $\xrightarrow{\triangle}$

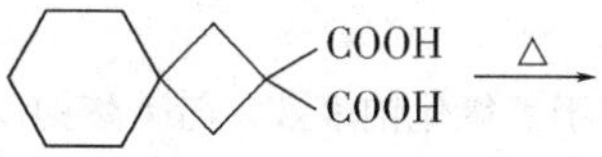

(5) $C_6H_4(COOH)_2$ (ortho) $\xrightarrow{\triangle}$

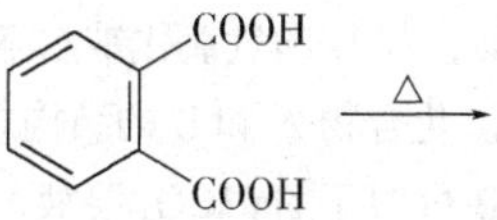

(6) 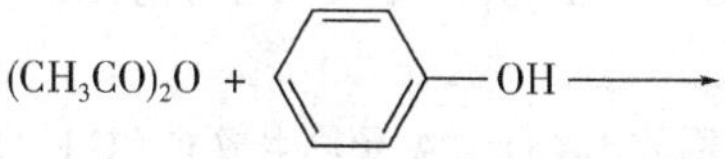 $(CH_3CO)_2O + C_6H_5—OH \longrightarrow$

(7) $CH_3CH_2COOC_2H_5 \xrightarrow{NaOC_2H_5}$

(8) $CH_3COOC_2H_5 + CH_3CH_2CH_2OH \xrightarrow{H^+}$

(9) $CH_3CH(COOH)_2 \xrightarrow{\triangle}$

(10) 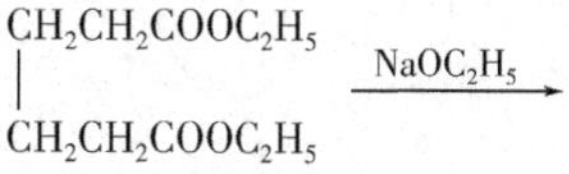 $\begin{array}{l}CH_2CH_2COOC_2H_5\\ |\\ CH_2CH_2COOC_2H_5\end{array} \xrightarrow{NaOC_2H_5}$

(11) 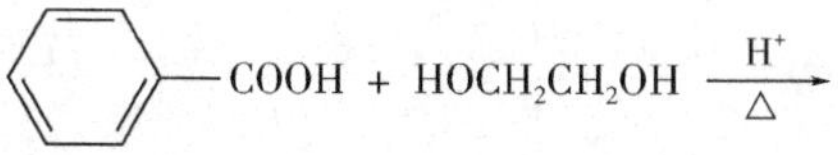 $C_6H_5—COOH + HOCH_2CH_2OH \xrightarrow[\triangle]{H^+}$

笔记栏

(12) 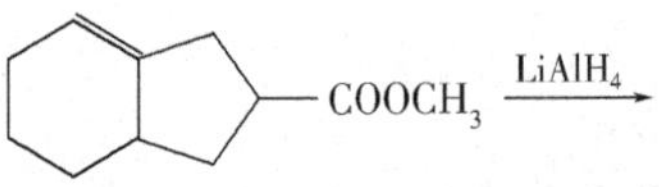 [六氢茚-2-基]$-COOCH_3$ $\xrightarrow{LiAlH_4}$

4. 按要求排序。

（1）排出下列化合物酸性强弱顺序。

乙酸、丙二酸、乙二酸、苯酚、甲酸、苯甲酸

（2）排出下列化合物脱羧反应的顺序。

A. 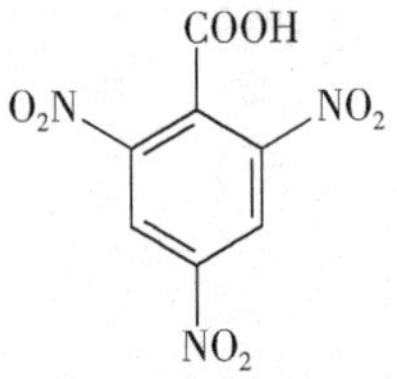 2,4,6-三硝基苯甲酸（COOH，O_2N，NO_2，NO_2）　B. 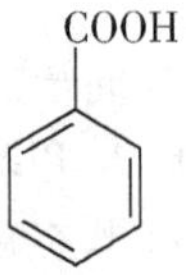 苯甲酸（COOH）　C. 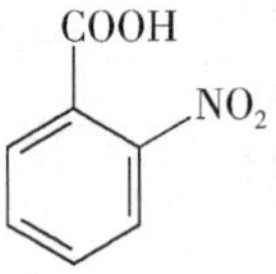 邻硝基苯甲酸（COOH，NO_2）　D. 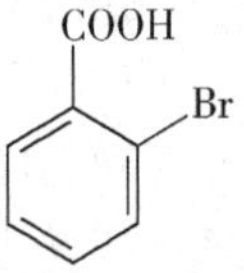 邻溴苯甲酸（COOH，Br）

（3）比较下列化合物酯化反应速率大小。

A. CH_3COOH　　B.CH_3CH_2COOH　　C.（CH_3）$_3$CCOOH　　D.（C_2H_5）$_3$CCOOH

5. 用简单化学方法鉴别下列各组化合物。

（1）甲酸、乙酸和丙二酸

（2）乙酰氯、乙酸酐和乙酰胺

6. 完成下列制备。

（1）$CH_3CH_2CH_2Cl \longrightarrow CH_3CH_2CH_2CONH_2$

（2）$C_6H_5-\overset{O}{\overset{\|}{C}}-CH_3 \longrightarrow C_6H_5-\overset{O}{\overset{\|}{C}}-Cl$

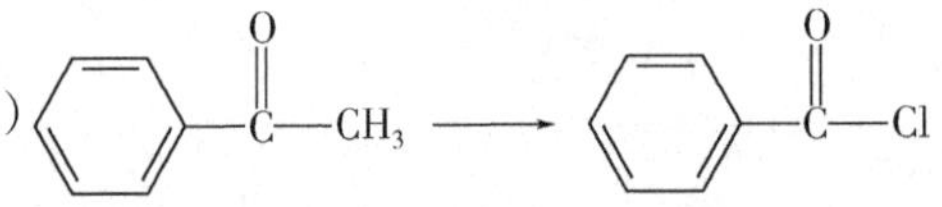

7. 羧酸 A 的分子式为 $C_9H_9O_3N$，与 NaOH 水溶液共热生成两种化合物 B 和 C，B 经酸化可成为最简单的芳香酸，C 则为氨基乙酸钠。试写出化合物 A 的结构式。

8. 化合物 A 的分子式为 $C_4H_6O_2$，有类似于乙酸乙酯的香味，不溶于氢氧化钠溶液，与碳酸钠没有作用，可使溴水褪色。A 与氢氧化钠溶液共热生成 CH_3COONa 和 CH_3CHO。另一化合物 B 的分子式与 A 相同，B 和 A 一样，不溶于氢氧化钠，不与碳酸钠作用，可使溴水褪色，香味与 A 类似，但 B 和氢氧化钠水溶液共热后生成醇和羧酸盐，这种盐用硫酸酸化后蒸馏出的有机物可使溴水褪色。试写出化合物 A 和 B 的结构式。

9. 化合物 A 分子式为 $C_9H_7ClO_2$，可与水发生反应生成 B（$C_9H_8O_3$）。B 可溶于 $NaHCO_3$ 溶液，并能与苯肼反应生成固体衍生物，但不与费林试剂反应。把 B 强烈氧化得到 C（$C_8H_6O_4$），C 失水可得到酸酐（$C_8H_4O_3$）。试写出 A、B、C 的结构式。

10. 化合物 A 和 B 的分子式均为 $C_4H_6O_4$，且都与 Na_2CO_3 作用放出 CO_2。A 受热生成 C（$C_4H_4O_3$），B 受热发生脱羧反应，生成羧酸 D（$C_3H_6O_2$）。试写出化合物 A、B、C、D 的结构式。

（石秀梅）

笔记栏

第十一章　取代羧酸

羧酸分子中烃基上的氢原子被其他原子或基团取代所形成的化合物称取代羧酸（substituted carboxylic acid）。根据取代基的种类不同，取代羧酸可分为卤代酸（halogeno acid）、羟基酸（hydroxy acid）、羰基酸（carbonyl acid）及氨基酸（amino acid）等几类，羟基酸又可分为醇酸（alcoholic acid）和酚酸（phenolic acid），羰基酸又可分为醛酸（aldehydo acid）和酮酸（keto acid）。

取代羧酸属于多官能团化合物，它们的分子中既有羧基，又有其他官能团，在化学性质上不仅有每一种官能团的典型反应，而且还具有因分子中不同官能团之间相互影响而产生的一些特殊性质。这些性质说明了多官能团化合物分子中各原子或基团不是孤立存在的，而是相互联系和相互影响的。本章主要讨论羟基酸和酮酸，氨基酸将放在第十六章讨论。

第一节　羟　基　酸

羟基酸是分子中既含有羟基又含有羧基的化合物，羟基连接在脂肪烃基上的羟基酸称为醇酸，连接在苯环上的羟基酸称为酚酸。它们广泛存在于动植物体内，有些是生物体生命过程中的中间产物，有些是合成药物的原料和食品的调味剂。

一、醇　酸

（一）醇酸的分类和命名

根据羟基和羧基相对位置的不同，醇酸分为 α- 羟基酸、β- 羟基酸和 γ- 羟基酸等。例如：

$$\underset{\text{OH}}{\overset{\alpha}{\text{R—CH—COOH}}}$$

α-羟基酸

$$\text{R—}\overset{\beta}{\underset{|\,\text{OH}}{\text{CH}}}\text{—}\overset{\alpha}{\text{CH}_2}\text{—COOH}$$

β-羟基酸

$$\text{R—}\overset{\gamma}{\underset{|\,\text{OH}}{\text{CH}}}\text{—}\overset{\beta}{\text{CH}_2}\text{—}\overset{\alpha}{\text{CH}_2}\text{—COOH}$$

γ-羟基酸

醇酸的系统命名方法是以羧酸为母体，羟基为取代基，并用阿拉伯数字或希腊字母 α、β、γ 等表明羟基的位置。一些来自自然界的醇酸多用俗名。例如：

$$\text{H}_3\text{C—}\underset{|\,\text{OH}}{\text{CH}}\text{—COOH}$$

α-羟基丙酸（乳酸）
α-hydroxypropionic acid (lactic acid)

$$\text{H}_3\text{C—}\underset{|\,\text{OH}}{\text{CH}}\text{—CH}_2\text{—COOH}$$

β-羟基丁酸
β-hydroxybutyric acid

$$\text{HOOC—}\underset{|\,\text{OH}}{\text{CH}}\text{—CH}_2\text{—COOH}$$

羟基丁二酸（苹果酸）
hydroxysuccinic acid (malic acid)

$$\text{HOOC—}\underset{|\,\text{OH}}{\text{CH}}\text{—}\underset{|\,\text{OH}}{\text{CH}}\text{—COOH}$$

2,3-二羟基丁二酸（酒石酸）
2,3-dihydroxybutanedioic acid (tartaric acid)

$$\text{HOOC—CH}_2\text{—}\underset{|\,\text{OH}}{\overset{\text{COOH}\,|}{\text{C}}}\text{—CH}_2\text{—COOH}$$

3-羧基-3-羟基戊二酸（柠檬酸或枸橼酸）
3-carboxyl-3-hydroxypentanedioic acid (citric acid)

（二）醇酸的物理性质

常见的醇酸多为晶体或黏稠的液体，熔点比相同碳原子数的羧酸高。醇酸分子中含有的两类官

能团（羧基和羟基）都能与水分子形成氢键，故在水中的溶解度大于相应碳原子数的醇、酸，而在乙醚中溶解度则较小。大多数醇酸具有旋光性，其物理性质见表 11-1。

表 11-1　重要醇酸的物理性质

名称	熔点（℃）	比旋光度 $[\alpha]_D^t$	溶解度 $[g\cdot(100g 水)^{-1}]$	pK_a（25℃）
（±）- 乳酸	18	无光活性	∞	3.87
（+）- 苹果酸	100	+2.3°	∞	3.40*
（–）- 苹果酸	100	–2.3°	∞	3.40*
（±）- 苹果酸	128.5	无光活性	144	3.40*
（+）- 酒石酸	170	+15°	168 ～ 170	2.95*
（–）- 酒石酸	170	–15°	168 ～ 170	2.95*
meso- 酒石酸	146 ～ 148	无光活性	140	3.11*
（±）- 酒石酸	206	无光活性	206	2.96*
柠檬酸	153	无光活性	133	3.15*

注：标“*”的数据为 pK_{a_1} 值

（三）醇酸的化学性质

醇酸兼有醇和羧酸的典型反应，如羟基可被氧化成羰基，能发生酰化或酯化反应；羧基可以成盐、成酯等。由于羧基和羟基间的相互影响，醇酸还表现出一些特殊性质，而这些特殊性质又因羧基和羟基的相对位置不同而有差异。

1. 酸性　羟基的吸电子诱导效应使醇酸的酸性强于相应的羧酸。因为诱导效应随碳链的增长而迅速减弱，故醇酸的酸性随羟基与羧基之间的距离增大而减弱。例如：

	CH_3COOH	$HOCH_2COOH$	
pK_a	4.76	3.83	
	CH_3CH_2COOH	$CH_3CH(OH)COOH$	$HOCH_2CH_2COOH$
pK_a	4.88	3.87	4.51

2. 脱水反应　羧基和羟基之间的相互影响使醇酸热稳定性较差，加热时易发生脱水反应。脱水产物随羧基和羟基的相对位置变化产生不同的结果。

（1）α- 醇酸的脱水：两分子 α- 醇酸受热时，羧基和羟基相互交叉脱水，形成较稳定的六元环交酯（lactide）。例如：

$$2\,H_3C-CH(OH)-COOH \xrightarrow{-2H_2O} \text{丙交酯}$$

α-羟基丙酸　　　　丙交酯

（2）β- 醇酸的脱水：β- 醇酸分子中 α-C 上的氢原子同时受羧基和羟基的影响，比较活泼，所以加热时 β-C 上的羟基脱去一分子水，生成 α,β- 不饱和酸。例如：

$$H_3C-CH(OH)-CH_2-COOH \xrightarrow[\triangle]{-H_2O} H_3C-CH=CH-COOH$$

β-羟基丁酸　　　　2-丁烯酸

（3）γ- 醇酸和 δ- 醇酸脱水：γ- 醇酸极易脱水，在室温下即可分子内脱水生成五元环内酯（lactone），游离的 γ- 醇酸很难得到。例如：

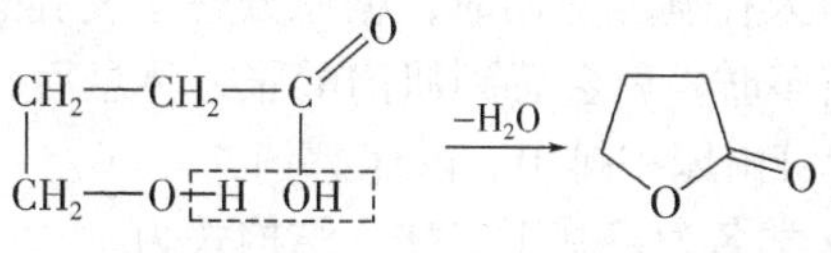

$$\ce{CH2-CH2-C(=O)-OH + HO-CH2 ->[-H_2O] }\ \gamma\text{-丁内酯}$$

γ-羟基丁酸　　γ-丁内酯

γ- 内酯是稳定的中性化合物，在碱性条件下可开环形成稳定的 γ- 醇酸盐。

$$\gamma\text{-丁内酯} + NaOH \longrightarrow HOCH_2CH_2CH_2COONa$$

γ-羟基丁酸钠

δ- 醇酸也能发生分子内脱水，生成六元环的 δ- 内酯，但比 γ- 内酯较难生成。δ- 内酯在室温下放置即可吸水分解，开环成 δ- 醇酸。例如：

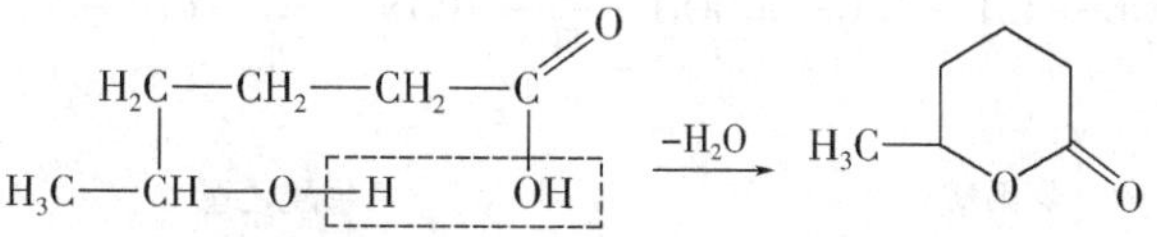

$$H_3C-CH(OH)-CH_2-CH_2-CH_2-COOH \xrightarrow{-H_2O} \delta\text{-内酯}$$

δ-羟基丁酸　　δ-丁内酯

内酯和交酯具有酯类物质的通性，可发生水解、醇解和氨解反应。

羟基和羧基相隔五个或五个以上碳原子的醇酸，受热后一般脱水生成不饱和酸或链状结构的聚酯。

3. 氧化反应　α- 醇酸分子中的羟基因受羧基的吸电子诱导效应影响，比醇分子中的羟基更易被氧化。例如，托伦试剂不能氧化醇，但能将 α- 醇酸氧化成 α- 酮酸。例如：

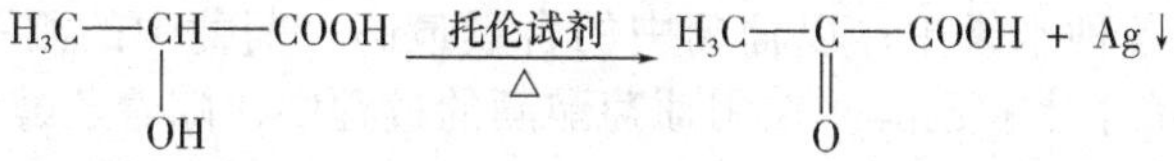

$$H_3C-CH(OH)-COOH \xrightarrow[\triangle]{\text{托伦试剂}} H_3C-C(=O)-COOH + Ag\downarrow$$

稀硝酸一般也不能氧化醇，但却能将醇酸氧化成醛酸、酮酸或二元酸。例如：

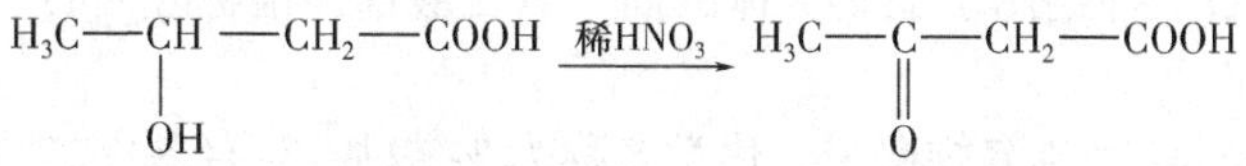

$$H_3C-CH(OH)-CH_2-COOH \xrightarrow{\text{稀}HNO_3} H_3C-C(=O)-CH_2-COOH$$

4. α- 醇酸的分解反应　α- 醇酸与稀硫酸共热，羧基和 α-C 之间的键断裂，分解为少一个碳原子的醛（或酮）和甲酸。若与浓硫酸共热，则分解为醛（或酮）、一氧化碳和水。

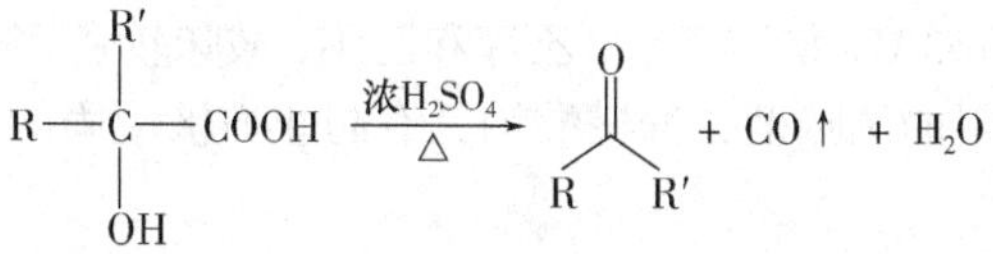

$$R-CH(OH)-COOH \xrightarrow[\triangle]{\text{稀}H_2SO_4} RCHO + HCOOH$$

$$R-C(R')(OH)-COOH \xrightarrow[\triangle]{\text{浓}H_2SO_4} R-C(=O)-R' + CO\uparrow + H_2O$$

人体内的糖、油脂和蛋白质等物质在代谢过程中常产生羟基酸，这些羟基酸在酶的催化作用下，也能发生上述的氧化、脱水和分解等化学反应。

（四）重要的羟基酸

1. 乳酸（lactic acid）　最初是从酸牛奶中提取获得，因而得名。乳酸化学名为 α- 羟基丙酸，结构式为：

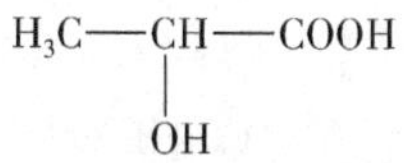

$$H_3C-CH(OH)-COOH$$

乳酸分子中含一个手性碳原子，有一对对映体。运动时肌肉中由糖分解而产生的乳酸为右旋异构体，由葡萄糖经乳酸杆菌发酵生成的乳酸为左旋异构体，而从牛乳中分离得到的是外消旋体。乳酸是吸水性很强的无色黏稠液体，易溶于水、乙醇和甘油，不溶于氯仿。乳酸具有消毒防腐作用，可用于治疗阴道滴虫；乳酸钙 $[(CH_3CHOHCO_2)_2Ca\cdot5H_2O]$ 可用作补钙药物；乳酸钠可用作酸中毒的解毒剂。乳酸钙难溶于水，工业上用作除钙剂。

笔记栏

乳酸是人体糖代谢的产物，人在剧烈活动时，糖原分解生成乳酸，同时放出热，能供给肌肉所需的能量。当肌肉中乳酸含量增多时，就会感到肌肉酸胀。休息后，一部分乳酸经血液循环输送至肝脏转变成糖原，另一部分经肾脏由尿中排出，酸胀感消失。

2. 苹果酸（malic acid） 化学名为羟基丁二酸，结构式为

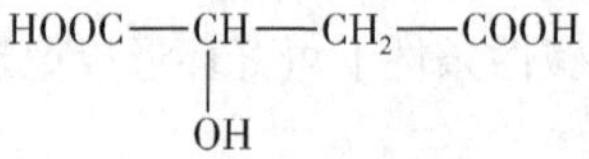

$$\text{HOOC}-\underset{\displaystyle|\atop\displaystyle\text{OH}}{\text{CH}}-\text{CH}_2-\text{COOH}$$

最初从苹果中分离得到，因而得此名。其在未成熟的苹果和山楂中含量较多，其他果实如杨梅、葡萄和番茄等也含有苹果酸。天然苹果酸是左旋体，为无色针状晶体，熔点为100℃，易溶于水和乙醇，微溶于乙醚。苹果酸钠可作为食盐代用品，供低盐饮食患者用。苹果酸是糖代谢的中间产物，在酶的催化作用下，脱氢氧化为草酰乙酸。

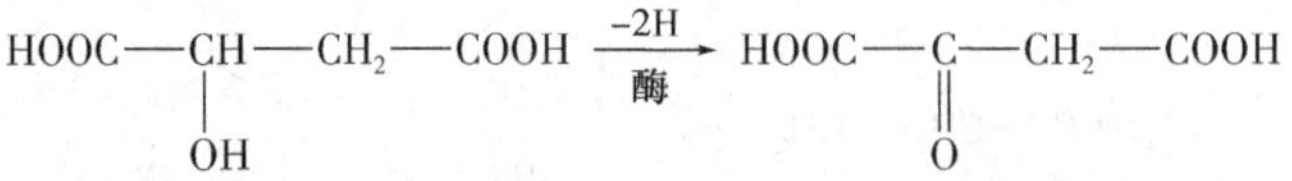

$$\underset{\text{苹果酸}}{\text{HOOC}-\underset{\displaystyle|\atop\displaystyle\text{OH}}{\text{CH}}-\text{CH}_2-\text{COOH}} \xrightarrow[\text{酶}]{-2\text{H}} \underset{\text{草酰乙酸}}{\text{HOOC}-\underset{\displaystyle\|\atop\displaystyle\text{O}}{\text{C}}-\text{CH}_2-\text{COOH}}$$

从结构看，苹果酸既是 α- 羟基酸又是 β- 羟基酸，由于亚甲基上的氢原子活泼，苹果酸受热以 β- 羟基酸的形式脱水生成丁烯二酸，丁烯二酸加水后，又可得到苹果酸。

3. 酒石酸（tartaric acid） 化学名为 2,3- 二羟基丁二酸，结构式为

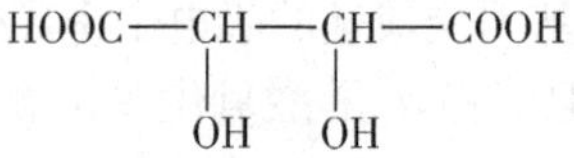

$$\text{HOOC}-\underset{\displaystyle|\atop\displaystyle\text{OH}}{\text{CH}}-\underset{\displaystyle|\atop\displaystyle\text{OH}}{\text{CH}}-\text{COOH}$$

酒石酸广泛存在于各种水果中，以葡萄中的含量最高。葡萄中的酒石酸以酒石酸氢钾的形式存在，酒石酸氢钾难溶于水和乙醇。在用葡萄酿酒的过程中，随着乙醇浓度的增大，逐渐析出酒石酸氢钾结晶，称之为酒石，酒石酸由此得名。天然酒石酸是右旋体，为无色透明晶体，熔点170℃，易溶于水。酒石酸钾钠用于配制费林试剂。酒石酸锑钾俗称吐酒石，曾用作催吐剂和治疗血吸虫病。

4. 柠檬酸（citric acid） 别名枸橼酸，化学名称为 3- 羧基 -3- 羟基戊二酸，结构式为

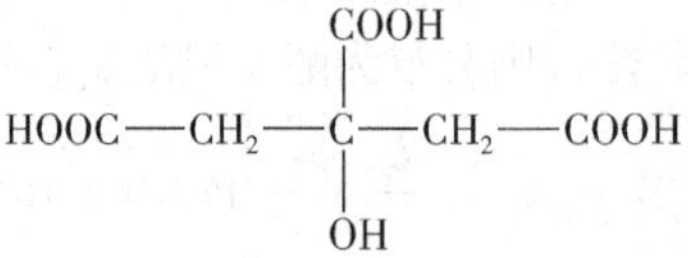

$$\text{HOOC}-\text{CH}_2-\overset{\displaystyle\text{COOH}\atop\displaystyle|}{\underset{\displaystyle|\atop\displaystyle\text{OH}}{\text{C}}}-\text{CH}_2-\text{COOH}$$

柠檬酸存在于多种果实中，尤以柠檬中含量最高（达6%），因此得名。柠檬酸为无色透明晶体，不含结晶水的柠檬酸熔点为153℃，易溶于水、乙醇和乙醚，酸味较强。柠檬酸及其盐具有广泛用途，如柠檬酸大量用作食品和饮料的调味剂，柠檬酸钠具有防止血液凝固的功能，故用作抗凝血剂，柠檬酸铁铵是常用的补血剂。

柠檬酸也是糖、脂肪和蛋白质代谢过程的中间产物。在酶的催化作用下，柠檬酸经顺乌头酸转变为异柠檬酸，再经过氧化，脱羧变成 α- 酮戊二酸。

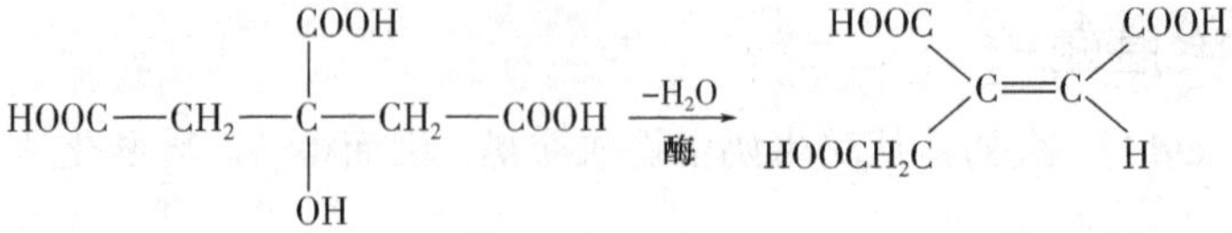

$$\underset{\text{柠檬酸}}{\text{HOOC}-\text{CH}_2-\overset{\displaystyle\text{COOH}\atop\displaystyle|}{\underset{\displaystyle|\atop\displaystyle\text{OH}}{\text{C}}}-\text{CH}_2-\text{COOH}} \xrightarrow[\text{酶}]{-\text{H}_2\text{O}} \underset{\text{顺乌头酸}}{\begin{matrix}\text{HOOC} & & \text{COOH}\\ & \text{C}=\text{C} & \\ \text{HOOCH}_2\text{C} & & \text{H}\end{matrix}}$$

$$\xrightarrow[\text{酶}]{+\text{H}_2\text{O}} \underset{\text{异柠檬酸}}{\text{HOOC}-\text{CH}_2-\overset{\displaystyle\text{COOH}\atop\displaystyle|}{\text{CH}}-\underset{\displaystyle|\atop\displaystyle\text{OH}}{\text{CH}}-\text{COOH}} \xrightarrow{\text{氧化酶}}$$

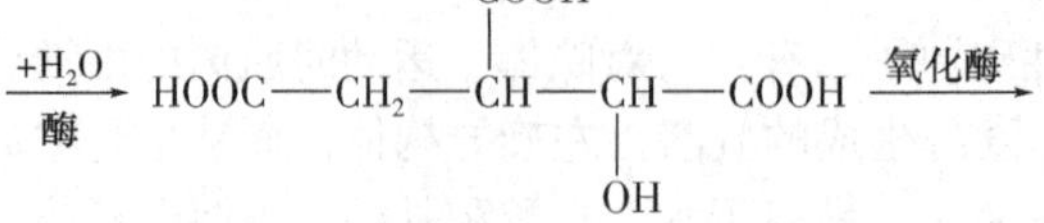

笔记栏

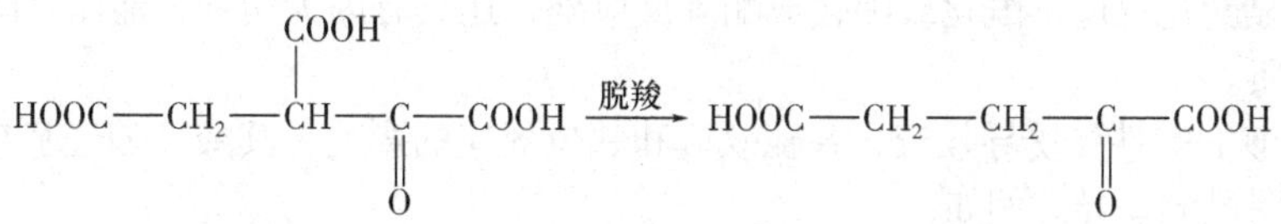

$$HOOC—CH_2—\underset{|}{\overset{COOH}{CH}}—\underset{\|\atop O}{C}—COOH \xrightarrow{脱羧} HOOC—CH_2—CH_2—\underset{\|\atop O}{C}—COOH$$

草酰琥珀酸　　　　　　　　α-酮戊二酸

案例 11-1　丹参素的药理作用

丹参为唇形科鼠尾草属植物丹参的干燥根及根茎，是最常用的活血化瘀的中药之一，首载于《神农本草经》，具有去瘀止痛、养血安神的功效。丹参素是其主要的水溶性提取物。学名：(*R*)-3-(3,4-二羟基)-2-羟基丙酸；英文名：(*R*)-3-(3,4-dihydroxyphenyl)-2-hydroxypropanoic acid。化学结构式为

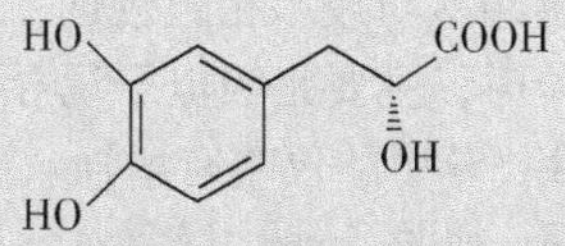

[结构式：HO, HO, COOH, OH]

其中的手性碳为 *R*-构型，右旋体，白色长针状结晶，熔点 84 ～ 86℃，密度 1.546。在乙醇中测不出旋光度，与 $FeCl_3$ 反应呈黄绿色。

现代药理研究表明，丹参素通过以下作用保护血管内皮细胞：抗心律失常，抗动脉粥样硬化，改善微循环，保护心肌，抑制和解除血小板聚集，扩张冠脉、增加冠脉流量，提高机体耐缺氧能力，抑制胶原纤维的产生和促进纤维蛋白的降解，抗炎，抗脂质过氧化和清除自由基，以及保护肝细胞，抗肺纤维化等。丹参素主要用于治疗心脑血管疾病，如冠心病、高血压、脑卒中、动脉粥样硬化等，同时还用于治疗肝纤维化、癌症、消化性溃疡、艾滋病等。

思考题：

1. 丹参素可以用哪些化学方法检验？能否在空气中长期稳定存在？
2. 简述丹参素的主要药理作用。

二、酚　　酸

（一）酚酸的命名

酚酸（phenolic acid）的命名是以芳香酸为母体，并根据羟基在芳环上的位置给出相应的名称。例如：

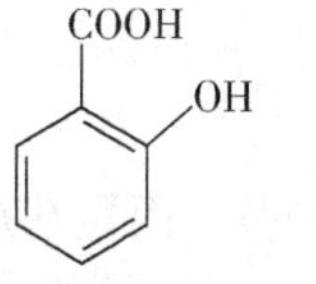

邻羟基苯甲酸（水杨酸）
o-hydroxybenzoic acid
(salicylic acid)

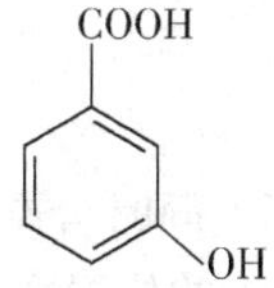

间羟基苯甲酸
m-hydroxybenzoic acid

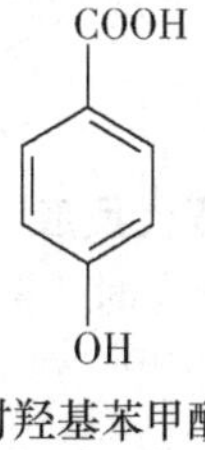

对羟基苯甲酸
p-hydroxybenzoic acid

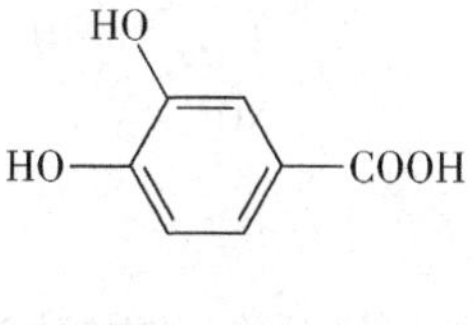

3,4-二羟基苯甲酸（原儿茶酸）
3,4-dihydroxybenzoic acid
(protocatechuic acid)

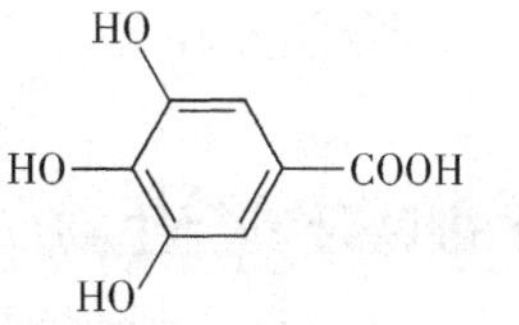

3,4,5-三羟基苯甲酸（没食子酸）
3,4,5-trihydroxybenzoic acid
(gallic acid)

（二）酚酸的性质

酚酸都是固体，多以盐、酯或糖苷的形式存在于植物中。酚酸除具有酚和芳香酸的一般性质，

笔记栏

如与氯化铁溶液显颜色反应，酰化或酯化成酯等反应外，还具有因为两种官能团之间的相互影响而表现出的特殊性质。

1. 酸性 酚酸的酸性受诱导效应、共轭效应和邻位效应的影响，其酸性随羟基与羧基的相对位置不同而表现出明显的差异。例如：

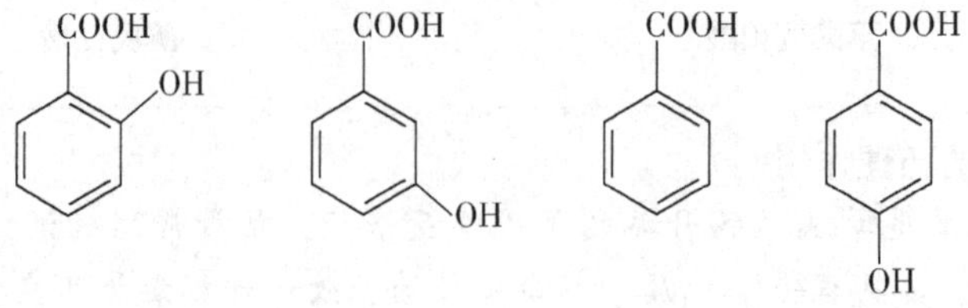

	邻羟基苯甲酸（COOH, OH）	间羟基苯甲酸（COOH, OH）	苯甲酸（COOH）	对羟基苯甲酸（COOH, OH）
pK_a	3.00	4.12	4.17	4.54

三种酚酸异构体中，对羟基苯甲酸酸性比苯甲酸还弱，邻羟基苯甲酸酸性最强，间羟基苯甲酸酸性介于二者之间。这是因为对位上的羟基与羧基相距较远，吸电子诱导效应很弱，供电子共轭效应占优势，使酸性减弱。羟基处于间位时，主要是吸电子诱导效应起作用，但因间隔三个碳原子，影响减弱许多，使间羟基苯甲酸的酸性比苯甲酸仅略有增强。羟基处于羧基邻位时，由于空间拥挤，在一定程度上使羧基不能与苯环共平面，削弱了 p-π 共轭效应，减少了苯环上 π 电子云向羧基偏移，促使羧基氢原子较易解离而形成稳定的羧酸根负离子，这种现象称为邻位效应。另一原因是通过分子内氢键增强了羧基中氧氢键极性，有利于氢解离，解离后的羧基负离子与酚羟基形成氢键，使这个负离子更稳定，不容易再与 H^+ 结合而有利于酸式解离。

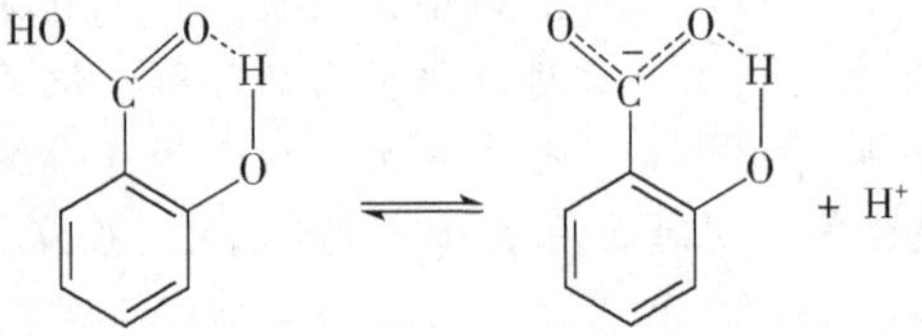

$$\text{(邻羟基苯甲酸，分子内氢键)} \rightleftharpoons \text{(邻羟基苯甲酸根负离子，分子内氢键)} + H^+$$

2. 脱羧反应 羟基在羧基邻位或对位的酚酸加热至熔点以上时，易发生脱羧反应生成相应的酚。例如：

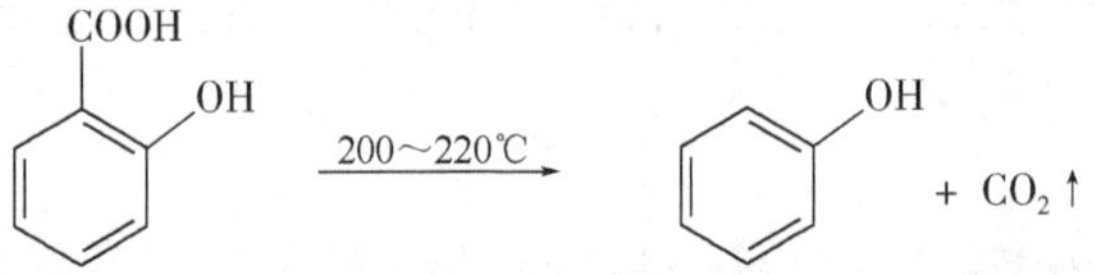

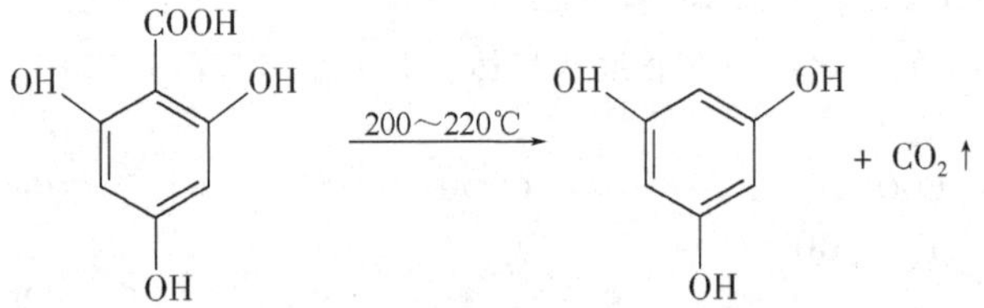

$$\text{邻羟基苯甲酸} \xrightarrow{200\sim220℃} \text{苯酚} + CO_2\uparrow$$

$$\text{2,4,6-三羟基苯甲酸} \xrightarrow{200\sim220℃} \text{1,3,5-苯三酚} + CO_2\uparrow$$

3. 苯环上的亲电取代反应 酚酸的苯环上同时含有羟基和羧基，而羟基是强的邻对位定位取代基，在发生亲电取代反应时，新的取代基进入的位置主要取决于羟基。例如：

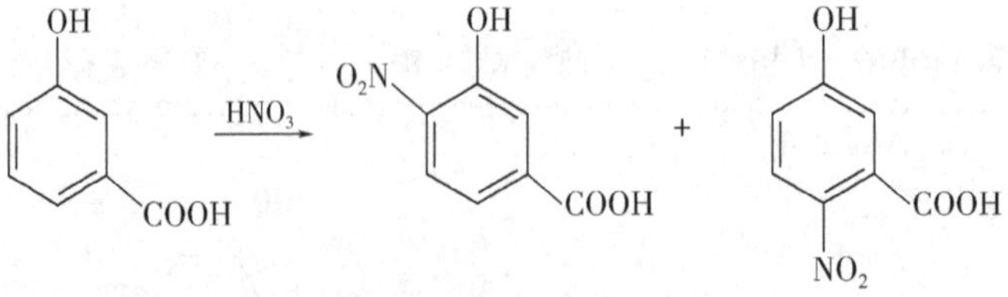

$$\text{间羟基苯甲酸} \xrightarrow{HNO_3} \text{(OH 邻位引入 } O_2N\text{ 的产物)} + \text{(OH 对位引入 } NO_2 \text{ 的产物)}$$

（三）重要的酚酸及其衍生物

1. 水杨酸（salicylic acid） 又名柳酸，化学名称为邻羟基苯甲酸，结构式为

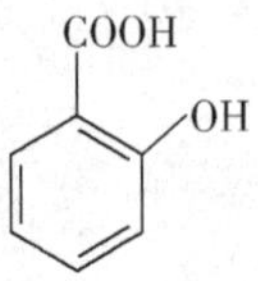

(COOH, OH)

笔记栏

水杨酸存在于柳树或水杨树树皮中，为无色针状晶体，熔点159℃，在79℃时升华。微溶于水，易溶于乙醇、氯仿和沸水中。水杨酸具有酚和酸的一般通性，如与氯化铁水溶液显紫红色，在空气中易被氧化，水溶液呈酸性，能成盐、成酯等。

水杨酸具有防腐、杀菌作用，其钠盐可用作口腔清洁剂；水杨酸的乙醇溶液常用于治疗因霉菌感染而引起的皮肤病；水杨酸具有解热镇痛作用；能抑制体内某些前列腺素的合成。由于水杨酸对胃刺激性强，不宜内服，故多用其衍生物。其主要衍生物有以下几种。

（1）乙酰水杨酸（acetylsalicylic acid）：其结构式为

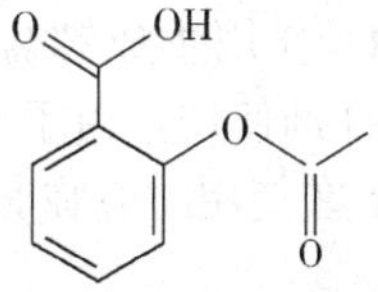

商品名称阿司匹林（Aspirin）。可由水杨酸与乙酸酐在少量浓硫酸的催化下制备。

$$\text{(COOH, OH)} + (CH_3CO)_2O \xrightarrow[70\sim80℃]{浓H_2SO_4} \text{(COOH, }OCOCH_3\text{)} + CH_3COOH$$

乙酰水杨酸为白色针状晶体，熔点143℃，微溶于水，由于其分子中无游离的酚羟基，故与氯化铁溶液不显色。

乙酰水杨酸常用作解热镇痛药。阿司匹林、非那西丁（Phenacetin）与咖啡因（Caffeine）三者配伍的制剂称为复方阿司匹林，常用“APC”表示。阿司匹林对胃也有一定的刺激性，故目前常使用肠溶性阿司匹林。

案例 11-2　阿司匹林在心血管病防治中的合理应用

阿司匹林曾经仅被当作一种解热镇痛药，但近年来的研究表明其有抗血小板作用。目前已有超过100项的随机对照临床试验汇总分析表明，在心血管高危患者中，使用抗血小板药物阿司匹林长期治疗能够使严重血管事件联合终点发生率降低约1/4，其中非致死性心肌梗死的危险降低1/3，非致死性脑卒中的危险降低1/4，血管事件病死率降低1/6。

在心血管病防治中的最适剂量随机临床试验已证明，阿司匹林在动脉硬化性心血管病中长期使用的最低有效剂量为75～150mg/d。专家建议在一级预防中阿司匹林长期应用剂量为75～100mg/d；在二级预防中长期应用剂量为75～150mg/d；在非瓣膜性心脏病心房颤动中应用剂量为300mg/d。

阿司匹林常见不良反应主要包括出血并发症、胃肠道刺激症状及腹泻、过敏等。在一级预防中长期应用的小剂量并不导致不良反应发生率的增加。

讨论：目前认为患有高血压、高脂血症、糖尿病、肥胖症、有吸烟史及心血管病家族史等危险因素的中老年人可以服用阿司匹林，但患有哮喘、胃溃疡、血友病、视网膜出血和其他出血性疾病者不宜服用阿司匹林，因为阿司匹林会增加出血的危险性。用药前需要充分评估抗血栓和出血的获益/风险比，要考虑减轻或预防不良反应。

思考题：

1. 阿司匹林能否使氯化铁水溶液显紫色？为何它对胃的刺激作用较水杨酸弱？
2. 阿司匹林除解热镇痛外，还有哪些新用途？
3. 如何减轻或预防阿司匹林的不良反应？

（2）水杨酸甲酯（methyl salicylate）：俗名为冬青油，结构式为

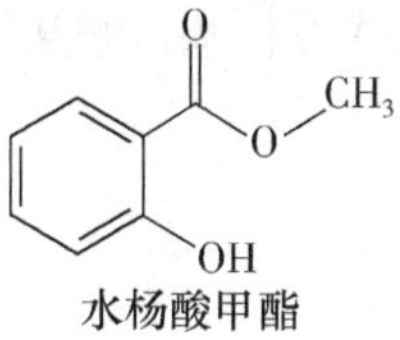

水杨酸甲酯

笔记栏

它是从冬青树叶中提取得到的，在冬青油中的含量可达到 96% ～ 99%。水杨酸甲酯为无色液体，沸点 190℃，具有特殊香味，可用作扭伤的外用药，也可用于配制牙膏、糖果等的香精。

（3）对氨基水杨酸（*p*-amino salicylic acid）：简称"PAS"，化学名为 4- 氨基 -2- 羟基苯甲酸，结构式为

H_2N—C₆H₃(OH)—COOH

PAS 显酸性（pK_a= 3.25），与 $NaHCO_3$ 作用生成钠盐（PAS-Na），其水溶性比 PAS 大，而刺激性则比 PAS 小，故一般将 PAS-Na 作为针剂使用。由于其水溶液的稳定性较差，并且易氧化变色而影响其质量和疗效，故注射用的 PAS-Na 在使用时应临时配制。

2. 没食子酸和鞣质

（1）没食子酸（gallic acid）：化学名称为 3,4,5- 三羟基苯甲酸，亦称五倍子酸，结构式为

COOH / HO, OH, OH

没食子酸以游离状态或结合成鞣质的状态广泛存在于植物界中，尤其大量存在于没食子（或五倍子）中。若将没食子或五倍子以稀酸加热或酶水解时，即可得没食子酸。

纯净的没食子酸为白色结晶性粉末，熔点 253℃。当加热至 210℃以上时，即脱羧生成 1,2,3- 苯三酚，也称焦性没食子酸。

没食子酸属于多元酚酸，其还原性较强，尤其在碱性溶液中更易被氧化，如将它置于空气中时，能迅速被氧化而变成暗褐色物质，因此可用作抗氧剂。

（2）鞣质：又称单宁（tannin），一般也称为鞣酸或单宁酸，它是从植物中提取的一类天然产物，具有鞣皮的作用，即可将生皮变为皮革。按其植物来源不同，所得鞣质的分子结构差异很大，但已明确认为鞣质均为没食子酸的衍生物，具有与没食子酸相似的性质。

鞣质一般是无定形粉末，可溶于水或稀乙醇中而成胶状的溶液，具有涩味和较强的收敛性。还原性也较强，若置于空气中能吸收氧而变成暗褐色。其水溶液与氯化铁可生成蓝色或蓝绿色沉淀。它能与许多生物碱或重金属盐类生成沉淀。鞣质具有杀菌、防腐和凝固蛋白质的作用，临床上可用作局部止血药，还可用以治疗皮肤溃疡、烫伤、压疮和湿疹等，也可用作生物碱或重金属中毒的解毒剂。

研究报道发现，在某些植物中含有的单宁具有抗氧化、清除体内脂质过氧自由基和抑制脂质过氧化活性等作用。

第二节 酮 酸

一、酮酸的分类和命名

酮酸（keto acid）是指羧酸分子中含有羰（酮）基的化合物，也称氧代酸。氧代酸分为醛酸和酮酸，由于醛酸实际应用较少，所以重点讨论酮酸。

根据酮基和羧基的相对位置，酮酸可分为 *α*- 酮酸、*β*- 酮酸、*γ*- 酮酸等。其中 *α*- 酮酸和 *β*- 酮酸是人体内糖、脂肪和蛋白质等代谢的中间产物，因此尤为重要。

酮酸的命名也是以羧酸为母体，酮基作取代基，酮基的位次用阿拉伯数字或希腊字母表明，酮基也可称为氧代。例如：

笔记栏

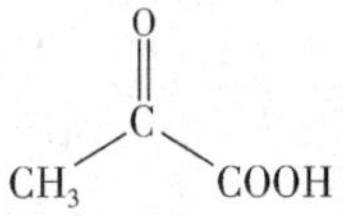

$$\underset{\text{CH}_3}{} \overset{\text{O}}{\overset{\|}{\text{C}}} \text{COOH}$$

丙酮酸（2-氧代丙酸）
pyruvic acid
(2-oxopropanoic acid)

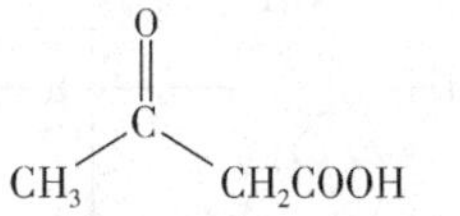

$$\text{CH}_3\overset{\text{O}}{\overset{\|}{\text{C}}}\text{CH}_2\text{COOH}$$

β-丁酮酸（乙酰乙酸）
β-oxobutyric acid
(acetoacetic acid)

$$\text{HOOC}\overset{\text{O}}{\overset{\|}{\text{C}}}\text{CH}_2\text{COOH}$$

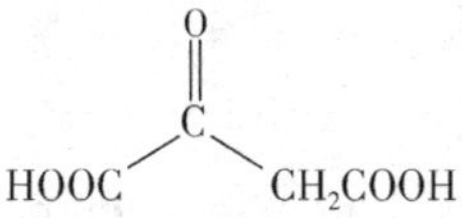

α-酮丁二酸（草酰乙酸，2-氧代丁二酸）
α-keto-succinic acid(oxalacetic acid,
2-oxobutanedioic acid)

$$\text{HOOC}\overset{\text{O}}{\overset{\|}{\text{C}}}\text{CH}_2\text{CH}_2\text{COOH}$$

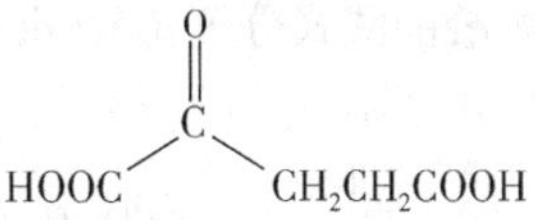

α-酮戊二酸（2–氧代戊二酸）
α-keto-glutaric acid
(2-oxopentanedioic acid)

二、酮酸的化学性质

酮酸具有酮和羧酸的一般通性，如酮基可被还原成羟基，可与羰基试剂反应生成相应的产物；羧基可与碱成盐，与醇成酯等。由于两个官能团的相对位置和相互影响不同，不同的酮酸还表现出一些特殊反应。

（一）酸性

由于酮基的吸电子诱导效应比羟基强，因此酮酸的酸性比相应的醇酸强，且 α- 酮酸比 β- 酮酸的酸性强。例如：

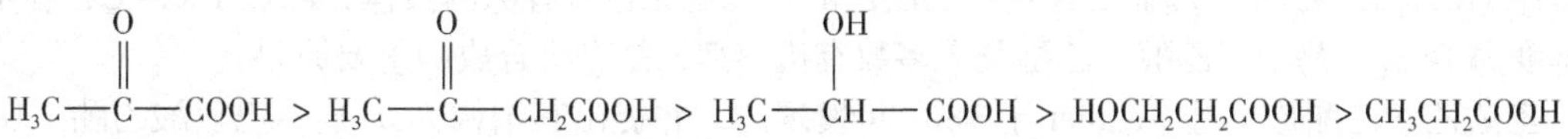

$$\underset{2.49}{\text{H}_3\text{C}-\overset{\text{O}}{\overset{\|}{\text{C}}}-\text{COOH}} > \underset{3.51}{\text{H}_3\text{C}-\overset{\text{O}}{\overset{\|}{\text{C}}}-\text{CH}_2\text{COOH}} > \underset{3.86}{\text{H}_3\text{C}-\overset{\text{OH}}{\overset{|}{\text{CH}}}-\text{COOH}} > \underset{4.51}{\text{HOCH}_2\text{CH}_2\text{COOH}} > \underset{4.88}{\text{CH}_3\text{CH}_2\text{COOH}}$$

pK_a 2.49　3.51　3.86　4.51　4.88

（二）脱羧反应

1. α- 酮酸的脱羧反应　α- 酮酸与稀硫酸共热，或被弱氧化剂（如托伦试剂）氧化，均可失去二氧化碳而生成少一个碳原子的醛或羧酸。生物体内的丙酮酸在缺氧情况下，发生脱羧反应生成乙醛然后还原成乙醇。水果开始腐烂或制作发酵饲料时，常常产生酒味就是这个原因。而在浓硫酸作用下，α- 酮酸分解出一氧化碳，生成少一个碳原子的羧酸。例如：

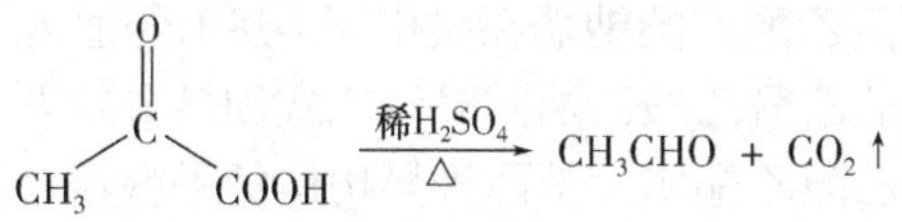

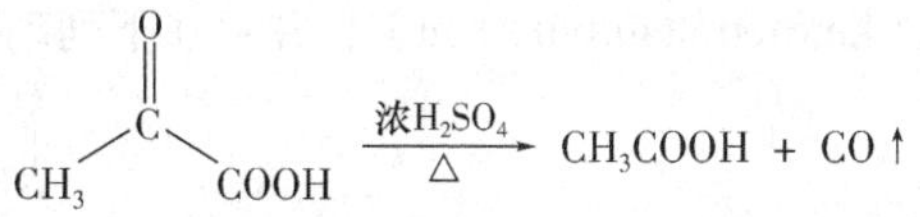

$$\text{CH}_3\overset{\text{O}}{\overset{\|}{\text{C}}}\text{COOH} \xrightarrow[\triangle]{\text{稀H}_2\text{SO}_4} \text{CH}_3\text{CHO} + \text{CO}_2\uparrow$$

$$\text{CH}_3\overset{\text{O}}{\overset{\|}{\text{C}}}\text{COOH} \xrightarrow[\triangle]{\text{浓H}_2\text{SO}_4} \text{CH}_3\text{COOH} + \text{CO}\uparrow$$

2. β- 酮酸的分解反应

（1）酮式分解（脱羧反应）：β- 酮酸比 α- 酮酸更易脱羧，微热即发生脱羧反应，生成酮并放出 CO_2。这类反应称为 β- 酮酸的酮式分解（ketonic cleavage）。例如：

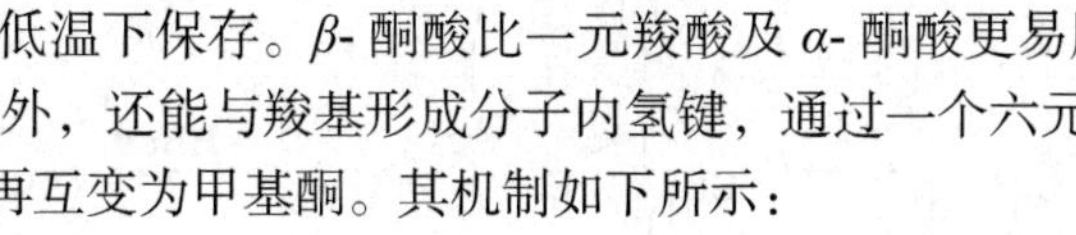

$$\text{CH}_3\overset{\text{O}}{\overset{\|}{\text{C}}}\text{CH}_2\text{COOH} \xrightarrow{\text{微热}} \text{CH}_3\overset{\text{O}}{\overset{\|}{\text{C}}}\text{CH}_3 + \text{CO}_2\uparrow$$

因此，β- 酮酸只能在低温下保存。β- 酮酸比一元羧酸及 α- 酮酸更易脱羧，其原因是 β- 酮酸分子中的酮基氧除有 –I 效应外，还能与羧基形成分子内氢键，通过一个六元环中间体，电子进行重新分配，形成烯醇式结构，再互变为甲基酮。其机制如下所示：

笔记栏

β-酮酸 → 过渡态 → ($-CO_2$) 烯醇式 → 甲基酮

(2)酸式分解: β-酮酸与浓氢氧化钠共热时，α-C 和 β-C 之间发生键的断裂，生成两分子羧酸盐，这类反应称为 β- 酮酸的酸式分解（acidic cleavage）反应。

$$RCOCH_2COOH + 2NaOH_{(浓)} \xrightarrow{\triangle} RCOONa + CH_3COONa$$

（三）α- 酮酸的氨基化反应

在催化剂如酶的作用下，α- 酮酸与 NH_3 反应，生成 α- 氨基酸。这是生物体内一个常见的反应。

$$RCOCOOH \xrightarrow[催化剂]{NH_3} RC(=NH)COOH \xrightarrow{[H]} RCH(NH_2)COOH$$

α-氨基酸

三、酮式 - 烯醇式的互变异构

β- 丁酮酸（乙酰乙酸）很不稳定，受热易分解，但它所形成的酯即乙酰乙酸乙酯（$CH_3COCH_2COOC_2H_5$）却非常稳定。乙酰乙酸乙酯是无色有香味的液体，沸点 180.4℃，在水中的溶解度为 14.3g，易溶于乙醇、乙醚及大多数有机溶剂，是有机合成的重要原料。

乙酰乙酸乙酯最早是 Geuther 于 1863 年发现的，并提出其结构为 β- 羟基巴豆酸乙酯。1865 年 Frankland 和 Duppa 也得到乙酰乙酸乙酯，给出的结构是 β- 丁酮酸乙酯，这使得当时的化学界为乙酰乙酸乙酯的“正确”结构展开了争论，并形成了两种学派，每一学派都提供了大量的实验事实。一派学者发现乙酰乙酸乙酯能与 $FeCl_3$ 呈颜色反应，能使溴水褪色，与金属钠反应可以放出氢气，显示了烯醇的典型反应，故支持“Geuther”结构；另一派则发现乙酰乙酸乙酯能与羟胺反应生成肟，与苯肼反应生成腙，能与 HCN、$NaHSO_3$ 发生加成反应，显示具有甲基酮的结构，证明“Frankland-Duppa”结构也是正确的。此争论持续了近半个世纪，直到 1911 年由 Knorr 得以解决，Knorr 将乙酰乙酸乙酯的醚溶液冷却到 −78℃得到了一种晶体，这种晶体熔点为 −39℃，不与三氯化铁显色，确定为酮酸酯；烯醇酯是由乙酰乙酸乙酯钠盐在醚中于 −78℃经通入干燥氯化氢而成的油状物分离得到。同时他还指出，常温下的乙酰乙酸乙酯同时以酮式和烯醇式两种结构存在，共存于一体，始终处于动态平衡之中，故乙酰乙酸乙酯实际是两种异构体的平衡混合物。它们之间可以相互转变，即存在酮式 - 烯醇式互变异构（keto-enoltautomerism），并存在下列动态平衡。

$$CH_3COCH_2COOC_2H_5 \rightleftharpoons CH_3C(OH)=CHCOOC_2H_5$$

酮式（93%） 烯醇式（7%）

这种由于同分异构体之间的相互转变并以一定比例呈动态平衡存在的现象，称为互变异构现象（tautomerism），β- 酮酸酯和其烯醇酯称互变异构体。

室温下乙酰乙酸乙酯两种异构体之间的互变速度很快，不可能将它们分离，但在特殊条件下可以分离出两种异构体与三氯化铁溶液作用，能使溴水褪色的现象说明其中一种具有烯醇式结构。

$$CH_3C(OH)=CHCOOC_2H_5 \xrightarrow{Br_2} CH_3C(OH)(Br)CH(Br)COOC_2H_5 \xrightarrow{-HBr} CH_3COCH(H)(H)COOC_2H_5$$

笔记栏

乙酰乙酸乙酯的互变异构主要是由于亚甲基氢受两个吸电子的羰基影响而变得比较活泼，可重排成烯醇式。形成烯醇式后较酮式增加了共轭体系的范围和强度，分子内能明显降低，加之该烯醇式通过氢键形成六元螯环，故使烯醇式更加稳定。

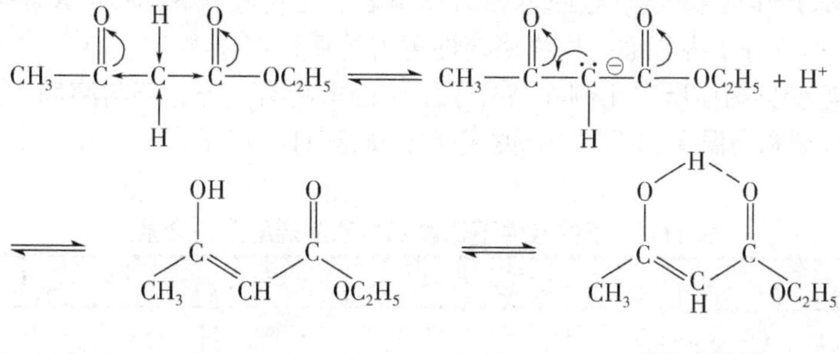

$$CH_3-\overset{O}{\overset{\|}{C}}-\underset{H}{\overset{H}{C}}-\overset{O}{\overset{\|}{C}}-OC_2H_5 \rightleftharpoons CH_3-\overset{O}{\overset{\|}{C}}-\underset{H}{\overset{\ominus}{C}}-\overset{O}{\overset{\|}{C}}-OC_2H_5 + H^+$$

$$\rightleftharpoons CH_3-\overset{OH}{\overset{|}{C}}=CH-\overset{O}{\overset{\|}{C}}-OC_2H_5 \rightleftharpoons \text{（六元螯环：}CH_3-C(-O\cdots H\cdots O=)=CH-C-OC_2H_5\text{）}$$

六元螯环

从理论上讲，凡具有 $-\overset{H}{\overset{|}{\underset{|}{C}}}-\overset{O}{\overset{\|}{C}}-$ 基本结构的化合物都可能有酮式和烯醇式互变异构体存在。但是由于化合物的结构差异，酮式、烯醇式所占比例也不同，如表 11-2 所示。

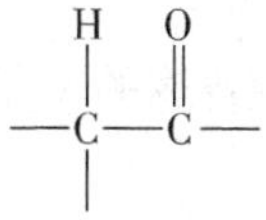

表 11-2 几种酮式 - 烯醇式互变异构体中烯醇型的含量

化合物	互变异构平衡体	烯醇含量（%）
丙酮	$H_3C-\overset{O}{\overset{\|}{C}}-CH_3 \rightleftharpoons H_3C-\overset{OH}{\overset{|}{C}}=CH_2$	0.000 25
丙二酸二乙酯	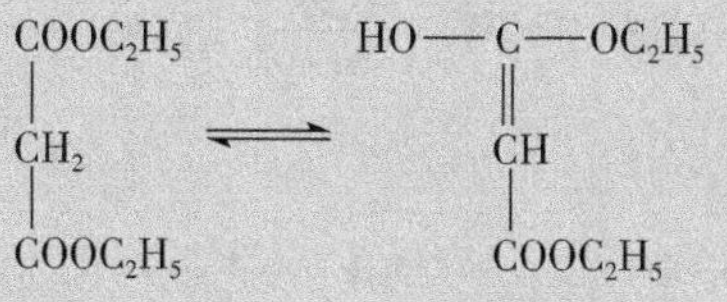 $CH_2(COOC_2H_5)_2 \rightleftharpoons HO-C(OC_2H_5)=CH-COOC_2H_5$	0.0007
环己酮	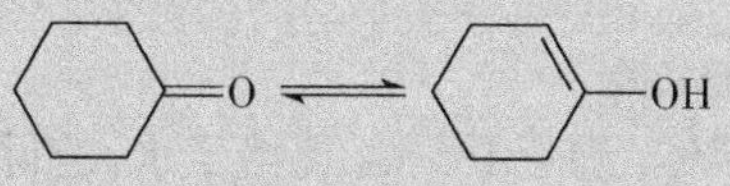 环己酮 $\rightleftharpoons$ 1-羟基环己烯（$C_6H_{10}=O \rightleftharpoons C_6H_9-OH$）	0.02
2- 甲基 -3- 丁酮酸乙酯	$H_3C-\overset{O}{\overset{\|}{C}}-\underset{CH_3}{\underset{|}{CH}}-\overset{O}{\overset{\|}{C}}-OC_2H_5 \rightleftharpoons H_3C-\overset{OH}{\overset{|}{C}}=\underset{CH_3}{\underset{|}{C}}-\overset{O}{\overset{\|}{C}}-OC_2H_5$	4.0
乙酰乙酸乙酯	$H_3C-\overset{O}{\overset{\|}{C}}-CH_2-\overset{O}{\overset{\|}{C}}-OC_2H_5 \rightleftharpoons H_3C-\overset{OH}{\overset{|}{C}}=CH-\overset{O}{\overset{\|}{C}}-OC_2H_5$	7.5
乙酰丙酮	$H_3C-\overset{O}{\overset{\|}{C}}-CH_2-\overset{O}{\overset{\|}{C}}-CH_3 \rightleftharpoons H_3C-\overset{OH}{\overset{|}{C}}=CH-\overset{O}{\overset{\|}{C}}-CH_3$	80
苯甲酰丙酮	$C_6H_5-\overset{O}{\overset{\|}{C}}-CH_2-\overset{O}{\overset{\|}{C}}-CH_3 \rightleftharpoons C_6H_5-\overset{OH}{\overset{|}{C}}=CH-\overset{O}{\overset{\|}{C}}-CH_3$	90
苯甲酰乙酰苯	$C_6H_5-\overset{O}{\overset{\|}{C}}-CH_2-\overset{O}{\overset{\|}{C}}-C_6H_5 \rightleftharpoons C_6H_5-\overset{OH}{\overset{|}{C}}=CH-\overset{O}{\overset{\|}{C}}-C_6H_5$	96

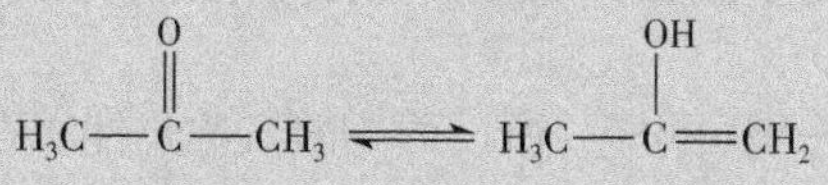

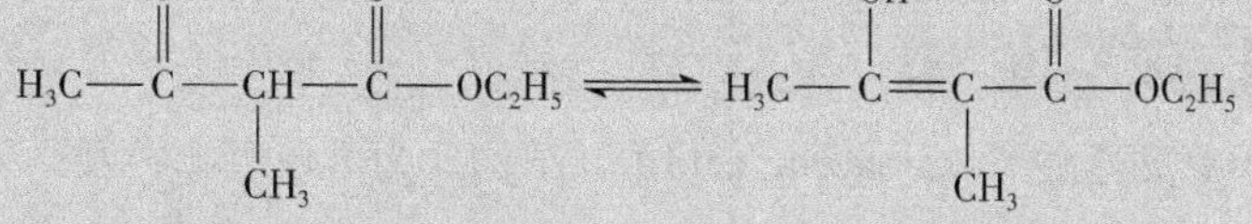

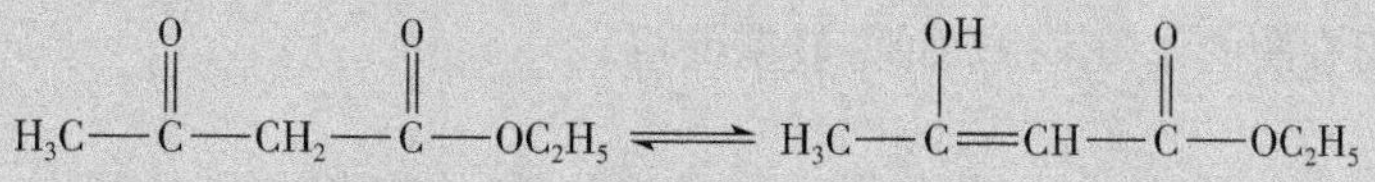

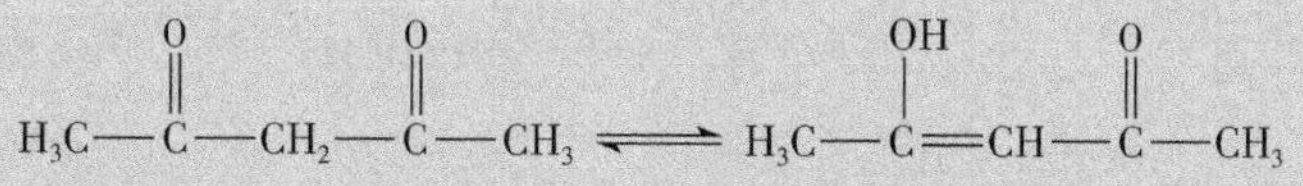

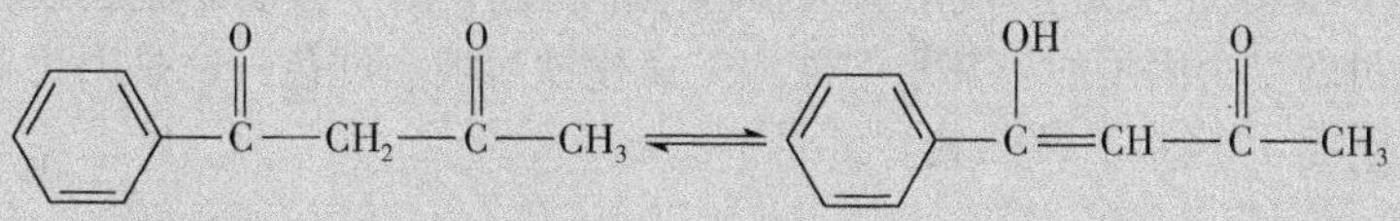

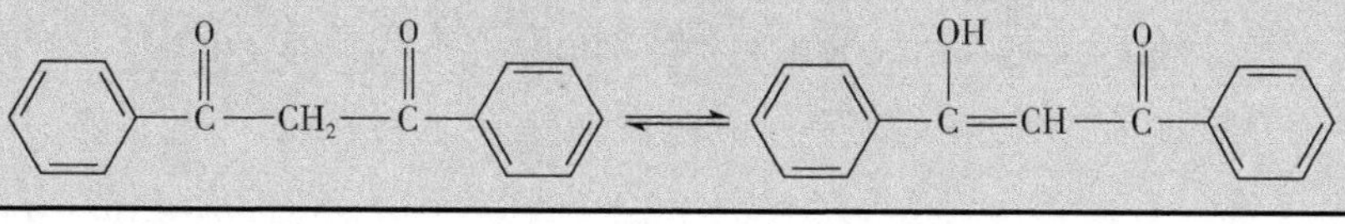

笔记栏

各种化合物酮式和烯醇式存在的比例大小主要取决于分子结构，要能观察到烯醇式存在，分子必须具备如下条件。

（1）分子中的亚甲基受两个相邻吸电子基影响而使氢原子酸性增加。

（2）形成烯醇式产生的双键应与羰基形成π-π共轭，使共轭体系有所扩大加强，内能有所降低。

（3）烯醇式可形成分子内氢键，构成稳定性更大的环状螯合物。

酮式和烯醇式互变异构体所占比例除与分子结构的影响有关外，还与溶剂、温度及浓度有关。一般来讲，非极性溶剂和高温有利于烯醇型的存在，如表 11-3 所示。

表 11-3　不同条件下乙酰乙酸乙酯烯醇型的含量

条件	常温	180℃	水	乙醇	乙醚	正己烷
烯醇含量（%）	7	49	0.4	12	27	46

这种由质子迁移产生的互变异构现象是有机化学中一种较普遍的现象，不限于含氧化合物中，含氮化合物特别是二酰亚胺类化合物中也常存在这种现象。

四、重要的羰基酸

（一）丙酮酸

丙酮酸（pyruvic acid）是最简单的α-酮酸，结构式为 $CH_3COCOOH$，是人体内糖、脂肪、蛋白质代谢过程的中间产物，在酶的催化作用下能转变成氨基酸或柠檬酸等，是一个重要的生物活性中间体。

酒石酸经脱水、再脱羧也可得丙酮酸，所以丙酮酸又称焦性酒石酸。

$$\underset{\text{酒石酸}}{HOOC-\underset{OH}{\underset{|}{CH}}-\underset{OH}{\underset{|}{CH}}-COOH} \xrightarrow[\text{酶}]{-H_2O} HOOC-\underset{OH}{\underset{|}{C}}=CH-COOH$$

$$\rightleftharpoons \underset{\text{草酰乙酸}}{HOOC-\underset{O}{\underset{\|}{C}}-CH_2-COOH} \xrightarrow{-CO_2} \underset{\text{丙酮酸}}{HOOC-\underset{O}{\underset{\|}{C}}-CH_3}$$

丙酮酸是无色有刺激臭味的液体，沸点165℃，易溶于水。它除具有一般酮和羧酸的典型反应外，还具有α-酮酸特有的性质。

（二）α-丁酮二酸

α-丁酮二酸又叫草酰乙酸（oxaloacetic acid），结构式为$HOOC-\underset{O}{\underset{\|}{C}}-CH_2-COOH$为无色晶体，能溶于水。于体内可在酶的作用下由琥珀酸转变而成。

$$\begin{matrix}CH_2COOH\\|\\CH_2COOH\end{matrix} \xrightarrow[\text{酶}]{-2H} \begin{matrix}H\quad COOH\\ \diagdown\ \diagup\\ C\\ \|\\ C\\ \diagup\ \diagdown\\ HOOC\quad H\end{matrix} \xrightarrow[\text{酶}]{+H_2O} HO-\underset{CH_2COOH}{\underset{|}{CH}}-COOH \xrightarrow[\text{酶}]{-2H} O=\underset{CH_2COOH}{\underset{|}{C}}-COOH$$

草酰乙酸既是α-酮酸，又是β-酮酸，只在低温下稳定，高于室温易脱去羧基生成丙酮酸，在人体内经酶催化也可转变为丙酮酸。其水溶液遇三氯化铁溶液呈红色，这是因为草酰乙酸在水中有互变异构现象，可生成α-羟基丁烯二酸。

$$HOOC-\overset{O}{\overset{\|}{C}}-CH_2COOH \xrightarrow{\triangle\text{或酶}} HOOC-\overset{O}{\overset{\|}{C}}-CH_3 + CO_2\uparrow$$

笔记栏

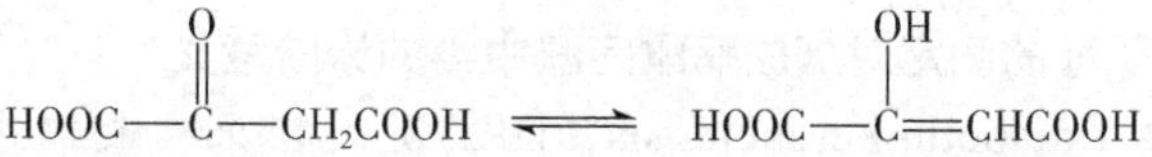

$$HOOC—\overset{O}{\overset{\|}{C}}—CH_2COOH \rightleftharpoons HOOC—\overset{OH}{\overset{|}{C}}=CHCOOH$$

α-羟基丁烯二酸

在人体内，草酰乙酸与丙酮酸在一些特殊酶的作用下，经缩合、脱羧和氧化等反应可得柠檬酸。

（三）α- 酮戊二酸

柠檬酸在动物体内发生降解反应生成α- 酮戊二酸（α-keto-glutaric acid）其结构式为 $HOOC—\overset{O}{\overset{\|}{C}}—CH_2CH_2COOH$。α- 酮戊二酸为晶体，熔点 109 ～ 110℃，能溶于水、乙醇，微溶于乙醚。α- 酮戊二酸除具有一般 α- 酮酸的化学性质外，与三氯化铁的醇溶液作用呈黄绿色。

氨是人体代谢的产物，大部分氨在肝脏中转变成尿素由肾排出，少部分氨在谷氨酸脱氢酶的作用下，在组织细胞内与 α- 酮戊二酸反应生成谷氨酸。

谷氨酸在体内各种氨基转移酶作用下，把分子中的氨基转移给酮酸，生成各种氨基酸。例如：

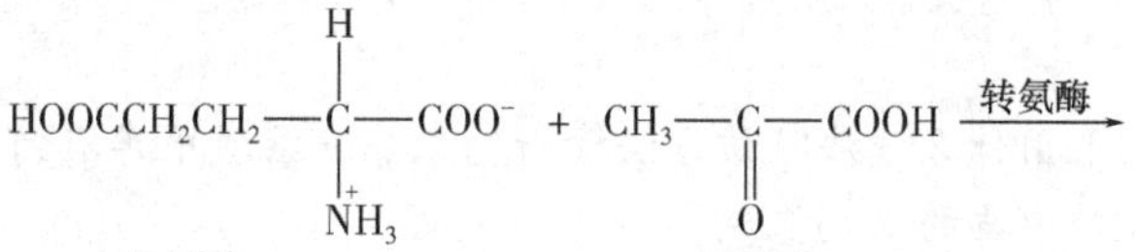

$$HOOCCH_2CH_2—\underset{\overset{+}{N}H_3}{\overset{H}{C}}—COO^- + CH_3—\underset{O}{\underset{\|}{C}}—COOH \xrightarrow{转氨酶}$$

谷氨酸　　　　丙酮酸

$$HOOC—\overset{O}{\overset{\|}{C}}—CH_2CH_2COOH + CH_3—\underset{\overset{+}{N}H_3}{\underset{|}{CH}}—COO^-$$

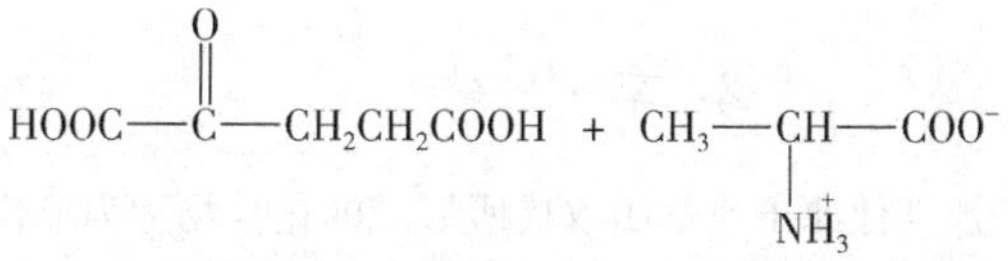

α-酮戊二酸　　　　丙氨酸

生物体内的 α- 酮酸与 α- 氨基酸在氨基转移酶的作用下可以发生相互转换，产生新的 α- 酮酸和 α- 氨基酸，该反应也称为氨基转移反应。例如：

$$\begin{matrix} COOH \\ | \\ C=O \\ | \\ (CH_2)_2COOH \end{matrix} + H_3N^+—\begin{matrix} COO^- \\ | \\ C \\ | \\ CH_3 \end{matrix}—H \xrightarrow{谷丙转氨酶（GPT）} H_3N^+—\begin{matrix} COO^- \\ | \\ C \\ | \\ (CH_2)_2COOH \end{matrix}—H + \begin{matrix} COOH \\ | \\ C=O \\ | \\ CH_3 \end{matrix}$$

临床上测定血清中谷丙转氨酶的活性，就是利用上述反应生成的丙酮酸在酸性条件下与 2,4- 二硝基苯肼作用显红棕色（丙酮酸 -2,4- 二硝基苯腙），再用比色法测定后，即可推算出血清中谷丙转氨酶的活性。

（四）β- 丁酮酸

β- 丁酮酸又名乙酰乙酸（acetoacetic acid），其结构式为 $CH_3—\overset{O}{\overset{\|}{C}}—CH_2COOH$ 乙酰乙酸是 β- 酮酸的典型代表，它是体内脂肪代谢的中间产物，在体内经脱羧生成丙酮，在还原酶的作用下被还原成 β- 羟基丁酸。转化过程如下所示：

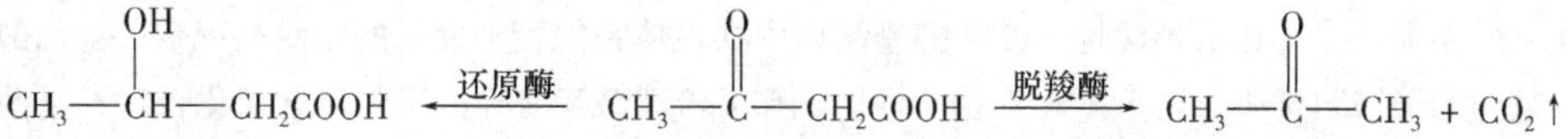

$$CH_3—\overset{OH}{\overset{|}{CH}}—CH_2COOH \xleftarrow{还原酶} CH_3—\overset{O}{\overset{\|}{C}}—CH_2COOH \xrightarrow{脱羧酶} CH_3—\overset{O}{\overset{\|}{C}}—CH_3 + CO_2\uparrow$$

β-羟基丁酸　　　β-丁酮酸　　　丙酮

β- 丁酮酸、β- 羟基丁酸和丙酮三者总称酮体（ketone body）。酮体是脂肪酸在人体内不能完全被氧化成二氧化碳和水的中间产物，大量存在于糖尿病患者的血液和尿液中。健康人血液中酮体含量低于 $10mg·L^{-1}$，而糖尿病患者因糖代谢不正常，靠消耗脂肪提供能量，其血液中酮体含量在 3 ～ $4g·L^{-1}$ 以上。判断一个人是否患有糖尿病，除用 Benedict 试剂检查尿中的葡萄糖含量外，还可用亚硝酸铁氰化钠的碱性溶液检查是否存在丙酮。由于 β- 丁酮酸和 β- 羟基丁酸均有较强的酸性，所以晚期糖尿病患者由于血液中酮体含量增加，易发生酮症酸中毒。

笔记栏

案例 11-3　血清 β- 羟基丁酸的测定对糖尿病酮症酸中毒的诊断意义

糖尿病酮症酸中毒（diabetic ketoacidosis，DKA）是糖尿病最常见的急性并发症，临床以发病急、病情重、变化快为特点。本症是胰岛素缺乏所引起的以高血糖高酮血症和代谢性酸中毒为主要生化改变的临床综合征，发病率约占住院糖尿病患者的 14% 左右。本病早期无明显临床症状，以往主要是用试纸法检测尿酮体和用酮体酚法检测血酮体来诊断，缺乏特异性。

血酮体中 β- 羟基丁酸约占酮体总量的 70%，β- 羟基丁酸升高标志着糖尿病酮症酸中毒的早期，血液中 β- 羟基丁酸超过 $0.5mmol \cdot L^{-1}$ 提示糖尿病酮症酸中毒。美国糖尿病学会认为，现有的尿酮体检测对酮症酸中毒的诊断或监测治疗不可靠，血清 β- 羟基丁酸的定量检测是取代尿酮体检测的一个可靠方法，其对病情的准确判断及疗效观察起重要作用。国内外均有文献报道，β- 羟基丁酸的测定对早期诊断糖尿病酮症酸中毒有更高的敏感性，对于预防患者病情恶化具有重要临床意义。当糖尿病患者发生酮症酸中毒时，β- 羟基丁酸检测能反映糖尿病患者病情的严重程度，对诊断和监护很有意义。

思考题：

1. 传统的酮体检测采用什么方法？该方法诊断糖尿病酮症酸中毒有何不足之处？
2. 简述糖尿病酮症酸中毒的发病机制。

本章小结

羧酸分子中烃基上的氢原子被其他原子或基团取代所形成的化合物称为取代羧酸。本章主要讨论羟基酸和羰基酸，羟基酸又可分为醇酸和酚酸，羰基酸又可分为醛酸和酮酸。

羟基酸具有醇、酚和酸的通性。由于羟基和羧基的相互影响又具有特殊性质，而且这些特殊性质因两个官能团的相对位置不同又表现出明显的差异。醇酸中羟基表现出 –I 效应，因此醇酸的酸性强于相同碳原子数的羧酸，羟基离羧基越近，酸性越强；反之越弱。酚酸的酸性受诱导效应、共轭效应、邻位效应和氢键的影响，其酸性随羟基与羧基相对位置的不同而表现出明显的差异。醇酸中羟基因受羧基的 –I 效应影响，比醇中羟基更易被氧化，如 α- 醇酸能与弱氧化剂（如托伦试剂）反应生成醛酸或酮酸。醇酸在体内的氧化通常在酶催化下进行。醇酸可发生脱水反应，羟基与羧基的相对位置不同，脱水产物不同。α- 醇酸加热形成交酯；β- 醇酸脱水生成 α, β- 不饱和酸；γ- 醇酸和 δ- 醇酸极易发生分子内脱水生成内酯，游离的 γ- 醇酸常温下不存在。

酮酸具有酮和羧酸的一般性质，并且由于酮基和羧基之间的相互影响，使酮酸具有一些特殊性质。酮酸的酸性比相应的醇酸强。在体内，α- 酮酸在酶催化下可转变成 α- 氨基酸，该反应称 α- 酮酸的氨基化反应。α- 酮酸也能与弱氧化剂（如托伦试剂）发生银镜反应。α- 酮酸和 β- 酮酸都可发生脱羧反应，但 β- 酮酸更易反应，微热即发生脱羧，生成酮并放出 CO_2。这一反应称为 β- 酮酸的酮式分解。

β- 丁酮酸、β- 羟基丁酸和丙酮在医学上称为酮体，它是糖尿病患者晚期酸中毒的根本原因。

具有 α-H 的酮、二酮和酮酸酯等化合物都以酮型和烯醇型两种互变异构体的动态平衡形式存在，表现出酮和烯醇的通性。分子结构、溶剂和温度的差异使这类物质酮型和烯醇型的含量各有所异。影响烯醇型结构比例的因素：① α-H 的活泼性；②烯醇型结构中共轭体系的延伸使烯醇型结构稳定；③烯醇型结构中分子内氢键的形成可增强烯醇型的相对稳定性。酮型 - 烯醇型互变异构不限于含氧化合物，某些含氮化合物也存在这种现象。

习　题

1. 命名下列化合物：

（1）HO–(环己烷-1,3-二基)–COOH　（2）(邻羟基苯甲酸结构：OH, COOH)　（3）$HOOCCOCH_2CH_2COOH$

笔记栏

（4）$HOCH_2(CH_2)_4COOH$　　（5）Fischer 投影式：COOH；HO—C—H；CH_2COOH　　（6）Fischer 投影式：COOH；HO—C—H；H—C—OH；COOH

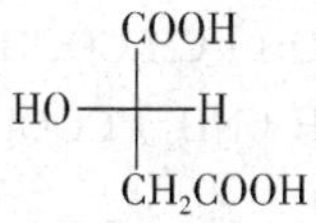

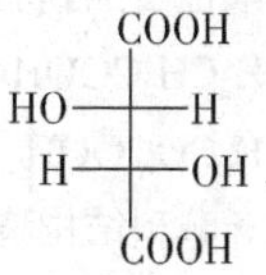

2. 写出下列化合物的结构式。

（1）乳酸　（2）琥珀酸　（3）柠檬酸　（4）没食子酸

（5）乙酰水杨酸　（6）乙酰乙酸　（7）草酰乙酸　（8）丙酮酸

（9）乙酰乙酸乙酯　（10）（E）-4-羟基-2-己烯酸

3. 写出下列反应的主要产物。

（1）2-羟基环己烷甲酸（环己烷环上 OH、COOH 相邻） $\xrightarrow{\triangle}$

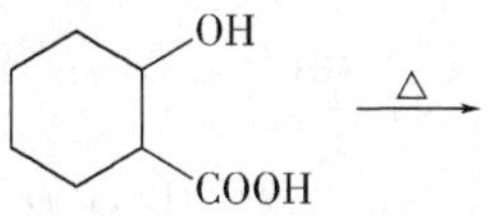

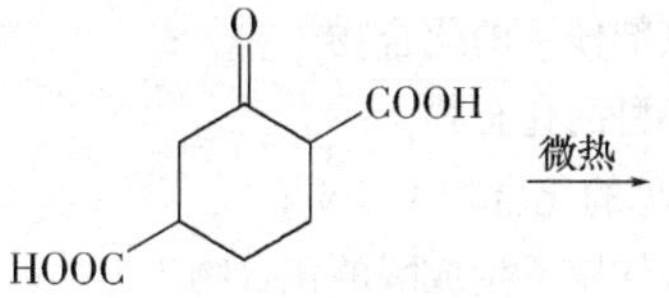

（2）环己酮环上带 COOH（羰基邻位）及 HOOC $\xrightarrow{\text{微热}}$

（3）$CH_3CH_2\underset{\displaystyle OH}{\underset{|}{C}H}COOH \xrightarrow{\triangle}$

（4）$CH_3CH_2-\overset{\displaystyle O}{\overset{\|}{C}}-\overset{\displaystyle COOH}{\overset{|}{C}H}-CH_2CH_2COOH \xrightarrow{\text{微热}}$

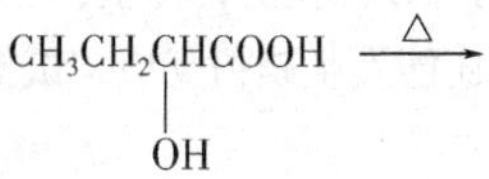

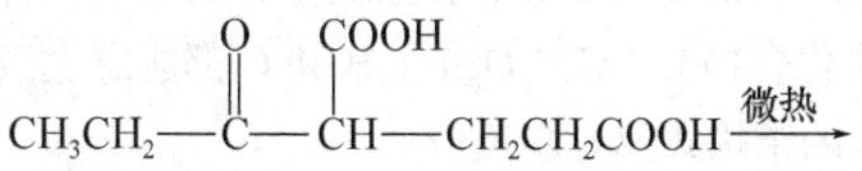

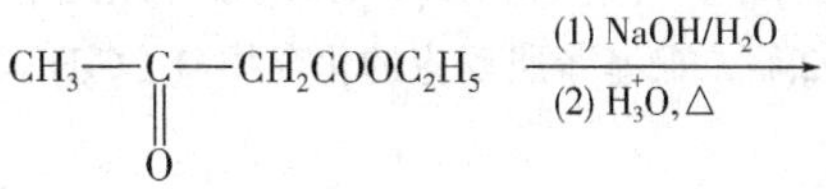

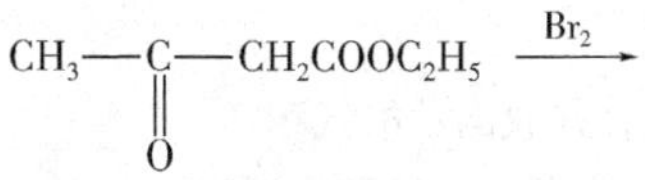

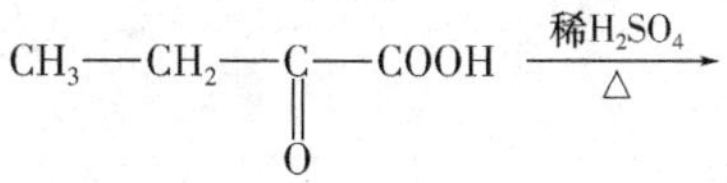

（5）$CH_3-\underset{\displaystyle O}{\underset{\|}{C}}-CH_2COOC_2H_5 \xrightarrow[\text{(2) } H_3\overset{+}{O},\triangle]{\text{(1) NaOH/}H_2O}$

（6）$CH_3-\underset{\displaystyle O}{\underset{\|}{C}}-CH_2COOC_2H_5 \xrightarrow{Br_2}$

（7）$CH_3-CH_2-\underset{\displaystyle O}{\underset{\|}{C}}-COOH \xrightarrow[\triangle]{\text{稀}H_2SO_4}$

（8）$CH_3-\underset{\displaystyle O}{\underset{\|}{C}}-COOH \xrightarrow[\text{酶}]{NH_3}$

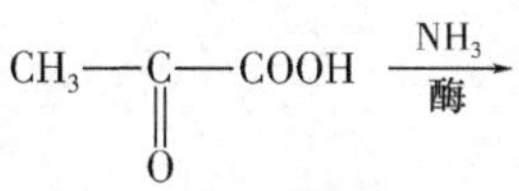

4. 用化学方法鉴别下列各组化合物。

（1）乙酰乙酸、乙酸乙酯、乙酰乙酸乙酯

（2）水杨酸、乙酰水杨酸、水杨酸甲酯

5. 按要求排出下列化合物的顺序。

（1）按碱性由强到弱

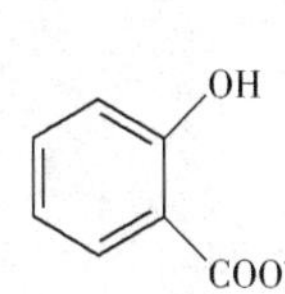

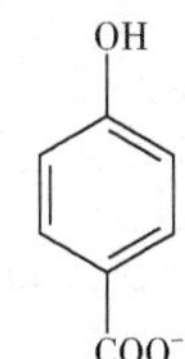

$C_6H_5O^-$　　$C_6H_5COO^-$

笔记栏

（2）按酸性由强到弱

$CH_3CH_2CH_2COOH$　　$CH_3CH(OH)CH_2COOH$　　$CH_3CH_2CH(OH)COOH$

$CH_3CH_2COCOOH$　　$CH_3CH_2CH(NH_2)COOH$

（3）按烯醇型结构稳定性由大到小

乙酰乙酸乙酯，草酰乙酸，丙酮，苯甲酰丙酮，2,4- 戊二酮

6. 选择正确答案。

A. O; CH_3　CH_2COOH　　B. OH; CH_3CH_2　COOH　　C. O; CH_3CH_2　COOH

D. OH; CH_3　CH_2COOH　　E. $HOOCCH_2CH_2COOH$　　F. OH; CH_3　CH_2CH_2COOH

微热生成丙酮的化合物（　）；　　能与托伦试剂作用的化合物（　）；

受热生成交酯的化合物（　）；　　受热生成环酐的化合物（　）；

受热产物能使溴水褪色的化合物（　）；　　使 $FeCl_3$ 显色的化合物（　）；

受热生成环内酯的化合物（　）；　　能在稀硫酸作用下生成醛的化合物（　）。

7. 旋光性物质 A（$C_5H_{10}O_3$）与 $NaHCO_3$ 作用放出 CO_2，A 加热脱水生成 B。B 存在两种构型，但无光学活性。B 用 $KMnO_4/H^+$ 处理可得到乙酸和 C。C 也能与 $NaHCO_3$ 作用放出 CO_2，C 还能发生碘仿反应，试推出 A、B、C 的结构式。

8. 化合物 A（$C_5H_8O_2$）不与 $NaHCO_3$ 反应，但能在酸性溶液中加热水解生成化合物 B（$C_5H_{10}O_3$）。B 与 $NaHCO_3$ 作用放出 CO_2，与重铬酸钾的酸性溶液作用生成化合物 C（$C_5H_8O_3$）。B 和 C 都能发生碘仿反应，且 B 在室温下很不稳定，易失水生成 A。试写出 A、B 和 C 的结构式及各步反应式。

9. 某一中性化合物 A 的分子式为 $C_9H_{16}O_3$，与稀碱作用，水解产生化合物 B（$C_6H_7O_3Na$）和化合物 C（C_3H_8O）。化合物 B 与稀酸在加热条件下作用放出 CO_2，并生成能与 2,4- 二硝基苯肼反应的化合物 D（$C_5H_{10}O$）。C 能发生碘仿反应。试推测 A、B、C 和 D 的结构式。

10. 解释阿司匹林（Aspirin）的鉴别方法。

（1）加蒸馏水煮沸后放冷，加三氯化铁试液呈紫色。

（2）加碳酸钠溶液煮沸 2 分钟，加过量稀硫酸析出白色沉淀，并放出乙酸气味。

11. 写出下列各对化合物的酮式与烯醇式的互变平衡体系，并指出哪一个烯醇化程度较大。

（1）=O, O 和 O= =O

（2）=O 和 =O

（3）$CH_3COCH_2COCH_3$ 和 $CH_3COC(CH_3)_2COCH_3$

（李　江）

笔记栏

第十二章　含氮有机化合物

有机化合物分子中的氢原子可以被氮原子或含有氮原子的官能团所取代，通常将含有氮原子的化合物称为含氮的有机化合物（nitrogen-containing compound）。含氮有机化合物的种类很多，最常见的有硝基化合物、氨基酸、含氮原子的杂环、胺、重氮化合物、偶氮化合物、酰胺类化合物等，不同种类的含氮有机化合物具有不同的化学性质，有些是重要的化工原料，有些具有很重要的生理功能，与人类生命活动密切相关。本章主要介绍胺、重氮化合物、偶氮化合物、酰胺类化合物。

第一节　胺

一、胺的分类

氨（NH_3）分子中的氢原子被烃基取代所生成的衍生物称为胺。其分类方法很多，如下所示。

（1）最常见的是根据胺分子中氮原子上所连烃基的数目，将胺分为伯胺（primary amine）、仲胺（secondary amine）、叔胺（tertiary amine）、季铵（quaternary ammonium）。

伯胺	仲胺	叔胺	季铵类
$R—NH_2$	$R—NH—R'$	$R—N(R'')—R'$	$R—N^+(R'')(R''')—R'$

注意伯、仲、叔胺与伯、仲、叔醇在定义和结构上的不同。伯、仲、叔胺指的是氮原子上所连烃基的个数，而不是烃基本身的结构。

$(CH_3)_3C—NH_2$　叔丁胺（伯胺）

$(CH_3)_3C—OH$　叔丁醇（叔醇）

（2）根据胺类化合物氮原子上所连烃基的种类不同，又可将胺分为脂肪胺、芳香胺和脂环胺。例如：

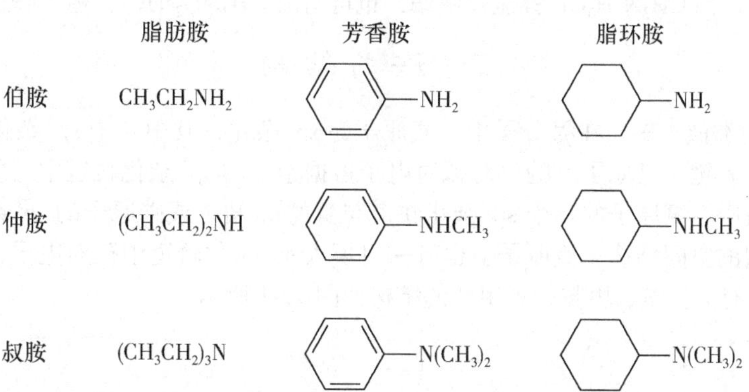

	脂肪胺	芳香胺	脂环胺
伯胺	$CH_3CH_2NH_2$	$C_6H_5—NH_2$	$C_6H_{11}—NH_2$
仲胺	$(CH_3CH_2)_2NH$	$C_6H_5—NHCH_3$	$C_6H_{11}—NHCH_3$
叔胺	$(CH_3CH_2)_3N$	$C_6H_5—N(CH_3)_2$	$C_6H_{11}—N(CH_3)_2$

（3）根据胺分子中所含氨基（$—NH_2$，amino）的数目，还可分为一元胺（monoamine）和多元胺（polyamine）。

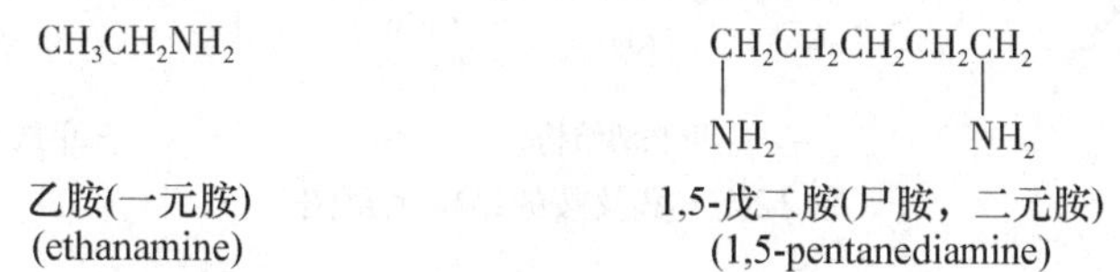

$CH_3CH_2NH_2$　乙胺(一元胺)(ethanamine)

$H_2NCH_2CH_2CH_2CH_2CH_2NH_2$　1,5-戊二胺(尸胺，二元胺)(1,5-pentanediamine)

二、胺的命名

1. 简单胺 简单胺可用胺作为母体，把它所含烃基的名称和数目写在前面，按简单到复杂次序先后列出，后面加上胺字。例如：

CH_3NH_2
甲胺
methylamine

$(CH_3)_2NH$
二甲胺
dimethylamine

环己胺
cyclohexylamine

苯胺
aniline

β-萘胺
β-naphthylamine

CH_2NH_2—CH_2NH_2
乙二胺
ethylenediamine

2. 芳香仲胺和叔胺 以芳香伯胺为母体，脂肪烃基为取代基，将其名称置于母体名称前。命名时在取代基名称前冠以“*N*-”或“*N,N*-”，以表示该取代基直接与氮原子相连。例如：

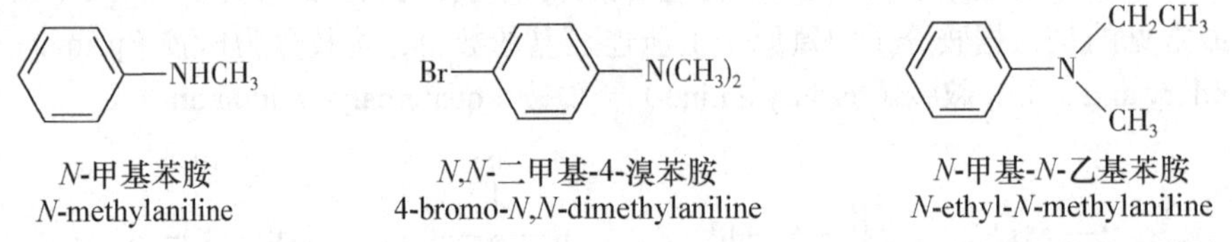

N-甲基苯胺
N-methylaniline

N,N-二甲基-4-溴苯胺
4-bromo-*N,N*-dimethylaniline

N-甲基-*N*-乙基苯胺
N-ethyl-*N*-methylaniline

3. 比较复杂胺 以烃为母体，将氨基或烃氨基（—NHR、—NR_2）作为取代基。例如：

$$CH_3\underset{\displaystyle CH_3}{\underset{|}{C}}HCH_2CH_2\underset{\displaystyle NH_2}{\underset{|}{C}}HCH_3$$

2-甲基-5-氨基己烷
5-amino-2-methylhexane

4. 季铵类化合物 主要分为季铵碱和季铵盐，其命名与氢氧化铵和铵盐类似。例如：

$(CH_3CH_2)_2N^+(CH_3)_2OH^-$
氢氧化二甲基二乙基铵
diethyldimethylammonium hydroxide

$(CH_3)_3N^+CH_2CH_3Cl^-$
氯化三甲基乙铵
ethyltrimethylammonium chloride

注意：在有机化学中，“氨”“胺”“铵”三字用法常常混淆。本书的用法：作为取代基时称“氨基”，如 —NH_2 称氨基，CH_3NH- 称甲氨基；作为官能团时称“胺”，如 CH_3NH_2 称甲胺；氮上带正电荷时称“铵”，如 $CH_3N^+H_3Cl^-$ 称氯化甲铵，也可写成 CH_3NH_2•HCl，称甲胺盐酸盐。

三、胺的结构

脂肪胺的结构类似于氨。在氨分子中，氮原子为 sp^3 杂化，其中三个 sp^3 杂化轨道与氢原子 1s 轨道重叠生成三个 σ 键，氮原子上的一对孤对电子占据余下的 sp^3 杂化轨道中，所以氨具有棱锥型的空间结构。在胺中，氮原子的三个 sp^3 杂化轨道与氢的 1s 轨道或碳原子的 sp^3 杂化轨道重叠，所以胺亦具有棱锥型的空间结构，氮原子上也有一对填入 sp^3 杂化轨道中孤对电子，胺的碱性和亲核性都与这孤对电子有关。氨、甲胺、三甲胺的结构如图 12-1 所示。

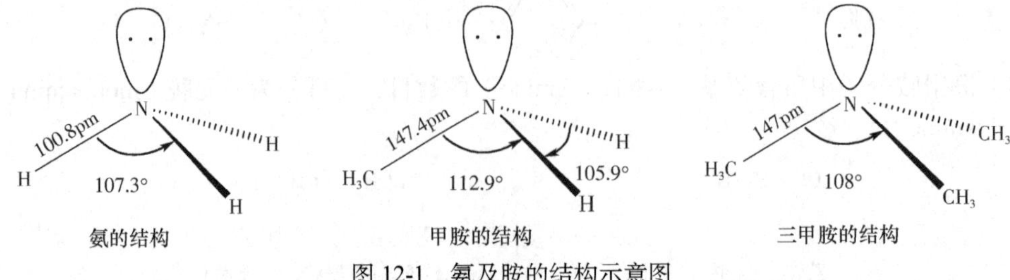

图 12-1 氨及胺的结构示意图

在芳香胺中，氮上的孤对电子所占的轨道比在氨（胺）中具有更多 p 轨道的性质，所以苯胺中的氨基虽然还是棱锥体，但趋向于平面化，苯胺中 H—N—H 键角为 113.9°，比氨中的要大，H—N—H 平面与苯环平面的二面角接近于 39.5°，所以苯胺中氮原子上的孤对电子与苯环形成 p-π 共轭体系，降低了氮上的电子云密度，使苯胺碱性弱于氨，如图 12-2 所示。

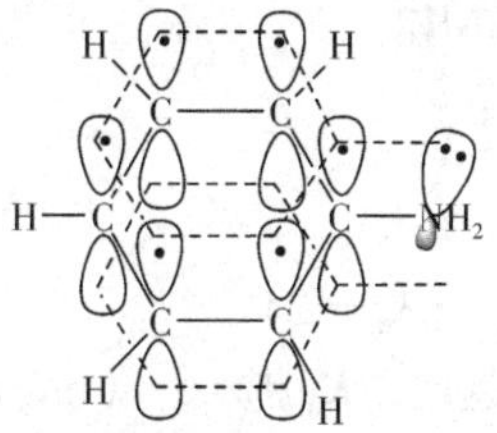

图 12-2　苯胺分子中 p-π 共轭示意图

胺分子的棱锥型结构类似于碳的四面体，当氮上连有三个不同的取代基时，分子中无对称因素，这种胺应该是手性分子，理论上存在对映异构体。可由于胺的两种构型在常温下可以快速地相互转换，所以目前尚未能分离出这种对映异构体。

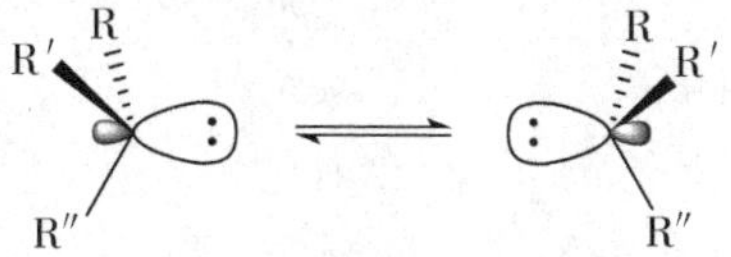

胺分子两种构型的不对称翻转

在季铵类化合物中，当氮上连有四个不同的烃基，或氮原子固定在刚性较大的环中（如桥环胺分子），就能用适当的方法拆分出一对对映异构体，如图 12-3 所示：

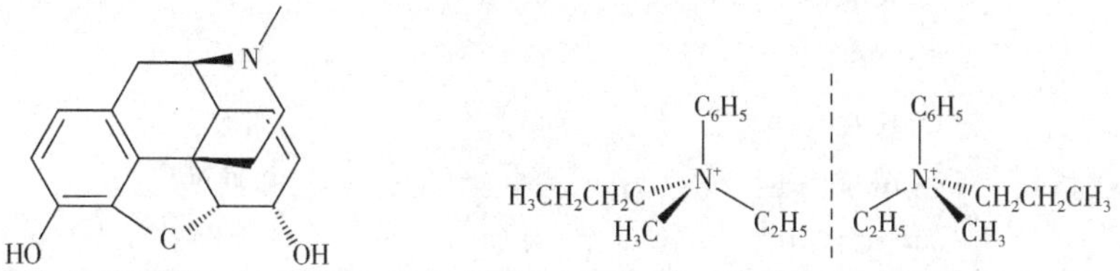

吗啡　　季铵盐的对映异构体

图 12-3　对映异构体

四、胺的物理性质

胺与氨，除前者易燃外，其他性质很相似。低级脂肪胺为气态或易挥发的液体，能与水形成氢键而溶于水。高级胺为固体，不溶于水，几乎没有气味。有些胺有恶臭，有些胺有毒。例如，动物腐烂后产生的三甲胺有鱼腥味，1,4- 丁二胺（腐肉胺）、1,5- 戊二胺（尸胺）不仅有恶臭而且还有毒。伯胺和仲胺沸点比分子量相近的烷烃要高，比醇要低。主要是因为伯胺和仲胺能形成分子间氢键，故沸点比烷烃高。但由于胺分子中 N—H 的极性比醇分子中 O—H 极性弱，形成的氢键也就比醇的要弱，所以其沸点又比相应的醇低。叔胺中氮上无氢，不能形成分子间氢键，故沸点比相应的伯胺和仲胺低。

芳香胺多为高沸点的液体或低熔点的固体，有特殊气味，毒性较大。例如，吸入过量或通过皮肤渗入的苯胺易引起中毒，β- 萘胺与联苯胺能引起恶性肿瘤。

五、胺的化学性质

（一）碱性

胺分子中氮原子上有一对孤对电子，易与质子结合，因而具有碱性，其碱性的强弱可以用 K_b 或 pK_b 来表示。胺在水溶液中存在如下电离平衡：

$$\underset{\text{碱}}{R\ddot{N}H_2} + H_2O \rightleftharpoons \underset{\text{共轭酸}}{RN^+H_3} + OH^-$$

$$K_b = \frac{[RNH_3^+][OH^-]}{[RNH_2]} \qquad pK_b = -\lg K_b$$

笔记栏

K_b 越大（或 pK_b 越小）胺的碱性越强，但在有机化学中习惯用胺的共轭酸的 K_a（或 pK_a）来表示其碱性强弱。

$$RN^+H_3 + H_2O \rightleftharpoons RNH_2 + H_3O^+$$

$$K_a = \frac{[RNH_2][H_3O^+]}{[RNH_3^+]} \qquad pK_a = -\lg K_a$$

胺的 K_b 与其共轭酸 K_a 有下列关系：

$$K_a \cdot K_b = K_w \qquad pK_a + pK_b = pK_w$$

在 25°C 时 $K_w = 1 \times 10^{-14}$，所以 $pK_a + pK_b = 14$。

显然，胺的碱性越强，其共轭酸就越弱，K_a 越小，（pK_a 越大）。一些胺的碱性强度见表 12-1。

表 12-1　一些常见胺的物理常数

胺	结构式	熔点（℃）	沸点（℃）	pK_a^*（铵离子）
氨	NH_3	−77.7	−33	9.24
甲胺	CH_3NH_2	−92.8	−6.5	10.65
二甲胺	$(CH_3)_2NH$	−96.0	7.5	10.73
三甲胺	$(CH_3)_3N$	−117	3.5	9.78
乙胺	$CH_3CH_2NH_2$	−80	16.6	10.7
二乙胺	$(CH_3CH_2)_2NH$	−50	56	11.0
三乙胺	$(CH_3CH_2)_3N$	−115	89.4	10.75
苄胺	$C_6H_5CH_2NH_2$	10	184	9.73
苯胺	$C_6H_5NH_2$	−6	184.3	4.62
二苯胺	$(C_6H_5)_2NH$	−53	302	1.0
对甲苯胺	*o*-$CH_3C_6H_5NH_2$	43.8	200.6	5.08
对硝基苯胺	*o*-$NO_2C_6H_5NH_2$	147.5	331.7	1.0

*pK_a 为胺的共轭酸的离解常数

1. 影响胺碱性的因素

（1）脂肪胺：从表 12-1 中可以看出，脂肪胺的碱性比氨强，这是由于脂肪胺中烷基的供电子效应（＋I）使氮原子上的电子云密度增大，使得氮原子对质子的吸引力增大。所连烷基越多，氮原子上电子云密度就越大，胺的碱性也就应该越强，即叔胺＞仲胺＞伯胺。但实际上测得，脂肪胺在水溶液中仲胺的碱性最强，这是因为胺碱性强弱不仅与电子效应有关，还与溶剂化效应和空间因素的有关。

胺上的氢原子数目越多，与水形成氢键的机会越多，溶剂化程度越大，铵离子的电荷越分散，其稳定性越高，胺的碱性也越强，如下所示：

$$R-N^+H_3(\cdots OH_2)_3 \;>\; R(R')N^+H_2(\cdots OH_2)_2 \;>\; R(R')(R'')N^+H\cdots OH_2$$

因此，溶剂化效应对胺碱性强弱影响的顺序应为伯胺＞仲胺＞叔胺。

此外空间位阻效应对胺的碱性也有影响。氮原子上所连的烃基数目越多或烃基体积增大，对氮上孤对电子的屏蔽作用也越大，使其接受质子的能力减弱，胺的碱性也就减弱。因此，空间效应对碱性强弱影响的顺序为伯胺＞仲胺＞叔胺。

这三种效应综合作用的结果是脂肪胺在水溶液中碱性的强弱顺序是仲胺＞伯胺＞叔胺。

（2）芳香胺：受共轭效应的影响，氮上的电子部分离域到芳环上，因此其碱性比氨和脂肪胺弱得多。取代芳香胺的碱性强弱还与取代基的性质和在环上的相对位置有关，第一类定位基使苯胺碱性增强，第二类定位基使苯胺碱性减弱，

综上所述，胺的碱性是受电子效应、溶剂化效应、空间效应等因素综合影响的结果。季铵碱是一种强碱，碱性与氢氧化钠或氢氧化钾相当。各类胺在水溶液中的碱性强弱顺序大致为

季铵碱＞脂肪仲胺＞脂肪伯胺＞叔胺＞氨＞芳香胺

2. 成盐反应 胺具有碱性，可以与酸发生成盐反应。例如：

$$(CH_3CH_2)_2NH + HCl \longrightarrow (CH_3CH_2)_2N^+H_2Cl^-$$

二乙胺　　　氯化二乙铵

$$H_3C-C_6H_4-NH_2 + HCl \longrightarrow H_3C-C_6H_4-NH_3^+Cl^-$$

对甲基苯胺　　　氯化对甲基苯铵

铵盐一般都溶于水，与强碱（氢氧化钠或氢氧化钾）作用又重新游离出原来的胺。因此，利用此性质可以分离或精制胺。

$$C_6H_5-NH_2 \cdot HCl + KOH \longrightarrow C_6H_5-NH_2 + KCl + H_2O$$

制药工业上常利用铵盐溶解性较好、性质稳定的特点，将难溶于水的胺类药物制成相应的盐。例如，局部麻醉药盐酸普鲁卡因（procaine hydrochloride），其水溶液可用于肌内注射。

$$p\text{-}H_2N-C_6H_4-COOCH_2CH_2N(C_2H_5)_2 + HCl \longrightarrow [p\text{-}H_2N-C_6H_4-COOCH_2CH_2\overset{+}{N}H(C_2H_5)_2]Cl^-$$

盐酸普鲁卡因

（二）酰化和磺酰化反应

1. 酰化反应 胺的酰化反应实际上是羧酸衍生物的氨解反应。因为在伯胺、仲胺分子中氮上有活泼的氢原子，所以活性较高的羧酸衍生物酰氯、酸酐可以与它们发生反应生成酰胺类化合物。例如:

$$C_6H_5-NHCH_3 + (CH_3CO)_2O \longrightarrow C_6H_5-N(CH_3)-C(=O)-CH_3 + CH_3COOH$$

N-甲基乙酰苯胺

$$H_3C-C(=O)-Cl + NH(CH_3)_2 \longrightarrow H_3C-C(=O)-N(CH_3)_2 + HCl$$

N,N-二甲基乙酰胺

叔胺氮原子上无氢，故不能发生酰化反应。

在有机合成上可以利用酰化反应来保护芳香胺分子中的氨基。如要想以苯胺为原料制备对 - 硝基苯胺，假设直接硝化苯胺，会得到很多氧化产物，产率很低。可利用酰化反应保护氨基，再硝化，然后水解得到目标产物。

$$C_6H_5-NH_2 \xrightarrow{CH_3COCl} C_6H_5-NHCOCH_3 \xrightarrow{HNO_3/H_2SO_4} p\text{-}O_2N-C_6H_4-NHCOCH_3 \xrightarrow{H_2O/H^+} p\text{-}O_2N-C_6H_4-NH_2$$

此外，某些酰胺类化合物可用作药物，如对乙酰氨基酚是目前应用很广的解热镇痛药扑热息痛

笔记栏

（paracetamol）的主要成分。

$$HO-C_6H_4-NHCOCH_3$$

对羟基乙酰苯胺

2. 磺酰化反应（sulfonylation） 是指胺分子中引入磺酰基（sulfonyl group）的反应，又称 Hins-berg 反应。

伯胺、仲胺能与苯磺酰氯、对甲基苯磺酰氯等磺酰化剂反应，生成相应的苯磺酰胺。例如：

$$\underset{\text{伯胺}}{CH_3CH_2NH_2} \xrightarrow{C_6H_5SO_2Cl} \underset{\text{在水中不溶解}}{C_6H_5SO_2NHCH_2CH_3} \underset{HCl}{\overset{NaOH}{\rightleftharpoons}} \underset{\text{盐，在水中溶解}}{[C_6H_5SO_2N^-CH_2CH_3]Na^+}$$

$$\underset{\text{仲胺}}{NH(CH_2CH_3)_2} \xrightarrow{C_6H_5SO_2Cl} \underset{\text{在水中不溶解}}{C_6H_5SO_2N(CH_2CH_3)_2} \xrightarrow{NaOH} \underset{\text{无反应}}{(-)}$$

$$\underset{\text{叔胺}}{N(CH_2CH_3)_3} \xrightarrow{C_6H_5SO_2Cl} \underset{\text{无反应}}{(-)}$$

伯胺磺酰化反应的产物中氮原子上还有一个氢原子，由于磺酰基的吸电子诱导效应（–I）的影响，使氮上的氢原子呈酸性（$pK_a \approx 10$），因此可以与碱成盐而溶解。仲胺磺酰化反应的产物中氮上无氢原子，不能溶于碱。叔胺中氮原子上无氢原子，不能发生磺酰化反应。

苯磺酰胺类大多为固体，有一定的熔点，易于精制，在酸作用下水解分解成原来的胺，所以，此性质可以用于分离、提纯和鉴别三种胺类。

（三）与亚硝酸反应

亚硝酸与胺的反应十分复杂，不同结构的胺类与亚硝酸反应可以形成不同的产物。

1. 伯胺

（1）芳香伯胺：与亚硝酸在低温（0 ~ 5℃）反应生成稳定的重氮盐（diazonium salt），这个反应叫重氮化反应，例如：

$$C_6H_5-NH_2 \xrightarrow[0\sim5℃]{NaNO_2\ +\ HCl} \underset{\text{氯化重氮苯}}{C_6H_5-N^+\equiv N\cdot Cl^-}$$

由于亚硝酸不稳定易分解，一般在反应中用亚硝酸盐与盐酸或硫酸反应制得，最常用的是亚硝酸钠。由于反应后生成的重氮盐不稳定，需要保存在酸性溶液中，所以重氮化反应要使用过量的酸，一般酸与亚硝酸钠的摩尔比约为 2.5 ∶ 1。重氮盐溶于水，不溶于乙醚等有机溶剂，在低温条件下可以保存，加热时水解为酚类化合物和氮气。

$$C_6H_5-N_2^+Cl^- \xrightarrow[\triangle]{H_2O} C_6H_5-OH + N_2\uparrow$$

重氮盐能和许多化合物发生反应，是化学工业中经常使用的反应中间体，它在干燥时很不稳定，爆炸性很强，因此一般使用重氮盐时并不把它分离出来。有关芳香胺的重氮化反应及其应用将在第二节中作进一步的讨论。

（2）脂肪伯胺：与亚硝酸反应也生成重氮盐，但脂肪族伯胺的重氮盐极不稳定，即使在低温的条件下也会放出氮气，得到卤代烃、烯烃、醇等的混合物，所以该反应在有机合成上无实际用途。但是脂肪伯胺的放氮反应，可用于氨基的定性定量测定。

笔记栏

$$CH_3CH_2CH_2NH_2 \xrightarrow{NaNO_2 + HCl} N_2\uparrow + \text{醇、烯、卤代烃等混合物}$$

2. 仲胺　脂肪仲胺和芳香仲胺与亚硝酸反应都生成 *N*- 亚硝基胺（nitrosoamine）类化合物。例如：

$$\underset{\text{甲乙胺}}{CH_3NHCH_2CH_3} \xrightarrow[0\sim5℃]{NaNO_2 + HCl} \underset{N\text{-亚硝基甲乙胺}}{CH_3N(NO)CH_2CH_3}$$

$$\underset{N\text{-甲基苯胺}}{C_6H_5NHCH_3} \xrightarrow[0\sim5℃]{NaNO_2 + HCl} \underset{N\text{-甲基-N-亚硝基苯胺}}{C_6H_5N(NO)CH_3}$$

N- 亚硝基胺为难溶于水的黄色油状液体或固体。经动物实验证明，*N*- 亚硝基胺类化合物是一类强致癌物。

自然界中存在的 *N*- 亚硝基胺类化合物不多，人体内的 *N*- 亚硝基胺类化合物通常是体内的胺类化合物与亚硝酸或亚硝酸盐反应而生成的，还有一些 *N*- 亚硝基胺类化合物是通过食物摄入的。例如，肉类制品加工过程中常加入亚硝酸盐作防腐剂和着色剂，因为亚硝酸盐不仅可以抑制细菌繁殖，而且还可以与肌红蛋白结合使肉类色质鲜艳，但这样 *N*- 亚硝基胺会直接随食物进入体内，而且食品中的亚硝酸盐在胃酸的作用下形成的亚硝酸，与体内代谢产生的仲胺形成 *N*- 亚硝基胺类化合物，所以过多的食用这样的食品会危害人体健康。实验证明维生素 C 能抑制体内的 *N*- 亚硝基胺的合成，因此，多食富含维生素 C 的新鲜蔬果，可以减少体内 *N*- 亚硝基胺的生成。

3. 叔胺　脂肪叔胺与亚硝酸反应形成不稳定的亚硝酸盐，中和时又分解。

$$CH_3N(CH_3)CH_2CH_3 + HNO_2 \longrightarrow CH_3N(CH_3)CH_2CH_3 \cdot HNO_2$$

芳香叔胺与亚硝酸反应生成对亚硝基胺类化合物，若氨基的对位有取代基，亚硝基则进入其邻位。例如：

$$\underset{N,N\text{-二乙基苯胺}}{C_6H_5N(CH_2CH_3)_2} + HNO_2 \longrightarrow \underset{N,N\text{-二乙基-4-亚硝基苯胺}}{ON-C_6H_4-N(CH_2CH_3)_2}$$

根据上述反应可知，伯、仲、叔胺在低温下与 HNO_2 反应生成的产物和现象不同，可以用来鉴别几种不同类型的胺。

（四）胺的烃基化

胺与氨是亲核试剂，可以与卤代烷发生亲核取代反应生成胺。若用过量的卤代烷，该反应可以继续进行下去生成仲胺、叔胺和季铵盐，得到几种胺及其盐的混合物。若用过量的氨，伯胺为主要产物。

$$RX \xrightarrow{NH_3} RNH_2 \xrightarrow{RX} R_2NH \xrightarrow{RX} R_3N \xrightarrow{RX} R_4N^+X^-$$

若使用过量的卤代烃可以得到季铵盐。季铵盐是离子晶体，可溶于水不溶于乙醚等有机溶剂，熔点高，常常在熔点分解。

季铵盐与强碱作用，则得到季铵碱。

$$R_4N^+X^- + KOH \rightleftharpoons R_4N^+OH^- + KX$$

上述反应是可逆反应，说明季铵碱是强碱，它的碱性与氢氧化钠、氢氧化钾相当。若想制备季铵碱，一般是用卤化铵盐与氧化银反应。

$$2R_4N^+X^- + Ag_2O + H_2O \longrightarrow 2R_4N^+OH^- + 2AgX\downarrow \quad (X=Cl, Br, I)$$

（五）芳香胺的特殊反应

芳香胺的氨基直接连在苯环上，氨基和苯环的相互影响使芳香胺具有很多特殊的化学性质。

笔记栏

1. 氧化反应 在常温下脂肪胺不能被空气氧化而芳香胺很容易被氧化。新制得的芳胺一般是无色的，被空气氧化后变成黄色或红色，其氧化产物非常复杂，大多具有醌型结构，所以一般情况下芳香胺应储存在棕色的瓶子中。

若用氧化剂（$MnO_2+H_2SO_4$）氧化苯胺，则主要产物为对苯醌。

$$C_6H_5-NH_2 \xrightarrow{MnO_2\ +\ H_2SO_4} O=C_6H_4=O$$

对苯醌

2. 亲电取代反应 芳香胺中氮原子上的孤对电子参与苯环的共轭而活化苯环，使芳香胺的苯环上易发生亲电取代反应。例如，苯胺与溴水反应，立即产生2,4,6-三溴苯胺白色沉淀。此反应非常灵敏、迅速，可用于苯胺的检验和定量分析。

$$C_6H_5NH_2 + Br_2 \xrightarrow{H_2O} 2,4,6\text{-}Br_3C_6H_2NH_2\downarrow + HBr$$

这个反应很难停留在一溴代的阶段，故制备一溴代产物的方法是先将苯胺酰化再溴代。

$$C_6H_5NH_2 \xrightarrow{CH_3COCl} C_6H_5NHCOCH_3 \xrightarrow{Br_2/H_2O} p\text{-}BrC_6H_4NHCOCH_3 \xrightarrow[\triangle]{Br_2/OH^-} p\text{-}BrC_6H_4NH_2$$

六、重要的胺类化合物

1. 苯胺 无色液体，熔点 –6℃，沸点为 184.3℃，相对密度 1.0217。难溶于水易溶于有机溶剂。易被氧化。苯胺主要的制备方法是硝基苯的还原。

$$C_6H_5-NO_2 \xrightarrow{Fe\ +\ HCl} C_6H_5-NH_2$$

苯胺主要用于制造染料及染料中间体、橡胶促进剂和抗氧化剂、照相显影剂、药物合成、香料、塑料及树脂等工业。苯胺有毒，可经呼吸道、消化道及皮肤吸收，但以经皮肤接触吸收为主要中毒途径。

2. 生源胺（biogenic amine） 是生物体内释放出的担负神经冲动传导作用的化学介质，由于都是胺类物质，故称为生源胺。

（1）肾上腺素（adrenaline , AD）和去甲肾上腺素（noradrenaline , NE）

$$3,4\text{-}(HO)_2C_6H_3-CH(OH)CH_2NHCH_3 \qquad 3,4\text{-}(HO)_2C_6H_3-CH(OH)CH_2NH_2$$

肾上腺素　　去甲肾上腺素

肾上腺素和去甲肾上腺素都具有邻苯二酚（儿茶酚）和 β- 苯乙胺的结构，故又称为儿茶酚胺。它们都能与 $FeCl_3$ 发生显色反应，都易氧化而失效，临床上常用其盐酸盐。

在生物体内它们可以由酪氨酸分子在多种酶的催化下，经过一系列生化反应而得到。它们都是手性分子，有一对对映体。

（2）多巴胺（dopamine）

$$3,4\text{-}(HO)_2C_6H_3-CH_2CH_2NH_2$$

多巴胺

多巴胺的结构与肾上腺素和去甲肾上腺素相似，只是侧链上少一个醇羟基。它存在于肾上腺髓质和中枢神经系统中，是合成去甲肾上腺素的前体，也是中枢神经系统传导的递质。在人体内是由酪氨酸在酶催化下经羟基化、脱羧而得到。

（3）5- 羟基色胺

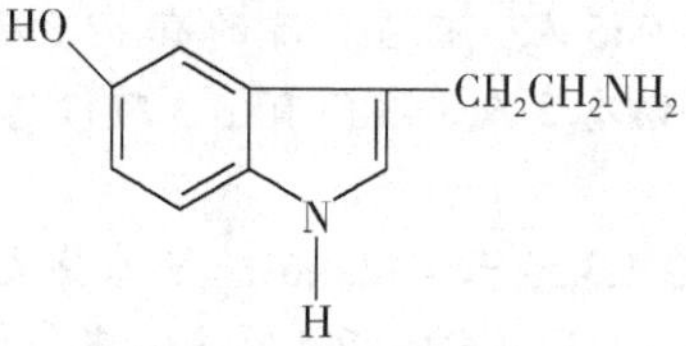

5-羟基色胺

5- 羟基色胺含有一个吲哚杂环，又称为吲哚胺，主要产生于消化道黏膜和血液中，在人体内担负脑中枢的神经传导介质。

（4）胆碱和乙酰胆碱

$HOCH_2CH_2N^+(CH_3)_3 \cdot OH^-$　　　$CH_3COOCH_2CH_2N^+(CH_3)_3 \cdot OH^-$

胆碱（氢氧化三甲基-β-羟乙基铵）　　　乙酰胆碱

胆碱是存在于体内的一种季铵碱。由于最初发现它是胆汁中的碱性物质，因而得名。胆碱为白色结晶，吸湿性强，易溶于水和乙醇，不溶于乙醚、氯仿。在生物体内参与脂肪代谢，有抗脂肪肝的作用。

3. 丁二胺和戊二胺

1,4- 丁二胺又称腐肉胺（putrescine），1,5- 戊二胺又称尸胺（cadaverine），均是在肉腐烂时由氨基酸失羧而产生的，肉腐烂的臭味主要是它们散发的。

$$H_2N(CH_2)_3CH(NH_2)COOH \xrightarrow{\triangle} H_2N(CH_2)_4—NH_2 + CO_2\uparrow$$

鸟氨酸　　　1,4-丁二胺

$$H_2N(CH_2)_4CH(NH_2)COOH \xrightarrow{\triangle} H_2N(CH_2)_5—NH_2 + CO_2\uparrow$$

赖氨酸　　　1,5-戊二胺

4. 苯扎溴铵

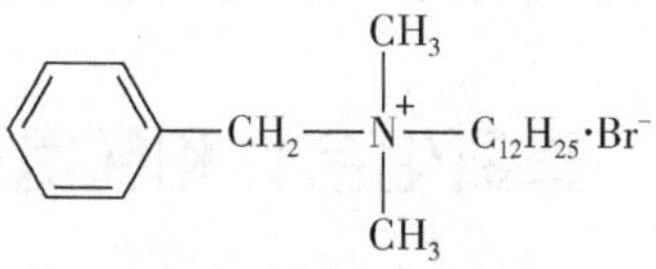

苯扎溴铵（新洁尔灭）

苯扎溴铵，又名新洁尔灭（bromo-geraminum），学名溴化二甲基十二烷基苄铵，是一种季铵盐，其分子内既含有疏水的长链烃基，又有亲水的铵离子，是一种阳离子型的表面活性剂。苯扎溴铵能乳化脂肪，起到去污保洁的作用，又能渗入细菌内部引起细胞破裂，从而有杀菌消毒的能力。临床上常将其稀溶液用于皮肤、创面及手术器械等的消毒。

季铵盐在有机合成中还被用作相转移催化剂，参与某些非均相反应体系以加快反应。

5. 金刚烷胺（amantadine）　又名三环癸胺、金刚胺。抗病毒药，对 A 型流感病毒有明显的抑制作用。另外对帕金森症有缓解作用，并有退热作用。临床主要用于预防和治疗亚洲甲型流感病毒感染。

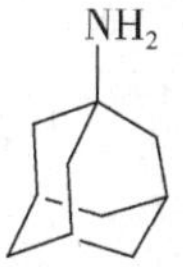

金刚烷胺

案例 12-1　三聚氰胺事件

2008 年，食用我国某集团生产的奶粉的婴儿被发现患有肾结石，随后在其奶粉中被发现化工原料三聚氰胺。根据公布数字，截至 2008 年 9 月 21 日，因食用该婴幼儿奶粉而接受门诊治疗咨询且已康复的婴幼儿累计 39 965 人，正在住院的有 12 892 人，此前已治愈出院 1579 人，死亡 4 人，另截至 9 月 25 日，香港有 5 人、澳门有 1 人确诊患病。事件引起各国的高度关注和对乳制品安全的担忧。

三聚氰胺化学式 $C_3H_6N_6$，学名 1,3,5- 三嗪 -2,4,6- 三氨基英文名 melamine，俗称密胺、蛋白精，IUPAC 命名为"1,3,5- 三嗪 -2,4,6- 三氨基"，是一种三嗪类含氮杂环有机化合物，被用作化工原料。白色单斜晶体，几乎无味，微溶于水（3.1g/L 常温），可溶于甲醇、甲醛、乙酸、热乙二醇、甘油、吡啶等，不溶于丙酮、醚类，对身体有害，不可用于食品加工或食品添加物。但是由于食品和饲料工业蛋白质含量测试方法的缺陷，三聚氰胺常被不法商人用作食品添加剂，以提升食品检测中的蛋白质含量指标，因此三聚氰胺也被人称为"蛋白精"。在奶粉事件中，各个品牌奶粉中蛋白质含量为 15% ～ 20%，其中蛋白质中含氮量平均为 16%，如以蛋白质含量为 18% 计算，其中含氮量为 2.88%，而三聚氰胺含氮量为 66.6%，是鲜牛奶的 151 倍，是奶粉的 23 倍。每 100g 牛奶中添加 0.1g 三聚氰胺，理论上就能提高 0.625% 蛋白质。

讨论：目前认为，三聚氰胺被认为毒性轻微，大鼠口服的半数致死量大于 3g/kg 体重。据实验报道：将大剂量的三聚氰胺饲喂给大鼠、兔和狗后没有观察到明显的中毒现象。但动物长期摄入三聚氰胺会造成生殖、泌尿系统的损害，膀胱、肾部结石，并可进一步诱发膀胱癌。三聚氰胺进入人体后，会发生取代反应（水解），生成三聚氰酸，三聚氰酸和三聚氰胺形成大的网状结构，造成结石。而结石绝大部分累及双侧集合系统及双侧输尿管，这与成人泌尿系统结石临床表现有所不同，多发性结石影响肾功能的概率更高，由于患儿多不具备症状主诉能力，家长需要加强对相关儿童的观察，依靠腹部 B 超和（或）CT 检查，可以帮助早期确定诊断。在治疗方面，目前没有针对三聚氰胺毒性作用的特效解毒剂，临床上主要依靠对症支持治疗，必要时可以考虑外科手术干预，解除患儿肾功能长期损害的风险。

思考题：

1. 为什么在奶粉中添加三聚氰胺？
2. 三聚氰胺造成肾部结石的机制是什么？
3. 试着查找检测三聚氰胺的方法。

第二节　重氮化合物和偶氮化合物

重氮化合物和偶氮化合物都含有 —N_2— 官能团。其中偶氮化合物是 —N═N— 官能团两端与烃基相连所形成的有机化合物，如：

偶氮苯　　对羟基偶氮苯　　2-萘偶氮苯

而官能团 —N^+≡N 叫重氮基，其中的一端与烃基相连生成的化合物叫重氮盐，最常见的是芳香重氮盐。

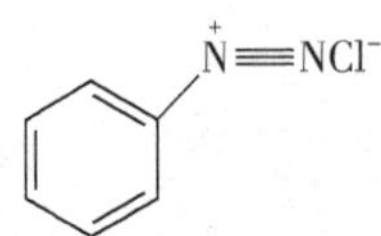

氯化重氮苯
benzenediazonium chloride

重氮苯硫酸盐
benzenediazonium sulphate

一、重氮化反应

前面已经提过，芳香伯胺可以与亚硝酸在低温的条件下反应生成重氮盐，这个反应叫重氮化反应。芳香重氮盐的性质与铵盐相似，是一种离子型化合物，易溶于水，难溶于有机溶剂，水溶液能导电。芳香重氮盐在低温和强酸性溶液中可以短时保存。干燥时极不稳定，受热或震荡易爆炸，故制备后直接用溶液参与反应。

在芳香重氮盐中，两个氮原子都是 sp 杂化，C—N—N 为直线型结构，因重氮基上 p 轨道与苯环形成 p-π 共轭，正电荷得到分散而稳定，见图 12-4。

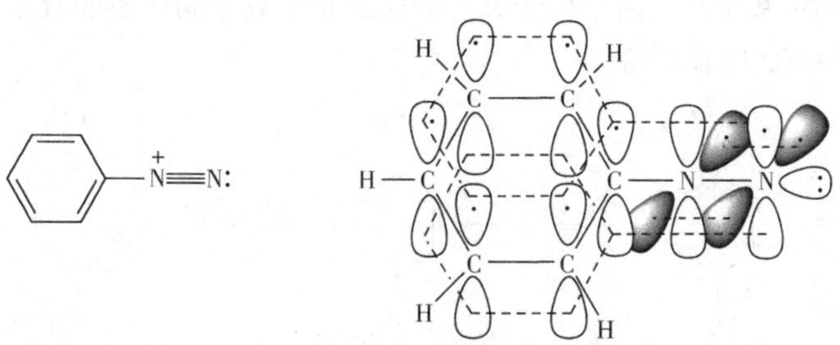

图 12-4　苯重氮离子的结构

二、重氮盐的反应

芳香重氮盐可以发生许多化学反应。根据产物的不同可将反应分为取代反应（放氮反应）和偶联反应两大类。

（一）取代反应

在不同的条件下，重氮盐中的重氮基可以被羟基、氢、卤素和氰基等取代，形成相应的取代产物，并放出氮气。此类反应用于有机合成，可以将苯环上的 $—NH_2$ 转变成其他基团，或合成某些难以直接合成的取代芳烃类化合物。

1. 被羟基取代　将重氮盐的酸性水溶液加热煮沸，水解生成酚并放出氮气。

$$C_6H_5\overset{+}{N}\equiv NHSO_4^- + H_2O \xrightarrow[\triangle]{H^+} C_6H_5OH + N_2\uparrow + H_2SO_4$$

2. 被卤素或氰基取代　在亚铜离子的催化下，重氮基被 —Cl、—Br 和 —CN 等基团取代，形成卤代苯和苯基腈，此反应称为 Sandemeyer 反应。例如：

$$m\text{-}CH_3C_6H_4NH_2 \xrightarrow[0\sim5℃]{HNO_2/HCl} m\text{-}CH_3C_6H_4N^+\equiv NCl^- \begin{cases} \xrightarrow{CuCl/HCl} m\text{-}CH_3C_6H_4Cl + N_2\uparrow \\ \xrightarrow{CuCN/KCN} m\text{-}CH_3C_6H_4CN + N_2\uparrow \end{cases}$$

苯基腈可进一步水解得到苯甲酸，用于一些芳香酸的制备。

另外，重氮盐可直接与碘化钾共热，在不需要催化剂的条件下，就可得到产率较高的碘代芳烃，这是合成碘代芳烃的适宜方法。

$$C_6H_5\overset{+}{N}\equiv NCl^- + KI \xrightarrow{\triangle} C_6H_5I + N_2\uparrow + KCl$$

重氮盐也可与氟硼酸反应得到氟代芳烃。

$$C_6H_5\overset{+}{N}\equiv NCl^- \xrightarrow{HBF_4} C_6H_5\overset{+}{N}\equiv NBF_4^- \xrightarrow{\triangle} C_6H_5F + N_2\uparrow + BF_3$$

3. 被氢取代 将重氮盐与次磷酸（H_3PO_2）的水溶液或与乙醇反应，重氮基被氢取代形成芳烃。此法可用于除去苯环上的 $—NH_2$ 或 $—NO_2$。

$$C_6H_5-\overset{+}{N}\equiv NCl^- \xrightarrow[\triangle]{H_3PO_2} C_6H_5-H + N_2\uparrow$$

$$C_6H_5-\overset{+}{N}\equiv NCl^- \xrightarrow[\triangle]{CH_3CH_2OH} C_6H_5-H + N_2\uparrow$$

重氮盐的取代反应在制备多元芳香取代物时有着广泛的应用，可以制备不能直接制备的芳香化合物。例如，要合成间甲基苯胺，由于两个邻、对位定位基处于间位不能直接用甲苯或苯胺为原料直接制备，可用下面的方法间接制得。

$$C_6H_5CH_3 \xrightarrow{HNO_3/H_2SO_4} p\text{-}CH_3C_6H_4NO_2 \xrightarrow{Fe + HCl} p\text{-}CH_3C_6H_4NH_2 \xrightarrow{(CH_3CO)_2O} p\text{-}CH_3C_6H_4NHCOCH_3 \xrightarrow{HNO_3/H_2SO_4}$$

$$\text{4-}CH_3\text{-2-}NO_2C_6H_3NHCOCH_3 \xrightarrow{KOH/H_2O} \text{4-}CH_3\text{-2-}NO_2C_6H_3NH_2 \xrightarrow{NaNO_2/H_2SO_4} \text{4-}CH_3\text{-2-}NO_2C_6H_3N_2^+HSO_4^- \xrightarrow{H_3PO_2} m\text{-}CH_3C_6H_4NO_2$$

$$\xrightarrow{Fe + HCl} m\text{-}CH_3C_6H_4NH_2$$

（二）偶联反应（保留氮的反应）

重氮盐是一种弱的亲电试剂，在一定 pH 条件下，能与酚或芳胺等发生亲电取代反应，形成有鲜艳颜色的化合物，称为偶氮化合物（azo compound），该类反应称为偶联反应（coupling reaction）。在这类反应中，重氮盐以 $C_6H_5—N═N^+$ 的形式参与反应。

例如，氯化重氮苯与苯酚偶联生成橘黄色的对羟基偶氮苯（*p*-hydroxyazobenene）。

$$C_6H_5-\overset{+}{N}\equiv NCl^- + C_6H_5-OH \xrightarrow{pH=8\sim9} C_6H_5-N=N-C_6H_4-OH$$

对羟基偶氮苯

上述反应是重氮基取代了苯酚或苯胺中对位上的氢。如果对位被占据，偶联则发生在邻位。此性质可用于进一步验证某些酚或芳胺类化合物。

重氮盐与酚的偶联反应宜在弱碱性介质中进行，因为酚在碱性溶液中离解为酚氧负离子，活化苯环，有利于苯环上的亲电取代。而在强碱性介质中重氮盐形成重氮酸盐（$Ar—N═N—O^-$），使偶联反应不能发生。重氮盐与胺的偶联反应则宜在中性或弱酸性（pH = 5 ～ 7）介质中进行，因为胺类在中性或弱酸性中主要以游离胺的形式存在，在强酸性介质中则形成盐，使偶联反应难以发生。

$$C_6H_5-\overset{+}{N}\equiv NCl^- + C_6H_5-N(CH_3)_2 \xrightarrow{pH=5\sim7} C_6H_5-N=N-C_6H_4-N(CH_3)_2$$

三、重要的偶氮化合物

偶氮化合物结构特点是偶氮基（—N═N—）的两端与烃基相连。偶氮基是一种重要的生色基团，

所以芳香偶氮化合物一般都具有鲜艳的颜色，又比较稳定，可用作染料，称为偶氮染料。偶氮染料几乎包含了所有的颜色，广泛用于纺织品、皮革制品等染色及印花工艺。近年来偶氮染料因为环保问题受到了禁用。但是并非所有偶氮染料都被禁用，被禁用的只是经还原会释出有害芳香胺类的偶氮染料，有 100 种以上。这些用被禁用的偶氮染料染色的服装或其他消费品与人体皮肤长期接触后，会发生复杂的还原反应，形成致癌的芳香胺化合物，这些化合物会被人体吸收，经过一系列活化作用使人体细胞的 DNA 发生结构与功能的变化，成为人体病变的诱因。

1. 苏丹红（Sudan）　亲脂性偶氮化合物，主要包括Ⅰ、Ⅱ、Ⅲ和Ⅳ四种类型。其中苏丹红Ⅰ学名 1- 苯基偶氮 -2- 萘酚（1-phenylazo-2-naphthol），不溶于水，微溶于乙醇，易溶于油脂、矿物油、丙酮和苯。苏丹红Ⅰ乙醇溶液呈紫红色，在浓硫酸中呈品红色，稀释后成橙色沉淀，是偶氮染料的一种，常用作家具漆、鞋油、地板蜡、汽车蜡和油脂的着色，也用于礼花、焰火及溶剂的着色。之所以将作为化工原料的苏丹红Ⅰ添加到食品中，尤其用于辣椒产品加工当中，是由于苏丹红Ⅰ不容易褪色，可以弥补辣椒放置久后变色的现象，保持辣椒鲜亮的色泽。进入体内的苏丹红Ⅰ主要通过胃肠道微生物还原酶、肝和肝外组织微粒体和细胞质的还原酶进行代谢，在体内代谢成相应的胺类物质。在多项体外致突变试验和动物致癌试验中发现苏丹红有致突变性和致癌性。

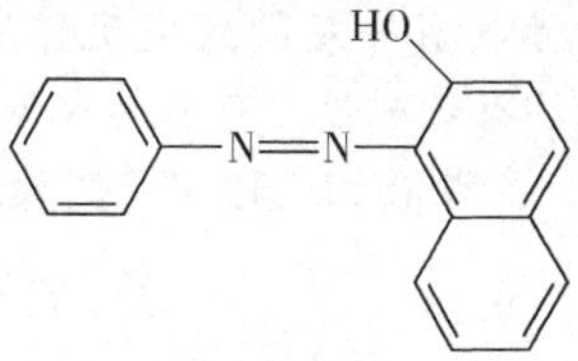

苏丹红Ⅰ

2. 柠檬黄（lemon yellow）　学名 3- 羧基 -5- 羟基 -（对苯磺酸）-4-（对苯磺酸偶氮）吡唑三钠盐，还可以叫 1-（4- 磺酸苯基）-4-（4′- 磺酸苯基偶氮）-5- 吡唑啉酮 -3- 羧酸三钠盐，柠檬黄的商品名称为食用色素黄 4 号，酒石黄。由对氨基苯磺酸经重氮化，与 1-（4- 磺基苯基）-3- 羧基 -5- 吡唑啉酮在碱性溶液中偶合、精制而成，主要用于食品、饮料、药品及化妆品的着色，也可用于羊毛、蚕丝的染色。

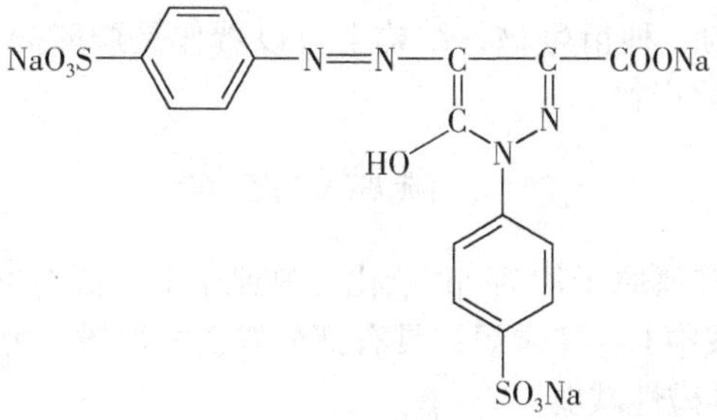

柠檬黄

3. 甲基橙（methyl orange）　学名 4′- 二甲氨基偶氮苯 -4- 磺酸钠，颜色鲜艳但附着力差，不能用于染料。在 pH ＝ 3.0 ～ 4.4 溶液中显示不同的颜色，故广泛用作分析化学中的酸碱指示剂。

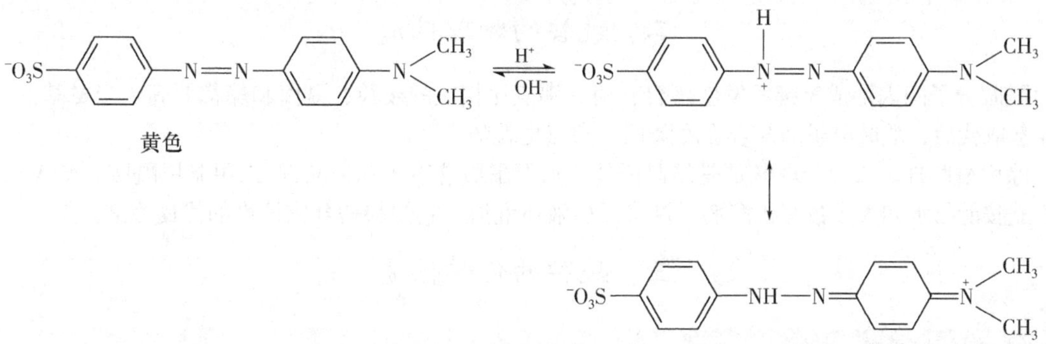

黄色

介质pH＜3时呈红色

案例 12-2　苏丹红一号事件

“苏丹红”事件是由于意大利食品监管机构发现从英国第一食品公司出口的调味品中含有

可能致癌的红色素苏丹红Ⅰ（又名苏丹红一号）引发的。2005 年 2 月 18 日，英国最大的食品制造商的产品中发现了被欧洲联盟（简称欧盟）禁用的苏丹红一号色素，下架食品达到 500 多种。我国国家质量监督检验检疫总局于 2005 年 2 月 23 日发出紧急通知，要求各地质检部门加强对含有苏丹红一号食品的检验监管，严防含有苏丹红一号的食品进入中国市场。2005 年 3 月 4 日，北京市有关部门从亨氏辣椒酱中检出苏丹红一号。不久，湖南长沙坛坛香调料食品有限公司生产的"坛坛乡辣椒萝卜"也被检出含有苏丹红一号。2005 年 3 月 15 日，肯德基新奥尔良烤翅和新奥尔良烤鸡腿堡调料中发现了苏丹红一号成分。几天后，北京市有关部门在食品专项执法检查中再次发现，肯德基用在"香辣鸡腿堡""辣鸡翅""劲爆鸡米花"3 种产品上的"辣腌泡粉"中含有苏丹红一号。随后，全国 11 个省（市）30 家企业的 88 个样品被检出含有苏丹红一号，苏丹红事件席卷中国。

苏丹红一号的初级代谢产物苯胺有毒，其安全限为 0.7×10^{-6}mg/（kg•d）。目前国际癌症研究机构（International Agency for Research on Cancer，IARC）基于体外和动物试验的研究结果，将苏丹红一号归为三级致癌物，即动物致癌物。还没有明确证据表明苏丹红一号是否对人类有致癌作用，但研究发现，苏丹红一号具有一定的致突变作用，这种毒性作用可能与其损伤的 DNA 细胞有关，另外苏丹红一号还具有致敏性，可引起人体皮炎。目前对苏丹红一号的检测方法主要有分光光度法、气相色谱法、高效液相色谱法、高效液相色谱串联质谱法及酶联免疫检测法等。

思考题：

1. 试说明苏丹红一号为什么不能作为食品类色素？
2. 常见违法添加的偶氮类色素还有哪些？

第三节　酰胺类化合物

酰胺（amide）是羧酸的一种衍生物，结构上可以看作是羧酸分子中的羟基被氨基或烃氨基（—NHR、—NR_2）取代后的产物。

一、酰胺的结构

酰胺分子中羰基碳原子和氮原子均为 sp^2 杂化，氮原子上的孤对电子与羰基之间形成 p-π 共轭体系，使 C—N 键的键长比胺中 C—N 键短，具有部分双键的性质。另一方面因氧的吸电子作用也使氮上电子云密度降低，氮的碱性减弱。

$$R-\overset{\overset{O}{\|}}{C}-NH_2$$

二、酰胺的物理性质

酰胺分子间因形成氢键而发生缔合，使其沸点比相应的羧酸、酰卤和酯都要高。当氨基上的氢被烃基取代后，酰胺分子间缔合程度降低，沸点也就随之降低。

除甲酰胺外，大部分酰胺都是结晶固体。低级酰胺能溶于水，*N, N*- 二甲基甲酰胺、*N, N*- 二甲基乙酰胺能与水和大多数有机溶剂、许多无机液体混溶。它们都是合成纤维的优良溶剂。

三、酰胺的化学性质

（一）酸碱性

酰胺无明显的碱性（pK_b = 14 ～ 16），若酰胺中的氮原子与两个酰基相连，构成二酰亚胺类（imide）化合物，就表现出酸性（pK_a = 9 ～ 10）。例如，邻苯二甲酰亚胺、丁二酰亚胺都能与氢氧化钠或氢氧化钾等强碱反应成盐。

笔记栏

$$\text{C}_6\text{H}_4(\text{CO})_2\text{NH} + \text{KOH} \longrightarrow \text{C}_6\text{H}_4(\text{CO})_2\text{N}^-\text{K}^+ + \text{H}_2\text{O}$$

邻苯二甲酰亚胺（phthalimide）

$pK_a = 9$

因为二酰亚胺分子中，氮原子连接两个吸电子的酰基，氮上电子云密度大大降低，氢原子的酸性明显增强。另外，二酰亚胺成盐后形成的阴离子中氮上的负电荷又因为被两个羰基分散而使稳定性增加。

（二）与亚硝酸反应

酰胺与亚硝酸反应生成相应的羧酸，并放出氮气。

$$\text{C}_6\text{H}_{11}\text{—}\overset{\text{O}}{\overset{\|}{\text{C}}}\text{—NH}_2 + \text{HNO}_2 \longrightarrow \text{C}_6\text{H}_{11}\text{—}\overset{\text{O}}{\overset{\|}{\text{C}}}\text{—OH} + \text{N}_2\uparrow$$

（三）Hofmann 降解反应

酰胺与次卤酸钠溶液（Cl_2 或 Br_2 的氢氧化钠溶液）作用，脱去羰基生成少一个碳原子的伯胺，这是 Hofmann（霍夫曼，1818 ～ 1892 年）发现的可用于制备少一个碳原子的伯胺的反应，故称为 Hofmann 降解反应（degradation reaction）。例如：

$$\text{CH}_3\text{CH}_2\text{CONH}_2 + \text{NaOX} + 2\text{NaOH} \longrightarrow \text{CH}_3\text{CH}_2\text{NH}_2 + \text{Na}_2\text{CO}_3 + \text{NaX} + \text{H}_2\text{O}$$

四、碳酸衍生物

碳酸分子中有两个羟基连在同一个碳原子上，是一种不稳定的二元弱酸。碳酸分子中的一个羟基被其他原子或基团取代后形成的单衍生物（如氨基甲酸、氯甲酸等）不稳定，但当其单衍生物成盐或成酯后稳定性增加。而两个羟基都被取代后形成的双衍生物就比较稳定。常见的碳酸衍生物如下：

$$\text{Cl—}\overset{\text{O}}{\overset{\|}{\text{C}}}\text{—Cl} \qquad \text{H}_2\text{N—}\overset{\text{O}}{\overset{\|}{\text{C}}}\text{—NH}_2 \qquad \text{H}_2\text{N—}\overset{\text{NH}}{\overset{\|}{\text{C}}}\text{—NH}_2$$

碳酰氯（光气）phosgene　　尿素（或脲）urea　　胍 guanidine

（一）脲

脲（urea）是一种最常见的碳酸衍生物，又称为尿素，是动物蛋白质代谢的最终产物，成人每日排泄的尿液中含 25 ～ 30g 的脲。脲也是重要的化工原料。脲为无色菱形或针状晶体，熔点 133℃，易溶于水和醇，难溶于乙醚。脲的主要化学性质如下所示。

1. 弱碱性　脲具有弱碱性，能与强酸反应。脲溶液与浓硝酸反应析出白色的硝酸脲沉淀。

$$\text{H}_2\text{N—}\overset{\text{O}}{\overset{\|}{\text{C}}}\text{—NH}_2 + \text{HNO}_3 \longrightarrow \text{H}_2\text{N—}\overset{\text{O}}{\overset{\|}{\text{C}}}\text{—NH}_2\cdot\text{HNO}_3\downarrow$$

2. 水解　脲具有酰胺的通性，在酸、碱或脲酶的催化下可以发生水解反应。

$$\text{H}_2\text{N—}\overset{\text{O}}{\overset{\|}{\text{C}}}\text{—NH}_2 + \text{H}_2\text{O} \begin{cases} \xrightarrow{\text{H}^+/\triangle} \text{NH}_4^+ + \text{CO}_2\uparrow + \text{H}_2\text{O} \\ \xrightarrow{\text{OH}^-/\triangle} \text{NH}_3\uparrow + \text{CO}_3^{2-} \\ \xrightarrow{\text{酶}} \text{NH}_3\uparrow + \text{CO}_2\uparrow + \text{H}_2\text{O} \end{cases}$$

3. 与亚硝酸的反应　尿素可以与亚硝酸反应生成氮气和二氧化碳。

$$\text{H}_2\text{N—}\overset{\text{O}}{\overset{\|}{\text{C}}}\text{—NH}_2 + \text{HNO}_2 \longrightarrow \text{CO}_2\uparrow + \text{N}_2\uparrow + \text{H}_2\text{O}$$

笔记栏

此反应定量完成，可以用于尿素的定量分析，也常用来破坏亚硝酸。

4. 缩二脲（biuret）的生成和缩二脲的反应 将固体脲缓缓加热到 150 ~ 160℃，两个脲分子间脱去一分子氨后生成缩二脲。

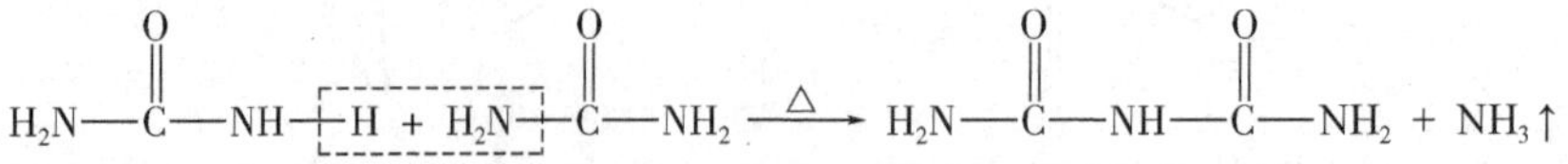

$$H_2N-\overset{O}{\overset{\|}{C}}-NH-H + H_2N-\overset{O}{\overset{\|}{C}}-NH_2 \xrightarrow{\triangle} H_2N-\overset{O}{\overset{\|}{C}}-NH-\overset{O}{\overset{\|}{C}}-NH_2 + NH_3\uparrow$$

缩二脲难溶于水，易溶于碱溶液。在缩二脲的碱溶液中加入少量的硫酸铜稀溶液，溶液呈红色或紫红色，此反应称为缩二脲反应（biuret reaction）。凡分子中具有两个或两个以上酰胺键（又叫肽键 peptide linkage）的化合物都能发生缩二脲反应。由于多肽、蛋白质等化合物中含有多个肽键，所以可以用缩二脲反应来鉴别这类有机化合物。

（二）丙二酰脲

脲与酰卤、酸酐或酯反应生成酰脲。例如，在醇钠作用下，脲与丙二酸酯反应得到丙二酰脲（malonyl urea）：

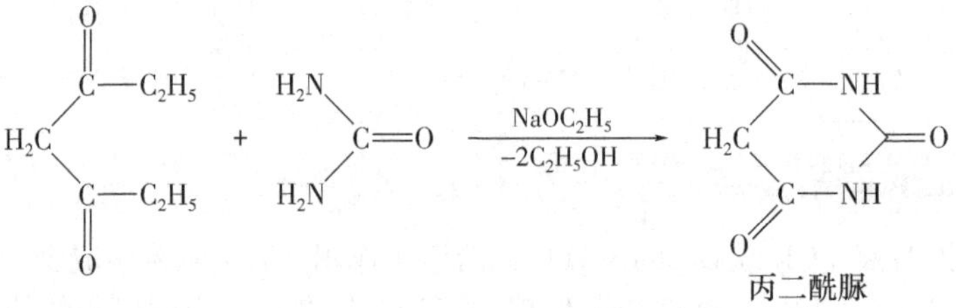

$$H_2C(COOC_2H_5)_2 + (H_2N)_2C=O \xrightarrow[-2C_2H_5OH]{NaOC_2H_5} \text{丙二酰脲}$$

丙二酰脲

丙二酰脲为无色结晶，熔点 245℃，微溶于水。丙二酰脲存在酮式 - 烯醇式互变异构现象。

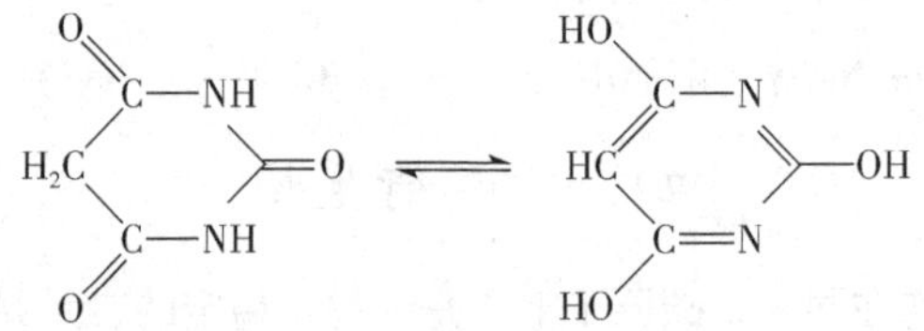

$$\text{酮式（}H_2C\text{, C=O, NH）} \rightleftharpoons \text{烯醇式（HC, C–OH, C=N, –OH）}$$

丙二酰脲显示出比乙酸更强的酸性（$pK_a = 3.98$），俗称巴比妥酸（barbiturlic acid）。巴比妥酸本身无药效，但分子中亚甲基上的两个氢原子被一些烃基取代后，形成相应的衍生物则具有镇静、催眠和麻醉作用，总称巴比妥类药物。常用的有苯巴比妥、异戊巴比妥等。

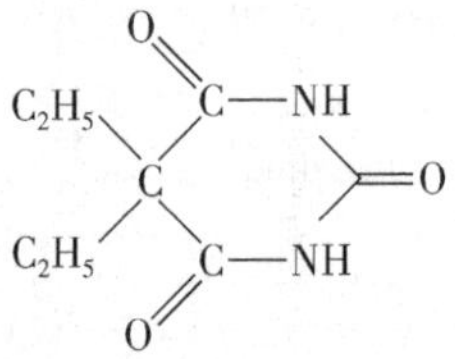

二乙基丙二酰脲（巴比妥）barbital；乙基苯基丙二酰脲［苯巴比妥（鲁米那）］phenobarbital(Luminal)；乙基异戊基丙二酰脲（异戊巴比妥）amobarbital

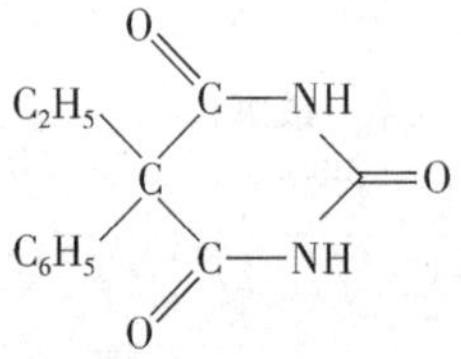

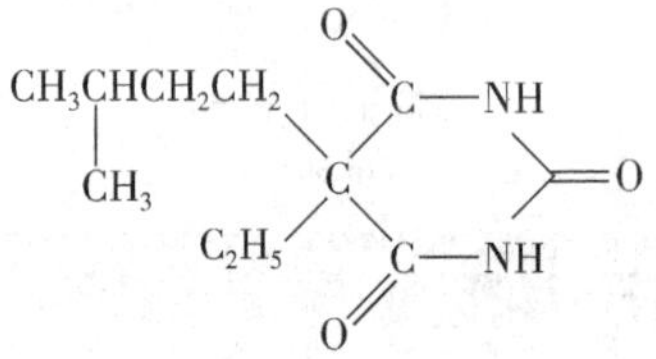

本章小结

（一）胺

胺可以看作是氨的烃基衍生物。

1. 胺的分类、命名

（1）根据胺分子中氮原子上所连烃基的个数，将胺分为伯胺、仲胺、叔胺、季铵类；根据分子中氮原子上所连烃基的种类不同，可以将胺分为脂肪胺、芳香胺和脂环胺。

（2）简单胺的命名是以胺为母体，烃基为取代基；芳香仲胺和叔胺的命名以芳香胺为母体，脂肪烃基为取代基，命名时将“*N*-”或“*N, N*-”写在烃基名称前，以表示该烃基直接与氮原子相连。比较复杂胺的命名是以烃为母体，将氨基或烃氨基作为取代基；季铵类化合物的命名与氢氧化铵和铵盐类似。

2. 胺的结构 胺分子的结构类似于氨，呈棱锥型的空间结构，氮原子为不等性 sp^3 杂化。芳香胺分子

笔记栏

中由于氮原子上的一对电子与苯环发生共轭，其分子虽呈棱锥体，但趋向于平面化。

3. 胺的化学性质

（1）碱性：胺分子中氮原子上的孤对电子能接受质子而显碱性。胺碱性的强弱可用 pK_b 或其共轭酸的 pK_a 来表示。胺分子的碱性受电子效应、溶剂化效应、空间效应等多种因素的综合影响。各类胺的碱性强弱顺序大致为季铵碱＞脂肪胺＞氨＞芳香胺。胺可以与酸发生成盐反应。

（2）酰化和磺酰化反应：伯胺、仲胺能与酰卤、酸酐、苯磺酰氯、对甲基苯磺酰氯等反应，生成相应的酰胺或苯磺酰胺。伯胺磺酰化产物可溶于碱，叔胺中氮原子上无氢原子，不能发生磺酰化反应。此性质可以用于分离、提纯和鉴别三种胺类。

（3）与亚硝酸反应：不同结构的胺类与亚硝酸反应形成不同的产物。

芳香伯胺与亚硝酸在低温（0～5℃）强酸性溶液中反应生成芳香重氮盐；脂肪仲胺和芳香仲胺与亚硝酸反应都生成 *N*- 亚硝基胺类化合物。脂肪叔胺与亚硝酸反应形成不稳定的亚硝酸盐。芳香叔胺与亚硝酸反应生成对 - 亚硝基胺类化合物，若对位被占据，亚硝基则进入邻位。利用伯、仲、叔胺在低温下与 HNO_2 反应生成的产物和现象的不同，可鉴别不同类型的胺。

（4）胺的烃基化：氨可以与卤代烷发生亲核取代反应生成伯胺。该反应可以继续进行，生成仲胺、叔胺和季铵盐，得到几种胺及其盐的混合物。卤代芳烃很难与胺反应。

（5）芳香胺的取代反应：芳香胺中氮原子上的孤对电子参与苯环的共轭而活化苯环，使芳香胺的苯环上易于发生亲电取代反应。例如，苯胺与溴水反应，生成 2,4,6- 三溴苯胺沉淀。

苯胺也能发生硝化和磺化反应，但苯胺极易被氧化，故要先将苯胺分子中的氨基保护起来，才能进行苯环上的硝化和磺化反应。

4. 重氮盐的反应　重氮盐 $[Ar—N^+≡N]X^-$ 是芳香伯胺与亚硝酸发生重氮化反应的产物，$[Ar—N^+≡N]$ 称为重氮基。芳香重氮盐是一种活泼的中间体，在合成上的用途很广。根据产物的不同可将反应分为取代反应和偶联反应两大类。

（1）取代反应：在不同的条件下，重氮盐中的重氮基可以被羟基、氢、卤素和氰基等取代，形成相应的取代产物，并放出氮气。

（2）偶联反应：重氮盐是一种弱的亲电试剂，在一定 pH 条件下，能与酚或芳胺等发生亲电取代反应，形成颜色鲜艳的偶氮化合物，该类反应称为偶联反应。

（二）酰胺

1. 酰胺的结构　酰胺分子中酰胺键（—C(=O)—N<）中的 C、N 均为 sp^2 杂化，具有平面结构，氮原子上的孤对电子与羰基之间形成 p-π 共轭体系，结果使氮的碱性减弱。

2. 酰胺的化学性质

（1）酸碱性：酰胺无明显的碱性。若酰胺中氮原子与两个酰基相连，构成二酰亚胺类化合物，则表现出明显的酸性。

（2）与 HNO_2 反应：氮上无取代基的酰胺与 HNO_2 反应生成羧酸并放出氮气。

（3）Hofmann 降解反应：酰胺与次卤酸钠溶液作用，脱去羰基生成少一个碳原子的伯胺，称为 Hofmann 降解反应。该反应可用于制备比酰胺少一个碳原子的伯胺。

3. 碳酸衍生物　脲是碳酸的双衍生物，有弱碱性，能与强酸、HNO_2 反应，具有酰胺的通性。

将固体脲缓缓加热到 150～160℃，两个脲分子间脱去一分子氨后生成缩二脲。缩二脲难溶于水，易溶于碱溶液。在缩二脲的碱溶液中加入少量的硫酸铜稀溶液，溶液呈红色或紫红色，此反应称为缩二脲反应。凡分子中具有两个或两个以上酰胺键的化合物都能发生缩二脲反应。

习　题

1. 命名下列化合物。

（1）NH_2—〈环己烷〉—NH_2　（2）C_6H_5—N(NO)CH_3　（3）$CH_3C(=O)—N(CH_3)_2$

笔记栏

（4）O_2N-⟨苯环⟩-$NHCH_2CH_3$（间位）

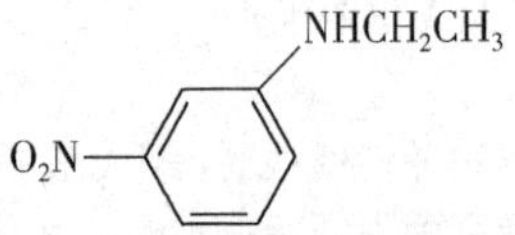

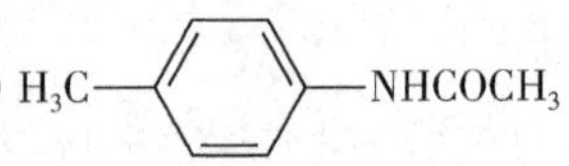

（5）H_3C-⟨苯环⟩-$NHCOCH_3$

（6）⟨苯环⟩-N=N-⟨苯环（HO，CH_3）⟩

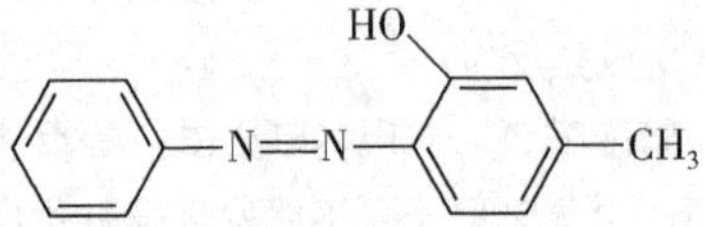

2. 写出下列化合物的结构式。

（1）*N*- 甲基 -*N*- 亚硝基环己胺　　（2）硫酸氢重氮苯

（3）溴化三甲基苯基铵　　（4）叔丁基胺

（5）*N*, *N*- 二甲基苯胺　　（6）7- 氨基 -2- 萘磺酸

3. 排出下列各组化合物的碱性由强到弱的顺序。

（1）乙胺、二乙胺、乙酰胺、氢氧化四乙铵、氨。

（2）二苯胺、苯胺、邻苯二甲酰亚胺、苄胺。

（3）对甲苯胺、苯胺、对硝基苯胺。

4. 完成下列反应方程式。

（1）⟨环己基⟩-NH_2 + HCl

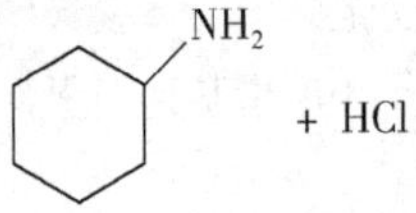

（2）⟨环己基⟩-$NHCH_3$ + HNO_2 ⟶

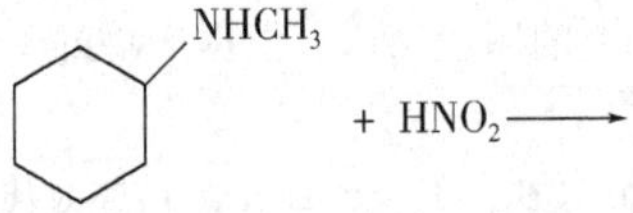

（3）⟨苯环⟩-$N(CH_3)_2$ + HNO_2 ⟶

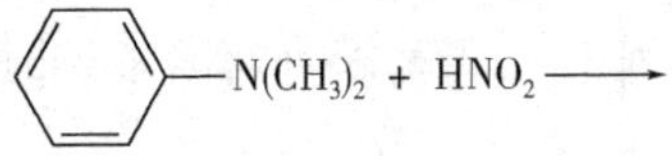

（4）⟨甲苯⟩ $\xrightarrow{HNO_3/H_2SO_4}$? $\xrightarrow{?}$ ⟨2-氯-4-硝基甲苯（CH_3，Cl，NO_2）⟩ $\xrightarrow{Fe + HCl}$? $\xrightarrow{(CH_3CO)_2O}$?

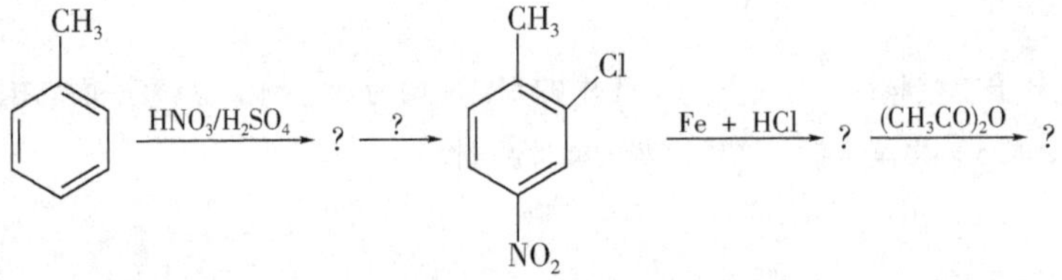

（5）⟨环己基⟩-$CONH_2$ + NaBrO ⟶

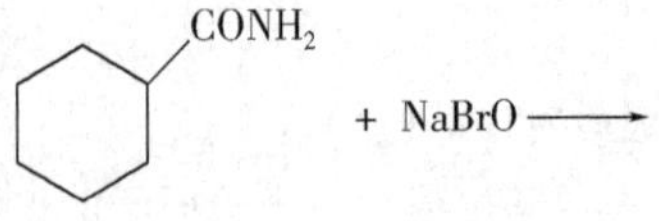

5. 用简便的化学方法鉴别下列各组化合物：

（1）甲胺、二甲胺、三甲胺。

（2）*N*- 甲基苯胺、邻甲苯胺、*N*, *N*- 二甲基苯胺、环己胺。

（3）⟨环己基⟩-NH_2 和 ⟨哌啶（NH）⟩。

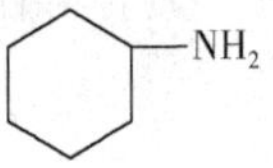

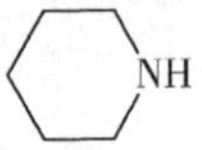

（4）乙胺和乙酰胺。

6. 合成题。

（1）以甲苯为原料合成间溴甲苯。

（2）以苯为原料合成 1,3,5- 三溴苯。

（3）以苯为原料合成对氨基偶氮苯。

笔记栏

（4）以甲苯为原料合成 3,5- 二溴甲苯。

（5）以苯为原料合成间硝基苯酚。

7. 某芳香化合物 A 分子式为 $C_7H_7NO_2$，根据下列反应确定该化合物的结构。

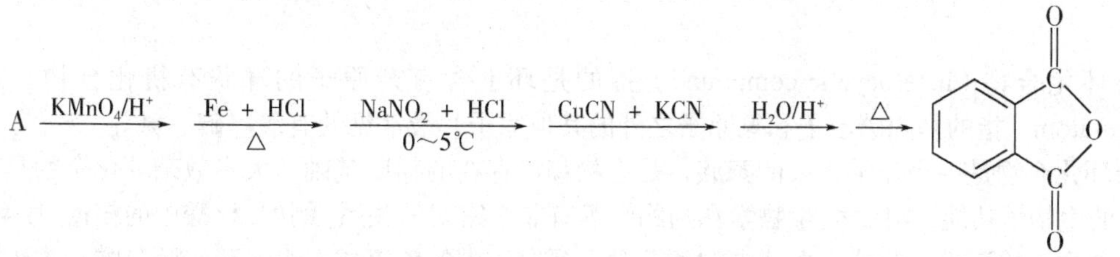

$$A \xrightarrow{KMnO_4/H^+} \xrightarrow[\triangle]{Fe + HCl} \xrightarrow[0\sim5℃]{NaNO_2 + HCl} \xrightarrow{CuCN + KCN} \xrightarrow{H_2O/H^+} \xrightarrow{\triangle}$$

8. 写出 *N*- 乙基苯胺与下列试剂的反应产物的结构。

（1）溴水；　　（2）亚硝酸钠的盐酸溶液，0 ～ 5℃；

（3）乙酸酐；　　（4）盐酸。

9. 化合物 A 分子式为 $C_6H_{15}N$，能溶于稀盐酸，与亚硝酸在室温下反应放出氮气并得到化合物 B。B 能发生碘仿反应，B 与浓硫酸共热得到化合物 C（C_6H_{12}），C 能使高锰酸钾褪色生成的产物是乙酸和 2- 甲基丙酸。推测 A、B、C 的结构并写出相应的反应方程式。

10. 某芳香化合物的分子式为 $C_6H_3BrClNO_2$，经 Fe/HCl 还原，再重氮化，所得重氮盐与次磷酸溶液反应得对氯溴苯。原化合物经碱水解得分子式为 $C_6H_4ClNO_3$ 的化合物。试推断原化合物的构造式。

（王冠男）

笔记栏

第十三章 杂环化合物

杂环化合物（heterocyclic compound）指的是环上含有杂原子的环状有机化合物。杂原子（hetero-atom）指的是除碳原子和氢原子之外的其他原子，最常见的有氧、硫、氮等。

杂环化合物是一个非常庞大的家族，是生物赖以存在的物质基础。大多数杂环化合物具有丰富而重要的生物学功能，与医学、生物学和药物学等有非常密切的关系。例如，核酸中的核糖、脱氧核糖、碱基；食物中的淀粉、蔗糖；血液中的葡萄糖；蛋白质中的色氨酸、组氨酸、脯氨酸；维生素中的维生素 B_1、维生素 B_3、维生素 B_6、维生素 B_{12}、维生素 C、维生素 E 等；辅酶中的 NAD^+、$NADP^+$ 等；对生物至关重要的血红素、叶绿素等，都含有杂环。许多天然和合成药物都属于杂环化合物。有机化合物的研究有一半以上涉及杂环化合物。

案例 13-1　青蒿素的发现

在很多热带国家，疟疾是一个严重的健康问题。世界卫生组织（World Health Organization, WHO）提供的数据显示，2009 年约 2.5 亿人感染疟疾，有近一百万人死于这种感染。这种状况归因于 20 世纪 60 年代以来，疟原虫对现有抗疟药物（如氯喹、嘧啶乙胺甚至奎宁）产生抗药性而出现的变体，尤其是在东南亚国家更为严重。因此，研究抗疟新药就显得非常急迫和必要。

由于疟原虫对一些常用抗疟药已产生抗药性，始于 1964 年的越南战争中，战争双方死于恶性疟疾的士兵，在数量上大大超过战争中的伤亡人数。当时的越南领导人为此向中国方面求援。中方于1967年5月23日，在周恩来总理亲自过问下，授权各相关机构立项研究，称为“523项目”，这在当时是属于高度保密的。

数百名中国研究者们先后投入了这个项目，他们对传统中草药近千个单方和复方进行了筛选，反复实验，用各种方法提取活性成分，对人和动物进行药理、临床试验，但都未能获得令人满意的结果。1971 年，屠呦呦提出用乙醚提取青蒿（图 13-1），其提取物的抗疟作用达到 95% ～ 100%，这一方法是当时发现青蒿提取物有效性的关键。其后，屠呦呦研究小组又成功获得了结晶“青蒿素Ⅱ”，后称青蒿素（artemisinin）——抗疟的有效成分（图 13-2）。自此，开启了研发以青蒿素为母体的新一代抗疟药物的时代。青蒿素的发现，给东南亚及非洲热带国家饱受疟疾折磨的人民带来了福音，拯救了数以百万计的生命。基于在青蒿素发现过程中的原创性贡献，屠呦呦荣获 2011 年度美国医学最高荣誉奖——拉斯克奖（Lasker Awards），并于 2015 年获得诺贝尔生理学或医学奖（图 13-3）。

图 13-1　青蒿植物

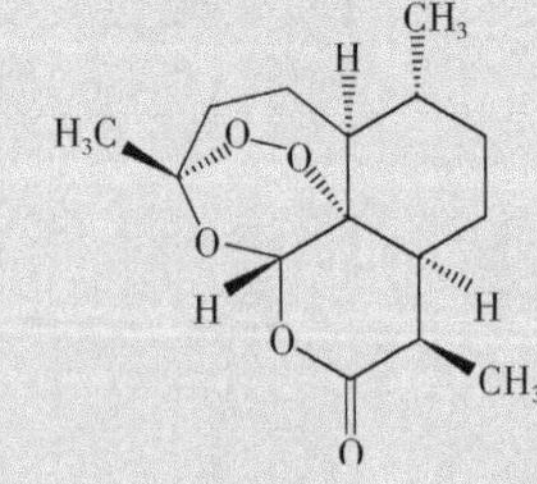

图 13-2　青蒿素分子结构式

青蒿素的发现是应运而生。20 世纪 60 年代，疟疾对原有发现的抗疟药物产生了耐药性，这种情况已经严重威胁到人类的健康与生存，因此迫切需要发现新的抗疟药物才能挽救人类于危难之时。正如第一代世界范围内使用的抗疟药物——奎宁，来自民族药物一样（奎宁取自南美金鸡纳树皮），抗疟新药青蒿素来自中国传统的草药——青蒿，而发现它的历史使命自然降落在得天独厚的中草药发源地中国的研究者们身上。

笔记栏

图 13-3　屠呦呦获 2015 年诺贝尔生理学或医学奖

屠呦呦(1930—)大学期间主修西药学，之后又系统进修了两年多的中医，有相当的中医基础。正当研究面临困境时，受到东晋医学家葛洪所著中医典籍《肘后备急方》记载"青蒿一握，以水二升渍，绞取汁，尽服之"截疟的启示，她联想到提取过程可能需要避免高温，由此改用了低沸点溶剂乙醚（沸点 34.6℃）的提取方法。后来的化学结构研究证明，青蒿素是一种完全不含氮原子，而是含有一个过氧桥键（—C—O—O—C—）的倍半萜内酯，过氧键在较高温度下不稳定，易裂解。青蒿素在临床上的重要价值，在于其分子内具有的"过氧基"和与之相连的"醚链"，其顺序为 —C—O—O—C—O—C—O—C—，这种特殊结构，可能就是其分子产生抗疟作用的部位。

天道酬勤，科学上的任何重要发现都离不开孜孜以求的探索精神，而灵感在关键节点则发挥重要的作用。

思考题：

1. 青蒿素的分子结构有什么特点？含有哪些官能团？
2. 青蒿素的抗疟过程可能与其结构中的哪个部分有关？

第一节　杂环化合物的分类和命名

一、杂环化合物的分类

根据芳香性的存在与否，杂环化合物可分为芳香性和非芳香性两大类。在前面有关章节学习中遇到的环醚、缩醛、内酯、交酯、环状酸酐和内酰胺等，属于非芳香性杂环化合物。在本章，我们将主要学习和讨论芳香性杂环化合物。

根据环的结合方式不同，杂环化合物还可分为单杂环和稠杂环。稠杂环可以由苯环与杂环稠合而成，也可以由两个杂环稠合而成。最常见的杂环为五元杂环和六元杂环。

二、杂环化合物的命名

杂环化合物的命名比较复杂，中文系统中用得最多的是根据外文名称音译，并加上口字偏旁。

杂环母核的结构需要特别记忆，母核编号的基本原则是从杂原子开始，细则如下所示。

（1）含有一个杂原子的杂环从杂原子开始编号，也可将环上碳原子依次编为 α、β、γ 等。

（2）含有两个相同杂原子的杂环从连有氢原子或取代基的杂原子开始编号，并使另一个杂原子具有较小的次序。

（3）含有不同杂原子时，按 O→S→N 的顺序编号。

（4）稠杂环一般遵循稠环芳香烃的编号规则，个别的有特殊编号。

常见杂环母核的结构、名称和编号见表 13-1。

笔记栏

命名举例：

2-呋喃甲醛（α-呋喃甲醛）
2-furylmethanal
(α- furylmethanal)

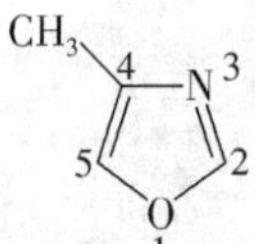

4-甲基噁唑
4-methyloxazole

3-吲哚乙酸
indole-3-aceticacid

表 13-1 常见杂环母核的结构、名称和编号

五元杂环					
呋喃 furan	吡咯 pyrrole	噻吩 thiophene	咪唑 imidazole	噁唑 oxazole	噻唑 thiazole
六元杂环					
吡啶 pyridine	哒嗪 pyridazine	嘧啶 pyrimidine	吡嗪 pyrazine	吡喃 pyran	
稠杂环					
喹啉 quinoline	异喹啉 isoquinoline	吲哚 indole	嘌呤 purine	蝶啶 pteridine	
吖啶 acridine	吩嗪 phenazine	吩噻嗪 phenothiazine			

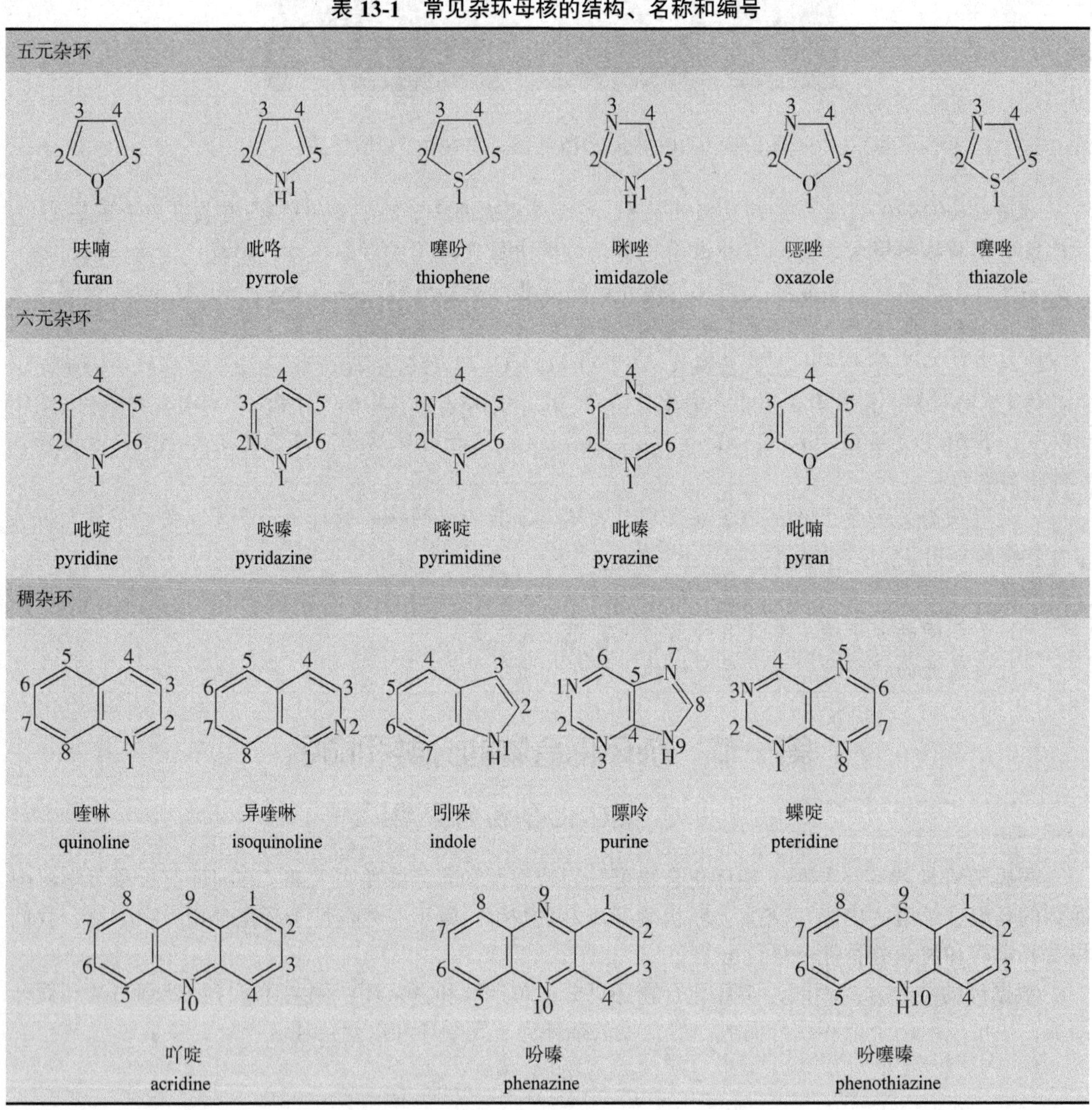

杂环化合物的系统命名一般采用 Hantzsch-Widman（汉栖 - 魏德曼）法，将杂环化合物看作是相应碳环的衍生物，用前缀氧杂（oxa）、硫杂（thia）、氮杂（aza）等表示杂原子的存在和种类。例如：

氧杂环丙烷（环氧乙烷）
oxacyclopropane
(oxirane)

N-甲基氮杂环丙烷
N-methylazacyclopropane

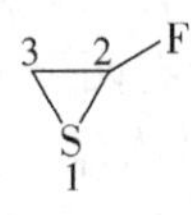

2-氟硫杂环丙烷(2-氟环硫乙烷)
2-fluorothiacyclopropane
(2-fluorothiirane)

笔记栏

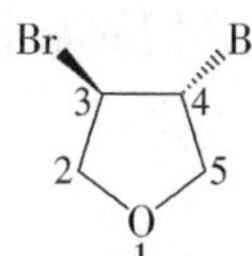

氧杂环丁烷
oxacyclobutane

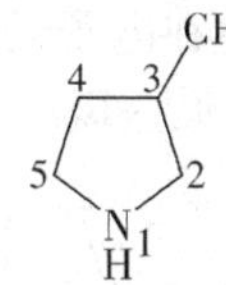

3-乙基氮杂环丁烷
3-ethylazacyclobutane

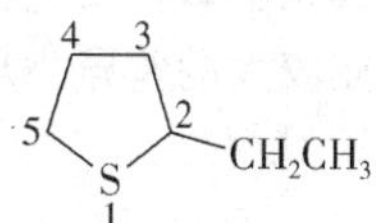

2,2-二甲基硫杂环丁烷
2,2-dimethylthiacyclobutane

反-3,4-二溴氧杂环戊烷
（反-3,4-二溴四氢呋喃）
trans-3,4-dibromooxacyclopentane
(*trans*-3,4-dibromotetrahydrofuran)

3-甲基氮杂环戊烷
（3-甲基吡咯烷）
3-methylazacyclopentane
(3-methylpyrrolidine)

2-乙基硫杂环戊烷
（2-乙基四氢噻吩）
2-ethylthiacyclopentane
(2-ethyltetrahydrothiophene)

上述例子括号中的名称也广为使用。

第二节　五元杂环化合物

一、呋喃、吡咯和噻吩的结构

呋喃、吡咯和噻吩的结构与环戊二烯负离子的结构相似。环戊二烯负离子可以看作是带负电的碳负离子与1,3-丁二烯相连，带负电的碳原子提供两个p电子，两个碳碳双键提供四个p电子，形成六个π电子的芳香体系。在呋喃、吡咯和噻吩的结构中，每个杂原子提供两个p电子，与两个碳碳双键的四个p电子，形成六个π电子的芳香体系。因此，吡咯分子中的氮原子上没有严格意义上的孤对电子，呋喃和噻吩分子中的氧原子和硫原子上也只有一对孤对电子。为了最有效地形成环状共轭π键，碳原子及杂原子均采用 sp^2 杂化态，见图13-4。

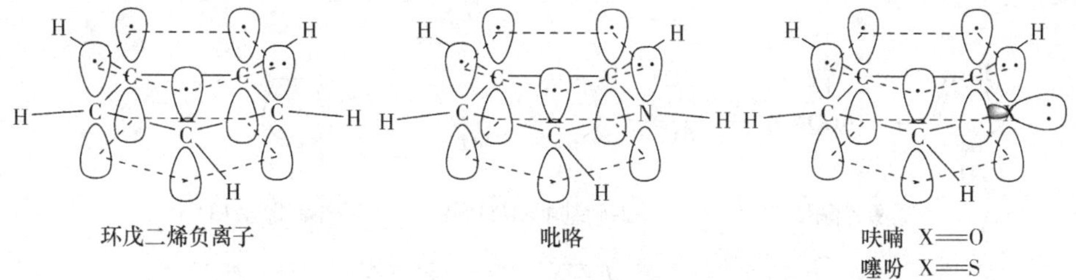

图13-4　环戊二烯负离子、吡咯、呋喃和噻吩形成共轭π键示意图

二、呋喃、吡咯和噻吩的性质

（一）物理性质

呋喃存在于松木焦油中，是无色具有特殊气味的液体，沸点32℃。吡咯存在于煤焦油和骨焦油中，无色液体，沸点130℃。噻吩是一种无色而略带苯气味的无色液体，沸点84℃，与苯共存于煤焦油中。商业苯约含0.5%的噻吩。

（二）化学性质

1. 吡咯的酸碱性　从结构的形式上看，吡咯属于仲胺，但由于氮原子上的一对电子已经参与共轭π键的形成，不再是孤对电子，因此其碱性大为减弱（$pK_b = 13.6$）。

吡咯的质子化可以在C-2、C-3和N上，但实际上主要发生在电子云密度较高C-2上。

$$\text{吡咯} + H^+ \rightleftharpoons \text{2H-吡咯鎓离子}$$

正是由于氮原子上电子云密度的降低，N—H键的极性增加而使得吡咯显示出一定的酸性（$pK_a = 17.5$）。吡咯与固体氢氧化钾一起共热，生成盐。

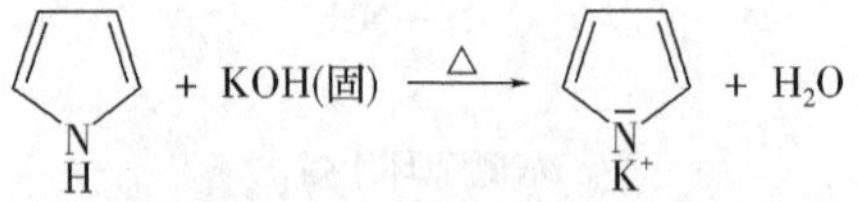

+ KOH(固) —△→ + H_2O

2. 亲电取代反应 呋喃、吡咯和噻吩分子中的五个原子共用六个π电子，属于富电子共轭体系，因此其亲电取代反应活性比苯高，反应主要发生在电子云密度较高的C-2位上。它们的亲电取代活性存在较大的差异，从其溴代反应的相对活性略见一斑。

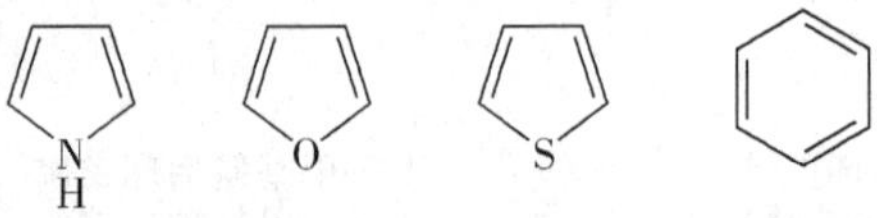

溴代反应的相对活性 3×10^{18} 6×10^{11} 5×10^{8} 1

呋喃比吡咯的活性低是由于氧的电负性比氮大，从而使呋喃环上的电子云密度比吡咯环的低；而噻吩比呋喃或吡咯的活性低，则是由于硫原子提供的用以形成共轭π键的两个p电子占据在3p轨道中，而呋喃、吡咯中的氧原子和氮原子提供的用以形成共轭π键的p电子占据在2p轨道中，与2p轨道相比，3p轨道不能更有效地与碳原子的2p轨道重叠，因而降低了硫原子向环上碳原子提供电子的能力。

呋喃、吡咯、噻吩属于富电子共轭体系，对强酸及氧化剂很敏感，尤其是吡咯和呋喃，在强酸性条件下，容易发生水解、聚合而被破坏。吡咯环的聚合过程如下所示：

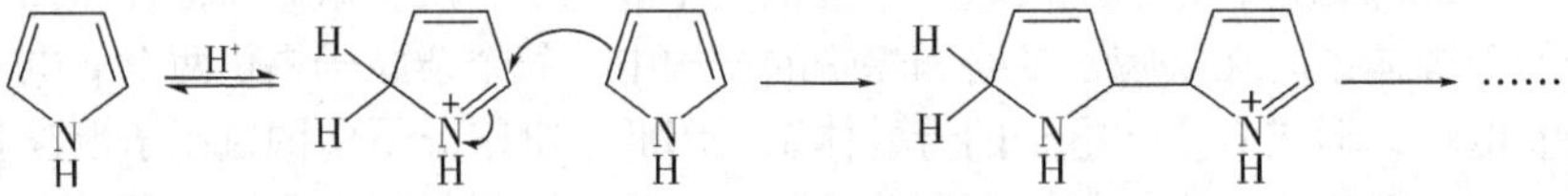

H^+ ⇌ …… → …… → ......

因此，呋喃、吡咯和噻吩的亲电取代反应一般需要在比较温和的条件下进行。常见的亲电取代反应举例如下：

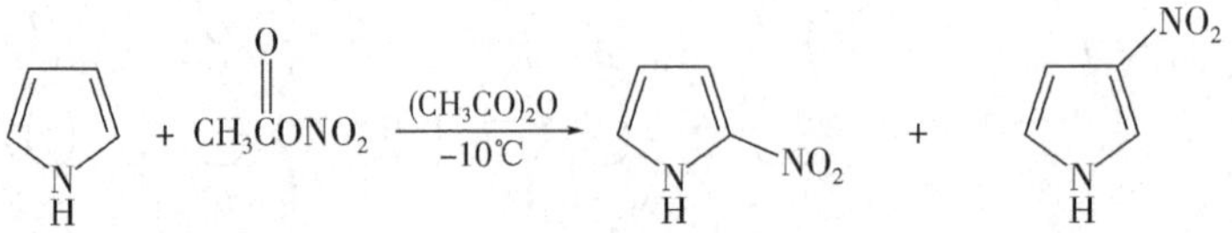

+ CH_3CONO_2 —$(CH_3CO)_2O$, −10℃→ +

硝酸乙酰酯 2-硝基吡咯(51%) 3-硝基吡咯(13%)

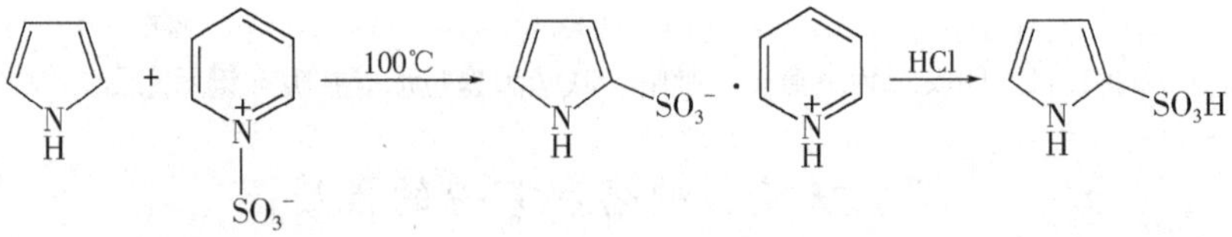

+ —100℃→ SO_3^- · —HCl→ SO_3H

吡啶三氧化硫 (90%) 2-吡咯磺酸

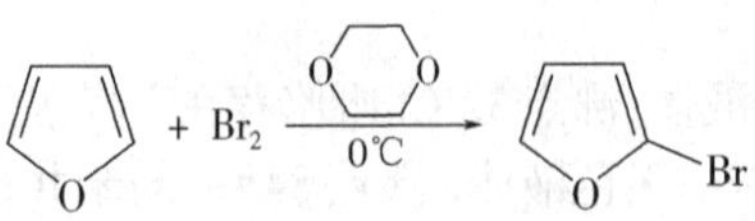

+ Br_2 —0℃→ Br

2-溴呋喃(80%)

+ Cl —$AlCl_3/CS_2$, 25℃→

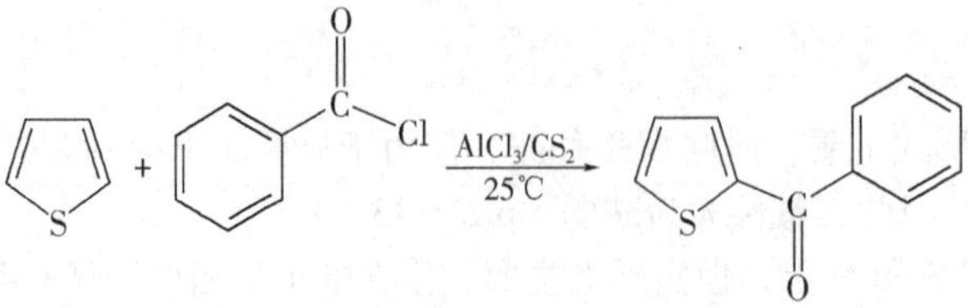

2-苯甲酰基噻吩(苯基-2-噻吩基酮)
(90%)

笔记栏

三、唑

含有两个杂原子，其中至少有一个是氮原子的五元杂环化合物称为唑（azole），常见的有噁唑、异噁唑、咪唑、吡唑、噻唑和异噻唑，它们是呋喃、吡咯、噻吩的 2 号或 3 号位置上再引入一个氮原子所形成的。

噁唑 oxazole　异噁唑 isoxazole　咪唑 imidazole　吡唑 pyrazole　噻唑 thiazole　异噻唑 isothiazole

上述六个唑类均具有芳香性，咪唑、噁唑和噻唑分子共轭 π 键的形成见图 13-5。

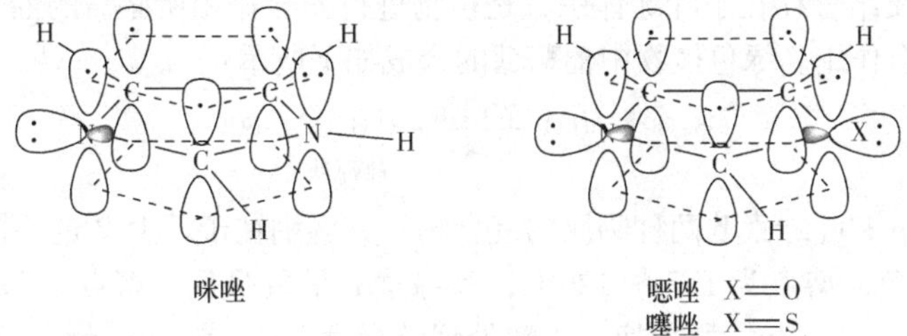

图 13-5　噁唑、咪唑和噻唑形成共轭 π 键示意图

1. 碱性　唑类化合物的碱性都比吡咯强，这是因为在它们结构中均含一个具有未共用电子对的氮原子。例如，咪唑的 $pK_b = 7.1$。

2. 环的互变异构现象　咪唑和吡唑都存在环的互变异构现象，氮上的氢原子可从一个氮原子转移到另一个氮原子上。当环上无取代基时，互变异构难以辨认。例如，咪唑的互变异构如下所示：

但是，当环上连有取代基时，互变异构现象则很明显。例如，5- 乙基咪唑可互变为 4- 乙基咪唑，两者不能分离，因此也称为 4(5)- 甲基咪唑。

5-乙基咪唑　　4-乙基咪唑

含咪唑结构的天然产物中最重要的是蛋白源氨基酸——组氨酸（histidine）。

组氨酸咪唑环上共轭酸的 $pK_a = 7.4$，是所有氨基酸中最接近生理 pH 的唯一氨基酸，既能接受质子，又能解离质子，起到酸碱调节作用。尤为特别的是，环上的一个氮原子可接受质子，另一个氮原子可给出质子，从而起到质子传递作用。这些性质使得组氨酸的咪唑基构成了很多酶的活性中心。

组氨酸　　咪唑环的质子传递

四、其他重要的五元杂环化合物

（一）卟啉化合物

自然界中存在很多吡咯的衍生物，如叶绿素和血红素等，它们的基本结构都含有卟吩（porphine）环。卟吩环是由四个吡咯环之间的 α 碳原子通过四个次甲基（—CH═）相连，形成一个含十八个 π

电子的芳香体系。

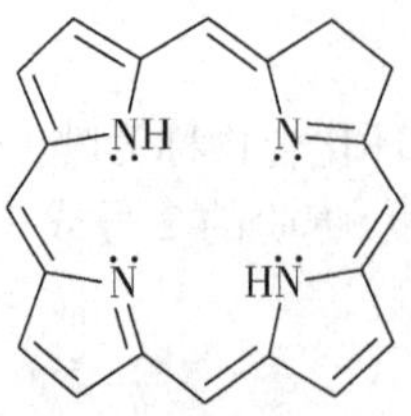

卟吩
（红色）

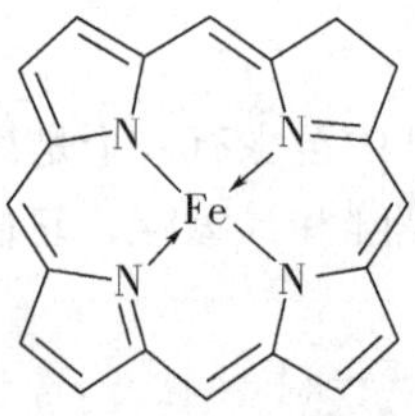

卟吩与Fe^{2+}的配合物
（棕色）

卟吩环本身在自然界并不存在，但其衍生物——卟啉化合物，相当稳定并具深颜色。环中的四个氮原子以共价键或配位键与金属离子形成各种配合物。

1. 叶绿素（chlorophyll） 分子中的卟吩环结合的金属离子是Mg^{2+}，存在于植物的叶和茎中的绿色色素中，与蛋白质结合存在于叶绿体中，是植物进行光合作用所必需的催化剂。植物通过叶绿素吸收太阳光进行光合作用。绿色植物中葡萄糖的合成如下所示：

$$6CO_2 + 6H_2O \xrightarrow[\text{叶绿素}]{\text{太阳光}} \underset{\text{葡萄糖}}{C_6H_{12}O_6} + 6O_2$$

叶绿素是叶绿素 a 和叶绿素 b 两种物质的混合物，其区别在于环上 R 的不同。

叶绿素 a 呈蓝绿色，熔点为 117 ～ 120℃，叶绿素 b 呈黄绿色，熔点为 120 ～ 130℃。叶绿素中的Mg^{2+}可被H^+、Cu^{2+}、Zn^{2+}所置换。用酸处理叶绿素，H^+进入叶绿素，置换其中的镁形成去镁叶绿素，呈褐色。去镁叶绿素中的H^+容易被Cu^{2+}取代，形成铜代叶绿素，其颜色又变为绿色，颜色比原来更稳定，在光下不褪色，也不为酸所破坏。

叶绿素铜钠盐，别名叶绿酸铜钠，主要成分是铜叶绿酸三钠和铜叶绿酸二钠，是以天然植物为原料，经过精制提纯所得到的天然叶绿素的衍生物。叶绿素铜钠盐可望取代合成色素，成为一种主要的天然无毒的绿色食品添加剂。

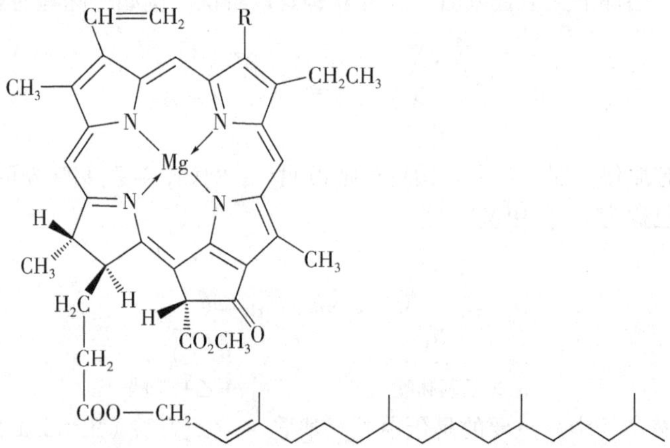

叶绿素a R=CH_3
叶绿素b R=CHO

2. 血红素（hemoglobin） 分子中卟吩环结合的金属离子是Fe^{2+}，它与蛋白质结合成血红蛋白而存在于红细胞中，是高等动物体内输送氧气的物质。

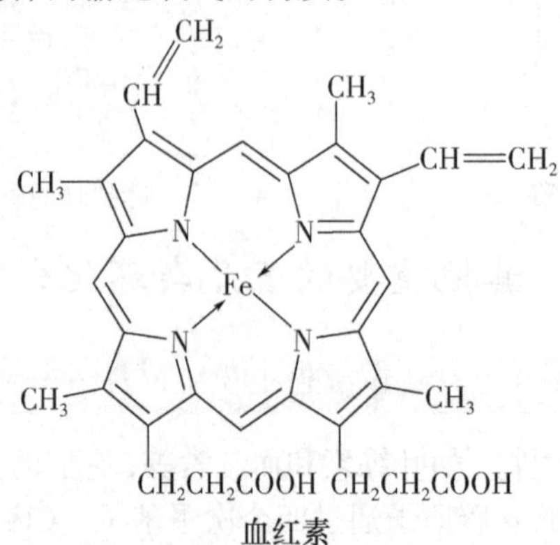

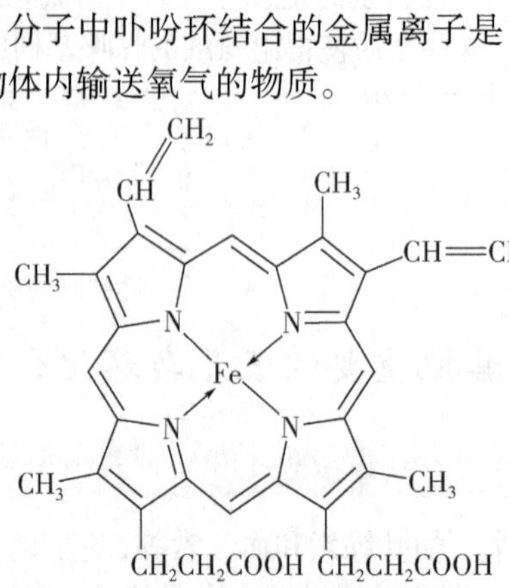

血红素

笔记栏

除运载氧气外，血红素还可以与二氧化碳、一氧化碳和氰离子等结合，结合的方式与氧气完全一样，所不同的是一氧化碳、氰离子与血红素结合得比氧牢固得多，所以一氧化碳、氰离子一旦和血红素结合就很难离开，这就是煤气和氰化物中毒的原理。遇到这种情况时，可以使用其他与卟吩环结合能力更强的物质来解毒，如一氧化碳中毒可以通过静脉注射亚甲蓝的方法来救治。

（二）青霉素

1928 年，英国微生物学家 Alexander Fleming（亚历山大 · 弗莱明）首先发现由青霉菌分泌的青霉素（penicillin）能有效地抑制链球菌的生长。1940 年，德国生化学家 Ernst Boris Chain（钱恩）和澳大利亚病理学家 Howard Walter Florey（弗洛里）等从青霉菌的培养液中分离得到了四种青霉素，其化学结构如下所示：

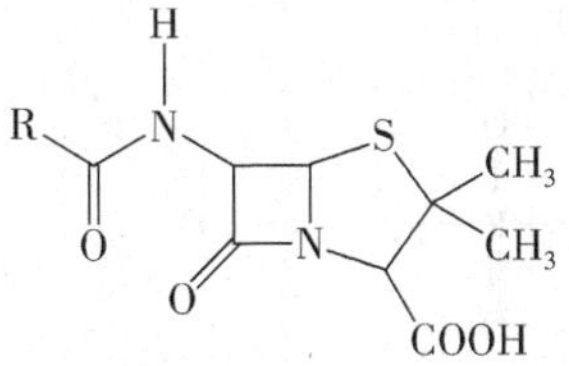

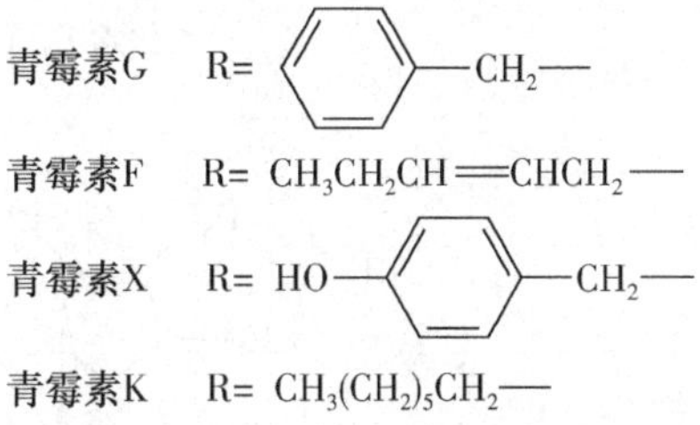

青霉素G　R= C_6H_5—CH_2—

青霉素F　R= CH_3CH_2CH=$CHCH_2$—

青霉素X　R= HO—C_6H_4—CH_2—

青霉素K　R= $CH_3(CH_2)_5CH_2$—

青霉素属于β- 内酰胺类，分子中含有一个四氢噻唑环，一个四元环的β- 内酰胺环，一个链状酰胺键，一个羧基。天然青霉素中以青霉素 G 效用最好，含量比其他的青霉素高，因为分子中的 R 为苄基，故称为苄青霉素，即为现在临床上普遍使用的青霉素。

青霉素难溶于水，但青霉素的钠盐或钾盐易溶于水。游离的青霉素具有较强的酸性（pK_a = 2.9）。

四元环的β- 内酰胺在酸、碱或其他亲核试剂的作用下容易开环。例如，在碱性溶液中，β- 内酰胺环被破裂，生成青霉素酸。

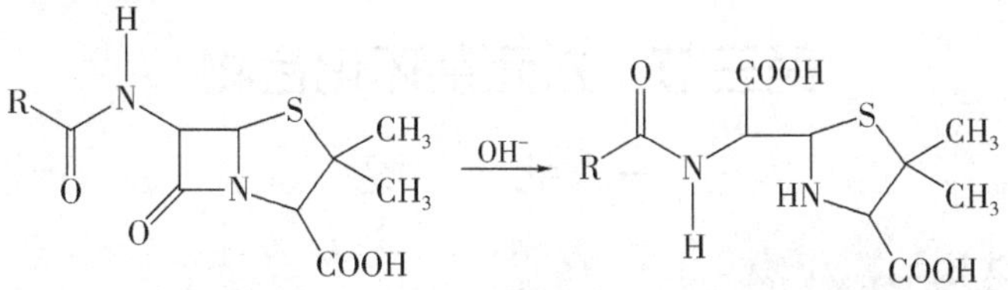

$\xrightarrow{OH^-}$

青霉素　　　　青霉素酸

β- 内酰胺类抗生素的作用机制被认为是抑制细菌细胞壁的合成。青霉素能够与进行生物合成细胞壁的主要酶上的氨基进行反应，使酶失去活性，如下所示：

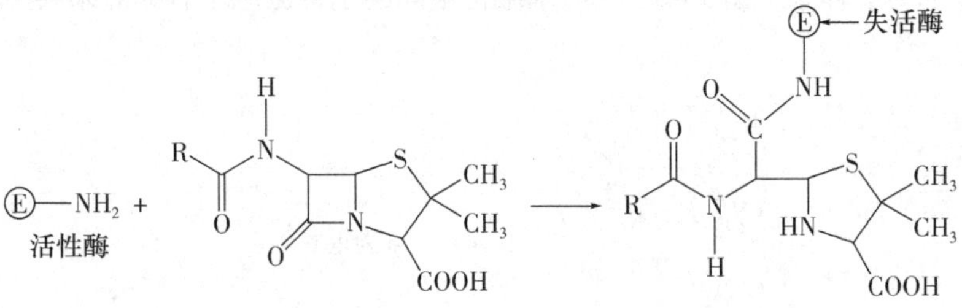

Ⓔ—NH_2 + 青霉素 ⟶ 失活酶

活性酶　　青霉素

人类的细胞没有细胞壁，所以青霉素不会破坏人体细胞，不良反应较小。

有些细菌对青霉素会产生耐药性，这是由于对青霉素产生耐药性的菌株产生的青霉素酶，使青霉素水解生成青霉素酸。青霉素酸分子中没有β- 内酰胺环，不能与进行生物合成细胞壁的主要酶上的氨基反应，因而不能阻止细菌细胞壁的合成。在青霉素酶的作用下，青霉素的水解过程如下所示：

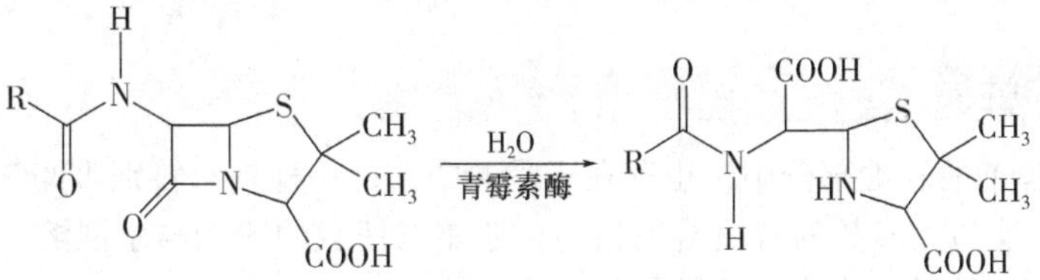

$\xrightarrow[\text{青霉素酶}]{H_2O}$

青霉素　　　　青霉素酸

（三）维生素 B_1

维生素 B_1 又称抗神经炎维生素，或称抗脚气病维生素，其分子由含硫的噻唑环和含氨基的嘧啶环组成，故称硫胺素（thiamine）。在生物体内常以硫胺素焦磷酸（thiamine pyrophosphate，TPP）的辅酶形式存在。

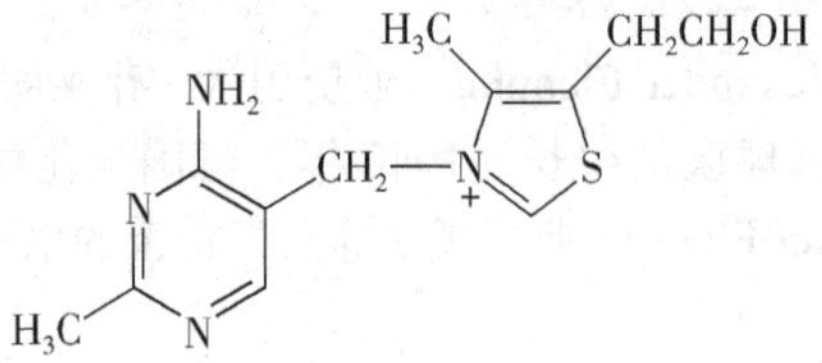

维生素 B_1（硫胺素）

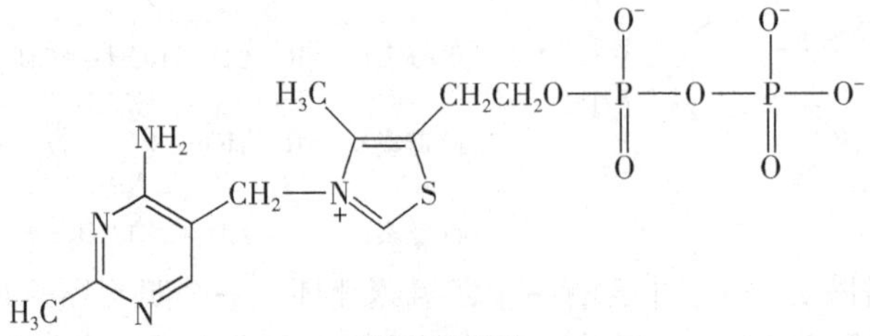

硫胺素焦磷酸

维生素 B_1 主要存在于种子外皮和胚芽中，米糠、麦麸、黄豆、酵母和瘦肉等食物中最丰富。

维生素 B_1 与糖代谢的关系密切，当维生素 B_1 缺乏时，糖代谢受阻，丙酮酸积累，使患者的血、尿和脑组织中丙酮酸含量增多，出现多发性神经炎、皮肤麻木、心力衰竭、四肢无力、肌肉萎缩及下肢水肿等症状，临床称为脚气病。

第三节　六元杂环化合物

一、吡　啶

（一）吡啶的结构

吡啶的结构与苯相似，可以看作是苯分子中的一个 CH 单元被一个氮原子取代所生成。氮原子与其他五个碳原子一样，采用 sp^2 杂化，氮原子提供一个 p 电子，与碳原子提供的五个 p 电子一起形成六个 π 电子的芳香体系（图 13-6），与苯结构不同的是，氮原子有一对未共用电子占据在 sp^2 杂化轨道上。

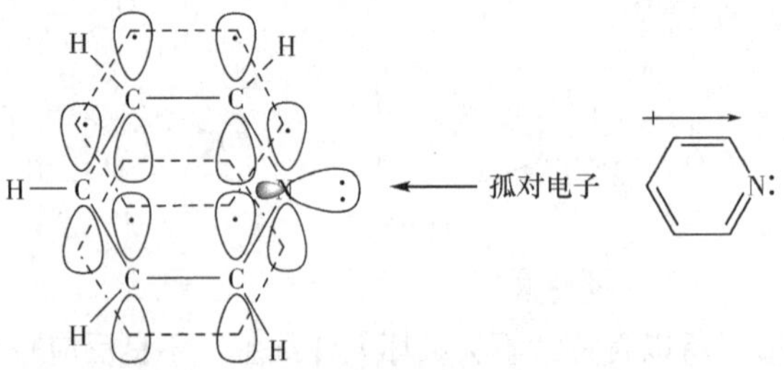

孤对电子

图 13-6　吡啶共轭 π 键形成示意图

由于氮的电负性大于碳，因此吡啶分子具有极性，环上带部分正电荷，N 上带部分负电荷，其偶极距 $\mu = 2.2D$。

（二）吡啶的性质

吡啶存在于煤焦油的轻油部分中，也存在于骨油中，是一种具有特别难闻气味的无色液体，沸点 115℃。吡啶不仅能与大多数的有机溶剂相溶，还能以任意的比例与水混溶，这是由于吡啶中氮原子上的未共用电子对能够与水中的氢原子形成氢键之故。

笔记栏

吡啶与水形成氢键

1. 碱性　从在结构形式上看，吡啶属于叔胺，但其碱性（$pK_b = 8.8$）却比脂肪叔胺要弱得多。这是因为吡啶中氮原子上的孤对电子占据在 sp^2 杂化轨道上，而脂肪胺中氮原子上的孤对电子占据在 sp^3 杂化轨道上。占据在 sp^2 杂化轨道上的孤对电子受到氮原子核更大的束缚，其供电子的能力降低，因而导致吡啶的碱性降低。

吡啶与强酸反应形成吡啶鎓盐。

$$C_5H_5N: + HCl \longrightarrow C_5H_5\overset{+}{N}—HCl^-$$

氯化吡啶鎓

因此，吡啶经常用作产生酸反应中酸的清除剂。

吡啶也可与路易斯酸，如 $AlCl_3$、$SbCl_5$、SO_3 等反应，形成稳定的 *N*- 加合物。吡啶与 SO_3 的加合物可作为温和的磺化试剂。

$$C_5H_5N: + SO_3 \longrightarrow C_5H_5\overset{+}{N}—SO_3^-$$

吡啶三氧化硫

2. 亲电取代反应　吡啶发生亲电取代反应的活性比苯小得多，所需反应条件相当苛刻。例如，吡啶的硝化、溴代及磺化反应需要在高温及强酸性条件下进行。

$$C_5H_5N + HNO_3 \xrightarrow[300℃]{KNO_3} \text{3-}NO_2\text{-}C_5H_4N$$

3-硝基吡啶(15%)

$$C_5H_5N + Br_2 \xrightarrow[300℃]{H_2SO_4,\ SO_3} \text{3-}Br\text{-}C_5H_4N$$

3-溴吡啶(86%)

$$C_5H_5N + 发烟H_2SO_4 \xrightarrow[220℃]{HgSO_4} \text{3-}SO_3H\text{-}C_5H_4N$$

3-吡啶磺酸(70%)

吡啶反应活性大为降低的原因有二：一是氮原子的吸电子诱导效应使得吡啶环上带部分正电荷，因此不容易受到亲电试剂的进攻；二是在酸性条件下，吡啶被质子化，主要以带正电的吡啶鎓离子存在，与比中性吡啶相比，吡啶鎓离子更难受到亲电试剂的进攻。

3. 亲核取代反应　吡啶环上的碳原子带部分正电荷，因此吡啶比苯容易发生亲核取代反应，亲核试剂主要进攻电子云密度较低的 C-2 和 C-4 位。

$$C_5H_5N + NaNH_2 \xrightarrow{液氨} \text{2-}\bar{N}HNa^+\text{-}C_5H_4N \xrightarrow{H_2O} \text{2-}NH_2\text{-}C_5H_4N$$

2-氨基吡啶(70%)

$$\text{4-}Cl\text{-}C_5H_4N + NaOCH_3 \xrightarrow{CH_3OH} \text{4-}OCH_3\text{-}C_5H_4N + NaCl$$

4-甲氧基吡啶(75%)

4. 氧化与还原　吡啶环对氧化剂相当稳定，当环上连有烃基时，烃基可被氧化。例如：

笔记栏

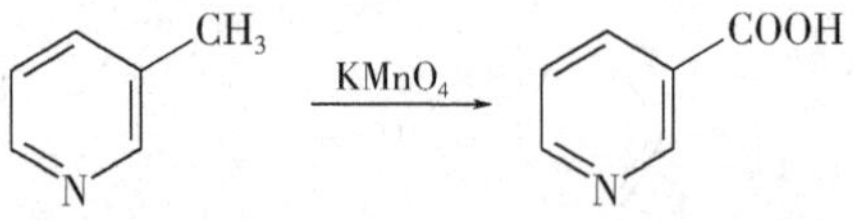

3-甲基吡啶 $\xrightarrow{KMnO_4}$ 3-吡啶甲酸

吡啶还原后生成饱和的仲胺哌啶（piperidine）。

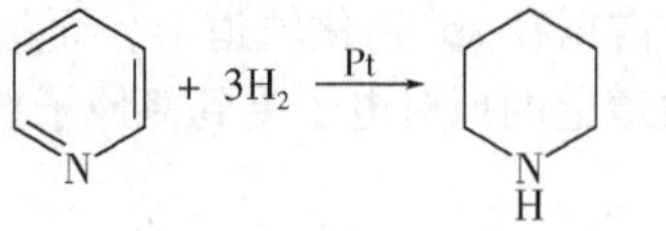

吡啶 + $3H_2$ $\xrightarrow{Pt}$ 哌啶(六氢吡啶)

二、二　　嗪

含有两个杂原子的六元杂环主要有哒嗪、嘧啶、吡嗪，统称为二嗪（diazine）。

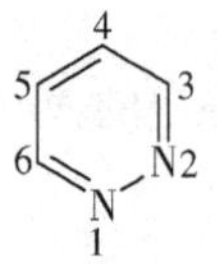

哒嗪 pyridazine　　嘧啶 pyrimidine　　吡嗪 pyrazine

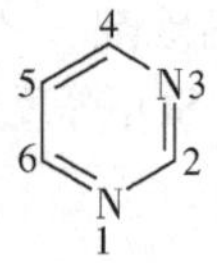

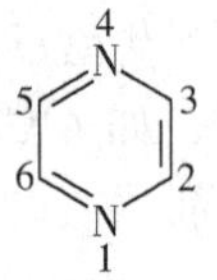

这三种二嗪中，最重要的是嘧啶，其衍生物胞嘧啶（cytosine）、尿嘧啶（uracil）和胸腺嘧啶（thymine）是核酸（DNA 和 RNA）中的碱基。

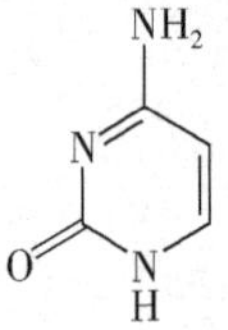

胞嘧啶 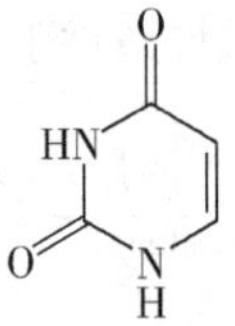　　尿嘧啶 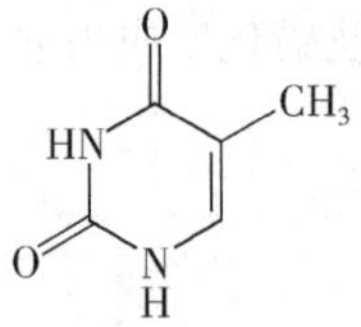　　胸腺嘧啶

三、其他重要的六元杂环化合物

1. 维生素 B_6　维生素 B_6 包括吡多醇（pyridoxine）、吡多醛（pyridoxal）和吡多胺（pyridoxamine），三者可相互转化。维生素 B_6 在体内以磷酸酯的形式存在，磷酸吡多醛和磷酸吡多胺是其活性形式，它们是氨基酸代谢中多种酶的辅酶。

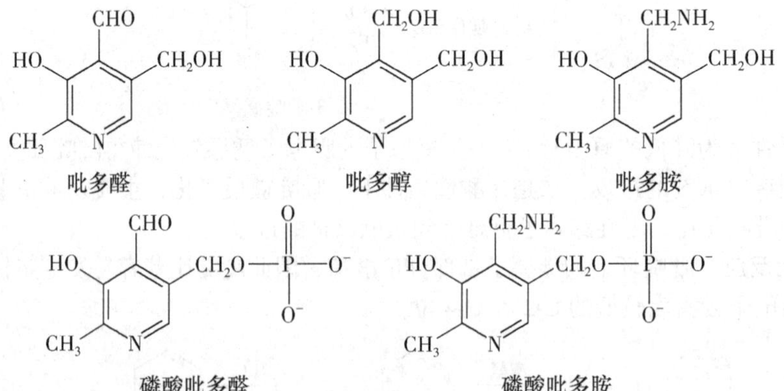

维生素 B_6 在动植物体内分布很广，在谷类外皮中含量尤为丰富。因为食物中富含维生素 B_6，同时肠道细菌又可以合成维生素 B_6 供人体需要，所以人类很少患维生素 B_6 缺乏病。

2. 维生素 B_3　维生素 B_3 又称维生素 PP，为抗癞皮病维生素，包括烟酸（nicotinic acid）和烟酰胺（nicotinamide）。

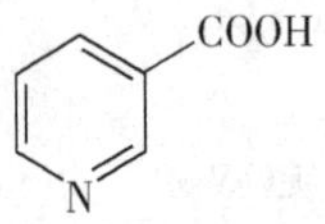

烟酸 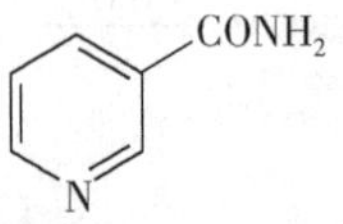　　烟酰胺

维生素 B_3 广泛存在于自然界，以酵母、花生、谷类、肉类和动物肝脏中含量最为丰富。

在生物体内，烟酰胺与核糖、磷酸、腺嘌呤组成脱氢酶中的辅酶——烟酰胺腺嘌呤二核苷酸（nicotinamide adenine dinucleotide, NAD^+）。NAD^+ 分子中吡啶环是氧化 - 还原反应中的电子载体。在底物氧化的过程中，NAD^+ 分子中吡啶鎓环发生还原反应。

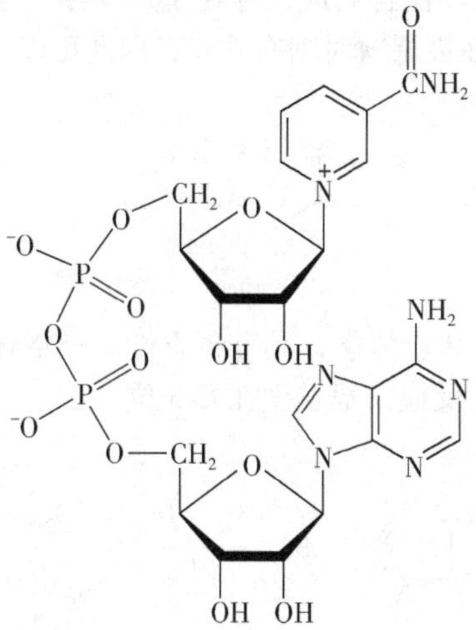

烟酰胺腺嘌呤二核苷酸（NAD^+）

NAD^+ 的还原：

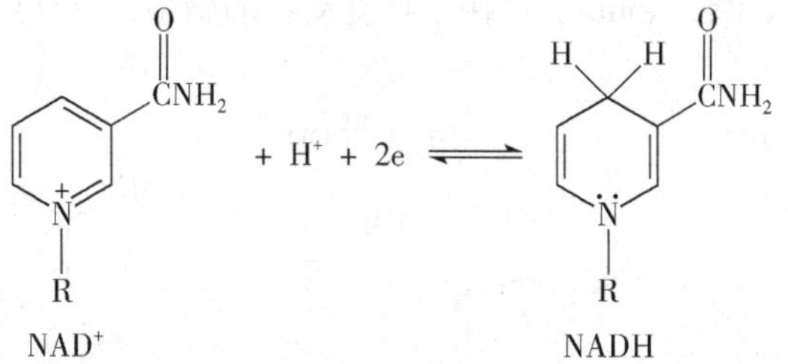

NAD^+ + H^+ + 2e ⇌ NADH

在由醇到醛的许多生物氧化反应中，NAD^+ 是电子的受体。反应可以看作是氢负离子从醇的 α-C 转移到吡啶鎓环上，同时发生质子化。

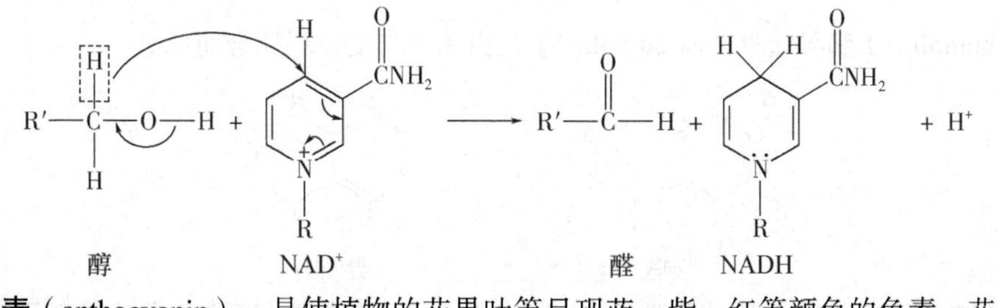

醇 + NAD^+ ⟶ 醛 + NADH + H^+

3. 花色素（anthocyanin）　是使植物的花果叶等呈现蓝、紫、红等颜色的色素。花色素是含有苯并吡喃鎓锌离子的化合物。例如，红玫瑰的颜色就是由红玫瑰色素分子引起的。

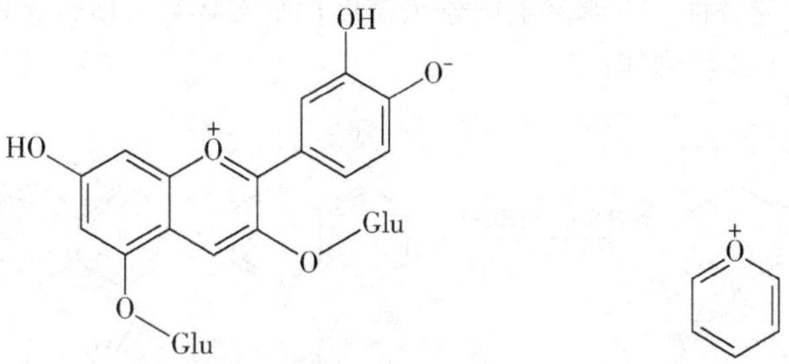

红玫瑰色素(Glu=葡萄糖)　　吡喃鎓锌离子

蓝色的矢车菊的颜色也是由同样的色素引起，但与金属离子如 Fe^{3+} 或 Al^{3+} 形成了配合物。其他花的色素具有相同的基本结构，但连有更多或更少的羟基，或羟基连在不同部位上。

笔记栏

第四节 稠杂环化合物

一、吲 哚

吲哚（indole）由苯环与吡咯环稠合而成，存在于煤焦油、各种植物及粪便中，为无色晶体，熔点 52℃，具有极臭的气味，但在极稀薄时则有香味，因此可以用做香料。

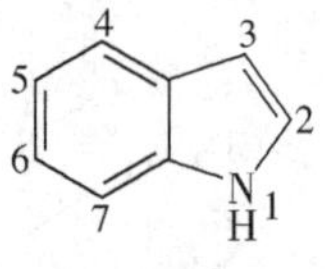

吲哚

吲哚为含 10 个 π 电子的环状共轭体系，具有芳香性。吡咯环的电子云密度高于苯环，因此亲电取代反应主要在吡咯环上进行，反应一般发生在 C-3 位。

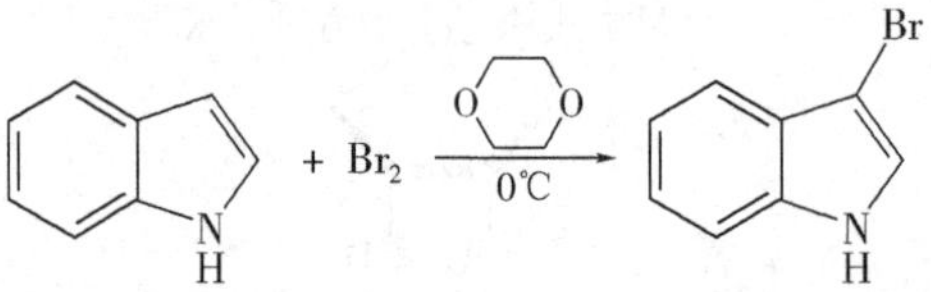

$$\text{吲哚} + Br_2 \xrightarrow[0℃]{\text{二氧六环}} \text{3-溴吲哚}$$

3-溴吲哚(70%)

吲哚的衍生物具有重要的生理功能。例如，3- 吲哚乙酸是一种植物生长调节剂；色氨酸是一种人体必需氨基酸；5- 羟色胺（serotonin）存在于哺乳动物的脑中，是活跃于中枢神经系统中的神经递质和血管收缩剂。

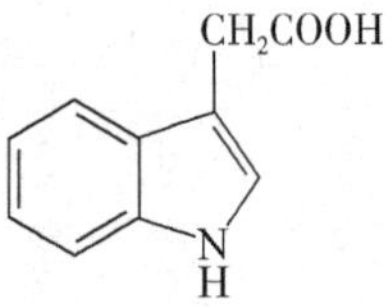

吲哚-3-乙酸（3-位 CH_2COOH）　色氨酸（3-位 $CH_2CHCOOH$，NH_2）　5-羟色胺（HO，3-位 $CH_2CH_2NH_2$）

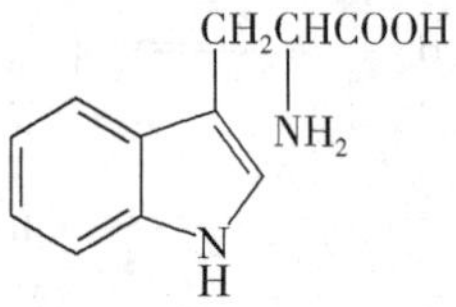

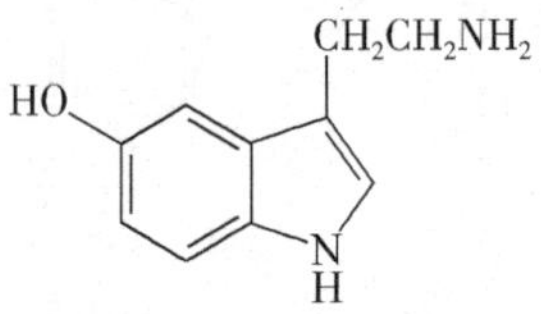

二、喹啉和异喹啉

喹啉（quinoline）和异喹啉（isoquinoline）是由苯环与吡啶环稠合而成。

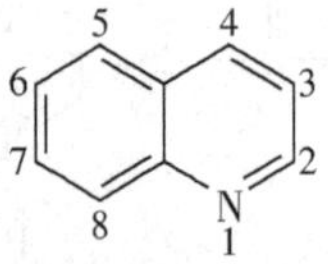

喹啉 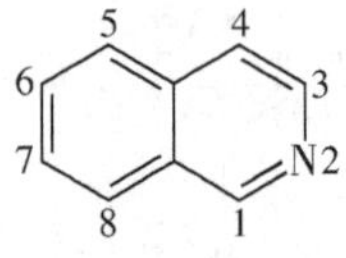　异喹啉

喹啉和异喹啉都存在于煤焦油和骨油中。喹啉是一种无色的油状液体，具有类似于吡啶的恶臭，沸点 238℃；异喹啉为低熔点固体，气味类似于喹啉，熔点 24℃，沸点 242℃。

喹啉和异喹啉均具有芳香性，但苯环的电子云密度比吡啶环高，所以亲电取代反应在苯环上进行，主要发生在 C-5 和 C-8 位。例如：

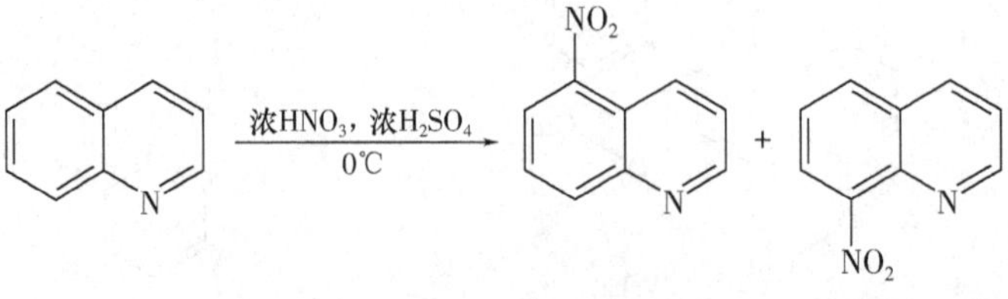

$$\text{喹啉} \xrightarrow[0℃]{\text{浓}HNO_3,\ \text{浓}H_2SO_4} \text{5-硝基喹啉} + \text{8-硝基喹啉}$$

5-硝基喹啉(50%)　8-硝基喹啉(48%)

喹啉的氧化反应发生在电子云密度较高的苯环上，而加氢还原则在电子云密度较低的吡啶环上进行。

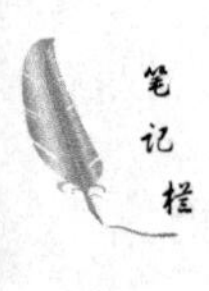

笔记栏

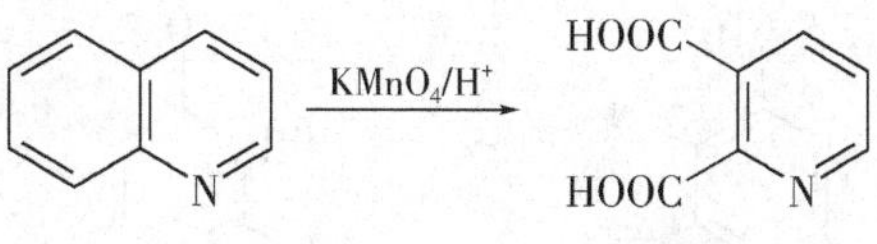

2,3-吡啶二甲酸

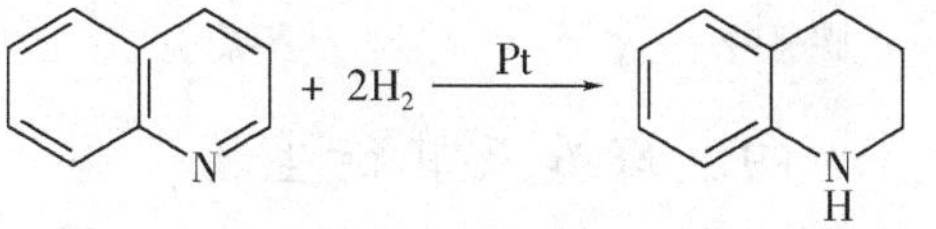

四氢喹啉

奎宁（quinine）又称金鸡钠碱，是喹啉的一种重要衍生物，最初是从金鸡钠树皮中获得的一种生物碱。具有退热作用，对于某些疟疾原虫具有迅速杀灭的效能，主要用于治疗疟疾。

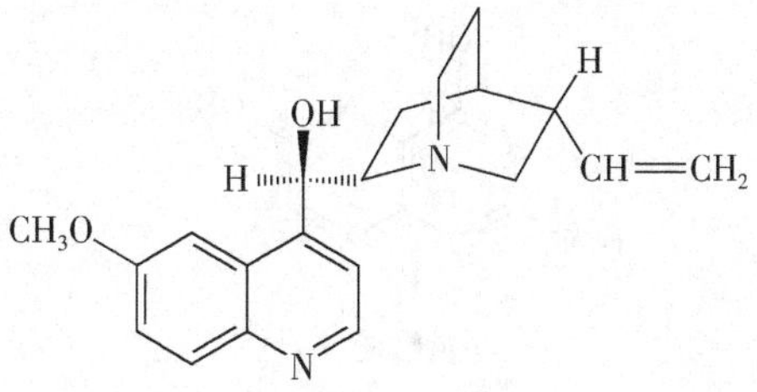

奎宁

三、嘌　　呤

嘌呤（purine）是由嘧啶环和咪唑环稠合而成，其编号比较特殊，两环共用的碳原子也要编号，故需特别记忆。

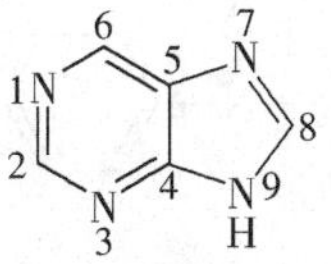

嘌呤

嘌呤是无色针状晶体，熔点 216～217℃，易溶于水、乙醇等极性溶剂，难溶于非极性溶剂。

在水溶液中，嘌呤以两种互变异构体的形式存在。在药物分子中，主要以 7*H*- 嘌呤的形式存在，而在生物体内则主要以 9*H*- 嘌呤的形式存在。

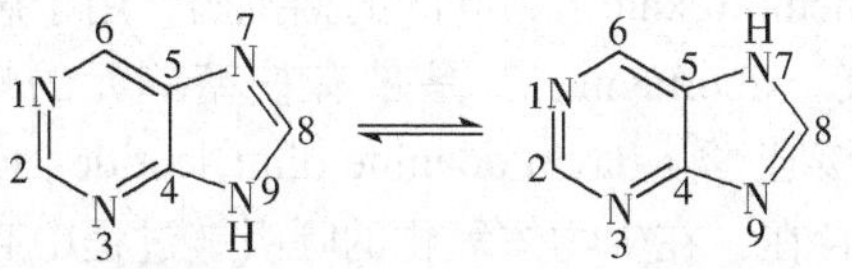

9*H*-嘌呤　　7*H*-嘌呤

嘌呤的衍生物广泛存在于动植物体内。尿酸（uric acid）存在于所有食肉动物的尿液中，也是鸟类和爬行动物粪便中氮代谢的主要产物；痛风是由于尿酸钠沉积在关节和肌腱上所引起的；存在于咖啡、茶叶和可乐饮料中的咖啡因（caffeine）及可可中的可可碱（theobromine）是两种重要的生物碱。

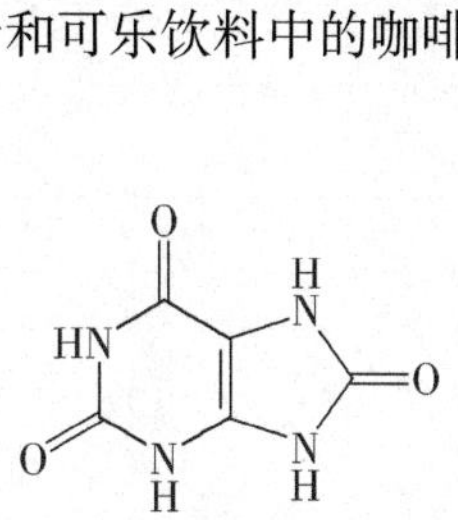

尿酸 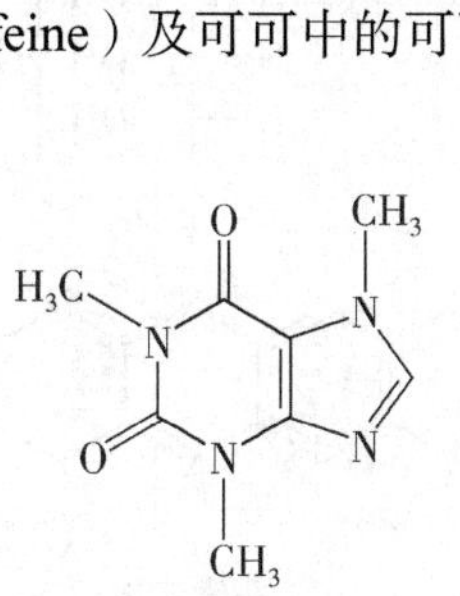　　咖啡因 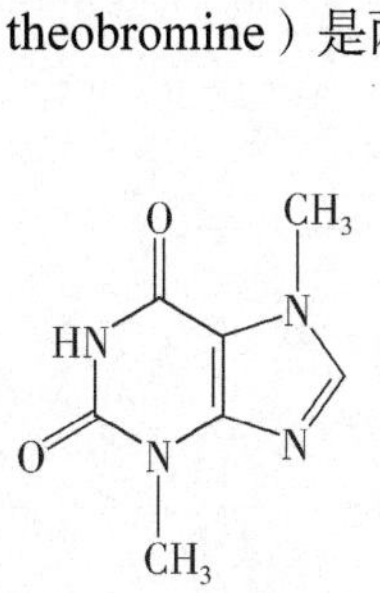　　可可碱

自然界中最重要的嘌呤衍生物为腺嘌呤（adenine）和鸟嘌呤（guanine），它们是核酸中的两种碱基。

笔记栏

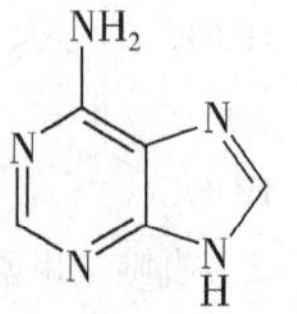

腺嘌呤 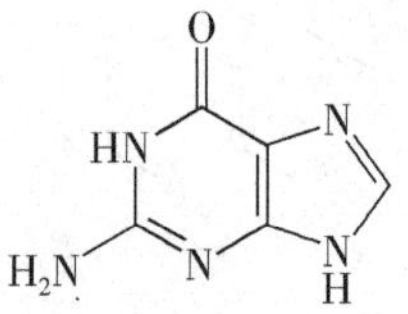　　　　鸟嘌呤

四、蝶啶及其衍生物

蝶啶（pteridine）由嘧啶环和吡嗪环稠合而成，系统命名为 1,3,5,8- 四氮杂萘。蝶啶环存在于许多有趣的天然产物中。

1. 黄蝶呤和无色蝶呤　黄蝶呤（xanthopterin）和无色蝶呤（leucopterin）是昆虫身上的色素。

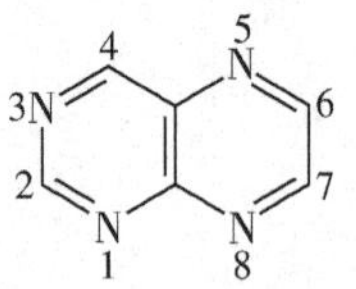

蝶啶(1,3,5,8-四氮杂萘) 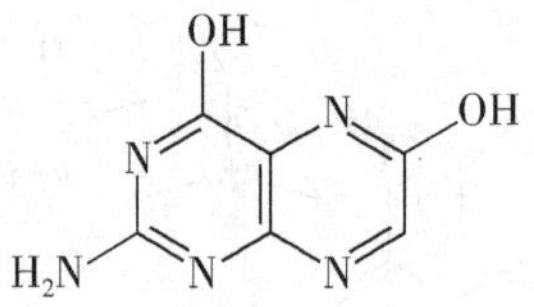　　　　黄蝶呤 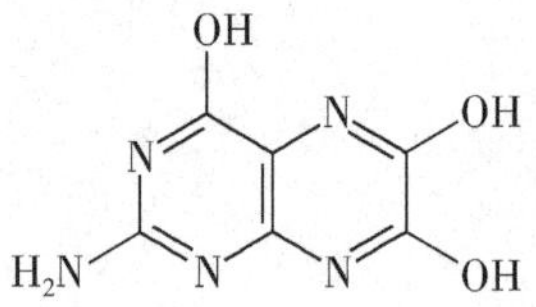　　　　无色蝶呤

2. 叶酸和氨甲蝶呤　叶酸（folic acid）最初从肝脏中分离得到，后来发现其在绿叶中的含量十分丰富，故名叶酸。在肝内二氢叶酸酶的作用下，叶酸转变为具有活性的四氢叶酸，四氢叶酸是体内转移“一碳基团”的载体。

叶酸是极早期妊娠中神经系统正常发育的关键因素。跛足及脊柱裂和无脑畸形等死胎缺损与这种必须从食物中获得的物质的缺乏有关。

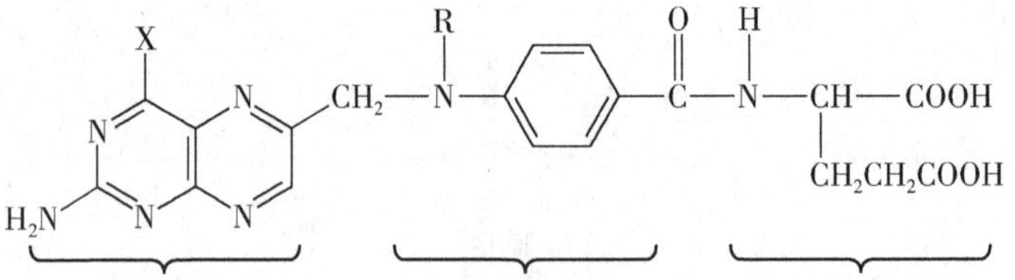

蝶呤部分　　4-氨基苯甲酸部分　　(S)-谷氨酸部分

叶酸 X═OH，R═H　　　　氨甲蝶呤 X═NH_2，R═CH_3

叶酸广泛存在于肝、酵母及蔬菜中，人类肠道的细菌也能合成叶酸，故一般不易发生叶酸缺乏症。叶酸的类似物氨甲蝶呤（methotrexate）为叶酸的拮抗药，用于癌症的化学疗法中。

3. 维生素 B_2　又称核黄素（riboflavin），是带有核糖单元的蝶呤衍生物，在动植物的组织中作为辅酶以黄素腺嘌呤二核苷酸（flavin adenine dinucleotide , FAD）和黄素单核苷酸（flavin mononucleotide , FMN）的形式存在，在生物体氧化的呼吸链过程中起传递氢的作用，参与机体糖、蛋白质和脂肪的代谢。

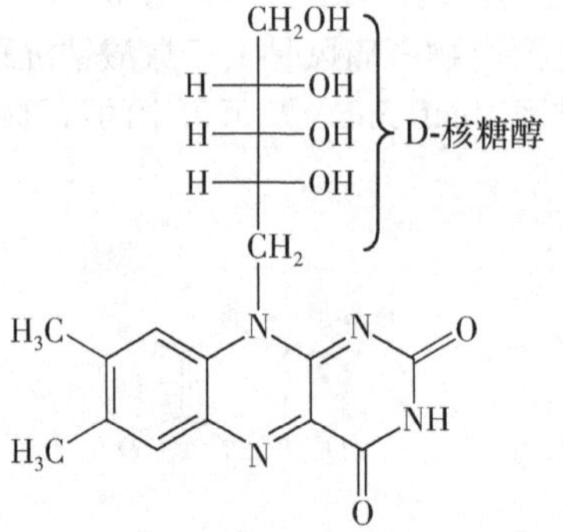

D-核糖醇

维生素B_2

第五节 生物碱简介

一、概　述

1. 生物碱的含义 生物碱（alkaloid）指的是来源于生物体内（主要是植物）的一类含氮的碱性有机化合物。大多数生物碱具有比较复杂的环状结构，氮原子结合在环内，但也有少数几种生物碱中的氮原子是以伯胺或季铵碱的形式存在，如来源于鲨鱼中的角鲨胺（squalamine）和动物体内的胆碱（choline）。

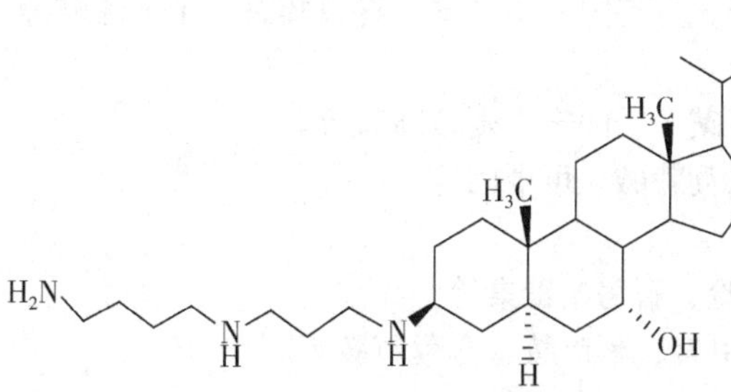

角鲨胺(伯胺)

$HOCH_2CH_2—\overset{+}{N}(CH_3)_3OH^-$

胆碱(季铵碱)

有研究认为，生物体自行合成生物碱乃是出于防御的需要，为的是保护生物体自身免受昆虫或其他动物的侵害。例如，原产于哥斯达黎加、巴拿马、厄瓜多尔和哥伦比亚等拉丁美洲国家的毒箭蛙（poison dart frog），它们皮肤上的腺体能分泌出剧毒的毒箭蛙碱。毒箭蛙碱又称蛙毒素（batrachotoxin），可以抵御食肉动物的进攻。很久以来，当地人一直利用毒箭蛙的毒汁涂抹在箭头和标枪上来进行狩猎，毒箭蛙因此得名。

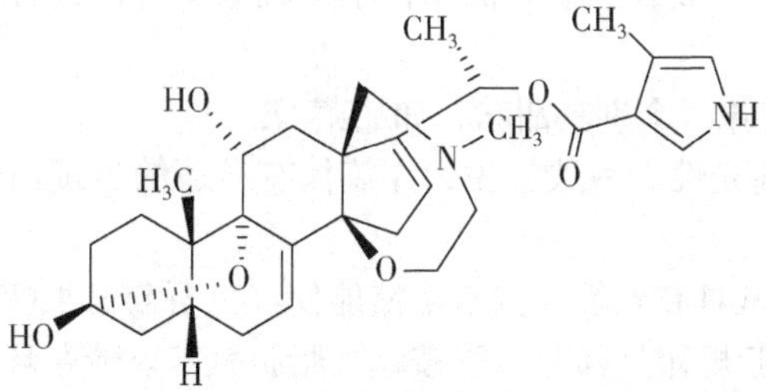

箭毒蛙碱

生物碱大多具有显著的生理活性，并随生物碱的不同而有很大差异。一些生物碱能刺激中枢神经系统，有的则可引起麻痹；有些会引起血压的升高，有的则可降低血压；某些生物碱可作为镇痛剂，另外一些则作为镇静剂；还有一些具有杀菌作用。当使用的剂量足够大时，大多数生物碱是有毒性的，而对于某些生物碱，即使剂量很小也是有毒的。

2. 生物碱的分布 多数生物碱都是从植物体内获得。植物生物碱主要分布于植物的各个部位，但多集中在某一器官。植物体内生物碱的含量差别很大，但一般都较低，大多低于 1%，但也有少数含量特别高或特别低的情况，如黄连中小檗碱的含量为 8% ～ 9%，金鸡纳树皮中生物碱的含量高达 10% ～ 15%，而长春花中的长春新碱的含量只有百万分之一。

同一植物体内的生物碱，往往是多种生物碱共存，其母核的结构基本相似。

3. 生物碱的存在形式 生物碱一般与有机酸（如苹果酸、柠檬酸、酒石酸和鞣酸等）结合成盐；少数以游离形式存在，如咖啡因与秋水仙碱（colchicine）等。其他尚有以酯、苷及 N→O 键形式存在的化合物，如乌头碱、氧化苦参碱等。

4. 生物碱的命名 生物碱的结构一般比较复杂，很少使用系统命名法，大多根据其来源而给予俗名。例如，从毒芹草内提取得到的生物碱称为毒芹碱（coniine）。某些生物碱的名称相当有趣，如存在于鸦片中的生物碱吗啡（morphine）来源于古希腊梦神的名字 Morpheus；烟草中的生物碱尼古丁（nicotine）则源自于一位早期法国大使的名字 Nicot，是其将烟草的种子带回了法国。

笔记栏

二、生物碱的分类

生物碱的种类繁多、结构复杂，可按植物的来源、生源途径或母核结构的类型进行分类。按母核的基本结构可分为 60 类左右，主要有以下 12 类。

（1）有机胺类：氮原子位于直链上，如麻黄碱、益母草碱、秋水仙碱等。

（2）吡咯烷类：如古豆碱、红古豆碱、千里光碱、水苏碱（益母草）、野百合碱等。

（3）吡啶类：如烟碱、胡椒碱、槟榔碱、槟榔次碱、毒芹碱、颠茄碱、苦参碱等。

（4）喹啉类：如奎宁、辛可宁、喜树碱等。

（5）异喹啉类：如小檗碱、罂粟碱、吗啡、可待因、防己碱、青风藤碱、千金藤碱等。

（6）喹唑酮类：如常山碱和异常山碱等。

（7）吲哚类：如利血平、长春碱、长春新碱、士的宁、麦角新碱等。

（8）莨菪烷类：如莨菪碱（洋金花）、东莨菪碱、可卡因等。

（9）咪唑类：如毛果芸香碱等。

（10）嘌呤类：如咖啡因、茶碱、香菇嘌呤、石房蛤毒素等。

（11）甾体类：如角鲨胺、辣茄碱、浙贝甲素、藜芦胺、介藜芦胺等。

（12）萜类：如猕猴桃碱、石斛碱、乌头碱、飞燕草碱等。

三、生物碱的理化性质

1. 性状和旋光性

（1）性状：多数生物碱呈结晶状态，有一定的熔点；有的呈液态，如烟碱、槟榔碱；个别小分子固体生物碱有挥发性，如麻黄碱；有的有升华性，如咖啡因、川嗪。

（2）颜色：大多无色，少数有颜色。例如，小檗碱呈黄色，具有黄绿色荧光；血根碱因分子中有共轭体系呈红色。

（3）气味：几乎都有苦味，个别具甜味，如甜菜碱。

（4）旋光性：大多有旋光性。一般来说，左旋体有显著的生理活性，而右旋体则无生理活性或活性很弱。

2. 酸碱性　大多数生物碱具有碱性，其水溶液能使红色石蕊试纸变蓝。碱性的强弱与分子中存在的碱性基团结构有关，一般规律是胍基、季铵碱＞脂肪氨基＞芳杂环（如吡啶）＞酰胺基。若氮原子是在酰胺结构中，则碱性极弱甚至消失，如胡椒碱、秋水仙碱等。有的生物碱分子中含有酚羟基或羧基，因而具酸碱两性，如槟榔次碱和吗啡等。

生物碱分子中的氮原子有一对未共用电子对，因此能与无机酸或有机酸结合成盐。

3. 溶解性　游离生物碱极性较小，不溶或难溶于水，能溶于氯仿、乙醚、苯、丙酮、甲醇、乙醇等有机溶剂，也能溶于酸性水溶液；生物碱盐类易溶于水和乙醇，不溶或难溶于有机溶剂。此性质可用于生物碱的提取、分离和纯化。但上述溶解规律也有不少例外，如麻黄碱、秋水仙碱均可溶于水，也可溶于有机溶剂；小檗碱可溶于水，其盐在冷水中反而不溶；酚性生物碱可溶于氢氧化钠溶液；所有季铵盐类生物碱均可溶于水。

4. 生物碱的检识　在生物碱的预试、提取分离和结构鉴定中，常常需要一种简便的检识方法。最常用的是生物碱的沉淀反应和显色反应。

（1）沉淀反应：大多数生物碱在酸性水溶液中能与一些特殊的试剂——生物碱沉淀剂作用，生成具有特征颜色的沉淀。生物碱沉淀剂的种类很多，通常是一些重金属盐类或分子量较大的复盐，以及特殊的无机酸或有机酸溶液。常用的生物碱沉淀剂及现象简述如下。

1）碘化铋钾试剂（$KBiI_4$）：橘红色沉淀。

2）碘化汞钾试剂（K_2HgI_4）：白色或黄白色沉淀。

3）碘 - 碘化钾试剂（I_2-KI）：红棕色沉淀。

4）磷钼酸试剂（$H_3[P(MO_3O_{10})_4]\cdot 12H_2O$）：白色或黄褐色沉淀。

5）硅钨酸试剂（$H_4[Si(W_3O_{10})_4]\cdot 2H_2O$）：淡黄或灰白色沉淀。

笔记栏

6）苦味酸试剂（O_2N—（苯环，邻位两个 NO_2）—OH）：黄色沉淀。

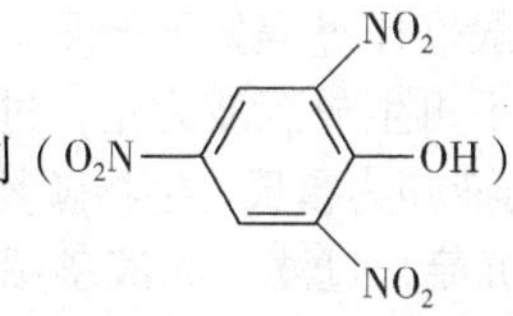

7）氯金酸试剂（$H[AuCl_4]$）：黄色沉淀。

8）硫氰酸铬铵（雷氏铵盐）（$NH_4[Cr(SCN)_4(NH_3)_2]$）：红色沉淀。

值得注意的是，蛋白质、鞣质、胺类等物质也能和生物碱沉淀剂作用产生沉淀。因此，通常必须先选用三种以上不同的生物碱沉淀剂进行试验，若无沉淀，则肯定无生物碱存在；若有沉淀，则说明可能含有生物碱，必须精制后再试验，第二次结果再出现沉淀，才可确证生物碱的存在。

（2）显色反应：生物碱能与某些试剂（显色剂）生成特殊的颜色，可供生物碱的识别。试验中，应对供试液进行纯化精制，纯度越高，显色越明显。常用的显色剂及现象分述如下。

1）1% 矾酸铵的浓硫酸溶液：能与多数生物碱反应，呈现不同的颜色，如与阿托品、东莨宕碱显红色，与马钱子碱显血红色，与士的宁显紫色，与奎宁显淡橙色，与吗啡显棕色，与可待因显蓝色。

2）1% 钼酸铵或钼酸钠的浓硫酸溶液：与可待因显黄色，与小檗碱显棕绿色，与乌头碱显黄棕色，与阿托品及士的宁不显色。在使用时应注意，该试剂与蛋白质也能显色。

3）30% 甲醛溶液 0.2ml 与浓硫酸 10ml 的混合液：与可待因显蓝色，与吗啡显紫红色，与咖啡因不显色。

4）浓硫酸：与乌头碱显紫色，与小檗碱显绿色，与阿托品不显色。

5）浓硝酸：与小檗碱显棕红色，与秋水仙碱显蓝色，与乌头碱显红棕色，与咖啡因不显色。

四、生物碱提取和分离

生物碱是天然有机化合物中最大的一类，也是科学家们研究最早的一类有生物活性的天然有机化合物。由于天然产物中生物碱的含量一般都较低，因此如何有效地从天然产物中提取、分离和纯化生物碱，就一直成为药物学家和化学家们感兴趣的课题。

（一）总生物碱的提取

提取总生物碱的方法有溶剂法、离子交换树脂法和沉淀法。

1. 溶剂法　这是最常用的方法，主要是根据生物碱溶解性能的特点而选择不同的溶剂体系。生物碱大都能溶于氯仿、甲醇、乙醇等有机溶剂，除季铵碱和一些分子量较低或含极性基团较多的生物碱外，一般均不溶或难溶于水，而生物碱与酸结合成盐时则易溶于水和醇。基于这种特性，可用不同的溶剂将生物碱从原料中提取出来。

（1）水或酸水—有机溶剂：提取的原理是生物碱盐类易溶于水，难溶于有机溶剂，其游离碱易溶于有机溶剂，难溶于水。一般用水或 0.5% ～ 1% 无机酸水溶液提取。提取液浓缩成适当体积后，再用氨水、石灰乳等碱化游离析出生物碱，然后用有机溶剂（如氯仿、苯等）进行萃取，浓缩萃取液即得到亲脂性总生物碱。

（2）醇酸水—有机溶剂：本法基于生物碱及其盐类易溶于甲醇或乙醇。常用甲醇或乙醇的酸性溶液（0.1% ～ 1% 盐酸、硫酸、乙酸、酒石酸等）进行提取，过滤所得酸液，再经碱化、有机溶剂萃取、浓缩得亲脂性总生物碱。

（3）碱水—有机溶剂：一般操作方法是将原料用碱水（石灰乳、碳酸钠溶液或 10% 氨水）润湿后，使原料中与酸结合成盐的生物碱呈游离状态，然后用二氯甲烷、氯仿、四氯化碳、苯等直接进行液 - 固萃取，回收有机溶剂后即得亲脂性总生物碱。

（4）其他溶剂：某些亲水性的生物碱（如含 N→O 键的化合物），常用与水不相混溶的有机溶剂（如正丁醇、异戊醇等）进行提取。

2. 离子交换树脂法　将酸水提取液与阳离子交换树脂（多用磺酸型）进行交换，目的是与非生物碱成分进行分离。交换后的树脂用 10% 氨水碱化，再用有机溶剂（如乙醚、氯仿、甲醇等）进行洗脱，回收有机溶剂得总生物碱。

3. 沉淀法　季铵类生物碱因易溶于水中，除离子交换树脂法外，往往难以用一般溶剂将其提取

笔记栏

出来，因此常采用沉淀法进行提取。以雷氏铵盐为例，一般操作过程如下所示。①将季铵碱的水溶液用酸调节到弱酸性，加入新配制的雷氏铵盐饱和溶液至不再生成沉淀为止，过滤并用少量水洗涤1～2次，抽干；将沉淀溶于丙酮（或乙醇）中，过滤，滤液即为雷氏-生物碱复盐丙酮（或乙醇）溶液。②于此滤液中加 Ag_2SO_4 饱和溶液，形成雷氏铵盐沉淀，过滤，滤液备用。③于滤液中加入计量的 $BaCl_2$ 溶液，滤除沉淀，最后所得滤液即为季铵生物碱的盐酸盐。整个过程可用反应式表示如下：

$$B^+ + NH_4[Cr(SCN)_4(NH_3)_2] \longrightarrow B[Cr(SCN)_4(NH_3)_2]\downarrow + NH_4^+$$

$$2B[Cr(SCN)_4(NH_3)_2] + Ag_2SO_4 \longrightarrow B_2SO_4 + 2Ag[Cr(SCN)_4(NH_3)_2]\downarrow$$

$$B_2SO_4 + BaCl_2 \longrightarrow BaSO_4\downarrow + 2B\cdot Cl$$

B＝季铵生物碱阳离子

（二）生物碱的分离与纯化

用上述方法提取到的总生物碱，应先用薄层层析检测所含生物碱的种类，各个组分的大致比例，然后选用分离和纯化的方法。

1. 分步结晶 利用各种生物碱在不同溶剂中溶解度的不同而达到分离的目的。先将总生物碱溶于少量乙醚、丙酮或甲醇中，放置。如果析出结晶，过滤，将母液浓缩后再加入另一种溶剂，往往又可得到其他生物碱的结晶。

2. 制备衍生物 许多生物碱的盐往往比游离生物碱更易于结晶，因此可利用其盐在各种溶剂中的不同溶解度进行分离，分离提纯后再使其转变成游离生物碱。常用作制备盐的无机酸有盐酸、硝酸、硫酸、磷酸、氢溴酸、氢碘酸和过氯酸等；有机酸有酒石酸、草酸、水杨酸、苦味酸和苦酮酸等。其中以氢碘酸、过氯酸和苦味酸盐最易结晶。含仲胺及叔胺的总生物碱，可利用仲胺与亚硝酸（常用 $NaNO_2$+H_2SO_4）反应生成亚硝基衍生物，与乙酰氯或氯甲酸乙酯反应生成相应的酯，而叔胺则不发生反应这一差异，使两者分离。仲胺衍生物加酸水解后又可使仲胺释放出来。有些总生物碱中既含有酚性生物碱又含有非酚性生物碱，则可利用酚性生物碱能与氢氧化钠溶液生成可溶于水的酚盐这一性质与非酚性生物碱分开。

3. 利用不同酸碱度 在碱性不同的混合生物碱的酸性水溶液中，加入适量的碱溶液，再加有机溶剂萃取，则碱性较弱的生物碱先游离析出转入有机溶剂层中，碱性较强的生物碱与酸成盐仍留在水层中。逐步添加碱量，则游离析出生物碱的碱性也逐步增强；反之，将总生物碱溶于有机溶剂，添加不足以中和总碱的适量酸提取，则碱性较强的生物碱先成盐而优先转入水层中，提取得到的生物碱的碱性随添加酸量的增加而减弱。根据上述原理，可分离得到碱性不同的生物碱。

4. 分馏 由不同沸点组成的液体生物碱，往往可以通过常压蒸馏或减压蒸馏分离。例如，毒芹中的毒芹碱和羟基毒芹碱；石榴皮中的伪石榴皮碱、异石榴皮碱和甲基异石榴皮碱等，都可通过减压蒸馏分离出来。

5. 色谱法 当用一些简单方便的方法还未能达到分离目的时，往往使用柱色谱层析法。目前常用硅胶在低真空度下快速分离生物碱，分离前先用薄层色谱选择最佳的分离条件，再进行层析。氧化铝层析也是用得比较多的分离方法，这是由于许多生物碱的极性较小，氧化铝对它们的吸附较小，而杂质常被吸附。有时也可用凝胶层析法，所利用的是分子筛的原理，可将分子量不同的生物碱进行分离。

用上述方法得到的生物碱单体均需要经过薄层层析检查纯度。单体必须是单一斑点，经重结晶后的结晶必须晶形、色泽均匀。

五、各类生物碱举例

（一）苯丙胺类生物碱

1. 麻黄碱和伪麻黄碱 麻黄碱（ephedrine），又名麻黄素，是具有苯丙胺结构的链状生物碱，为拟肾上腺素药，能兴奋交感神经，药效较肾上腺素持久，口服有效。用于治疗慢性支气管哮喘和低血压症。

麻黄碱主要来源于植物麻黄，麻黄中含生物碱 1% ～ 2%，其中主要有左旋麻黄碱（40% ～ 90%）和右旋伪麻黄碱（pseudoephedrine），尚有少量甲基麻黄碱、甲基伪麻黄碱、去甲基麻黄碱和去甲基伪麻黄碱。中国是生产天然麻黄碱的主要国家。麻黄碱和伪麻黄碱结构如下所示：

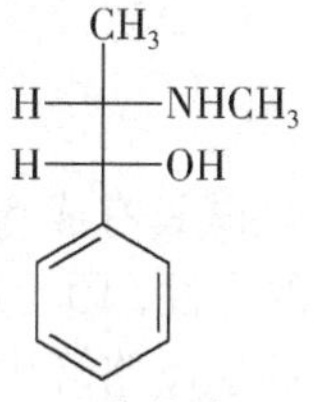

D-(−)-麻黄碱
mp38℃
$[\alpha]_D^{20}$−6.3°

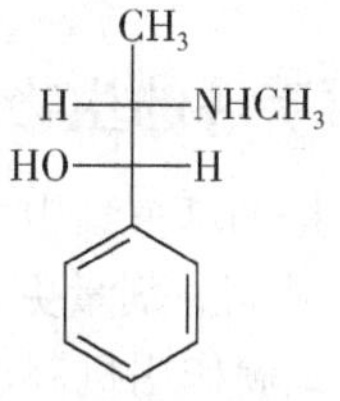

L-(+)-伪麻黄碱
mp118℃
$[\alpha]_D^{20}$+51°

麻黄碱和伪麻黄碱是非对映体，物理性质不同，化学性质基本相同。在生理活性上，麻黄碱是伪麻黄碱的五倍。在盐酸的作用下，伪麻黄碱可发生差向异构化反应，转化为麻黄碱。

服用麻黄碱后可以明显增加运动员的兴奋程度，使运动员不知疲倦，能超水平发挥，但对运动员本人有极大的不良反应。因此，麻黄碱属于国际奥委会严格禁止的兴奋剂。

2. 冰毒和摇头丸　1-苯基-2-氨基丙烷，俗称苯异丙胺，又名安非他明（amphetamine），是于 1887 年首次合成的第一个兴奋剂，生理作用类似于麻黄碱。其衍生物甲基苯异丙胺，是一种无味或略有苦味的透明晶体，形似冰，故称“冰毒”，又名甲基安非他明（methamphetamine），是去氧麻黄碱。冰毒的致幻性和成瘾性极强，为国际上严禁的毒品。

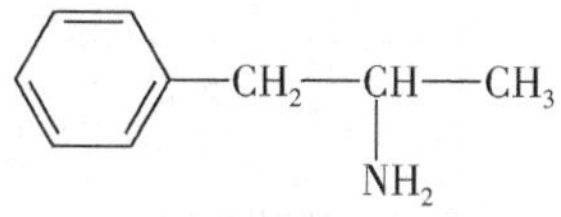

安非他明 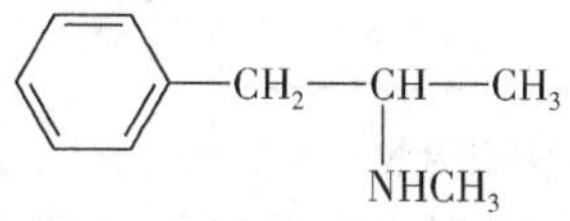　　冰毒 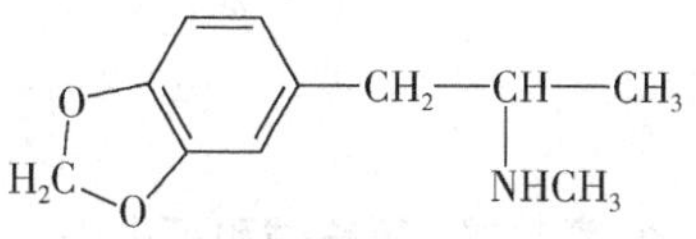　　摇头丸

20 世纪 90 年代初流行于欧美的“摇头丸”（dancing outreach），俗称迷魂药，是冰毒的衍生物，学名亚甲二氧基甲基苯丙胺，英文缩写名为 MDMA。摇头丸是人工合成的一种致幻性毒品，对中枢神经系统有很强的兴奋作用。服用后表现为活动过度、情感冲动、性欲亢进、嗜舞、偏执、妄想、自我约束力下降及产生幻觉等，并有很强的精神依赖性，对人体的危害极大。

案例 13-2　吸食过量去氧麻黄碱的急救和护理

患者，男，19 岁，因吸食过量的市场上称为“柠檬滴”的去氧麻黄碱，出现极度狂躁、幻视，被其母亲和警察送至医院急诊室。生命体征：血压 220/104mmHg，脉搏 146 次 / 分，呼吸 24 次 / 分，体温 37.8℃。自述心慌但无胸闷。立即建立静脉通道，输入 0.9% NaCl 溶液，给予面罩吸氧。为治疗其狂躁，急诊医生医嘱静脉输入 5mg 氟哌啶酸。心电监测及做全导联 ECG 显示窦性心动过速，心率为 140 次 / 分，并伴有频繁房性期前收缩，但无心肌缺血体征。转至 ICU，治疗主要为对症治疗和支持治疗。预防抽搐发作给予苯二氮䓬类药物以控制病情。若血压持续较高，每 10min 给予 1 次拉贝洛尔 10 ～ 20mg，总的计量为 150mg，直至血压降下来。症状得到控制无并发症后出院。出院前告知去氧麻黄碱的危害，鼓励戒毒。

分析讨论：根据患者的病史、症状及体征，考虑其高血压为去氧麻黄碱（一种高效成瘾性中枢神经系统兴奋剂）过量所致。去氧麻黄碱通过鼻腔吸收，或溶于水或乙醇注射，或吞服起作用。颗粒状黄色晶体通常是通过吸入而进入体内。过量可致使敏感性增加、情绪激动、产生攻击行为、性欲增强、有欣快感。这些作用的产生是由于影响了 5-羟色胺及儿茶酚胺（如去甲肾上腺素和多巴胺）的释放和摄取。摄入过量去氧麻黄碱的症状和体征有赖于药物的吸收方式，其临床表现还包括胸痛、心律不齐、高血压或低血压、呼吸困难、激动、幻觉、精神症状、癫痫发作、心动过速或心动过缓和高热。并发症为横纹肌溶解、昏迷、急性冠脉综合征和呼吸循环骤停。

思考题：

1. 苯丙胺类兴奋剂（amphetamine-type stimulant, ATS）主要有哪些种类？去氧麻黄碱的俗

笔记栏

称是什么？

2. 去氧麻黄碱对中枢神经有哪些作用？

（二）含吡啶环或哌啶环的生物碱

1. 烟碱 又称尼古丁，是烟草植物中主要的生物碱。烟碱具有成瘾性，小剂量能引起兴奋，剂量大时则会引起抑郁、恶心、呕吐；剂量更大时，具有强烈的毒性，因此烟碱的水溶液可用作杀虫剂。众所周知，烟碱能致癌，其致癌作用机制这样的：首先是四氢吡咯环中的氮亚硝化，其次氧化和开环生成两个 *N*- 亚硝基胺类的化合物，它们都是很强的致癌物。

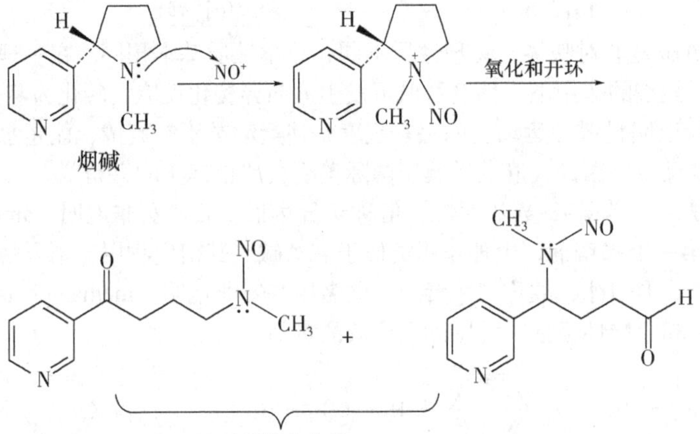

烟碱 $\xrightarrow{NO^+}$ N-亚硝基烟碱正离子 $\xrightarrow{\text{氧化和开环}}$

N-亚硝基化合物

2. 毒芹碱、颠茄碱和可卡因 有一些生物碱含有哌啶环，如毒芹碱（coniine）、颠茄碱（atropine）和可卡因（cocaine）。

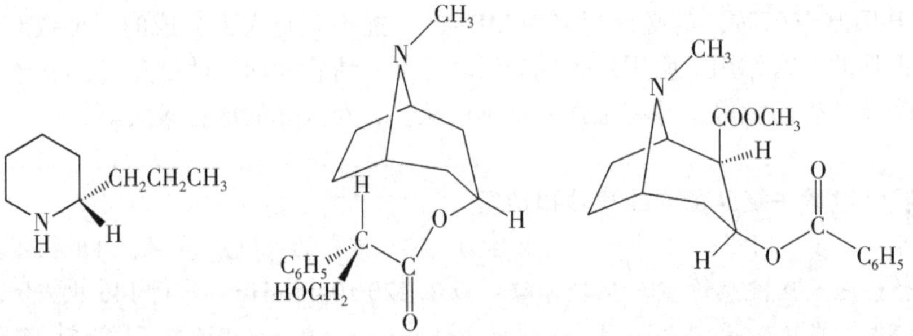

毒芹碱　　颠茄碱　　古柯碱

毒芹碱是存在于毒芹草内的一种极毒的物质。摄入毒芹碱可引起虚弱、昏昏欲睡、恶心、呼吸困难、麻痹甚至死亡。

颠茄碱，俗称“阿托品”，过去是从植物（如颠茄、曼陀罗和天仙子）中提取得到，现在可工业合成，具有镇痛及解痉挛等作用。常用作麻醉前用药，眼科检查中的扩瞳药，以及有机磷中毒的解药。

可卡因又名古柯碱，是南美洲产的古柯叶中的主要成分，也是人类发现的第一种具有局部麻醉作用的天然生物碱。由于其具有毒性并易于成瘾，促使药物学家合成出比可卡因结构简单但更为有效的麻醉剂。1905 年，人工合成了普鲁卡因（procaine）。普鲁卡因和可卡因在结构上具有一些相同的特点：都是苯甲酸酯，都含有叔胺基团。

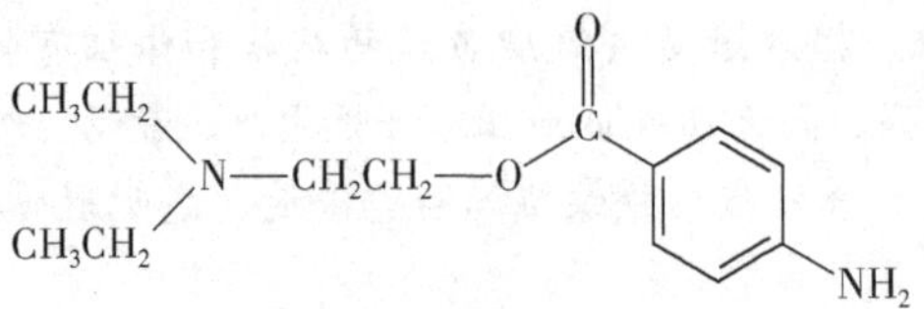

$(CH_3CH_2)_2N-CH_2CH_2-O-CO-C_6H_4-NH_2$

普鲁卡因

笔记栏

案例 13-3　吸烟的危害

据卫生部《2007 年中国控制吸烟报告》报道：中国是世界上最大的烟草生产国和消费国，烟草生产量占世界总量的 1/3，至 2006 年末，我国吸烟者达 3.5 亿，占全球吸烟总人数的 1/3，被动吸烟者 5.4 亿，每年约有 100 万人死于吸烟相关疾病，因吸“二手烟”导致死亡的人数已超过 10 万。预计到 2020 年，我国每年将有 200 万人死于吸烟相关疾病，这相当于每 11s 就有 1 人被烟草夺去生命。报告还显示，从 20 世纪 70 年代至今，由吸烟引起肺癌的比例占我国癌症的首位。2016 年中央电视台报道，一位 30 年烟龄者的肺部已有 70% ～ 80% 因吸附焦油状物质变黑（图 13-7）。

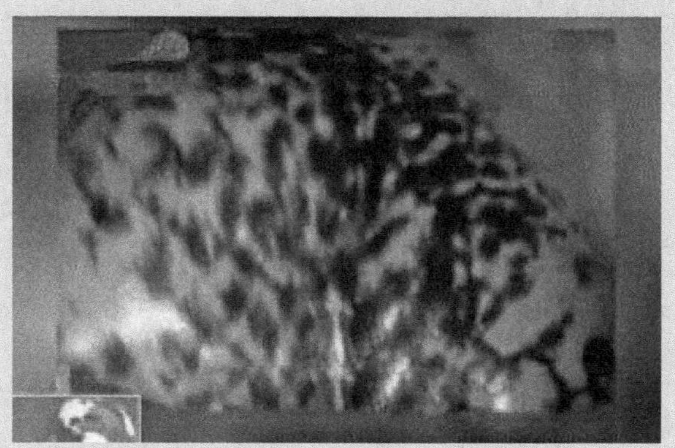

图 13-7　一位 30 年烟龄者的肺部

分析讨论：据研究，香烟里含有 2000 多种化学成分，大部分对人体有害。吸烟过程中可产生 40 多种致癌物质，其中与肺癌关系密切的主要有苯并芘、砷、尼古丁、一氧化碳和烟焦油等。香烟中尼古丁的含量最多，毒性也最大。实验表明，1 支香烟中的尼古丁可毒死 1 只小白鼠，25 支香烟中的尼古丁可以毒死一头牛，40 ～ 60mg 纯尼古丁可毒死一个人。引起吸烟成瘾的成分是尼古丁，尼古丁成瘾是由于长期反复暴露于尼古丁，使中枢神经系统特别是中脑边缘多巴胺系统发生了细胞及分子水平上的改变，并最终导致一些复杂行为，如依赖、耐受、敏感化及渴求等所谓的成瘾状态。成瘾是一种极其复杂的神经精神性行为疾病，受到生理、心理、社会等多个方面的综合影响。

思考题：

1. 烟草中大约含有多少种化学成分？哪些是致癌的？
2. 导致吸烟成瘾的化学物质主要是什么？

（三）含异喹啉或氢化异喹啉的生物碱

自从有历史记载以来人们就开始使用罂粟了。罂粟碱、吗啡和可待因都是来自于罂粟的生物碱。

1. 罂粟碱　别名帕帕非林（papaverine），对血管、心脏或其他平滑肌有直接的非特异性松弛作用，临床应用广泛。

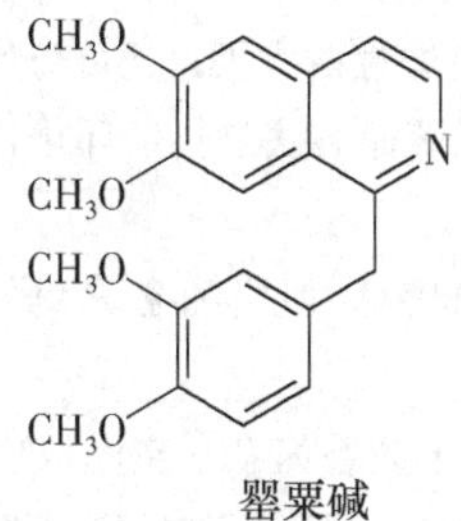

罂粟碱

RO　O　H　N　CH_3　H　R′O

吗啡 R=H, R′=H

可待因 R=CH_3, R′=H

海洛因 R=$COCH_3$, R′=$COCH_3$

笔记栏

2. 吗啡　1805 年首次分离得到吗啡，1925 年确定吗啡的结构，1952 年人工合成吗啡。吗啡是已知效力最强的镇痛剂之一，在医学上用于缓解疼痛，特别是深度的疼痛。然而，吗啡有严重的不良反应，能导致成瘾、引起恶心、血压降低和抑制呼吸，这就促使人们找寻没有这些缺点但功能却类似于吗啡的化合物。

首先的尝试是将吗啡分子进行修饰，用乙酸酐将吗啡分子中的两个羟基乙酰化，得到二乙酰吗啡，俗称海洛因（heroin）。海洛因是一种良好的镇痛剂，对呼吸的抑制作用比吗啡较小，但却具有严重的成瘾性，其滥用已经成为一个严重的社会问题。海洛因之所以比吗啡具有更大的成瘾性，是因为海洛因是二乙酰吗啡，比吗啡有更大的脂溶性，更容易通过脑细胞的屏障发挥作用。

3. 可待因（codeine） 别名甲基吗啡（methylmorphine），其作用与吗啡相似，但程度较弱，镇痛强度只有吗啡的 1/10，镇咳强度为吗啡的 1/4，属于中枢性镇咳药，也用作镇痛药。

（四）含有吲哚环或氢化吲哚环的生物碱

很多生物碱是吲哚的衍生物，包括结构简单的芦竹碱及结构相当复杂的马钱子碱和利血平。

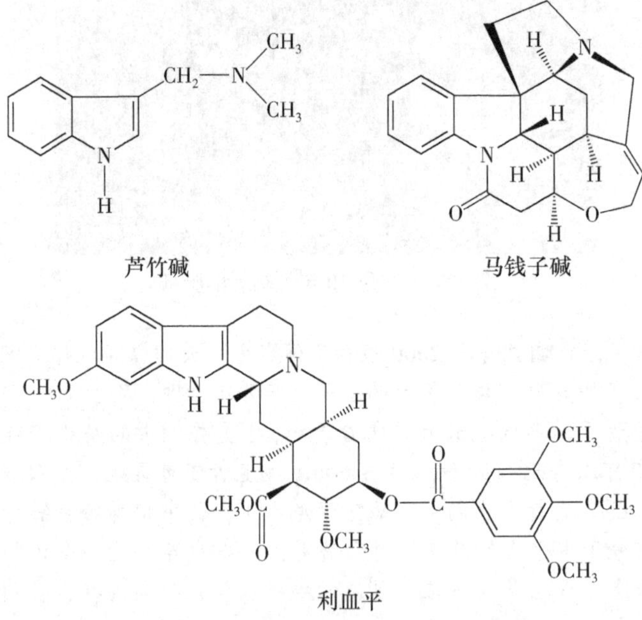

芦竹碱　　马钱子碱

利血平

1. 芦竹碱（gramine） 可以从大麦中缺乏叶绿素的变种中获得，对动物有毒，在植物体内起到防御作用。

2. 马钱子碱（strychnine） 又名番木鳖碱或士的宁，是从马钱子科植物番木鳖树（*Strychnos nuxvomica*）的种子中提取得到的一种生物碱，味很苦，有剧毒。其中剂量作为中枢神经系统的兴奋剂，小剂量可用来解除镇静剂引起的中枢神经系统的中毒。

3. 利血平（reserpine） 别名蛇根碱，最初是从印度的蛇根罗芙木（Rauwolfia serpentina）中提取得到的一种生物碱，具有镇静、降低血压的作用，临床上用于治疗高血压和慢性精神病。

本章小结

杂环化合物广泛存在于自然界中，是生物得以存在的物质基础，大多具有重要的生理功能。

1. 杂环化合物的分类和命名 杂环化合物分为芳香性和非芳香性两大类，还可分为单杂环和稠杂环。五元杂环和六元杂环最为常见。芳香杂环多采用音译法命名；系统命名法是将杂环化合物看作是相应碳的衍生物，加上前缀"氧杂""氮杂""硫杂"等。

2. 含一个杂原子的杂环 含一个杂原子的五元芳香杂环（如呋喃、吡咯和噻吩）属于富电子芳香体系，亲电取代反应活性比苯高，但对强酸和氧化剂敏感。

含一个杂原子的六元芳香杂环（如吡啶和嘧啶）属于缺电子芳香体系，亲电取代反应活性比苯低，但却比苯更容易发生亲核取代反应。吡啶对氧化剂的稳定性比苯高，对还原剂的稳定性比苯低。

笔记栏

3. 含两个杂原子的单杂环 含两个杂原子的五元芳香杂环称为唑，如噁唑、咪唑、噻唑等，存在于许多天然产物和药物分子中。含两个氮原子的六元芳香杂环称为二嗪，最重要的是嘧啶，其衍生物胞嘧啶、尿嘧啶和胸腺嘧啶是核酸中的碱基。

4. 稠杂环 稠杂环可由苯环与杂环稠合，亦可由两个杂环稠合而成。化学性质与苯和单杂环相似。重要的稠杂环有吲哚、喹啉、异喹啉、嘌呤、蝶啶等，其衍生物具有重要的生理功能，如腺嘌呤、鸟嘌呤是核酸中的碱基。

5. 生物碱 生物碱指的是存在于生物体内的一类含氮的碱性有机化合物，主要来源于植物，分子中大多含有氮杂环结构，大多具有生理活性，是中草药的有效成分。

利用生物碱与许多试剂反应生成各种颜色的沉淀，以及与某些试剂反应显示的特殊颜色，可对生物碱进行检验和识别。

提取总生物碱的方法主要有溶剂法、阳离子交换树脂法和沉淀法等。

分离与纯化生物碱的方法有分步结晶、制备衍生物、利用不同酸碱度、分馏和色谱法等。

重要的生物碱有麻黄碱、伪麻黄碱；烟碱、毒芹碱、颠茄碱和可卡因；可待因、吗啡、罂粟碱；芦竹碱、马钱子碱和利血平；奎宁；可可碱、咖啡因等。

习 题

1. 命名下列化合物。

（1）N-CH$_3$ 吡咯结构　（2）吡啶-C(=O)-N(CH$_3$)$_2$　（3）C$_2$H$_5$ 咪唑（N-H）　（4）H$_3$C-噻唑-CHO

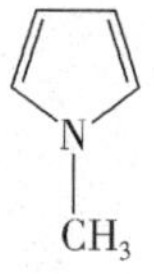

（5）COOH 嘧啶　（6）OH 喹啉　（7）CH$_2$COOH 吲哚（N-H）　（8）OH、H$_2$N 嘌呤（N-H）

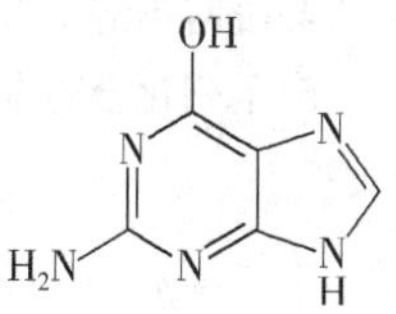

2. 画出下列化合物的结构式。

（1）反 -2,3- 二苯基硫杂环丙烷　（2）3- 氮杂环戊酮

（3）6- 甲基 -1- 氧杂 -3- 硫杂环己烷　（4）2- 呋喃甲醛

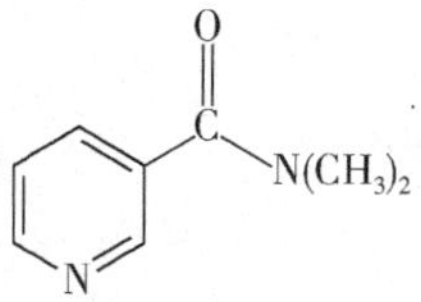

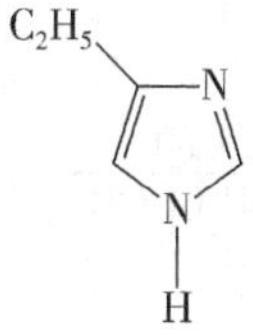

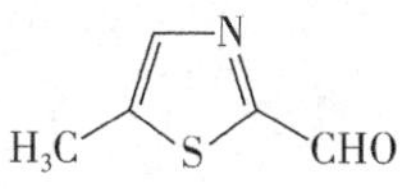

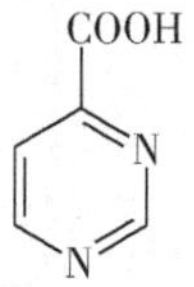

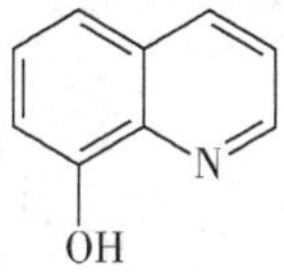

（5）β- 甲基噻吩　（6）5- 氟尿嘧啶

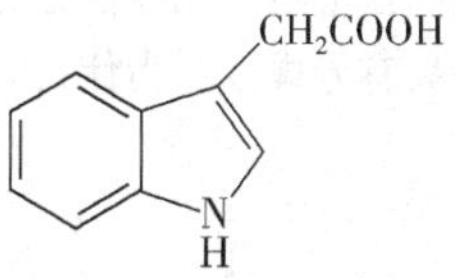

3. 写出下列反应的主要产物。

（1）呋喃 + Br$_2$ $\xrightarrow[0℃]{(C_2H_5)_2O}$

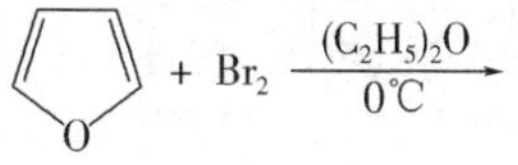

（2）C$_2$H$_5$-噻吩 + CH$_3$—C(=O)—Cl $\xrightarrow{SnCl_4}$

（3）H$_3$C-吡啶-CH$_3$ $\xrightarrow[100℃]{KNO_3/发烟H_2SO_4}$

（4）异喹啉 $\xrightarrow[0℃，30min]{H_2SO_4/HNO_3}$

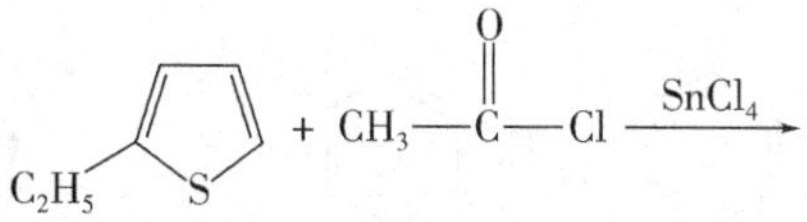

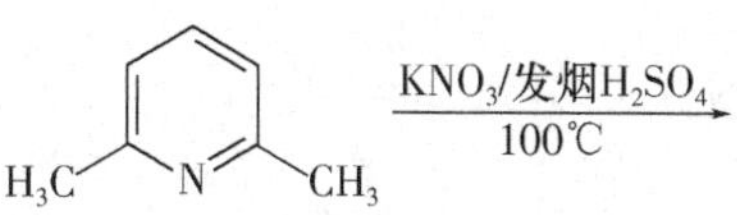

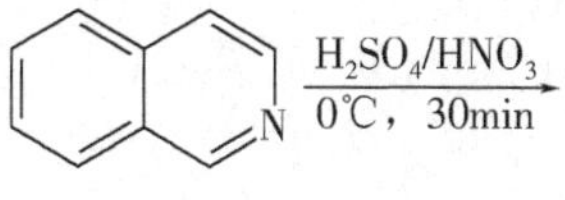

笔记栏

（5）N-H + $C_6H_5N_2^+Cl^-$ $\xrightarrow{0\sim5℃}$

（6）Cl, N + NH_2 $\xrightarrow{\triangle}$

（7）N, N, CH_3 $\xrightarrow{KMnO_4}$

（8）N-H $\xrightarrow{KOH}$ $\xrightarrow{ClCOCH_2CH_3}$ (O)

（9）H_3C, N, C(=O)—OH, H, H, OH $\xrightarrow[CH_3COOH]{CrO_3}$ $\xrightarrow{微热}$

4. 吡咯不溶于水，但是四氢吡咯却能以任意比例与水相溶，试解释原因。

5. 下列化合物中，哪些具有芳香性？为什么？

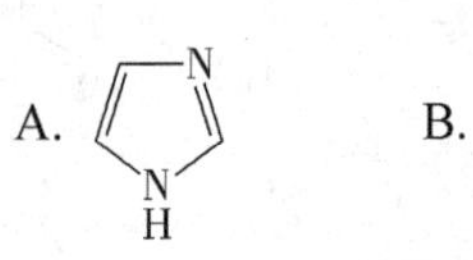
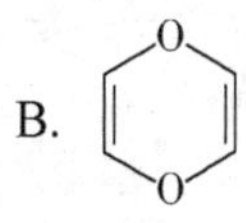
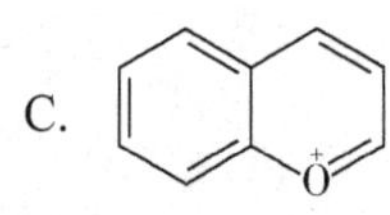
D. H, B, HN, NH, HB, BH, N, H

6. 解释六氢吡啶的碱性（$pK_b = 2.8$）比吡啶的碱性（$pK_b = 8.8$）强得多的原因。

7. 比较下列化合物碱性的大小。

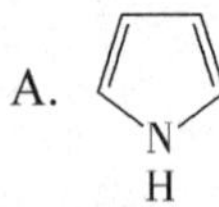
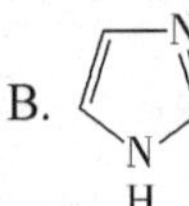
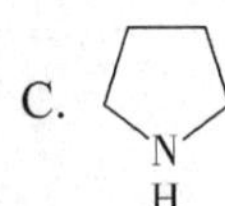
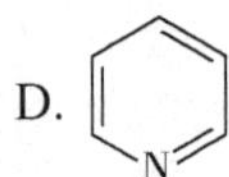
E. N, N

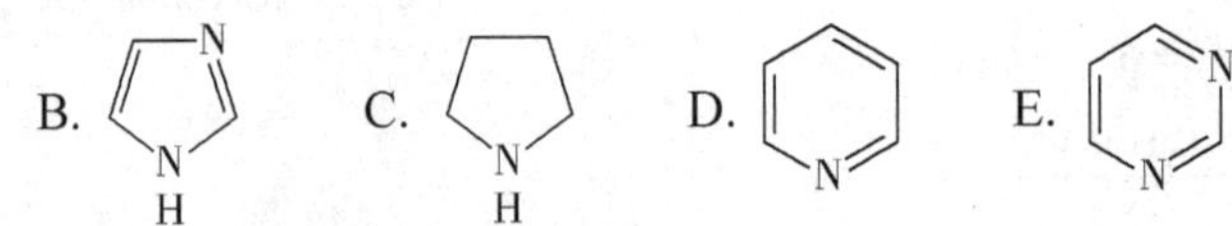

8. 比较下列化合物发生亲电取代反应活性的大小。

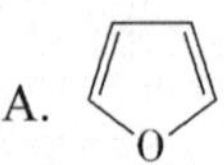
B. N-H
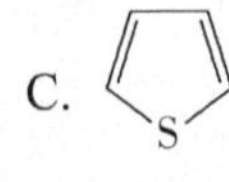
D. N
E.
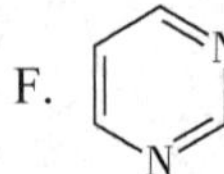

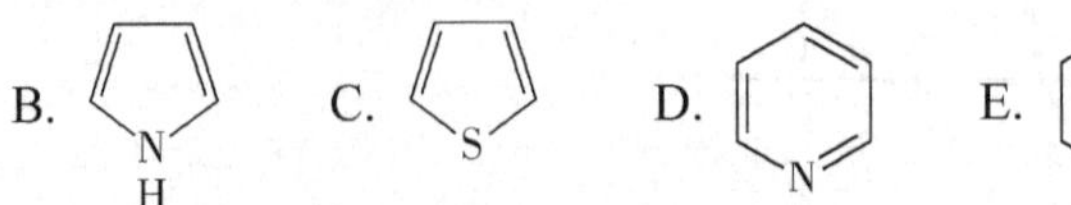

9. 用 *R*、*S* 标记麻黄碱和伪麻黄碱分子中手性碳原子的构型。

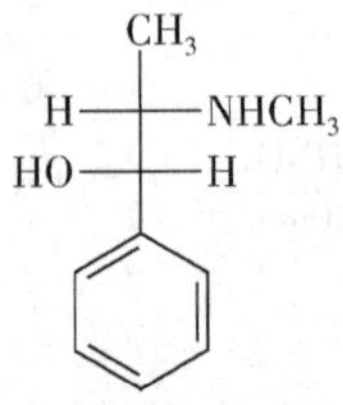

CH_3; H—C—$NHCH_3$; H—C—OH; C_6H_5

麻黄碱

CH_3; H—C—$NHCH_3$; HO—C—H; C_6H_5

伪麻黄碱

笔记栏

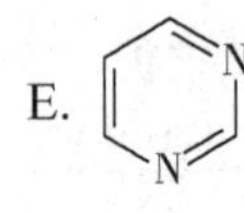

10. 写出尿嘧啶的酮式 - 烯醇式的互变异构平衡式。

11. 2-（氯甲基）氧杂环丙烷与 NaSH 反应，得到硫杂-3-环丁醇。通过机制解释解释产物的形成。

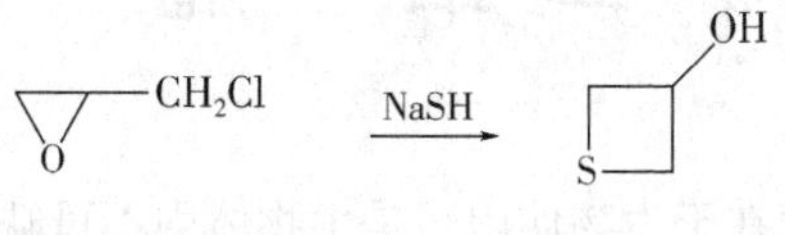

$\xrightarrow{NaSH}$

2-(氯甲基)氧杂环丙烷　　硫杂-3-环丁醇

12. 维生素 B_1 在酸性溶液中稳定，在纯水中分解为噻唑环和嘧啶环，在强碱中噻唑环开环。试为这两个反应提出合理的机制。

（1）$\xrightarrow{H_2O}$ +

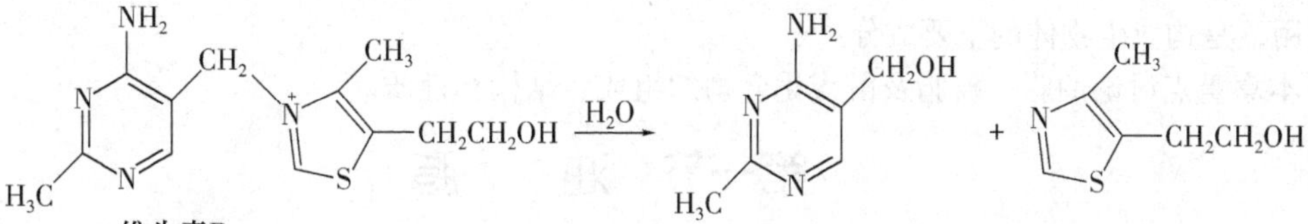

维生素B_1

（2）$\xrightarrow{OH^-}$

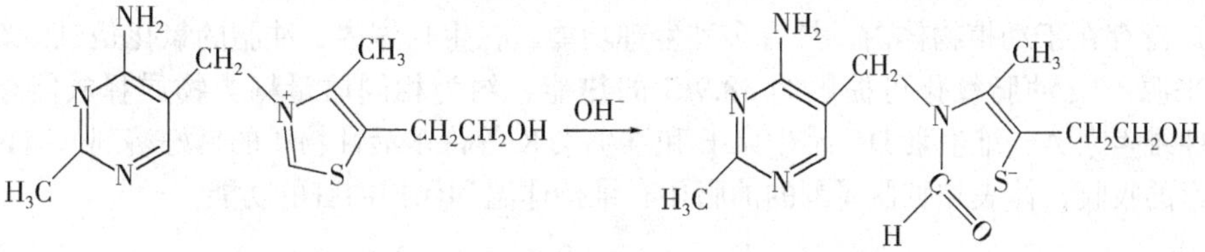

（徐乃进）

第十四章　脂　类

脂类（lipid）化合物广泛存在于生物体内，是生物体内不可缺少的物质。脂类包括油脂和类脂。油脂是甘油和高级脂肪酸生成的酯；类脂是结构或理化性质与油脂类似的物质，主要包括磷脂、糖脂、蜡和甾族化合物。脂类化合物在化学组成、化学结构和生理功能上都有很大的差异，但它们在溶解性能方面有一个共同特点，即不溶于水而易溶于乙醚、氯仿、丙酮、苯等有机溶剂；都能被生物体所利用，是构成生物体的重要成分。

本章重点讨论油脂、磷脂及甾族化合物的组成、结构和性质。

第一节　油　脂

油脂是油（oil）和脂肪（fat）的总称。习惯上把在室温下呈液态的称为油，如豆油、花生油、菜油等；在室温下呈固态或半固态的油脂称为脂肪，如猪油、牛油、奶油等。

油脂广泛存在于动植物体内，具有多种生理功能。在生物体内，油脂的氧化是机体新陈代谢的重要能量来源，1g 油脂氧化可提供约 38.9kJ 的热能，约为相同质量糖类物质释放能量的 2 倍；还是脂溶性维生素 A、维生素 D、维生素 E 和维生素 K 等许多活性物质的良好溶剂，有助于人体对这类维生素的吸收；体表和脏器周围的油脂还有维持体温和保护内脏的功能。

一、油脂的结构、组成与命名

（一）油脂的结构

油脂是由一分子甘油与三分子高级脂肪酸所形成的酯，称为三酰甘油（triacylglycerol）或甘油三酯（triglyceride）。其结构通式如下：

$$\begin{array}{l} \qquad\qquad\qquad CH_2-O-\overset{\displaystyle O}{\overset{\|}{C}}-R \\ \qquad\qquad\qquad | \\ R-\overset{\displaystyle O}{\overset{\|}{C}}-O-CH \\ \qquad\qquad\qquad | \\ \qquad\qquad\qquad CH_2-O-\overset{\displaystyle O}{\overset{\|}{C}}-R \end{array}$$

单三酰甘油 (simple triacylglycerol)

$$\begin{array}{l} \qquad\qquad\qquad CH_2-O-\overset{\displaystyle O}{\overset{\|}{C}}-R \\ \qquad\qquad\qquad | \\ R'-\overset{\displaystyle O}{\overset{\|}{C}}-O-CH \\ \qquad\qquad\qquad | \\ \qquad\qquad\qquad CH_2-O-\overset{\displaystyle O}{\overset{\|}{C}}-R'' \end{array}$$

混三酰甘油 (mixed triacylglycerol)

R、R′、R″ 可以是饱和烃基，也可以是不饱和烃基；可以相同，也可以不同；当 R、R′、R″ 相同时，这种油脂被称为单三酰甘油（simple triacylglycerol）或单甘油酯；R、R′、R″ 不同时则被称为混三酰甘油（mixed triacylglycerol）或混甘油酯。天然油脂的主要成分是各种混三酰甘油的混合物，均为 L- 构型。

（二）油脂的命名

油脂命名时一般将脂肪酸名称放在前面，甘油的名称放在后面，称为“某脂酰甘油”；也可将甘油的名称放在前面，脂肪酸名称放在后面，称为“甘油某脂酸酯”。如果是混三脂酰甘油，则需用 α, β 和 α' 分别标明脂肪酸的位次。例如：

$$\begin{array}{l} \qquad\qquad\qquad\qquad\qquad CH_2-O-\overset{\displaystyle O}{\overset{\|}{C}}-(CH_2)_{16}CH_3 \\ \qquad\qquad\qquad\qquad\qquad | \\ CH_3(CH_2)_{16}-\overset{\displaystyle O}{\overset{\|}{C}}-O-CH \\ \qquad\qquad\qquad\qquad\qquad | \\ \qquad\qquad\qquad\qquad\qquad CH_2-O-\overset{\displaystyle O}{\overset{\|}{C}}-(CH_2)_{16}CH_3 \end{array}$$

三硬脂酰甘油（甘油三硬脂酸酯）[tristearylglycerol(glyceryltristearate)]

笔记栏

$$
\begin{array}{l}
\qquad\qquad\qquad\qquad\qquad\quad {}^{\alpha}CH_2-O-\overset{O}{\overset{\|}{C}}-(CH_2)_{16}CH_3 \\
CH_3(CH_2)_{14}-\overset{O}{\overset{\|}{C}}-O-\overset{\beta}{C}H \\
\qquad\qquad\qquad\qquad\qquad\quad {}^{\alpha'}CH_2-O-\overset{O}{\overset{\|}{C}}-(CH_2)_7CH=CH(CH_2)_7CH_3
\end{array}
$$

α-硬脂酰-β-软脂酰-α′-油酰甘油（甘油-α-硬脂酸-β-软脂酸-α′-油酸酯）

[α-stearyl-β-palmityl-α′-oleylglycerol（glyceryl-α-stearate-β-palmitate-α′-oleate）]

（三）脂肪酸的分类、结构和生物活性

组成油脂的脂肪酸（fatty acid）已知的约有 50 多种，大多数是含偶数个碳原子的直链羧酸，含碳原子数目一般为 12 ～ 20，尤以含 16 个和 18 个碳原子的脂肪酸最多。各种饱和脂肪酸中，以软脂酸的分布最广，它存在于绝大部分油脂中；在不饱和脂肪酸中，分布较广的有油酸、亚油酸、亚麻酸等，人体内所含的不饱和脂肪酸几乎都是顺式构型。

组成油脂的高级脂肪酸大多数都能在人体内通过自身代谢来合成，但其中的亚油酸、α– 亚麻酸在人体内不能自身合成，只能从食物中获得，花生四烯酸虽然在人体内能自身合成，但量太少，仍需从食物中获得，这些人体不可缺少而自身又不能合成的脂肪酸称为营养必需脂肪酸（essential fatty acid）。油脂中常见的脂肪酸见表 14-1。

表 14-1 油脂中常见的重要脂肪酸

类别	名称	结构式
饱和脂肪酸	月桂酸（十二碳酸）	$CH_3(CH_2)_{10}COOH$
	豆蔻酸（十四碳酸）	$CH_3(CH_2)_{12}COOH$
	软脂酸（十六碳酸）	$CH_3(CH_2)_{14}COOH$
	硬脂酸（十八碳酸）	$CH_3(CH_2)_{16}COOH$
不饱和脂肪酸	油酸（$\triangle^{9}$– 十八碳烯酸）	$CH_3(CH_2)_7CH=CH(CH_2)_7COOH$
	亚油酸（$\triangle^{9,12}$– 十八碳二烯酸）	$CH_3(CH_2)_3(CH_2CH=CH)_2(CH_2)_7COOH$
	亚麻酸（$\triangle^{9,12,15}$– 十八碳三烯酸）	$CH_3(CH_2CH=CH)_3(CH_2)_7COOH$
	桐油酸（$\triangle^{9,11,13}$– 十八碳三烯酸）*	$CH_3(CH_2)_3(CH=CH)_3(CH_2)_7COOH$
	花生四烯酸（$\triangle^{5,8,11,14}$– 二十碳四烯酸）	$CH_3(CH_2)_3(CH_2CH=CH)_4(CH_2)_3COOH$
	EPA（$\triangle^{5,8,11,14,17}$– 二十碳五烯酸）	$CH_3CH_2(CH=CHCH_2)_5(CH_2)_2COOH$
	DHA（$\triangle^{4,7,10,13,16,19}$– 二十二碳六烯酸）	$CH_3CH_2(CH=CHCH_2)_6CH_2COOH$

* 桐油酸的三个碳碳双键一般为反式构型，双键之间共轭；表中其他的不饱和酸，双键为顺式构型，双键之间不共轭

脂肪酸的命名常用俗名，如软脂酸、硬脂酸、油酸等。其系统命名与一元酸系统命名法基本相同，不同之处是脂肪酸有三种编码体系，△编码体系是从脂肪酸基端的羧基碳原子计数；ω 编码体系是从脂肪酸的甲基端的甲基碳原子计数；希腊字母编号规则与羧酸相同，离羧基最远的碳原子为 ω 碳原子。如：

亚油酸结构为 $CH_3(CH_2)_3(CH_2CH‖CH)_2(CH_2)_7COOH$

△编码体系的系统名称是$\triangle^{9,12}$– 十八碳二烯酸，简写符号 18 ：2 $\triangle^{9,12}$。

人体内的不饱和脂肪酸按 ω 体系主要分为四族：ω-3 族（母体脂肪酸为 α- 亚麻酸）、ω-6 族（母体脂肪酸为亚油酸）、ω-7 族（母体脂肪酸为棕榈油酸）、ω-9 族（母体脂肪酸为油酸）。族内的不饱和脂肪酸均可由本族的母体脂肪酸为原料在体内衍生，但是不同族的脂肪酸不能在体内相互转化。

ω-3 族不饱和脂肪酸具有重要的生物活性，是生物膜（细胞膜和细胞器膜）的主要组成成分。人体只要从食物中获得 α- 亚麻酸，就可转化成 ω-3 族多烯脂肪酸，如二十碳五烯酸（eicosapentaenoic acid，EPA）和二十二碳六烯酸（docosahexaenoic acid，DHA）等。EPA 与 DHA 最初是从海洋鱼类

笔记栏

及甲壳类动物体内分离出来的，被誉为“脑黄金”，具有降低血脂、抗动脉粥样硬化、抗血栓等作用，可防治心脑血管疾病。流行病学研究发现，因纽特人和丹麦本土人乳腺癌和结肠癌死亡率低与食物脂肪中 ω–3 族不饱和脂肪酸比例高有关；动物实验证明，鱼油中的 EPA 对乳腺癌的转移有抑制作用。

二、油脂的物理性质

纯净的油脂无色、无味。但是天然油脂（尤其是植物油）因溶有维生素和色素常带有颜色和特殊的气味，如芝麻油有香味，而鱼油有腥味。油脂的相对密度都小于 1，不溶于水，易溶于乙醚、石油醚、氯仿、苯及热乙醇等有机溶剂。因为油脂是混三酰甘油的混合物，故没有恒定的熔点和沸点。油脂的熔点高低取决于分子中所含不饱和脂肪酸的数目，含有不饱和脂肪酸多的油脂有较高的流动性和较低的熔点，是由于双键的顺式构型使脂肪酸的碳链弯曲，阻碍了分子之间的紧密靠近，且双键越多，阻碍程度越大，因此熔点越低。植物油中含不饱和脂肪酸的比例较动物脂肪的大，因此常温下植物油呈液态；动物脂肪呈固态，是因为脂肪中含饱和脂肪酸含量较高，饱和脂肪酸具有锯齿形的长链结构，分子间排列紧密，吸引力较强，故而熔点较高。常见油脂的脂肪酸的含量及熔点范围见表 14-2。

表 14-2 常见油脂的脂肪酸组成及熔点范围

油脂	脂肪酸成分（%）						熔点（℃）
	豆蔻酸	软脂酸	硬脂酸	油酸	亚油酸	亚麻酸	
猪油	1～2	25～30	12～16	40～50	5～10	1～2	33～36
牛油	3～5	25～30	20～30	36～48	1～5		40～48
椰子油	16～18	8～10	2～4	5～8	1～2		20～26
豆油		10	3	25～30	50～55	4～8	–10～15
棉籽油	1～2	20～25	1～2	20～30	45～50		–5～–9
花生油		5～10	2～7	50～58	15～25		3～5
亚麻子油	1～2	6～10	2～4	16～30	15～25	40～60	–15～–30

三、油脂的化学性质

（一）水解和皂化

一切油脂都能在酸、碱或酶（如胰脂酶）的作用下发生水解反应。1mol 油脂水解生成 1mol 甘油和 3mol 脂肪酸。如果油脂在碱（如氢氧化钠或氢氧化钾）的催化下水解，则生成甘油和高级脂肪酸的钠盐或钾盐，这些盐俗称肥皂，因此油脂在碱性溶液中的水解又称皂化（saponification）。普通肥皂是各种高级脂肪酸钠盐的混合物，而医用肥皂质地较软，是各种高级脂肪酸钾盐的混合物。

$$\begin{array}{l} CH_2—O—\overset{O}{\overset{\|}{C}}—R \\ R'—\overset{O}{\overset{\|}{C}}—O—CH \\ CH_2—O—\overset{O}{\overset{\|}{C}}—R'' \end{array} + 3NaOH \xrightarrow{\triangle} \begin{array}{l} CH_2—OH \\ CH—OH \\ CH_2—OH \end{array} + \begin{array}{l} RCOONa \\ R'COONa \\ R''COONa \end{array}$$

甘油　　高级脂肪酸钠

1g 油脂完全皂化时所需氢氧化钾的质量（单位为 mg）称为油脂的皂化值（saponification number）。根据皂化值的大小，可以判断油脂中所含三酰甘油的平均分子量。皂化值越大，油脂中三酰甘油的平均分子量越小。皂化值也可以用来检验油脂的质量，不纯的油脂皂化值偏低。常见油脂的皂化值见表 14-3。

笔记栏

表 14-3　常见油脂的皂化值和碘值

油脂名称	皂化值	碘值
猪油	195 ～ 208	46 ～ 70
牛油	190 ～ 200	30 ～ 48
奶油	210 ～ 230	26 ～ 45
豆油	189 ～ 195	125 ～ 135
棕籽油	195 ～ 197	105 ～ 115
红花油	188 ～ 195	140 ～ 155
亚麻籽油	187 ～ 195	170 ～ 185
花生油	185 ～ 195	83 ～ 105

人体摄入的油脂主要在小肠内进行催化水解，此过程称为消化。水解产物透过肠壁被吸收（少量油脂微粒同时被吸收），进一步合成人体自身的脂肪。这种吸收后的脂肪除一部分氧化供给能量外，大部分储存于皮下、肠膜等处的脂肪组织中。脂肪乳剂一般是用精制植物油（如豆油等）与磷脂酰胆碱、甘油及水混合制成白色而稳定的脂肪乳剂，供静脉注射用，广泛用于晚期癌症和术后康复等。

（二）加成

含不饱和脂肪酸的油脂，分子里的碳碳双键可与氢、碘等进行加成反应。

1. 加氢　油脂中的不饱和脂肪酸，在催化剂的催化作用下加氢，转变为饱和脂肪酸。这一过程使油脂的物态发生了变化，由液态转变成固态或半固态，所以油脂的氢化通常又称油脂的硬化。硬化后的油脂性质稳定，不易氧化变质。

案例 14-1　氢化油的危害

氢化植物油是一种人工油脂，包括人们熟知的奶精、植脂末、人造奶油、代可可脂等。它是普通植物油在一定的温度和压力下加氢催化而成。经过氢化的植物油硬度增加，保持固体的形状，可塑性、融合性、乳化性都增强，可以使食物更加酥脆。同时，还能够延长食物的保质期，因此被广泛地应用于食品加工。

美国医学部门解剖各个年龄层的意外身亡者发现，由于从小就吃含氢化油的食品，两岁儿童的血管已经开始有破裂的现象。据统计，全世界每年死于心脑血管疾病的人数高达 1500 万，居各种死因首位，目前，我国心脑血管疾病患者已经超 2.7 亿人。

分析讨论：在将油脂氢化的过程中，通常只有部分双键被饱和；由于高温及催化剂的作用，在氢化的过程中剩下的双键结构发生了变化，它们由不稳定的顺式异构体转变为稳定的反式异构体，这就使氢化油结构组成中就含有一定量的反式脂肪酸。衡量心血管疾病的风险的一个标志是血液中胆固醇的含量。胆固醇有两种，一种是“坏”胆固醇——低密度脂蛋白胆固醇（LDL），如果它的含量过高，就会慢慢地在动脉管壁沉积下来，形成粥样小瘤，导致动脉硬化。另一种是“好”胆固醇——高密度脂蛋白胆固醇（HDL），能够防止粥样小瘤的形成。饱和脂肪酸能升高 LDL 的含量，相应地增加了心血管疾病的风险。而反式脂肪酸除了能升高 LDL 的含量，同时还能降低 HDL 的含量，相当于双重增加了心血管疾病的风险。有研究表明，膳食中的反式脂肪酸每增加 2%，人们患心脑血管疾病的风险就会上升 25%，并可能引发老年痴呆症。

思考题：

1. 我国食品业使用氢化植物油的现状如何？
2. 食用反式脂肪酸对人体健康有哪些危害？

2. 加碘　油脂中的不饱和脂肪酸还可以与碘加成。根据一定量的油脂所吸收碘的数量，可判断油脂的不饱和程度。100g 油脂所吸收碘的质量（单位为 g）称为碘值（iodine number）。碘值大，

笔记栏

表示油脂中不饱和脂肪酸的含量高或不饱和程度大。由于碘和碳碳双键的加成反应较慢，所以测定时常用氯化碘（ICl）或溴化碘（IBr）的冰醋酸溶液做试剂，其中的氯原子或溴原子能使碘活化。一些常见油脂的碘值见表 14-3。

3. 酸败　油脂在空气中放置过久，就会变质产生难闻的气味，这种变化称为酸败（rancidity）。酸败的实质是一种复杂的化学变化过程，在空气中的氧、水分或微生物的作用下，一方面，油脂中不饱和脂肪酸的双键被氧化生成过氧化物，然后再经分解等作用生成有臭味的小分子醛、酮和羧酸等化合物；另一方面，油脂在微生物或酶的作用下，被水解成的饱和高级脂肪酸，可进一步发生 β- 氧化、脱氢、水化、再脱氢、降解，生成 β- 酮酸，后者进一步分解则生成含碳较少的酮或羧酸。光、热或潮湿对油脂的酸败有催化作用。

油脂的酸败程度可用酸值来表示。中和 1g 油脂中的游离脂肪酸所需氢氧化钾的质量（单位是 mg）称为油脂的酸值（acid number）。酸值大说明油脂中游离的脂肪酸的含量高，即酸败程度较严重，通常酸值大于 6.0 的油脂不宜食用。为防止油脂的酸败，油脂应储存在通风、阴凉、避光和干燥处，并加入少量的抗氧化剂，如维生素 E 等。

皂化值、碘值和酸值是油脂重要的理化指标，《中华人民共和国药典》对药用油脂的皂化值、碘值和酸值都有严格的规定。

第二节　磷　　脂

磷脂（phospholipid）是分子中含有磷酸基团的高级脂肪酸酯，具有重要的生理作用。磷脂广泛地分布在动植物中，是细胞原生质的组成成分。磷脂主要存在于脑、神经组织、骨髓、心、肝及肾等器官中。蛋黄、植物种子、胚芽及大豆中都含有丰富的磷脂。按照分子中醇的不同，磷脂可分为甘油磷脂（glycerophosphatide）和鞘磷脂（sphingomyelin）两大类。由甘油构成的磷脂称为甘油磷脂，由神经鞘氨醇构成的磷脂，称为鞘磷脂。

一、甘油磷脂

（一）磷脂酸的组成与结构

甘油磷脂可以看作是磷脂酸（phosphatidic acid）的衍生物。磷脂酸是由一分子甘油和两分子高级脂肪酸及一分子磷酸所形成的酯类化合物。其结构式如下：

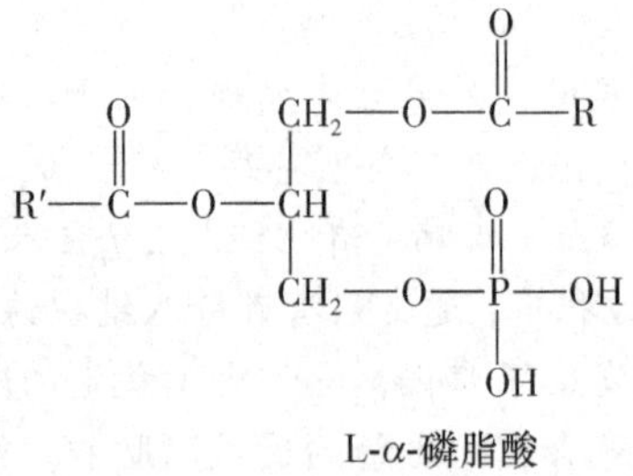

```
                              O
                              ‖
          O         CH2—O—C—R
          ‖          |
     R'—C—O—CH       O
                     |       ‖
                    CH2—O—P—OH
                             |
                             OH
```

L-α-磷脂酸

甘油分子中 α– 位常结合饱和脂肪酸，β– 位常结合不饱和脂肪酸，另一个羟基结合一分子磷酸，即为 α– 磷脂酸。磷脂酸分子中的磷酸基再和含氮的有机碱结合即得甘油磷脂。根据所结合的含氮有机碱不同，甘油磷脂又分为卵磷脂（lecithin）和脑磷脂（cephalin）。

（二）卵磷脂

磷脂酰胆碱（phosphatidyl choline）俗称卵磷脂，存在于脑、神经组织、心、肝、肾上腺、红细胞及植物的种子中，是分布最广的一种磷脂，尤其在卵黄中含量最为丰富，占 8% ～ 10%，植物中含量较少。

1. 卵磷脂的结构　卵磷脂是由磷脂酸分子中的磷酸与胆碱中的羟基酯化而成的化合物，通常是以偶极离子形式存在，因为磷酸残基上未酯化的游离羟基呈酸性，很容易与胆碱基的氢氧根发生分子内酸碱中和反应，形成内盐。卵磷脂的结构式如下：

笔记栏

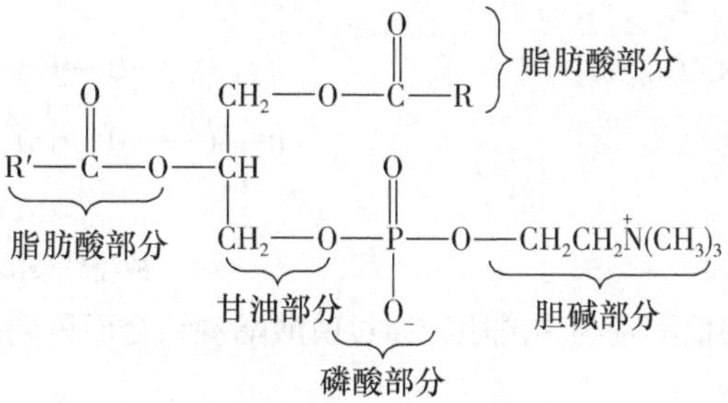

$$
\begin{array}{l}
\text{R}'\text{—}\overset{\text{O}}{\overset{\|}{\text{C}}}\text{—O—}\underset{|}{\overset{|}{\text{CH}}}\quad \text{CH}_2\text{—O—}\overset{\text{O}}{\overset{\|}{\text{C}}}\text{—R}\ \text{（脂肪酸部分）} \\
\text{（脂肪酸部分）}\quad \text{CH}_2\text{—O—}\underset{\text{O}^-}{\underset{|}{\overset{\text{O}}{\overset{\|}{\text{P}}}}}\text{—O—CH}_2\text{CH}_2\overset{+}{\text{N}}(\text{CH}_3)_3 \\
\text{（甘油部分）（磷酸部分）（胆碱部分）}
\end{array}
$$

α-卵磷脂

天然磷脂是*α*-卵磷脂。卵磷脂完全水解得到甘油、脂肪酸、磷酸和胆碱。脂肪酸通常有软脂酸、硬脂酸、油酸、亚油酸、亚麻酸及花生四烯酸等。自然界存在的卵磷脂是由它们所组成的各种卵磷脂的混合物。

胆碱属于强碱性的季铵碱类化合物，结构式如下：

$$\text{HO—CH}_2\text{CH}_2\text{—}\overset{+}{\text{N}}(\text{CH}_3)_3\overset{-}{\text{OH}}$$

胆碱（choline）

胆碱与人体的脂肪代谢有密切关系，能促使油脂快速生成磷脂，加快油脂的运输、代谢，防止脂肪在肝内大量聚集形成脂肪肝。

2. 卵磷脂的性质 新鲜的卵磷脂是白色蜡状物质，很易吸水，在空气中由于不饱和脂肪酸的氧化而变为黄色或棕色，不溶于水及丙酮，易溶于乙醚、乙醇及氯仿。卵磷脂可作为油脂的抗氧化剂。

（三）脑磷脂

磷脂酰乙醇胺（phosphatidyl ethanolamine）俗称脑磷脂，存在于脑、神经组织和许多组织器官及大豆中，通常与卵磷脂共存，因在脑组织中含量最多而得名。

1. 脑磷脂的结构 脑磷脂是由磷脂酸分子中的磷酸与乙醇胺（胆胺）（$\text{HO—CH}_2\text{—CH}_2\text{—NH}_2$）的羟基酯化生成的产物。脑磷脂也是以偶极离子形式存在，结构式如下：

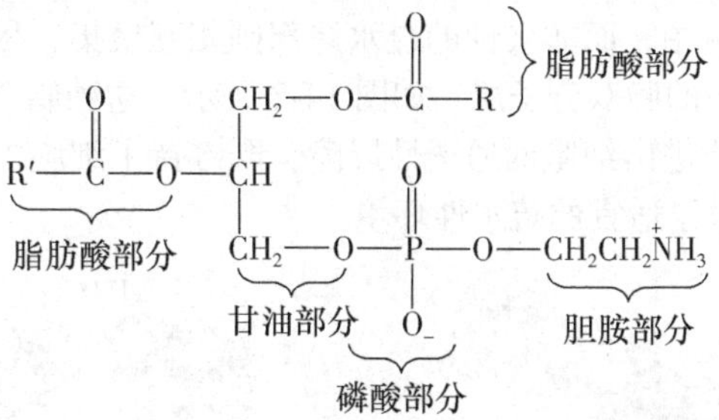

$$
\begin{array}{l}
\text{R}'\text{—}\overset{\text{O}}{\overset{\|}{\text{C}}}\text{—O—}\underset{|}{\overset{|}{\text{CH}}}\quad \text{CH}_2\text{—O—}\overset{\text{O}}{\overset{\|}{\text{C}}}\text{—R}\ \text{（脂肪酸部分）} \\
\text{（脂肪酸部分）}\quad \text{CH}_2\text{—O—}\underset{\text{O}^-}{\underset{|}{\overset{\text{O}}{\overset{\|}{\text{P}}}}}\text{—O—CH}_2\text{CH}_2\overset{+}{\text{N}}\text{H}_3 \\
\text{（甘油部分）（磷酸部分）（胆胺部分）}
\end{array}
$$

α-脑磷脂

脑磷脂完全水解可得到甘油、脂肪酸、磷酸和胆胺，脂肪酸通常有软脂酸、硬脂酸、油酸和少量的花生四烯酸。

2. 脑磷脂的性质 脑磷脂与卵磷脂性质相似，也不稳定，易吸收水分，在空气中氧化成棕黑色。能溶于乙醚，不溶于丙酮，难溶于冷乙醇。卵磷脂易溶于乙醇，利用溶解性的不同可将卵磷脂与脑磷脂分离纯化。脑磷脂与血液凝固有关，存在于血小板内，能促使血液凝固的凝血激酶是由脑磷脂与蛋白质组成的。

二、鞘 磷 脂

鞘磷脂（sphingomyelin）又称神经磷脂，其组成和结构与甘油磷脂不同，鞘磷脂中醇的部分是鞘氨醇（神经氨基醇）而不是甘油。鞘氨醇是含有长碳链不饱和烃基的氨基二元醇，人体内以含十八碳的鞘氨醇为主。鞘氨醇的氨基与脂肪酸通过酰胺键结合，形成*N*-脂酰鞘氨醇即神经酰胺。

笔记栏

鞘氨醇和神经酰胺的结构如下：

$$\begin{array}{l} \mathrm{HO-CH-CH{=}CH(CH_2)_{12}CH_3} \\ \qquad\quad | \\ \mathrm{H_2N-CH} \\ \qquad\quad | \\ \qquad\ \mathrm{CH_2OH} \end{array}$$

鞘氨醇(sphingol)

$$\begin{array}{l} \quad \mathrm{O} \quad \mathrm{HO-CH-CH{=}CH(CH_2)_{12}CH_3} \\ \quad \| \qquad\qquad\ \ | \\ \mathrm{R-C-NH-CH} \\ \qquad\qquad\qquad\ | \\ \qquad\qquad\qquad \mathrm{CH_2OH} \end{array}$$

神经酰胺(ceramide)

N- 脂酰鞘氨醇分子中的伯醇基与磷酰胆碱通过磷酸酯键结合而得到的化合物即为鞘磷脂。鞘磷脂的结构式如下所示：

$$\begin{array}{l} \quad \mathrm{O} \quad \mathrm{HO-CH-CH{=}CH(CH_2)_{12}CH_3} \\ \quad \| \qquad\qquad\ \ | \\ \mathrm{R-C-NH-CH} \qquad\quad \mathrm{O} \\ \qquad\qquad\qquad\ | \qquad\qquad \| \\ \qquad\qquad\qquad \mathrm{CH_2O-P-O-CH_2CH_2\overset{+}{N}(CH_3)_3} \\ \qquad\qquad\qquad\qquad\quad\ \ | \\ \qquad\qquad\qquad\qquad\quad\ \mathrm{O^-} \end{array}$$

鞘磷脂

不同组织器官中，组成鞘磷脂的脂肪酸的种类有所不同，神经组织中以硬脂酸、二十四碳酸和神经酸（15- 二十四碳烯酸）为主，而在脾脏和肺组织中则以软脂酸和二十四碳酸为主。

鞘磷脂是白色晶体，化学性质比较稳定，在光的作用下或在空气中不易被氧化，不溶于丙酮及乙醚，而溶于热乙醇中。鞘磷脂大量存在于脑和神经组织中，脾、肝及其他组织中含量较少，鞘磷脂也是细胞膜的重要成分之一，对神经的兴奋性和传导性起重要作用。

三、磷脂与生物膜

生物膜（biomembrane）是细胞膜结构的总称，包括质膜和细胞内膜（细胞内各种细胞器的膜）。各种生物膜的功能不同，但化学组成和分子结构都有共同之处，均由脂类、蛋白质、糖类、水、无机盐和金属离子等构成。其中脂类和蛋白质是主要成分，是构成膜的主体。

构成生物膜的脂类以磷脂含量最多也最为重要。磷脂的分子结构具有亲水和疏水两部分，如甘油磷脂有一亲水的偶极离子头部（polar head）和两条疏水的脂肪酸长链尾部（non-polar tail），如图 14-1 所示。磷脂分子在水环境中能自发形成双层结构，并且具有自我组装、自我封合的特性和流动性。极性的亲水头部伸向水中，而非极性的疏水尾部则相互聚集，尽量避免与水接触，以双分子层形式排列，成为热力学稳定的脂双分子层，如图 14-2 所示。这种脂双分子层结构是构成生物膜骨架的主要结构，成为极性物质进出细胞的通透性屏障。既维持了细胞内环境的相对稳定性，同时又为各种特殊功能的膜蛋白提供了适宜的疏水性环境。

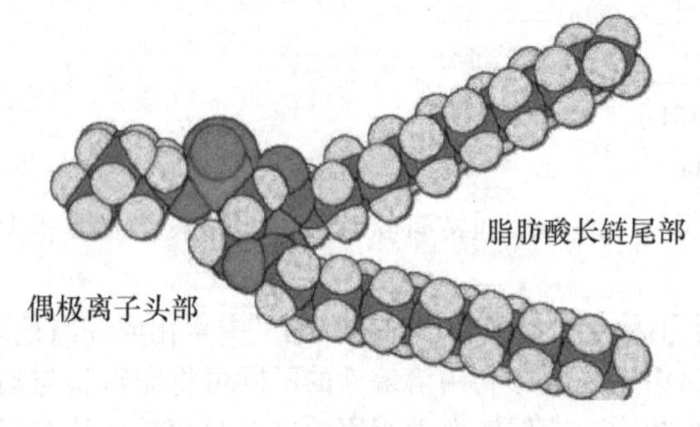

图 14-1　甘油磷脂的分子模型

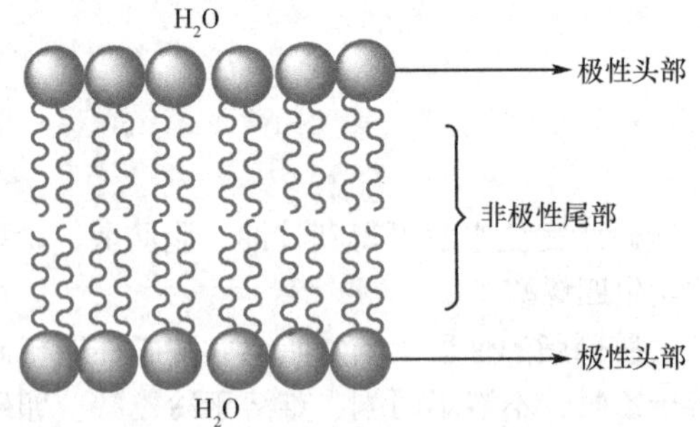

图 14-2　脂双分子层结构示意图

脂类、蛋白质还有少量的糖类在膜中如何存在和排列，以及它们之间如何相互作用，这是决定膜的生物活性的主要问题，目前还没有一种技术或方法能够直接观察膜的分子结构。多年来科学家提出过不少细胞膜的模型，其中最重要和受到普遍认可的是 1972 年 S. Jonathan Singer 和 Garth L. Nicolson 提出的液态镶嵌模型（fluid mosaic model），该模型的基本内容：生物膜是由液态的磷脂双分子层中镶嵌着可以移动的具有各种生理功能的蛋白质按二维排列构成的，如图 14-3 所示。

笔记栏

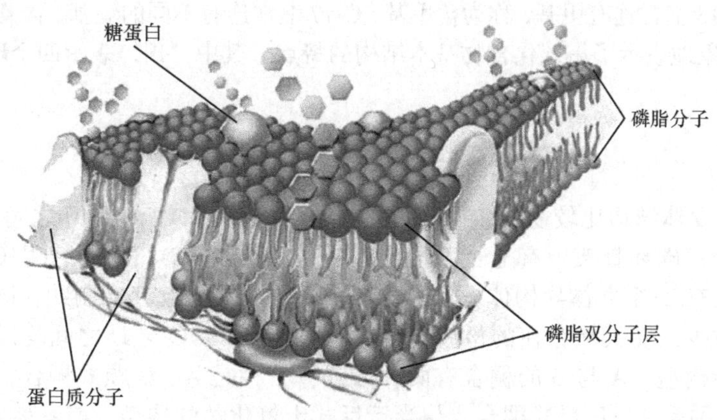

图 14-3　细胞膜的结构示意图

生物膜有两个明显的特征，膜的不对称性和膜的流动性。膜的不对称性分别与膜脂和膜蛋白分布的不对称性有关。膜脂中卵磷脂和鞘磷脂大多分布在生物膜外层，而脑磷脂多分布于内层。膜脂双分子层的不对称分布，使膜的两层流动性有所不同。镶嵌在脂类中的蛋白质分布的不对称性（有的蛋白质镶嵌在脂双分子层的表面，有的部分或全部嵌入，有的则横跨整个磷脂双分子层），保证了膜功能的方向性，使膜两侧具有不同的功能。

膜的流动性是指膜内部的脂类和蛋白质两类分子的运动性。生物膜的各种生理功能都与磷脂双分子层的流动性相关。影响细胞膜流动性的因素主要有膜本身的组分、遗传因子及环境的理化因素（如温度、离子强度、pH、药物等）。其中与磷脂有关的有如下两点。

（1）磷脂分子中脂肪酸链的不饱和程度是影响膜流动性的重要因素。饱和脂肪酸为线型，链间排列紧密，相互作用大，膜的流动性小；不饱和脂肪酸双键大多是顺式结构，使得碳链弯曲，链间尾部难以相互靠拢，彼此排列疏松，因此双分子层含不饱和脂肪酸越多，膜的流动性就越大。

（2）卵磷脂和鞘磷脂的比值也会影响膜的流动性，这是由于鞘磷脂的黏度比卵磷脂的黏度大 6 倍多，因此鞘磷脂含量高则流动性差。细胞衰老和动脉粥样硬化，都伴随着卵磷脂和鞘磷脂的比值下降，膜的流动性随之降低。此外，在生理条件下，胆固醇对细胞膜的流动性也有一定的调节作用。

生物膜的结构和功能的研究，是目前分子生物学最活跃的部分，将在其他学科中深入探讨。

第三节　甾族化合物

甾族化合物（steroid）也称甾体化合物，是一类广泛存在于动植物体内的天然有机化合物，如胆固醇、胆汁酸、肾上腺皮质激素及性激素等。许多甾族化合物具有重要的生理作用。在中草药中含有的甾族化合物，有的可以直接用于治疗疾病，有的可用于合成甾族药物的原料。因此甾族化合物是医疗及制药工业上的一类重要化合物。

一、甾族化合物的基本结构

甾族化合物都含有一个环戊烷多氢菲（cyclopentanoperhydrophenanthrene）的基本骨架，这个骨架是甾族化合物的母核，四个环分别用字母 A、B、C 和 D 表示，环上碳原子有固定的编号顺序。大多数甾族化合物有三个侧链，它们分别连在 C-10、C-13 和 C-17 上。

环戊烷并多氢菲　　　　甾族化合物的基本骨架

笔记栏

其中C-10、C-13上常连有甲基，称为角甲基，C-17上常连有不同的烃基、含氧基团或其他基团。中文“甾”字很形象地表示了甾族化合物基本结构的特点，其中“田”表示四个环，“巛”表示环上有三个侧链。

二、甾族化合物的构型和构象

甾族化合物的立体结构比较复杂，单从母核来讲，A、B、C、D四个碳环之间可以是顺式稠合，也可以是反式稠合；碳环骨架中有七个手性碳原子，即C-5、C-8、C-9、C-10、C-13、C-14、C-17，理论上应该有2^7个立体异构体，但由于四个环稠合在一起互相制约，碳架刚性增大使异构体的数目大大减少。在天然存在的甾族化合物中，B与C、C与D之间均以反式稠合，相当于反式十氢化萘的构型，A与B的稠合有两种方式：一种是A、B顺式稠合，相当于顺式十氢化萘的构型；另一种是A、B反式稠合，相当于反式十氢化萘的构型。前者称β构型，后者称α构型。

在β构型中，C-5上的氢原子与C-10上的角甲基在环平面的同侧，用楔形线表示，又称5β-系甾族化合物；在α构型中，C-5上的氢原子与C-10上的角甲基在环平面的异侧，用虚线表示，又称5α-系甾族化合物。环上所连的其他原子或基团，凡与角甲基在环平面同侧的取代基称为β构型，用实线表示；与角甲基在环平面异侧的取代基则称为α构型，用虚线表示。

5β-系甾族化合物　　5α-系甾族化合物

环已烷最稳定的构象是椅式构象，甾族化合物中的A、B、C三个六元环也是采取椅式构象，D环为五元环，它的构象取决于该环上的取代基及其位置。环上的取代基处在e键上比处在a键上稳定。5β-系和5α-系甾族化合物的构象式如下所示：

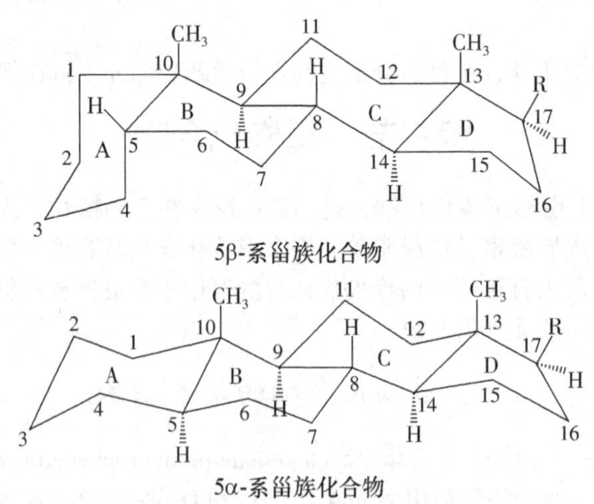

5β-系甾族化合物

5α-系甾族化合物

三、甾族化合物的分类和命名

甾族化合物种类繁多，一般是根据其天然来源及所具有的生理作用而进行分类，可分为甾醇类、胆甾酸、甾体激素类等。

甾族化合物的命名主要是根据其来源采用俗名。系统命名法命名，需要首先确定所选用的甾体母核，然后在其前后标明各取代基或官能团的名称、数量、位置及构型。根据C-10、C-13与C-17处所连的侧链不同，甾体母核的名称如表14-4所示。

表 14-4 甾体母核名称

R	R′	R″	甾体母核的名称
—H	—H	—H	甾烷（gonane）
—H	$—CH_3$	—H	雌甾烷（estrane）
$—CH_3$	$—CH_3$	—H	雄甾烷（androstane）
$—CH_3$	$—CH_3$	$—CH_2CH_3$	孕甾烷（pregnane）
$—CH_3$	$—CH_3$	H_3C CH_3	胆烷（cholane）
$—CH_3$	$—CH_3$	CH_3 H_3C CH_3	胆甾烷（cholestane）

可以把甾族化合物看作有关甾体母核的衍生物。母核中含有碳碳双键时，将“烷”改成相应的“烯”“二烯”等，并标示出双键的位置。官能团或取代基的位置、名称及构型写在母体名称之前，若用它们作母体（如羰基、羧基），将其写在母核名称之后。例如：

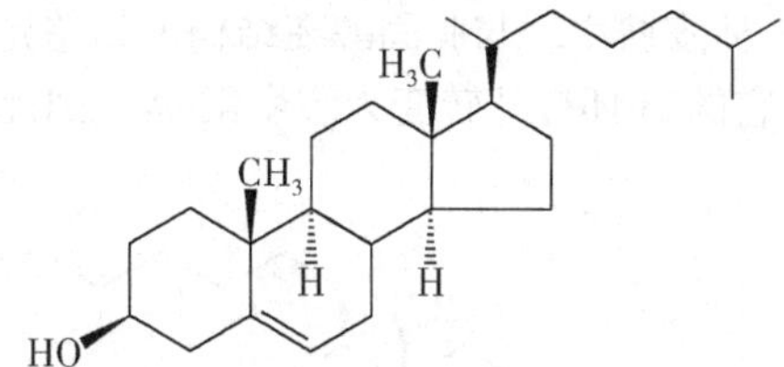

5-胆甾烯-3β-醇(胆固醇)
[5-cholestene-3β-ol(cholesterol)]

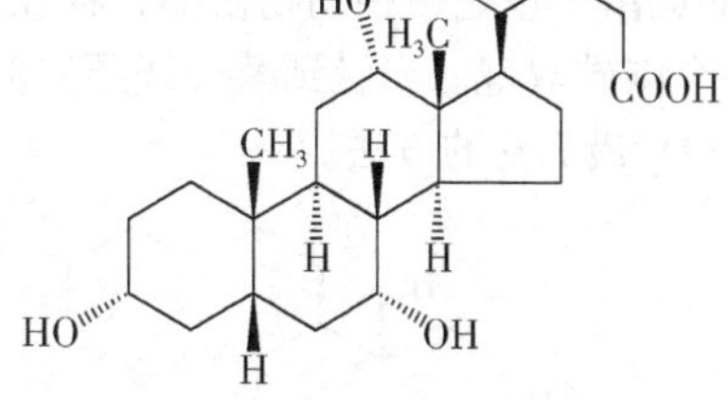

3α,7α,12α-三羟基-5β-胆烷-24-酸(胆酸)
[3α,7α,12α-trihydroxy-5β-cholan-24-acid cholic acid]

17α-甲基-17β-羟基-4-雄甾烯-3-酮
(甲睾酮)
[17β-hydroxy-17α-methyl-4-androsten-3-one (methyltestosterone)]

3-羟基-1,3,5(10)-雌甾三烯-17-酮
(雌酮)
[3-hydroxy-1,3,5(10)-estratriene-17-one(estrone)]

四、重要的甾族化合物

（一）甾醇类

甾醇（sterol）常以游离状态、高级脂肪酸酯或以苷的形式存在于动植物体内。甾醇依照来源分

为动物甾醇和植物甾醇。天然的甾醇是甾环 C-3 上连有醇羟基（该羟基绝大多数都是 β 构型）的固态物质，故又称为固醇。

1. 胆固醇　是一种动物甾醇，是从胆结石中发现的一种固体醇，所以叫胆固醇。胆固醇的结构特点：C-3 上连有一个 β- 构型的羟基，C-5 和 C-6 之间为双键，C-17 上连有一个含八个碳原子的烃基侧链。

胆固醇(cholesterol)

胆固醇为无色或略带黄色的结晶，熔点 148.5℃，难溶于水，易溶于乙醚、氯仿和热乙醇等有机溶剂。将少量的胆固醇溶于氯仿，再滴加少量浓硫酸及乙酸酐，即呈现浅红 → 蓝紫 → 褐 → 绿色的颜色变化，颜色的深浅与胆固醇的浓度有关，此反应称为 Lieberman-Burchard（李伯曼 - 布查）反应，常用于胆固醇的定性及定量分析。

在动物体内，胆固醇 C-3 上的羟基常与脂肪酸结合，以胆固醇酯的形式存在；而在植物体内，C-3 上的羟基常与糖的半缩醛羟基结合，以糖苷的形式存在。胆固醇广泛分布于动物细胞中，是生物膜脂质中的重要组分。生物膜的流动性和通透性与它有着密切的关系，同时它还是生物体合成胆甾酸和甾体激素的前体，调节脂蛋白代谢等，在体内起着重要的作用。人体中的胆固醇一部分从食物中摄取，一部分由体内肝细胞自己合成。当人体内胆固醇摄取过多或代谢发生障碍时，血液中胆固醇的含量就会增多，并从血清中析出沉积在动脉血管壁上，引起血管变窄，降低血液流速，造成高血压、冠心病和动脉硬化；在胆汁液中过饱和的胆固醇沉积则是形成胆固醇系结石的基础。然而许多学者认为，体内长期胆固醇偏低会诱发癌症，所以，既要给机体提供足够的胆固醇来维持机体的正常生理功能，又要防止胆固醇过量或过少所造成的不良影响，这些是现代人类健康生活所应解决的热点问题。

2. 7- 脱氢胆固醇　也是一种动物甾醇，存在于人体皮肤中。与胆固醇在结构上的差异是 C-7 和 C-8 之间多了一个碳碳双键。当受到紫外线照射时，它的 B 环打开转变为维生素 D_3。因此常做日光浴是获得维生素 D_3 最简易的方法。

7-脱氢胆固醇(7-dehydrocholesterol)　$\xrightarrow{h\nu}$　维生素D_3

3. 麦角固醇　存在于酵母及某些植物中，属于植物甾醇，和 7- 脱氢胆固醇比较，它在 C-17 的侧链上多了一个甲基和一个双键。在紫外线照射下，B 环打开生成维生素 D_2，如下所示：

麦角固醇(ergosterol)　$\xrightarrow{h\nu}$　维生素D_2

维生素 D 是一类抗佝偻病维生素的总称。目前已知至少有十种维生素 D，它们都是甾醇的衍生物，其中活性较高的是维生素 D_2 和维生素 D_3。维生素 D 广泛存在于动物体中，在鱼类肝脏、牛乳、

蛋黄中含量最为丰富；维生素 D 能促进肠道对钙、磷的吸收，使血液中钙、磷的浓度增加，钙、磷易于沉着，从而促进骨骼的正常生长和发育。当维生素 D 缺乏时，儿童会患佝偻病，成人则患软骨症。

案例 14-2 婴儿佝偻病

患儿年龄 16 个月，肤色为黑色，因发生喘鸣而被送至急诊，被误诊为病毒性喉炎。患儿由急诊科出院后喘鸣音持续存在，2 周后病情加重再次入院治疗。针对病因进行深入研讨发现，患儿在出生后 10 个月以内仅食用母乳，并未补充维生素 D，其母亲也未补充维生素 D，10 个月后患儿开始饮食并同时摄入最低剂量的乳制品。经体格检查发现其额部突出，腕部与踝部增宽，肋骨与肋软骨交界处突出，肌张力降低，结合实验室一系列检查结果，最终患儿被诊断为重度Ⅲ期佝偻病。针对患儿病症给予葡萄糖酸钙（800mg/d）和维生素 D（4000IU/d）进行治疗，3 个月后其临床症状得到了显著改善，实验室检查指标均恢复正常，喘鸣再未复发。

分析讨论：由于妊娠期营养不良、胎儿缺钙，致使喉软骨软弱、吸气时负压增大，使会厌软骨两侧边缘向内卷曲接触，或会厌软骨过大而柔软，喉腔变窄成活瓣状震颤而发生喉鸣。喉软骨软化是一种先天性佝偻病，是由于母亲怀孕期间晒太阳不足，又没有服鱼肝油、钙片引起的。给这种患儿服维生素 D 制剂（浓鱼肝油滴剂或胆维丁）和钙剂，喉鸣大多会在服药 3～6 个月后消失。

思考题：

1. 为什么多晒太阳可预防佝偻病？
2. 维生素 D_2、维生素 D_3 属于甾族化合物吗？
3. 体内缺乏维生素 D 的主要表现有哪些？

（二）胆甾酸

胆酸、脱氧胆酸、鹅脱氧胆酸和石胆酸等存在于动物胆汁中，它们均被称为胆甾酸。胆甾酸在人体内可以以胆固醇为原料直接生物合成。人体内最重要的胆甾酸是胆酸和脱氧胆酸，其结构特征：C-17 上的侧链较短，末端有一个羧基；胆酸的 C-3、C-7 和 C-12 上的羟基为 α 构型；和胆酸相比较，脱氧胆酸只是在 C-7 上少一个氧原子；它们的环上都无双键。

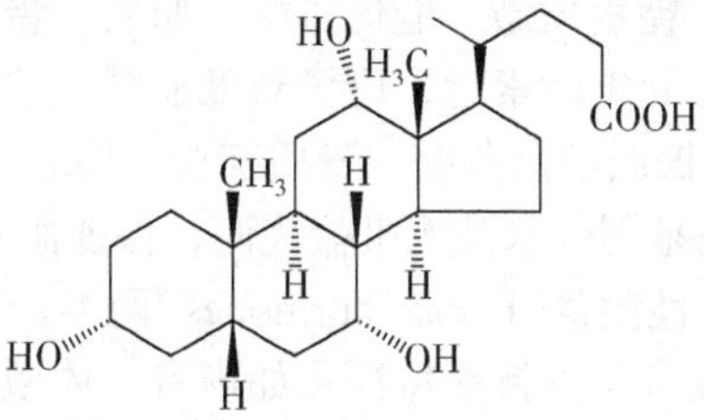

胆酸(cholic acid) 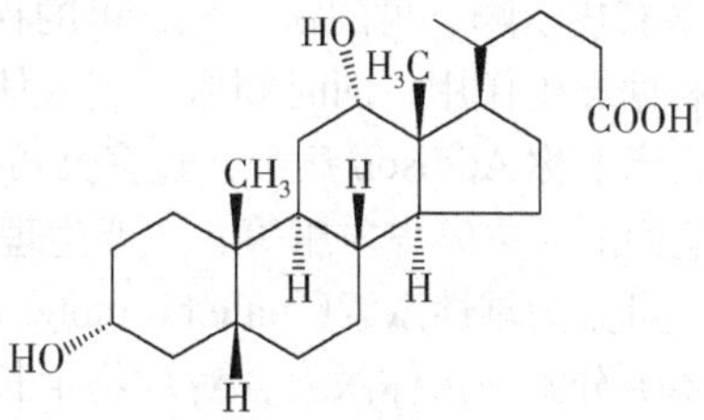　　脱氧胆酸(deoxycholic acid)

胆甾酸在胆汁中分别与甘氨酸（$H_2N—CH_2—COOH$）和牛磺酸（$H_2N—CH_2—CH_2—SO_3H$）以酰胺键相结合，形成各种结合胆甾酸，这些结合胆甾酸总称为胆汁酸（bile acid）。例如，胆酸与甘氨酸或牛磺酸分别生成甘氨胆酸和牛磺胆酸。

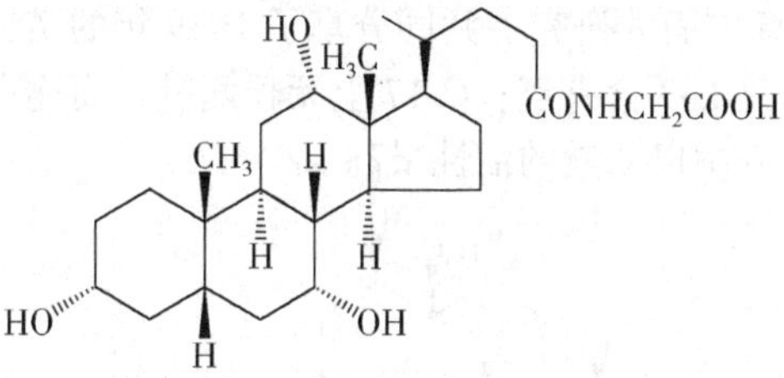

甘氨胆酸(glycocholic acid) 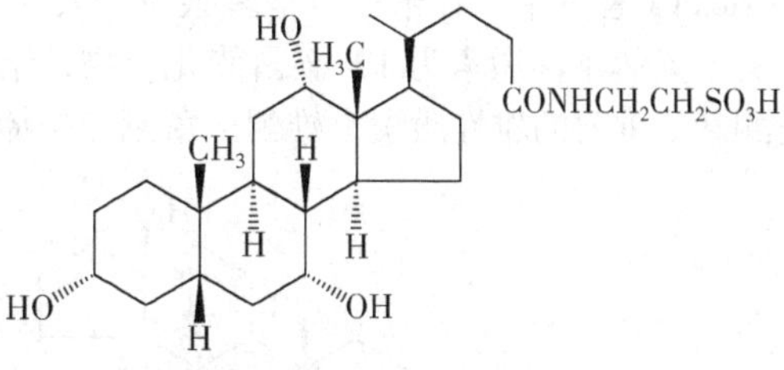　　牛磺胆酸(taurocholic acid)

在胆汁中，胆汁酸以钠盐或钾盐形式存在，称为胆汁酸盐（bile salt）。胆汁酸盐是一种表面活性物质，分子中既有亲水性的羟基和羧基（或磺酸基），又含有疏水性的甾环，这种结构能降低水的表面张力，使脂肪乳化为微粒并稳定地分散于消化液中，增加了脂肪与脂肪酶接触的机会，从而

笔记栏

加速脂肪的水解，以利于机体对脂肪的消化吸收，另外还可抑制胆汁中胆固醇的析出。

（三）甾体激素

激素（hormone）是由动物体内各种内分泌腺分泌的一类化学活性物质。它们在动物体内含量虽少，但具有很强的生理作用，主要是调节体内各种物质代谢、控制着机体的生长、发育和生殖等。已发现人和动物的激素有几十种，按化学结构可分为两大类，一类是含氮激素，如促肾上腺皮质激素、甲状腺素和胰岛素等；另一类就是甾体激素。甾体激素根据来源又可分为肾上腺皮质激素（adrenal cortical hormone）和性激素（sex hormone）两类。这里仅介绍甾体激素。

1. 肾上腺皮质激素 是由肾上腺皮质分泌出来的一类甾体激素。从肾上腺皮质中已提出多种甾体激素，依照其在生理功能上的差别可分为糖代谢皮质激素（glucocorticoid）和盐代谢皮质激素（mineralocorticoid），这两类皮质激素的结构特征是：C-3 为酮基；C-4 和 C-5 之间为双键；C-17 上连有 2- 羟基乙酰基。例如：

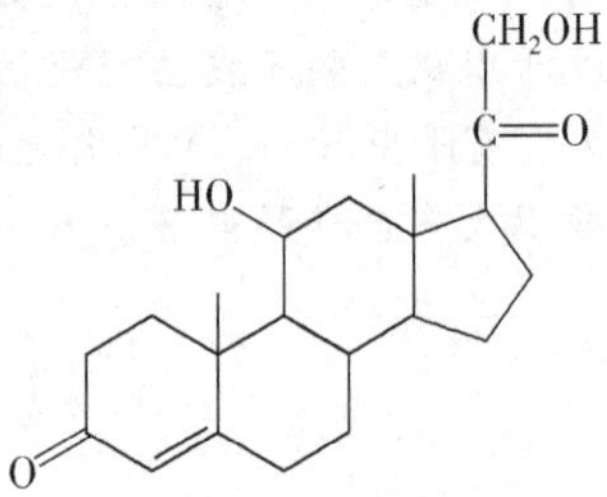

皮质酮(corticosterone) 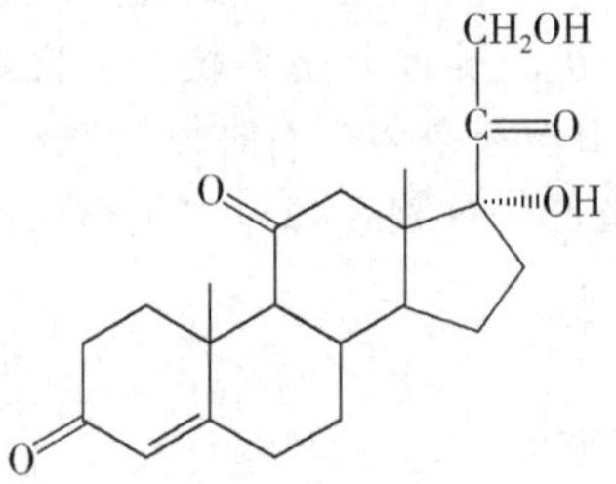　　可的松(cortisone) 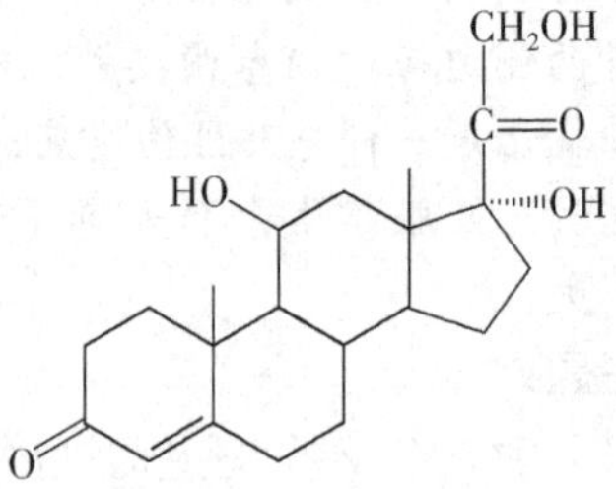　　氢化可的松(hydrocortisone)

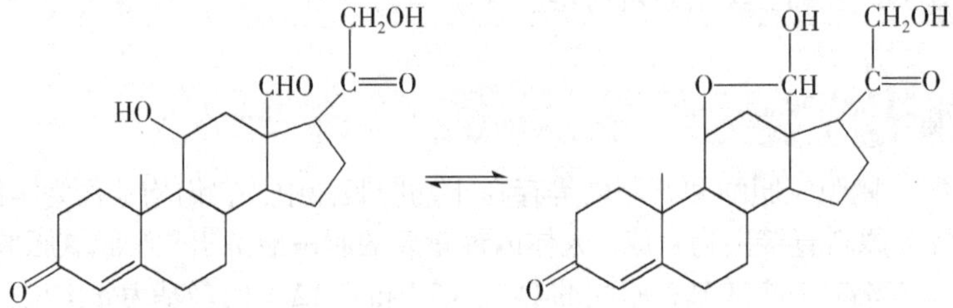

醛固酮(aldosterone)　　半缩醛式

糖皮质激素有皮质酮、可的松、氢化可的松等，糖皮质激素能促进糖、脂肪、蛋白质的代谢，提高血糖浓度和糖异生作用，同时利尿。当人体缺乏此类激素时，可导致低血糖、贫血、肌无力、失眠等症状（临床上称 Addison 病）；过多又可引起四肢肌肉萎缩、骨质疏松、向心性肥胖等症状。盐皮质激素有醛固酮、去氧皮质酮等，主要生理作用是调节水及无机盐代谢，保证血浆渗透平衡。

2. 性激素 可分为雄性激素（male hormone）和雌性激素（female hormones）两类。它们是性腺（睾丸、卵巢、黄体）分泌的甾体激素，对动物生长、发育及维持性特征（如声音、体型的改变等）都有决定性作用。

（1）雄性激素：又称男性激素，具有控制雄性器官及第二性特征的生长、发育的功能，对全身代谢也有显著影响。最早获得天然雄性激素纯品的是德国生物化学家 A. Butenandt（布特南德），1931 年他从 1500L 男性尿液中分离得到 15mg 结晶雄酮。Butenandt 因发现并提纯出多种激素而与 L. Ruzicka（鲁齐卡，在聚亚甲基多碳原子大环和多萜烯方面的研究）共同分享了 1939 年的诺贝尔化学奖。天然雄性激素为 19- 碳甾族化合物，结构特征是 C-3 含有氧；C-17 上无碳侧链，而连有羟基或酮基。重要的雄性激素有雄酮、睾酮和雄烯二酮，其中以睾酮的活性最高。

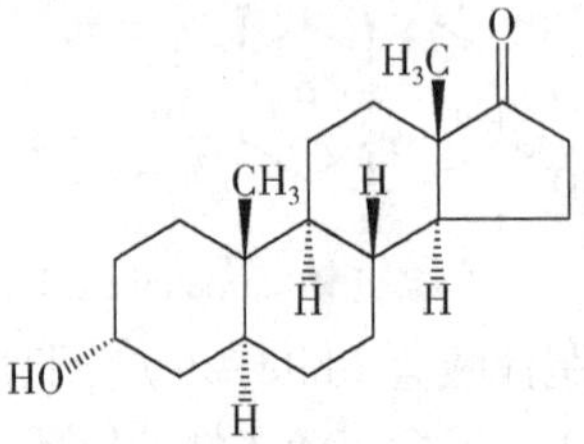

雄酮(androsterone) 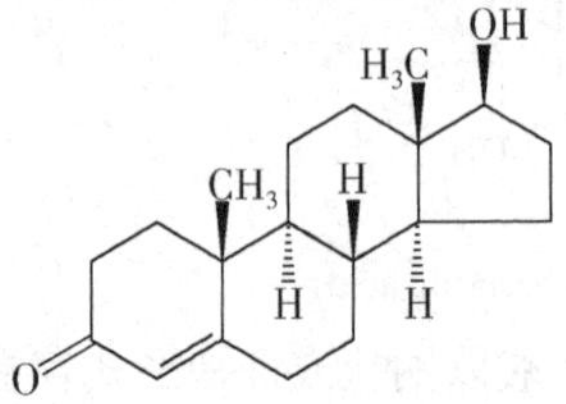　　睾酮(testosterone)

睾酮在消化道内易被破坏，口服无效，虽能制成油溶液供肌内注射，但作用也不持久。目前临床上多用它的衍生物，如甲睾酮等。

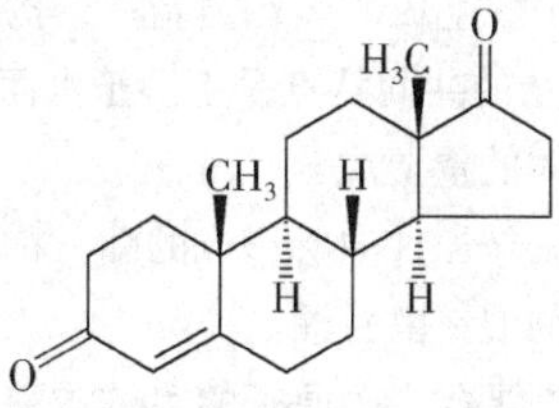

雄烯二酮(androstenedione) 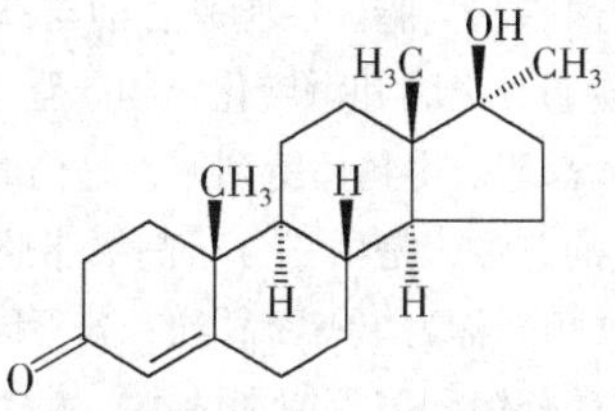　　甲睾酮(methyltestosterone)

甲睾酮是在睾酮分子C-17上引入一个α-甲基，从而增加了对β-羟基的位阻，使C-17上β-羟基在动物体内不易被氧化，因而性质较稳定，可供口服。

雄性激素还能促进人体蛋白质的合成、抑制蛋白质异构化，促进骨基质合成、机体组织与肌肉的增长。这些激素经结构修饰成为蛋白同化激素，临床上用于治疗因蛋白质代谢发生障碍所引起的疾病、慢性消耗性疾病及术后体弱消瘦患者。当前，在国际体育比赛中，个别运动员为提高运动成绩长期服用此类药物，这是很危险的。研究证明，此类药物能抑制人体免疫球蛋白的生成和白细胞的增殖，并使肝功能破坏，睾丸萎缩，前列腺增生等，因此在体育比赛中已被列为违禁药品。

（2）雌性激素：又称女性激素，主要是由卵巢分泌的一类性激素，分为雌激素（estrogen）和孕激素（progestogen）两种。

1）雌激素是由成熟的卵泡分泌，是引起哺乳动物动情的物质，并能促进生殖器官的发育和维持雌性第二性征。常见的雌激素有雌酮、雌二醇、雌三醇等，其中雌二醇的活性最高，雌三醇的活性最低。

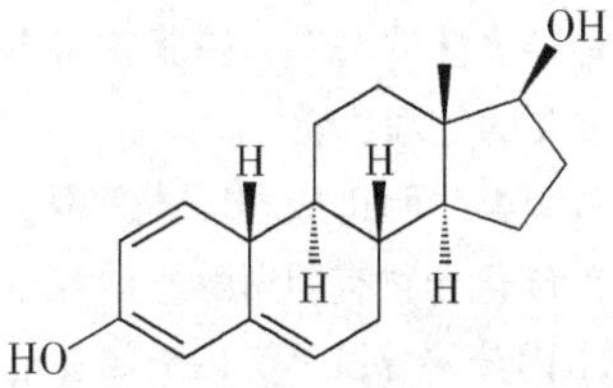

雌二醇(estradiol) 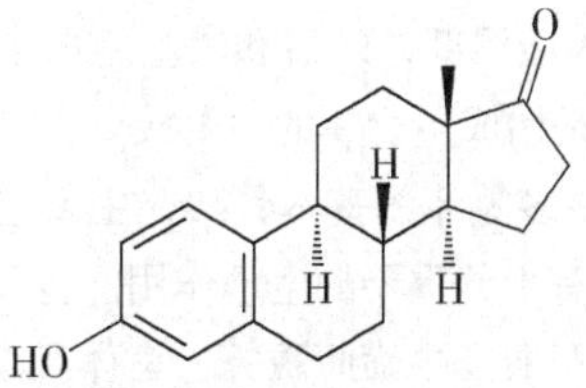　　雌酮(estrone) 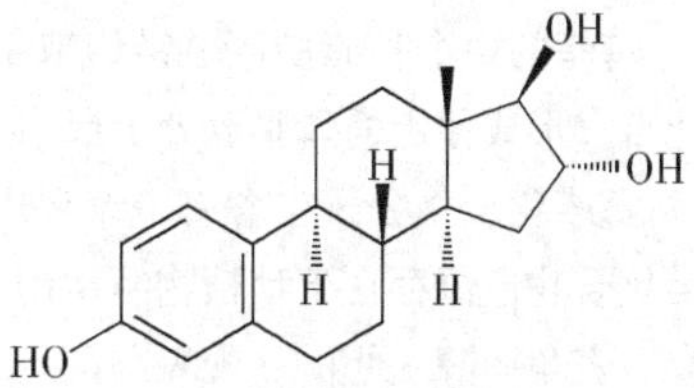　　雌三醇(estriol)

天然雌激素属于十八-碳甾族化合物，结构特征：A环为苯环，C-10上没有甲基，C-3上有一个酚羟基，C-17连有羟基或酮基。构效关系表明，酚环和C-17氧的存在是生物活性所必需的。雌激素在临床上的主要用途是治疗绝经症状和骨质疏松，最广的用途是生育控制。人工合成的炔雌醇为口服高效、长效的雌激素，活性比雌二醇高，由于对排卵有抑制作用，可用作口服避孕药。

2）孕激素主要从排卵后的卵泡组织形成的黄体中分泌，它们的主要生理作用是保证受精着床，维持妊娠。主要有黄体酮（又称孕酮），属于二十一-碳甾族化合物，结构特征：C-3为酮基，C-4和C-5之间有一个碳碳双键，C-17上连有一个β-乙酰基。黄体酮构效关系表明：C-17的α位引入羟基，孕激素活性下降，但羟基成酯后活性增强。在C-6位引入碳碳双键、甲基或氯原子都使活性增强。因此制药工业上，以黄体酮为先导化合物，对其结构进行修饰，先后合成了一系列具有孕激素活性的黄体酮衍生物，如炔诺酮、甲羟孕酮、己酸孕酮等。

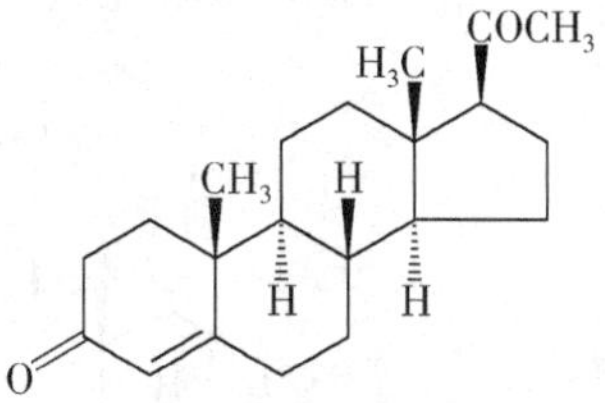

黄体酮(progesterone) 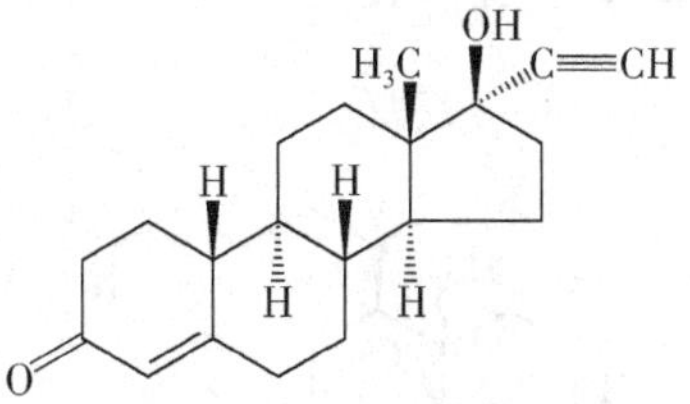　　炔诺酮(norethindrone)

孕激素能使子宫内的受精卵和胎儿正常发育，临床上用于治疗习惯性流产、子宫功能性出血、痛经和闭经等。将炔诺酮或己酸孕酮与雌激素类药物配伍，由于协同作用可达到避孕效果。

笔记栏

本章小结

脂类化合物包括油脂和类脂。油脂是甘油与高级脂肪酸生成的酯；类脂是结构或理化性质与油脂类似的物质，主要包括磷脂、糖脂和甾族化合物。脂类化合物的共同特点是不溶于水而易溶于乙醚、氯仿、丙酮、苯等有机溶剂；都能被生物体所利用，是构成生物体的重要成分。

油脂是油和脂肪的总称，是由三分子高级脂肪酸与一分子甘油所形成的酯，称为三酰甘油。在油脂分子中，若三个脂肪酸相同称为单三酰甘油；若不同则称为混三酰甘油。

组成油脂的脂肪酸分饱和与不饱和两类，大多数是含偶数个碳原子的直链羧酸，尤以含十六和十八个碳原子的脂肪酸最多。人体内所含的不饱和脂肪酸几乎都是顺式构型。亚油酸、α- 亚麻酸与花生四烯酸称为营养必需脂肪酸，它们是人体不可缺少而自身又不能合成或合成量不足的脂肪酸。按 ω 体系分类，不饱和脂肪酸主要分为四族：ω-3 族、ω-6 族、ω-7 族、ω-9 族。族内的不饱和脂肪酸均可由本族的母体脂肪酸为原料在体内衍生，但是不同族的脂肪酸不能在体内相互转化。

油脂在碱性条件下的水解反应称为油脂的皂化，1g 油脂完全皂化所需氢氧化钾的质量（单位 mg）称为皂化值，皂化值可用于测定油脂的分子量。油脂的加氢反应称为油脂的硬化；100g 油脂所能吸收碘的质量（单位 g）称为碘值，碘值可用来测定油脂的不饱和程度。油脂在空气中长时间放置就会变质，这种现象称为酸败，油脂的酸败程度可用酸值来表示，中和 1g 油脂中的游离脂肪酸所需氢氧化钾的质量（单位 mg）称为油脂的酸值。

磷脂是分子中含有磷酸基团的高级脂肪酸酯，根据分子中醇的不同，磷脂分为由甘油构成的甘油磷脂和由神经氨基醇构成的神经磷脂。卵磷脂和脑磷脂是两种重要的甘油磷脂，卵磷脂由甘油、脂肪酸、磷酸和胆碱组成；脑磷脂由甘油、脂肪酸、磷酸和胆胺组成。神经磷脂又称鞘磷脂，它由鞘氨醇、脂肪酸、磷酸和胆碱组成。

磷脂的两个长脂肪碳氢链组成了疏水性尾部，磷酸和碱基组成了具有亲水性的头部。磷脂在水溶液中能自发形成稳定的磷脂双分子层结构，是构成生物膜的主要成分，具有重要的生理功能。

甾族化合物分子中含有一个环戊烷并多氢菲的基本骨架，主要包括甾醇类、胆甾酸和甾体激素。这一类化合物广泛存在于动植物组织内，具有十分重要的生理作用。重要的甾族化合物有胆甾醇、7- 脱氢胆甾醇、麦角固醇、胆酸、脱氧胆酸、甘氨胆酸及牛磺胆酸等。甾体激素是由内分泌腺及具有内分泌功能的一些组织所产生的微量化学信息分子，具有调节各种物质代谢的功能。甾体激素主要有糖代谢皮质激素、盐代谢皮质激素、雄性激素和雌性激素等。

习　题

1. 命名下列化合物或写出结构式。

（1）
$CH_2-O-C(=O)-(CH_2)_7CH=CH(CH_2)_7CH_3$
$CH-O-C(=O)-(CH_2)_{14}CH_3$
$CH_2-O-C(=O)-(CH_2)_{16}CH_3$

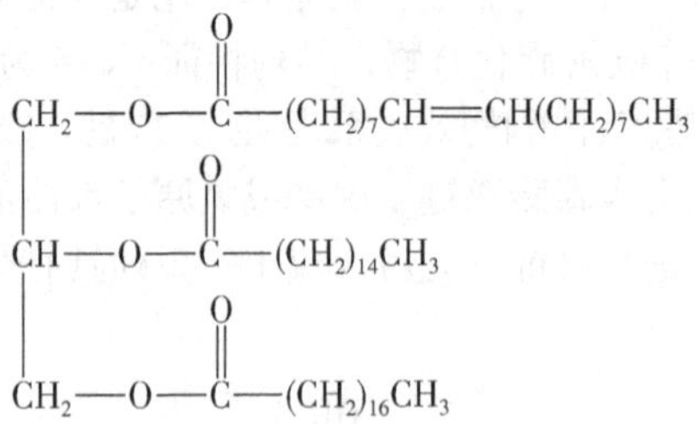

（2）
$CH_2-O-C(=O)-(CH_2)_{14}CH_3$
$CH-O-C(=O)-(CH_2)_{14}CH_3$
$CH_2-O-C(=O)-(CH_2)_{14}CH_3$

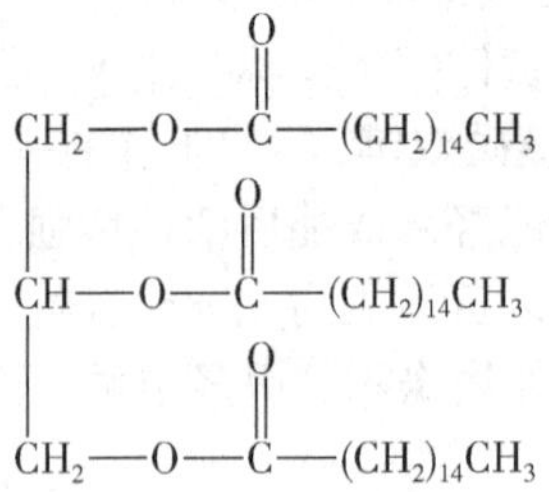

（3）

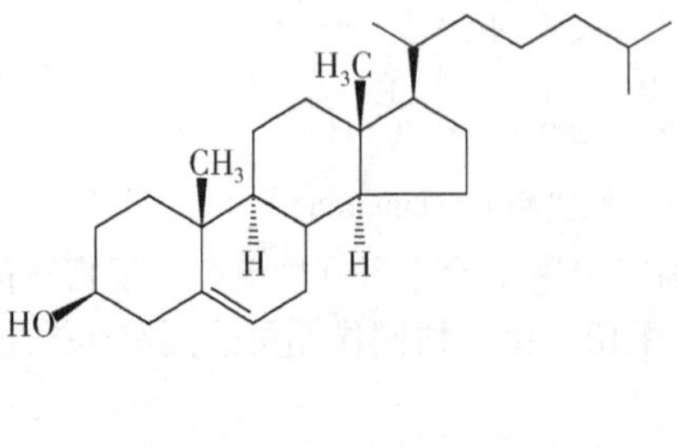

（4）

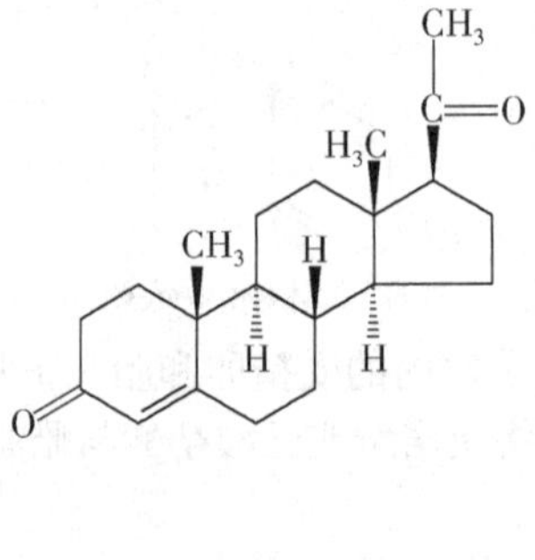

笔记栏

（5）$R-\overset{\displaystyle O}{\overset{\|}{C}}-NH-\underset{\displaystyle CH_2OH}{\underset{|}{CH}}-\underset{}{CH(OH)}-CH=CH(CH_2)_{12}CH_3$　（$HO-CH-CH=CH(CH_2)_{12}CH_3$ 中的 CH 与 NH—CH 相连）

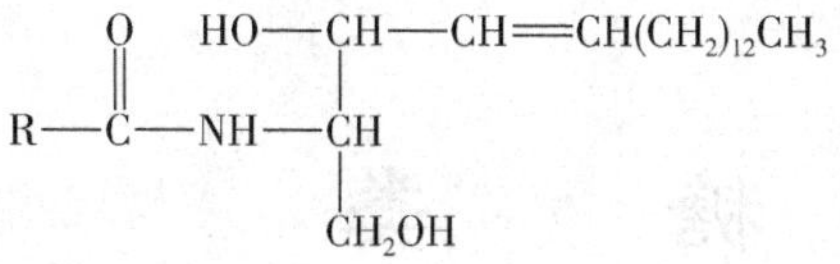

（6）$H_2N-\underset{\displaystyle CH_2OH}{\underset{|}{CH}}-CH(OH)-CH=CH(CH_2)_{12}CH_3$　（$HO-CH-CH=CH(CH_2)_{12}CH_3$ 中的 CH 与 H_2N—CH 相连）

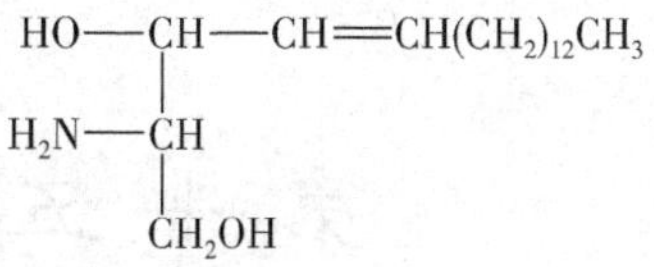

（7）硬脂酸　　（8）胆固醇

（9）脑磷脂　　（10）卵磷脂

（11）甾族化合物的基本结构　　（12）油脂的结构通式

2. 试用化学方法鉴别下列两组化合物。

（1）三软脂酰甘油和三油酰甘油

（2）胆甾醇、胆酸、雌二醇和睾酮

3. 名词解释。

（1）营养必须脂肪酸　　（2）皂化和皂化值

（3）油脂的硬化和碘值　　（4）油脂的酸败和酸值

4. 简答题。

（1）天然油脂结构组成中的脂肪酸有何结构特点？

（2）油脂与磷脂在组成上的主要差别是什么？

（3）甘油磷脂与鞘磷脂的水解产物主要差别是什么？

（4）卵磷脂与脑磷脂在组成上的主要差别是什么？

（5）磷脂比油脂易溶于水还是难溶于水？

5. 写出 7- 脱氢胆甾醇及麦角甾醇在紫外线照射下发生的化学反应方程式。

6. 简述从膳食角度考虑如何预防高脂血症。

（云学英）

第十五章 糖 类

糖类(saccharide)是自然界存在最多、分布最广的一类有机化合物。作为人类三大营养物质之一，糖在人体内参与各种代谢和生命活动，是一切生命体维持生命活动所需能量的主要来源。许多研究表明，糖类是生物体内除蛋白质和核酸以外的又一类重要的生物分子，尤其是一类重要的信息分子。糖类作为对生物体内细胞识别和调控过程的信息分子在受精、发生、发育、分化、神经系统和免疫系统衡态的维持等方面起着重要作用；其参与了炎症和自身免疫疾病、老化、癌细胞的异常增殖和转换、病原体感染等生理和病理过程。因此，近年来，糖链的结构与其功能的关系已成为人们研究的热点，糖生物学也正成为生命科学研究的新前沿。

早期的研究发现，糖都是由碳、氢、氧三种元素组成，且分子中氢和氧的比例与水相同，均为 2 ∶ 1，可用通式 $C_n(H_2O)_m$ 表示，如葡萄糖可表示为 $C_6(H_2O)_6$。因此，糖类化合物又称为碳水化合物（carbohydrates）。可后来的研究发现，一些糖如脱氧核糖 ($C_5H_{10}O_4$)、鼠李糖 ($C_6H_{12}O_5$) 等虽不具有上述通式，但它们的结构特点和性质却与糖类非常相似，而有些化合物如乙酸 ($C_2H_4O_2$)、乳酸 ($C_3H_6O_3$) 等虽符合通式 $C_n(H_2O)_m$，但在结构和性质上却与糖却大相迥异，因此把糖类称作碳水化合物并不确切，只是沿用习惯而已。

从化学结构看，糖类是多羟基醛或多羟基酮（包括环状异构体）及其脱水缩合物。

糖类根据其能否水解及水解产物情况可分为单糖（monosaccharide）、低聚糖（oligosaccharide）和多糖（polysaccharide）三大类。

1. 单糖 不能再水解的多羟基醛或多羟基酮，如葡萄糖、果糖、核糖等。

2. 低聚糖 又称寡糖，能水解生成 2 ～ 10 个单糖，其中以二糖最常见，如麦芽糖、蔗糖、乳糖等。

3. 多糖 能水解成 10 个以上的单糖，如淀粉、糖原、纤维素等。

第一节 单 糖

按分子中所含的羰基的类型，单糖可分为醛糖（aldose）和酮糖（ketose）两大类；也可根据分子中所含碳原子数的多少，又分为丙糖、丁糖、戊糖和己糖等；两种分类亦可联用，称为某醛糖或某酮糖，如自然界最广泛存在的葡萄糖是己醛糖；在蜂蜜中富含的果糖是己酮糖。最简单的单糖是丙醛糖和丙酮糖，它们是糖代谢过程中所产生的中间产物。在自然界中，戊糖和己糖最普遍。

丙醛糖 (甘油醛)　　丙酮糖（二羟基丙酮)

一、单糖的开链结构和构型

单糖的结构无分支。除丙酮糖外，都含有手性碳原子，存在旋光异构现象。含 n 个不相同手性碳原子的化合物，其旋光异构体数目最多为 2^n 个，可组成 2^{n-1} 对对映体。例如，己醛糖有 4 个手性碳，最多有 16 个旋光异构体，8 对对映体，而葡萄糖（glucose，Glc）是其中一对对映体。

单糖的构型习惯上用 D/L 法标记。用费歇尔投影式表示单糖的结构，碳链竖写，将羰基写在上端，糖分子中编号最大的手性碳原子的构型与 D- 甘油醛相同者则标记为 D- 型（—OH 在费歇尔投影式右边），反之，则标记为 L- 型。如下所示：

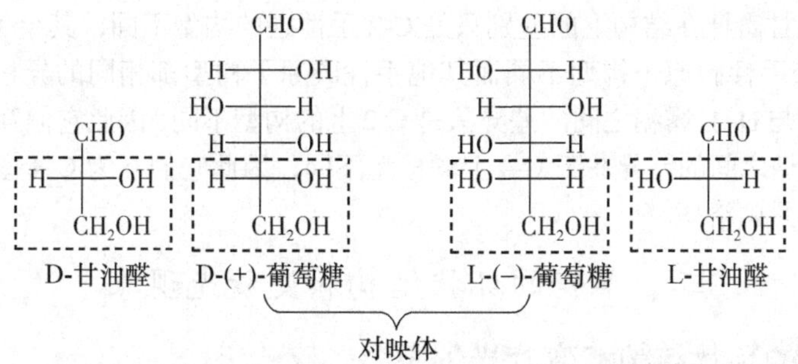

自然界存在的单糖大多为D-型，如D-葡萄糖、D-核糖、D-果糖等，其中以D-葡萄糖最重要、最常见，其结构可用费歇尔投影式及其简式表示，见图15-1。在简式中，手性碳上的H不标出，短横线“—”表示手性碳上所连OH的方向。

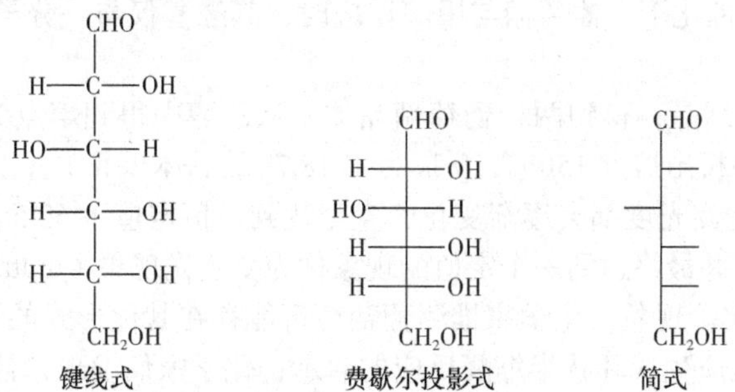

图15-1 D-葡萄糖结构的几种表示方法

含有3～6个碳原子的D-型醛糖可由D-甘油醛逐级衍生而来，其费歇尔投影式和名称如图15-2所示。其中，除苏阿糖、莱苏糖、阿洛糖和古罗糖外，其他均为天然糖。

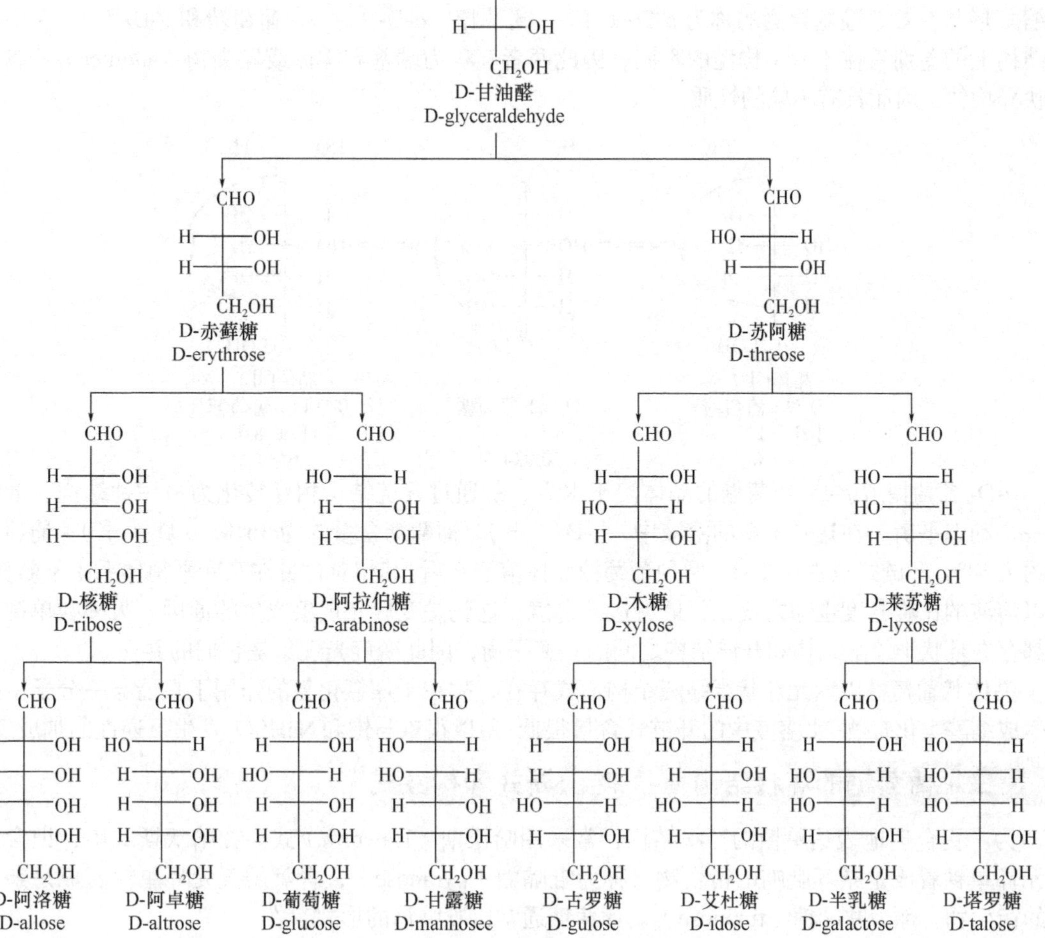

图15-2 D-型醛糖系列（C_3～C_6）

笔记栏

D- 葡萄糖和 D- 甘露糖在结构上的差别只是 C-2 手性碳的构型不同，其余手性碳的构型完全相同。像这种只有一个手性碳原子构型不同而其他手性碳原子构型都相同的异构体互称差向异构体（epimer）。D- 葡萄糖与 D- 甘露糖之间的差异只是 C-2 上的构型不同，因此它们互为 C-2 差向异构体。D- 葡萄糖与 D- 半乳糖之间的差异在于 C-4 上的构型不同，因此它们互为 C-4 差向异构体。D- 葡萄糖 C-3 位差向异构体是阿洛糖。

二、单糖的环状结构和变旋光现象

（一）葡萄糖的环状结构和变旋光现象

葡萄糖的开链结构可以解释它的许多性质，但却不能解释一些“异常现象”。例如：

（1）葡萄糖有醛基，但不与饱和的 $NaHSO_3$ 水溶液反应。

（2）在干氯化氢的催化下，葡萄糖与甲醇反应时，其醛基仅与一分子而不是二分子甲醇反应生成稳定的缩醛类产物。

（3）在不同条件下结晶，得到两种葡萄糖晶体：从乙醇中得到熔点为 146℃，$[\alpha]_D$ 为 + 112° 的晶体（Ⅰ）；从吡啶中析出熔点 150℃，$[\alpha]_D$ 为 + 18.7° 的晶体（Ⅱ）。上述任何一种晶体的新配制水溶液在放置过程中比旋光度都会逐渐变化，直至达到一恒定值 + 52.5° 为止。这种在水溶液中物质的比旋光度自行改变并最终达到一个定值的现象称为变旋光现象（mutarotation）。

为了解释上述异常实验现象，化学家推测葡萄糖可能存在其他形式的结构。受 γ- 或 δ- 羟基醛可进行分子内亲核加成反应生成环状半缩醛反应的启示，化学家们发现，葡萄糖分子也可发生分子内的亲核加成反应，形成稳定的环状半缩醛结构，后来的X- 晶体衍射结果证实了这种推测。实验证明，葡萄糖容易形成稳定的六元环状半缩醛结构。

在形成环状结构时，开链葡萄糖的羰基碳原子由 sp^2 杂化态转变为 sp^3 杂化态，C-1 变成一个新的手性碳原子，从而形成两种异构体：半缩醛羟基与 C-5 羟基在同侧的称为 α-D-（+）- 葡萄糖，半缩醛羟基在 C-5 羟基异侧的称为 β-D-（+）- 葡萄糖。α-D-（+）- 葡萄糖和 β-D-（+）- 葡萄糖在结构上的差别只在于 C-1 构型的不同，因此两者互称为端基异构体或异头物（anomer），属于非对映异构体，因而具有不同的性质。

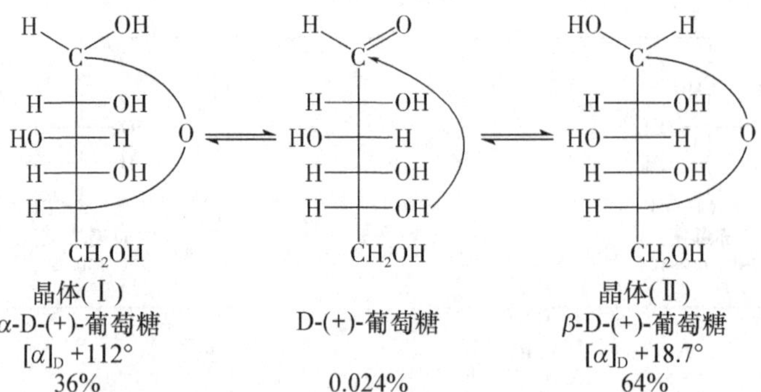

晶体(Ⅰ) α-D-(+)-葡萄糖 $[\alpha]_D$ +112° 36%　　D-(+)-葡萄糖 0.024%　　晶体(Ⅱ) β-D-(+)-葡萄糖 $[\alpha]_D$ +18.7° 64%

α-D- 葡萄糖或 β-D- 葡萄糖的晶体溶于水后，都通过开链结构相互转化为另一种结构，最终达到一个动态平衡。在达到平衡的溶液中，α-D-（+）- 葡萄糖含量约为 36%，β-D-（+）- 葡萄糖含量约为 64%，开链式仅占 0.024%。两种葡萄糖晶体溶于水后，其相对含量在互变平衡体系中不断变化，所以溶液的比旋光度也随之变化，最后达到定值，这就是变旋光现象产生的原因。大多数单糖在水中都存在环状半缩醛结构和开链结构之间的互变平衡，因此变旋光现象是它们的共性。

晶体状葡萄糖以六元环状半缩醛结构形式存在，故在干燥氯化氢的作用下只能与一分子甲醇作用生成缩醛类化合物; 水溶液中的开链式含量很低，所以很难与饱和 $NaHSO_3$ 发生可逆性的加成反应。

（二）葡萄糖的环状结构——哈沃斯式和构象式

为了更合理地表达单糖的环状结构，常采用哈沃斯（Haworth）式。在哈沃斯式中，把含氧的六元环单糖看成是杂环吡喃的衍生物，称为吡喃糖（pyranose），含氧的五元环单糖看成是杂环呋喃的衍生物，称为呋喃糖（furanose）。葡萄糖通常以吡喃糖的形式存在。

笔记栏

现以 D- 葡萄糖为例，说明由费歇尔投影式转化为哈沃斯式的过程（图 15-3）：根据 D- 葡萄糖的费歇尔投影式（Ⅰ）写出其透视式（Ⅱ），透视式中的 C-1 羰基朝后，C-5 羟基朝前，这种排布方式不利于它们相互靠近成环。为了使 C-5 羟基能接近 C-1，可沿 C-4-C-5 间的 σ 键旋转 120°，使 C-5 上的羟基由朝向右前方变为朝向后方，C-5 上的羟甲基由朝向后面变为朝向左前方，此时的透视式（Ⅱ）变为透视式（Ⅲ）。在此过程只有 σ 键旋转，没有任何键断裂，因此 C-5 的构型并未发生改变。将透视式（Ⅲ）顺时针旋转 90° 成水平状得（Ⅳ）式，再将碳链弯曲得到（Ⅴ）式。于是 C-5 上的羟基可分别从羰基上方（弯箭头 a）和下方（弯箭头 b）与羰基加成，生成 *α*-D-(+)- 吡喃葡萄糖和 *β*-D-(+)- 吡喃葡萄糖。

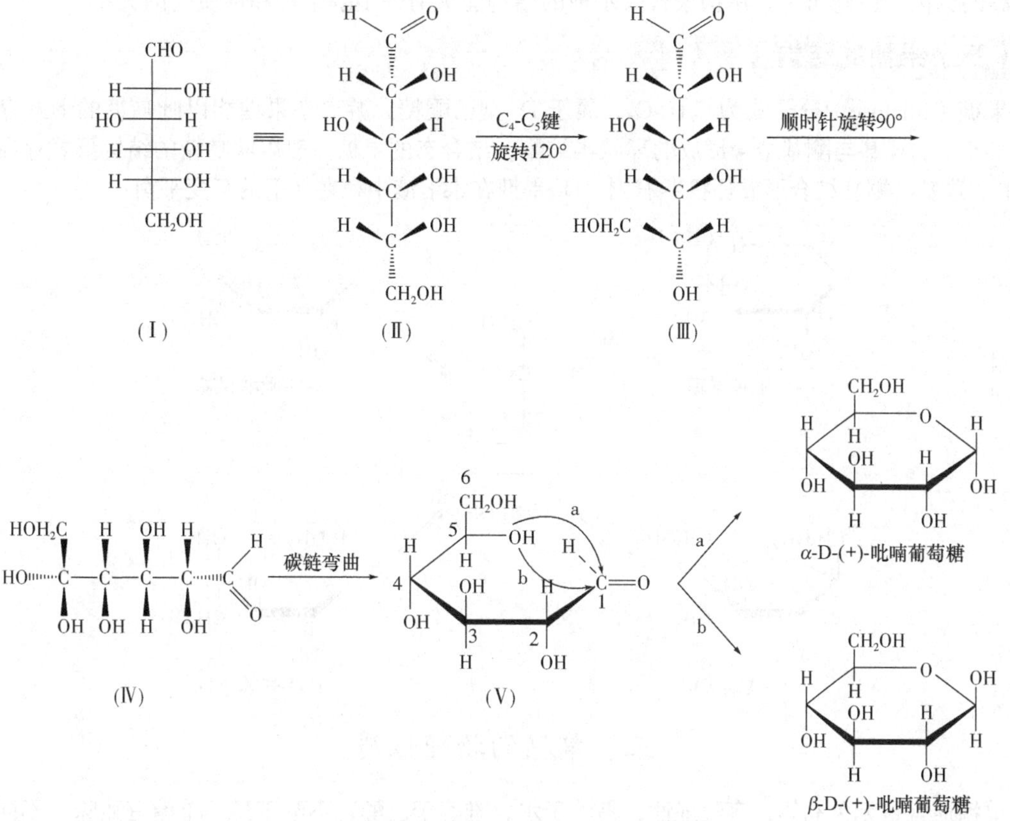

图 15-3 葡萄糖由费歇尔投影式转化为哈沃斯式的过程

在哈沃斯式结构中，成环的六个原子在同一平面上，写成平面六边形，并将环上的氧原子置于平面右侧的后方；编号从环上最右边的碳原子开始并按顺时针方向进行；处于费歇尔投影式中左侧的基团写在环的上方，右侧基团写在环的下方；D- 型糖的羟甲基（—CH_2OH）始终位于环平面上方；若半缩醛羟基位于环平面下方——在羟甲基的异侧，则标记为 *α*，若半缩醛羟基位于环上方——与羟甲基同侧，则标记为 *β*。

为书写方便，常将哈沃斯式中环上的碳氢键省略，当半缩醛羟基的构型不确定时，可用波纹线"〰"表示。

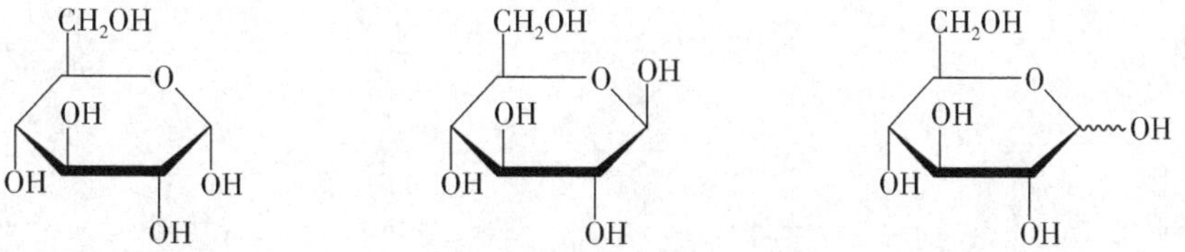

α-D-(+)-吡喃葡萄糖 *β*-D-(+)-吡喃葡萄糖 D-(+)-吡喃葡萄糖

糖的环状结构有时也用其构象式表示。X 线分析证明，吡喃糖中的六元环主要以椅式构象存在。*α*-D-(+)- 吡喃葡萄糖和 *β*-D-(+)- 吡喃葡萄糖的优势构象式如下所示：

笔记栏

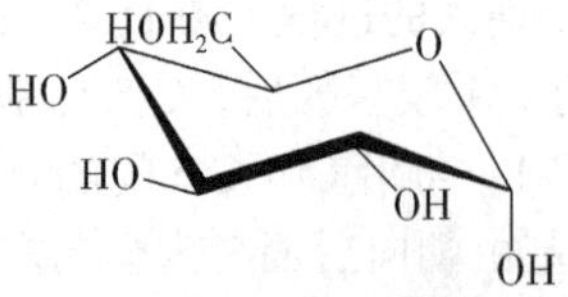

α-D-(+)-吡喃葡萄糖 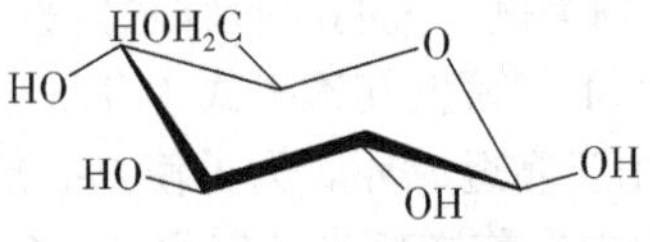　　β-D-(+)-吡喃葡萄糖

从构象式可以看出，β-D-(+)- 吡喃葡萄糖中的所有较大基团都在 e 键上，相互距离较远，斥力较小；而 α-D-(+)- 吡喃葡萄糖中的半缩醛羟基在 a 键上，其余较大基团在 e 键上，因此 β- 型比 α- 型内能更低，更稳定，这也是在互变异构平衡中 β-D-(+)- 吡喃葡萄糖比 α-D-(+)- 吡喃葡萄糖的含量高的原因。由此可见，用构象式表示糖的结构能更清楚了解结构和性质间的关系。

（三）果糖的结构

果糖（fructose）分子式为 $C_6H_{12}O_6$，属于 D- 型已酮糖。游离态果糖能以吡喃糖的形式存在，是由 C-6 上的羟基与酮基结合形成的环状半缩酮；结合态的果糖一般以呋喃糖的结构形式存在，由 C-5 上的羟基与酮基结合形成环状半缩酮。D- 果糖在水溶液中存在如下的互变平衡：

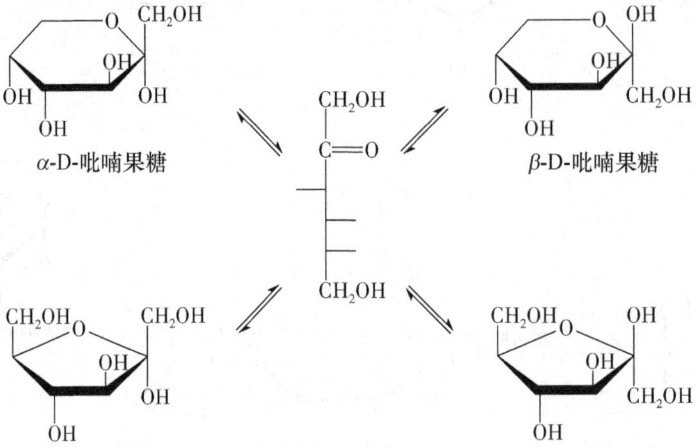

α-D-吡喃果糖　　β-D-吡喃果糖

α-D-呋喃果糖　　β-D-呋喃果糖

三、单糖的物理性质

单糖通常是无色晶体，有吸湿性，易溶于水，难溶于乙醇，不溶于醚。单糖有甜味，不同单糖其甜度不同，以果糖最甜。除丙酮糖外，单糖都具有旋光性。比旋光度是鉴别糖的重要物理常数，一些常见糖的比旋光度见表 15-1。

表 15-1　一些常见糖的比旋光度

名称	比旋光度（°）		
	α- 异构体	β- 异构体	平衡混合物
戊糖			
D- 阿拉伯糖	-55.4	-175	-103
D- 核糖	—	—	-23.7
D- 木糖	＋93.7	-20	＋18.8
已糖			
D- 葡萄糖	＋112	＋18.7	＋52.7
D- 甘露糖	＋29.9	-16.3	＋14.7
D- 半乳糖	＋150.7	＋52.8	＋80.2
D- 果糖	—	-133.5	-92

笔记栏

续表

名称	比旋光度（°）		
	α- 异构体	β- 异构体	平衡混合物
二糖			
麦芽糖	—	＋112	＋136
乳糖	＋85	—	＋55.4
纤维二糖	—	＋14	＋35
蔗糖	＋66.5		

四、单糖的化学性质

单糖结构中含有羟基和羰基，故具有醇和醛酮的化学通性。由于还存在环状结构，所以又具有环状半缩醛（酮）的性质。

（一）在弱碱溶液中的互变异构反应

单糖在强碱作用下会发生分解，生成小分子糖。在稀碱溶液中，醛糖和酮糖能通过烯二醇中间体相互转化。例如，用稀 $Ba(OH)_2$ 处理 D- 葡萄糖就能得到 D- 葡萄糖、D- 甘露糖和 D- 果糖的混合物，如图 15-4 所示。这种转化是通过重排反应（互变异构）完成的。与羰基相连的 α- 碳上的氢有一定酸性，在碱作用下可形成 α- 碳负离子，由此再变为烯醇氧负离子，烯醇氧负离子再质子化变为烯二醇。在由烯二醇变回到羰基结构的过程中，C-1 位 —OH 上的氢可从双键两个方向进攻 C-2，按箭头（a）所示方向从双键平面上方加到 C-2 得到 D- 葡萄糖，按箭头（b）所示方向从双键平面下方加到 C-2 上得到 D- 甘露糖；当 C-2 位 —OH 上的氢按箭头（c）方向进攻 C-1 时得到果糖。在此反应中，D- 葡萄糖和 D- 甘露糖的差向异构体之间的相互转化称为差向异构化（epimerization）。生物体也能进行差向异构化，如在酶的催化下 D- 半乳糖可以转化为 D- 葡萄糖。

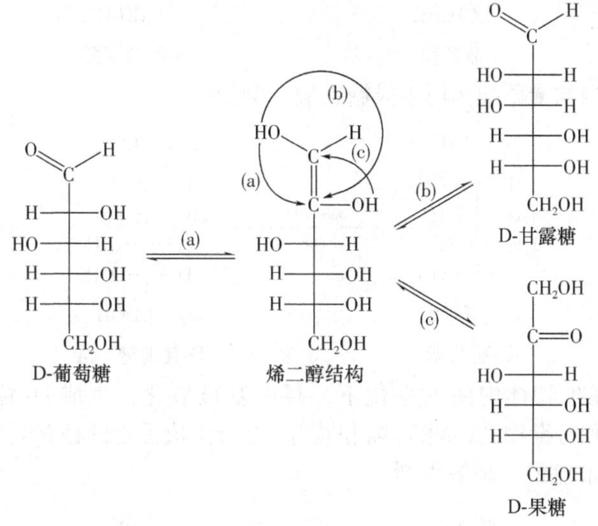

图 15-4　葡萄糖在碱性溶液中的互变异构反应

（二）成脎反应

单糖的开链结构式中含有羰基，与苯肼共热即生成苯腙，当苯肼过量则生成难溶于水的二苯腙黄色结晶，称为糖脎（osazone）。例如：

```
   CHO                            CH═NNHC6H5                          CH═NNHC6H5
H──┼──OH                       H──┼──OH                                 ┼═NNHC6H5
HO─┼──H    NH2NHC6H5          HO─┼──H         2NH2NHC6H5           HO─┼──H
H──┼──OH  ─────────→           H──┼──OH       ─────────→            H──┼──OH
H──┼──OH       △               H──┼──OH            △                H──┼──OH
   CH2OH                          CH2OH                                CH2OH
```

由糖生成糖脎，引入了两个苯腙基，分子量大增，水溶性则大为降低，因此以晶体形式析出。不同糖脎的晶形、熔点和成脎时间都各不相同，所以利用成脎反应可对糖进行定性鉴别。此外，成脎反应只发生在单糖的C-1和C-2上，其他手性碳原子上的基团不参与反应，因此，除C-1和C-2外，其余手性碳原子构型相同的糖，均能生成相同的糖脎。例如，D-葡萄糖、D-果糖、D-甘露糖与过量苯肼反应生成相同的糖脎。

（三）氧化反应

1. 与碱性弱氧化剂反应 所有单糖均能与Tollens试剂、Fehling试剂（或Benedict试剂）反应，与前者作用产生银镜，与后者反应生成砖红色氧化亚铜沉淀。上述这三种试剂均为碱性弱氧化剂，醛糖含有醛基，易被氧化；酮糖在碱性条件下会发生互变异构转化为醛糖，因此酮糖也能被这些氧化剂氧化。

$$\text{单糖} \xrightarrow[\triangle]{\text{Tollens试剂}} Ag\downarrow + \text{糖酸（混合物）}$$

$$\text{单糖} \xrightarrow[\triangle]{\text{Fehling试剂}} Cu_2O\downarrow + \text{糖酸（混合物）}$$

凡能被碱性弱氧化剂氧化的糖称为还原糖，因此所有单糖都是还原糖。Benedict试剂较稳定，临床上常用于尿液中葡萄糖的测定，帮助诊断糖尿病。

2. 与酸性氧化剂反应 单糖能被溴水或稀硝酸氧化。葡萄糖用溴水氧化，生成葡萄糖酸并导致溴水的褪色，而酮糖不发生反应。这是因为溴水是酸性溶液，在此条件下酮糖不能转化为醛糖，故可用溴水区别醛糖和酮糖。

```
      CHO                              COOH
  H───┼───OH                       H───┼───OH
 HO───┼───H      Br2/H2O          HO───┼───H
  H───┼───OH   ──────────→         H───┼───OH
  H───┼───OH     pH=6.0            H───┼───OH
      CH2OH                            CH2OH
    D-葡萄糖                         D-葡萄糖酸
```

在加热条件下，醛糖与稀硝酸作用生成糖二酸。例如：

```
      CHO                              COOH
  H───┼───OH                       H───┼───OH
 HO───┼───H       稀HNO3          HO───┼───H
  H───┼───OH   ──────────→         H───┼───OH
  H───┼───OH        △              H───┼───OH
      CH2OH                            COOH
    D-葡萄糖                        D-葡萄糖二酸
```

此外，D-葡萄糖在生物体内酶的催化下，羟甲基被氧化，生成D-葡萄糖醛酸（glucuronic acid）。在肝脏中它可以和有毒物质（如醇、酚和胺等）结合生成无毒的糖苷类化合物，然后排出体外。因此，D-葡萄糖醛酸是肝脏的一种解毒剂。

```
      CHO                              CHO
  H───┼───OH                       H───┼───OH
 HO───┼───H         酶            HO───┼───H
  H───┼───OH   ──────────→         H───┼───OH
  H───┼───OH                       H───┼───OH
      CH2OH                            COOH
    D-葡萄糖                        D-葡萄糖醛酸
```

（四）成苷反应

单糖环状结构中的半缩醛（酮）羟基易与含羟基、氨基、巯基等有活泼氢的化合物脱水，生成具有缩醛（酮）结构的产物，称为糖苷（glycoside）。这类反应常称为成苷反应，糖分子中的半缩醛（酮）

羟基又称为苷羟基。例如：

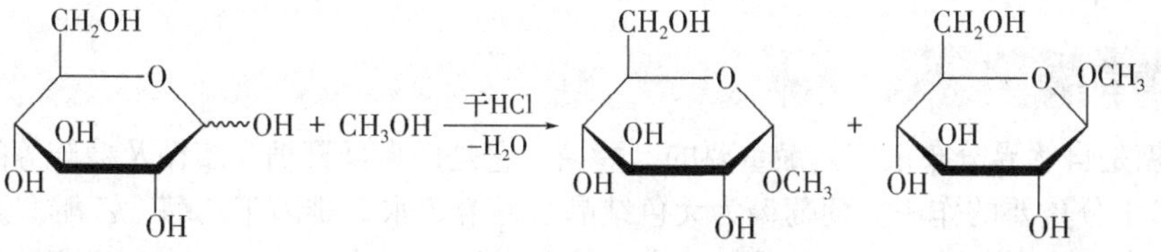

D-吡喃葡萄糖 + CH_3OH $\xrightarrow[-H_2O]{干HCl}$ α-D-甲基吡喃葡萄糖苷 + β-D-甲基吡喃葡萄糖苷

单糖的环状结构有 *α*- 和 *β*- 两种构型，所以单糖与醇反应可生成 *α*- 和 *β*- 两种构型的糖苷。糖苷由糖和非糖两部分组成。糖的部分称为糖基，非糖部分称为配基或苷元。通过氧原子把糖和配基连接起来的化学键称糖苷键，或氧苷键。除氧苷键外，糖和配基之间还可通过氮原子、硫原子相连，分别称为氮苷键、硫苷键。

糖苷的化学性质与缩醛相似。在中性和碱性条件下比较稳定，在稀酸或酶的作用下，苷键容易水解，得到相应的糖和配基。由于糖苷没有半缩醛（酮）羟基，不能再转变成开链结构，因此糖苷无还原性和变旋光现象。糖苷类化合物广泛存在于自然界中，许多是中草药的有效成分。例如，具有止痛作用的水杨苷是 *β*-D- 吡喃葡萄糖和水杨醇生成的苷，存在于白杨和柳树皮中；具有止咳作用的苦杏仁苷存在于苦杏仁及桃树根中，在体内被酶水解后，可生成 HCN，故有毒性。

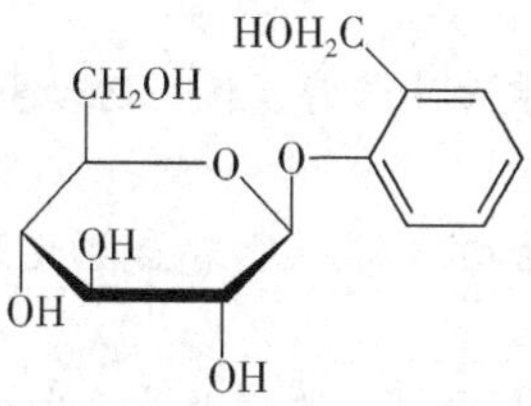

水杨苷 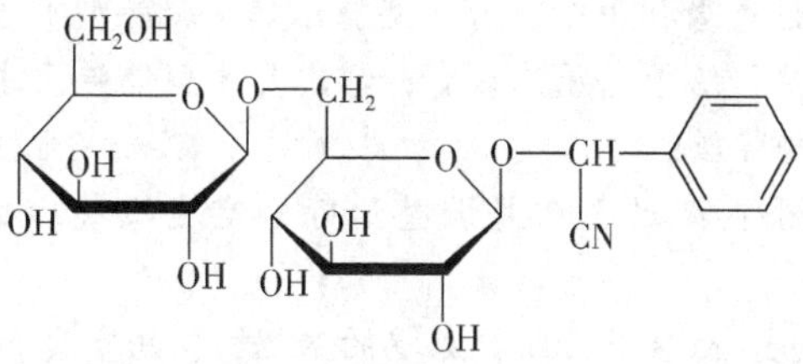　　苦杏仁苷

（五）成酯反应

在生物体内，很多糖类分子都是以磷酸酯的形式存在并参与反应，在生命过程中具有重要生理作用。葡萄糖在体内代谢过程中经酶促磷酸化得到 *α*-D- 葡萄糖 -6- 磷酸酯（6- 磷酸葡萄糖），在变位酶作用下，可转化成 *α*-D- 葡萄糖 -1- 磷酸酯（1- 磷酸葡萄糖）：

α-D-吡喃葡萄糖-6-磷酸酯 $\xrightleftharpoons{磷酸变位酶}$ α-D-吡喃葡萄糖-1-磷酸酯

1- 磷酸葡萄糖是人体内合成糖原的原料，也是糖原在体内分解的最初产物。

（六）酸性条件下的脱水反应

在浓强酸作用下，单糖可发生分子内脱水反应，生成 2- 呋喃甲醛及其衍生物。例如，己醛糖（如葡萄糖、果糖等）与浓硫酸作用，生成 5- 羟甲基 -2- 呋喃甲醛。

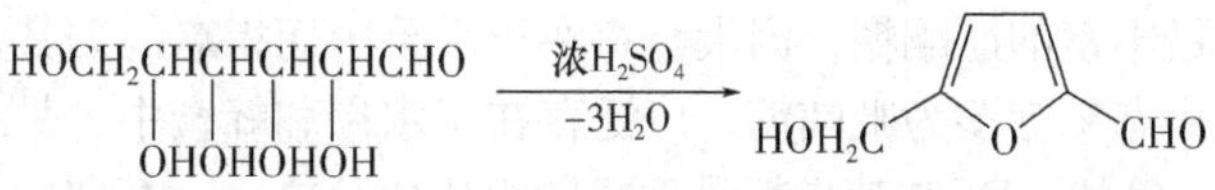

$HOCH_2(CHOH)_4CHO \xrightarrow[-3H_2O]{浓H_2SO_4}$ 5-羟甲基-2-呋喃甲醛

己醛糖　　5-羟甲基-2-呋喃甲醛

戊醛糖分子内脱水得到 2- 呋喃甲醛，又称糠醛。糠醛及其衍生物与某些酚类试剂作用，生成有色化合物，常用于糖类的鉴别。

笔记栏

五、重要的单糖及其衍生物

（一）葡萄糖

D- 葡萄糖是自然界分布最广、最重要的己醛糖。它是许多低聚糖、多糖及糖苷等的组成成分，在自然界起着十分重要的作用。葡萄糖为无色结晶，易溶于水，难溶于乙醇、乙醚。游离态葡萄糖常见于植物果实、蜂蜜、动物血液及淋巴液中。其甜度相当于蔗糖的 70%，水溶液具有右旋光性，其含量测定也可使用旋光法。

人体血液中的葡萄糖称为血糖（blood sugar），血糖值对于观察和治疗疾病都有指导意义。人体空腹血糖的正常值为 3.9 ～ 6.1mmol/L，维持血糖浓度的恒定具有重要的生理意义。

案例 15-1　2 型糖尿病

患者，男，47 岁。临床资料：身高 168cm，体重 77kg，体型微胖，皮肤瘙痒一个多月、多饮食、体重降低。先前就诊皮肤科门诊，皮肤科诊断为“皮肤瘙痒症”，治疗效果不理想。无高血压、高血脂既往史，前一年体检空腹血糖 5.8mmol/L，餐后血糖未测。

实验室检查中口服葡萄糖耐量试验（OGTT）：空腹血糖 7.5mmol/L，餐后 2h 血糖 13.9mmol/L，糖化血红蛋白 6.8%。复测 100g 馒头餐后 2h 血糖 11.4 mmol/L。

诊断：该患者初步诊断为 2 型糖尿病（肥胖型）。

治疗方法：给予糖尿病教育；考虑其体型偏胖，建议医学营养治疗、适当运动、减轻体重；口服阿卡波糖降糖。

治疗结果：经过 3 个月调整治疗，空腹及餐后 2h 血糖均达标。患者自觉皮肤瘙痒明显好转。

分析讨论：血糖是诊断糖尿病的依据，包括空腹和餐后 2h 血糖，按照世界卫生组织的标准，空腹血糖 ≥ 7.0mmol/L 或餐后 2h 血糖 ≥ 11.1mmol/L，即可诊断为糖尿病。2 型糖尿病又称为非胰岛素依赖性糖尿病，多发生于成年人，此类患者占我国糖尿病患者总数的 95% 以上。流行病学资料显示，随着年龄增长，2 型糖尿病患病率升高，有 60% ～ 80% 成年 2 型糖尿病患者在发病前为肥胖者。目前认为肥胖不仅是 2 型糖尿病的一个重要危险因素，而且也是影响糖尿病有效管理的重要影响因素。肥胖之后内分泌失调，易诱发胰岛素抵抗。所谓胰岛素抵抗，就是指各种原因使胰岛素促进葡萄糖摄取和利用的效率下降，机体代偿性的分泌过多胰岛素产生高胰岛素血症，以维持血糖的稳定。而早期的胰岛素抵抗，或许患者的血糖因为身体的代偿可以得到短期的控制，但长期的胰岛素抵抗，将损伤胰岛细胞的胰岛素分泌功能，从而导致 2 型糖尿病的发生。此类患者临床症状主要有血糖过高、口干多饮、多食、多尿、体重减轻、疲乏无力、皮肤瘙痒、视力降低等。

思考题：

1. 按照世界卫生组织标准，糖尿病的诊断依据是什么？
2. 为什么说肥胖是 2 型糖尿病的一个重要危险因素？
3. 2 型糖尿病的临床症状是什么？

（二）果糖

果糖是自然界含量最丰富的己酮糖，因大量存在于水果中而得名。因其水溶液具有左旋光性，常称为 D-(–)- 果糖。游离态果糖多为吡喃糖，广泛存在于水果和蜂蜜中，是最甜的一种糖；结合态时则多为呋喃果糖形式。例如，D- 呋喃果糖是蔗糖的组成成分之一；某些植物（如菊根粉）中含有 D- 呋喃果糖的聚合物，称菊糖（inulin），分子量为 5000 左右。由静脉注入体内的菊糖不被消化分解，而完全从肾脏排出，故临床上可用菊糖清除实验来测定肾功能。

6- 磷酸果糖、1,6- 二磷酸果糖是果糖代谢中的重要中间体。1,6- 二磷酸果糖在酶的作用下可分解生成 3- 磷酸甘油醛和磷酸二羟基丙酮。在体内酶的催化下，己糖可转化为丙糖，或由丙糖转化为己糖。

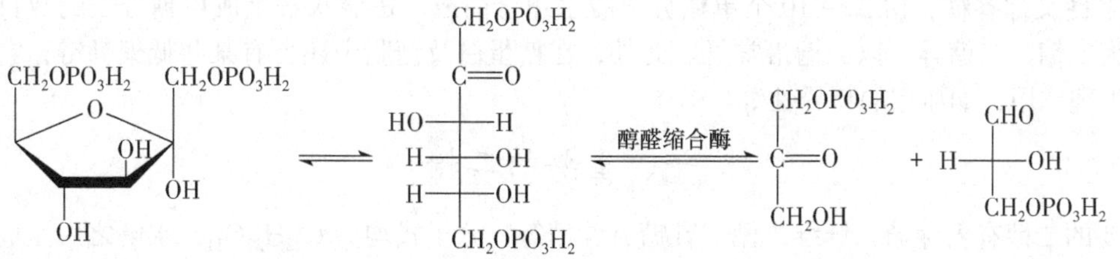

醇醛缩合酶

1,6-二磷酸果糖　　磷酸二羟基丙酮　3-磷酸甘油醛

（三）D- 核糖和 D-2- 脱氧核糖

D- 核糖（ribose）和 D-2- 脱氧核糖（deoxyribose）都是戊醛糖，它们是核酸和脱氧核糖核酸的重要组分，也存在于某些酶和维生素中。通常以 *β*- 型呋喃糖形式存在。两者区别在于脱氧核糖 C-2 上只有氢原子，没有羟基。其 *β*- 型呋喃糖的哈沃斯式如下所示：

β-D-呋喃核糖　　*β*-D-呋喃脱氧核糖

（四）D- 半乳糖

半乳糖（galactose）是许多低聚糖和多糖的重要组分。例如，哺乳动物乳汁中的乳糖就是半乳糖和葡萄糖结合生成的二糖。脑苷脂及多种糖蛋白中也含有半乳糖。

半乳糖为无色晶体，水溶液的比旋光度为 +80°。在酶催化下，半乳糖经 C-4 差向异构化可转化为葡萄糖。

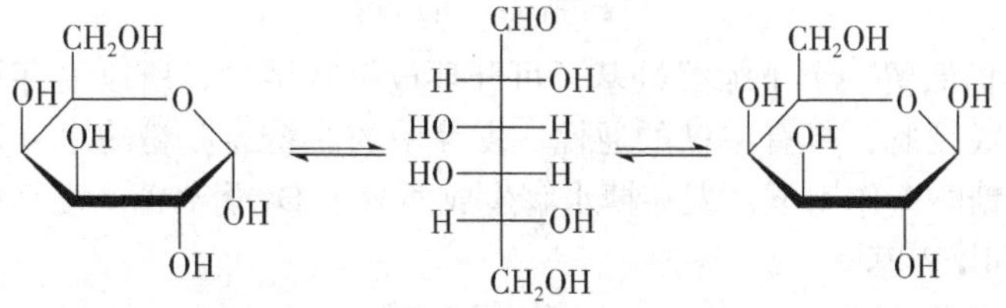

α-D-吡喃半乳糖　　D-半乳糖　　*β*-D-吡喃半乳糖

（五）氨基糖

氨基糖（amino sugar）是醛糖分子中的 C-2 上羟基被氨基取代的产物。其中以氨基葡萄糖和氨基半乳糖最常见，环状结构的哈沃斯式如下所示：

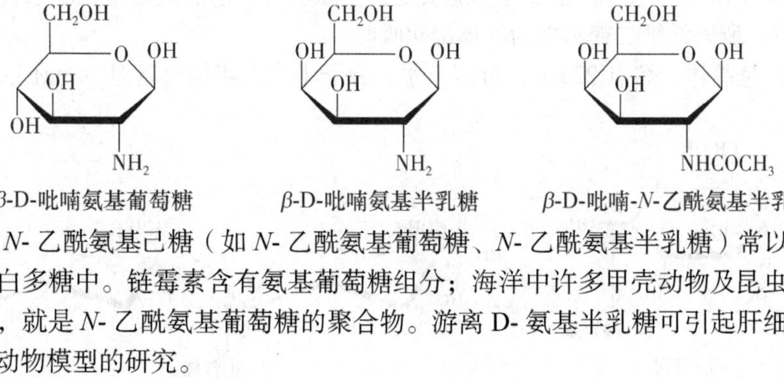

β-D-吡喃氨基葡萄糖　　*β*-D-吡喃氨基半乳糖　　*β*-D-吡喃-*N*-乙酰氨基半乳糖

氨基糖及 *N*- 乙酰氨基己糖（如 *N*- 乙酰氨基葡萄糖、*N*- 乙酰氨基半乳糖）常以结合态形式存在于糖蛋白及蛋白多糖中。链霉素含有氨基葡萄糖组分；海洋中许多甲壳动物及昆虫外壳的主要成分之一的甲壳素，就是 *N*- 乙酰氨基葡萄糖的聚合物。游离 D- 氨基半乳糖可引起肝细胞损害，常用于实验性肝损伤动物模型的研究。

第二节 低 聚 糖

低聚糖又称寡糖，由 2 ～ 10 个单糖分子脱水缩合而成。按照水解生成单糖分子的数目，寡糖又可分为二糖、三糖等，以二糖最常见。此外，在糖蛋白及糖脂中还含有某些低聚糖链，它们具有重要的生理作用，如血型的特异性等。

一、重要的二糖

重要的二糖有麦芽糖、纤维二糖、乳糖、蔗糖等，分子式均为 $C_{12}H_{22}O_{11}$，水解之后生成两个单糖。二糖可看作是两个单糖脱水所生成的糖苷，脱水方式有两种：一种是一个单糖的半缩醛羟基与另一个单糖的醇羟基脱水，生成的二糖仍保留一个半缩醛羟基，因此具有还原性，称为还原性二糖，如麦芽糖、乳糖等；另一种是两个单糖的半缩醛羟基之间脱水，生成的二糖结构中无半缩醛羟基，因而无还原性，称为非还原性二糖，如蔗糖等。

（一）麦芽糖

麦芽糖（maltose）存于麦芽中，是饴糖的主要成分，也存在于植物的花粉及花蜜中。

麦芽糖是由一分子 α-D-(+)- 吡喃葡萄糖 C-1 上的半缩醛羟基与另一分子 D-(+)- 吡喃葡萄糖 C-4 上的醇羟基通过脱水生成的糖苷。由于成苷的葡萄糖半缩醛羟基是 α- 型，因此这种糖苷键称为 α-1,4- 苷键。麦芽糖的结构和构象式如图 15-5 所示。

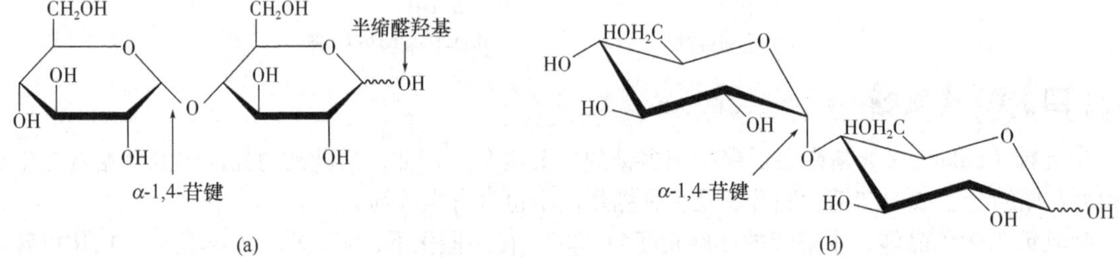

图 15-5 (+)- 麦芽糖的结构和构象式

（a）哈沃斯式；（b）构象式

因麦芽糖结构中仍保留一个半缩醛羟基，可开环成链状结构，所以麦芽糖是还原性二糖，具有变旋光现象，可形成糖脎，具有单糖的通性。麦芽中的淀粉经淀粉酶水解得到麦芽糖。在酸或 α- 葡萄糖苷酶（麦芽糖酶）作用下，麦芽糖水解生成两分子 D- 葡萄糖。麦芽糖甜度约为葡萄糖的 40%，可用作营养剂和培养基。

$$\underset{\text{麦芽糖}}{C_{12}H_{22}O_{11}} + H_2O \xrightarrow{\text{酸或麦芽糖酶}} \underset{\text{D-葡萄糖}}{2C_6H_{12}O_6}$$

（二）纤维二糖

纤维二糖（cellobiose）是纤维素部分水解的产物，由两分子葡萄糖通过 β-1,4- 苷键结合而成，其结构和构象式如图 15-6 所示。纤维二糖不能被麦芽糖酶水解，但能被苦杏仁酶水解。人体缺乏水解 β-1,4- 苷键的酶，所以纤维二糖不能为人体消化吸收。

纤维二糖为白色晶体，熔点 225°C，可溶于水，分子中含有半缩醛羟基，是还原性二糖，存在变旋光现象。

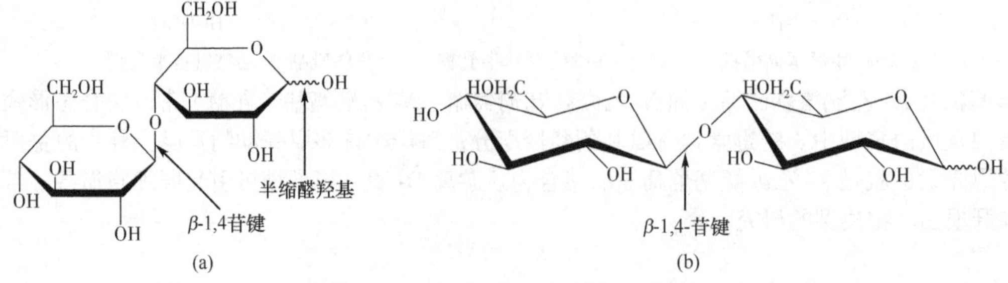

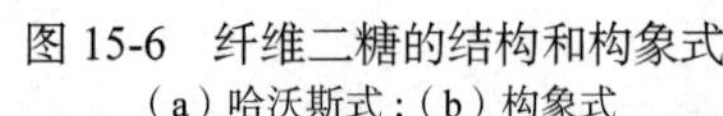
图 15-6 纤维二糖的结构和构象式

（a）哈沃斯式；（b）构象式

笔记栏

（三）乳糖

乳糖（lactose）存在于哺乳动物的乳汁中，人乳中含 5% ～ 8%，牛奶中含 4% ～ 6%。乳糖是由 β-D- 吡喃半乳糖的半缩醛羟基与 D- 吡喃葡萄糖 C-4 上的醇羟基脱水而成，两糖相连的苷键为 β-1,4- 苷键。由于乳糖分子中仍保留一个半缩醛羟基，所以乳糖是还原糖，存在变旋光现象。其结构和构象式如如图 15-7 所示。

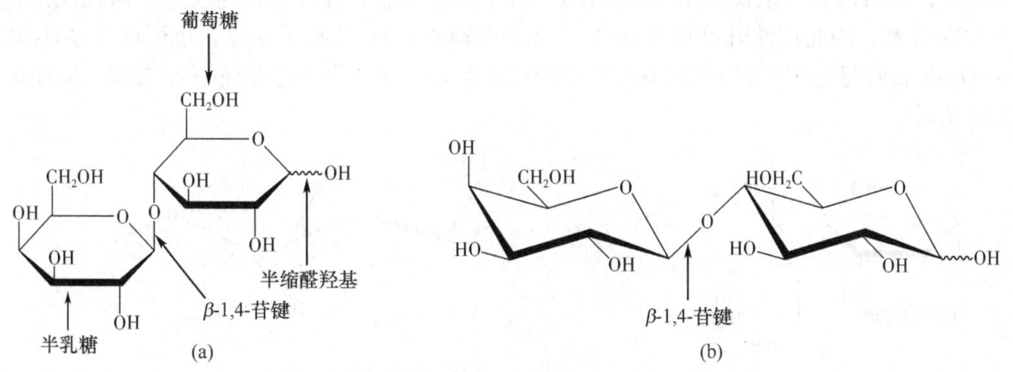

图 15-7 乳糖的结构和构象式

（a）哈沃斯式；（b）构象式

人体正常代谢时，乳糖在乳糖酶的作用下水解得到一分子的 D- 半乳糖和一分子的 D- 葡萄糖。有些人由于缺乏乳糖酶，食用牛奶之后，会出现乳糖不耐受症。

乳糖因来源较少，甜味弱，一般不作营养品。在制药工业中，常利用其吸湿性小的特点作为药物的稀释剂以配制片剂及散剂。

案例 15-2 乳糖不耐受症

患儿，女，年龄 25 天。临床资料：足月出生，母乳喂养，出生后每天均有 4 ～ 6 次的腹泻，大便性状呈青绿色稀糊状，泡沫多，尿布上常有少量粪便，伴有腹胀和不同程度的不安，易哭闹，排便后好转。

实验室检查：查粪常规为阴性，粪 pH ＜ 5.5，乙酸铅法检测粪便乳糖＞（++）。

诊断：乳糖不耐受症。

治疗方法：减少母乳喂养次数，间隔应用无乳糖配方奶代替，口服妈咪爱。

治疗结果：2 ～ 3 天内腹泻次数减少至 2 次 / 天以下，随腹泻次数减少，体重增长平稳，哭闹腹胀症状缓解。

分析讨论：乳糖是人乳中存在的唯一双糖，也是牛奶等乳制品中存在的主要糖类。人类的肠道不能直接吸收二糖，乳糖必须经乳糖酶（水解 β-1,4- 糖苷键）水解成葡萄糖和半乳糖后才能被小肠吸收利用。由于先天性乳糖酶的缺乏或者其他原因造成乳糖酶活性降低，乳糖不能被分解成葡萄糖和半乳糖，未被消化的乳糖随着消化道下行进入结肠后，被细菌发酵生成短链脂肪酸如乙酸、丙酸、丁酸等和气体（如甲烷、氢气、二氧化碳等）。由于乳糖发酵过程产酸产气，增加肠内的渗透压，于是出现以腹胀、腹痛、腹泻为主的一系列临床症状，称为乳糖不耐受症（lactose intolerance）。乳糖酶在所有双糖酶中成熟最晚、含量最低，最易受损，修复又最慢。小肠黏膜表面绒毛的顶端是分泌乳糖酶的地方，哺乳期婴儿肠道面积相对较小，代偿能力不足，肠道内乳糖酶缺乏相对明显；这些婴儿以乳类为主食，乳糖的摄入量很高，因而很容易因乳糖酶活力不足导致乳糖吸收不良（lactose malabsorption）而出现以上这一系列临床症状。

思考题：

1. 乳糖由何种糖苷键组成？
2. 乳糖不耐受症有哪些临床症状？

笔记栏

（四）蔗糖

蔗糖（sucrose）是植物中分布最广的二糖，在甘蔗（20%）和甜菜（15%）中含量较高，是日常生活和工业上使用最多的甜味剂。纯蔗糖为无色晶体，易溶于水，难溶于乙醇和乙醚。蔗糖的 $[\alpha]_D$ 为 +66.5°，工业上用旋光法测定蔗糖纯度。

蔗糖是由 α-D- 吡喃葡萄糖的 C-1 上的半缩醛羟基和果糖 β-D- 呋喃果糖的 C-2 上的半缩醛羟基脱水而成，其结构和构象式如图 15-8 所示。由于两个半缩醛羟基都参与反应，两糖连接苷键称为 α,β-1,2′- 苷键，因此蔗糖既可称为 α-D- 吡喃葡萄糖基 β-D- 呋喃果糖苷，也可称为 β-D- 呋喃果糖基 -α-D- 吡喃葡萄糖苷。因其结构中因无半缩醛羟基，因此蔗糖是非还原性二糖，无还原性，也无变旋光现象。

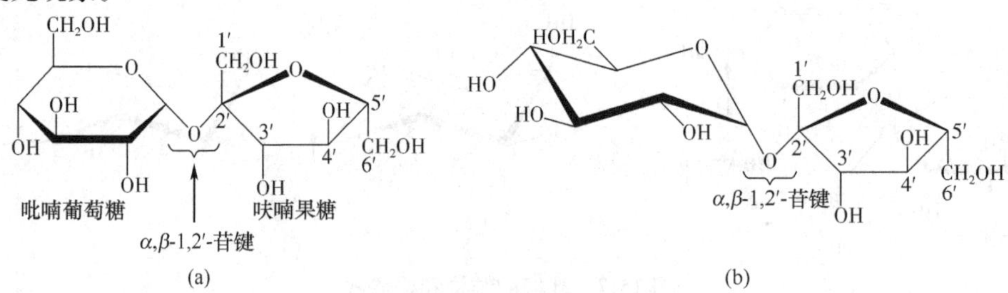

图 15-8　蔗糖的结构和构象

（a）哈沃斯式；（b）构象式

蔗糖属右旋糖，水解后生成等分子数葡萄糖和果糖的混合物具有左旋光性（$[\alpha]_D = -19.75°$），与水解前的旋光方向相反。因此，工业上把蔗糖的水解产物称为转化糖（invert sugar）。蜂蜜中含有大量的转化糖，比葡萄糖和蔗糖更甜。

$$\underset{\text{D-蔗糖}}{C_{12}H_{22}O_{11}} + H_2O \xrightarrow{\text{转化酶}} \underbrace{\underset{\text{D-葡萄糖}}{C_6H_{12}O_6} + \underset{\text{D-果糖}}{C_6H_{12}O_6}}_{\text{转化糖}([\alpha]_D=-19.75°)}$$

二、血型物质

在动物的血浆细胞膜上结合着大量低分子量糖类物质，它们对细胞的识别起重要作用，被称为生物化学标记物（又称抗原决定基团）。其中结合在人类红细胞表面的血型物质是人们研究得最早、了解最清楚的例子之一。

人的血型按 ABO 分类法可以分为 A 型、B 型、AB 型、O 型四类。相同血型的血液可以互相混合而不发生凝集，不相同血型的血液互相混合则可能发生凝集，如 A 型血若与 B 型血混合，将发生凝血而危及生命。从细胞水平上来看，血型的差异在于其结构中的 α- 半乳糖 C-3 位 —OX 中 X 上结合的糖分子不同。红细胞表面连接着带有一个侧链的低聚糖链。血型物质结构及其抗原决定物如图 15-9 所示。

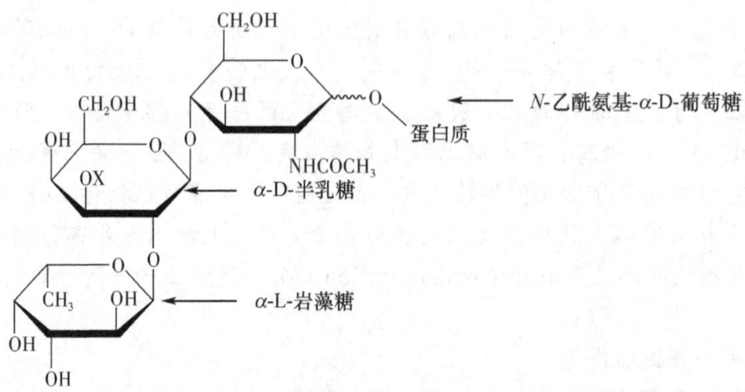

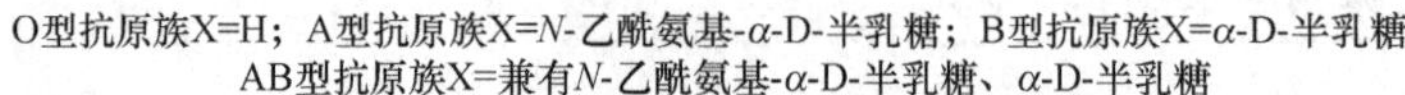
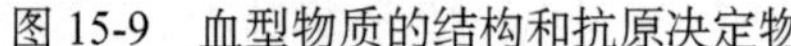
O型抗原族X=H；A型抗原族X=N-乙酰氨基-α-D-半乳糖；B型抗原族X=α-D-半乳糖；
AB型抗原族X=兼有N-乙酰氨基-α-D-半乳糖、α-D-半乳糖

图 15-9　血型物质的结构和抗原决定物

笔记栏

目前已有科学家用 α-D- 半乳糖糖苷酶切断 B 型抗原族中的 α-1,3 苷键，使 B 型血改造成应用更广泛的 O 型血。

第三节 多 糖

多糖是由成百上千的单糖分子以糖苷键结合而成的一类天然高分子化合物。在稀酸或酶催化下，多糖水解可得到一系列中间产物，水解的最终产物为单糖或单糖的衍生物。完全水解后，只能得到一种单糖的多糖称为均多糖，如淀粉、糖原、纤维素等；完全水解后，得到不同种单糖或单糖衍生物的多糖称为杂多糖，如透明质酸、肝素等。多糖不是纯净物，而是一种聚合程度不同的混合物。

多糖在性质上与单糖和低聚糖有很大差别。一般无甜味，无固定熔点，难溶于水，少数能在水中形成胶体溶液。虽然分子末端有半缩醛羟基，但相对于庞大的分子来说微不足道，故多糖无还原性，不能成脎，也无变旋光现象。

一、淀 粉

淀粉（starch）是白色无定形粉末，广泛分布于植物界，是人类获取糖类的主要来源，也是重要的工业原料。天然淀粉可分为直链淀粉（amylose）和支链淀粉（amylopectin）两类，其比例随作物品种不同而变化。例如，稻米中直链淀粉约含 17%，支链淀粉约含 83%；而糯米几乎完全是支链淀粉；相反，绿豆淀粉几乎都是直链淀粉。两种淀粉水解的最终产物都是 D- 葡萄糖。

（一）直链淀粉

直链淀粉存在于淀粉的内层，不易溶于冷水，在热水中有一定的溶解度。通常由 250 ～ 300 个 D- 葡萄糖以 α-1,4- 苷键连接而成，支链很少。结构如图 15-10 所示。

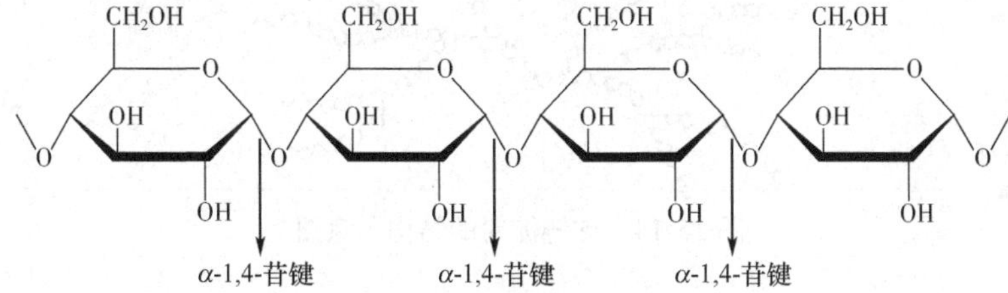

图 15-10 直链淀粉的结构片段

直链淀粉并不呈直线型而是呈有规则的螺旋状空间排列，每一螺旋约含 6 个葡萄糖单位，如图 15-11 所示。直链淀粉的螺旋状结构的空穴中恰好能容纳碘分子，借助分子间作用力，两者可形成蓝色配合物，如图 15-12 所示。

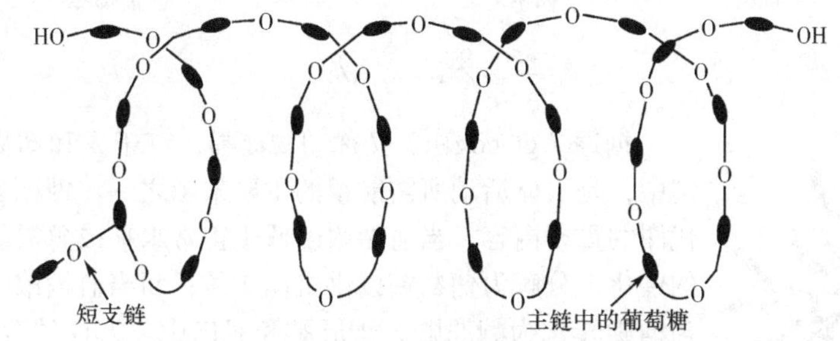

图 15-11 直链淀粉的螺旋状结构示意图

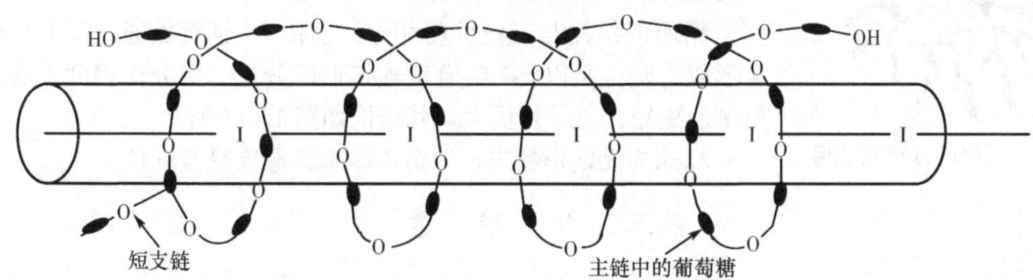

图 15-12 淀粉 - 碘复合物示意图

（二）支链淀粉

支链淀粉又称胶淀粉，存在于淀粉的外层，组成淀粉的皮质。支链淀粉不溶于热水但可膨胀成糊状，其分子量因来源不同而异，含 6000 ～ 40 000 个 D- 葡萄糖单位。在支链淀粉中，由 20 ～ 25 个葡萄糖单位以 α-1,4- 苷键结合成短支链，这些支链再通过 α-1,6- 苷键与主链相连，从而形成多分枝链状结构，如图 15-13、图 15-14 所示。

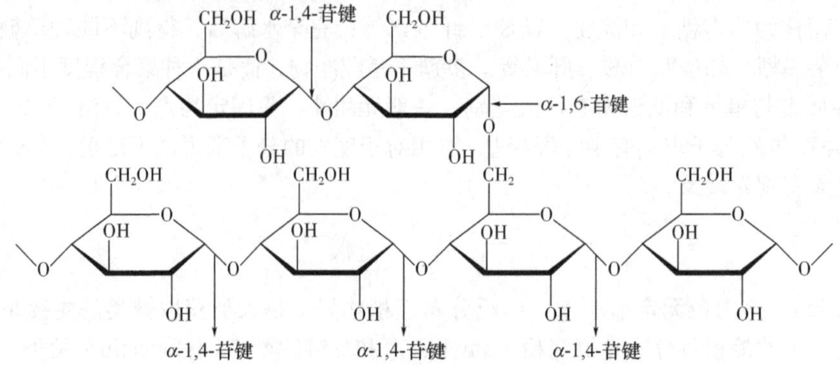

图 15-13　支链淀粉的结构片段

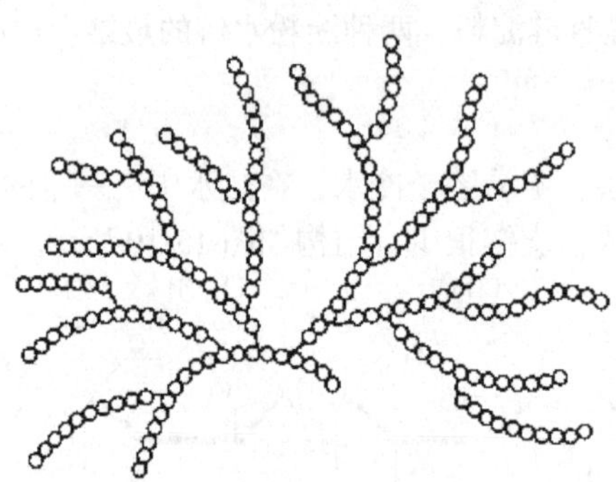
图 15-14　支链淀粉的结构示意图

与直链淀粉不同的是，支链淀粉遇碘呈紫红色。

淀粉在酸催化下逐步水解，先生成糊精、麦芽糖，完全水解产物为葡萄糖。在体内，淀粉先经淀粉酶催化水解成麦芽糖，后者再经麦芽糖酶催化水解成葡萄糖供机体利用。

$$\underset{\text{淀粉}}{(C_6H_{10}O_5)_n} \longrightarrow \underset{\text{糊精}}{(C_6H_{10}O_5)_m} \longrightarrow \underset{\text{麦芽糖}}{C_{12}H_{22}O_{11}} \longrightarrow \underset{\text{葡萄糖}}{C_6H_{12}O_6}$$

二、糖　原

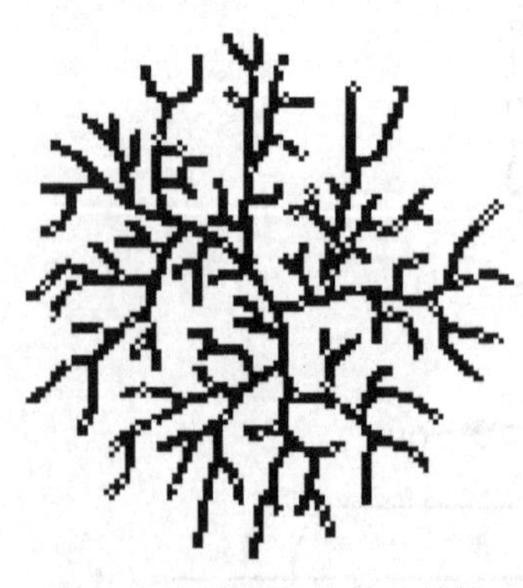
图 15-15　糖原的分枝状结构

糖原（glycogen）又称动物淀粉，存于人和动物体内的肝脏和肌肉中，是人体活动所需能量的主要来源之一。糖原的合成与分解是糖代谢的重要内容。当血糖浓度低于正常水平或急需能量时，糖原在酶的催化下分解为葡萄糖以供机体所需；而当血糖浓度高时，多余的葡萄糖则转化为糖原贮存于肝脏和肌肉中。人体约含 400g 糖原，以保持血糖的基本恒定。

糖原的结构与支链淀粉相似，也由 D- 葡萄糖通过 α-1,4- 苷键结合形成直链，又以 α-1,6- 苷键连接形成分支，但分支程度更高，支链更多、更短，分子量更大。其结构如图 15-15 所示。

糖原为无定形粉末，不溶于冷水，遇碘呈紫红色。

三、纤　维　素

笔记栏

纤维素（cellulose）是自然界分布最广、存在量最多的一种多糖，是构成植物细胞壁的纤维组织。

棉花中所含纤维素约为98%，木材所含纤维素约为50%。

组成纤维素的结构单位是D-葡萄糖，含8000～10 000个葡萄糖单位，它们之间通过β-1,4-苷键连接成长直链，一般无支链（图15-16）。借助分子间羟基氢键相互作用，各条纤维素的直链互相平行成束状，进一步绞扭成绳索状，如图15-17所示。

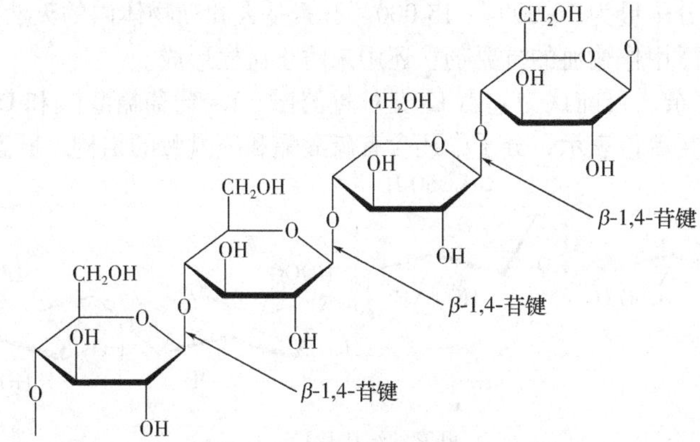

图15-16　纤维素的结构片段

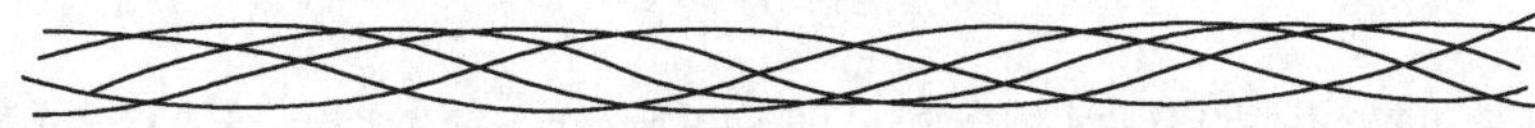

图15-17　绳索状的纤维素长链示意图

纤维素为白色微晶形，不溶于水，无还原性。在稀酸中水解，可得纤维二糖。纤维素较难水解，在高温、高压下水解的最终产物为D-葡萄糖。

人体消化道中由于缺乏能使β-1,4-葡萄糖苷键断裂的酶，所以不能将纤维素分解为葡萄糖而被利用，但其却具有刺激胃肠蠕动，促进排便及保持胃肠道微生物平衡等作用。食草动物（如牛、羊、马等）的消化道中含有可水解β-1,4-苷键的酶，因此富含纤维素的草本植物可作为它们的食物。

四、右旋糖酐

右旋糖酐（dextran）是由蔗糖发酵生成的D-葡萄糖聚合物，具有黏性和强右旋光性（$[\alpha]_D = +200°$），故称右旋糖酐。临床上所用的右旋糖酐含400～500个葡萄糖单位，单糖间主要通过α-1,6-苷键连接。因其具有提高血浆渗透压、改善微循环等作用，可用作代血浆，用于外伤性出血、损伤等补充血浆容量。

五、蛋白多糖

蛋白多糖（proteoglycan）又称黏多糖（mucopolysaccharide），是一类由糖链和蛋白质以共价键相连的高分子物质，其多糖链中含有氨基糖及其衍生物，作为结构成分广泛分布于软骨、结缔组织及角膜中。蛋白多糖具有黏稠性，是组织间质及黏液的重要组分，具有多种功能。蛋白多糖的多糖链有的由某些二糖单位重复连接而成，其中结合蛋白质所占比例较小，因而更多地表现出多糖的性质。重要的蛋白多糖有透明质酸、肝素等。

（一）透明质酸

透明质酸（hyaluronic acid）存在于多数结缔组织、眼球玻璃体、关节液和皮肤中。透明质酸与水形成凝胶，起润滑、联结和保护细胞的作用。

透明质酸只含少量蛋白质，其多糖链是由N-乙酰氨基葡萄糖和D-葡萄糖醛酸组成的二糖单位聚合而成直链多糖。其结构如下所示：

β-1,4-苷键

HOOC　HOH$_2$C　HOOC　HOH$_2$C　O　HO　HO　OH　NHCOCH$_3$　OH　NHCOCH$_3$

N-乙酰氨基葡萄糖　D-葡萄糖醛酸　β-1,3-苷键

透明质酸的结构片段示意图

笔记栏

（二）肝素

肝素（heparin）广泛分布于哺乳动物的肺、肌肉及肠黏膜中，最先从心脏及肝组织中提取出来，因肝内含量最多而得名。肝素是细胞膜的重要成分，在细胞识别中起重要作用。商品肝素可从牛肺和猪小肠黏膜中提取，分子量为 10 000 ～ 15 000。肝素是人和动物体内的天然抗凝血物质，是凝血酶的对抗物。临床上广泛用作输血的抗凝剂，还用来防止血栓形成。

肝素的结构比较复杂，目前认为它由 L- 艾杜糖醛酸、D- 葡萄糖醛酸和 D- 氨基葡萄糖组成，其结构可用一个四糖重复单位表示，分子中还含有硫酸酯和磺酰胺的结构。肝素的可能结构如下：

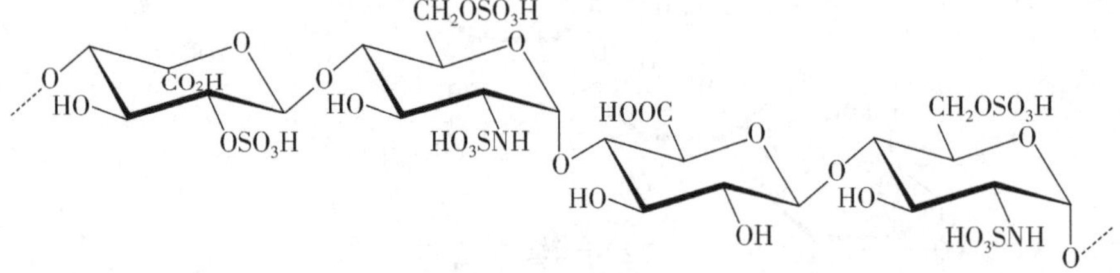

肝素的结构片段

本章小结

糖是多羟基醛、多羟基酮及其脱水缩合物，可分为单糖、低聚糖和多糖。天然糖大多数为 D- 构型，D- 构型是指糖分子中最后一个手性碳的构型与 D- 甘油醛相同，与旋光方向无关。

1. 单糖的结构 D- 葡萄糖和大多数单糖在晶体状态是以环状结构存在；新配制的水溶液有变旋光现象，在水溶液中两种环状结构（*α*- 型和 *β*- 型）与开链结构共存。产生变旋光现象的原因是环状结构可以与开链结构相互转化，最终达到一个动态平衡。哈沃斯式和稳定的椅式构象式能较合理地表达糖类化合物的环状结构。*β*-D-(+)- 吡喃葡萄糖的较大的基团都在 e 键上，而 *α*-D-(+)- 吡喃葡萄糖的半缩醛羟基在 a 键上，其余较大基团在 e 键上，这就是在互变异构平衡中 *β*-D-(+)- 吡喃葡萄糖比 *α*-D-(+)- 吡喃葡萄糖的比例高的原因。

2. 单糖的化学性质 单糖除具有羟基和羰基的典型化学性质外，还具有环状半缩醛的性质。主要性质如下所示。

（1）在弱碱性溶液中单糖会发生互变异构反应。差向异构体之间、醛糖与酮糖之间通过烯二醇相互转化。

（2）成脎反应：醛糖或酮糖与过量苯肼加热，生成不溶于水的二苯腙黄色结晶，称为糖脎。该反应可用于糖的定性鉴别和确定 C–3-C–5 构型相同的己糖。

（3）氧化反应：能被碱性弱氧化剂氧化的糖称为还原糖。单糖都是还原糖。醛糖与溴水反应生成糖酸，而酮糖不反应，因此用溴水能鉴别醛糖和酮糖。在稀硝酸的作用下，单糖被氧化成相应的糖二酸。

（4）成苷反应：单糖环状结构的半缩醛羟基与含羟基、氨基和巯基的化合物反应，生成糖苷，糖苷无还原性和变旋光现象。糖苷在中性或碱性环境中较稳定，但在稀酸或酶作用下水解得到原来的糖和配基。

（5）成酯反应：生物体内，糖类都是以磷酸酯的形式存在并参与生物反应。

（6）酸性条件下的脱水反应：戊糖和己糖在酸性条件下脱水，分别生成 2- 呋喃甲醛和 5- 羟甲基 -2- 呋喃甲醛。

3. 二糖 低聚糖中以二糖最常见。二糖是两分子单糖失水生成的糖苷。按结构中是否仍保留有半缩醛羟基，可分为还原性二糖（如麦芽糖、纤维二糖、乳糖）和非还原性二糖（如蔗糖）。还原性二糖有变旋光现象、有还原性。

4. 多糖 是天然高分子化合物，也是自然界分布最广的糖类。多糖中的淀粉可由多个 *α*-D- 葡萄糖通过 α-1,4- 苷键结合而成（直链淀粉）；若由 *α*-1,4- 苷键和 *α*-1,6- 苷键结合，则形成支链淀粉或糖原，但糖原的分支程度更大。纤维素是由多个 *β*-D- 葡萄糖通过 *β*-1,4- 苷键结合而成。多糖具有重要的生理功能。

笔记栏

习　题

1. 根据下列化合物的结构式。

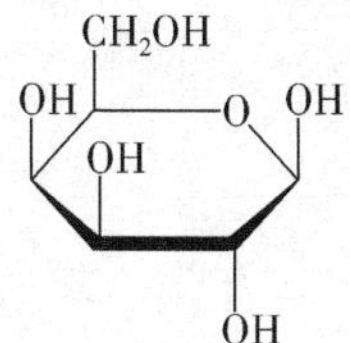

A.　　　　　　　　B.

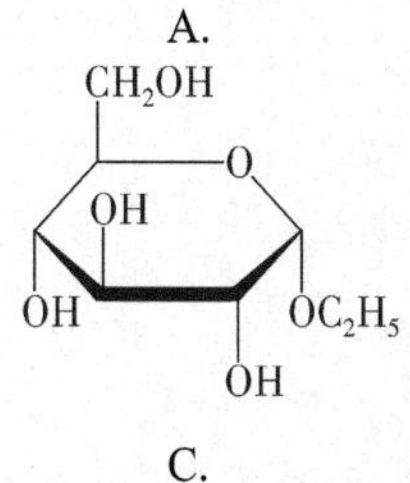

C.　　　　　　　　D.

（1）写出各化合物的名称。

（2）指出各化合物有无还原性和变旋光现象。

（3）各化合物能否水解？水解产物有无还原性？

2. 根据下列四个单糖的结构式：

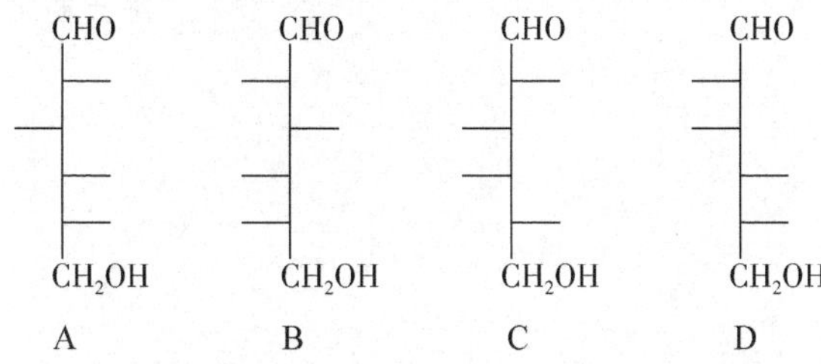

（1）写出构型与名称；　　　　（2）哪些互为对映体？

（3）哪些互为差向异构体？

3. 写出 D- 甘露糖与下列试剂的反应产物。

（1）稀 HNO_3　　（2）Br_2/H_2O　　（3）CH_3OH/HCl（干）　　（4）苯肼（过量）

4. 用反应式表示半乳糖有变旋光现象的过程。

5. 用化学方法区别下列化合物。

（1）葡萄糖、果糖、甲基吡喃葡萄糖苷。

（2）葡萄糖、蔗糖。

（3）麦芽糖、淀粉。

6. 某己醛糖是 D- 葡萄糖差向异构体，用硝酸氧化生成内消旋糖二酸，试推导该己醛糖的结构式。

7. 指出下述各个二糖中，糖苷键的类型。

（1）纤维二糖

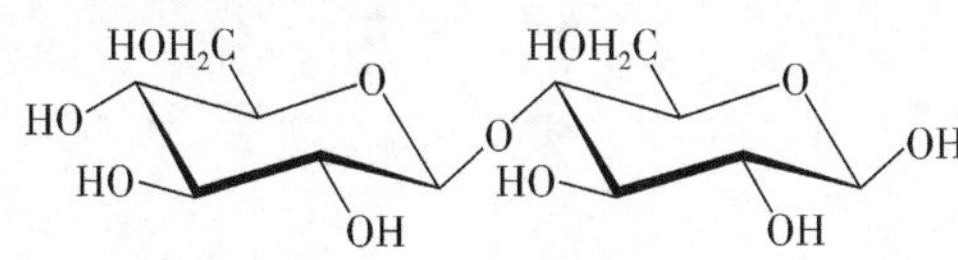

（2）龙胆二糖

笔记栏

（3）异麦芽二糖

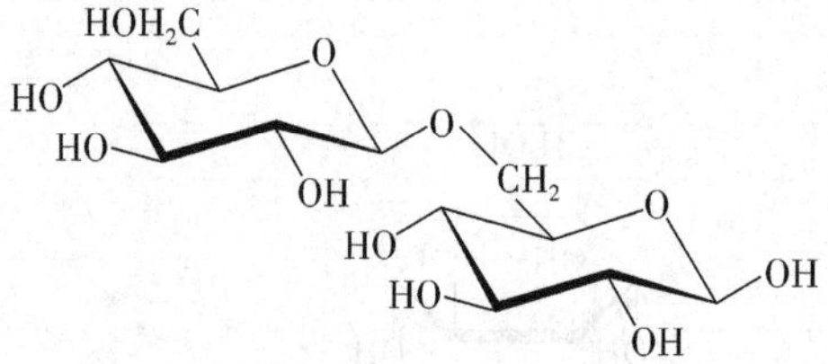

（4）海带二糖

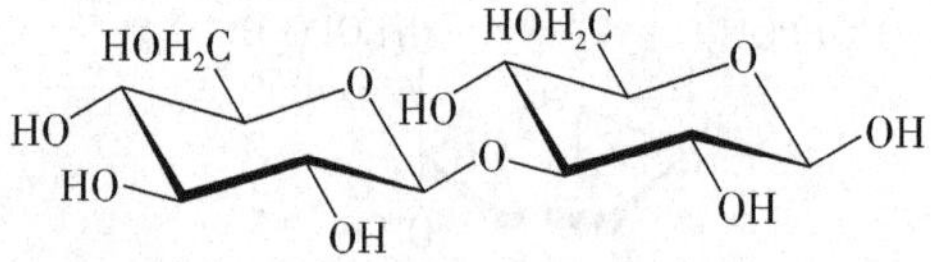

8. 写出 β-D- 吡喃半乳糖的优势构象式。

9. 化合物 A（$C_9H_{18}O_6$）无还原性，经水解生成化合物 B 和 C。B（$C_6H_{12}O_6$）有还原性，可被溴水氧化，与葡萄糖生成相同的糖脎。C（C_3H_8O）可发生碘仿反应。试写出 A、B、C 的结构式。

10. 列表比较乳糖、麦芽糖、蔗糖、纤维二糖的组成单糖名称、糖苷键类型、有无还原性和变旋光现象。

（陈大茴）

笔记栏

第十六章　氨基酸和蛋白质

氨基酸（amino acid）是一种取代羧酸，可看成是羧酸分子中烃基上的氢原子被氨基取代而形成的化合物，按照氨基和羧基在分子中相对位置的不同，氨基酸可分为 *α*-，*β*-，*γ*-，…等氨基酸。由两个或两个以上的 *α*- 氨基酸脱水生成以肽键（即酰胺键）相连的产物称为肽（peptide），由五十个以上的 *α*- 氨基酸脱水生成以肽键相连的产物称为蛋白质（protein）。

蛋白质是生物体内一类十分重要的大分子，是生物体内细胞的重要组成成分，也是生物体内含量最多的高分子化合物，占细胞干重的 70% 以上，约占人体干重的 45%，如人体的肌肉、骨骼、皮肤、毛发等主要是由蛋白质组成的。在生物体内，蛋白质种类繁多，功能各异。例如，决定生物的生长、繁殖、遗传和变异的是核蛋白；作为生物体内一切化学反应的催化剂——酶（enzyme）；调节机体代谢的激素（hormone）；许多参与免疫的抗体等均为蛋白质。此外，生物体内的许多糖类和脂类（lipid）物质也是与蛋白质结合后才发挥其生理作用的。因此，蛋白质与生命活动息息相关，密不可分。蛋白质在酸、碱或酶催化下水解，经多肽（peptide）、寡肽（oligopeptide）等中间产物，最终生成 *α*- 氨基酸。

本章主要介绍 *α*- 氨基酸、肽和蛋白质的结构、性质，为生物化学学习打下基础。

第一节　氨　基　酸

前已述及，略去。目前，在自然界中发现的氨基酸有 300 多种，但是由天然蛋白质完全水解生成的氨基酸，只有 20 种，并且都为 *α*- 氨基酸。

一、*α*- 氨基酸的结构

由蛋白质完全水解得到 20 种氨基酸，除脯氨酸为 *α*- 亚氨基酸外，其余 19 种氨基酸，在化学结构上具有共同点，即在羧基邻位 *α*- 碳原子上有一氨基，为 *α*- 氨基酸，其结构通式表示为

$$\underset{\displaystyle NH_2}{R—\underset{|}{C}HCOOH}$$

由于 *α*- 氨基酸分子中同时含有碱性的氨基和酸性的羧基，它们相互作用生成内盐，所以羧基几乎完全以 $—COO^-$ 形式存在，氨基主要以 $—NH_3^+$ 形式存在，可用通式表示为

$$\underset{\displaystyle {}^{+}NH_3}{R—\underset{|}{C}HCOO^-}$$

式中，R 代表侧链基团，不同氨基酸的侧链 R 基不同。

组成蛋白质的 20 种 *α*- 氨基酸，除甘氨酸无手性外，其余 19 种氨基酸都有手性，其 *α*- 碳原子均为手性碳原子。它们的构型标记通常采用 D/L 法，以 D- 甘油醛为参考标准，在费歇尔投影式中，凡氨基酸分子中 $α\text{-}NH_3^+$ 的位置与 D- 甘油醛手性碳原子上 —OH 的位置相同者为 D 型，反之为 L 型。组成蛋白质的手性氨基酸的构型都是 L 型。其构型的费歇尔投影式及其他常用表示方法如下：

COO^-；$H_3\overset{+}{N}$—┼—H；R　　　COO^-；$H_3\overset{+}{N}$—C—H；R　　　COO^-；R—C(H)$\overset{+}{N}H_3$

L-氨基酸的几种表示方法

如果采用 *R*/*S* 法标记，则除半胱氨酸为 *R* 构型外，其余 18 种旋光性的氨基酸均为 *S* 构型。

笔记栏

二、氨基酸的分类和命名

按照 α- 氨基酸在人体中的作用不同，可分为营养必需氨基酸（essential amino acid）和营养非必需氨基酸（non-essential amino acid）。营养必需氨基酸包括缬氨酸、亮氨酸、异亮氨酸、苯丙氨酸、蛋氨酸、苏氨酸、色氨酸和赖氨酸，共 8 种。其余 12 种 α- 氨基酸为营养非必需氨基酸。营养必需氨基酸，在人体内不能合成或合成数量不足，又是营养所必不可少的，必须依靠食物蛋白质供应，若缺少将会造成人体内许多种类蛋白质的代谢和合成失去平衡，导致各种疾病。

案例 16-1　儿童缺少 L- 赖氨酸导致的厌食症

患者，女，4 岁，汉族，山西省太原人。临床症状：该患者因厌食、胃口差、消瘦、贫血、智力低下、反应迟钝、抗病力差、学步晚、生长迟缓、身高不增、龋齿、出牙迟、夜啼、多汗、营养不良，于 2016 年 3 月 6 日入院就诊。医生诊断确诊为因患者缺乏 L- 赖氨酸造成其胃液分泌不足而导致的厌食症。治疗方法：赖氨酸维 B_{12} 颗粒，口服，一次 5g，一日 1～2 次，温开水冲服。疗程为 4 周。并让患者保证每天吃一定量的富含赖氨酸的食物，如鸡蛋、肉类和豆类，以防止 L- 赖氨酸缺乏症。治疗结果：治疗后 1 个月体重增加，改被动饮食为主动饮食。一年后上述症状消失。

分析讨论：本病例以厌食为主要表现。L- 赖氨酸是营养必需氨基酸，人体自身不能合成，必须从食物中获得。儿童缺少 L- 赖氨酸，就会造成因胃液分泌不足而导致的厌食症，营养不良、生长迟缓、贫血、消瘦、智力低下、抗病力差，因此儿童不能缺少 L- 赖氨酸。研究证实，免疫抗体、消化酶、血浆蛋白、生长激素中都含有 L- 赖氨酸残基。因为在合成这些物质时，少了 L- 赖氨酸，其他氨基酸就得不到利用，因此科学家称它为人体第一必需氨基酸。人体内只有维持足够的 L- 赖氨酸才能提高食物蛋白质的吸收和利用，达到均衡营养，促进生长发育。儿童每日每千克体重需要 60mg 赖氨酸，成人只需 12mg。鸡蛋、肉类和豆类是富含 L- 赖氨酸的食物。

思考题：

1. 儿童缺乏 L- 赖氨酸会患什么病？
2. 如何预防儿童 L- 赖氨酸缺乏病？

按照 R 基结构不同，可分为脂肪族氨基酸（aliphatic amino acid），如异亮氨酸、丙氨酸等；芳香氨基酸（aromatic amino acid），如酪氨酸、苯丙氨酸等；和杂环氨基酸，如色氨酸、组氨酸等，其中脂肪族氨基酸最多。

按照分子中所含氨基和羧基的数目，分为酸性氨基酸（acidic amino acid）、碱性氨基酸（basic amino acid）和中性氨基酸（neutral amino acid）三大类。其中分子中含一个氨基和两个羧基的氨基酸称为酸性氨基酸，如天冬氨酸、谷氨酸等；分子中含两个氨基和一个羧基的氨基酸称为碱性氨基酸，如赖氨酸、精氨酸等。分子中含一个氨基和一个羧基的氨基酸称为“中性”氨基酸，如丙氨酸、亮氨酸等。由于羧基电离程度比氨基大，中性氨基酸水溶液显弱酸性。

此外，在医学上通常按照 α- 氨基酸在生理 pH 范围内其侧链 R 基的极性及其所带电荷的不同，分为如下四大类。

第一类是含非极性 R 基的中性氨基酸。非极性 R 基具有一定的疏水性，通常包在蛋白质分子内部。如甘氨酸、丙氨酸、苯丙氨酸等。

第二类是含难电离极的性 R 基的中性氨基酸。不电离极性 R 基具有一定的亲水性，通常暴露在蛋白质分子表面。如半胱氨酸、丝氨酸等。

第三类是带正电荷 R 基的碱性氨基酸。在生理 pH 范围内，R 基中含有易接受质子的胍基、氨基等基团，故它们在中性和酸性溶液中带正电荷。如精氨酸、赖氨酸等。

第四类是带负电荷 R 基的酸性氨基酸。在生理 pH 范围内，R 基中含有已给出质子的 $—COO^-$，故它们在中性和碱性溶液中带负电荷。如天冬氨酸、色氨酸。

笔记栏

氨基酸的命名可采用系统命名法。命名时以羧酸为母体名称，把氨基作为取代基，可采用阿拉伯数字编号，也可采用希腊字母编号，如 2- 氨基乙酸，即 α- 氨基乙酸。但是习惯上常常根据氨基酸的来源和特性采用俗名，如甘氨酸因具有甜味而得名，天冬氨酸因最初从天门冬的幼苗中发现而得名。此外，构成蛋白质的 20 种 α- 氨基酸，还常用中文简称、英文三字母和英文单字母来表示。例如，亮氨酸的中文简称是亮，英文三字母是 Leu，英文单字母是 L。构成蛋白质的 20 种 α- 氨基酸的分类、名称、结构式见表 16-1。

表 16-1　构成蛋白质的 20 种氨基酸

名称	中文简称	英文三字母（英文单字母）	结构式	等电点（pI）
中性氨基酸（含非极性 R 基）				
甘氨酸（α- 氨基乙酸）glycine	甘	Gly（G）	$H—CH(^{+}NH_3)COO^-$	5.97
丙氨酸（α- 氨基丙酸）alanine	丙	Ala（A）	$H_3C—CH(^{+}NH_3)COO^-$	6.00
缬氨酸 *（β- 甲基 -α- 氨基丁酸）valine	缬	Val（V）	$(H_3C)_2HC—CH(^{+}NH_3)COO^-$	5.96
亮氨酸 *（γ- 甲基 -α- 氨基戊酸）leucine	亮	Leu（L）	$(H_3C)_2HCH_2C—CH(^{+}NH_3)COO^-$	5.98
异亮氨酸 *（β- 甲基 -α- 氨基戊酸）isoleucine	异亮	Ile（I）	$H_3CH_2CHC(CH_3)—CH(^{+}NH_3)COO^-$	6.02
脯氨酸（α- 四氢吡咯甲酸）proline	脯	Pro（P）	吡咯烷环，^{+}N 上连 H、H，2-位连 COO^-	6.30
苯丙氨酸 *（β- 苯基 -α- 氨基丙酸）phenylalanine	苯丙	Phe（F）	$C_6H_5—CH_2CH(^{+}NH_3)COO^-$	5.48
蛋（甲硫）氨酸 *（α- 氨基 -γ- 甲硫基戊酸）methionine	蛋	Met（M）	$H_3CSH_2CH_2C—CH(^{+}NH_3)COO^-$	5.75
中性氨基酸（含难电离极性 R 基）				
丝氨酸（α- 氨基 -β- 羟基丙酸）serine	丝	Ser（S）	$HOH_2C—CH(^{+}NH_3)COO^-$	5.68
苏氨酸 *（α- 氨基 -β- 羟基丁酸）threonine	苏	Thr（T）	$H_3CHC(OH)—CH(^{+}NH_3)COO^-$	5.60
半胱氨酸（α- 氨基 -β- 巯基丙酸）cysteine	半胱	Cys（C）	$HSH_2C—CH(^{+}NH_3)COO^-$	5.07

笔记栏

续表

名称	中文简称	英文三字母（英文单字母）	结构式	等电点（pI）
酪氨酸（α-氨基-β-对羟苯基丙酸）tyrosine	酪	Tyr（Y）	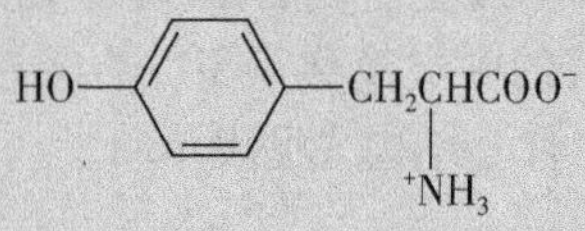 $HO-C_6H_4-CH_2CH(^+NH_3)COO^-$	5.66
色氨酸*[α-氨基-β-（3-吲哚基）丙酸] tryptophan	色	Trp（W）	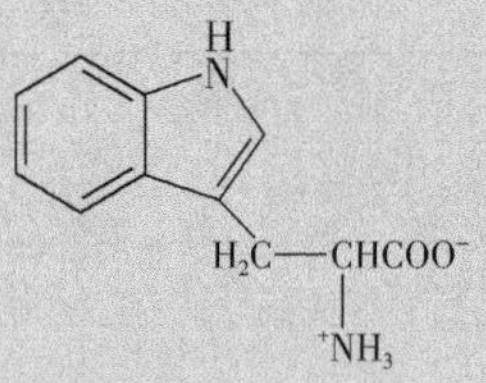 吲哚-3-基-$H_2C-CH(^+NH_3)COO^-$	5.89
天冬酰胺（α-氨基丁酰胺酸）asparagine	天酰	Asn（N）	$H_2N-C(=O)CH_2-CH(^+NH_3)COO^-$	5.41
谷氨酰胺（α-氨基戊酰胺酸）glutamine	谷酰	Gln（Q）	$H_2N-C(=O)-CH_2CH_2CH(^+NH_3)COO^-$	5.65
碱性氨基酸				
精氨酸（α-氨基-δ-胍基戊酸）arginine	精	Arg（R）	$H_2N-C(=^+NH_2)-NHCH_2CH_2CH_2-CH(NH_2)COO^-$	10.76
赖氨酸*（α, ε-二氨基己酸）lysine	赖	Lys（K）	$H_3^+NCH_2CH_2CH_2CH_2C-CH(NH_2)COO^-$	9.74
组氨酸[α-氨基-β-（4-咪唑基）丙酸] histidine	组	His（H）	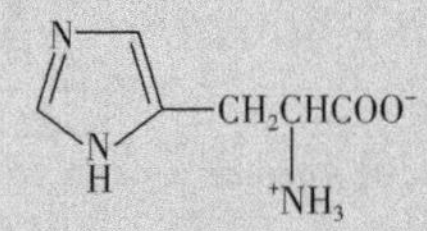 咪唑-4-基-$CH_2CH(^+NH_3)COO^-$	7.59
酸性氨基酸				
天冬氨酸（α-氨基丁二酸）aspartic acid	天	Asp（D）	$HOOCH_2C-CH(^+NH_3)COO^-$	2.98
谷氨酸（α-氨基戊二酸）glutamic acid	谷	Glu（E）	$HOOCH_2CH_2C-CH(^+NH_3)COO^-$	3.22

* 为必需氨基酸

另外，在自然界的动植物和细菌体内还存在修饰氨基酸和非蛋白质氨基酸。它们大多是上述 20 种 α-氨基酸的衍生物，如胱氨酸是由氧化两个半胱氨酸的巯基形成；也有少数是非 α-氨基酸，如 γ-氨基丁酸；还发现 D-型氨基酸，如 D-谷氨酸。

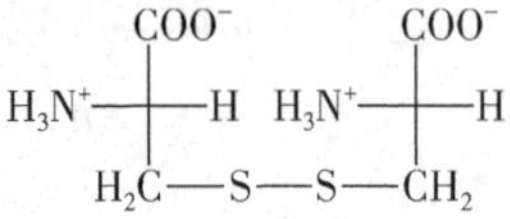

$$H_3N^+-CH(COO^-)-CH_2-S-S-CH_2-CH(COO^-)-N^+H_3$$

胱氨酸

$$H_3\overset{+}{N}CH_2CH_2CH_2COO^-$$

γ-氨基丁酸

三、氨基酸的物理性质

组成蛋白质的 α-氨基酸都是无色结晶，由于固态的 α-氨基酸是以偶极离子结构形式存在，分子之间以离子键吸引在一起，故具有较高的熔点，一般为 200 ～ 300℃，但加热未达到其熔点时就会分解并放出二氧化碳。除甘氨酸外，其余氨基酸均有旋光性。氨基酸在水中溶解度随其侧链 R 基的不同而异。有的易溶于水，如甘氨酸、丙氨酸等；有的难溶于水，如酪氨酸、色氨酸等。

四、氨基酸的化学性质

在组成蛋白质的 α- 氨基酸分子中，既有羧基，又有氨基，大多数有侧链。其结构特点决定它既表现出各官能团的典型化学性质，同时又显示出羧基与氨基相互影响、相互作用的一些特殊的化学性质。

（一）两性电离和等电点

1. 氨基酸的两性电离（amphoteric ionization）　由于氨基酸分子中存在羧基和氨基，所以氨基酸是两性化合物。它既能与强碱（如氢氧化钾）反应成盐，又能与强酸（如 HCl）反应成盐。中性氨基酸溶于水，$—N^+H_3$ 给出质子，发生酸式电离，同时，$—COO^-$ 结合水中氢离子，使水电离出氢氧根离子，发生碱式电离，氨基酸的这种电离方式称为两性电离，生成的离子称为两性离子（zwitterion），亦即偶极离子（dipolar ion）。

2. 氨基酸的等电点（isoelectric point）　在氨基酸水溶液中，同时存在负离子、正离子、偶极离子、极少量没有电离氨基和羧基的氨基酸分子四种结构形式，并处于动态平衡，何种结构形式占优势，取决于水溶液的 pH。

氨基酸两性离子的形成及两性电离可用下式表示：

$$\underset{NH_2}{R—\underset{|}{CH}—COOH}$$

$$\Big\updownarrow \text{形成内盐}$$

$$^-OH + \underset{^+NH_3}{R—\underset{|}{CH}—COOH} \xleftarrow{\text{碱式电离}} \underset{NH_3^+}{R—\underset{|}{CH}—COO^-} \xrightarrow{\text{酸式电离}} \underset{NH_2}{R—\underset{|}{CH}—COO^-} + H_3O^+$$

酸性氨基酸溶于水，酸式电离大于碱式电离，其水溶液显酸性，氨基酸带负电荷，在电场中向正极移动，往水溶液中加适量的酸，抑制酸式电离增加碱式电离氨基酸主要以两性离子形式存在；而碱性氨基酸溶于水，碱式电离大于酸式电离其水溶液显碱性，氨基酸带正电荷，在电场中，向负极移动，往水溶液中加适量的碱，抑制碱式电离增加酸式电离氨基酸主要以两性离子形式存在。

当酸式电离和碱式电离相等时，氨基酸主要以两性离子形式存在，此时该水溶液的 pH 称为该氨基酸的等电点。通常以 pI 表示。组成蛋白质的氨基酸的等电点见表 16-1。由表可知，中性氨基酸的等电点小于 7，一般为 5.0 ～ 6.5；酸性氨基酸的等电点，在 3 左右；碱性氨基酸的等电点在 7.58 ～ 10.8。在氨基酸以两性离子形式存在（即等电点）时，若在电场中，则既不向负极移动，也不向正极移动，此时氨基酸的溶解度最小，因此常利用此性质分离和提纯氨基酸。

带电颗粒在电场中向其电荷相反的电极移动的现象称为电泳（electrophoresis）。当溶液的 pH ＜ pI 时，氨基酸带正电荷，向负极泳动；当溶液的 pH ＞ pI 时，氨基酸带负电荷，向正极泳动。当溶液的 pH ＝ pI 时，氨基酸所带正、负电荷相等，不定向泳动。由于各种氨基酸的分子量和 pI 不同，将它们置于相同 pH 的缓冲溶液中，荷电状态有差异，因此在电场中的泳动方向和速率都不同，故可用电泳技术分离氨基酸混合物。

（二）脱水成肽反应

在一定条件下，一分子氨基酸的羧基与另一分子氨基酸的氨基之间脱水缩合生成的化合物，

笔记栏

称为二肽。此反应称为脱水成肽反应。二肽分子中的酰胺键（—CO—NH—）也称为肽键（peptide bond）。例如：

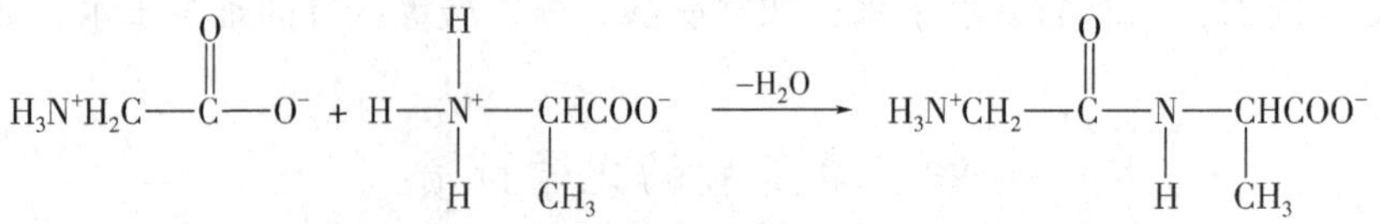

$$H_3N^+H_2C—\overset{O}{\overset{\|}{C}}—O^- + H—\overset{H}{\overset{|}{\underset{H}{\underset{|}{N^+}}}}—\underset{CH_3}{\underset{|}{CHCOO^-}} \xrightarrow{-H_2O} H_3N^+CH_2—\overset{O}{\overset{\|}{C}}—\underset{H}{\underset{|}{N}}—\underset{CH_3}{\underset{|}{CHCOO^-}}$$

二肽分子中的羧基和氨基，可继续与氨基酸发生脱水成肽反应，生成三肽、四肽、…、多肽、蛋白质等。

（三）与茚三酮反应

α- 氨基酸与水合茚三酮反应生成的蓝紫色化合物，称为罗曼紫（Ruhemann's purple）。反应式如下：

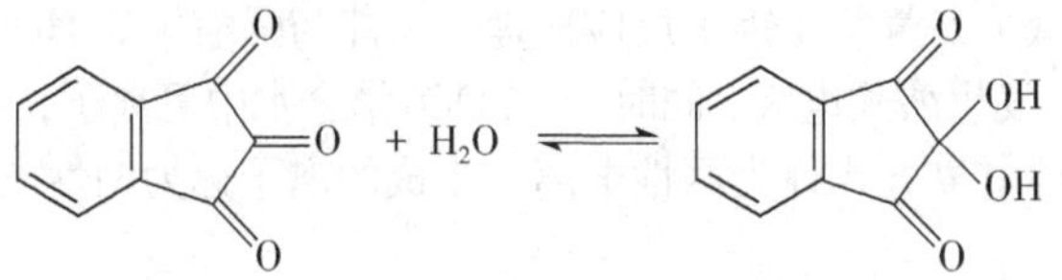

$$茚三酮 + H_2O \rightleftharpoons 水合茚三酮$$

茚三酮　　　水合茚三酮

$$2\ 水合茚三酮 + R—\underset{^+NH_3}{\underset{|}{CHCOO^-}} \xrightarrow{\triangle} 罗曼紫 + RCHO + CO_2\uparrow + 3H_2O$$

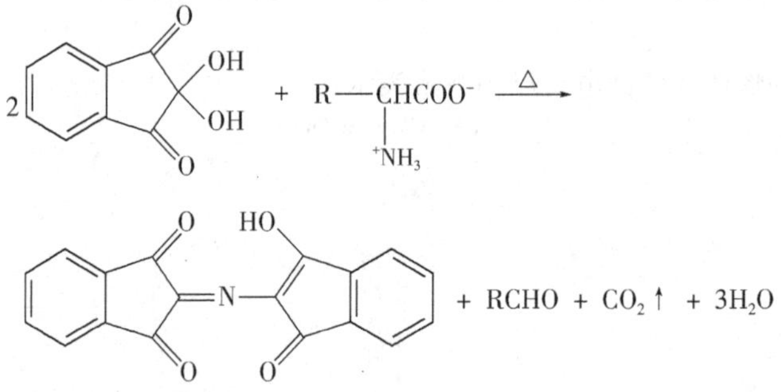

罗曼紫

此反应是鉴别 α- 氨基酸的灵敏方法，常用于层析时显色。由于罗曼紫最大吸收峰在 570nm 波长处，其吸收强度与氨基酸的含量成正比，因此可作为 α- 氨基酸的定量分析方法。

α- 亚氨基酸（如脯氨酸）与茚三酮反应显黄色，而非 α- 氨基酸不与茚三酮发生反应生成罗曼紫。

（四）与亚硝酸反应

α- 氨基酸分子中的氨基具有伯胺的性质，能与亚硝酸反应定量放出氮气，生成 α- 羟基酸，脯氨酸不含氨基不能与亚硝酸反应放出氮气。

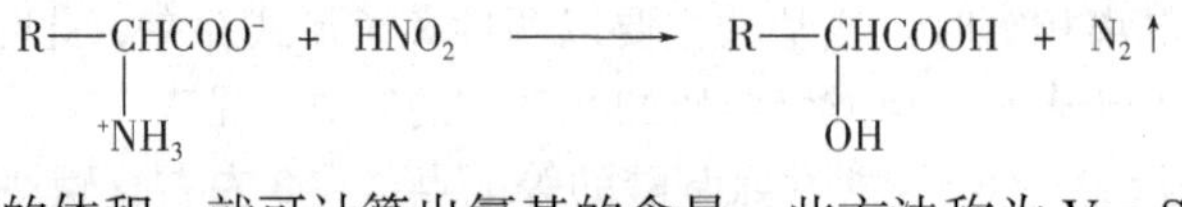

$$R—\underset{^+NH_3}{\underset{|}{CHCOO^-}} + HNO_2 \longrightarrow R—\underset{OH}{\underset{|}{CHCOOH}} + N_2\uparrow$$

测出反应产生氮气的体积，就可计算出氨基的含量。此方法称为 Van Slyke 氨基氮测定法，常用于测定氨基酸、多肽和蛋白质中自由氨基的含量。

（五）脱羧反应

α- 氨基酸与氢氧化钡共热或在高沸点溶剂中回流，可发生脱羧反应，失去二氧化碳生成少一个碳原子的伯胺。

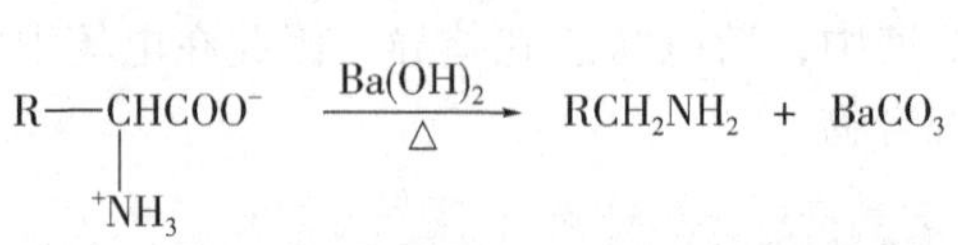

$$R—\underset{^+NH_3}{\underset{|}{CHCOO^-}} \xrightarrow[\triangle]{Ba(OH)_2} RCH_2NH_2 + BaCO_3$$

在生物体内，α- 氨基酸在酶的作用下可发生脱羧反应，如蛋白质腐败时，精氨酸或鸟氨酸可发

笔记栏

生脱羧反应生成腐胺；赖氨酸发生脱羧反应生成尸胺；组氨酸发生脱羧反应生成组胺，过量的组胺在肌体内易引起过敏反应。例如，鱼死后一段时间，组氨酸在脱羧酶的作用下，可转变为组胺，人吃了就会因在体内产生过量组胺而引起过敏。

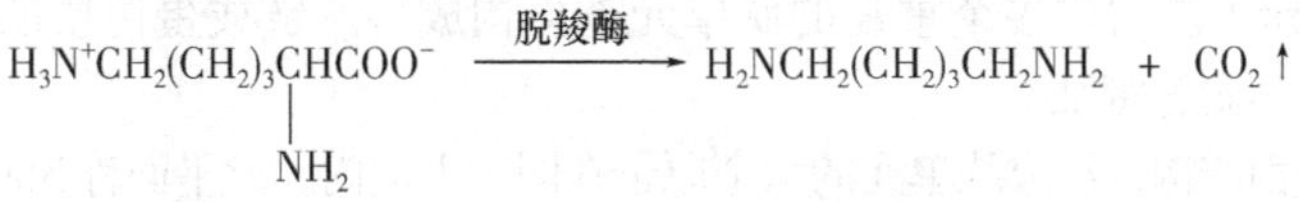

$$H_3N^+CH_2(CH_2)_3CH(NH_2)COO^- \xrightarrow{\text{脱羧酶}} H_2NCH_2(CH_2)_3CH_2NH_2 + CO_2\uparrow$$

赖氨酸　　　　尸胺

$$\text{(咪唑-4-基)}-CH_2CH(^+NH_3)COO^- \xrightarrow{\text{脱羧酶}} \text{(咪唑-4-基)}-CH_2CH_2NH_2 + CO_2\uparrow$$

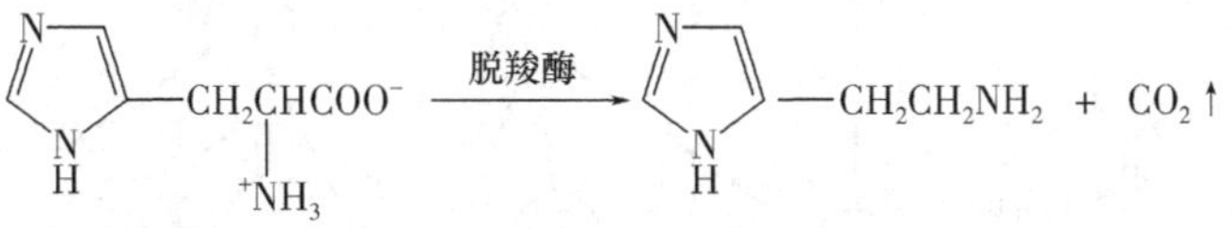

组氨酸　　　　组胺

第二节　肽

一、肽的结构和命名

肽是α-氨基酸之间通过肽键连接而成的一类化合物，其中的肽键又称为酰胺键。由两个氨基酸之间脱水缩合而成的化合物称为二肽，由三个氨基酸之间脱水缩合而成的化合物称为三肽。十肽以下的称为寡肽（oligopeptide）或低聚肽，十一肽以上的称为多肽（polypeptide），五十肽以上的称为蛋白质。

绝大多数肽是链状化合物，环肽很少存在。链状肽以两性离子的形式存在，可用如下通式表示：

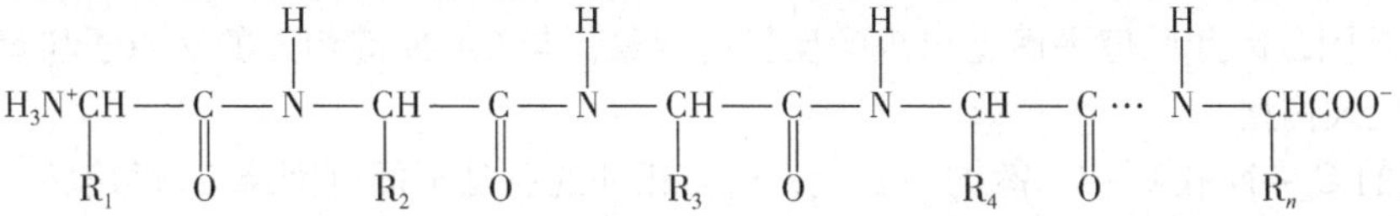

$$H_3N^+CH(R_1)-C(=O)-NH-CH(R_2)-C(=O)-NH-CH(R_3)-C(=O)-NH-CH(R_4)-C(=O)\cdots NH-CH(R_n)COO^-$$

链状肽通式（R_1、R_2、R_3等是侧链基因，可相同，亦可不同）

形成肽后每个氨基酸均失去了氨基上的氢和羧基上的羟基，残余的氨基酸部分 $\left(-NH-CH(R)-C(=O)-\right)$ 称为氨基酸残基（amino acid residue），也即氨基酸单位。在肽的两端，保留游离氨基的一端称为氨基末端，又叫N端，一般写在肽链的左侧；保留游离羧基的一端称为羧基末端，又叫C端，一般写在肽链的右侧。

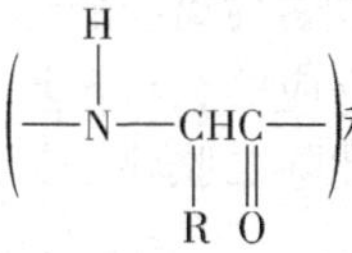

肽的结构不仅与组成的氨基酸的种类和数目有关，还与氨基酸残基在肽链中的排列次序有关。由A、A、A相同的3个氨基酸形成的肽只有一种，由A、B、C完全不同的3个氨基酸可形成6（3!）种不同的三肽，由A、A、B不完全相同的3个氨基酸可形成3种不同的三肽，由n个氨基酸则可形成≤n！种不同的多肽。因此自然界中存在种类繁多的多肽和蛋白质。

肽的命名方法通常是以C端的氨基酸为母体称为某氨基酸，将肽链中其他氨基酸名称中的酸字改为酰字，按它们在肽链中的排列顺序从左到右逐个写在母体名称前。例如：

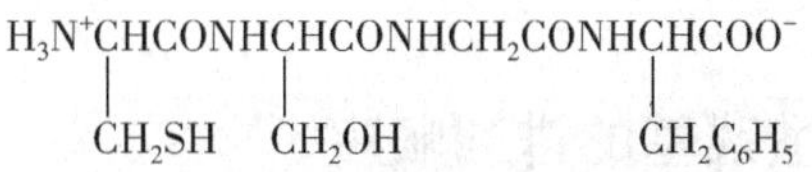

$$H_3N^+CH(CH_2SH)CONHCH(CH_2OH)CONHCH_2CONHCH(CH_2C_6H_5)COO^-$$

半胱氨酰丝氨酰甘氨酰苯丙氨酸

由于这种命名方法比较烦琐，在命名肽时，习惯上用氨基酸的英文三字母或英文单字母或中文简称表示。例如，半胱氨酰丝氨酰甘氨酰苯丙氨酸，用英文三字母可表示为：Cys—Ser—Gly—Phe，用英文单字母可表示为：C—S—G—F，用中文简称可表示为：半胱—丝—甘—苯丙。

许多多肽常采用俗名，如催产素、加压素等。

笔记栏

二、肽单元平面结构

在肽或蛋白质分子中，肽键与相邻的两个 α- 碳原子所组成的基团（—$C_α$—CO—NH—$C_α$—）称为肽单元（peptide unit）。由许多个重复的肽单元连接构成多肽链或蛋白质的主链骨架。肽单元的空间结构具有以下三个显著特征。

（1）肽单元是平面结构，组成肽单元的六个原子在同一平面内，此平面称为肽键平面（图 16-1）。

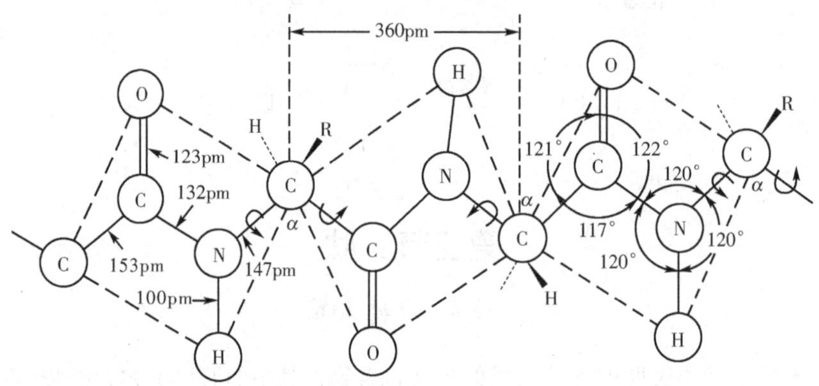

图 16-1　肽键平面及其键长

（2）肽键中 C—N 键具有双键性质，不能自由旋转。肽键中的 C—N 键长为 132pm，较相邻的 $C_α$—N 单键（147pm）短，而较一般的 C═N 双键（127pm）长，介于两者之间。

（3）肽键呈反式构型。由于肽键中 C—N 键不能自由旋转，且不能自由旋转的碳原子与氮原子上分别连接两个不同的基团，因此肽健平面上出现顺反异构现象，与 C—N 键相连的氧原子与氢原子之间一般是较稳定的反式构型。

因为肽键平面中两侧的 $C_α$—N 和 C—$C_α$ 键均为 σ 键，所以相邻的肽键平面可围绕 $C_α$ 键旋转，多肽链的主链骨架可视为由一系列通过 $C_α$ 原子连接的刚性肽键平面所组成。肽键平面的旋转所产生的立体结构可呈现多种状态，因而造成蛋白质分子呈现各种不同的构象。

与氨基酸分子相同的是，在各种肽分子中，也有羧基、氨基和侧链，因而肽也以两性离子的形式存在，有其等电点，也能发生脱水成肽反应、与茚三酮发生呈色反应、与亚硝酸反应等。与氨基酸分子不同的是，在各种三肽及三肽以上的分子中，含两个及两个以上的肽键，因此除二肽外，其他的肽都能发生缩二脲反应。缩二脲反应常用于肽和蛋白质的定性分析和定量分析。

三、肽结构测定

测定肽的结构，不仅要确定组成肽的氨基酸的种类和数目，而且要确定各氨基酸残基在肽链中的排列顺序。

（一）测定肽中氨基酸的种类和数目

先将被测的肽纯化，经盐酸使其彻底水解为各种游离氨基酸的混合液，再用氨基酸分析仪将各种氨基酸分离，测定它们的量，算出各种氨基酸在肽中的百分组成，从而确定其中氨基酸的种类和数目。

（二）测定肽中各氨基酸残基的排列顺序

用端基分析法（end-group analysis）配合部分水解法确定复杂肽中各氨基酸残基的排列顺序。

1. 端基分析　是指定性确定肽链两端的氨基酸。测定时选用一种合适的试剂，使其与 N 端或 C 端的氨基酸作用，然后再经肽链水解。与该试剂结合的氨基酸则一定是链端氨基酸。

（1）N 端分析（N-terminal analysis）：采用的试剂有多种，例如异硫氰酸苯酯、2,4- 二硝基氟苯（DNFB）、丹磺酰氯（DNS-Cl）等。下面介绍目前常采用异硫氰酸苯酯法和 2,4- 二硝基氟苯法。

笔记栏

1）异硫氰酸苯酯（Ph—N═C═S）法，称为艾德曼（Edman）降解法。在弱碱性条件下，异硫氰酸苯酯与肽链的N端氨基酸反应，生成苯氨基硫甲酰基肽（PTC-肽），然后在有机溶液中用无水HCl处理，N端氨基酸残基以苯基乙内酰硫脲氨基酸（PTH-氨基酸）的形式水解下来，用乙酸乙酯提取，经纸色谱或薄层色谱与已知氨基酸进行比较，从而鉴定出N端氨基酸。失去一个N端氨基酸残基的肽链可继续与异硫氰酸苯酯反应，可依次测出肽链中氨基酸的排列顺序。此法的优点是只断裂N端已经与试剂结合的氨基酸，而肽链的其余部分不受影响。根据Edman降解法原理制造出的蛋白质自动顺序分析仪，能测定大约60个氨基酸残基组成的多肽结构。有关反应如下所示：

$$C_6H_5NCS + H_3N^+CH(R)CONHCH(R')CO \cdots HNCH(R')COO^-$$

$$\xrightarrow{\text{碱性介质}} C_6H_5HN—C(═S)—NHCH(R)CONHCH(R')CO \cdots HNCH(R')COO^-$$

PTC-肽

$$\xrightarrow{CH_3NO_2,HCl} \text{PTH-氨基酸（H、}R_1\text{、S、O、}C_6H_5\text{取代的五元环）} + H_3N^+CH(R)CONHCH(R')CO \cdots HNCH(R')COO^-$$

PTH-氨基酸　　失去一个N-端氨基酸残基的肽

2）2,4-二硝基氟苯（DNFB）法：在弱碱性条件下，2,4-二硝基氟苯与N端的游离—NH_2以较牢固的共价键结合，生成的化合物用酸充分水解后，得到黄色的N-（2,4-二硝基苯基）氨基酸和其他氨基酸的混合物。有关反应示意如下：

$$O_2N—C_6H_3(NO_2)—F + H_3N^+CH(R)CONHCH(R')CO \cdots HNCH(R')COO^-$$

$$\xrightarrow{\text{碱性介质}} O_2N—C_6H_3(NO_2)—NHCH(R)CONHCH(R')CO \cdots HNCH(R')COO^-$$

$$\xrightarrow{HCl,H_2O} O_2N—C_6H_3(NO_2)—NHCH(R)COOH + H_3N^+CH(R')COOH + \cdots + H_3N^+CH(R')COOH$$

N-(2,4-二硝基苯基)氨基酸(黄色)

分离出*N*-（2,4-二硝基苯基）氨基酸，通过层析法分析，便可得知N端氨基酸的名称。

（2）C端分析（C-terminal analysis）：常用的是羧肽酶法。羧肽酶能选择性地水解多肽中C端氨基酸的肽键，其余肽键不受影响。水解反应示意如下：

$$H_3N^+CH(R)CONHCH(R')CO \cdots NHCH(R')CONHCH(R')CONHCH(R')COO^-$$

$$\xrightarrow{\text{羧肽酶}/H_2O} H_3N^+CH(R)CONHCH(R')CO \cdots NHCH(R')CONHCH(R')COO^- + H_3N^+CH(R')COO^-$$

失去一个C-端氨基酸残基的肽　　原C-端氨基酸

羧肽酶能不断地从C端逐个水解肽链，跟踪测定先后释放的氨基酸，就可测定多肽链中氨基酸的排列顺序。

2. 部分水解（partial hydrolysis） 是指在酸或酶催化下，将多肽部分水解成各种碎片（二肽、三肽等），再用端基分析法确定碎片中氨基酸残基的排列顺序。

酸催化水解肽链的选择性差酶催化水解肽链的选择性强。例如，胰凝乳蛋白酶可水解芳香氨基酸的羧基所形成的肽键，胰蛋白酶能专一性地水解精氨酸或赖氨酸的羧基所形成的肽键，其水解产物的 C 端为精氨酸或赖氨酸。例如，甘 - 赖 - 丝 - 天 - 精 - 丙 - 谷在胰蛋白酶的催化作用下水解产物是甘 - 赖、丝 - 天 - 精和丙 - 谷。

甘-赖-丝-天-精-丙-谷 $\xrightarrow{\text{胰蛋白酶}}$ 甘-赖 + 丝-天-精 + 丙-谷

3. 确定肽中氨基酸残基的排列顺序 通过分析各小肽段中的氨基酸残基排列顺序，再进行组合、排列对比，找出关键性的重叠顺序，推断各小肽段在肽链中的位置，就可确定出整个肽链中各氨基酸残基的排列顺序。

例如，某多肽用盐酸在 110℃处理 48h，使之完全水解。经分离鉴定得知含有甘、丝、组、丙、天冬和亮六种氨基酸。根据其分子量和含量比，确定它是八肽，其中含两个组氨酸和两个丙氨酸。用酸部分水解后，得到小分子肽分别是①甘 - 丝 - 天冬，②组 - 丙 - 甘，③天冬 - 组 - 丙 - 亮，试写出该多肽的序列。

解：按照重复部分，排列小肽分子，推出多肽序列：

组 - 丙 - 甘

甘 - 丝 - 天冬

天冬 - 组 - 丙 - 亮

因此该八肽应该是：组 - 丙 - 甘 - 丝 - 天冬 - 组 - 丙 - 亮

利用这种“水解—分离—分析—拼凑”的方法，已经测定了由 51 个氨基酸组成的胰岛素的结构。

随着核酸的研究在理论上及技术上的迅猛发展，可通过 DNA 序列推演肽中氨酸残基的排列顺序。近年来，随着波谱技术的发展，质谱法已成为测定肽中氨酸残基的排列顺序的方法，此法因其具有所需样品少、方便、快速、可靠等优点，是目前肽和蛋白质序列分析中很有效的方法。

四、生物活性肽

在自然界中广泛存在一些低分子量的游离肽，有的属于寡肽，有的属于多肽。虽然它们在生物体内含量很少，却具有重要生理功能，称为活性肽（active peptide）。

（一）谷胱甘肽

谷胱甘肽（glutathione，GSH）是由谷氨酸、半胱氨酸和甘氨酸构成的三肽，学名 γ- 谷氨酰半胱氨酰甘氨酸。第一个肽键与普通肽键不同，是由谷氨酸的 γ-COOH 与半胱氨酸的 α- 氨基之间脱水形成的。由于 GSH 中含有还原性的巯基，因而又称为还原型 GSH，结构式为：

$$\begin{array}{l} H_2N\underset{|}{C}HCH_2CH_2CONH\underset{|}{C}HCONHCH_2COOH \\ \quad\ \ COOH \qquad\qquad\quad CH_2SH \end{array}$$

还原型GSH

在生物体内，两分子的还原型 GSH 的巯基可被氧化，形成二硫键（—S—S—）构成氧化型谷胱甘肽（GSSG），其结构式为：

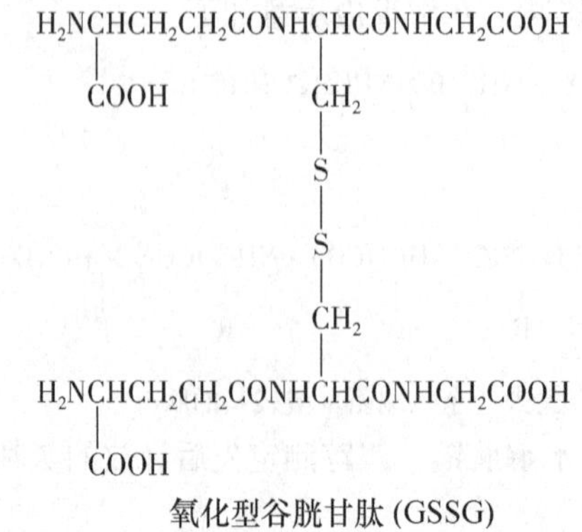

氧化型谷胱甘肽 (GSSG)

由于 GSH 的 —SH 具有还原性，因而 GSH 作为体内重要的抗氧剂，保护体内蛋白质或酶分子中的 —SH 免遭氧化，使这些蛋白质或酶不被氧化而处于生物活性状态。在谷胱甘肽过氧化物酶的催化作用下，GSH 可还原细胞内产生的 H_2O_2，使其变为 H_2O，与此同时 GSH 被氧化为 GSSG。GSSG 在谷胱甘肽还原酶的催化作用下，再生成 GSH。GSH 和 GSSG 之间的转化反应实际上是巯基和二硫键的氧化还原反应：

$$2HS— \underset{+2H}{\overset{-2H}{\rightleftharpoons}} —S–S—$$

还原型　　　　　氧化型

此外，GSH 在体内还可与某些毒物或药物反应，避免了它们对 DNA、RNA 或蛋白质的毒害。目前临床上已把 GSH 作为重金属、一氧化碳、有机溶剂等中毒的解毒药使用。

（二）催产素和加压素

催产素（oxytocic hormone）和加压素（vasopressin）是脑垂体分泌的两种不同激素。催产素的结构式如下：

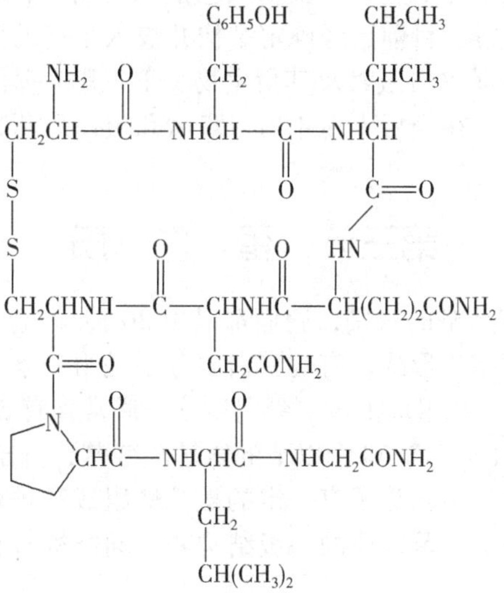

```
                          C6H5OH          CH2CH3
                            |               |
          NH2    O          CH2           CHCH3
           |     ||          |               |
        CH2CH----C----NHCH----C----NHCH
         |                    ||     |
         S                    O     C=O
         |                          /
         S             O      O   HN
         |             ||     ||   |
        CH2CHNH----C----CHNHC----CH(CH2)2CONH2
             |          |
            C=O       CH2CONH2
             |    O          O
             |    ||         ||
            N
           / \
          (   )CHC----NHCHC----NHCH2CONH2
                          |
                         CH2
                          |
                        CH(CH3)2
```

催产素可简单表示为：

```
 1    2    3    4    5    6    7  8  9
半胱-酪-异亮-谷酰-天酰-半胱-脯-亮-甘
 |________________S—S______________|
```

加压素可简单表示为：

```
 1    2    3    4    5    6    7  8  9
半胱-酪-苯丙-谷酰-天酰-半胱-脯-精-甘
 |________________S—S______________|
```

从上面结构式可以看出，它们的结构非常相似，都是九肽，区别仅在第三位和第八位不同，其余氨基酸残基的种类和顺序都相同。

催产素的生理作用是使子宫及乳腺平滑肌收缩，在临床上用于产程后期的催产，也用来治疗产后出血及子宫恢复不全等。

加压素与催产素的生理功能不同，主要有降低肾小球的滤过率，增进水和钠离子吸收的功能和抗利尿作用，还可使血管收缩，血压升高。

（三）脑啡肽

1975 年，John Hughes 等首次从猪脑中分离提取出两种具有吗啡一样的活性肽，称为脑啡肽（enkephalin），一种是蛋氨酸脑啡肽，另一种是亮氨酸脑啡肽，它们的结构中的氨基酸序列如下所示：

笔记栏

H—酪—甘—甘—苯丙—蛋—OH

蛋氨酸脑啡肽中的氨基酸序列

H—酪—甘—甘—苯丙—亮—OH

亮氨酸脑啡肽中的氨基酸序列

这两种脑啡肽都是五肽，区别仅是C端的氨基酸残基不同，前者是蛋氨酸，后者是亮氨酸。

随后又发现了十几种内源性阿片样肽，它们在N端的前四个氨基酸残基排列顺序与脑啡肽相同，均为H-酪-甘-甘-苯丙-，如β-内啡肽、孤啡肽等。

研究发现脑啡肽结构中的第一位的酪氨酸、第三位的甘氨酸、第四位的苯丙氨酸为决定分子活性的主要基团，如果用其他氨基酸替换这些位置上的氨基酸后，则分子失去活性。此外，脑啡肽常易被氨肽酶和脑啡肽酶降解，为了增加脑啡肽的稳定性而免遭酶降解，常用D-型氨基酸（如D-丙氨酸）取代第二位的甘氨酸。利用此方法，人工合成出了具有较好镇痛作用的脑啡肽类药物。

近几年来，随着人类基因组计划的实施和细胞生物学、分子生物学和生物化学等技术的发展，多肽和蛋白质药物的研究进展十分迅速，涉及领域包括免疫调节、激素调节、酶活性调节、细胞的生长和调控、抗菌和抗病毒等。目前已经确定结构并投入生产的多肽类药物包括：加压素及其衍生物、催产素及其衍生物、促皮质激素及其衍生物、下丘脑-垂体激素、消化道激素及其他激素和活性肽等。有科学家预言，在今后十多年内，多肽和蛋白质药物将会使药物学发生革命性的变化和发展。

第三节 蛋 白 质

蛋白质和多肽之间并没有严格的区别，它们都是由20种α-氨基酸组成的大分子化合物。多肽链是蛋白质分子的最基本的结构形式，有的蛋白质分子是由一条多肽链组成，有的蛋白质分子则是由两条或多条多肽链构成。从组成上讲，蛋白质分子通常含有50个以上的氨基酸残基，分子量一般在10 000以上，而多肽分子含50个以下的氨基酸残基，分子量一般在10 000以下。从结构上讲，蛋白质分子的结构更复杂，除了有一定的氨基酸组成和排列顺序（一级结构）以外，还有特殊的高级结构（空间结构）。蛋白质的一级结构和空间结构对它们的生物活性起到同样重要的作用。

一、蛋白质的元素组成

虽然蛋白质的种类很多，但是元素组成相似，主要元素有碳（50%～55%）、氢（6%～8%）、氧（19%～24%）、氮（15%～17%）、硫（0～4%），此外，有些蛋白质含有少量磷、铁、铜、锌、锰等，个别蛋白质含有碘。

因为蛋白质是生物体内的主要含氮物，而其他含氮的物质很少，所以可将生物体中的含氮量视为全部来自蛋白质。各种来源的蛋白质的含氮量相当接近，平均约为16%，即16g氮相当于100g的蛋白质，1g氮相当于6.25g蛋白质，6.25称为蛋白质系数，故只要测定生物样品中的含氮量，就可按下式计算出其中蛋白质的大致含量。

生物样品中蛋白质的百分含量＝每克样品中含氮的克数 ×6.25×100%

二、蛋白质的分类

蛋白质种类繁多，功能各异，结构复杂，一个真核细胞中有成千上万种蛋白质，各自有特殊的结构和功能。由于大多数蛋白质的结构尚未明确，所以目前还无法找到一种按照化学结构进行分类的方法。一般是按照蛋白质的分子形状、溶解度、化学组成和功能等进行分类。

（一）按照分子形状分类

笔记栏

1. 球状蛋白质（globular protein） 分子呈球形或不规则椭圆形，在水中溶解度较大，并有特异的生物活性。生物界中多数蛋白质都属于这类，如血红蛋白、肌红蛋白、人体内的酶和激素等都为球状蛋白质。

2. 纤维状蛋白质（fibrous protein）　分子呈细棒状纤维，这类蛋白质主要为生物体组织的结构材料。按照在水中溶解度不同分为可溶性纤维状蛋白质和不可溶性纤维状蛋白质。例如，酪蛋白、肌红蛋白、血红蛋白和卵清蛋白等属于可溶性纤维状蛋白质，而指甲和毛发中的角蛋白、胶原蛋白和丝心蛋白等均属于不可溶性纤维状蛋白质。

（二）按照化学组成分类

1. 单纯蛋白质（simple protein）　水解的最终产物只有 *α*- 氨基酸的蛋白质称为单纯蛋白质。单纯蛋白质可按照它们的溶解度不同，分为清蛋白、组蛋白、精蛋白、球蛋白、硬蛋白、谷蛋白和醇溶蛋白。其中前三者溶于水，球蛋白微溶于水，能溶于稀的中性盐溶液，后三者不溶于水。

2. 结合蛋白质（conjugative protein）　水解的最终产物除了 *α*- 氨基酸外，还有非 *α*- 氨基酸分子的蛋白质称为结合蛋白质，其中非 *α*- 氨基酸部分称为辅基（prosthetic group）。结合蛋白质又可按照辅基不同分类（表 16-2）。

表 16-2　结合蛋白质的分类

种类	辅基	种类	辅基
核蛋白类		色蛋白类	
脱氧核糖核酸核蛋白	脱氧核糖核酸	血红蛋白	铁卟琳
核蛋白体	核糖核酸	肌红蛋白	铁卟琳
烟草花叶病毒	核糖核酸	细胞色素 C	铁卟琳
脂蛋白类		叶绿蛋白	镁卟琳
α- 脂蛋白	磷脂、甾醇、酯	黄素蛋白类	
β- 脂蛋白	磷脂、甾醇、酯	琥珀酸脱氢酶	黄素腺嘌呤二核苷酸
糖蛋白类		金属蛋白类	
γ- 球蛋白	己糖胺、半乳糖、甘露糖、唾液酸	铁蛋白	Fe
血清类黏蛋白	半乳糖、甘露糖、黏多糖	乙醇脱氢酶	Zn
磷蛋白类		铜蓝蛋白	Cu
酪蛋白	磷酸		

此外，按照蛋白质的生理功能可将蛋白质分为保护蛋白、酶蛋白、激素蛋白、防御蛋白、膜蛋白、受体蛋白、调节蛋白等。

三、蛋白质的结构

在天然状态下，不同的蛋白质具有其独特而稳定的结构，因而也表现出其特殊功能和活性。蛋白质结构取决于多肽链的氨基酸组成、数目、排列顺序及其特定的空间构象。通常将蛋白质结构分为一级结构、二级结构、三级结构和四级结构来表示其不同层次的结构，其中蛋白质的一级结构又称为初级结构或基本结构，其余结构属于构象范畴，称为高级结构，也称为空间结构。

（一）蛋白质的一级结构

蛋白质的一级结构（primary structure）是指构成蛋白质多肽链中 *α*- 氨基酸残基的排列顺序及二硫键的位置。在一级结构中，主要的化学键是肽键，称为主键，另外在两条多肽链之间或在一条多肽链的特定部位之间还存在个别二硫键。不同的蛋白质有不同的一级结构，蛋白质的功能与一级结构有密切关系，如世界上第一个报道的蛋白质一级结构 —— 牛胰岛素的一级结构（图 16-2）。

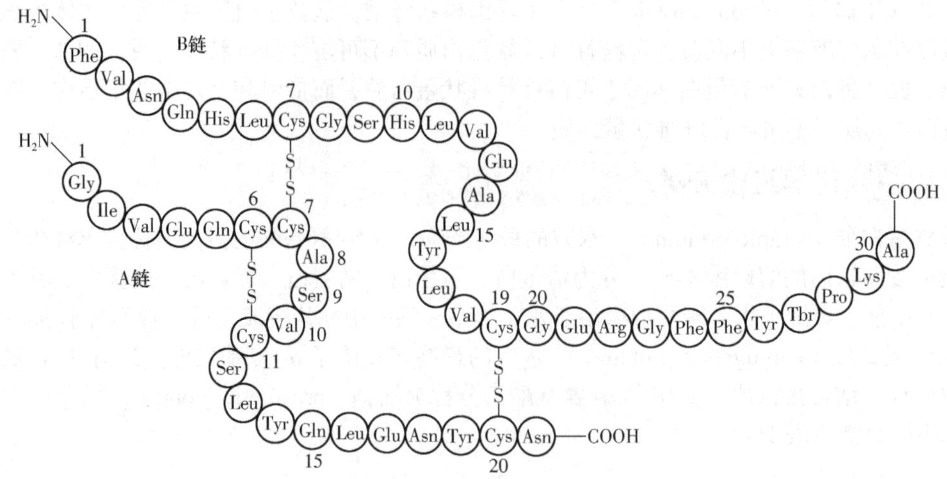

图 16-2 牛胰岛素的一级结构

牛胰岛素由 A、B 两条肽链共 51 个氨基酸残基组成。A 链含有 11 种共 21 个氨基酸残基，N 端是甘氨酸（Gly），C 端为天冬酰胺（Asn）。B 链有 16 种共 30 个氨基酸残基，N 端是苯丙氨酸（Phe），C 端为丙氨酸（Ala）。A 链中第 6 位和第 11 位的两个氨基酸残基之间还有一个二硫键，A 链和 B 链通过两个二硫键连接在一起。

胰岛素是动物胰脏分泌的一种激素，具有降低血糖浓度的作用。不同种属胰岛素的一级结构不完全相同，虽然都由 A、B 两条多肽链组成，二硫键的存在位置相同，但还是有个别氨基酸不同。例如，牛胰岛素同人胰岛素比较，有 3 个氨基酸残基不同，即 A 链第 8 位前者为丙氨酸后者为苏氨酸、第 10 位前者为缬氨酸后者为异亮氨酸，B 链第 30 位前者为丙氨酸后者为苏氨酸；而牛胰岛素同猪胰岛素比较，有 2 个氨基酸残基不同，即 A 链第 8 位前者为丙氨酸后者为苏氨酸、第 10 位前者为缬氨酸后者为异亮氨酸。

蛋白质的功能与其一级结构有着密切的关系，如果蛋白质分子中起关键作用的氨基酸残基缺损或被替代，就会严重影响其空间构象和生理功能。例如，正常人血红蛋白 β 亚基 N 端的第 6 位氨基酸是谷氨酸，如果此谷氨酸被缬氨酸替换，血红蛋白表面亲水的羧基换成了疏水的烃基，其分子在水中的溶解度降低，分子聚集，红细胞变成镰刀形状，并易于破裂，导致红细胞寿命缩短，结果出现溶血性贫血。这是镰刀形红细胞贫血（sickle-cell anemia）的分子机制。仅此一个氨基酸不同，就使其生理功能发生巨大改变。这种因蛋白质分子发生变异而造成的疾病称为“分子病”（molecular disease）。

蛋白质的一级结构是由基因上的遗传密码的排列顺序决定的，是其空间结构的基础，它包含着结构的全部信息，并决定了蛋白质分子的生物学功能和种属的特异性。因此，蛋白质的一级结构最为重要。

（二）蛋白质的空间结构

蛋白质分子的多肽链并不是以完全伸展的线状形式存在，而是在一级结构的基础上盘曲和折叠形成特定的三维空间结构，这种空间结构称为蛋白质的高级结构或构象。蛋白质三维空间结构靠其副键维系，副键也称次级键，它包括二硫键等共价键、氢键、配位键、正负离子间的静电引力、疏水基团间的亲和力、范德华力等（图 16-3）。

在副键中，虽然盐键、二硫键或酯键作用力大，但数量少，它们是维持蛋白质空间结构的次要作用力，虽然氢键、疏水键、范德瓦耳斯力的键能小，但数量多，因此它们是维持蛋白质空间结构的主要作用力，在维持蛋白质分子的空间构象中起着主要的作用。

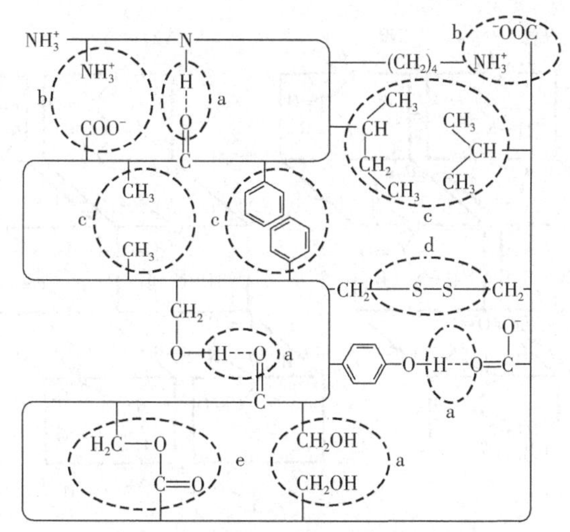

图 16-3　维持蛋白质的空间结构的副键

a. 氢键；b. 正负离子间的静电引力；c. 疏水键；d. 二硫键；e. 酯键

蛋白质的空间结构包括二级结构、三级结构和四级结构。

1. 蛋白质的二级结构（secondary structure）　是指构成蛋白质分子多肽链中各肽键平面通过 α- 碳原子的旋转使某一段肽链形成的局部空间结构，不涉及氨基酸残基的侧链构象。蛋白质的二级结构主要有 α- 螺旋、β- 折叠层、β- 转角和无规卷曲。维持蛋白质二级结构稳定的主要因素是主链羰基上的氧与亚氨基上的氢之间所形成的氢键。

（1）α- 螺旋（α-helix）：它的形成是由于多肽链中各肽键平面通过 α- 碳原子的旋转，围绕中心轴形成一种紧密螺旋结构，螺旋一圈，含 3.6 个氨基酸残基，每个残基的跨距为 150pm，螺旋一圈沿轴上升的高度即螺距为 $150 \times 3.6 = 540$pm。螺旋盘曲可按右手方向和左手方向旋转，形成右手螺旋和左手螺旋。大多数蛋白质分子是右手螺旋，螺旋之间依靠氢键维系，其氢键是由第一个氨基酸残基中的 N—H 键和第四个氨基酸残基中的 C═O 键所形成，方向与螺旋轴大致平行，因为每个肽键中的 N—H 键和 C═O 键都参与形成链内氢键，故保持了 α- 螺旋的最大稳定性（图 16-4）。

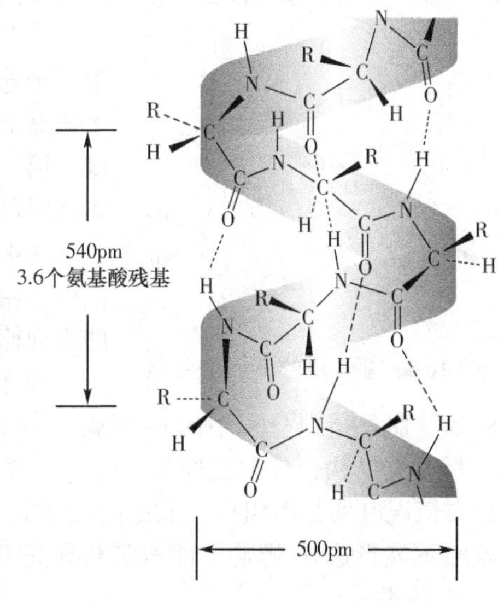

图 16-4　蛋白质的 α- 螺旋结构

肽链中氨基酸残基的侧链 R 基团都伸向螺旋外侧，R 基团的大小、形状、性质及电荷状态对 α- 螺旋的形成和稳定都有影响。例如，在酸性或碱性氨基酸集中的区域，由于同性排斥，不利于 α- 螺旋的形成。在体积较大的 R 基团集中的区域，由于空间位阻也不利于 α- 螺旋的形成。多肽链中若存在脯氨酸，因为脯氨酸氮原子上没有氢原子，不能形成氢键而阻断 α- 螺旋，因此，多肽链在遇到脯氨酸残基时会发生转折。

（2）β- 折叠层（β-pleated sheet）：它是由两条或两条以上平行排列的肽链（或一条肽链内的若干肽段）构成，其中肽链（或肽段）比较伸展，相邻肽链（或肽段）间依靠肽键中的 N—H 键和 C═O 键形成的氢键结合，所有肽键都参与形成链间氢键。这种依靠相邻肽链（或肽段）间的氢键，把两条或两条以上平行排列的肽链（或一条肽链内的若干肽段）结合在一起，形成扇面折叠状片层的结构称为 β- 折叠层（图 16-5）。

笔记栏

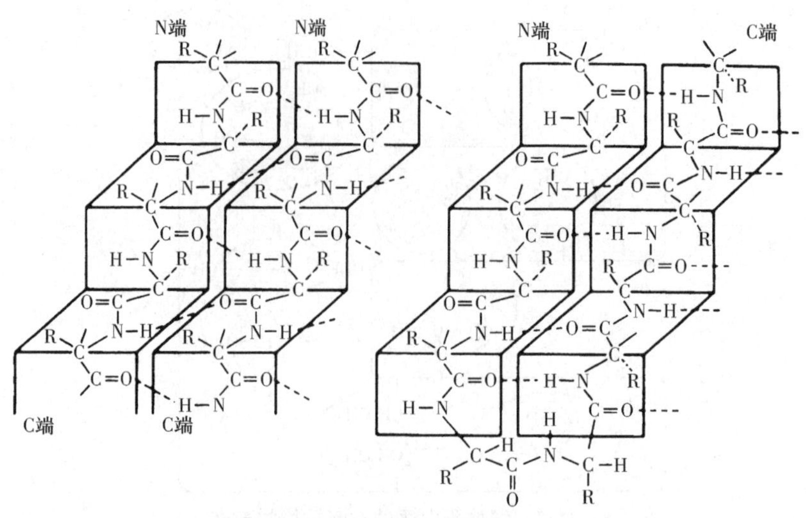

图 16-5 蛋白质的 β- 折叠结构

连在折叠片上的侧链 R 都与折叠片的平面垂直，并交替地从平面上下二侧伸出。在平行排列的 β- 折叠层结构中，若两条肽链均为从 N 端到 C 端同向排列，称为顺向平行；若一条肽链从 N 端到 C 端排列，另一条则刚好相反，称为逆向平行。

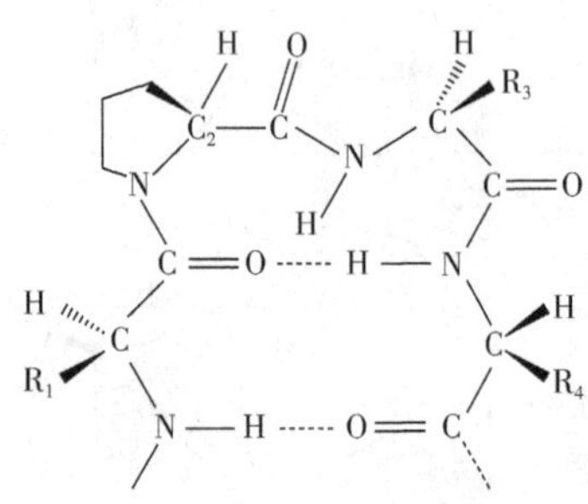
图 16-6 蛋白质的 β- 转角结构

（3）β- 转角（β-turn）：它是由四个连续的氨基酸残基构成，第二个通常为脯氨酸残基，使主链骨架以 180° 的返回折叠，第一个氨基酸残基羰基上的氧与第四个氨基酸残基氮上的氢之间形成氢键，第一个氨基酸残基氮上的氢与第四个氨基酸残基中的羰基上的氧之间形成氢键，从而形成稳定的 β- 转角结构（图 16-6）。

（4）无规卷曲（random coil）：它是指在有些多肽链的局部肽段中，由于氨基酸残基的相互影响，使肽键平面排列不规则而形成的无规律空间结构。

对于不同的蛋白质，其不同的二级结构单元的分布各不相同。例如，肌红蛋白分子中的 α- 螺旋约占 75%，β- 折叠层结构几乎为零；蚕丝丝心蛋白分子中只有 β- 折叠层结构；伴刀豆球蛋白分子中含 59% 的 β- 折叠，而无 α- 螺旋。蛋白质中二级结构单元的分布情况其实是由组成多肽链的氨基酸决定的，苯丙氨酸和亮氨酸易形成 α- 螺旋，而甘氨酸和脯氨酸不能形成 α- 螺旋；酪氨酸和异亮氨酸易形成 β- 折叠，而谷氨酸、脯氨酸和天冬氨酸不能形成 β- 折叠。

另外，在球状蛋白质中还存在超二级结构，即由若干二级结构单元（α- 螺旋，β- 折叠等）组合在一起，形成有规则的组合体，如 $\beta\alpha\beta$ 组合，$\beta\beta\beta$ 组合等。

2. 蛋白质的三级结构（tertiary structure） 一条多肽链并非全是 α- 螺旋或 β- 折叠结构，有的肽段是 β- 转角，有的肽段是无规卷曲。一整条多肽链在二级结构的基础上进一步在空间盘绕、折叠、卷曲而形成的更为复杂的空间构象称为蛋白质的三级结构。

例如，肌红蛋白是存在于哺乳动物肌肉中的一种球状蛋白质，它是一条由 153 个氨基酸残基构成的单个肽链的蛋白质，含有一个血红素辅基。肽链内含八个 α- 螺旋肽段，两个 α- 螺旋之间通过无规卷曲相连。因为侧链 R 基团的相互作用，肽链缠绕，形成球状，非极性侧链位于球体内部，极性侧链位于球体表面。肌红蛋白的三级结构见图 16-7。

3. 蛋白质的四级结构（quaternary structure） 由一条肽链构成的蛋白质没有四级结构，如肌红蛋白。而多数蛋白质是由两条或两条以上肽链构成的。蛋白质中的每条肽链都有各自完整的三级结构，又称亚基（subunit），亚基之间以非共价键连接在一起，这种构成蛋白质分子亚基的空间排布、亚基间相互作用和亚基接触部位的布局，称为蛋白质分子的四级结构。组成四级结构的蛋白质分子的亚基可以是相同的或不同的。例如，血红蛋白（hemoglobin）由四个亚基组成，有两条 α- 链和两条 β- 链，α- 链含 141 个氨基酸残基，β- 链含 146 个氨基酸残基。每条肽链都与一

笔记栏

个血红素辅基结合，卷曲成球状，形成一个亚基。整个分子中四个亚基紧密结合在一起，形成一个紧凑的多亚基结构（图 16-8）。图 16-8 中白色的为 α 链，带阴影的为 β 链，黑色的为血红素。

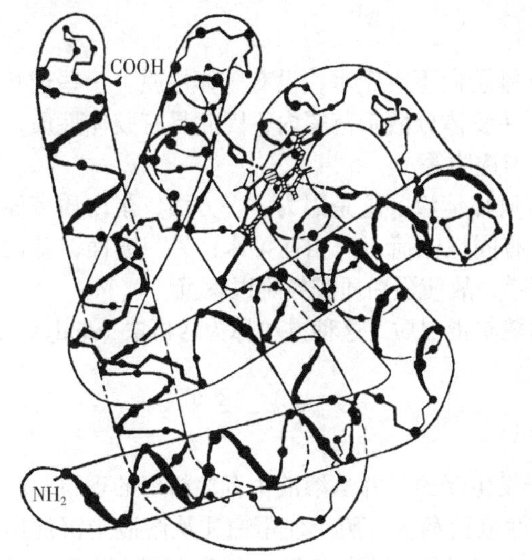

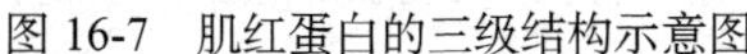
图 16-7　肌红蛋白的三级结构示意图

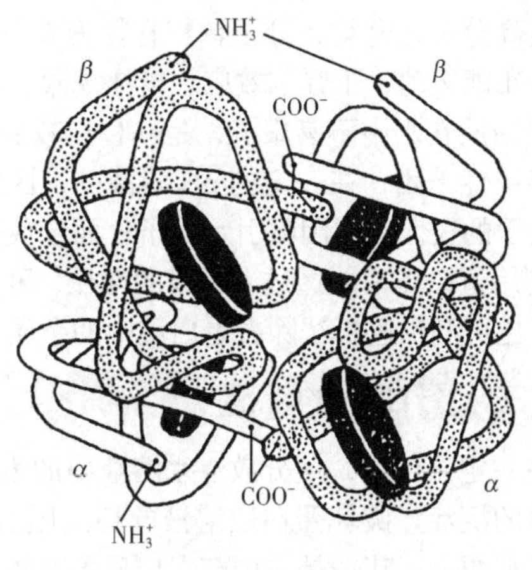

图 16-8　血红蛋白的四级结构示意图

维持稳定的蛋白质四级结构主要靠的是各亚基之间的疏水键。一般构成四级结构的蛋白质都含有大约 30% 的非极性氨基酸侧链基团，在形成三级结构时，这些具有疏水性的基团大部分埋藏在亚基内部，但也有部分疏水基团位于亚基表面，这些基团则通过疏水键将亚基缔合成一定形式从而形成蛋白质的四级结构。具有四级结构的蛋白质分子，其中亚基单独存在时一般没有生物学功能。

四、蛋白质的性质

蛋白质都是由 20 种 α- 氨基酸组成，是具有复杂空间结构的高分子化合物。因此，蛋白质既具有 α- 氨基酸的部分性质，如两性电离和等电点，又具有它们本身的特殊性质，如胶体性质、变性、沉淀及显色反应等。

（一）两性电离和等电点

蛋白质分子末端仍存在着游离的氨基和羧基，如果用字母 P 表示除 N 端氨基和 C 端羧基以外蛋白质分子的中间部分，则蛋白质分子可用 H_2N—P—COOH 表示。蛋白质溶于水时，其分子中碱性的氨基发生碱式电离，同时酸性的羧基可以发生酸式电离。这种电离方式称为两性电离，生成的离子称为两性离子。蛋白质两性离子可用 H_3^+N—P—COO^- 表示。

与氨基酸的水溶液相似，蛋白质在水溶液中以负离子、正离子、两性离子和极少量未电离氨基和未电离羧基的蛋白质四种结构形式同时存在，并处于动态平衡，何种结构形式占优势，取决于其水溶液的 pH。蛋白质在水溶液中电离及在加酸加碱情况下的变化可用下式表示：

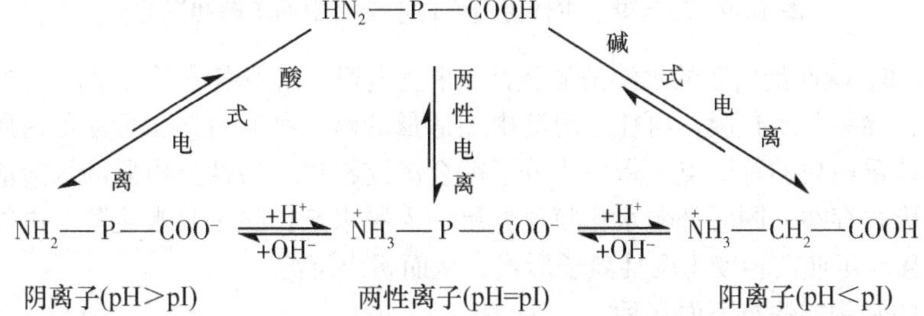

当蛋白质以两性离子形式存在时，该水溶液的 pH 称为该蛋白质的等电点，用“pI”表示。

在等电点时，因呈电中性蛋白质分子间不存在电荷的相互排斥作用，故蛋白质易沉淀析出。此时蛋白质的溶解度最小。人体中大多数蛋白质的等电点在 5.0 左右，而人体血液的 pH 为 7.35 ～ 7.45，故蛋白质在血液中多以负离子形式存在。

笔记栏

不同的蛋白质分子在相同的 pH 溶液中荷电状况不同，分子量和形状也不同，因此在电场中移动的方向和速度也不一样，从而可用电泳技术分离和提纯蛋白质。

（二）胶体性质

不同类型的蛋白质在水溶液中的溶解度不同。纤维蛋白不溶于水，没有胶体性质。一些球状蛋白因是高分子化合物，分子颗粒直径为 1 ～ 100nm，在胶体分散系范围内，因此具有胶体性质，如会产生布朗运动、丁铎尔效应、电泳现象、不能透过半透膜等。

蛋白质在水中不易聚沉，是一种比较稳定的亲水胶体溶液。这是因为，一方面，蛋白质表面带有许多极性基团，在一定的 pH 溶液中，因电离而带有同性电荷，而相互排斥；另一方面，蛋白质分子表面的极性基团因吸引水分子，而形成一层水化膜，故使蛋白质胶粒难以聚沉。

利用蛋白质不能透过半透膜的性质，可以提纯和精制蛋白质，这种方法称为透析法（dialysis）。同样，也可利用透析法除去蛋白质中的杂质。

（三）蛋白质的沉淀

在一定条件下，使分散在水溶液中的蛋白质分子发生凝聚，并从溶液中沉淀析出的现象，称为蛋白质的沉淀。破坏蛋白质溶液的稳定因素 —— 同性电荷和水化膜，使蛋白质从溶液中沉淀出来的途径有两个：其一是先调节蛋白质的水溶液到其等电点，然后再加入脱水剂除去其水化膜；其二是先除去其水化膜，再去掉蛋白质所带电荷。

碱、中、酸性蛋白质在水溶液中的溶解和沉淀，如图 16-9 所示。

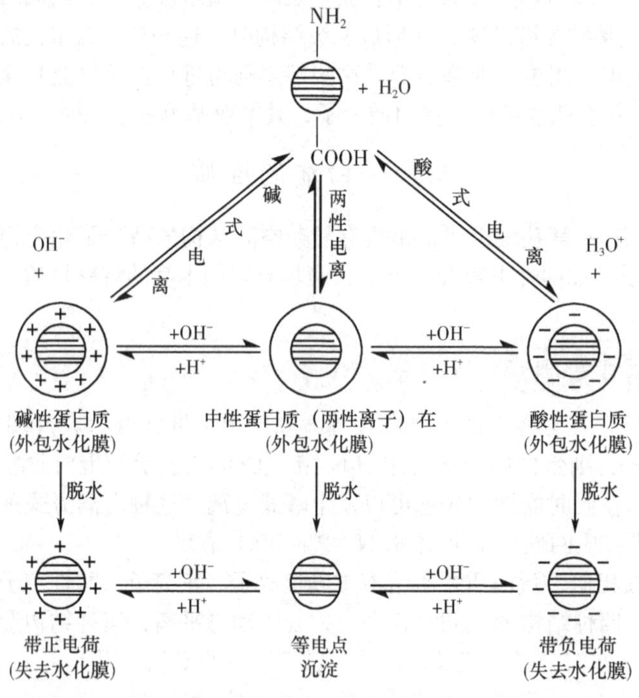

图 16-9　酸、碱、中性蛋白质在水溶液中的溶解和沉淀

由图 16-9 可知，碱性蛋白质的水溶液显碱性，带正电荷，以阳离子形式存在，同时外包水化膜。如果加入脱水剂，除去其水化膜，再往水溶液中加适量的碱，平衡右移，可使蛋白质以两性离子形式存在，即调到该蛋白质的等电点，蛋白质分子就会沉淀析出。酸性蛋白质的水溶液显酸性，带负电荷，以阴离子形式存在，同时外包水化膜。如果加入脱水剂，除去其水化膜，再往水溶液中加适量的酸，平衡左移，可使其转变为两性离子形式，从而析出沉淀。

沉淀蛋白质的常用方法有下面几种。

1. 盐析（salting out）　在蛋白质溶液中加入中性盐类（如硫酸铵、硫酸钠、氯化钠等）至一定浓度时，蛋白质便可沉淀析出，这种现象称为盐析。

盐析作用的实质是破坏蛋白质分子表面的水化膜和中和其所带的电荷，从而使蛋白质产生沉淀。因为加入的盐在水溶液中以离子的形式存在，这些离子的水化能力比蛋白质强，能破坏蛋白质分子

表面的水化膜；同时这些离子也能中和蛋白质所带的电荷，故导致蛋白质沉淀析出。

所有蛋白质在浓的中性盐溶液中都能沉淀出来。由于各种蛋白质的水化程度和所带电荷不同，因而蛋白质发生盐析所需盐的浓度也不同。利用这种特性可采用调节盐的浓度来分离混合蛋白质，此种盐析方法称为分段盐析。在临床检验中，常利用分段盐析来测定血清清蛋白和血清球蛋白的含量。

通过盐析沉淀的蛋白质，其分子内部结构没有改变，仍保持原来的生物活性。

2. 有机溶剂沉淀　将甲醇、乙醇、丙酮等极性较大的有机溶剂加入蛋白质溶液中，因为这些有机溶剂极易溶于水，能夺取蛋白质颗粒水化膜中的水，破坏水化膜，从而使蛋白质沉淀。

3. 重金属盐沉淀　在蛋白质溶液的 pH > pI 值的条件下，某些重金属离子如铅、汞、银、铜等，可与蛋白质负离子结合，生成不溶性的沉淀。例如：

$$\mathrm{P}\begin{array}{l}\diagup COO^- \\ \diagdown NH_2\end{array} + Ag^+ \longrightarrow \mathrm{P}\begin{array}{l}\diagup COOAg \\ \diagdown NH_2\end{array}\downarrow$$

这些沉淀剂易使蛋白质变性。临床上抢救因误服重金属盐而中毒的患者，常先给患者服用牛奶和蛋清，使蛋白质在消化道中与重金属盐结合生成变性蛋白质，从而阻止重金属离子被患者吸收，最后设法将沉淀从肠胃中洗出。

4. 某些酸类的沉淀　在蛋白质溶液的 pH < pI 值的条件下，有些酸如三氯乙酸、苦味酸、鞣酸、钨酸和磺基水杨酸等的酸根负离子，可与蛋白质的正离子结合生成不溶性的沉淀。例如：

$$\mathrm{P}\begin{array}{l}\diagup COOH \\ \diagdown N^+H_3\end{array} + CCl_3COO^- \longrightarrow \mathrm{P}\begin{array}{l}\diagup COOH \\ \diagdown N^+H_3{}^-OOCCCl_3\end{array}\downarrow$$

（四）蛋白质的变性

在某些物理因素（如加热、加压、X 线、紫外线、超声波等）或化学因素（如强酸、强碱、重金属盐、尿素、有机溶剂、表面活性剂等）的作用下，蛋白质分子的空间结构发生改变，从而导致蛋白质生物活性丧失及理化性质的改变，此现象称为蛋白质的变性（denaturation）。蛋白质的变性不涉及一级结构的改变。

天然蛋白质的变性是因为破坏了蛋白质中的副键，使蛋白质原有的严密的空间结构变得松散并伸展，一些疏水基伸向表面，使蛋白质分子颗粒失去水化膜，水溶性降低；蛋白质在变性前有些基团埋藏在分子内部，变性后这些基团暴露到分子表面，容易受到试剂进攻，发生化学反应。因此，天然蛋白质变性后，生物活性会部分或全部丧失，如酶的失活，激素失去调节功能，抗原不能与抗体结合等。

蛋白质的变性可根据空间结构被破坏的程度大小分为可逆变性和不可逆变性两种。若改变环境条件后，蛋白质分子的空间结构和性质尚可恢复，称为可逆变性。若变性使蛋白质的空间结构改变较大，改变环境条件后，不能恢复原有蛋白质分子的空间结构和性质，称为不可逆变性，如加热使蛋白质变性就是不可逆变性。

蛋白质的变性在实际应用上具有重要意义。临床上常采用高温、高压、煮沸、紫外线照射或 75% 乙醇水溶液进行消毒，其原理就是促使细菌或病毒的蛋白质变性而失活，达到灭菌和消毒目的。而在制备具有生物活性的蛋白质时，必须选择防止蛋白质变性的工艺条件，如低温、较稀的有机溶剂和合适的 pH 等。

（五）蛋白质的显色反应

蛋白质是由 *α*- 氨基酸组成的，其分子中存在游离的 *α*- 氨基及两个以上的肽键，因此所有蛋白质都能发生以下两种显色反应：缩二脲反应和茚三酮反应。

1. 缩二脲反应　在碱性条件下，能与稀硫酸铜溶液反应，呈现紫色或紫红色。

2. 茚三酮反应　在 pH = 5 ～ 7 时，与茚三酮水溶液共热会呈现蓝紫色。该反应常用于蛋白质的定性和定量分析。

笔记栏

当蛋白质分子中含有某种结构特征的氨基酸时，便可与一些显色剂发生一定的显色反应，如蛋白黄反应、Millon 反应和亚硝酰铁氰化钠反应等。

（六）蛋白质的紫外吸收性质

由于苯丙氨酸、色氨酸、酪氨酸最大吸收峰在280nm波长处，其吸收强度与氨基酸的含量成正比，一般蛋白质中都含有这些氨基酸残基，具有紫外吸收性质，因此在此波长范围内，可作为蛋白质的定量分析方法。

（七）蛋白质的水解反应

在酸、碱或酶的催化作用下，蛋白质可发生水解反应，其中的酰胺键断裂，大分子的蛋白质会变为小分子的多肽、寡肽、二肽、*α*- 氨基酸。

案例 16-2　胰岛素相对或绝对分泌不足导致的糖尿病

患者，男，30 岁，汉族，广东人。临床症状：该患者因疲劳、乏力，并伴有多饮、多尿、多食和消瘦，于 2016 年 3 月 6 日入院就诊。实验室检查结果，血常规中的白细胞升高，尿常规显示“尿糖＋＋＋＋，静脉血糖 24mmol/L”，因此，医生确诊为糖尿病。治疗方法：补充胰岛素，控制饮食，出院后遵医嘱，定期复查。

分析讨论：糖尿病是因胰岛素相对或绝对分泌不足及靶细胞对胰岛素敏感性降低而导致脂肪、蛋白质和糖等一系列代谢紊乱，是一种由遗传和环境因素相互作用而引起的临床综合征，其中以高血糖为主要标志。糖尿病的主要临床表现为血糖高、尿液中含有葡萄糖（正常的尿液中不应含有葡萄糖），以及多饮、多尿、多食和体重下降（“三多一少”）等。糖尿病的诊断，空腹血糖大于或等于 7.0mmol/L，和（或）餐后 2h 血糖大于或等于 11.1mmol/L 即可确诊。世界卫生组织将糖尿病分为四种类型：1 型糖尿病；2 型糖尿病；其他特殊类型糖尿病；妊娠期糖尿病。不同类型的糖尿病都是因为胰腺中的 B 细胞不能产生足量的胰岛素，而导致血糖浓度的升高。目前，1、2 型糖尿病尚不能完全治愈，但是自从 1921 年医用胰岛素发现以来，糖尿病得到了很好的治疗和控制。糖尿病的治疗主要是饮食控制，配合降糖药物（对于 2 型糖尿病）或者胰岛素补充相结合。妊娠期糖尿病通常在分娩后自愈。因为胰岛素是蛋白质，在胃中的酸性及酶的作用下其肽键水解，导致其分子结构发生改变，从而失去其功效。所以，胰岛素不能口服。

思考题：

1. 什么是糖尿病？
2. 胰岛素为什么不能口服？

本章小结

1. 氨基酸　组成蛋白质的基本单位是 *α*- 氨基酸，共有 20 种。除脯氨酸为 *α*- 亚氨基酸外，其余 19 种氨基酸的结构通式表示为：$\underset{\displaystyle NH_2}{\underset{|}{R—CHCOOH}}$；除甘氨酸外，其余 19 种氨基酸都是手性分子，都是 L- 构型具有旋光性。在 19 种具有手性的氨基酸中，除半胱氨酸为 *R*- 构型外，其余的均为 *S*- 构型。

按照 *α*- 氨基酸在人体中的作用不同，可分为营养必需氨基酸和营养非必需氨基酸；按照其结构的不同分为脂肪族氨基酸、芳香氨基酸和杂环氨基酸三大类；按照分子中所含氨基和羧基的数目不同分为酸性氨基酸、碱性氨基酸和中性氨基酸三类；医学上常按照氨基酸分子在生理 pH 范围内侧链 R 基团的极性及其荷电状态，分为非极性中性氨基酸、极性中性氨基酸、极性带负电荷氨基酸（酸性氨基酸）及极性带正电荷氨基酸（碱性氨基酸）四大类。

氨基酸分子中既有氨基，又有羧基，因而其既表现出羧基、氨基各自的典型化学性质，同时又表现出两者相互影响、相互作用的一些特殊的化学性质，如两性电离和等电点、脱水成肽反应、与茚三酮的显

笔记栏

色反应及脱羧反应等。

2. 肽的结构、分类和命名 肽是氨基酸残基之间通过肽键连接而成的一类化合物。按照形成肽的氨基酸残基数目不同，有二肽、三肽、四肽、五肽等。十肽及十肽以下的称为寡肽或低聚肽，十肽以上的称为多肽，五十肽以上的称为蛋白质。在肽链的两端，保留游离氨基的一端称为氨基末端，又叫 N 端，一般写在肽链的左侧；保留游离羧基的一端称为羧基末端，又称 C 端，一般写在肽链的右侧。肽的命名方法通常是以 C 端的氨基酸为母体称为某氨基酸，将肽链中其他氨基酸名称中的酸字改为酰字，按它们在肽链中的排列顺序从左到右逐个写在母体名称前。习惯上用氨基酸的英文三字母、单字母或中文简称表示。

多肽的结构不仅与组成的氨基酸的种类和数目有关，还与氨基酸残基在肽链中的排列次序有关。多肽分子中各种氨基酸的结合顺序，需要用端基分析和部分水解等方法来测定。

3. 蛋白质 组成蛋白质的主要元素有碳、氢、氧、氮、硫等，其中氮的含量平均为 16% 左右。6.25 称为蛋白质系数。通常可用下面公式计算蛋白质的大致含量。

生物样品中蛋白质的百分含量 = 每克样品中含氮的克数 ×6.25×100%

多肽链是蛋白质最基本的结构方式。氨基酸在蛋白质多肽链中的排列顺序称为蛋白质的一级结构。维系蛋白质一级结构的主键是肽键。蛋白质的一级结构决定高级结构。高级结构又可分为二级结构、三级结构和四级结构。维持蛋白质高级结构的键主要是副键，副键也称次级键。蛋白质的二级结构是指构成蛋白质分子多肽链中各肽键平面通过 α- 碳原子的旋转使某一段肽链形成的局部空间结构，不涉及氨基酸残基侧链的构象。蛋白质的二级结构主要有 α- 螺旋、β- 折叠层、β- 转角和无规卷曲。一整条多肽链在二级结构的基础上进一步在空间盘绕、折叠、卷曲而形成的更为复杂的空间构象称为蛋白质的三级结构。构成蛋白质分子亚基的空间排布、亚基间相互作用和亚基接触部位的布局，称为蛋白质分子的四级结构。并非所有的蛋白质均具有四级结构。蛋白质的一级结构与空间结构都与蛋白质的功能密切相关。蛋白质的一级结构异常而使其生物学功能发生很大变化，这种蛋白质分子发生变异而造成的疾病称为分子病。蛋白质的空间构象发生改变可以引起蛋白质的变性或某些蛋白质的变构效应。

蛋白质具有氨基酸的一些重要理化性质，如两性电离、等电点及某些显色反应等，但蛋白质是由氨基酸借肽键构成的高分子化合物，又表现出其他性质。蛋白质不能透过半透膜。天然蛋白质常以稳定的亲水胶体溶液存在，这是由于蛋白质颗粒表面的水化膜和同性电荷所致，如除去这两个稳定因素，蛋白质就可发生沉淀。盐、有机溶剂、某些酸类或重金属离子等都可使蛋白质沉淀。许多理化因素能够破坏稳定蛋白质构象的副键，从而使天然蛋白质失去原有的理化性质与生物学活性，使蛋白质变性。蛋白质变性在医学实践中具有重要意义。

习 题

1. 解释下列名词。

（1）中性、酸性、碱性氨基酸　　（2）单纯蛋白质和结合蛋白质

（3）蛋白质的主键和副键　　（4）氨基酸的两性电离和等电点

（5）多肽和寡肽　　（6）蛋白质的两性电离和等电点

（7）蛋白质的沉淀和变性　　（8）蛋白质的一级结构和高级结构

2. 试写出下列化合物的结构式。

（1）*R*- 半胱氨酸　　（2）*S*- 谷氨酸

（3）组氨酸　　（4）脯氨酸

（5）甘氨酰亮氨酸　　（6）蛋氨酰谷氨酸

（7）D-Ala　　（8）L-Ala

3. 选择题

（1）下列化合物不能与茚三酮反应生成紫色的是（　）。

A. 蛋氨酸　　B. 脯氨酸　　C. 亮氨酸　　D. 缬氨酸

（2）下列化合物不能发生缩二脲反应的是（　）。

A. 二肽　　B. 三肽　　C. 十肽　　D. 胰岛素

（3）下列化合物没有旋光性的是（　）。

A. 甘氨酸　　B. 脯氨酸　　C. 亮氨酸　　D. 缬氨酸

（4）能使蛋白质沉淀，又不会使蛋白质变性的是（　）。

A. $HgCl_2$　　B. CCl_3COOH　　C. $AgNO_3$　　D. $(NH_4)_2SO_4$

（5）蛋白质处于等电点时，下列说法正确的是（　）。

A. 在电场中不发生电泳　　B. 溶液呈中性

C. 分子所带净电荷不为零　　D. 蛋白质溶解度最大

（6）下列化合物不是 *S* 构型的是（　）。

A. 谷氨酸　　B. 脯氨酸　　C. 半胱氨酸　　D. 赖氨酸

4. 用 Fischer 投影式表示出 Ile 的所有立体构型，标明 *D*、*L* 和 *R*、*S* 构型。

5. 完成下列反应式（写出主要产物）。

（1）$H_2NCH_2COOH + H_2NCH(CH_3)COOH \xrightarrow{-H_2O}$

（2）$H_3C—CH(NH_2)COOH + HNO_2 \longrightarrow$

（3）（咪唑-4-基）$—CH_2CH(NH_2)COOH \xrightarrow{脱羧酶}$

（4）Fischer 投影式：COOH（上），H_2N—C—H，$H_2C—SH$（下）$\xrightarrow{-2H}$

（5）$H_2N—CH(COOH)CH_2CH_2C(=O)—NH—CH(CH_2SH)—C(=O)—NH—CH_2COOH \xrightarrow{-2H}$

（6）$H_2NCH_2COOH + HaOH \longrightarrow$

6. 某十肽含有 2 亮、精、半胱、谷、2 缬、异亮、酪和苯丙氨酸，部分水解时生成以下五种三肽：亮 - 缬 - 缬；亮 - 精 - 半胱；酪 - 异亮 - 苯丙；苯丙 - 谷 - 亮；精 - 半胱 - 亮。写出其氨基酸顺序。

7. 什么是人体营养必需氨基酸？包括哪几种？

8. 下列氨基酸分别溶于纯水中，其水溶液酸碱性如何？氨基酸带何种电荷？其水溶液 pH 与 pI 比较大小如何（大或小或相等）？如何调节使其达到等电点？

（1）天冬氨酸（pI = 2.77）　　（2）精氨酸（pI = 10.76）

9. 什么是盐析作用的实质？

10. 现有一组混合物：组氨酸（pI = 7.59）、酪氨酸（pI = 5.66）、谷氨酸（pI = 3.22）和丙氨酸（pI = 6.02），在 pH = 6.02 条件下，进行电泳，哪些氨基酸留于原点处？哪些氨基酸向负极移动？哪些氨基酸向正极移动？

11. 某化合物 A（$C_7H_{15}O_2N$）是两性化合物，既能与 HCl 作用，又能与 NaOH 作用。A 与 HNO_2 反应产生 N_2 并转变为 B（$C_7H_{14}O_3$）。B 氧化得到化合物 C（$C_7H_{12}O_3$），C 加热即放出 CO_2 并生成能与 I_2/NaOH 作用产生黄色沉淀的化合物 D（$C_6H_{12}O$）。化合物 A、B、C、D 均有旋光性，但 A、B 有两对对映体，C、D 则只有一对对映体。试写出化合物 A、B、C、D 的结构式。

（秦志强）

笔记栏

第十七章　核　　酸

核酸（nucleic acid）由瑞士医生 Miescher（米歇尔）于 1869 年首先从脓细胞核中分离得到，因存在于细胞核中而将它命名为“核质”（nuclein），核酸这一名词在 20 年后才被正式启用，当时已能提取不含蛋白质的核酸制品。1944 年，Avery（艾利）经实验证实了 DNA 是遗传的物质基础。1953 年，Watson（沃森）和 Crick（克里克）提出了 DNA 的双螺旋结构，巧妙地解释了遗传的奥秘，并将遗传学的研究从宏观的观察进入到分子水平。

核酸和蛋白质一样，都是生命活动中的生物信息大分子，由于核酸是遗传的物质基础，所以又称为“遗传大分子”。在生物体的生长、繁殖、遗传、变异和转化等生命现象中，核酸起着决定性的作用，而且其与生物变异，如肿瘤、遗传病、代谢病等也密切相关，因此，核酸是现代生物化学、分子生物学和医学的重要基础之一。核酸的作用与核酸的化学结构密切有关，本章主要介绍核酸的化学组成、分子结构和基本理化性质，为核酸的深入学习打下基础。

案例 17-1　美国的第一个 DNA 案例

世界上第一个使用 DNA 证据的案件是 1984 年 DNA 指纹技术的创始人 Sir Alec Jefferys 参与破获的一个系列奸杀案。美国法庭使用 DNA 技术稍微晚几年，第一个案例是 1987 年的 Tommy Lee Andrews 案。DNA 证据在这个案子中的使用很普通很直接，就是比对犯罪现场得到的 DNA 是否与嫌疑人的一致。

1986 年，佛罗里达州 Orange 县，警察发现有多起强奸案非常相似。罪犯盯上某位女性后，开始在她家附近游荡，通过窗户窥看她家中情况，记录受害人的日常活动。当罪犯有足够的把握后，直接闯入受害人家中实施性攻击。警察收集了多位受害人对罪犯的描述，绘制出罪犯可能的容貌。最终一位叫 Tommy Lee Andrews 的 24 岁年轻人被捕，而且有一位受害人在警察局也指认出 Tommy Lee Andrews 就是攻击她的人。其实在当时有了受害人的指认已经足够给 Andrews 定罪了，但是控方律师想用最新的 DNA 技术来进一步确认。律师联系了在 Connecticut 州的一家叫 Lifecodes 的公司，希望他们能帮忙鉴定犯罪现场找到的精液是不是与 Andrews 的匹配。DNA 测试的结果非常清楚，如果罪犯不是 Andrews 的话，平均 100 亿个人中才会出现一个人与 Andrews 的 DNA 一致，那也就是说罪犯另有他人的基本不可能。早期的 DNA 案例给美国执法部门更多的信心，随后越来越多的 DNA 实验室在全美建立，现在 DNA 测试已经成为司法机关最基本最重要的鉴定工具。

分析讨论：DNA 分子的复杂结构具有三个重要特性：①人各不同；②终生不变；③同一人体各不同部位细胞中的 DNA 结构相同。法医物证检验正是利用了这些可贵特性，依据摄取的 DNA 结构图谱进行个体识别。

DNA 检验在刑事案件侦破工作中的意义包括如下几点。

（1）在强奸及轮奸案件中，依据精细胞 DNA 认定犯罪人。在轮奸案件中，几个人的精液混合后的分离技术，目前并没解决，因而血型鉴定的难度很大。但 DNA 检验可以解决这个难题：将所有嫌疑人的精液或血液样本采来与现场检材比对，如果嫌疑人中的确有犯罪分子，则必然会认定其一，同时又不能借以否定其他人。

（2）在碎尸案件中收集到的尸块组织，以 DNA 检验来判定是否为同一人。

（3）按遗传规律，亲子的 DNA 分别继承其双亲。如果孩子 DNA 图谱有一半与母亲相同，另一半与嫌疑父亲相同，则认定其为生父。因此，DNA 检验对于拐卖儿童、强奸致孕等案件中的生父认定，具有极重要意义，这也是目前国际上认可且不能为其他方法替代的手段。

（4）在杀人案件中，从现场血液或血痕 DNA 图谱认定犯罪人，或确认为受害人所留。

（5）在无名尸案件中认定身源。对面目全非，其他方法无法辨认的尸块，可以通过 DNA 检验与失踪人（受害嫌疑人）的父母的 DNA 图谱对照，确认身源。

笔记栏

（6）在移民争端中进行血缘关系的审查；在汽车肇事案中对车辆上附着的人体组织进行检验等。

思考题：

1. DNA 分子结构的特性是什么？
2. 简述 DNA 检验在刑事案件侦破中的意义？

第一节 核酸的分类和组成

一、核酸的分类

核酸可以分为脱氧核糖核酸（deoxyribonucleic acid，DNA）和核糖核酸（ribonucleic acid，RNA）两类。DNA 主要存在于细胞核和线粒体内，它是生物遗传的主要物质基础，也是个体生命活动的信息基础，承担体内遗传信息的储存和发布。约 90% 的 RNA 在细胞质中，而在细胞核内的含量约占 10%，它直接参与体内蛋白质的合成。某些病毒的 RNA 也可作为遗传信息的载体。

二、核酸的化学组成

核酸分子中所含主要元素有碳、氢、氧、氮、磷等元素，它的基本组成单位是核苷酸（nucleotide）。核酸在酸、碱或酶的催化下完全水解，过程如下：

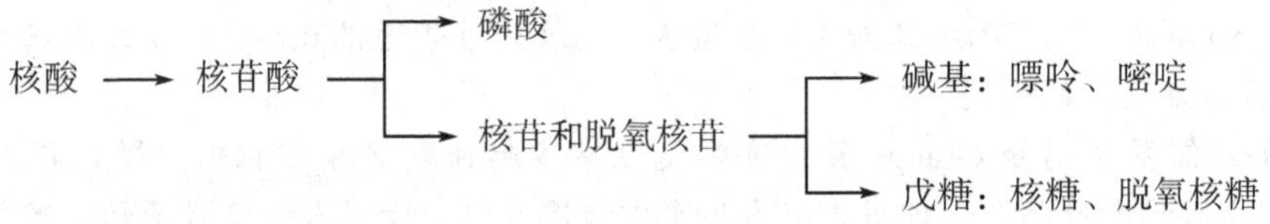

核酸 → 核苷酸 → 磷酸；核苷和脱氧核苷 → 碱基：嘌呤、嘧啶；戊糖：核糖、脱氧核糖

由此可见，核酸是由碱基（base）、戊糖（pentose）和磷酸三类物质构成的。

（一）碱基

核酸中的含氮有机碱称为碱基，碱基是构成核苷酸的基本组分之一。碱基是含氮的杂环化合物，可分为嘌呤（purine）和嘧啶（pyrimidine）两类。常见的嘌呤包括腺嘌呤（adenine，A）和鸟嘌呤（guanine，G），常见的嘧啶包括尿嘧啶（uracil，U）、胸腺嘧啶（thymine，T）和胞嘧啶（cytosine，C）。构成 DNA 的碱基有 A、G、C 和 T；而构成 RNA 的碱基有 A、G、C 和 U。尿嘧啶是 RNA 中特有的碱基。五种碱基的结构式如下：

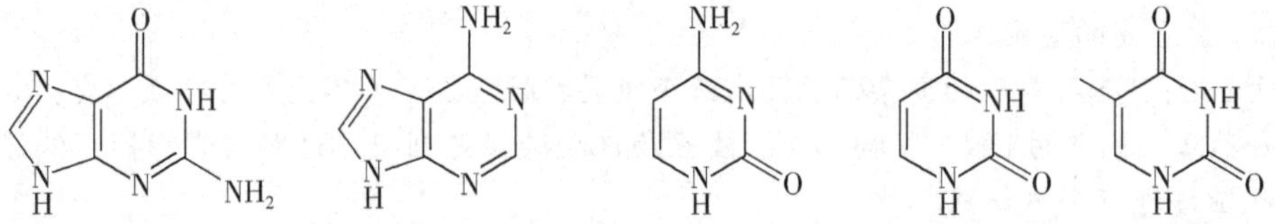

guanine（G）鸟嘌呤　adenine（A）腺嘌呤　cytosine（C）胞嘧啶　uracil（U）尿嘧啶　thymine（T）胸腺嘧啶

核酸分子中的嘌呤碱基和嘧啶碱基可发生酮式 - 烯醇式互变异构现象。在生理条件或者酸性和中性介质中，其 99.99% 以上以酮式结构存在。例如，鸟嘌呤和胞嘧啶的酮式 - 烯醇式互变异构如下所示：

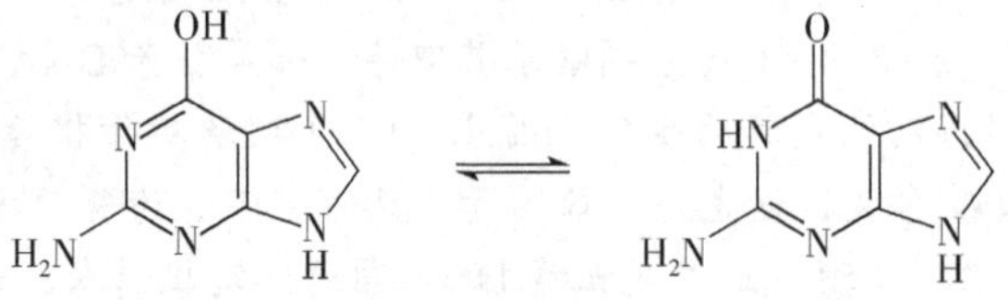

烯醇式 ⇌ 酮式

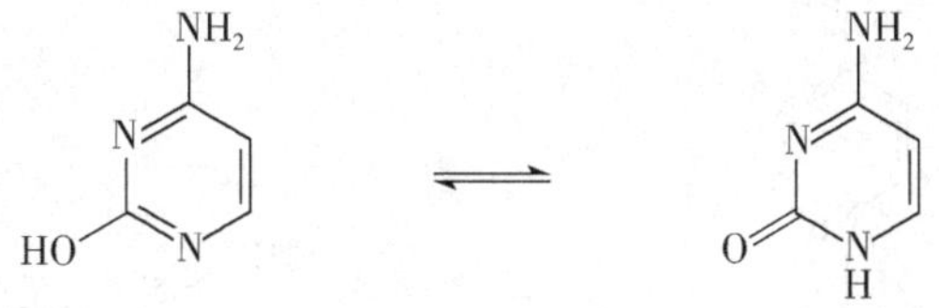

烯醇式 ⇌ 酮式

（二）戊糖

戊糖是构成核苷酸的另一个基本组分。核酸中的戊糖有两种，即 D- 核糖和 D-2- 脱氧核糖，两种戊糖均以 β- 呋喃型的环状结构存在于核酸中。D- 核糖存在于 RNA 中，而 D-2- 脱氧核糖存在于 DNA 中，它们的结构如下：

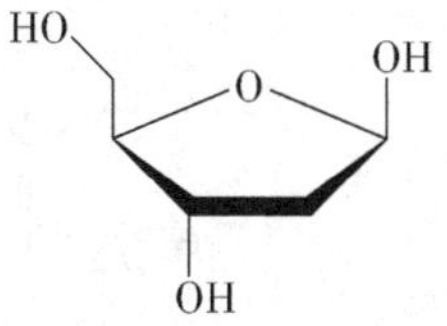

β-D-2-脱氧呋喃核糖
2-deoxy-*β*-D-ribofuranose

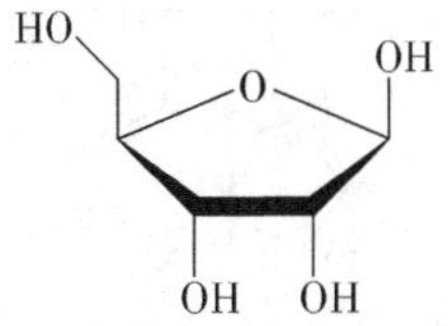

β-D-呋喃核糖
β-D-ribofuranose

（三）磷酸

磷酸是以与戊糖结合成磷酸酯的形式存在于核酸中。

第二节 核苷和核苷酸的结构

一、核 苷

核苷（nucleoside）和脱氧核苷（deoxynucleoside）是核酸水解的中间产物，由核糖或脱氧核糖 C-1 位上的 *β*- 苷羟基与嘧啶碱基中 N-1 或嘌呤碱基中 N-9 上的氢原子脱水而形成的 *β*- 氮苷。为区别糖分子中碳原子与碱基中原子的编号，糖中碳原子的编号要加上标撇“′”，即 1′，2′，3′。

核苷的名称由组成的碱基和戊糖而得，即碱基名称 + 戊糖名称 + 苷。例如，核糖与鸟嘌呤生成的核苷称为鸟嘌呤核苷（guanosine），简称鸟苷，用 G 表示；脱氧核糖与鸟嘌呤生成的核苷称为鸟嘌呤脱氧核苷，简称脱氧鸟苷，用 dG 表示。核苷在碱性溶液中稳定，在酸性溶液中水解生成碱基和戊糖。

在 DNA 中常见的四种脱氧核糖核苷的结构式及名称如下：

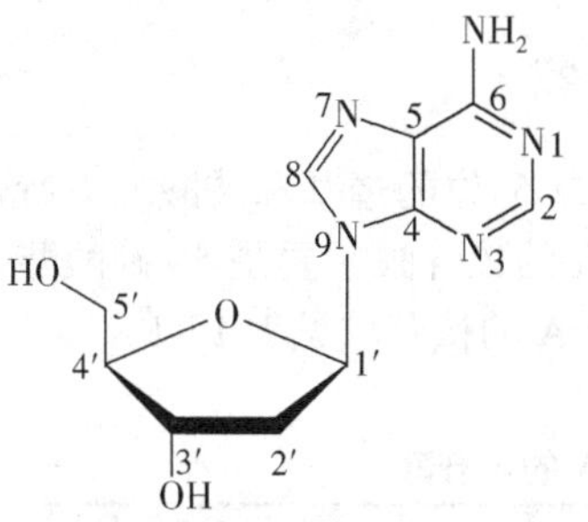

腺嘌呤脱氧核苷 (脱氧腺苷)
(deoxyadenoside)

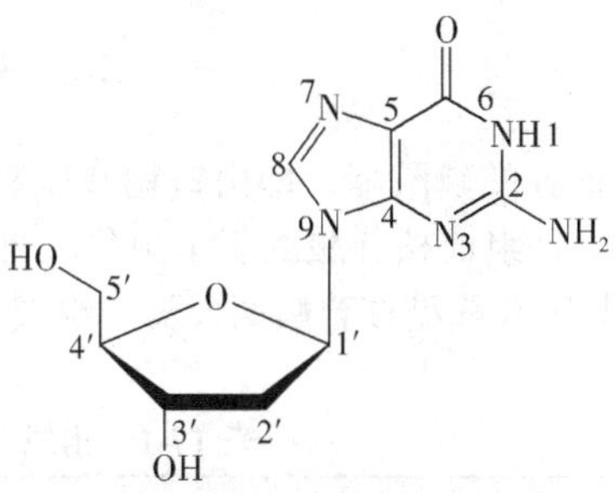

鸟嘌呤脱氧核苷 (脱氧鸟苷)
(deoxyguanoside)

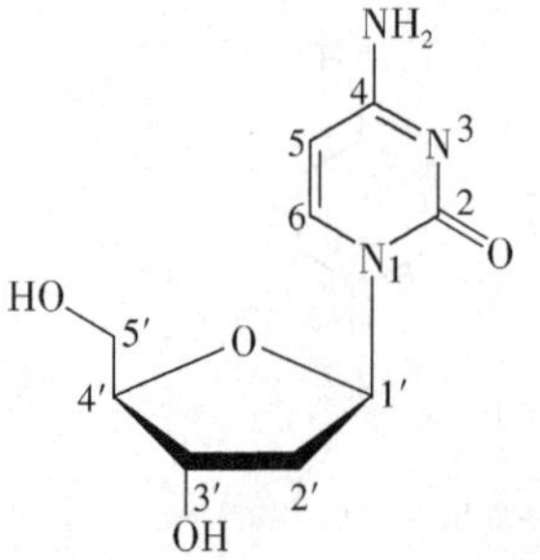

胞嘧啶脱氧核苷 (脱氧胞苷)
(deoxycytidine)

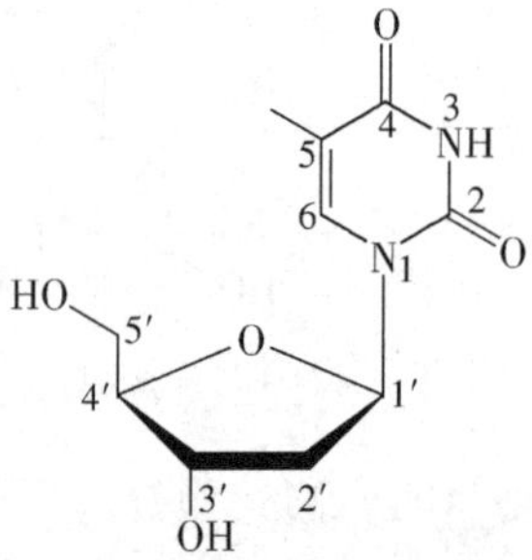

胸腺嘧啶脱氧核苷 (胸苷)
(thymidine)

RNA 中常见的四种核苷的结构式及名称如下：

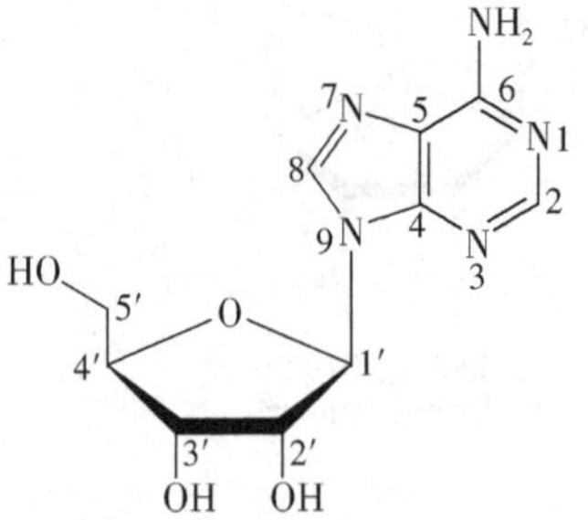

腺嘌呤核苷（腺苷）
(adenosine)

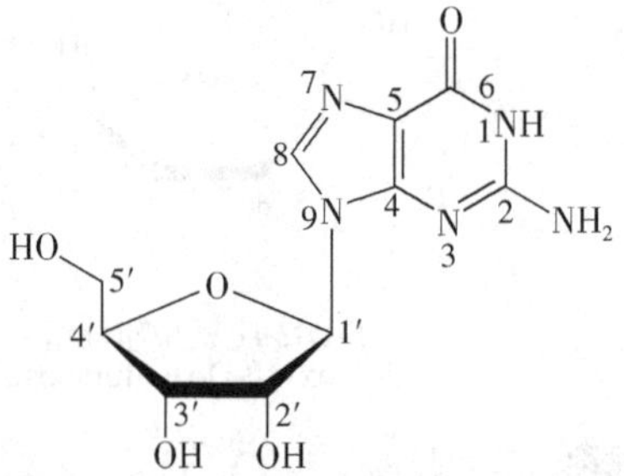

鸟嘌呤核苷（鸟苷）
(guanosine)

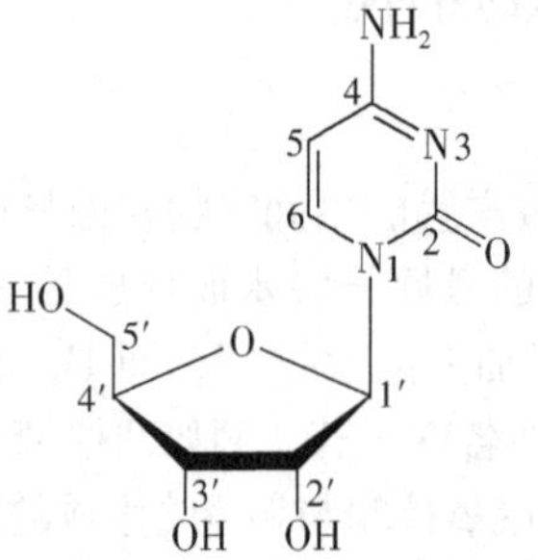

胞嘧啶核苷（胞苷）
(cytidine)

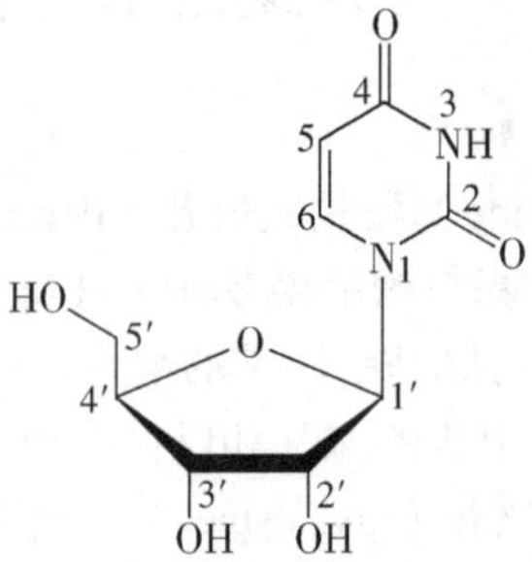

尿嘧啶核苷（尿苷）
(uridine)

二、核　苷　酸

核苷酸是核苷的磷酸酯，即由核糖或脱氧核糖的 3′ 或 5′ 位的羟基和磷酸反应所生成的酯，又称为单核苷酸，是组成核苷酸的基本单位。自然界中存在的核苷酸主要是 5′- 磷酸酯。核苷酸可分为核糖核苷酸与脱氧核糖核苷酸两大类。组成 DNA 和 RNA 的核苷酸见表 17-1。

表 17-1　组成 DNA 和 RNA 的核苷酸

DNA 中的核苷酸	RNA 中的核苷酸
脱氧腺苷酸（dAMP）	腺苷酸（AMP）
脱氧鸟苷酸（dGMP）	鸟苷酸（GMP）
脱氧胞苷酸（dCMP）	胞苷酸（CMP）
脱氧胸苷酸（dTMP）	鸟苷酸（UMP）

核苷酸的命名是在相应核苷的名称后面加上酸字即可。由于核苷中的核糖分子中有三个未结合的羟基（C-2′，C-3′，C-5′），可分别与磷酸生成酯，因此在命名核苷酸时，需要指出磷酸在戊糖上的位置。生物体内大多数为5′核苷酸。例如，腺苷酸又叫腺苷-5′-磷酸（adenosine-5′-monophosphate）或腺苷一磷酸，腺苷酸结构如下：

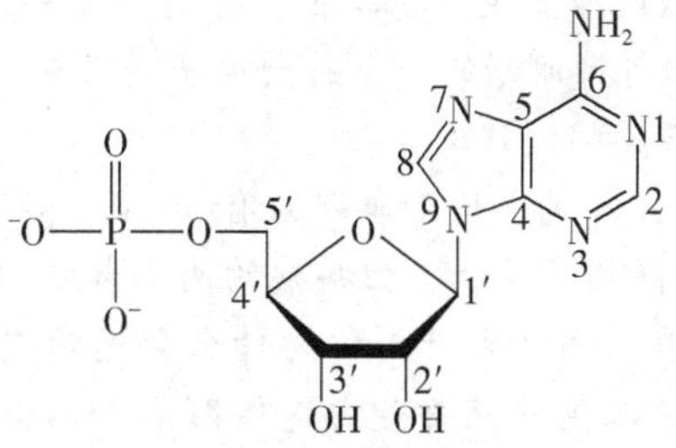

腺苷酸
(adenylic acid)

核苷酸分子中的磷酸可进一步与一分子或两分子磷酸反应生成核苷二磷酸或核苷三磷酸。例如，腺苷酸在体内进一步与磷酸结合生成腺苷二磷酸（ADP），再进一步与磷酸结合生腺苷三磷酸（ATP）。ADP和ATP的结构式如下：

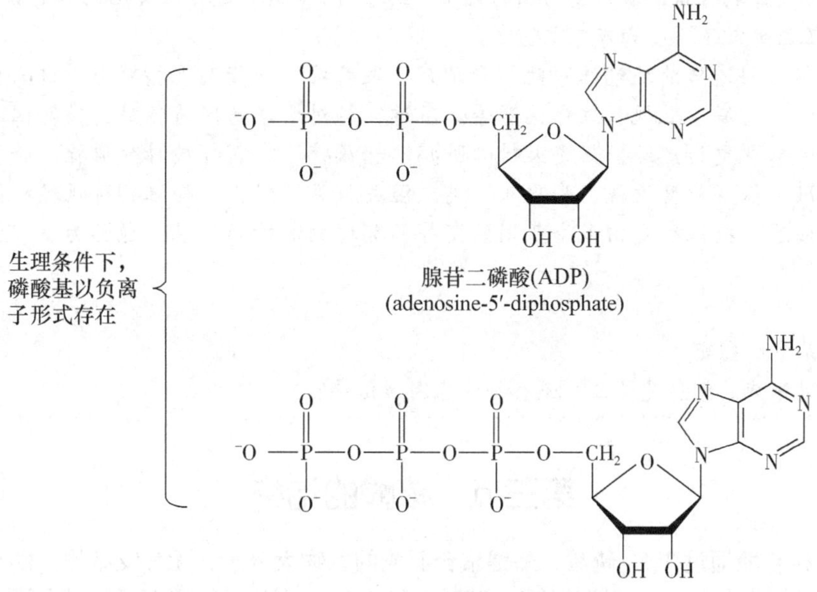

生理条件下，磷酸基以负离子形式存在

腺苷二磷酸(ADP)
(adenosine-5′-diphosphate)

腺苷三磷酸(ATP)
(adenosine-5′-triphosphate)

在ADP和ATP中，磷酸与磷酸结合时生成的键含有较高的能量，称为高能磷酸键，可用“～”表示，水解时可释放出30.5kJ/mol的能量，因此ADP和ATP又称为高能磷酸化合物。在生物化学中，高能化合物是指在生理pH条件下，水解可释放超过29.4kJ/mol能量的化合物。

案例17-2 变异基因

据美国国家人类基因组研究所估计，人体基因数目为5万到10万个。目前已知人类大约有4000种疾病与基因有关，其中约1000种引起人类各种疾病的基因已得到确认。基因突变可以发生在体细胞中，也可以发生在生殖细胞中。发生在体细胞中的突变一般是不能传递给后代的，而发生在生殖细胞中的突变则直接传递给后代。绝大多数的人类遗传病，都是由基因突变造成的。19世纪出现于英国王室并通过联姻波及欧洲各王室的血友病，可以算是历史上最著名的家族性遗传病例。血友病原意是“嗜血的病”，患者由于缺乏凝血因子，容易出血不止，一旦出现外伤就要靠紧急输血以挽救生命，因此不得不“以血为友”。血友病仅出现于男性，但却通过女

笔记栏

性传给她们的子女。当时的英国女皇维多利亚就是血友病基因携带者，她的九个子女中，三女儿爱丽斯和小女儿比阿特丽斯也是携带者。爱丽斯嫁给了德意志帝国黑森大公爵的孙子，并将血友病基因遗传给了女儿艾琳和亚历山大。艾琳与德国皇帝的儿子结婚，又将血友病基因带到普鲁士家族中。亚历山大嫁给俄国沙皇尼古拉二世，并将血友病遗传给了自己的沙皇儿子，四个女儿也成了可能的携带者。比阿特丽斯的一个孙女也是携带者，嫁给西班牙国王阿方索八世，结果造成血友病基因在西班牙王族的流传。

分析与讨论：在1900年时，人类平均寿命还只有36岁；到了2000年，这一数字已翻了一倍以上，增至80岁。尽管生命得到了延长，但疾病的阴影却从出生就伴随着我们直到死亡，挥之不去。长期以来，科学家一直致力于解开人体为什么会患病这个难题。事实上，除了外伤、极度营养缺乏等状况，绝大部分人类疾病都是由遗传因素和环境因素共同所致。而基因作为生命个体最为独特的标记，其结构和功能出现异常往往是疾病发生的重要原因，这就是通常所说的基因突变。

血友病属于一种单基因遗传病，是由于单个基因DNA序列中某个碱基对的改变造成的。由于血友病基因随X染色体传递，因此，在遗传过程中可能“丢失”。而今的英国女王伊丽莎白二世是维多利亚之子爱德华七世的后裔。爱德华七世无血友病，他的后代也得以幸免。伊丽莎白二世的丈夫菲利普亲王虽是爱丽斯的大女儿的子孙，幸运的是其大女儿也不是携带者，因此，今天的英国王族也就不再受血友病之害了。

典型的单基因遗传病还包括亨廷顿舞蹈病、夜盲症、并指及多指畸形、过敏性鼻炎、白化病、高度远视、高度近视、红绿色盲等。不过，相对于单基因遗传病，多基因遗传病则更为常见，患者群也更为广泛，如先天性心脏病、糖尿病、哮喘、精神分裂症、肺结核、重症肌无力、痛风、低及中度近视、牛皮癣、类风湿关节炎、斜视、躁狂抑郁性精神病等都属于此类。多基因遗传病往往是由多个基因的变异和环境的影响而致病，也称为多因素和多基因疾病。

思考题：

1. 什么是基因突变？
2. 基因遗传病的特点是什么？还有哪些基因遗传病？

第三节　核酸的结构

核酸是由核苷酸通过3′,5′-磷酸二酯键聚合而成的生物大分子，无分支结构。由几个或几十个核苷酸连接而成的化合物称为寡核苷酸，在DAN和RNA中核苷酸的数目可高达几万个。核酸的结构可分为一级结构和空间结构。

一、核酸的一级结构

核酸的一级结构（primary structure）是构成核酸的核苷酸或脱氧核苷酸从5′-端到3′-端的排列顺序，也就是核苷酸序列（nucleotide sequence）。由于核苷酸之间的差异在于碱基的不同，因此核酸的一级结构也就是它的碱基序列（base sequence）。由于核酸分子具有方向性，规定它们的核苷酸或脱氧核苷酸的排列顺序和书写规则必须是从5′-末端到3′-末端。通常将小于50个核苷酸残基组成的核酸称为寡核苷酸（oligonucleotide），大于50个核苷酸残基称为多核苷酸（polynucleotide）。

实验证明，在核酸分子中，1个核苷酸的戊糖3′位上的羟基和另一个核苷酸5′位上的磷酸基之间脱水缩合而形成3′,5′-磷酸二酯键，所形成的二核苷酸分子又以戊糖3′位上的羟基和另一个核苷酸5′位上的磷酸基之间脱水而形成三核苷酸，如此反复，连接成核苷酸长链；链的一端是5′磷酸基，另一端是3′羟基，碱基作为侧链向外伸出。图17-1为DNA的结构片段。

笔记栏

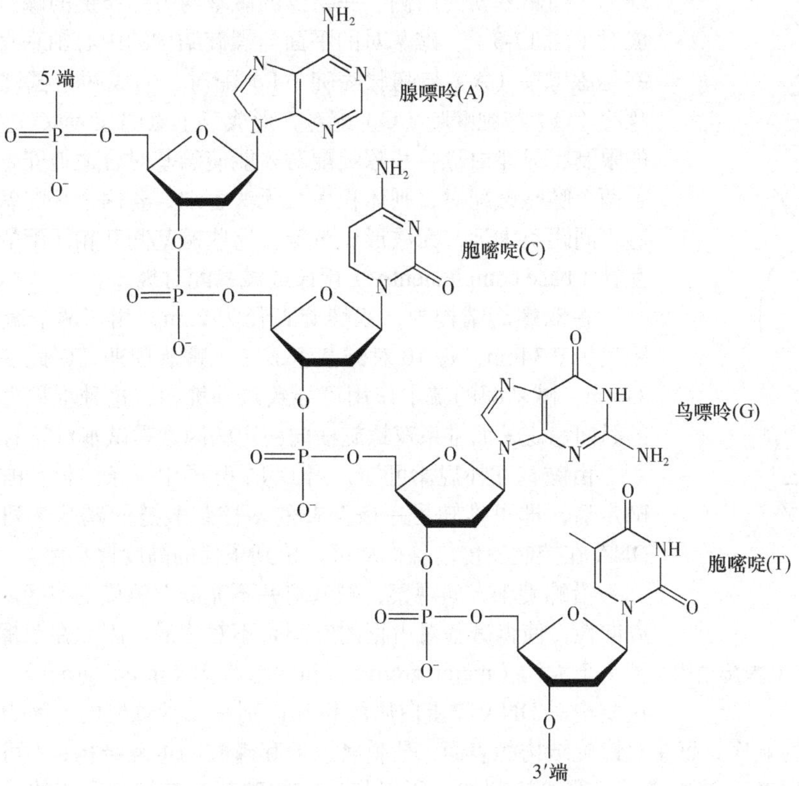

图 17-1　DNA 的结构片段

以上表示方法直观易懂，但书写麻烦。为了简化烦琐的结构式，常用 P 表示磷酸，用竖线表示戊糖基，表示碱基的相应英文字母置于竖线之上，用斜线表示磷酸和糖基酯键。以上 DNA 的部分结构可表示如下：

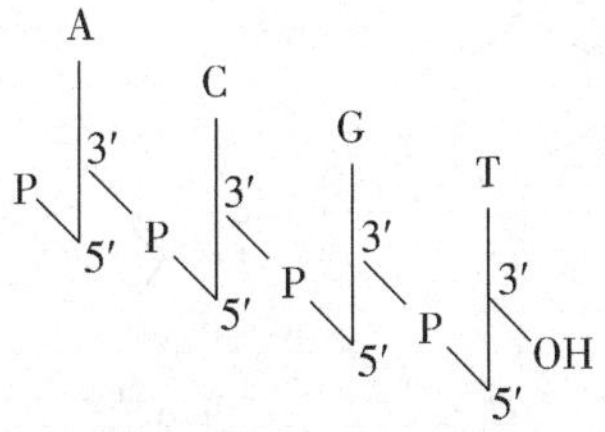

还可用更简单的字符表示，如上面的 DNA 的片段可表示为：

DNA　5′pApCpGpT-OH 3′ 或 5′ACGT 3′。RNA 的一级结构特点和书写方式与 DNA 相似。根据核酸的书写规则，DNA 和 RNA 的书写应从 5′ 到 3′ 端。

二、核酸的二级结构

构成 DNA 的所有原子在三维空间具有确定的相对位置关系是 DNA 的空间结构（spatial structure）。DNA 的空间结构又分为二级结构（secondary structure）和高级结构。DNA 的二级结构是由两条 DNA 单链形成的双螺旋结构、三股螺旋结构及四股螺旋结构；而 RNA 分子的二级结构则是由一条多核苷酸链发生自身回折而形成，在回折区局部可呈现双螺旋结构。

1953 年，美国科学家 Watson（沃森）和英国科学家 Crick（克里克）以前人的化学分析结果为基础，进行 DNA 晶体的 X- 射线衍射图谱研究，提出了 DNA 的双螺旋结构（double helix structure）模型学说。

根据这一模型设想的 DNA 分子由两条核苷酸链组成。它们沿着一个共同轴心以反平行走向盘旋成右手双螺旋结构（图 17-2）。在这种双螺旋结构中，亲水的脱氧戊糖基和磷酸基位于双螺旋的

笔记栏

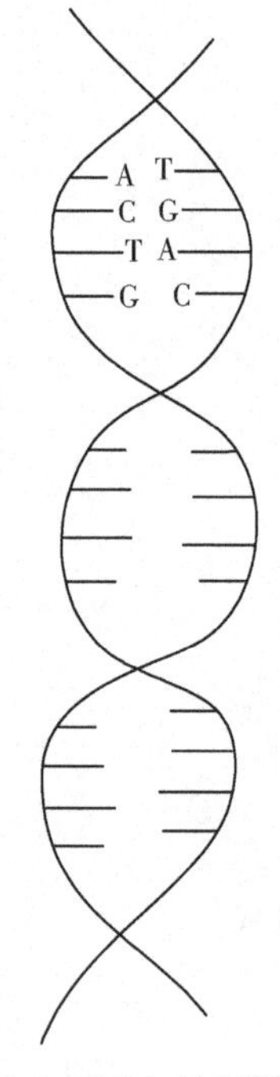

图 17-2 DNA 的双螺旋结构

外侧，而碱基朝向内侧。一条链的碱基与另一条链的碱基通过氢键结合成对（图 17-3）。碱基对的平面与螺旋结构的中心轴垂直。配对碱基始终是腺嘌呤（A）与胸腺嘧啶（T）配对，形成两个氢键（A=T），鸟嘌呤（G）与胞嘧啶（C）配对，形成三个氢键（C≡C）。由于几何形状的限制，只能由嘌呤和嘧啶配对才能使碱基对合适地安置在双螺旋内。若两个嘌呤碱配对，则体积太大无法容纳，若两个嘧啶碱配对，由于两链之间距离太远，无法形成氢键。这些碱基间互相匹配的规律称为碱基互补（base complementry）规律或碱基配对规律。

在双螺旋结构中，双螺旋直径为 2nm，相邻两个碱基对平面间的距离为 0.34nm，每 10 对碱基组成一个螺旋周期，因此双螺旋的螺距为 3.4nm。碱基间的疏水作用可导致碱基堆积，这种堆积力维系着双螺旋的纵向稳定，而维系双螺旋横向稳定的因素是碱基对间的氢键。

由碱基互补规律可知，当 DNA 分子中一条多核苷酸链的碱基序列确定后，即可推知另一条互补的多核苷酸链的碱基序列。这就决定了 DNA 在控制遗传信息，从母代传到子代的高度保真性。

沿螺旋轴方向观察，碱基对并不充满双螺旋的空间。由于碱基对的方向性，使得碱基对占据的空间是不对称的，因此在双螺旋的外部形成了一个大沟（major groove）和一个小沟（minor groove），见图 17-4。这些沟对 DNA 和蛋白质的相互识别是非常重要的。因为只有在沟内才能觉察到碱基的顺序，而在双螺旋结构的表面，是脱氧核糖和磷酸的重复结构，不可能提供信息。在这些沟内，碱基对的边缘是暴露给溶剂的，所以与特定的碱基对有相互作用的分子可以通过这些沟去识别碱基对，而不必将螺旋破坏。这对于与 DNA 结合并“读出”特殊序列的蛋白质是特别重要的。

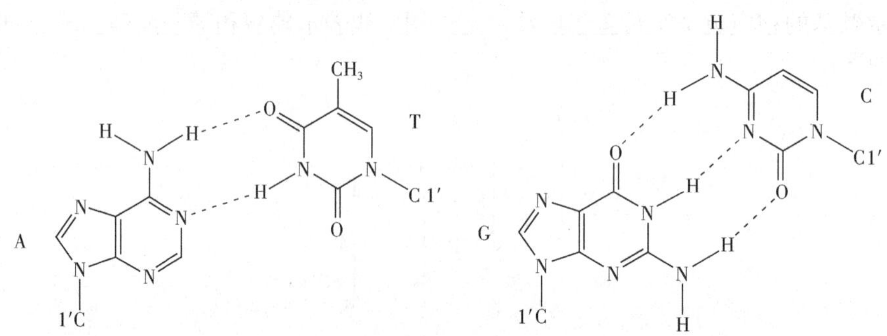

图 17-3 配对碱基间氢键示意图

研究发现，DNA 结构可受环境条件的影响而改变。DNA 右手双螺旋结构模型是 DNA 分子在水溶液和生理条件下最稳定的结构，称为 B-DNA，即标准的 Watson-Crick 双螺旋形式存在；在 75% 相对湿度的钠盐中的构型为 A-DNA；在 66% 相对湿度的锂盐中的构型 C-DNA。此外还发现左手双螺旋 Z 型 DNA。Z-DNA 的特点是两条反向平行的多核苷酸互补链组成的螺旋呈锯齿形，其表面只有一条深沟，每旋转一周是 12 个碱基对。在一定条件下 B-DNA 可转变为 A-DNA 或 Z-DNA；Z-DNA 的功能可能与基因表达的调控有关。DNA 二级结构还存在三股螺旋 DNA，三股螺旋 DNA 中通常是一条同型寡核苷酸与寡嘧啶核苷酸 - 寡嘌呤核苷酸双螺旋的大沟结合，三股螺旋中的第三股可以来自分子间，也可以来自分子内。三股螺旋 DNA 存在于基因调控区和其他重要区域，因此具有重要生理意义。不同类型的 DNA 在方向、螺距、旋转角、沟的深浅等方面存在差别（图 17-5）。

笔记栏

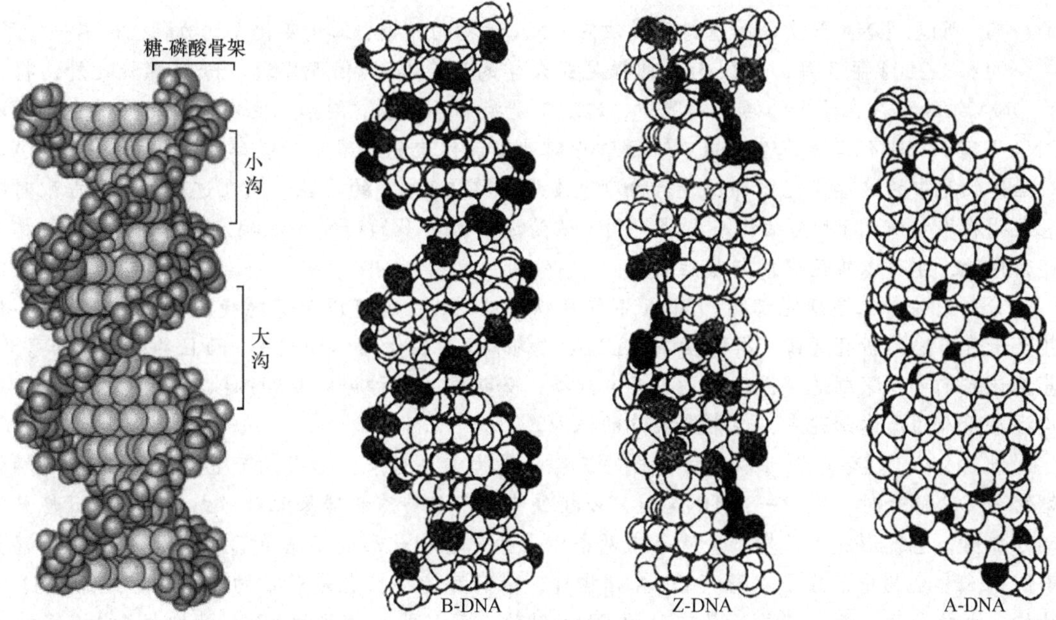

图 17-4　大沟和小沟示意图　　　　图 17-5　DNA 双螺旋的三种构象示意图

三、RNA 的二级结构

研究证明生物体内大多数 RNA 分子是由一条多核苷酸链组成，链的许多区域可以发生自身回折而呈现双螺旋结构。有 40% ～ 70% 的核苷酸参与这种螺旋的形成，由于链的回折而使碱基配对。在 RNA 分子中，碱基配对规律为 A 与 U 配，G 与 C 配对。碱基配对区域与不配对区域构成发夹（hairpin）式结构：互补碱基对组成的局部双螺旋结构，称为茎（stem）；未配对的碱基区段向外突出形成的环状结构，称为突环（loop），如图 17-6 所示。

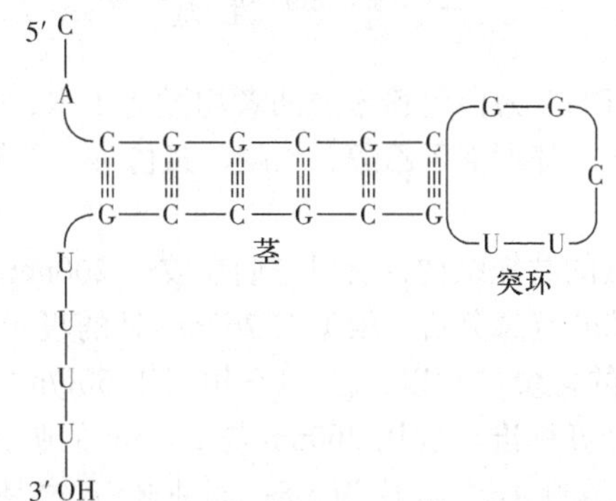

图 17-6　RNA 分子中的发夹式结构示意图

发夹式结构是各种 RNA 二级结构的共同基础和主要组成形式。不同种类的 RNA 其发夹式结构的大小、长短、碱基的数目和种类各不相同。

具有二级结构的 DNA、RNA 在空间还可形成更复杂的三级结构、四级结构。

案例 17-3　DNA 与疾病

1991 年，不止一个国家的研究人员发现，脆性 X 综合征是因为一条 DNA 链上的 CGG 三个碱基多次重复所致。这样的多次重复阻止了体内某种正常基因的复制，因而造成脆性 X 综合征，我们知道 DNA 的碱基对中包含四个碱基，分别为腺嘌呤 A、鸟嘌呤 G、胞嘧啶 C 和胸腺嘧啶 T，而且碱基配对原则是 A 与 T，C 与 G。在正常情况下，健康人体内也有这样的碱基重复，但通常低于 40 次，最多不超过 200 次。不过，如果这种碱基重复上升到 230 ～ 1000 次，就会产生脆性 X 综合征。而大量重复的碱基首先导致 DNA 结构的变化，从而造成功能的变化，也就形了疾病。所以，DNA 链上的碱基排序是决定 DNA 结构的关键，结构变化了，功能也就不一样了。

同样，2004 年 3 月，美国南加利福尼亚大学的迈克尔·利伯也发现，除双螺旋之外，特殊的 DNA 结构也存在于人的活体细胞中，这通常是疾病的根源。例如，他发现，18 号染色体（即 DNA）有一个部位总是发生断裂。在试管中对此染色体检测发现，断裂部位有几段单链 DNA。对活体细胞中的这些染色体部位进行检测也发现了单链 DNA 的存在。而在这些部位的非配对碱基表明存在特殊的 DNA 结构。当然，利伯认为还要做更多的研究才能确定特殊的 DNA 结构是什么样子，才可以推论它们与癌症有关。

分析讨论：很多研究证明，DNA 不仅可以是双螺旋，也可以是三螺旋，还可以是各种各样甚至千奇百怪的折叠弯曲。各种各样的 DNA 结构不仅存在于活体细胞中，而且具有特殊的意义，甚至让我们可以深刻地解释还知之不多的疾病，如癌症、精神分裂症和孤独症等。特殊 DNA 结构存在于人的活体细胞中，通常是疾病的根源。

此外，人体 DNA 还可以多种多样的三螺旋结构重叠起来，形成结节 DNA，因为当双螺旋体的一部分解开时，其中一条 DNA 链可以折叠回去，以特殊的碱基配对形式与没有解开螺旋的部分配对，也就形成了三螺旋。两条或两条以上的三螺旋就形成了结节 DNA。在自然界，甚至不同的人和生物中，除了双螺旋 DNA 结构外，很有可能存在也是正常的而非异常致病的 DNA 结构。也就是说，双螺旋并不是唯一的 DNA 结构，而且非双螺旋的 DNA 结构也并非只意味着疾病，同样可能是一种自然状态。其他结构的 DNA 对我们认识人和生物的多样性和生命现象的多样性及治疗疾病、开发新药具有关键的作用。

思考题：

1. 是不是所有生物和人类的遗传物质 DNA 就只有双螺旋这样一种结构呢？
2. 当出现了与经典的 DNA 双螺旋结构不一样的其他 DNA 结构时，我们又如何待它们呢？

第四节　核酸的理化性质

一、物理性质

DNA 为白色纤维状固体，RNA 为白色粉末。两者均微溶于水，易溶于稀碱溶液，其钠盐在水中的溶解度比较大。DNA 和 RNA 都不溶于乙醇、乙醚、氯仿等一般有机溶剂，而易溶于 2- 甲氧基乙醇中。

核酸分子中存在嘌呤和嘧啶的共轭结构，所以它们在波长 260nm 左右有较强的紫外吸收，这常用于核酸、核苷酸、核苷及碱基的定量分析。根据在 260nm 处的吸光度（absorbance，A_{260}），可以计算出溶液中的 DNA 或 RNA 的含量。常以 $A_{260}=1.0$ 相当于 50g/ml 双链 DNA、40g/ml 单链 DNA 或 RNA 及 20g/ml 寡核苷酸为计算标准。利用 260nm 与 280nm 的吸光度比值（A_{260}/A_{280}）还可以判断核酸样品的纯度，纯 DNA 样品的 A_{260}/A_{280} 应为 1.8；而纯 RNA 样品的 A_{260}/A_{280} 应为 2.0。

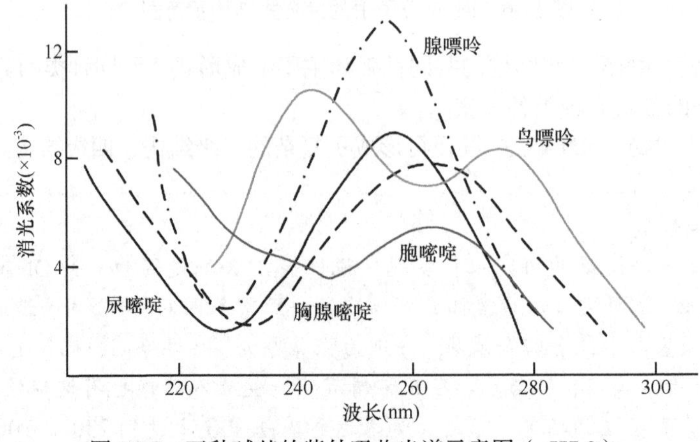

图 17-7　五种碱基的紫外吸收光谱示意图（pH7.0）

核酸溶液的黏度比较大，DNA 的黏度比 RNA 更大，这是 DNA 分子的不对称性引起的。DNA 在机械力的作用下易发生断裂，为基因组 DNA 的提取带来一定困难。

溶液中的核酸分子在引力场中可以下沉。在超速离心形成的引力场中，具有不同构象的核酸分子的沉降速率有很大差异，如环状、线性、开环和超螺旋等。这是超速离心法提取和纯化核酸的依据。

二、酸 碱 性

核酸分子中既含磷酸基，又含嘌呤和嘧啶碱，所以它是两性化合物，但酸性大于碱性。能与金属离子成盐，又能与一些碱性化合物生成复合物。例如，能与链霉素结合而从溶液中析出沉淀。还能与一些染料结合，这在组织化学研究中，可用来帮助观察细胞内核酸成分的各种细微结构。

在不同的 pH 溶液中，核酸带有不同电荷，因此像蛋白质一样，在电场中发生迁移（电泳）。迁移的方向和速率与核酸分子的电荷量、分子的大小及形状有关。

三、变性和复性

某些理化因素（温度、pH、离子强度等）会导致 DNA 双链互补碱基对之间的氢键发生断裂，使双链 DNA 解离为单链。这种现象称为 DNA 变性（图 17-8）。

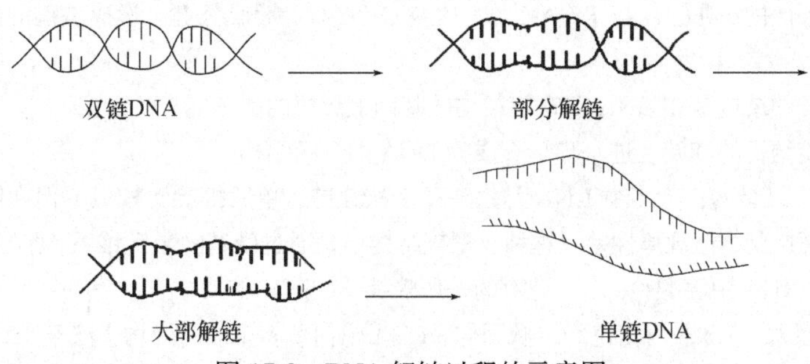

图 17-8 DNA 解链过程的示意图

变性过程中，维持双螺旋结构稳定性的氢键和碱基间的堆积力受到破坏，而磷酸二酯键不会断裂，所以 DNA 变性只改变其二级结构，不改变其核苷酸序列。变性后核酸的一些理化性质会发生改变，如在 260nm 处紫外吸收增强，溶液的黏度下降，沉降速度增加等。同时，变性也可使核酸的生物功能发生改变或丧失。

在核酸的变性中，DNA 的变性最为常见。由加热引起的 DNA 变性称为热变性。DNA 的热变性可提供有关 DNA 组织的特殊信息，对它的研究比较深入。

DNA 的变性是可逆的。在适当的条件下，变性 DNA 的两条互补链全部或部分恢复到双螺旋结构的现象称为复性（renaturation）。热变性的 DNA，一般经缓慢冷却后，即可复性。这一过程称为“退火”（annealing）。如果将热变性的 DNA 快速冷却至低温，则变性的 DNA 分子很难复性，这一性质可用来保持 DNA 的变性。

在 DNA 的复性过程中，如果将不同种类的 DNA 单链或 RNA 放在同一溶液中，只要两种单链分子之间存在着一定程度的碱基配对关系，它们就有可能形成异源双链（heteroduplex）。这种杂化双链既可在不同的 DNA 单链之间形成，也可在 RNA 单链之间形成，甚至还可在 DNA 单链和 RNA 单链之间形成。这种现象称为核酸分子杂交（hybridization）。这一原理可以用来研究 DNA 中某一种基因的位置、鉴定两种核酸分子间的序列相似性、检测某些专一序列在待检样品中存在与否等。Southern 印迹、Northern 印迹、斑点印迹及近几年发展起来的基因芯片等核酸检测手段都是利用了核酸分子杂交的原理。

本 章 小 结

1. 核酸 是存在于细胞中的一类很重要的酸性生物高分子化合物，是生物体遗传的物质基础。通常与蛋白质结合成核蛋白。

核酸分类 → 核糖核酸RNA
核酸分类 → 脱氧核糖核酸DNA：遗传信息的载体

2. 核酸的组成

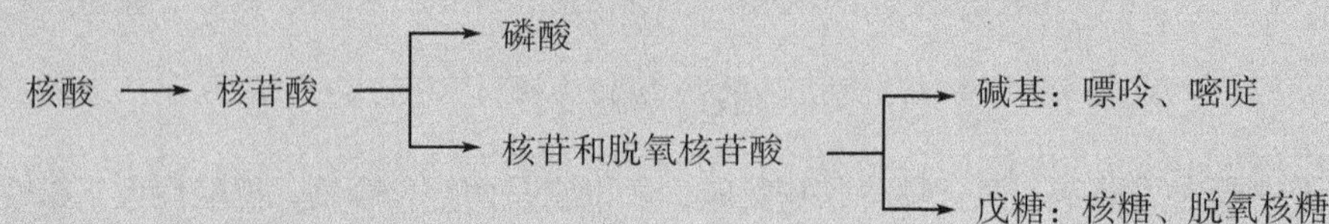

3. 核苷 是戊糖和碱基之间脱水缩合的产物。

4. 核苷酸 是核苷的磷酸酯。

5. 核苷酸的命名 要包括糖基和碱基的名称，同时要标出磷酸连在戊糖上的位置。

6. 核酸的结构 可分为一级结构和空间结构。

（1）一级结构：在核酸（DNA 和 RNA）分子中，含有不同碱基的各种核苷酸按一定的排列次序，通过 3′, 5′ - 磷酸二酯键彼此相连而成的多核苷酸链，称为核酸的一级结构。

（2）DNA 的二级结构和三级结构：在 DNA 双螺旋结构中，两条 DNA 链之间通过碱基间形成的氢键相连，并以相反方向围绕中心轴盘旋成螺旋状结构。碱基配对（碱基互补）规律：碱基间的氢键有一定的规律，在 DNA 分子中必须是 A 与 T（A-T），C 与 G（C-G）形成氢键。形成氢键的两个碱基都在同一个平面上。

三股螺旋 DNA 的结构是在 DNA 双螺旋结构的基础上形成的。

在 DNA 双螺旋结构的基础上进一步折叠成为 DNA 的三级结构。

（3）RNA 的二级结构：大多数 RNA 是由一条多核苷链（单股螺旋）构成，但在链的许多区域发生自身回褶呈现双股螺旋状，但规律性差。这种双螺旋结构也是通过碱基间氢键维系，形成一定的空间构型。与 DNA 不同的是在 RNA 中腺嘌呤（A）配对的是尿嘧啶（U）（A-U）。

7. 核酸的理化性质 DNA 为白色纤维状固体，RNA 为白色粉末。两者均微溶于水，易溶于稀碱溶液。核酸在波长 260nm 左右有较强的紫外吸收。核酸是两性化合物，但酸性大于碱性。核酸在不同的 pH 溶液中，带有不同电荷，在电场中发生迁移（电泳）。在加热等条件下，核酸变性。DNA 的变性是可逆的。在适当的条件下，变性 DNA 的两条互补链全部或部分恢复到双螺旋结构的现象，称为复性。

习 题

1. 解释下列名词

（1）核苷和核苷酸　（2）多核苷酸　（3）碱基互补规律

（4）高能磷酸键　（5）DNA 变性　（6）退火

2. 写出 DNA 和 RNA 完全水解的产物结构式及名称。

3. 某双链 DNA 样品，已知一条链中含有约 20% 的胸腺嘧啶（T）和 26% 的胞嘧啶（C），其互补链中含胸腺嘧啶（T）和胞嘧啶（C）的总量应是多少？

4. 维系 DNA 二级结构的稳定因素是什么？

5. 有一条脱氧核糖核酸链，碱基序列为：5′-ACCGTAACTTTAG-3′ 请写出与该链互补的 DNA 链和 RNA 中碱基的序列。

6. 一种病毒的脱氧核糖核酸链具有以下组成：A = 32%，G = 16%，T = 40%，C = 12%（摩尔含量比），请问该脱氧核糖核酸的结构具有什么特点？

（钟　阳）

笔记栏

参考文献

郭宗儒，仉文升，李安良，2005. 药物化学 [M]. 2 版 . 北京 : 高等教育出版社 .

胡宏纹，2007. 有机化学 [M]. 4 版 . 北京 : 高等教育出版社 .

李景宁，2010. 有机化学 [M]. 5 版 . 北京 : 高等教育出版社 .

李民，2017. 法医物证 DNA 检验技术的探索性研究 [M]. 苏州 : 苏州大学出版社 .

李艳梅，赵圣印，王兰英，2016. 有机化学 [M]. 2 版 . 北京 : 科学出版社 .

卢金荣，2007. 有机化学复习指南与习题精选 [M]. 北京 : 化学工业出版社 .

陆涛，2016. 有机化学 [M]. 8 版 . 北京 : 人民卫生出版社 .

陆阳，2018. 有机化学 [M]. 9 版 . 北京 : 人民卫生出版社 .

王积涛，等，2009. 有机化学 [M]. 3 版 . 天津 : 南开大学出版社有限公司 .

邢其毅，裴伟伟，徐瑞秋，等，2017. 基础有机化学 [M]. 4 版 . 北京 : 北京大学出版社 .

杨铭，2009. 抗肿瘤抗病毒药物与核酸相互作用的分子机制 [M]. 北京 : 北京大学医学出版社 .

Armstrong R W，Beau J M，1989.Cheon S H，et al. Total synthesis of a fully protected palytoxin carboxylic acid[J]. Journal of the American Chemical Society，111(19):7530-7533.

Jie JackLirn，2011. 有机人名反应 : 机理及应用 [M]. 4 版 . 荣国斌，译 . 北京 : 科学出版社 .

Suh E M，Kishi Y，1994. Synthesis of Palytoxin from Palytoxin Carboxylic Acid[J]. Journal of the American Chemical Society，116(24):11205-11206.

笔记栏

索　引

笔记栏

笔记栏

笔记栏

笔记栏

Z

其他

笔记栏